中国艺术研究院基本科研业务费
后期出版资助项目
（立项号：2024-3-10）

杨耐 著

戏舞霓裳

中国传统戏曲服饰
制作技艺研究

文化艺术出版社
Culture and Art Publishing House

图书在版编目（CIP）数据

戏舞霓裳：中国传统戏曲服饰制作技艺研究 / 杨耐
著. -- 北京：文化艺术出版社，2024.6
ISBN 978-7-5039-7634-6

Ⅰ.①戏… Ⅱ.①杨… Ⅲ.①戏剧 - 剧装 - 服装裁缝 -
研究 - 中国 Ⅳ.①TS941.735

中国国家版本馆CIP数据核字(2024)第111677号

戏舞霓裳 ：中国传统戏曲服饰制作技艺研究

著　　者　杨　耐
责任编辑　刘　颖
书籍设计　赵　蕾
出版发行　文化艺术出版社
地　　址　北京市东城区东四八条52号　100700
网　　址　www.caaph.com
电子邮箱　s@caaph.com
电　　话　（010）84057666（总编室）　84057667（办公室）
　　　　　　　　84057696—84057699（发行部）
传　　真　（010）84057660（总编室）　84057670（办公室）
　　　　　　　　84057690（发行部）
经　　销　新华书店
印　　刷　鑫艺佳利（天津）印刷有限公司
版　　次　2024年12月第1版
印　　次　2024年12月第1次印刷
开　　本　787毫米 × 1092毫米　1/16
印　　张　28
字　　数　530千字
书　　号　ISBN 978 - 7 - 5039 - 7634 - 6
定　　价　168.00元

舞衣歌板两关情

王馗

　　杨耐女士的《戏舞霓裳：中国传统戏曲服饰制作技艺研究》就要出版了，我有幸成为这部新著的第一位读者，一如多年前拜读她即将付梓的《戏曲盔头：制作技艺与盔箱艺术研究》，一样的惊喜，一样的感慨，一样的震撼。

　　她用近十年的时间相续完成《戏曲盔头：制作技艺与盔箱艺术研究》《匠史留影：北方李氏盔头制作技艺》两部著作，如今经过将近六年的积累，又完成四十万字的《戏舞霓裳：中国传统戏曲服饰制作技艺研究》。从盔头到戏衣，她用时间和执着推进中国戏曲衣箱制的整体性研究。这不但填补了戏曲舞美研究领域的空白，而且将这个领域的既往研究做了重要的拓展。

　　在中国戏曲艺术发展史上，从元明以来就逐渐地形成具有程式化特征的穿戴规制，到清代乾隆时期，完备成熟的衣箱制已经与今天戏曲所传承的几无二致。所谓衣箱，即《扬州画舫录》总结的"衣、盔、杂、把四箱"，也即戏曲界至今口传的大衣箱、二衣箱、三衣箱、盔箱、旗把箱和梳头桌，总称为"五箱一桌"。衣箱制以戏曲服装穿戴为基础，形成一套完整的配套、穿着、存放的规制，以一体通用、配置规范的原则，将物质性与审美性、装饰性与实用性、通用性与特殊性、规范性与灵活性，做到了最佳的协调和平衡。它当然最直观地展现为舞台美术中的物质构成，但同时也包含着高度的美学原则。其制作有其特殊的工艺技术，其适用有其特定的规范技法，其专行专职的专业性和职业性，造成了它长期以来不被行外人了解的发展局面。对它的研究自然成为戏曲史论领域的难点。

在关于戏曲衣箱的成果中，与服饰、盔头、道具等各类戏具器物相关的研究均有所开展，其学术深度、广度却各有差异。其中，戏曲服饰是得到长期关注的一类，但是聚焦戏曲服饰制作技艺的研究成果却微乎其微。在人们的惯常认知中，衣裤鞋靴是每个人必需的物质生活内容，其制作似乎以日常服装为基础的裁缝技术、穿着方式即是。事实上，戏曲舞台上的衣裤鞋靴，是技术、艺术与文化并在的载体形态，有着独特的行业规范和技艺准则。

传统戏曲服饰是物质与技术的结合形态，开料、设计、画活、制版、配色、印染、刮浆、裁剪、织绣、成合等一系列技术工序，最终成就一件制作精美的戏衣。而戏衣穿到演员身上，又需要先三衣，后二衣、大衣，再盔帽，按照遵章守规、穿戴有序的原则，最终完成极具装饰性的妆容服饰。戏衣按照文服、武服、彩裤水衣的特点，亦有各自的叠放保存方式。因此，传统戏曲服饰从设计、制作，到收存、穿戴，包含了完整的技术体系。

传统戏曲服饰取法于生活，让社会多样群体能够一目了然地再现于舞台，同时强化了装饰美化功能，以特定的材质和装扮形式，更加契合舞台对于戏曲艺术的美学要求。戏衣既有助于演员通过"舞"，让身段表演和场面调度更具韵律感；又完全张扬服饰给予演员"美"的塑形效果，令款式、色彩、配置达到最为和谐的舞美状态。同时，戏衣通过制作技艺创造视觉之美，在历史发展中不断地累积成极具标识的舞台印象，在时代接受中不断地创造契合观众的时尚元素，在技术更新中保持美的开放特征。因此，传统戏曲服饰的制作技艺从传承到创新，包含了极具民族质感的美学体系。

传统戏曲服饰是传统礼乐文化在舞台美术领域的集中遗存，以"元是衣冠礼乐天"（宋代胡宏《别全当可》）的文化旨归，在彰显戏曲唱、念、做、表的表演艺术中，完成传统服饰顺乎礼乐、诉诸人情、契合观感的文化职能。在时代审美不断变迁时，传统戏衣的制作技艺始终以恪守规制、以一当十的文化立场，让服饰、妆容更加彰显戏曲艺术的民族化个性和古典性品格。特别是戏衣的所有制作技术和艺术指标，集中了织、绣、印、染、刻、画等丰富的传统手工艺，在单纯的物质形态中绵延着相沿既久的文化观念。因此，传统戏曲服饰的制作技艺包含了源远流长的文化体系。

以上所述是传统戏曲舞台美术体系建构中的三个重要侧面，经由一代代制作技师的传承和创造，形成了丰富的制作经验和技艺形态。相对于世代以来口传心授的技艺传统，传统戏曲服饰制作技艺能够充分地得到经验记录、规律总结，是极具挑战和难度的工作。特别是在当代舞台艺术创新力度越来越大，也越来越偏离戏曲千年传统时，戏衣、盔头、妆容的"传统"越来越面临存在窘境，传统技艺和规制也最容易遗失消亡。传统衣箱制的整理、研究、传承亟待得到重视，而传统技艺之学亦需要得到系统深入的推进。

杨耐女士在繁忙的工作之余，始终将书斋学术的严谨、规范与田野考察的广泛、深入充分结合起来，聚焦在戏曲服饰制作技艺的演变历史、传承规则、发展现状，进行大量的调查取样和细致研究，让众多手艺人将藏在心里、放在手中、传在身上的技艺和资料，放心地拿出来、讲出来、传出来。这就让只能诉诸演员穿戴、观众观看的传统衣箱，真正展示出物质所承载的技术内核、艺术原则和文化旨趣。该部著作在继盔头制作技艺研究之后，又一次将戏曲服饰制作技艺的研究进行了比较完整的拓展。就像她在这部专著"结束语"中所提出的，通过这十多年来在盔头、服饰等舞美领域的长期关注，"技艺学"实际已经成为戏曲研究新的学术增长点，尤其是"技艺"所兼容的技术、艺术和文化内容，更加深刻地凸显出中国戏曲兼备物质性与精神性的独特价值。

正是基于上述理解，我还是希望杨耐女士将盔头、戏服、杂把等舞美内容，有条不紊地一一推进，形成传统衣箱制在理论研究中的"三部曲"，最终将"衣箱制"在物质形态和精神形态所呈现的规律、规范，真正地研究出来，让中国戏曲在视觉审美中的技术美、艺术美、文化美，全面完整地传承下去。我想，这样的研究成果更加有效地保存、传承了戏曲服饰制作技艺的传统和遗存，也更加弘扬、推广了戏曲服饰制作技艺的美学品位和民族个性。杨耐女士是可以做到的，这是最令人期待的。

（作者系中国艺术研究院戏曲研究所所长、中国戏曲学会会长）

目 录

一

　　确切说，中国传统戏曲服饰包括了从头到脚的所有穿用服饰，本书研究的重点是身上所穿的服装，俗称"戏衣"或"戏服"，行话为"行头"。"行头"包括的范围甚广，除了衣服、髯口、鞋子、盔帽，还有乐器、道具等，凡一切舞台应用之物，都可称为"行头"，唯有戏衣在古代文人雅士那里还有一个比较独特的雅称叫"霓裳"，通常用以指代舞衣、戏衣，或直接用作梨园艺伶的代称。

　　明清文献中，"戏衣"之称比较常见。明人马麟撰《续纂淮关统志》卷七"淮关税银则例·四钱例"提到"戏衣每石"[1]，表明当时的戏衣不仅征收税银，而且有比较明确的关税标准。余永麟撰《北窗琐语》载："文衡山子弟诗：'末郎旦女假为真，便说忠君与孝亲。脱却戏衣还本相，里头不是外头人。'"[2]《清实录》卷一百五十"乾隆朝实录"载："又谕：'有人奏称粤西前于擒获石金元时，止获红黄戏衣三件。'"[3]《清稗类钞·狱讼类》载清同治四年（1865）"黄崖诬反案"有汪穰卿语云："是役也，杀人万余，而未得谋反实据，文介意亦不自安。尝责正起、成谦、心安三人曰：'汝辈皆言谋反是实，今奈何无据？若三日不得，

---

[1]　（明）马麟：《续纂淮关统志》卷七，清乾隆刻本。

[2]　（明）余永麟：《北窗琐语》，载《丛书集成新编》（文学类），台湾新文丰出版公司1986年版，第192页。

[3]　贵州省文史研究馆古籍整理委员会编：《〈清实录〉贵州资料辑录》，汕头大学出版社2010年版，第167页。

则杀汝。'三人急，命搜得戏衣一箱，使营中七缝工稍补治之，即以为据。"[1] 上述文献中所言"戏衣"皆为演戏所穿之衣。

宋无名氏《水调歌头·律纪林钟月》有"称寿处，歌齿皓，戏衣斑"[2]。北齐魏收的《魏书·乐浪王列传》载乐浪王的儿子元忠"肃宗时，复前爵，位太常少卿。出帝泛舟天渊池，命宗室诸王陪宴。忠愚而无智，性好衣服，遂着红罗襦，绣作领，碧绸裤，锦为缘。帝谓曰：'朝廷衣冠，应有常式，何为着百戏衣？'忠曰：'臣少来所爱，情存绮罗，歌衣舞服，是臣所愿。'帝曰：'人之无良，乃至此乎！'"[3] 此两处所载"戏衣"，尤其是前者，究竟是指宋代扮演杂戏之戏衣，还是指楼堂馆舍歌儿舞女一般装扮之衣，不得而知。然后者意指却很明确，乃指身穿红绿锦绣、艳若百戏表演之衣。古代的太常寺乃朝廷设立管理宗庙礼乐的机构。作为宗室诸王之一的太常少卿元忠陪宴时着装艳丽，其着装被肃宗皇帝批为"百戏衣"，不仅如此，肃宗还忍不住感叹"人之无良，乃至此乎"。元忠自己也解释，他从小就喜欢绮罗绸缎制成的五颜六色的歌衣舞服。从这段文字可以推断，至少在南北朝时期，"歌衣舞服"或曰"百戏衣"，就已经是一个独立的存在。换句话说，用于表演的"戏衣"，并非只是宋元以后乃至明代戏剧表演日臻完善之后的产物。

"戏服"之称，多见于现代著述，当为"戏曲服装"或"唱戏之衣服"的简称。在现存文献中，"衣服"一词倒是比较常见，且存在历史比较久远，然"戏服"这一称谓并不常见。《光绪台湾通志》载同治元年（1862）"戴万生案"中写道："哑口弄等赴斗扎营团圆围住，为断粮之计，皆戴戏帽穿戏服，伪刘军师。"[4] 此处的"戏服"约略等同于"戏衣"，指唱戏之人所穿衣服。

无论是"戏衣"还是"戏服"，此类语汇一般不为行内人所用，梨园行一般笼统称之为"行头"。在提到某一件具体的衣服时，往往说什么蟒，什么袍，或什么褶子等，譬如大龙蟒、团龙蟒或大红团龙蟒、红缎盘金大龙蟒等。这样一说，大家便都明白是指哪件衣服了。同样是蟒服，不仅颜色上有上五色和下五色之分，还有图案、质地、款式之分。譬如红蟒，从图案来说，又有大龙和团龙之别；从款式来说，有男蟒、女蟒、箭蟒、加官蟒、太监蟒以及改良蟒等不同种类。同样是大龙蟒，还分两龙、四龙和吐水龙[5]等不同造型设计。在材

[1] 徐珂编撰：《清稗类钞》第三册，中华书局1984年版，第1115页。

[2] （宋）无名氏：《水调歌头》，载唐圭璋编《全宋词》，中华书局1965年版，第3798页。

[3] （北齐）魏收：《魏书》卷十九上，武英殿本。

[4] （清）薛绍元：《光绪台湾通志》，清稿本影印。

[5] 参见刘月美《中国京剧衣箱》，上海辞书出版社2002年版，第91页。

质上，制作大龙蟒时通常使用大缎做面料，然经济条件有限时，也会使用布或麻等面料。在图案的表现手法上，一般以刺绣为主，也有织锦、彩绘或拼贴等。不同种类、颜色、款式以及不同图案、材质，甚至不同制作工艺的戏衣无不与相应的环境、场景相适应，或用于不同的人物身份等，其细微差别，很多时候恐怕只有内行人才能说得清楚。

"行头"是统称，在特定语境下，也可以用来专门指称戏衣。元人散曲中有"都是些腌臜砌末，猥琐行头"[1]"旧行头，家常扮"[2]等语句表述，句中所言"行头"皆指演戏的装扮，即戏衣。明人沈璟撰《博笑记》第十六出有："净、小丑：请了。小旦：请了。取了行头就来（下）。"[3]这里的"行头"是指衣箱里专用于小旦的女衣。

然而，很多时候，"行头"这个词并不都用来专指戏衣。清人李斗撰《扬州画舫录》称"戏具谓之行头，行头分衣、盔、杂、把四箱"[4]。该"行头"一词就指包括戏衣在内的演戏必备的一应之物。《红楼梦》中贾府为迎接元妃省亲做各种筹备，其中就包括"下姑苏聘请教习，采买女孩子，置办乐器行头等事"，元妃回宫以后，贾蔷仍旧"管理着文官等十二个女戏子并行头等事"。[5]上述《红楼梦》中所言"行头"应当并不仅仅指戏衣，而是指包括戏衣在内的所有戏具。元代散曲中有【滚绣球】云："千家饭足可周，百结衣不害羞。问什么破设设歇着皮肉，傲人间伯子公侯。闲遥遥唱些道情，醉醺醺打个稽首。抄化些剩汤汤残酒，咱这愚鼓简子便是行头。"[6]这里的"行头"则指随身之物，"行"音 xíng。

清代徐会云修、刘家传纂《辰溪县志》卷十六"风俗"有云："行李曰行头。"注曰："出吴语。"[7]宋代王应麟《困学纪闻》曰："'行头'，出《吴语》。"清代翁元圻等人注曰"百行，行头皆官师"[8]。《国语·吴语》云："吴王昏乃戒，令秣马食士。夜中，乃令服兵擐甲，系马舌，出火灶，陈士卒百人以为彻

[1] 徐征、张月中、张圣洁、奚海主编:《全元曲》第十卷，河北教育出版社1998年版，第7575页。

[2] 徐征、张月中、张圣洁、奚海主编:《全元曲》第十一卷，河北教育出版社1998年版，第7919页。

[3] （明）沈璟:《博笑记》卷下，明刊本。

[4] （清）李斗撰，汪北平、涂雨公点校:《扬州画舫录》，中华书局1960年版，第133页。

[5] （清）曹雪芹著，（清）无名氏续:《红楼梦》，华文出版社2019年版，第147、216页。

[6] （元）邓学可:《滚绣球》，载徐征、张月中、张圣洁、奚海主编《全元曲》第十卷，河北教育出版社1998年版，第7688页。

[7] （清）徐会云修，刘家传纂:《辰溪县志》卷十六，清道光元年（1821）刻本。

[8] （宋）王应麟著，（清）翁元圻等注，栾保群、田松青、吕宗力校点:《困学纪闻》（全校本），上海古籍出版社2008年版，第2045页。

行，百行。行头皆官师，拥铎拱稽，建肥胡，奉文犀之渠。"[1] 韦昭注云："行头皆官师。官师大夫也。"[2]《周礼注疏·地官司徒》云："胥师，二十肆则一人，皆二史……贾师，二十肆则一人……肆长，每肆则一人。"注曰："师，长也。肆，谓行列。""肆长谓行头，每肆则一人，亦是市中给繇役者。""肆长各掌其肆之政令，陈其货贿，名相近者相远也，实相近者相尔也，而平正之。"疏引"贾疏"云："此肆长谓一肆立一长，使之检校一肆之事，若今行头者也。"[3]"行"读作 háng。

由此可知，"行头"一词早期当指古代社会行伍编制中的一种职级，是特定身份或地位的象征，由此引申为某一行当的行首，继而引申为某一行当的穿着打扮和随身携带之物。譬如明人游朴撰《诸夷考》"苗人"载："凡几要约，无文书，刊寸木判以为信，争讼不入官府，即入亦不得以律例科之。推其属之公正善言语者，号曰行头，以讲曲直。行头以一事为一筹，多至百筹者。"[4] 清人纂《皇清奏议》续卷四云："外省官价之弊，每行设立行头，各衙门需用等物总取诸行头，行头分敛于铺户以应官差，凡行头所缴之物……"[5] 这里的"行头"有百行之首之意，对本行事务包括应差纳税等负有管理职能。根据古代的衣冠制度，盖担任行头之人其穿着亦当有别于常人，故久而久之，人们将某种特定形象或某种身份地位的穿着打扮（即服饰）也称为"行头"。

明人冯梦龙在《醒世恒言》之"佛印师四调琴娘"中写宋神宗到大相国寺祈雨，苏东坡任礼官主斋，名士谢端卿欲一睹御容，东坡让其"扮作侍者模样，在斋坛上承直。圣驾临幸时，便得饱看"，谢某"遂欣然不辞。先去借办行头，装扮的停停当当"[6]。又有"张廷秀逃生救父"故事，写张姓廷秀、文秀兄弟二人被害溺水，浙江绍兴府孙尚书府中两个戏子，"一个是师父潘忠，一个是管箱的家人，领着行头往南京去做戏，在此经过，恰好救了廷秀"[7]。明人秦金撰《安楚录》卷二有"八品行头出身"[8]。汤显祖《邯郸梦记》第二十六出亦云："更不大，也是一考三年，三考九年，朝廷大选，六品行头，出去为民之父

[1]（三国吴）韦昭解，（清）黄丕烈、汪远孙撰：《国语》卷十九，士礼居黄氏重刊本。

[2]（清）黄奭：《黄氏逸书考》"子史钩沉"，清道光黄氏刻民国二十三年（1934）江都朱长圻补刊本。

[3]（汉）郑玄注，（唐）贾公彦疏：《周礼注疏》，（清）阮元校刻《十三经注疏》，江苏广陵古籍刻印社1995年版，第698、738页。

[4]（明）游朴：《诸夷考》卷二，明万历二十年（1592）刻本。

[5]（清）佚名：《皇清奏议》续卷四，民国影印本。

[6]（明）冯梦龙：《醒世恒言》，浙江古籍出版社2010年版，第136页。

[7]（明）冯梦龙：《醒世恒言》，浙江古籍出版社2010年版，第253页。

[8]（明）秦金：《安楚录》卷二，明刻本。

母。"[1] 明人凌濛初《二刻拍案惊奇》卷二十六高愚溪对其侄儿高文明曰："我还有两个旧箱笼，有两套圆领在里头，旧纱帽一顶，多在大女儿家里，可着人去取了来，过年时也好穿了拜拜祖宗。"其侄儿遂"着人到大女儿家里去讨这些东西。那家子正怕这厌物再来，见要这付行头，晓得在别家过年了，恨不得急烧一付退送纸，连忙把箱笼交还不迭"。高愚溪"见取了这些行头来，心里一发晓得女儿家里不要他来的意思，安心在侄儿处过年"。[2]

从明人笔记或小说中可以看到，"行头"在当时已被人们普遍用来指代穿着打扮之物。实际这一现象可能在宋代即已比较流行。宋代洪迈《夷坚志》"彭师鬼孽"中有"夺我行头"[3]语。文天祥诗《苏州洋》曰："一叶漂摇扬子江，白云尽处是苏洋。便如伍子当年苦，只少行头宝剑装。"[4]又《三宝太监西洋记通俗演义》卷四第十八回载："万岁爷坐在金殿上，即时传下几道旨意：一宣营缮局掌印太监，一宣织染局掌印太监，一宣印绶监掌印太监，一宣尚衣监掌印太监，一宣针工局掌印太监。即时五个太监一齐叩头。奏道：'奉圣旨宣奴婢们不知有何使用？'万岁爷道：'宣进你们不为别事，明日征进西洋，各官俱有各官的行头，各官俱有各官的服饰，就是天师有天师的行头，有天师的服饰；只是国师全然不曾打叠。我今日要八宝镶成的毗卢帽一顶，要鱼肚白的直身一件，要鹅黄色的偏衫一件，要四围龙锦襕的袈裟一件，要五指阔的玲珑玉带一条，要龙凤双环的暑袜一双，要二龙戏珠的僧鞋一双，要四条蛟龙盘旋的金牌一面。'"[5]根据上下文内容来判断，这段文字中的"行头"似指幞头或头帽。因此，"行头"一词在特定语境下又可以用来指代头上所戴之物。

由此可知，"戏衣"有时也可以被笼统地称为"行头"，但在特定语境下，"行头"一词又有不同的含义和所指。至今，南方还有人将演戏所用之衣帽称为"行（háng）头"。

在过去戏班或现代剧团的演出实践中，人们通常将戏衣等一应之物存放于大木箱内，这种放置戏具的大木箱被称作"衣箱"，设有专人管理，管箱的人俗称"管箱""箱上"或"箱倌"。其中，"箱倌"一词犹若店铺呼小伙计之"小二"，盖指盔箱中位分较低或比较年轻的管理人员，如学徒或新手，非为敬称，

---

[1]（明）汤显祖著，吴秀华校注：《汤显祖〈邯郸梦记〉校注》，河北教育出版社2004年版，第260页。

[2]（明）凌濛初：《二刻拍案惊奇》卷二十六，明崇祯五年（1632）尚友堂刻本，影印。

[3]（宋）洪迈：《夷坚志》三志辛卷二，清影宋抄本。

[4]（宋）文天祥撰，刘文源校笺：《文天祥诗集校笺》，中华书局2017年版，第786页。

[5]（明）罗懋登著，陆树嵛、竺少华校点：《三宝太监西洋记通俗演义》上海古籍出版社1985年版，第233—234页。

不为人所喜。也有人认为这是一中性词，指职业管箱人。

在现代戏曲院团的舞美管理体系中，过去那种笨重的大木箱基本早已弃之不用，改用相对轻便且便于搬运的密度板贴塑带轮大衣箱，传统"衣箱"这一行业术语和管理行当仍旧被沿袭。然而，在公开的演职人员名单中，却并无"衣箱"一类，而是改以"服装"一词来代替。在口头上，有时也直呼其为"管服装的"。"戏曲服装"或"戏服"盖由此而盛行。

二

衣有衣制。汉董仲舒撰《春秋繁露·度制》篇云："圣人之道，众堤防之类也，谓之度制，谓之礼节，故贵贱有等，衣服有制，朝廷有位，乡党有序，则民有所让而不敢争，所以一之也。"[1] 传统戏曲中的衣箱制度也正是在这种古代衣制的基础上发展而来的。

《礼记·王制》曰："礼乐、制度、衣服，正之。""革制度衣服者为畔，畔者君讨。"[2] 古代衣服制度不仅是礼制的体现，而且其本身也是礼制要求的重要内容之一。所谓"礼"，即规范。既有规范，便不可违背，否则就会被视为叛逆，要受到国君的诛讨。

在古代等级森严的礼法制度下，"衣服有制"是"服制"思想的重要内容之一。《春秋繁露·服制》曰："各度爵而制服，量禄而用财，饮食有量，衣服有制，宫室有度，畜产人徒有数，舟车甲器有禁；生则有轩冕之服位贵禄田宅之分，死则有棺椁绞衾圹袭之度。虽有贤才美体，无其爵，不敢服其服；虽有富家多赀，无其禄，不敢用其财。天子服有文章，夫人不得以燕飨公以庙，将军大夫不得以燕飨以庙，将军大夫以明，官吏以命，士止于带缘，散民不敢服杂采，百工商贾不敢服狐貉，刑余戮民不敢服丝玄缥乘马，谓之服。"[3]《管子·立政·服制》篇云："天子服文有章，而夫人不敢以燕以享庙，将军大夫以朝，官吏以命，士止于带缘。散民不敢服杂采，百工商贾不得服长鬈貂，刑余戮民不敢服统，不敢畜连乘车。"[4] "服制"之"服"，用也，服用之意，包括衣服、车服、居住、饮食、庙享以及丧葬等一切应用。"衣服"则专指一切衣着服用之物，几

---

[1] 张世亮、钟肇鹏、周桂钿译注：《春秋繁露》，中华书局2012年版，第280页。

[2] （汉）郑玄注，（唐）孔颖达疏：《礼记正义》，载李学勤主编《十三经注疏》，北京大学出版社1999年版，第363页。

[3] （汉）董仲舒撰，（清）庐文弨校：《春秋繁露》卷七，抱经堂本。

[4] （唐）房玄龄注，（明）刘绩补注：《管子》，上海古籍出版社2015年版，第20页。

乎囊括了一个人生老病死终其一生所有穿用之物。《礼记·坊记》曰："夫礼者，所以章疑别微，以为民坊者也。故贵贱有等，衣服有别，朝廷有位，则民有所让。"[1]《论语·尧曰》载子曰："君子正其衣冠，尊其瞻视，俨然人望而畏之，斯不亦威而不猛乎？"[2] 在古人眼中，离经叛道可不是什么好事，"正衣冠"不仅可以"尊瞻视"，而且能够令人保持谦让、敬畏之心。"贵贱有等""衣服有别"的服制思想固然有着维护贵族统治的根本目的，但客观上也发挥了章门别类、恪守本分、循规蹈矩、治国安民和稳定社会的重要作用。这大概也是我国古代传统衣冠制度可以在绵延数千年的文明历史中长盛不衰、大放异彩、独具魅力的主要原因之一。

古代衣制十分完备。我国先秦时期就已建立了相对完善的衣冠制度。作为服制的重要内容，庞大繁复的古代衣制体现在整个贵族社会的国家治理体系之中。这种庞杂的衣制体系可以从周代朝官的设置中细端其详。

首先在吏治方面，从大小宰到内外府，从典妇功到司裘、掌皮、典丝和典枲，上至冢宰，下至胥徒百工，各司其职。冢宰"掌邦治，统百官，均四海"[3]。冢宰包括大宰和小宰，大宰掌六典，包括吏户政教兵刑与百工，至如三农园圃商贾嫔妇以及化治丝枲等，涉及邦国治理的所有方面，皆为其所管，大则"施典于邦国，而建其牧，立其监，设其参，傅其伍，陈其殷，置其辅"，"施则于都鄙，而建其长，立其两，设其伍，陈其殷"，"施法于官府，而建其正，立其贰，设其考，陈其殷，置其辅"，细则如"祀五帝，则掌百官之誓戒，与其具修"，年终则"令百官府各正其治，受其会，听其致事，而诏王废置"，三年则"大计群吏之治而诛赏之"。大宰为一人之下，万人之上，掌管着所有邦国事务，衣制服用以及相关生产制作等事项自然都包括在内。小宰"掌建邦之宫刑，以治王宫之政令。凡宫之纠禁，掌邦之六典、八法、八则之贰，以逆邦国、都鄙、官府之治。执邦之九贡、九赋、九式之贰，以均财节邦用"。"不用法者，国有常刑"，"各修乃职，考乃法，待乃事，以听王命。其有不共，则国有大刑"。[4] 小宰的主要职责就是确保宫廷内外凭依王命国法，行其事、履其职，违逆者给予惩处。

接下来，有宫伯、兽人、大府、玉府、内府、外府、司裘、掌皮、九嫔、典妇

---

[1]（汉）郑玄注，（唐）孔颖达疏：《礼记正义》，载李学勤主编《十三经注疏》，北京大学出版社1999年版，第1403页。

[2]（三国魏）何晏集解，（宋）邢昺疏：《论语注疏》，载（清）阮元校刻《十三经注疏》，江苏广陵古籍刻印社1995年版，第2535页。

[3]（汉）孔安国传，（唐）孔颖达正义：《尚书正义》，上海古籍出版社2007年版，第704页。

[4]（汉）郑玄注，（唐）贾公彦疏，彭林整理：《周礼注疏》，上海古籍出版社2010年版，第46—47、58—89页。

功、典丝、典枲、内司服以及缝人、染人等各司其职。宫伯"掌王宫之士、庶子凡在版者，掌其政令，行其秩叙，作其徒役之事，授八次、八舍之职事。若邦有大事作宫众，则令之。月终，则均秩。岁终，则均叙。以时颁其衣裘，掌其诛赏"。兽人"掌罟田兽，辨其名物。冬献狼，夏献麋，春秋献兽物……凡兽入于腊人，皮、毛、筋、角入于玉府。凡田兽者，掌其政令"。大府"掌九贡、九赋、九功之贰"，包括币帛之贡赋，管理府库，以待国君邦国之所用。玉府"掌王之金玉、玩好、兵器。凡良货贿之藏，共王之服玉、佩玉、珠玉。王齐，则共食玉；大丧，共含玉、复衣裳、角枕、角栖。掌王之燕衣服、衽、席、床、第，凡亵器……凡王之献，金玉、兵器、文织、良货贿之物，受而藏之。凡王之好赐，共其货贿"。[1] 其中，"燕衣服"即闲居之服。《说文解字注笺》"襗"曰："绔也。"按引《周礼·玉府》注云："燕衣服者，巾絮寝衣袍襗之属。"又引《论语》曰："红紫不以为亵服。"郑注云："亵衣，袍襗。"笺云："襗，亵衣，近汗垢。《释名》曰：'汗衣，近身受汗垢之衣也。'"[2] 内府"掌受九贡、九赋、九功之货贿、良兵、良器，以待邦之大用。凡四方之币献之金、玉、齿、革、兵器，凡良货贿，入焉。凡适四方使者，共其所受之物而奉之。凡王及冢宰之好赐予，则共之"。外府"掌邦布之入出，以共百物，而待邦之用。凡有法者，共王及后、世子之衣服之用。凡祭祀、宾客、丧纪、会同、军旅，共其财用之币赍，赐予之财用。凡邦之小用，皆受焉。岁终，则会，唯王及后之服不会"。司裘"掌为大裘，以共王祀天之服。中秋献良裘，王乃行羽物。季秋，献功裘，以待颁赐……凡邦之皮事，掌之。岁终，则会，唯王之裘与其皮事不会"。掌皮"掌秋敛皮，冬敛革，春献之，遂以式法颁皮革于百工。共其毳毛为毡，以待邦事，岁终，则会其财赍"。九嫔"掌妇学之法，以教九御妇德、妇言、妇容、妇功，各帅其属而以时御叙于王所"。典妇功"掌妇式之法，以授嫔妇及内人女功之事赍。凡授嫔妇功，及秋献功，辨其苦良，比其小大而贾之物书而楬之。以共王及后之用，颁之于内府"。典丝"掌丝入而辨其物，以其贾楬之。掌其藏与其出，以待兴功之时。颁丝于外内工，皆以物授之。凡上之赐予，亦如之。及献功，则受良功而藏之，辨其物而书其数，以待有司之政令，上之赐予。凡祭祀，共黼画组就之物。丧纪，共其丝纩组文之物。凡饰邦器者，受文织丝组焉。岁终，则各以其物会之"。典枲"掌布缌缕纻之麻草之物，以待时颁功而授赍。及献功，受苦功，以其贾楬而藏之，以待时颁，颁衣服，授之。赐予亦如之。岁终则各以其物会

---

[1]（汉）郑玄注，（唐）贾公彦疏，彭林整理：《周礼注疏》，上海古籍出版社2010年版，第105—106、136—139、207—215页。

[2]（清）徐灏：《说文解字注笺》卷八上，清光绪二十年（1894）徐氏刻民国三年（1914）补刻本。

之"。[1] 内司服掌王后六服，辨外内命妇之服，举凡祭祀丧衰，宾客及九嫔世妇之内外之服制，亦归其所管。缝人掌宫内缝线之事，如缝国君王后之衣服。染人掌染丝帛，春练，夏纁，秋染，冬献。[2]

以上诸职尚只是周礼中天官各部主官，主官之下还有大夫（含中和下）、士（含上中下）、府、史、工、胥、徒等各职。除了天官，还有地官、春官、夏官、秋官和冬官。

地官以司徒为首，有大小司徒、乡老、闾胥、比长、闾师、羽人、掌葛、掌染草等各司其职。相比于天官以吏政为主，地官则以民政为主，管事甚细。如闾师"掌国中及四郊之人民、六畜之数，以任其力，以待其政令，以时征其赋"，其中包括"任嫔以女事，贡布帛"。又如羽人"掌以时征羽翮之政于山泽之农，以当邦赋之政令。凡受羽，十羽为审，百羽为抟，十抟为缚"，掌葛"掌以时征絺绤之材于山农。凡葛征，征草贡之材于泽农，以当邦赋之政令，以权度受之"，掌染草"掌以春秋敛染草之物，以权量受之，以待时而颁之"等[3]，关乎衣制中的原料采集以及染纺织布等生产环节。

春官以宗伯为首，有大小宗伯、典命、司服等职，以掌祭祀典礼为主。祭祀典礼为国之大事，其关涉服饰穿用的规制自然举足轻重。大宗伯总掌"邦之天神、人鬼、地示之礼"，包括吉礼、凶礼、宾礼、军礼和嘉礼，诸礼之下又各有分，礼用器服皆各有则。小宗伯之职，则"掌建国之神位，右社稷，左宗庙"，"掌五礼之禁令，与其用等"，"掌三族之别，以辨亲疏"，"掌衣服、车旗、宫室之赏赐，掌四时祭祀之序事与其礼"。[4] 司服和典命分别掌管国君、诸侯、王公大臣包括士大夫在内的仪式服用。其中，以司服所管之国君服用最为复杂。司服"掌王之吉、凶衣服，辨其名物与其用事。王之吉服，祀昊天上帝，则服大裘而冕；祀五帝，亦如之。享先王，则衮冕；享先公、飨、射，则鷩冕；祀四望山川，则毳冕；祭社稷五祀，则希冕；祭群小祀，则玄冕。凡兵事，韦弁服；视朝，则皮弁服。凡甸，冠弁服。凡凶事，服弁服。凡吊事，弁绖服。凡丧，为天王斩衰，为王后齐衰。王为三公六卿锡衰，为诸侯缌衰，为大夫、士疑衰，其首服皆弁绖。大札、大荒、大灾，素服。公之服，自衮冕而下如王之服。侯伯之服，自鷩冕而下如公之服。子男之服，自毳冕而下如侯伯

[1]（汉）郑玄注，（唐）贾公彦疏，彭林整理：《周礼注疏》，上海古籍出版社2010年版，第215—219、233—241、265、276—277页。

[2]　参见（汉）郑玄注，（唐）贾公彦疏《周礼注疏》，上海古籍出版社2010年版，第277—287页。

[3]（汉）郑玄注，（唐）贾公彦疏，彭林整理：《周礼注疏》，上海古籍出版社2010年版，第477—478、598—599页。

[4]（汉）郑玄注，（唐）贾公彦疏，彭林整理：《周礼注疏》，上海古籍出版社2010年版，第645—704页。

之服。孤之服，自希冕而下如子男之服。卿大夫之服，自玄冕而下如孤之服。其凶服，加以大功、小功。士之服，自皮弁而下如大夫之服。其凶服，亦如之。其齐服，有玄端、素端。凡大祭祀、大宾客共其衣服而奉之。大丧，共其复衣服、敛衣服、奠衣服、廞衣服，皆掌其陈序"[1]。典命则"掌诸侯之五仪、诸臣之五等之命。上公九命为伯，其国家、宫室、车旗、衣服、礼仪，皆以九为节。侯伯七命，其国家、宫室、车旗、衣服、礼仪，皆以七为节。子男五命，其国家、宫室、车旗、衣服、礼仪，皆以五为节。王之三公八命，其卿六命，其大夫四命，及其出封，皆加一等，其国家、宫室、车旗、衣服、礼仪亦如之。凡诸侯之适子，誓于天子，摄其君，则下其君之礼一等；未誓，则以皮帛继子男。公之孤四命，以皮帛视小国之君。其卿三命，其大夫再命，其士一命，其宫室、车旗、衣服、礼仪，各视其命之数。侯伯之卿、大夫、士，亦如之。子男之卿再命，其大夫一命，其士不命，其宫室、车旗、衣服、礼仪，各视其命之数"[2]。

其他如夏官和秋官，分别主管兵事和刑罚，兵事涉甲衣的制作与管理，刑罚涉法服和罪服。冬官，《周礼》中阙如，西汉河间献王刘德补以《考工记》，《考工记》云"治丝麻以成之，谓之妇功"，又有"攻皮之工五，设色之工五"。"攻皮之工"包括函、鲍、韗、韦、裘五个工种，"设色之工"则包括画、缋、钟、筐、㡛五工。后面所提函人、鲍人、韗人、韦氏、裘氏、㡛氏等皆为以其工种为业者。如"画缋之事"，当指画绣之工。其云："画缋之事，杂五色。东方谓之青，南方谓之赤，西方谓之白，北方谓之黑，天谓之玄，地谓之黄。青与白相次也，赤与黑相次也，玄与黄相次也。青与赤谓之文，赤与白谓之章，白与黑谓之黼，黑与青谓之黻，五采备谓之绣。土以黄，其象方天时变。火以圜，山以章，水以龙，鸟兽蛇。杂四时五色之位以章之，谓之巧。凡画缋之事后素功。"[3]㡛氏为涑染之工。其文曰："㡛氏涑丝，以涚水沤其丝七日，去地尺暴之。昼暴诸日，夜宿诸井。七日七夜，是谓水涑。涑帛，以栏为灰，渥淳其帛，实诸泽器，淫之以蜃，清其灰而盏之，而挥之，而沃之，而盏之，而涂之，而宿之。明日，沃而盏之，昼暴诸日，夜宿诸井。七日七夜，是谓水涑。"[4]"涑"音liàn，即练也。侯

---

[1]（汉）郑玄注，（唐）贾公彦疏，彭林整理：《周礼注疏》，上海古籍出版社2010年版，第790—808页。

[2]（汉）郑玄注，（唐）贾公彦疏，彭林整理：《周礼注疏》，上海古籍出版社2010年版，第784—788页。

[3]（汉）郑玄注，（唐）贾公彦疏，彭林整理：《周礼注疏》，上海古籍出版社2010年版，第1523、1529、1605—1608页。

[4]（汉）郑玄注，（唐）贾公彦疏，彭林整理：《周礼注疏》，上海古籍出版社2010年版，第1609—1611页。

赞福主编《古汉语字典》释"涷"曰："练丝，把丝煮得柔软洁白。"[1]幌氏练染之法，俨然是后世布帛练染技术的源头。

可以看到，在周代官制中，从吏治到民户、礼法、军事、刑罚，最后到社会底层的百工，国君以下，上至大小宰、大小司徒、大小宗伯以及司马、司寇等，下至胥徒，各司其职，各守其法，完备的官制与管理制度确保政令相通，各邦、乡、州、族、闾乃至百工，各行各业，三教九流，无不井然。《尚书·周书》"周官"云，"成王既黜殷命，灭淮夷，还归在丰，作《周官》"，"董正治官"，"制治于未乱，保邦于未危"。[2]可见，周官之制，其宗旨在于保邦治国，而衣冠之制，其目的亦不过如此。周代衣冠虽完备，却系自前代承袭发展而来。在其后的历代发展中，古代衣制虽不断完善，但其"贵贱有等，衣服有别"的总体架构与"保邦治国"的核心精髓总不出上古三代之制。

除了治理体系上的等级特点，古代衣制在季节时令、穿用功能以及材质、装饰、尺寸、做工等方面皆有比较严格的规定或要求。

在季节时令方面，要求不同季节场合应不同工事，穿着不同颜色或材质的衣服。譬如天子春季衣青，夏季衣朱，秋衣衣白，冬季衣黑。孟冬之月，天子开始穿裘皮之衣。应工方面，暮春（季春之月）时节要"命野虞无伐桑柘"，"省妇使，以劝蚕事"；初夏（孟夏之月）"命野虞出行田原，为天子劳农劝民，毋或失时"，"蚕事毕，后妃献茧，乃收茧税，以桑为均，贵贱长幼如一，以给郊庙之服"；暮夏（季夏之月）"命妇官染采，黼黻文章，必以法故，无或差贷。黑黄仓赤，莫不质良，毋敢诈伪，以给郊庙祭祀之服，以为旗章，以别贵贱等给之度"；中秋（仲秋之月）时节，"乃命司服，具饬衣裳，文绣有恒，制有小大，度有长短。衣服有量，必循其故"；深秋（季秋之月）则"霜始降"，"百工休"。[3]除了秋季以休为主，其他时令各应其工，各行其是，以为整个衣制之根本。

在穿用功能方面，古代衣制不仅有常服、礼服之分，还有内穿和外穿之别。有轻薄保暖之求，也有豪奢浮夸之炫。其如燕居之服、朝见之服以及不同礼用之服乃至劳动之服，又内穿外用、轻薄暖适与厚重奢华等功能需求的不同，都会导致款式、用料、颜色、图案及做工等各个方面的不同。以深衣为例，古人在其做工方面就提出了制合规矩绳直权衡，尤其是对领、袖、带、布幅、挂肩

[1] 侯赞福主编：《古汉语字典》，南方出版社2002年版，第183页。
[2] （汉）孔安国传，（唐）孔颖达正义：《尚书正义》，上海古籍出版社2007年版，第699—702页。
[3] （汉）郑玄注，（唐）孔颖达疏：《礼记正义》，载李学勤主编《十三经注疏》，北京大学出版社1999年版，第442—534页。

以及衣缘等重要部位，都提出了至为细腻的做工要求。《礼记·深衣》曰："古者深衣，盖有制度，以应规矩绳权衡。短毋见肤，长毋被土……袼之高下，可以运肘；袂之长短，反诎之及肘。带，下毋厌髀，上毋厌胁，当无骨者。制十有二幅，以应十有二月。袂圜以应规，曲袼如矩以应方，负绳及踝以应直，下齐如权衡以应平……下齐如权衡者，以安志而平心也。五法已施，故圣人服之……故可以为文，可以为武，可以摈相，可以治军旅，完且弗费，善衣之次也。"[1] 这说明，古代衣制除了讲究等级差异、时令区别、礼仪规范，也十分讲究实用性，不仅要求穿着方便美观，安志平心，适用于不同场景，还提倡完善节俭、不能太浪费。

《晏子春秋》中记载了几则有关齐景公厚饰矜裳的故事。其一云："景公为履，黄金之綦，饰以银，连以珠，良玉之絇，其长尺，冰月服之以听朝。"因装饰太甚，鞋履笨重不暖，上朝时"仅能举足"。即便如此，景公仍问晏子："天气很冷吗？"晏子批评鲁国工匠做此鞋不知寒温之节，不懂轻重之量，违背常规，遭人耻笑，浪费钱财，招民怨恨。其二云"景公欲以圣王之居服而致诸侯"，晏子称"夫冠足以修敬，不务其饰；衣足以掩形，不务其美"，"服之轻重便于身，用财之费顺于民"，"衣服之侈，过足以敬，宫室之美，过避润湿，用力甚多，用财甚费，与民为仇"。倡导"合用""节俭"，是古代衣制的又一重要思想。帝王虽奢，若超过尺度，浪费功力和财物不说，还容易招人怨恨，无异于"与民为仇"。尽管如此，齐景公还是忍不住"为巨冠长衣"，以华冠侈衣以自矜，"黼黻之衣，素绣之裳，一衣而五采具焉。带球玉而冠且，被发乱首，南面而立，傲然"。齐景公以为居住服饰华美，姿态傲然，就可以称霸诸侯了。晏子却称"伐宫室之美，矜衣服之丽"乃不过一室之容，"一心于邪"，"魂魄亡矣"，"以谁与图霸哉"。[2] 过分追求外在华而不实的东西，连本心都丢了，还谈什么宏图霸业呢？

可见，古人建立衣制的初衷或本质是为了更好地治理邦国，以此达到更高层次的目标追求。衣服本身并不是目的。不能以衣害物，或以衣坏性。穿衣或用衣者如此，做衣者亦如此。

传统戏曲中的衣箱制是由演剧装扮的需要而产生的。即便是过去的宫廷演剧，其本身在很大程度上也与特定的经济能力相关。在不计较经济成本的前提下，演剧服饰的装扮在考虑便于歌舞和赏心悦目的实用性与艺术性的同时，也不能背离传统衣制的根本，传统衣制有其合法合规以及合俗合用的内在逻辑，

---

[1]（汉）郑玄注，（唐）孔颖达疏：《礼记正义》，载李学勤主编《十三经注疏》，北京大学出版社1999年版，第1561—1562页。

[2]（齐）晏婴：《晏子春秋》，远方出版社2002年版，第64、66、68页。

违背了这个内在的逻辑，必定荒诞不经，令人难以接受。举例来说，传统戏中演贫穷落魄者一般要穿"富贵衣"，所谓"富贵衣"，其实是指破旧不堪、补丁摞补丁的穷人衣或乞丐衣，剧中穿这种衣服的人物往往会在后面的剧情中出现反转，变得富贵发达起来，故戏班内称穷人衣为"富贵衣"，实际暗含了一种对剧中人物的同情及美好祝愿。设想一下，如果我们把这种衣服换成绫罗绸缎，或以绫罗绸缎制成的"富贵衣"，其效果会如何呢？

因此，传统戏曲衣箱所体现的绝不仅仅是一门单纯的服装艺术或穿衣技术，而是一门综合的、富于传统文化内涵的专业技术知识。

三

传统戏班衣箱通常具备三箱，即大衣箱、二衣箱和三衣箱，也有两箱之说，如清李斗之大衣箱和布衣箱。这三箱实际代表的是三种类型的衣箱，而不是说只有三个装衣服的实物箱子。每种衣箱装的是不同类型的戏衣。大致来说，大衣箱通常用来放置袍、蟒、帔、褶、氅等戏衣，这些戏衣主要用于文场，即以唱功和文舞为主，故有时也被称作文扮或文服。二衣箱主要用来放置靠、甲、箭衣、打衣、打裤等戏衣，这类戏衣主要用于武场，即以武打或武舞为主，故通常也被称作武扮或武服。[1]三衣箱主要用于存放水衣子、胖袄和彩裤等内穿衣物。同样，李斗的两箱说则只是将戏衣分为布衣和非布衣两大类。

如果仅以文扮、武扮或文武服来区别大衣箱、二衣箱是非常片面的，容易让人们误解。一方面，大衣箱中的蟒、袍、官衣、褶、帔等在戏剧扮演中的确是王公士大夫等文职或文人形象使用居多，但戏中扮演武将的形象在朝堂觐见或厅堂闲居等战场以外的仪式性或燕居场合，也是要穿蟒、袍或褶、帔的。另一方面，用于一般劳动者的劳动衣（行话叫"老斗衣"）、跑龙套的龙套衣以及扮演千金小姐、宫女、太监所穿的宫衣、袄裤、太监衣，另外还有法衣、僧衣、罗汉衣、八仙衣、旗袍等，也都归属于大衣箱，这些戏服很难被称为"文扮"或"文服"。故所谓文、武之扮只是一个不那么严谨的、约定俗成的口头语。

从传统衣制的角度来看，二衣箱用于武扮的靠、铠、甲衣等戏衣体现了传统服饰中非常独特的一种类型，过去称铠、甲或铠甲，又有罩甲等样式，统称戎装或戎服。在现实生活中，甲衣当然也会分等级，譬如级别高的将领，其戎

[1] 参见刘月美《中国昆曲衣箱》，上海辞书出版社2010年版，第2、62页。

服的用料和做工会更好一些，看起来更加威武，防护功能也会更强。但不管怎么说，其归根到底都是为了在战场上发挥保护躯体、减少或避免伤害的作用。从这一层面来说，甲衣与古人用以区分身份地位或追求舒适保暖的穿着用衣有着本质的不同。若从材质、结构和款式的角度来说，甲衣尤其特殊。因为要用于战场，既要能够起到一定的防护作用，还要能够凸显主将的庄严威武，所以甲衣的制作不仅要求材质结实硬挺，结构也比较复杂，而其款式既与一般常服不同，装饰也非同一般，如铜饰亮片以及立体感很强的虎符、吊鱼儿等皆与其他服饰的规制截然不同。单纯在分量上，二衣箱中的甲衣如大靠通常要比一般戏衣重许多。从叠衣的角度来说，衣箱中的男女大靠几乎可以说是最复杂的，因此，叠大靠也是一门专业性很强的技术活。

除了甲衣这一特殊类型，古代衣制还有一个比较独特的地方是讲究"表里"。"表"即外面，我们常说的戏衣如蟒、袍、褶、氅、官衣或宫衣（也叫彩衣）等通常都是穿在外面的衣服，也是最为讲究纹饰章法的部分。外衣之内，又有明衣和中衣。《论语注疏》"乡党"曰："齐必有明衣布。"注云："凡祭服，先加明衣，次加中衣，冬则次加袍茧，夏则不袍茧，用葛也，次加祭服。若朝服，布衣亦先以明衣亲身，次加中衣，冬则次加裘，裘上加裼衣，裼衣之上加朝服；夏则中衣之上不用裘而加葛，葛上加朝服。"[1] 从这段描述来看，古人所谓"明衣"实即今所谓"内衣"，但与一般内衣不同的是，明衣强调洁净，对神明表达敬畏之意。古人春秋祭祀时要先穿明衣，再穿中衣，冬季时需在中衣之外加袍茧，夏季不用袍茧，但须在中衣外着葛衣，盖葛衣凉爽故。最后穿祭服，祭服即外衣。春秋朝服亦是明衣加中衣，冬季则在中衣之上加裘，裘外着裼，裼外加朝服。裼衣为一种无袖之衣，穿在裘衣之外，犹今之坎肩。夏季则在中衣之外加葛，葛衣外加朝服。用于不同场合的祭服或朝服等外衣与明衣、中衣等服装搭配穿着，不仅是古代衣制的礼仪性要求，也体现了内外不同着装的功能性特征。

从形制上来说，外衣有两种，一种是上衣下裳的衣裳制，另一种是上下相连的深衣制。黄宗羲《深衣考》引明儒黄润玉（1389—1477）语曰："古者朝祭，衣短有裳，惟深衣长邃无裳。"[2] 短衣即上衣，下配裙（古称"裳"），即所谓"上衣下裳"。衣裳是朝祭时的正装，朝拜和祭祀时穿之。戏曲衣箱中的襦裙、宫衣或彩衣实际都是从这种上衣下裳的古代衣制发展而来。

---

[1] （魏）何晏注，（宋）邢昺疏：《论语注疏》，（清）阮元校刻《十三经注疏》，中华书局1980年版，第2494页。

[2] （明）黄宗羲：《深衣考》，载《黄宗羲全集》第一册，浙江古籍出版社1985年版，第183页。

深衣是一种长至脚踝的外穿衣物。"衣裳相连，被体深邃，故谓之深衣。"[1]
深衣最大的特点是上下一体，不分"衣""裳"。作为外穿之用，深衣还有非常
明显的特点即不仅有缘饰且"纯之以采"。《文献通考·王礼考》"衣冠之制"
载："陆氏曰：名曰深衣者，谓连衣裳而纯之以采也。"[2]黄宗羲《深衣考》曰：
"纯，缘也。""缘，緆也，裳下曰緆。袪，口也，裳下也。边，侧也。三者之
饰，各广寸半。纯虽以为饰，然古人之意，于沿边之处，防其易损，故重之。
纯以为固。"[3]可见，古代深衣其衣缘部分包括袖口和裙边等都是要饰以五彩沿
饰的，这种边饰一来是为了装饰，二来更重要的是为了加固实用。确切地说，
是在加固实用的同时起到美化的效果。深衣在古代用途极广，"贱者可服，贵者
亦可服；朝廷可服，燕私亦可服。天子服之以养老，诸侯服之以祭膳，卿、大
夫、士服之以夕视私朝，庶人服之以宾祭，盖亦未尝有等级也"。"蓝田吕氏曰：
深衣之用，上下不嫌同名，吉凶不嫌同制，男女不嫌同服……"[4]深衣在后世广
泛用作常服，其历史渊源由来已久。

与深衣形制比较相似的是长衣、中衣和麻衣。《仪礼注疏》云："公子为其母
练冠麻，麻衣縓缘。为其妻縓冠，葛绖带，麻衣縓缘。"疏曰："礼之通例，麻衣
与深衣制同，但以布缘之则曰麻衣；以采缘之则曰深衣。"[5]古代五彩为锦，比
之一般布帛，织锦厚实而绚烂，用于深衣之衣缘的确可以起到很好的加固与装
饰作用。若不加衣缘或衣缘用素，则分别为中衣和长衣。《礼记注疏》"深衣"
篇注曰："有表则谓之中衣，以素纯则曰长衣。"[6]《深衣考》云："具父母，大父
母，衣纯以缋；具父母，衣纯以青。如孤子，衣纯以素。"[7]由此可知，素纯长
衣一般为孤子所穿。用来侍奉父母和太父母辈的老人，需用做工讲究的缋饰衣
纯。一般为人父母的中年男女则以青色衣纯饰之，以示庄重简朴、勤俭持家。
麻衣为衰居之服，自然不得用锦帛，故以布缘之。

外衣之内要穿中衣，是古代着装中的重要标准。《文献通考·王礼考》云：
"其中衣则在朝服、祭服、丧祭之下，余服则上衣下不相连。"[8]《仪礼注疏》"聘

[1]（元）马端临：《文献通考》，中华书局1986年版，第1003页。

[2]（元）马端临：《文献通考》，中华书局1986年版，第1003页。

[3]（明）黄宗羲：《深衣考》，载《黄宗羲全集》第一册，浙江古籍出版社1985年版，第176页。

[4]（元）马端临：《文献通考》，中华书局1986年版，第1004、1003页。

[5]（汉）郑玄注，（唐）贾公彦疏：《仪礼注疏》，（清）阮元校刻《十三经注疏》，中华书局1980年版，
    第1120—1121页。

[6]（汉）郑玄注，（唐）孔颖达疏，（清）阮元撰：《礼记注疏》卷五十八，阮刻本。

[7]（明）黄宗羲：《深衣考》，载《黄宗羲全集》第一册，浙江古籍出版社1985年版，第175页。

[8]（元）马端临：《文献通考》，中华书局1986年版，第1003页。

礼"曰："遭丧将命于大夫，主人长衣练冠以受。"注云："长衣，素纯布衣也。去衰易冠，不以纯凶接纯吉也。吉时在里为中衣。"[1]中衣一般用素，且为布衣。《礼记·效特牲》曰："绣黼丹朱中衣，大夫之僭礼也"[2]《正义》云："……中衣制如长衣，在上服之，自天子以下皆有。若祭服中衣用素，故《诗》云'素衣朱襮'。其他服中衣用布，故《玉藻》云'以帛里布，非礼也'。"[3]又"深衣"篇疏曰："案郑《目录》云：'名曰"深衣"者，以其记深衣之制也。深衣，连衣裳而纯之以采者。素纯曰长衣，有表则谓之中衣。大夫以上祭服之中衣用素。《诗》云：'素衣朱襮。'《玉藻》曰：'以帛里布，非礼也。'士祭以朝服，中衣以布明矣。"[4]"长衣"与"中衣"的区别是，长衣可以外用，中衣则不可。"主国之丧，主人长衣待宾"，"其长衣制与深衣同，但缘之以素，长衣之袂稍长"。[5]长衣与深衣虽衣制相同，然从缘饰来看，长衣比深衣要朴素，为主国丧权时所用。

袍服在后世一般指外穿之衣物，然在早期却作内穿之用。《说文解字注》在"袍"下注云："古者，袍必有表，后代为外衣之称。《释名》曰：袍，丈夫著，下至跗者也。袍，苞也。苞，内衣也。妇人以绛作。"[6]《礼记·丧大记》曰："袍必有表，不禅。衣必有裳，谓之一称。"[7]从这些描述来看，袍当为中衣或中衣的一种，甚至被用作内衣，后来才成为外衣。

像袍这样穿在里面的衣服，古代统称"亵服"或"亵衣"，为私居之服，不可用以接见外人，否则有亵渎之嫌，故名"亵衣"。《说文解字注》释"袢，左衽袍"，引前人注云："袍，亵衣也。"[8]《论语注疏》"乡党"曰："红紫不以为亵

[1]（汉）郑玄注，（唐）贾公彦疏：《仪礼注疏》，（清）阮元校刻《十三经注疏》，中华书局1980年版，第1069页。

[2]（汉）郑玄注，（唐）孔颖达疏：《礼记正义》，载李学勤主编《十三经注疏》，北京大学出版社1999年版，第782页。

[3]（汉）郑玄注，（唐）孔颖达疏：《礼记正义》，载李学勤主编《十三经注疏》，北京大学出版社1999年版，第357页。

[4]（汉）郑玄注，（唐）孔颖达疏：《礼记正义》，载李学勤主编《十三经注疏》，北京大学出版社1999年版，第1560页。

[5]（汉）郑玄注，（唐）孔颖达疏：《礼记正义》，载李学勤主编《十三经注疏》，北京大学出版社1999年版，第357页。

[6]（汉）许慎撰，（清）段玉裁注：《说文解字注》，上海古籍出版社1988年版，第391页。

[7]（汉）郑玄注，（唐）孔颖达疏：《礼记正义》，载李学勤主编《十三经注疏》，北京大学出版社1999年版，第1265页。

[8]（汉）许慎撰，（清）段玉裁注：《说文解字注》，上海古籍出版社1988年版，第391页。

服。王曰：'亵服，私居服，非公会之服。'"[1]亵服不用红紫，妇人除外。

　　除了袍，古代衣制中用作亵衣的还有襗、袒、衷、裤等。襗，如前所述，是贴身内衣的一种。袒，是另外一种内衣。汉焦延寿《焦氏易林注》有："灵公夏徵，衷袒无极。"注曰："袒，亵衣。"[2]《说文解字》释"袒"："日日所常衣。"[3]即言袒服是每天都要穿的贴身内衣。衷，《说文解字》释其为"里亵衣"。段玉裁注曰："亵衣有在外者，衷则在内者也。"[4]故衷也是亵衣的一种，而且是穿在里面的亵衣。裤，即后来所称之裤。由此可见，古代用作亵服的内衣也有很多种。除了中衣形制比较明了，今人对古代裤服的考证也比较多以外，其他内衣形制如何却不得而知，有待进一步考证。

　　从衣制角度来说，中衣、明衣或亵服虽然在古人的穿衣制度中必不可少，却因其在分量方面稍次于外衣，又无明确的等级之分，实际几乎等同于处在"贵贱有等""衣服有别"的礼制之外，而另属于一个比较独特的穿衣体系。故其形制的发展自然也就比较自由且随意，不是那么刻意讲究规范，以至后世有了各式各样的内服款式。体现在戏衣之中，比较常见的内用服饰有水衣子、胖袄、竹衫以及彩裤等。当然，戏中扮演那些身份地位比较高贵的男女人物，一般需穿着彩裤和长衣，这彩裤固然可以算作内用服饰。但是对于普通人物而言，其形象通常是短衣加裤装打扮，这裤装也叫彩裤，用作外穿。这种外穿服装与古人礼制意义上的外衣不可同日而语。

　　综上所述，我们可以看到传统戏曲衣箱的习惯性划分，实质上与古代服制在功用上的分野关系密切。代表衣服正统（礼仪）的蟒袍、官衣、襦裙等放在大衣箱，其材料做工细致讲究，价值昂贵。另如富贵衣、劳动衣（一作"老斗衣"）等虽然用料一般，然亦作为重要的外穿之物，一并放在大衣箱之内。尤其值得一提的是，富贵衣还通常被放在大衣箱诸般戏服之上，据说这是为了保护其下蟒袍等贵重戏衣。如此，则更可印证大衣箱之制实际源自外衣礼用之娇贵、必首其尊也，哪怕这"尊贵"之服只是普通劳动者和穷途末路之乞丐所穿之老斗衣或富贵衣，亦必不可失其骄傲尊严。

　　甲衣如大靠、铠甲或罩甲、马褂以及箭衣、打衣等，因为武戏中所用，其材质和做工等与大衣箱中的蟒、褶、帔等戏衣又有较大的不同，更为重要的恐

---

[1]　（魏）何晏注，（宋）邢昺疏：《论语注疏》，（清）阮元校刻《十三经注疏》，中华书局1980年版，第2494页。

[2]　（西汉）焦延寿著，（清）尚秉和注，常秉义批点：《焦氏易林注》，中央编译出版社2012年版，第278页。

[3]　（汉）许慎撰，（清）段玉裁注：《说文解字注》，上海古籍出版社1988年版，第395页。

[4]　（汉）许慎撰，（清）段玉裁注：《说文解字注》，上海古籍出版社1988年版，第395页。

怕还是因其整体上属于另一着装体系，而且是戏曲扮演中非常重要的一类装扮用服，故被放置在二衣箱中。

至于水衣子、胖袄和彩裤等内用之服，无论是与大衣箱的蟒、褶、彩衣等外用服装相比，还是与二衣箱的大靠、铠甲、打衣等服装相比，整体而言，这一类衣服的材质和做工都比较一般，既不是很复杂，也不是很昂贵，且其分量明显要轻许多，更重要的是，就其穿着体系而言，与前二者皆有不同，独成一类，故被放置在三衣箱。

在实际负责制作的手工行业中，不同衣箱的戏衣制作也是存在着一定的行业分工的。譬如，有的地方以蟒、袍、褶、帔等戏衣制作为主，有的甚至仅以蟒、靠为主。除了一些规模较大的综合性戏衣作坊或加工厂可以生产各种门类齐全的戏具用品，一般以蟒、靠、褶、帔制作为主的手工艺者通常不会承接水衣、胖袄、彩裤等业务，盖这类衣物单有一行负责。而这一分工的差异亦可在古代匠作文明中找到文化制度和技术管理的源头。

前述记载先秦时期百工执事的《考工记》提到古有"妇功"，"治丝麻以成之"，又有"攻皮之工五，设色之工五"。攻皮之工包括函人，为穿甲之工。唐人徐坚《初学记·武部》"甲"篇载：《周官》，函人为函，犀甲七属，兕甲六属，合甲五属。犀甲寿百年，兕甲寿二百年，合甲寿三百年。凡为甲，必先为容，然后制革。权其上旅与其下旅而重若一。凡甲下饰谓之裳。"注曰："上旅谓要以上，下旅谓要以下。"[1] "要"即"腰也"。元人马端临《文献通考·兵考》注称："属"，"谓上旅下旅札续之数也"。疏曰："上旅之中及下旅之中，皆有札续，一叶为一札"，"凡造衣甲，须称形大小长短而为之，故为人形容以制革也。上旅，腰以上为甲衣；下旅，腰以下为甲裳"。[2] 按照前人的描述，函人制甲。古之甲，腰以上部位的衣服称"甲衣"，腰以下部位的衣服称"甲裳"。无论是甲衣还是甲裳，均为线绳或丝缕串联叶片而成。这种上衣下裳联片而成的铠甲在目前已经出土的考古文物中多有所见。

周官中的函人以兽皮为甲，也有以金属或布帛为甲者。《初学记·武部》"甲"篇"连组被练"条引《吕氏春秋》曰："邾之故为甲常以帛，公息忌谓邾君曰：不若以组。高诱注曰：以组连甲。《左传》曰：楚子重伐吴，至衡山，使邓廖帅组甲三百，被练三千，以侵吴。马融注曰：被练，练为甲里，卑者所服。"[3] 组甲盖以线绳穿缀兽皮或金属叶片而成，质地坚固结实，有利于防身护

[1] （唐）徐坚等：《初学记》，中华书局2004年版，第535页。

[2] （元）马端临：《文献通考》，中华书局1986年版，第1398页。

[3] （唐）徐坚等：《初学记》，中华书局2004年版，第535页。

体。被练或以丝缕缝制布帛而成，不若组甲坚固，故为"卑者所服"。唐代甲制中有所谓"布甲""绢甲"，或即被练类甲衣。古代甲衣属军用物资，由专人专工负责。

为了演出的便利，戏衣中的靠甲固然不大可能采用兽皮或金属来制作，但在很大程度上模仿了古代这种上衣下裳的铠甲形制，以布帛为主要材料，制成了由所谓靠身、靠肚和靠腿三部分组成的战衣。南方的戏衣行业中有很多人不会做靠甲，这一方面固然与市场需求的匮乏有关，另一方面也与其制作工艺本身比较复杂、难以掌握有很大关系。

"设色之工"包括"画缋之事"，大抵绘画、设计和刺绣俱包括在内。作为正装的朝祭礼服或吉服，其绣绘之工尤多，每一行当都有专门的技术工人负责。幌氏专管练染。妇功则应当包括了纺纱、织布、刺绣、剪裁以及缝补和浣洗等更为宽泛的内容。然《考工记》之"凡画缋之事后素功"一句大抵揭示了刺绣服饰从画活、刺绣到后期上浆、裁剪再到缝制成活的加工制作过程。直到现在，蟒靠等大件戏衣的制作流程仍包括画活、上绷、刺绣、上浆、剪裁、成合（缝制）等主要工序。如果衣服上需装饰金银玉饰或毛羽等，则这些装饰之物亦有专人负责加工，最后再由缝人等专职人员连缀到衣服上去。

至如一般冬夏之衣或内服衣物，盖由一般妇功即可完成，故应当不在"画缋之事"内。

周代官制在很大程度上被后世沿袭下来，只是随着生产技术的发展，秦汉以后的服饰制度无论是制作还是管理都在前人的基础上不断细化、日趋完备，到明清时达到极致。

以明代为例，明代与衣食住行相关的制作管理制度有内廷和外廷之分。内廷即宫廷内府，设置有十二监、四司、八局，总称"二十四衙门"。此外还设有内府供用库和内承运库等。司礼监位于十二监之首，权势最大，其下设有管帽、管衣靴、茶房、厨房、打听官、看庄宅等各种琐屑事务的内差值守，除掌管古今书籍、画册、手卷、笔墨纸砚、绫纱绢，各有库贮以外，还设有御前作和若干外差等。凡宫中糊饰和桌椅箱柜等御前营造，不放外匠，均由内匠负责制作，这些内匠皆由年老资深的太监充任。外差如南京、天寿山、凤阳、湖广承天府等处均设有正副守备太监，又设有苏杭织造太监。不同外差例有供奉。内官监掌有十作，分别负责宫廷内部不同的匠作门类。尚衣监专门负责制作御用冠冕袍服靴袜之事，御用袍服皆由该监裁缝匠役负责完成。明万历年间（1573—1620），凡制作皇帝用袍服之里皆用杭绸等绢，所用物料于东厂太监处取办，东厂隶属于司礼监。

针工局以缝制为主。明人刘若愚《酌中志》载"针工局"："职掌内官人等冬衣夏衣"，"凡宫中做法事，扬幡、棹围等件皆隶焉。凡内官曾赐蟒衣，退出宫及病故者，各具本交还本局收也"。[1] 从执掌内容来看，针工局和尚衣监虽然都负责宫内衣物的制作，然针工局貌似以"针工"为主，也即缝制一般的冬夏衣服等，而尚衣监所负责的则是皇帝的冠冕袍服靴袜等规格较高的服用之物，其所需技能自然也较针工局略高一筹，尤其是关涉"画缋之事"，包括刺绣水平，必然尤佳。

内织染局"掌染造御用及宫内应用缎匹绢帛之类。有外厂在朝阳门外，浣濯袍服之所"[2]。又有织染所，"职掌内承运库所用色绢。其署向南，在德胜门里，内有空地，堪为园圃。其染成之绢，赴内承运库交纳。此所，工部亦有监督，有大使，有办颜料诸项商人。此所不隶内织染局"[3]。可见，即便是布料，也要按照一定的功用级别明确区分，染造交纳皆分开管理。

内承运库掌有宫内和宫外若干库，内臣有擢升者可在内承运库领取袍带，织染所负责提供内承运库所用色绢，说明其主要为承办内官衣物而服务，同时受工部监督。内织染局则为宫廷御用及宫内应承服务，可以想见，其所掌缎匹绢帛等物料的规格档次也都会比较高。

兵仗局负责制造刀枪剌戟鞭斧盔甲弓矢等各样器具。另有盔甲厂，即鞍辔局，位于城东南隅，负责营造盔甲铳炮弓矢火药之类。兵仗局属内府，而盔甲厂隶属于兵部，有工部主事监督。[4]

明代内府除了设有二十四衙门之外，还设有甲、乙、丙、丁、戊字库以及承运库、广运库、广惠库、广积库和赃罚库等十库。其中，甲字库掌有阔白三梭布、苎布、绵布以及各类杂项等，皆浙江等处每年所供；乙字库有各省解到胖袄；丙字库有浙江每年办纳的丝棉、合罗丝串、五色荒丝，还有山东、河南和顺天等处每年供奉的棉花绒等，内官冬衣以及军士布衣，皆取于此库；戊字库掌管河南等处解到盔甲弓矢等；承运库职掌浙江、四川、湖广等省供奉的黄白生绢，并内官冬衣、乐舞生净衣等项；广运库掌管黄红等色平罗熟绢、各色杭纱以及绵布等。[5]

内承运库和绦作等都属于内府。内官擢升可从内承运库领取袍带，绦作则专门负责织造各色绦穗。

[1] （明）刘若愚:《酌中志》，北京古籍出版社1994年版，第111页。

[2] （明）刘若愚:《酌中志》，北京古籍出版社1994年版，第111页。

[3] （明）刘若愚:《酌中志》，北京古籍出版社1994年版，第122页。

[4] 参见（明）刘若愚《酌中志》，北京古籍出版社1994年版，第122页。

[5] 参见（明）刘若愚《酌中志》，北京古籍出版社1994年版，第115—116页。

　　明代内廷在服饰生产制作和存储配发方面的分工合作与精细化管理是整个社会服饰加工制作行业的缩影。外廷不同行业民籍匠人的数量更为庞大，分工更细，行业规模也更大。譬如明清时期，北京有绣花作专管绣花，成衣铺以成合衣服为业，裁缝铺则主要揽收一般剪裁和缝制衣物。布庄、绸缎铺以及绦作、染坊等也都分属于不同行当。不同行当的民籍匠人俱登记在册，以不同的劳役形式服务于朝廷。当内廷生产入不敷出时，往往需要外廷供奉。外廷供奉，即来自民籍匠人的生产加工。这一情形在清代特别是清晚期时尤为显著。清末，统治者腐朽堕落，丧权辱国，导致国库亏空。为了节省开支，不得不大量削减宫廷匠作杂役，改成时不时召集外廷民籍匠人进宫服役，或将活计直接放给外廷匠人制作。再者就是全国各地根据当地物产情况，每年按时供奉。明清时期分别于江宁、苏州、杭州等地设立的织造局就是专门向朝廷供奉各种织物的机构。

　　值得注意的是，即使是在宫廷内部，其演剧服装的来源也是多元化的。从明代史料的记载来看，宫廷乐舞生净衣项大致有三个来源，一是内廷制作，二是各地供奉，三是由针工局将罚没的衣服稍加改动处理后使用。按照史料的记载，宫廷内官在退辞出宫或病故时，其所得赏赐蟒衣，都要交还给针工局。刘若愚《酌中志》称：“惟逆贤之服，奢僭更甚，及籍没，皆赏给钟鼓司，凡承应则穿之，光焰耀目。”[1] 明代宫廷宦官魏忠贤擅权专政，骄奢极欲，所穿袍服更是奢华过度。等到被除出宫，其衣物全都被赏给了钟鼓司，钟鼓司是宫廷内负责演剧的机构。魏忠贤穿过的这些袍服不仅奢华，而且越制。《酌中志·内臣服佩纪略》称其“服之不衷，身之灾也”[2]。因此，这些袍服在赏赐给钟鼓司穿用之前，必定经过针工局的加工改造，然后方可穿用。即便如此，钟鼓司“凡承应则穿之”，仍旧“光焰耀目”。可见其华丽富贵。在民间戏班中，也经常遇有名伶佳人得富贾大户赏赐衣物的情形。对于这些华丽衣物，戏班伶人平日里自然不敢穿用，通常也将其纳入戏班衣箱，以作演剧装扮使用。

　　另外，钟鼓司做戏宫中，极尽奇巧，演剧所用之物通常皆由内府各相关衙门共同提供。以傀儡戏为例，《酌中志》称：“其人物器具，御用监也；水池鱼虾，内官监也；围屏帐帷，司设监也；大锣大鼓，兵仗局也。”[3]

　　以上古代文献中记载的服饰包括戏用服饰的制作与管理模式，延伸并投射到清末民初以至当下的民间戏衣传统中，则体现为不同门类戏衣加工制作行业的劳动技术分工以及各式各样的剧装店或租赁店开办制作、销售或租赁业务。然与过

[1]（明）刘若愚：《酌中志》，北京古籍出版社1994年版，第165页。

[2]（明）刘若愚：《酌中志》，北京古籍出版社1994年版，第165页。

[3]（明）刘若愚：《酌中志》，北京古籍出版社1994年版，第108页。

去不同的是，原本从属于小手工业的传统戏衣制作在今天的市场化大潮中更显分散和零落，这一状况在很大程度上有可能会危及整个行业的可持续发展。

四

生于晚清的戏曲理论家齐如山（1876—1962）先生曾在其撰写的《北京三百六十行》中称："从前戏衣皆来自南方，四五十年来北京始有专行。"[1]按照齐先生的说法，北京以前是没有戏衣行的，北京的戏衣皆来自南方，民国以后北京才有了戏衣专行。

笔者近年来在对传统戏衣制作行业进行调研时，确曾听到有南方师傅声称：北方没有做戏衣的，只有南方才有，过去北方的戏衣都是从南方购买的。在北方，偶尔也能听到这种声音，即过去的戏衣都是从南方（苏州）买过来的。从北京过去有没有戏衣行到北方过去有没有做戏衣的，问题似乎变得复杂起来。这个貌似南北戏衣行地缘之争的话题将直击本书一个不可回避的重要话题，即如何正确认识戏衣行，或戏衣行究竟是怎么来的。换句话说，"戏衣行"这个概念是如何被界定的？

"行"原本是一个象形字，本意为十字路口、道路，后分别引申为动词作走、从事等意，以及名词作行列、行业等意。《辞源》释"行（音 háng）"为"行业"，"又买卖交易的处所亦称行，如行栈，商行"。[2]因此，作为名词，"行"有店铺、行业种类等意。如唐人康骈撰《剧谈录》卷上"王鲔活崔相公歌妓"有"径诣东市肉行，以善价取之"[3]句。宋人耐得翁撰《都城纪胜》"诸行"云："市肆谓之行（音杭）者，因官府科索而得此名，不以其物小大，但合充用者，皆置为行。"[4]吴自牧撰《梦粱录》"民俗"篇云："且如士农工商诸行百户衣巾装著，皆有等差。"[5]精通业务的人被称为"行家"[6]。唐人卢言撰《卢氏杂说》录有"织绫锦人"李某诗一首《吟》："学织缭绫功未多，乱拈机杼错抛梭。莫教官锦行家见，把此文章笑杀他。"诗题下有注云："卢氏子失第，徒步出都城，逆旅寒甚。有一人续至，附火吟云云。卢愕然，以为白乐天诗。问姓名，曰姓李，世

[1] 齐如山：《北京三百六十行》卷二"工艺部下"，载梁燕主编《齐如山文集》第七卷，河北教育出版社2010年版，第104页。

[2] 商务印书馆编辑部等编：《辞源》，商务印书馆1988年版，第1521页。

[3] （唐）康骈：《剧谈录》，古典文学出版社1958年版，第4页。

[4] 孟元老等：《东京梦华录》（外四种），古典文学出版社1956年版，第91页。

[5] 孟元老等：《东京梦华录》（外四种），古典文学出版社1956年版，第281页。

[6] 商务印书馆编辑部等编：《辞源》，商务印书馆1988年版，第1522页。

织绫锦，前属东都官锦坊，近以薄伎投本行。皆云以今花样，与前不同，不谓伎俩，见以文彩求售者，不重于世如此。且东归去。"[1] 李某为唐代东都洛阳官锦坊织锦世家，其欲以家传织锦技艺投奔都城长安（今西安）本行，不料却被告知其所擅手艺花样已过时，不为所用。可见，唐宋时期无论是北方还是南方都已存在诸行百市之说，且唐代单是织锦行即有官私之分。

至于戏衣的制作，在古代社会的确并未发展成为一个单独的行业，即所谓戏衣行。原因大致有二：一是清代以前用于乐舞或戏剧表演的戏衣与当时社会生活服饰之间的差异并不是很大，故其加工制作并未脱离当时社会生活服饰加工制作业的行业范畴。二是古代乐舞包括戏剧表演在其演出规模、表演性质、社会传播以及艺术发展等方面都受制于一定的时代背景或社会因素，这些客观存在的限制性因素或社会条件决定了它们很难催生出一个略成规模、可专属于自己的戏衣行业。借用当代社会经济学术语，"需求端"的局限性和"供应端"的复杂性共同决定了"戏衣行"的产生必须具备一定的客观条件。

从"需求端"来说，古代最具规模的乐舞戏剧表演基本都是以官方为主，主要服务于统治阶级和社会贵族阶层的祭祀或娱乐需求，而其表演所需服饰的制作与准备自然也有专门的官方机构和专职人员负责，如前面提到的周代的内府、玉府、外府等机构以及司服、典妇功、典丝、典枲和缝人、染人等即负责各种服饰及相关材料的制作与加工。秦代以后，直至清代，宫廷内外基本都是在沿袭周制的基础上建立了服务于统治阶层和贵族士大夫阶层的官坊、衣局等各种生产机构。宫廷表演需要穿用什么衣服，皆有定例。以唐代为例，《旧唐书·音乐志》记载，唐代立部伎乐如《大定乐》"舞者百四十人，被五彩文甲，持槊"，《上元乐》"舞者百八十人，画云衣，备五色，以象元气"，《圣寿乐》"舞者百四十人，金铜冠，五色画衣"，《光圣乐》"舞者八十人，鸟冠，五彩画衣"。[2] 这些衣服的颜色、样式及图案皆由礼官或乐官负责设计绘制，然后再由衣局或衣监等机构下的匠人负责制作。宫廷以外的官员无论职务高低，都不能僭越，否则很可能在无意之中引来祸端，轻则免官，重则丢命。《北史·长孙平传》载："朝廷以平为相州刺史，甚有能名。在州数年，坐正月十五日百姓大戏，画衣裳为甃甲之象，上怒免之。"[3] 相州在今河南北部安阳市与河北省临漳县一带。古代禁止私藏甲胄，否则治以重罪。百姓大戏使用画有"甃甲之象"的表演服饰有谋逆造反之嫌。一个有才能、受重用的相州刺史尚且因为元宵节百姓

---

[1]（清）彭定求主编，陈书良、周柳燕选编：《御定全唐诗简编》下，海南出版社2014年版，第1927页。

[2]（后晋）刘昫等：《旧唐书》卷二十九志第九，中华书局1975年版，第1060页。

[3]（唐）李延寿：《北史》卷二十二列传第十，中华书局1974年版，第811页。

大戏中以画衣裳为整甲象这样一桩看似不起眼的小事而惹怒皇帝，以致丢了官职，一般士众又何敢随意造次？对于处在社会底层的民间戏班而言，既无胆量亦无能力去花费重金置办各种面料高档、做工精细的专用戏衣。所谓戏衣，不过是化用或借用当时的各种生活服饰而已，以此体现了民间艺人的创作智慧。因此，我们看到，在宋元时期的杂剧演出中，演员的装扮或剧本"穿关"中所罗列的服饰基本都是时人在实际生活中寻常可见的一般装束，就算偶有特殊之处，也不过是对普通生活服饰略加改变而已。

唐人高彦休撰《唐阙史》云："咸通中，优人李可及者，滑稽谐戏，独出辈流……尝因延庆节，缁黄讲论毕，次及倡优为戏，可及乃儒服险巾，褒衣博带，摄齐以升讲座，自称三教'论衡'。"[1]明于慎行《谷山笔麈》卷十四"杂考"云："优人为优，以一人幞头衣绿，谓之参军，以一人髽角敝衣如童仆状，谓之苍鹘。"[2]儒服险巾、褒衣博带、幞头绿衣以及敝衣等都是汉魏以来不同社会阶层的人在实际生活中所穿服饰，只是不同的服饰为不同身份地位的人所用，而穿着这些不同服饰的人也代了不同社会阶层与身份地位而已。这一时期，戏中的人物装扮主要以模拟写实为主，这样也比较贴合所扮人物在现实生活中的类型特征和衣着形象。

当然，除了模拟写实的手段，古代伶人也会在戏中采用一些比较反常或夸张的装扮手法，以达到特定的艺术效果。

宋人周密撰《齐东野语》卷十三云："近者己亥，史岩之为京尹，其弟以参政督兵于淮。一日内宴，伶人衣金紫，而幞头忽脱，乃红巾也。或惊问曰：'贼裹红巾，何为官亦如此？'旁一人答云：'如今做官的都是如此。'于是褫其衣冠，则有万回佛自怀中坠地。其旁者曰：'他虽做贼，且看他哥哥面。'"[3]幞头和红巾在实际生活中代表的是身份与地位截然相反的两种人物类型，前者为雅巾，正如《谷山笔麈》中所云："魏、晋以来，王公卿士以幅巾为雅，用全幅皂向后幞发，谓之头巾，俗因谓之幞头。"[4]后者一般为农民起义的士兵或劫富济贫的侠盗之士所戴，在贵族士大夫的眼中，自然俗陋无比，而且被看作"贼人"的标志。然而，如此两件毫不相干的佩戴用物却被伶人拿来合二为一：内裹红巾，外戴幞头，借以讽刺人物表里不一的形象特点。岳珂《桯史》卷七云："秦桧以绍兴十五年四月丙子朔，赐第望仙桥；丁丑，赐银绢万匹两，钱千万，彩千缣。

---

[1] 王国维：《宋元戏曲考》，载《王国维戏曲论文集》，中国戏剧出版社1957年版，第14页。

[2] （明）于慎行撰，吕景琳点校：《谷山笔麈》，中华书局1984年版，第159页。

[3] 王国维：《宋元戏曲考》，载《王国维戏曲论文集》，中国戏剧出版社1957年版，第29页。

[4] （明）于慎行撰，吕景琳点校：《谷山笔麈》，中华书局1984年版，第145页。

有诏就第赐燕，假以教坊优伶。宰执咸与。中席，优长诵致语，退。有参军者前，褒桧功德，一伶以荷叶交倚（椅）从之。诙语杂至，宾欢既洽。参军方拱揖谢，将就椅，忽坠其幞头，乃总发为髻，如行伍之巾，后有大巾镮，为双叠胜。伶指而问曰：'此何镮？'曰：'二圣镮。'遽以朴击其首，曰：'尔但坐太师交椅，请取银绢例物，此镮掉脑后可也？'一坐失色。桧怒，明日下伶于狱，有死者。"[1] 宫廷教坊的优伶试图在御前参军戏中借助反常的装扮来寄寓讽刺戏谑之意，却以此得罪权臣，招致杀身之祸。

宋人曾敏行撰《独醒杂志》载："大农告乏时，有献廪俸减半之议。优人乃为衣冠之士，自束带衣裾，被身之物，辄除其半。众怪而问之，则曰：'减半。'已而，两足共穿半袴，蹩而来前。复问之，则又曰：'减半。'乃长叹曰：'但知减半，岂料难行。'语传禁中，亦遂罢议。"[2] 优伶扮衣冠之士，却将"被身之物"除去一半，寓意"减半"；又两足共穿一条裤腿，寓意虽"减半"，却寸步难行。伶人在这里使用了非常夸张的装扮手法。无独有偶，与之相似的装扮还有一例。张端义《贵耳集》云："何自然中丞，上疏乞朝廷并库，寿皇从之。方且讲究未定，御前有燕，杂剧。伶人妆一卖故衣者，持裤一腰，只有一只裤口。买者得之，问如何著，卖者曰：'两脚并做一裤口。'买者曰：'裤却并了，只恐行不得。'寿皇即寝此议。"[3]

可以看到，在上述几例演出装扮中，聪慧狡黠的伶人们虽然在表演穿戴中使用了非常夸张、反常的装扮方式，但其所用之物依然只是在现有服饰的基础上进行灵活的改动、使用和搭配，并没有超越当时社会服饰制度所规定的基本范畴。

宋元以降，随着北方游牧民族的不断南侵，甚至逐鹿中原，以汉文化为代表的文化娱乐中心也在不断南移的过程中发生巨大变化，从而呈现出礼制渐弛以及城市经济蓬勃发展、勾栏瓦舍一片繁荣的景象。即便如此，传统礼法制度对于社会不同阶层在服制方面的要求与约束也并未完全消失。《宋史·舆服志》载提举淮南东路学事丁瓘云："今间阎之卑，倡优之贱，男子服带犀玉，妇人涂饰金珠，尚多僭侈，未合古制。臣恐礼官所议，止正大典，未遑及此。伏愿明诏有司，严立法度，酌古便今，以义起礼。俾间阎之卑，不得与尊者同荣；倡优之贱，不得与贵者并丽。此法一正，名分自明，革浇偷以归忠厚，岂曰小补之哉。"[4]《续文献通考·王礼考》"文武官常服"云："凡常朝视事，以乌纱帽、

[1] 王国维：《宋元戏曲考》，载《王国维戏曲论文集》，中国戏剧出版社1957年版，第23页。
[2] 王国维：《宋元戏曲考》，载《王国维戏曲论文集》，中国戏剧出版社1957年版，第20页。
[3] 王国维：《宋元戏曲考》，载《王国维戏曲论文集》，中国戏剧出版社1957年版，第25页。
[4] （元）脱脱等：《宋史》卷一百五十三志第一百六，中华书局1977年版，第3577页。

团领衫、束带为公服……凡致仕及侍亲辞闲，官纱帽、束带为事，黜降者服与庶人同。"又"仪宾冠服"云："凡朝服、公服、常服俱视品级与文武官同……僭用者，革去冠带，戴平头巾，于儒学读书习礼三年。"[1] 明王思任《米太仆万钟传》中有云："吾郡江大中丞兰，每于公宴，见有演扮关侯者，则拱立致敬。嘉庆壬戌，余在京师，王君引之太夫人寿，适演剧，优冠珊瑚顶，扮显贵。副宪陈公嗣龙立命褫去其顶，曰：'名器何可令优伶亵之？'"[2] 可见，"贵贱有等，衣服有制"的思想与服饰制度在清代以前并未发生根本性的变化或动摇。对于处在社会底层、深谙生存之道的优伶乐伎而言，无论是在现实生活中还是舞台表演中，都必须清楚地知道朝廷在服用制度方面的相关规定，努力做到懂规矩不僭越，方可保平安。

概括地说，官方乐舞或杂戏表演用服自有一套合乎礼制规范的官方匠作制度来应承；对于民间而言，表演服饰基本来自其自行筹备的生活用服，完全致力于表演的戏用服饰或戏用制作技艺并未因为这种小众需求而真正催生出来，或者退一步讲，独立出来，继而成为一个单独的服装技术门类，抑或形成一个单独的行业门类。而早期"戏衣"之所以被称作"行头"，其本身恐怕也在一定程度上体现了"戏"而用以"便装"的特性，也即为了"戏"的需要而在装扮上采取一定的便宜之计，如直接挪用或化用各种生活服饰等。

从"供应端"来说，如果只是将"戏衣行"定义为简单的售卖戏用服装的店铺或交易场所，显然太过肤浅。但如果将其定义为一个完整的行业类型，那么该行业类型则至少应当包括从设计、画活到印染、刺绣直至裁剪、缝合以及修整与装饰等不同工种。在传统农业社会，每一个工种都隶属于不同的行业门类，不仅在社会生活中占据重要地位，发挥重要作用，而且规模庞大，数量庞杂。能够将所有工种融合起来，统一服务于宫廷乐舞或杂剧表演中的戏用服饰制作，恐怕只有宫廷才能具备这样的实力和动力。即便如此，宫廷杂作中向来只有"衣作""绣作""染作"甚至"帽作"或"盔头作"以及"针工局"等机构之设，却无"戏衣作"，更无"戏衣行"一说。因为"戏衣"一词在过去尤其是上层社会中并不常用，即便偶一用之，也是关涉宴饮等非正式场合，既不入主流，亦与礼法相悖。毕竟，乐舞杂剧再盛，亦仅为"戏"，非为正业，故不可能劳民伤财专门为之单设一套匠作制度。另外，最重要的一点是，自周代以来就一直在不断完善的匠作制度完全可以满足宫廷演出中需要的各种戏用服饰的设计与制作要求。

---

[1]（明）王圻：《续文献通考》，商务印书馆1936年版，第3622—3624页。

[2]（清）焦循：《剧说》，古典文学出版社1957年版，第138页。

以清代为例，清朝统治者酷爱宫廷大戏，这在很大程度上推动了戏曲表演艺术的快速发展，而演戏所需行头，尤其是各种戏用服饰的制作也达到了一个空前的规模。这些服饰不仅数量庞大，种类齐全，而且用料考究，做工精细，极尽奢华。清人赵翼撰《檐曝杂记·大戏》云："内府戏班，子弟最多，袍笏甲胄及诸装具，皆世所未有。"[1] 朴趾源《热河日记》卷四"山庄杂记·戏本名目记"描述清廷万寿节演戏云："每设一本，呈戏之人无虑数百，皆服锦绣之衣，逐本易衣，而皆汉官袍帽。"[2]

通常情况下，这些袍甲和"锦绣之衣"主要由内务府牵头，安排宫内各处匠作负责制作。内务府下设有广储司，广储司设银、皮、瓷、缎、衣、茶等六库，六库之下又设银、铜、染、衣、绣、花、皮等七匠作。清人梁章钜《称谓录》云："广储司有匠作之等七，曰银作，曰铜作，曰染作，曰衣作，曰绣作，曰花作，曰皮作，盖即唐之三尚署矣。"[3] 江南织造亦归内务府管，但各地织造处基本负责的是每年的例行供奉或大差应承，平常小差皆由宫内自行完成。宫内各处每次所交新活都有详细记录，包括交活的部门、日期、种类、图案、颜色以及数量等详细信息。譬如清宫档案《收工程处所交新活档》载，清光绪十年（1884）九月二十六日："当日又在玻璃库收：衣箱收女团花领肩五个，靠箱收杏黄绣花打袄裤二身……"[4] 清代宫廷的工程处归属太常寺，太常寺主要掌管宗庙礼仪。玻璃库当为工程处下设之库，管理与玻璃制品相关的物件和器皿。此档为工程处新交活计档，并在玻璃库收取衣箱女团花领肩和靠箱杏黄绣花打袄裤，而不是由广储司的衣作或绣作交付，这说明清代宫廷戏用服饰非由单一部门的匠作完成，而是由多个部门协同完成，玻璃库很可能只是完成了最后一项，即玻璃饰品的修饰工作等。其他如蟒袍、官衣等绣活较多的服饰当由工程处专人设计，经皇帝审阅批准后，再由缎库提供相应的缎料布匹，染作将所需布料染成既定颜色或图案，绣作完成绣花，衣作的裁缝匠和针匠分别负责裁剪与成合。再有其他装饰如毛、穗、金玉以及玻璃饰物等，则分别由毛毛匠、绦匠以及玻璃库等完成。

清雍正元年（1723）内务府造办处"活计档"记载，当年七月二十九日："太监施良栋传旨，韩湘子青色绣衣另换做香色，铁拐李青色绣衣换成石青色。俱照此花样、尺寸往细致里绣做八件，其衣上绣花要往好里改绣，先画一身样

[1] （清）赵翼：《檐曝杂记》，中华书局1982年版，第11页。

[2] 朴趾源著，朱瑞平校点：《热河日记》，上海书店1997年版，第251页。

[3] （清）梁章钜：《称谓录》卷十九，清光绪十年（1884）梁恭辰刻本。

[4] 中国国家图书馆编纂：《中国国家图书馆藏清宫昇平署档案集成》，中华书局2011年版，第26573页。

呈览，准时再做。"[1] 区区八件绣衣，工虽不是很复杂，要求却不低，不仅颜色要换，花样、尺寸都要求"往细致里绣做"，绣花也要"往好里改绣"。不仅如此，还要求"先画一身样呈览，准时再做"。如此这般严苛的要求，自然不可能交给宫外匠人去做，也不太可能拿到千里之外的南方去让苏杭的匠人来做，只能由宫中匠人制作。但是若遇有特殊情况，如逢重要节日搬演新戏，宫内匠人不敷用时却可以临时雇用民匠，有的行头甚至可以直接到宫外去购买或交由外面去做。清宫档案《旨意档》记载清嘉庆七年（1802），宫廷排演《混元盒》需要准备一些零零散散的行头砌末，其中就包括"白狐黑狐衣二分（'分'当为'份'之误——笔者注）""黑虎衣一件""五毒衣子收拾见新"等，"长寿传旨，交外边细细致致地做"。这里的"外边"自然是指宫廷之外。由此可见，当时的北京城内并非没有可以制作戏用服饰的作坊。

北京民国时期的一份档案中记载，位于原北京西草市的广盛兴戏衣庄的业主刘献芝于18岁时来京学徒，在西半壁街双兴戏衣庄学业务，并在该处服务了43年，1945年，与人合伙开设了广盛兴戏衣庄。由此推算，刘献芝在双兴戏衣庄学艺的时间大致是19世纪末20世纪初。[2] 这说明双兴戏衣庄最迟在清末时期就已存在了。永茂盔头铺曾位于北京前门外廊房二条，据说是在清嘉庆年间（1796—1820）从安徽到北京落户开业，不仅制作盔头而且制作戏衣、靴子、髯口、把子等，"春台""四喜""和春""三庆"四大徽班以及清宫内戏班都曾在永茂订货。清末该铺因经营不善而倒闭。从永茂出来的学徒伙计先后在前门外铺陈市、东珠市口、草市等处开办店铺。[3] 如此之类的资料大概还可以找到一些。就连苏州剧装厂的李荣森老师在回忆其爷爷李鸿林在北京的经历时也说道："我爷爷后来技艺比较精湛的一个因素就是见多。宫廷里当时穿的戏衣，他在那边也有看见，还有慈禧生日时做的东西，包括之前的咸丰年间的，再往前道光嘉庆年间的戏班子的东西。"[4]

上述这些文字档案或访谈资料无不清晰地表明，民国以前的北京，无论宫廷内外，并非没有能力或不会制作戏衣，相反，该业务要么隶属于宫廷内部，由专门的司作人员或部门完成，要么被包含在城市手工业已有的制衣体系之内。清代北京自康雍时期（1662—1735）即已戏班云集、剧院林立，然却没有形成

---

[1] 朱家溍、丁汝芹：《清代内廷演剧始末考》，中国书店2007年版，第20页。

[2] 北京市档案馆藏北京市手工业档案：《广盛兴戏衣庄》，档案号022—001—00764。

[3] 参见王永斌《耄耋老人回忆旧北京》，中国时代经济出版社2009年版，第117页。

[4] 韩婷婷：《苏州剧装业百年传承——以苏州李氏家族三代传人技艺传承为代表》，硕士学位论文，苏州大学，2010年，第23页。

一个独立的所谓"戏衣行"。其原因就在于，一来"戏衣行"本身就是一个十分晚近的概念，二来早期可以承接戏用服饰的店铺多为绣花庄、绣花社或绣花局，还有估衣行和缝纫社等，基本以兼营为主，很少有单一以戏衣为业而号称"戏衣庄"或"戏衣铺"的。即便是有，大概影响力也比较有限，难以与南方匹敌。另外，制作戏用服饰如果缺少了专业的设计和画活，则其所谓"戏衣行"也将是非常不完善的。就设计而言，过去多以宫廷礼官或官坊匠人为主，民间一般不太具备这方面的能力，又或水平有限，满足不了太高的要求。因此，民间作坊一般以模仿为主，或在传统模仿的基础上加以改造和创新。关于这一点，即便是在江南三大织造以及其他地方的官方织造所也都毫不例外。清宫档案显示，江南织造奉旨制作御用服饰，其款式、图案和颜色等一应规格均由内府设计，且经奏准之后方可参照既定要求认真制作。从这个角度来说，严格意义上的"戏衣行"在民国开风气之先以及清廷彻底没落以前，的确是无从谈起。这不仅与当时的社会观念和服饰制度有关，也与当时传统服饰制作的社会分工和时代环境有关。

总的来说，古代伶人演戏要使用怎样的服饰，不仅受到朝廷服制规范的约束，也会受制于当时的一系列社会和思想因素，而这些方方面面的社会因素又反过来影响了戏用服饰的制作与发展。其中尤其值得注意的是，清代自乾隆时期开始，明令禁止戏班使用本朝服色，正因为如此，演剧所用服装才开始完全脱离生活用服，从而为中国传统戏曲的服饰装扮逐渐开启了一条真正独立的"戏衣化"道路。而所谓"戏衣行"的形成则普遍要到民国以后。作为一种行业现象，其不独发生在北京，即便是在设立了江南织造的江宁（今南京）、苏州和杭州等地亦是如此。认真梳理和客观看待"戏衣行"产生与发展的历史，有助于我们对戏用服饰，也即戏衣制作技艺的历史由来和发展脉络有一个准确而清晰的认识与理解。

由于篇幅所限，相关内容无法详尽论述，然将努力在后面的章节中继续予以适当的讨论，故此处不再赘述。不足之处，恳请大方之家指正。

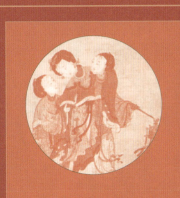

第一章　霓裳之仙俗流变

"霓裳"，古人有时也会写作"蜺裳"，最早出现于楚辞《九歌》用以描述"东君"（太阳神）的诗句中。汉魏以降，至南北朝时期，诗人们多以"霓裳"喻仙境。在后世描述神仙道化的神异故事中，人们经常使用"霓裳"这一服饰装扮来表现仙界人物的超凡脱俗。自唐代立部伎乐创立《霓裳羽衣曲》以后，"霓裳"又经常被文人墨客用作乐戏舞曲的代称或舞衣的雅称。明清以后，社会演剧活动的兴盛使得梨园名伶层出不穷，引人注目。文人雅士在撰写伶人伶事时，经常使用"霓裳"一词指代伶人装扮或表演。从神衣到神曲，歌、舞、乐三位一体古代乐舞制度，杂以世俗的嬉戏娱乐之风，使得"霓裳"一词终于升华为传统戏曲这门精妙艺术的代名词。

第一节　从神衣到神曲

一、诗人笔下的神仙衣

楚国诗人屈原《九歌·东君》曰："青云衣兮白霓裳，举长矢兮射天狼。"[1]从字面意义理解，诗句描述了东君以青云为衣以白霓为裳，举长箭而射天狼的飒爽英姿。据考证，《九歌》原本是楚地祭祀诸神的乐歌，而《九歌》之"东君"篇则是祭祀太阳神（一说为月神）的赞歌。盖楚巫祭辞粗鄙不堪，诗人据以创作，提炼升华，从而诞生了这一楚辞名篇。《东君》一诗描述的是楚巫载歌载舞的场景，或礼赞东君，或与神灵对唱，或以东君自比，歌颂东君的英勇果敢。然楚巫若以东君自比，那么楚巫自身穿着如何，是否犹若青云之衣、白霓之裳，还是仅仅在颂词中将东君装束当作一种抽象化的口头描述，后人不得而知。

屈原之后，西汉刘向作《九叹·逢纷》曰："薜荔饰而陆离荐兮，鱼鳞衣而

---

[1]　（汉）王逸撰，黄灵庚点校：《楚辞章句》，上海古籍出版社2017年版，第58—59页。

白蜺裳。"其文注曰："鱼鳞衣，杂五彩为衣如鳞文也。言所居清洁，被服芬芳，德体如玉，文彩耀明也。"[1]《九叹》是刘向对屈原的追思之作，其"逢纷"篇描述的则是屈原放逐山川直至投江的悲惨遭遇。这里的"鱼鳞衣而白蜺裳"当为想象之辞，而非真实写照。然而，虽为想象之辞，作者却试图以写实的手法描摹诗人灿若神人的高洁形象，以此赞叹其不与世俗同流合污的高洁品质。刘向的这一仙化手法几乎创造了后世以"霓裳"喻仙人的开端。至于释"鱼鳞衣"为"杂五彩"之衣，当为后人踵事增华，恐非原文所要表达的意象。不过它在一定程度上表明"霓裳"在具象化过程中的世俗化倾向。

三国曹植作五言长诗《五游咏》云："披我丹霞衣，袭我素霓裳。"[2]该诗句将"霓裳"神衣的意象进一步具体化，明确写诗人身披丹霞之衣，外罩素练霓裳，驾驭香车宝马，浪漫无比地神游于天界。在曹植的笔下，以"丹霞衣"衬"素霓裳"，看似一种简单的搭配，从工艺制作的角度却不得不说这实际是一种相当低调而奢华的神仙般装束。它使得"霓裳"开始有了走向奢华的迹象。

在南北朝时期的诗文小说中，"霓裳"一词频繁出现，其所描摹的意境基本都与修仙逸志或神仙道化相关。南朝诗人谢朓《赛敬亭山庙喜雨诗》云："秉玉朝群帝，樽桂迎东皇。排云接虬盖，蔽日下霓裳。会舞纷瑶席，安歌绕凤梁。百味芬绮帐，四座沾羽觞。福被延民泽，乐极思故乡。"[3]诗题称赛庙喜雨，则其内容当是描述敬亭山（今安徽宣州）赛庙时的情景，带有一定的写实性因素。因此，这里的霓裳很可能是庙会中人们装扮东皇及诸神时所穿颜色鲜艳的神衣。

南朝梁沈约撰《七贤论》曰："自非霓裳羽带，无用自全，故始以饵术黄精，终于假涂托化。"[4]沈氏以"霓裳羽带"喻神人，称嵇生（即嵇康，"竹林七贤"之一）自非神人，故无法避祸自全。又梁昭明太子萧统作《铜博山香炉赋》有"亦霓裳而升仙"[5]之句，描述的是铜博山香烟缭绕，宛如仙境。刘峻《东阳金华山栖志》（又名《山栖志》）云："饵星髓，吸流霞，将乃云衣霓裳，乘龙驭鹤。"[6]刘遵《和简文帝赛汉高帝庙诗》曰："仙车照丹穴，霓裳影翠微。"[7]与之类似的文句还有"龙驾霓裳，处仙宫之"（南朝陈徐陵《天台山馆徐则法师

[1]（汉）王逸撰，黄灵庚点校：《楚辞章句》，上海古籍出版社2017年版，第315—316页。

[2] 逯钦立辑校：《先秦汉魏晋南北朝诗》，中华书局2017年版，第433页。

[3] 逯钦立辑校：《先秦汉魏晋南北朝诗》，中华书局2017年版，第1434页。

[4]（清）严可均辑：《全上古三代秦汉三国六朝文》，上海古籍出版社2009年版，第283页。

[5]（清）严可均辑：《全上古三代秦汉三国六朝文》，上海古籍出版社2009年版，第227页。

[6]（清）严可均辑：《全上古三代秦汉三国六朝文》，上海古籍出版社2009年版，第449页。

[7] 逯钦立辑校：《先秦汉魏晋南北朝诗》，中华书局2017年版，第1809页。

碑》)、"蜕裳鹤驾，往来紫府"（隋薛道衡《老氏碑》）、"鸣玉鸾以来游，带霓裳而至止"（北魏温子升《寒陵山寺碑》）、"芝驾自此不归，霓裳于焉屡拂"（北周唐瑾《华岳颂》，又名《西岳华山神庙之碑》）、"霓裳羽盖，既且腾云"（隋炀帝杨广《下书葬徐则》）[1] 等。可以看到，这些诗文中所描述的"霓裳"意象，即使歌颂或描摹的对象是人物与实景，其意境几乎也都与神山幻境相关，即便有一些真实人物或景象描写的成分，亦多是夸张想象之辞，以此彰显神人仙境的与众不同。

然而，值得注意的是，在魏晋南北朝乃至隋代人的诗文歌赋中，"霓裳羽盖""龙驾霓裳"或"霓裳鹤驾"等诸如此类的意象不仅十分明确地将霓裳与神仙装扮紧密地联系在了一起，而且成为同一时期绘画创作的一个重要表现题材。人们经常可以在这一时期的壁画、砖刻或文人书画中看到霓裳彩衣的列仙形象。这些视觉化的霓裳形象对后世霓裳的实际创作毫无疑问产生了十分重要的影响。

1-1-1　　　　　　　1-1-2

1-1-1　神木出土汉代春神勾芒画像石

1-1-2　洛神赋图卷（局部），（晋）顾恺之 [2]

[1]　（清）严可均辑：《全上古三代秦汉三国六朝文》，上海古籍出版社2009年版，第621、574、364、495页。

[2]　故宫博物院藏：《历代仕女画选集》，天津人民美术出版社1981年版。

秦汉以来，以"霓裳"喻神仙的传统一直延续到唐代。唐太宗李世民作《祭北岳恒山文》云："兽啸龙腾，风云之所吐纳；霓裳鹤盖，神仙之所往还。"其又有《春日望海诗》云："之罘思汉帝，碣石想秦皇；霓裳非本意，端拱是图王。"[1] 唐睿宗李显景云二年（711）六月二十三日于太清观作《赐岱岳观敕》："蜕裳宸止，恒为碧落之庭；鹤驾来游，即是玉京之域。"[2] 长子县（隶山西省长治市）唐刻《白鹤观碑》词曰："去来鹤驾，栖息霓裳。"[3] 唐人储光羲《至嵩阳观，观即天皇故宅》诗曰："真人上清室，乃在中峰前。花雾生玉井，霓裳画列仙。"[4] 储光羲为唐中期人，其主要活动的年代恰逢唐开元、天宝年间（713—756）。储诗十分生动具体地描写了观中真人画像，且将画中列仙所着之衣称为"霓裳"。

从楚巫祭祀到诗人想象中的虚幻意象，从民间赛会到天皇道观中的列仙画像，"霓裳"的形象自下而上，在贵族文人的笔墨中逐渐升华，不断丰富充盈，并最终物化为真实可感、超凡脱俗的奢华艺术。这一艺术的综合代表即唐代开元时期诞生的《霓裳羽衣曲》。

二、唐明皇的神仙曲

《霓裳羽衣曲》一向被誉为天乐仙曲，非人间所有。宋周密《齐东野语》卷十"混成集"曰：《霓裳》一曲共三十六段。尝闻紫霞翁云，幼日随其祖郡王曲宴禁中，太后令内人歌之，凡用三十人，每番十人，奏音极高妙。翁一日自品象管作数声，真有驻云落木之意，要非人间曲也。"[5] 唐代诗人元稹《法曲》诗云："明皇度曲多新态，宛转侵淫易沉著。《赤白桃李》取花名，《霓裳羽衣》号天落。"[6] 白居易《长恨歌》云："骊宫高处入青云，仙乐风飘处处闻。缓歌慢舞凝丝竹，尽日君王看不足。"[7] 其《霓裳羽衣歌》（和微之）曰："我昔元和侍宪皇，曾陪内宴宴昭阳。千歌万舞不可数，就中最爱霓裳舞。"[8] 白诗自述元和年间（806—820）曾目睹宫中演出

---

[1]（唐）徐坚等：《初学记》，中华书局2004年版，第102、118页。

[2] 周绍良主编：《全唐文新编》第1部第1册，吉林文史出版社2000年版，第246页。

[3]（清）陆心源编：《唐文续拾》卷十三"阙名·白鹤观碑"，（清）董诰等编《全唐文》，上海古籍出版社1990年版，第61页。

[4]《全唐诗》，上海古籍出版社1986年版，第315页。

[5]（宋）周密撰，张茂鹏点校：《齐东野语》卷十，中华书局1983年版，第187页。

[6]（唐）元稹撰，冀勤点校：《元稹集》，中华书局2010年版，第325页。

[7]（唐）白居易：《长恨歌》，载白居易著，谢思炜校注《白居易诗集校注》，中华书局2006年版，第943页。

[8]（唐）白居易：《霓裳羽衣歌》（和微之），载白居易著，谢思炜校注《白居易诗集校注》，中华书局2006年版，第1668页。

《霓裳羽衣曲》，其美妙动人，让诗人印象深刻，长久难以忘怀，以至后来任职杭州时还曾亲自教练歌妓排演霓裳曲，以自娱自乐。其有绝句云："日滟水光摇素壁，风飘树影拂朱栏。皆言此处宜弦管，试奏霓裳一曲看。""霓裳奏罢唱梁州，红袖斜翻翠黛愁。应是遥闻胜近听，行人欲过尽回头。"[1]《旧唐书·白居易传》云："太和三年夏，乐天始得请为太子宾客，分秩于洛下，息躬于池上……每至池风春，池月秋，水香莲开之旦，露清鹤唳之夕，拂杨石，举陈酒，援崔琴，弹《秋思》，颓然自适，不知其他。酒酣琴罢，又命乐童登中岛亭，合奏《霓裳散序》，声随风飘，或凝或散，悠扬于竹烟波月之际者久之。曲未竟，而乐天陶然石上矣。"[2] 从白居易对《霓裳羽衣曲》的痴迷程度可以得知此曲确非一般。

　　《霓裳羽衣曲》被唐代宫廷列为法曲，归法曲部。法曲也叫法乐，因南北朝时期常用于佛教法会，故名。唐代法曲为"胡夷里巷之曲"在结合汉族清商乐的基础上杂"诸夏之声"而成，风格清雅独特。《旧唐书·音乐志》云："自开元已来，歌者杂用胡夷里巷之曲，其孙玄成所集者，工人多不能通，相传谓为法曲。"[3] 白居易《法曲歌》注云："法曲虽似失雅音，盖诸夏之声也，故历朝行焉。"[4] 唐代开元时期经常演奏的法曲有《赤白桃李花》《大罗天曲》《紫微八卦舞曲》《降真招仙之曲》《紫微送仙曲》等。唐人杜光庭撰《历代崇道记》云："明皇开元中，敕诸道并令置开元观，又制《混元赞》，帝亲书，勒之于石。又敕五岳置真君庙，又敕上都置太清宫，东都置太微宫，以太原神尧旧宅为紫微宫……帝又制《霓裳羽衣曲》《紫微八卦舞》，以荐献于太清宫，贵有异于九庙也。"[5]《唐会要》卷三十四云："开元二年，上以天下无事，听政之暇，于梨园自教法曲，必尽其妙，谓之皇帝梨园弟子。"[6] 白居易《法曲歌》云："法曲法曲舞霓裳，政和世理音洋洋，开元之人乐且康。"白氏自注其诗曰：《霓裳羽衣曲》起于开元，盛于天宝也。"[7] 可见，霓裳之曲舞，一时名成于宫阙，自有神仙道化之功浸淫已久。

　　至于《霓裳羽衣曲》的诞生，有两种说法：一说是唐明皇夜游月宫而得之，一说是唐河西节度使杨敬忠（亦作"杨敬述"）所献。

[1]　（唐）白居易：《宅西有流水墙下构小楼临玩之时颇有幽趣因命歌酒聊以自娱独醉吟偶题五绝》，载白居易著，谢思炜校注《白居易诗集校注》，中华书局2006年版，第2556页。

[2]　（后晋）刘昫等：《旧唐书》卷一百六十六列传第一百一十六，中华书局1975年版，第4355页。

[3]　（后晋）刘昫等：《旧唐书》卷三十志第十，中华书局1975年版，第1089页。

[4]　（唐）白居易：《法曲歌》，载白居易著，谢思炜校注《白居易诗集校注》，中华书局2006年版，第284页。

[5]　（唐）杜光庭：《历代崇道记》，载《道藏》第11册，文物出版社、上海书店、天津古籍出版社1988年版，第2—3页。

[6]　（宋）王溥：《唐会要》，中华书局1955年版，第629页。

[7]　（唐）白居易：《法曲歌》，载白居易著，谢思炜校注《白居易诗集校注》，中华书局2006年版，第283页。

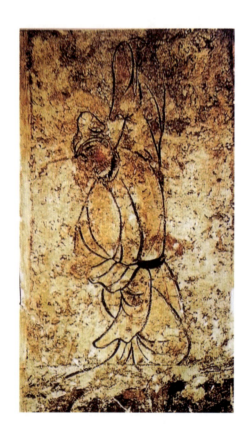

1-1-3 西安苏思勖墓出土
唐代胡人舞壁画

宋人张君房撰《云笈七签·罗公远传》云："罗公远，八月十五日夜，侍明皇于宫中玩月。公远曰：陛下莫要月宫中看否？帝唯之。乃以拄杖向空掷之，化为大桥，桥道如银。与明皇升桥，行若十数里，精光夺目，寒气侵人，遂至大城。公远曰：此月宫也。见仙女数百，皆素练霓衣，舞于广庭。上问其曲名，曰：《霓裳羽衣》也。乃密记其声调。旋为冷气所逼，遂复蹑银桥回，返顾银桥，随步而灭。明日召乐工，依其调作《霓裳羽衣曲》，遂行于世。"此一说虽带有荒诞不经的传说性质，却大抵暗示了霓裳舞曲的诞生是受了仙道思想的影响。

白居易《霓裳羽衣歌》（和微之）云："由来能事皆有主，杨氏创声君造谱。"诗人注称"霓裳羽衣谱"乃"开元中，西凉府节度杨敬述造"。[1]宋沈括《梦溪笔谈》卷五"乐律一"引唐人郑嵎《津阳门诗》："蓬莱池上望秋月，无云万里悬清辉。上皇夜半月中去，三十六宫愁不归……"注云："叶法善引上入月宫，时秋已深，上苦凄冷，不能久留，归，于天半尚闻仙乐。及上归，且记忆其半，遂于笛中写之。会西凉府都督杨敬述进《婆罗门》曲，与其声调相符，遂以月

---

[1]（唐）白居易：《霓裳羽衣歌》（和微之），载白居易著，谢思炜校注《白居易诗集校注》，中华书局2006年版，第1669页。

中所闻为散序，用敬术所进为其腔，而名《霓裳羽衣法曲》。"[1]白居易与郑嵎皆为唐中期诗人，其生活的年代虽在开元以后，却去之不远。二人所记略同，说明霓裳舞曲的产生盖由多种因素综合作用、促发而成。先是西凉（今甘肃武威）府都督杨敬述进献《婆罗门》法曲，而后在此法曲的基础上，结合道教清乐和杨贵妃艳丽多姿的胡旋舞，唐玄宗和杨贵妃一起创造了著名的《霓裳羽衣》舞曲。

《新唐书·礼乐志》云："河西节度使杨敬忠献《霓裳羽衣曲》十二遍，凡曲终必遽，唯《霓裳羽衣曲》将毕，引声益缓。帝方浸喜神仙之事，诏道士司马承祯制《玄真道曲》，茅山道士李会元制《大罗天曲》，工部侍郎贺知章制《紫清上圣道曲》。"[2]白居易《胡旋女》一诗称西域康居国献胡旋女，舞姿曼妙，"人间物类无可比"，然即便如此亦属徒劳，因"中原自有胡旋者，斗妙争能尔不如"，"中有太真外禄山，二人最道能胡旋"，这二人凭借着胡旋舞，备受圣宠，一个"梨花园中册作妃"，一个"金鸡障下养为儿"，以至于"禄山胡旋迷君眼，兵过黄河疑未反"，"贵妃胡旋惑君心，死弃马嵬念更深"。[3]白氏《江南遇天宝乐叟》一诗中"白头病叟"亦曾泣称"禄山未乱入梨园，能弹琵琶和法曲，多在华清随至尊"，"贵妃宛转侍君侧，体弱不胜珠翠繁。冬雪飘飘锦袍暖，春风荡漾霓裳翻"。[4]

宋司马光撰《资治通鉴》卷二百一十八云："初，上皇每酺宴，先设太常雅乐坐部、立部，继以鼓吹、胡乐、教坊、府县散乐、杂戏；又以山车、陆船载乐往来；又出宫人舞《霓裳羽衣》；又教舞马百匹，衔杯上寿；又引犀、象入场，或拜，或舞。安禄山见而悦之，既克长安，命搜捕乐工，运载乐器、舞衣，驱舞马、犀、象皆诣洛阳。"[5]

可见，杨贵妃和安禄山在成就唐明皇《霓裳羽衣》舞曲的过程中功不可没。

只可惜，狎臣藏奸，其图也不凡。山雨欲来，大厦将倾，梨园子弟倍感凉意。《资治通鉴》云："禄山宴其群臣于凝碧池，盛奏众乐；梨园弟子往往歔欷泣下，贼皆露刃睨之。乐工雷海清不胜悲愤，掷乐器于地，西向恸哭。禄山怒，

---

[1]（宋）沈括著，胡道静校证：《梦溪笔谈校证》，上海古籍出版社1987年版，第237页。

[2]（宋）欧阳修、宋祁：《新唐书》卷二十二志第十二礼乐十二，中华书局1975年版，第476页。

[3]（唐）白居易：《胡旋女》，载白居易著，谢思炜校注《白居易诗集校注》，中华书局2006年版，第305—306页。

[4]（唐）白居易：《江南遇天宝乐叟》，载白居易著，谢思炜校注《白居易诗集校注》，中华书局2006年版，第905页。

[5]（宋）司马光编著，（元）胡三省音注：《资治通鉴》，中华书局1956年版，第6993—6994页。

缚于试马殿前，支解之。"[1] 华丽舞曲背后所隐藏的罪大恶极正是"渔阳鼙鼓动地来，惊破霓裳羽衣曲"[2] 的前奏。

唐天宝末年，"安史之乱"爆发，霓裳羽衣舞戛然而止。其后百余年间，宫廷内外，断断续续，偶或演奏霓裳羽衣舞曲。宫廷之内，如唐文宗李昂亦喜霓裳羽衣舞，且以《云韶乐》和之。《旧唐书·冯定传》曰："文宗每听乐，鄙郑、卫声，诏奉常习开元中《霓裳羽衣舞》，以《云韶乐》和之。"[3] 宫廷之外，在士大夫阶层如去时不远的白居易、刘禹锡、王建等人的诗中都还可以看到霓裳羽衣曲的身影。刘禹锡《三乡驿楼伏睹玄宗望女几山诗》云："三乡陌上望仙山，归作《霓裳羽衣曲》。"[4] 王建《霓裳辞》（十首）有"弟子部中留一色，听风听水作《霓裳》"之句，又有"传呼法部按霓裳，新得承恩别作行"。[5] 白居易在杭州任职时更是亲自教授《霓裳羽衣曲》。

尽管如此，随着开元盛世的渐行渐远，尤其是大唐帝国的崩塌，霓裳羽衣舞曲还是被当作亡国之音的前奏或标志，很快被人们遗忘或弃置一旁，以至于白居易第二次到杭州时，竟无人知有霓裳舞，仅从元稹处得一霓裳羽衣谱。"一落人间八九年，耳冷不曾闻此曲"，"秋来无事多闲闷，忽忆霓裳无处问。闻君部内多乐徒，问有霓裳舞者无？答云七县十万户，无人知有霓裳舞"。[6] 白氏的这几句歌诗，可谓当时霓裳羽衣舞曲在南方传播情况的真实写照。除此之外，更有梨园子弟"白头垂泪话梨园，五十年前雨露恩。莫问华清今日事，满山红叶锁宫门"[7]。曾经因舞蹈《霓裳羽衣曲》而风光一时的梨园弟子，时过境迁，仅仅过了50年，便已往事不堪回首。

唐末五代以后，《霓裳羽衣曲》在民间几已不传，但开元舞霓裳的故事却流传千载，经久不衰。宋元时期，诗文典籍中的霓裳事典益繁，而《霓裳羽衣曲》基本仅余其名，既不闻其声，亦不见其形。宋元之人称引开元霓裳，往往只能凭借传闻事典，外加想象，至于具体穿扮演奏等情形，不得其详。宋人程大昌撰《演繁露》卷七"霓裳"云："元微之为越守，乐天求此舞人于越，而越中无之，

[1]（宋）司马光编著，（元）胡三省音注：《资治通鉴》，中华书局1956年版，第6994页。

[2]（唐）白居易：《长恨歌》，载白居易著，谢思炜校注《白居易诗集校注》，中华书局2006年版，第943页。

[3]（后晋）刘昫等：《旧唐书》卷一百六十八列传第一百一十八，中华书局1975年版，第4391页。

[4]（唐）刘禹锡：《三乡驿楼伏睹玄宗望女几山诗》，载《全唐诗》，上海古籍出版社1986年版，第886页。

[5]《全唐诗》，上海古籍出版社1986年版，第757、758页。

[6]（唐）白居易：《霓裳羽衣歌》（和微之），载白居易著，谢思炜校注《白居易诗集校注》，中华书局2006年版，第1669页。

[7]（唐）白居易：《梨园子弟》，载白居易著，谢思炜校注《白居易诗集校注》，中华书局2006年版，第1568页。

但寄得霓裳歌以为之谱耳，元白距明皇不远，此时此曲已自无传，况今日乎？"[1]
明代郎瑛《七修类稿》卷二十四"霓裳羽衣曲考"云：《霓裳羽衣》曲、舞不传
于世久矣，虽学士知音之流亦徒求想像而已。"其将"读过诗书有关斯曲者会萃
成文"，不外乎"明皇游月中"，"归而制之"，杨敬述进《婆罗门》曲三十六叠
以及白诗描述的演奏盛况等，从而借古人之口再次发出"真有注云落水之意，非
人间曲也"的感叹。[2]

  明清时期，《霓裳羽衣曲》作为传说中的仙乐妙曲虽然距世人越发久远，然
霓裳故事却不断地在文牍案本和人间剧曲的演绎中弥散，增益其名。与唐开元
以前纯粹的神仙道化事典相比，霓裳彩衣以及霓裳歌舞的故事更增添了几分世
俗的味道。

三、世俗化的霓裳故事

  世俗化的霓裳羽衣故事很早就有了。从白诗的相关描述中可以看到，唐天
宝末"安史之乱"以后，唐明皇游月宫得"霓裳羽衣"的故事就开始在民间四
处流传。白氏在各地当官，四处游历，常常偶逢故人故事，听闻当时传奇。此
时距离开元天宝不过几十年。而与白氏差不多同一时期的很多文人，譬如元稹、
刘禹锡、王建，以及比之略晚的郑处诲、薛用弱等，也都纷纷在自己的诗文杂
记或笔记小说中提及霓裳事典，甚至进行各种演绎。

  清李调元《剧话》卷下云："《唐明皇游月宫》剧见《明皇杂录》：上与太真
及叶法静八月望日游月宫，见龙楼、凤堞、金阙、玉扃冷气逼人。后西川奏其
夕有天乐过。《龙城录》：叶法善与明皇游月宫，闻天乐。上问曲名，曰：'《紫
云回》也。'上密记音调，归为《霓裳羽衣曲》，又见《集异记》《异闻录》，小
异。"[3]《明皇杂录》《龙城录》《集异记》《异闻录》等杂记皆晚唐人所编撰。

  除了诗文、杂记、小说、传奇，开元天宝故事在地方志中也有体现。《麻城
县志》卷四十八载黄冈人陈大章作七言古诗《天宝鹿》云："何来决骤华清鹿，
万里中原行不速，惯随花鸟上阳宫，亲见玉环频赐浴，驱字深镌太府金，角痕
碧沁玲珑玉。未逐仙人上博台，却遭牧竖充庖肉。君不见梨园菊部霓裳舞，宏
农唱罢来鼙鼓。"题记称清康熙年间黄州（今湖北黄冈）有人得鹿一只，"其高

[1]（宋）程大昌：《演繁露》卷七，清嘉庆学津讨原本。

[2]（明）郎瑛：《七修类稿》，上海书店出版社2009年版，第253页。

[3]（清）李调元：《剧话》，载中国戏曲研究院编《中国古典戏曲论著集成》八，中国戏剧出版社1959年版，
  第55页。

如马，角而斑，公命作脯，于项间剥得银圜，重一十七两，镌'天宝二年华清宫'七字，角下坚彻如琼，盖所谓鹿玉也。公以作带环佩之，友人黄安彭伯常在署，亲见其事，属予作歌"。[1]

对霓裳故事的世俗化传播影响更大的是宋代以后歌舞杂剧诸宫调的遽然勃兴，这在很大程度上也进一步促使唐明皇游月宫与杨贵妃舞霓裳的故事纷纷被编演成歌舞杂剧剧目演出，从而使得曾经的口头传说或文字演绎继续演变为可观可感的情景剧。如《碧鸡漫志》卷三称："世有般涉调《拂霓裳》曲，因石曼卿取作传踏，述开元、天宝旧事。曼卿云：'本是月宫之音，翻作人间之曲。'"[2] 宋人以歌舞剧的形式敷演开元天宝故事，或肇始于北宋石延年（字曼卿）的《拂霓裳传踏》，而《拂霓裳》作为一个重要剧作条目也在此后的多种史料记载中反复出现。又有《录鬼簿》《雍熙乐府》等将其记作《天宝遗事诸宫调》或《天宝遗事》，元钟嗣成《录鬼簿》卷上"王伯成"条注云："有《天宝遗事诸宫调》行于世。"在元人杂剧中，更有关汉卿的《唐明皇哭香囊》（简称《哭香囊》）以及白仁甫的《唐明皇秋夜梧桐雨》（简称《梧桐雨》）等成熟剧目被搬上杂剧舞台。明清以后，如《惊鸿记》《长生殿》等剧目更是传为经典，搬演不倦，历久弥新。地方志如《滦县志》卷四"岁时"篇记载滦县（今河北唐山）过去于正月十五有张灯做戏之俗，其有诗歌云："铁板铜琶旧调翻，霓裳新谱演梨园。当时唱出朝天子，一片歌声乐上元。"[3] 这说明以霓裳为主题的梨园故事不仅为文人墨客所津津乐道，而且早已流布民间，被民间戏班着力搬演，成为普通百姓同样喜闻乐见的一部分。

除了戏剧表演，文人绘画、民间版画以及民间雕刻等视觉艺术也为霓裳故事的世俗化传播提供了一个重要途径。宋元以来人们耳熟能详的绘画作品如《贵妃上马图》《明皇幸蜀图》《明皇听乐图》以及《贵妃出浴图》等都是以这一故事为题材而创造产生的名人画作。元人戴表元撰《剡源集》载《题明皇听乐图》云："右龙眠李伯时画《明皇听乐图》一卷。乐坏久矣，至于新声异曲，炫耀动荡，未有如此图者。宣和诸公，凭陵富盛，祖述梨园霓裳遗制而为之，伯时不得不任其责。此图岂平生沉着得意趣邪？"[4] 从戴表元的这段图记来看，至少在北宋宣和年间（1119—1125），文人或受世风易俗的影响，"祖述梨园霓裳遗制"的风气盛行一时，像李伯时这样的画家也深受熏陶和感染，提笔作画，以达平生志趣。除了

[1]（清）郑庆华、潘颐福：《麻城县志》卷四十八，清光绪二年（1876）刻本，第22—23页。

[2]（宋）王灼著，岳珍校正：《碧鸡漫志校正》，人民文学出版社2015年版，第49页。

[3]（民国）袁棻修，张凤翔纂：《滦县志》卷四，民国二十六年（1937）铅印本，第13页。

[4]（元）戴表元：《剡源集》，载（元）戴表元著，陈晓冬、黄天美点校《戴表元集》，浙江古籍出版社2014年版，第387页。

1-1-4 《贵妃醉酒图》，日本藏桃花坞木版年画 [1]

宋代的李伯时，如元代的钱选、明代的仇英、清代的顾见龙以及康涛等画家大抵亦如所然，感伤于造化弄人，而欲以丹青之手再现人物之曼妙与历史之繁华。

得益于文人剧本和民间演剧活动的广泛传播，唐明皇与杨贵妃的故事在民间流传益广，影响愈大，以之为题材的民间版画创作也备受欢迎，其形式有书刊插画、木版年画等。如《唐明皇秋夜梧桐雨》《惊鸿记》等明刊戏曲剧本中均配有相应的版刻插画。杨柳青、桃花坞等盛产木版年画的地方也创作了不少此类题材的代表性作品，如《醉写番表图》《闭月羞花图》《贵妃醉酒图》《贵妃游园图》等。另外，同类题材的作品往往还较多地出现在砖雕、木雕以及石雕等民间雕刻上。唐明皇与杨贵妃的霓裳故事在民间的流布之广及影响之深，由此可见一斑。

霓裳故事的世俗化传播对于戏曲尤其是传统戏曲装扮中至关重要的戏衣而言，有着重要的现实意义。

首先，无论是开元霓裳舞中的霓裳，还是后世梨园用作彩绣之衣的霓裳，作为表演用衣，霓裳固然只是诸种装扮中的一种，然而却是最重要的演出服饰之一。因为从一开始它便以太真贵妃这一特定的人物角色和宫廷乐舞这一特定

[1] 王稼句:《桃花坞木版年画》，山东画报出版社2012年版，第110页。

的文化背景为基调，以更具观赏性的艺术化和视觉化效果为目的，开辟了一条空前绝后的近似专业化的戏衣（或曰舞衣）发展道路。

与以往的参军戏或滑稽戏等皆有不同，以霓裳舞为代表的宫廷戏不再满足于一般性的服饰装扮，而是必须讲究服饰与人物个性及表演动作的搭配，可观可舞，且不同于凡俗，否则就很难契合宫廷演出的水平或再现其盛况。宫廷演出虽由来已久，非自唐代才有，然出自道观的太真杨贵妃为帝王舞霓裳却是在月宫游仙再耦合真人的基础上，独为斯人斯舞而量身定做的一场艺术经典。

《旧唐书·杨贵妃传》称唐开元二十四年（736），"惠妃薨，帝悼惜久之，后庭数千，无可意者。或奏玄琰女姿色冠代，宜蒙召见。时妃衣道士服，号曰太真"[1]。《新唐书·杨贵妃传》称杨贵妃"始为寿王妃"，即为玄宗之儿媳，因天生丽质，竟被玄宗纳入后宫，盖为排除众议，赐其为女道士，号太真。[2]随后就有了明皇梦游月宫见嫦娥仙子及闻《霓裳羽衣曲》云云。由此可以推测，游月宫、梦霓裳，大抵是李杨二人掩人耳目的借口，实际不过是原本就非常擅长音律的唐玄宗与同样擅长音律、能歌善舞的杨玉环心有灵犀，日有所思，夜有所梦；再加上另有西凉府都督杨敬述进献《婆罗门》曲，契合二人心意与心境；又有安禄山大肆搜罗，汇集顶级乐工、乐器与舞衣、珍宝，供与宫廷……多种因素结合，由此而打造了美妙绝伦的《霓裳羽衣》舞曲，如此缥缈仙音与玉容，自然前所未有，人间一流。

白诗称"案前舞者颜如玉，不著人家俗衣服"。宫廷用衣本就不同于寻常士族百姓，其料用"罗绮"自不用说，必有"虹裳霞帔"，再加上"钿璎累累""佩珊珊"[3]，极尽奢华。而白诗所描述的这一场景还只是元和时期（806—820）一般宫女的霓裳之舞，非明皇与爱妃之极盛一时的开元霓裳。

开元天宝之霓裳将传统的宫廷舞衣与传说中富有浪漫主义色彩的神仙衣合二为一，融为一体，创造了独特的贵妃专用舞衣。此后，在霓裳故事不断世俗化的过程中，霓裳舞的演绎必定加入君王、显臣等诸多人物形象以及故事曲折的情节因素，从而不断丰富霓裳的创作与应用。这使得霓裳舞衣不断推陈出新，相沿成习，乃成定制。宋元以后杂剧传奇中霓裳戏衣的广泛应用充分说明了这一点。

从这个意义上说，开元霓裳故事的世俗化使得此前以霓裳神衣或神曲为载

[1]（后晋）刘昫等：《旧唐书》卷五十一列传第一，中华书局1975年版，第2178页。

[2] 参见（宋）欧阳修、宋祁《新唐书》卷七十六列传第一，中华书局1975年版，第3493页。

[3]（唐）白居易：《霓裳羽衣歌》（和微之），载白居易著，谢思炜校注《白居易诗集校注》，中华书局2006年版，第1668页。

体的仙化传说不再只是停留于缥缈虚无的仙界，而是真实地降落在人间，不仅可闻可观可感，而且可以近距离沉溺香氛，甚至可以亲自参与——士族阶层贵如白氏之流即可内廷饱眼、外廷模拟，直至寻常百姓间霓裳可见，燕歌载舞。

其次，霓裳故事的世俗化演变进程促进了后世对艺术自身的探讨，尤其是乐、舞、装扮及以"歌舞演故事"这种多元一体的综合艺术形式获得快速的发展。

研究表明，唐以前的乐舞百戏，尤其是以"参军戏"为代表的滑稽戏本身就是一种非常世俗化的娱乐表演。滑稽戏根据场景的不同或为达到某种特定的艺术表演效果，偶尔会夹杂一些歌、白、舞、乐以及人物装扮等比较多样化的艺术成分在里面，然因其表演层次不同，其艺术追求的效果与水平也必然会受到很大的限制。传奇小说和话本虽然在唐宋时期分别达到各自的高峰，并且极有可能与曲结合，从而在宋代形成题材多样的杂剧故事，然却终以宫廷霓裳故事流传最广，影响也最深。霓裳故事虽出自宫廷，讲述的是帝王与贵妃的故事，然在其世俗化的过程中，人们更为注重的却是其二人间的爱恋红尘，也即李杨之间富有浪漫主义的爱情故事。这使得霓裳故事实际不再仅仅拘泥于宫廷，而是在某种程度上成就了宋元以来戏曲表演中尤令人张目的"才子佳人"型悲剧题材。

因此，无论是从题材还是艺术的高度，霓裳故事的世俗化传播都契合了当时催生乐、舞、歌、白以及人物装扮等戏曲综合艺术的发展需要。

再次，对于霓裳本身而言，作为最早即来源于民间祭祀的装扮用衣，或者说舞衣，在经历了霓裳故事的世俗化传播以后，终于得以剥离自屈原以来文人化的神仙道化传统，更多了几分世俗的味道，从而也更多回归到其人间装扮的本质和可舞的特性。

以屈原为首宗而开辟的霓裳传统代表的是士人想象中不与世俗同流合污的高洁仙人的形象。以贵妃霓裳为代表而开启的却是人间仙子、美人如玉的纯艺术传统。唐以降，神异玄怪小说中的霓裳神人虽然依旧存在，但这些神仙道化却看似更多了几分人间烟火气。

最后，在戏曲这门综合的艺术中，霓裳彩衣作为梨园班社或名优红伶们曾经最为宝贵的演出资产，往往既见证了绝妙高超的表演艺术，也通常在其坎坷悲屈的历史际遇中积淀了更多的文化内涵和象征意义。

清人孙尔思《华清宫歌》云："伶工尽识霓裳技。乐极生悲自古然。"[1] 即所

---

[1]　（清）刘于义等修，（清）沈青崖等纂：《陕西通志》卷九十五，四库全书本。

谓繁华盛世过，悲喜烟云间。霓裳虽旧事，朝华易逝，不负人间。

第二节　走下神坛的舞衣

一、从舞曲到舞衣

霓裳因屈赋而得名，因《霓裳羽衣曲》而名声大噪。屈赋予其神性，是为神仙衣；神曲予其物性，是为佳人舞衣。然霓裳究竟为何物，古人似乎从未有过详细的说明。但从古人留下的只言片语，后人约略可以想象霓裳的大致模样。

首先看诗人笔下的神仙衣——霓裳。屈原《九歌》云东君"青云衣兮白霓裳"[1]。唐释慧琳撰《一切经音义》"甄正论"之"霓裳"条引王逸注《楚辞》云："霓，云之有色似龙者。"郭注《尔雅》云："霓，雌虹也，亦于裳上画杂色间错，或青或赤白，晕似虹霓也。"又《续高僧传》之"霓裳"条曰："王逸注《楚辞》云：'霓，云之有色似龙者也。'郭注《尔雅》云：'雌虹曰霓。'《说文》云：'霓，屈虹也，从雨兒，省声也。言霓裳者，神仙飞行衣，如虹霓。'"[2]王逸为东汉南郡宜城（今湖北襄阳）人，郭璞为东晋河东郡闻喜（今山西闻喜）人。王注从天象的角度，将"霓"释为龙鳞状白云。这一解释似受刘向诗句"鱼鳞衣而白蜺裳"的影响。刘向在其《九叹》中摹屈子形象为"鱼鳞衣而白蜺裳"，王注"鱼鳞衣"为"杂五彩"之衣，"如鳞文也"[3]。唐虞世南撰《北堂书钞》曰："白霓裳，素练也。"[4]素练，即未经染色的白色帛绢。若说屈赋之"东君"以青云为衣，以白霓为裳，而霓即为鱼鳞状斑云，尚或能说得通。但同为鱼鳞衣，若以此来形容屈子的装束，似乎又说不通了。郭注《尔雅》称霓为副虹，霓裳为杂色相间的衣裳，其晕如虹霓。这种解释固然有一定的合理性，然如何理解屈子作为一个自视甚高的士人，却穿着"杂五彩""如鳞文"之衣？这似乎很令人费解。

[1]　（汉）王逸撰，黄灵庚点校：《楚辞章句》，上海古籍出版社2017年版，第58—59页。

[2]　（唐）释慧琳、（辽）释希麟：《一切经音义》，影印日本元文三年（1738）至延享三年（1746）狮古莲社刻本，第1687、1748页。

[3]　（汉）王逸撰，黄灵庚点校：《楚辞章句》，上海古籍出版社2017年版，第315—316页。

[4]　（唐）虞世南撰，（明）陈禹谟补注：《北堂书钞》，四库全书本，第1240页。

｜　1-2-1　长沙楚墓出土的帛画 [1]

　　唯一合理的解释是屈子看到的楚巫演九歌原本穿着杂有赤白青绿紫诸色的彩衣，其色较淡，其晕如霓。尽管颜色较淡，但在高傲的诗人眼里，如此鲜艳的衣服还是显得很俗气，于是在感怀时事的悲郁中仰天长叹，观天地万象而激发出"青云衣兮白霓裳"这样浪漫的诗句，表达了一种不肯与人同流合污的高洁志向。而屈子本人，作为出身贵族的士大夫，其穿衣自然不俗，锦衣罗绮未尝不可，只是可能会搭配得更有层次，异于一般锦衣玉食之流。以青云为衣，以白霓为裳，如此浪漫的想象用来描述东君尚可，却无法用以描写屈子。然为表现屈子的清高不俗，刘向才有了"鱼鳞衣而白蜺裳"的神来之笔，暗含双关之意。王逸注《楚辞》盖亦费解，只好释作"杂五彩为衣，如鳞文也"。

　　相比于屈子的浪漫和刘向的感慨，诗人曹植在其《五游咏》中自称"披我丹霞衣，袭我素霓裳"[2]，氛围清新，色调明快，丽而不俗，清而不郁，明显洒脱许多。曹植的这一描述，虽然亦为想象之辞，却更加接近一个风流士子的本色。

　　无论是屈子笔下的东君，还是刘向诗中的屈子，以及曹植的自画像，他们想象中的霓裳都有一个共同的特点，即有衣有裳，且皆为男性装束。古代男性的穿衣模式，大致有两种比较常见的规制：一是短衣束裙，一是多层长衣并用。

[1]　文物出版社编著：《长沙楚墓帛画》，文物出版社1973年版。

[2]　逯钦立辑校：《先秦汉魏晋南北朝诗》，中华书局2017年版，第433页。

《文献通考·王礼考》引"传授经"曰："老子去周，左慈在魏，并葛巾单裙，不著褐，则是直著短衫，而以裙束其上，不用道家法服也。"[1] 盖老子放达，不修边幅，直着短衫，束之以裙，简装打扮。盛装之服则外用礼服或常服，其形制略短，长与膝齐，不系扣，可以两带结之，其内着深衣。深衣，因"被体深邃"而得名，形制较长，上衣下裳，连成一体，且下饰连接群幅，宽大如裙，便于走路行动，名为裳。《周易·系辞下》曰："黄帝、尧、舜垂衣裳而天下治，盖取诸《乾》《坤》。"[2]《左传·昭公十二年》曰："裳，下之饰也。"[3]《释名》云："下曰'裳'。裳，障也，所以自障蔽也。"又："裙，下裳也。裙，群也，连接群幅也。"[4]《鹤林玉露》乙编卷二"野服"云："余尝于赵季仁处，见其服上衣下裳。衣用黄白青皆可，直领，两带结之，缘以皂，如道服，长与膝齐。裳必用黄，中及两旁皆四幅，不相属，头带皆用一色，取黄裳之义也。别以白绢为大带，两旁以青或皂缘之。"[5] 可见，裳有长短两种，短者于腰间束之，通常用以搭配短衫；长者，上下连裳，裙裳及踝。前为简装，通常为普通黎庶装扮；后为盛装，一般是贵族士人穿之。

从古人的诗句来看，"霓裳"之制为后一种的可能性更大，故而霓裳可有"袭"与"披"之说。唐人刘长卿《望龙山怀道士许法棱》诗有"中有一人披霓裳，诵经山顶飡琼浆"[6]之句。"披"有打开、散开之意，或指衣服覆盖或搭在肩背上。这表明霓裳的穿法犹若长袍，可以披挂在肩背上。"袭"与"披"有相通之处，盖指以霓裳为袭衣。古人盛服时最外一层衣服敞而不掩，露出里面的一层衣服，里面的这层衣服即叫袭衣。袭衣可以敞露在外，因此也被算作外衣的一种。敦煌史料《太上洞玄灵宝升玄内教经》（简称《升玄经》）卷六"开缘品"云："上披丹霞衣，下袭素霓裳。"[7] 这里的"下袭"一来为了对仗，二来当是强调外衣下方敞露的袭衣之裙裳，《礼记·曲礼下》曰："执玉，其有藉者则裼，无藉者则袭。"注云："凡衣近体有袍襗之属，其外有裼，夏月则衣葛，其上有裼衣，裼衣上有袭衣，袭衣之上有常著之服，则皮弁之属也。掩而不开则谓

[1] （元）马端临：《文献通考》卷一百十三，中华书局1986年版，第1028页。

[2] （魏）王弼，（晋）韩康伯注，（唐）孔颖达等正义：《周易正义》，（清）阮元校刻：《十三经注疏》，中华书局1980年版，第87页。

[3] （晋）杜预注，（唐）孔颖达等正义：《春秋左传正义》，（清）阮元校刻：《十三经注疏》，中华书局1980年版，第2063页。

[4] 任继昉、刘江涛译注：《释名》，中华书局2021年版，第356、371页。

[5] （宋）罗大经撰，王瑞来点校：《鹤林玉露》，中华书局1983年版，第146页。

[6] 《全唐诗》，上海古籍出版社1986年版，第360页。

[7] 佚名：《太上洞玄灵宝升玄内教经》卷六，抄本。

之袭。"[1]《礼记·表记》载："子曰：'裼袭之不相因也，欲民之毋相渎也。'"注云："礼盛者，以袭为敬。"[2]按照前人的解释，古人盛装，内里穿袍，相当于现在的贴身内衣，外穿裘或葛衣（冬天衣裘，夏天衣葛），然后是无袖裼衣，裼衣之外是袭衣，袭衣外边才是常服。常服按礼通常是需要敞开的，故里边必须穿上可以敞露在外的袭衣才算礼敬，否则就有亵渎之嫌。因此，"袭我素霓裳"，表明霓裳当穿如袭衣，即以霓裳为袭。"披我丹霞衣"之"丹霞衣"则指开敞的外衣。这显然是一种盛装打扮。刘长卿笔下的道士许法棱作为一介普通人，其穿衣大抵不如贵公子曹植那般讲究，因此只身披霓裳已是非凡。

再看南朝梁沈约《七贤论》称嵇生"自非霓裳羽带"，李白《古风》诗云："霓裳曳广带，飘拂升天行。"[3]"羽带""广带"似为同等性质的衣饰，皆言衣带较长，飘飘若仙。明朱谏撰《李诗选注》卷一录李诗"霓裳曳广带，飘拂升天行"，而注云："霓裳者，仙衣也。"[4]盖只有仙人穿着此衣才有飘拂升天的效果。然古人在描述女子，尤其是优伶舞女衣饰轻薄、舞动如飞时，也会经常用到类似翩然若飞的词句，以此夸耀佳人如玉，曼妙若仙，气质不凡。从前人留下的文字资料来看，古代的裙裳本身通常也是配有衣带的。只不过这里刻意强调"霓裳"为仙衣，或言其质地轻薄，翩然若飞。

李白又有《江上送女道士褚三清游南岳》一诗云："吴江女道士，头戴莲花巾。霓裳不湿雨，特异阳台神。"[5]诗题称"送女道士""游南岳"。该女道士有名有姓，说明实有其人而非虚拟。又，此道士头戴莲花巾，身穿霓裳不湿雨，表明质地特别，非一般棉布之衣容易吸水。"特异阳台神"说明此身装束令其气质不俗。如此霓裳，自然在款式、质地和颜色搭配等方面都体现了十分高超的制作技艺。

南朝诗人谢朓《赛敬亭山庙喜雨诗》云："秉玉朝群帝，樽桂迎东皇。排云接虬盖，蔽日下霓裳。"[6]该诗描写敬亭山（今安徽宣州）赛庙情景，这里的霓裳当是庙会中人们装演东皇及诸神时的盛装打扮。

以上两处实写"霓裳"，说明霓裳可以是民间"实有之物"，而不只是想象

[1]（汉）郑玄注，（唐）孔颖达疏：《礼记正义》，载李学勤主编《十三经注疏》，北京大学出版社1999年版，第103—106页。

[2]（汉）郑玄注，（唐）孔颖达疏：《礼记正义》，载李学勤主编《十三经注疏》，北京大学出版社1999年版，第1469页。

[3]（唐）李白：《李太白文集》卷一，四库全书本。

[4]（明）朱谏：《李诗选注》卷一，明隆庆六年（1572）刻本。

[5]（唐）李白：《李太白文集》卷十四，四库全书本。

[6] 逯钦立辑校：《先秦汉魏晋南北朝诗》，中华书局2017年版，第1434页。

的产物。

宋曾慥编《类说》卷三十二"崔炜"云："行可十里，忽触一石门，炜入户，见绣帐珠翠，莫测是何洞府也。有青衣曰：'玉京子送崔家郎君来也。'须臾，四女曳霓裳衣曰：'崔家子擅入皇帝玄宫。'炜曰：'皇帝何在？'曰：'暂赴祝融宴耳。'"[1] 这段小说文字写的虽是神异故事，却以十分写实的手法描摹了仙界女子霓裳可曳的场景，说明霓裳的形制可以是长裙曳地。清李重华撰《贞一斋集》卷七载《傅玉笥前辈蓬山望阙图》诗云："我自散仙君莫效，霓裳枉伴绿蓑衣。"[2] 这里更是将"霓裳"与"蓑衣"相提并论，既以霓裳喻仙人，又多了几分人间烟火气。

综合前面的描述，可以看到"霓裳"至少具备这样两个特征：一是材质十分轻盈——从纺织技术的角度来说，能达到如此轻盈效果的服饰面料一定十分珍贵；二是穿着非常讲究——可以杂五彩鲜艳之服，即可在颜色搭配方面形成鲜明对比。这样的衣服当然不是普通百姓所能穿的，普通人即便是偶一穿之也不过是为了装扮众仙。故凡穿霓裳者，即便不是神仙亦胜似仙人，翩翩若仙。这样的衣服当然很适合用作舞衣，尤其是宫廷舞衣。

唐开元天宝年间诗人张继有《华清宫》诗云："玉树长飘云外曲，霓裳闲舞月中歌。"[3] 华清宫即西安临潼骊山宫，内有汤泉，故亦名汤泉宫，为唐明皇与杨贵妃欢娱之地。华清宫内设梨园。清乾隆年间《西安府志》援引《临潼志》曰："小汤西有梨园。"[4] 梨园即唐玄宗在华清宫内教习弟子的地方。《新唐书·礼乐志》载：唐玄宗选"坐部伎子弟三百，教于梨园，声有误者，帝必觉而正之，号'皇帝梨园弟子'。宫女数百，亦为梨园弟子"[5]。可见，"霓裳闲舞"描述的即是杨贵妃与梨园弟子在华清宫以霓裳为舞衣表演《霓裳羽衣曲》之事。

舞衣霓裳其状如何？先看白居易笔下的舞霓裳。白诗《霓裳羽衣歌》云："虹裳霞帔步摇冠，钿璎累累佩珊珊。娉婷似不任罗绮，顾听乐悬行复止。"[6]"虹裳"言其裳色艳如虹。虹有七色，这里的霓裳不一定有七色，但五颜六色总是有的，否则就难以譬为"虹裳"。"霞帔"言其裳配帔，帔亦为彩衣，艳丽如霞。"钿""璎""佩"皆为配饰，盖自发髻、颈项及衣服上下皆装饰了各

[1]（宋）曾慥编：《类说》卷三十二，四库全书本。

[2]（清）李重华：《贞一斋集》卷七，清乾隆刻本。

[3]《全唐诗》，上海古籍出版社1986年版，第613页。

[4]（清）舒其绅修，严长明纂：《西安府志》卷五十五，清乾隆四十四年（1779）刻本。

[5]（宋）欧阳修、宋祁：《新唐书》卷二十二志第十二，中华书局1975年版，第476页。

[6]（唐）白居易：《霓裳羽衣歌》（和微之），载白居易著，谢思炜校注《白居易诗集校注》，中华书局2006年版，第1668页。

1-2-2 西安苏思勗墓出土
唐代舞女壁画

种名贵的玲珑饰品，可随舞姿叮当作响。"罗"与"绮"皆轻薄材质，很适合做霓裳舞衣。又《江南遇天宝乐叟》诗云："贵妃宛转侍君侧，体弱不胜珠翠繁。冬雪飘飘锦袍暖，春风荡漾霓裳翻。"[1] 冬日着锦袍，春日"霓裳翻"，这也说明了霓裳比较轻薄，适合在比较温暖的春日穿着舞蹈。

　　白诗《胡旋女》云："胡旋女，胡旋女。心应弦，手应鼓。弦鼓一声双袖举，回雪飘飘转蓬舞。左旋右转不知疲，千匝万周无已时。人间物类无可比，奔车轮缓旋风迟。"从这几句诗的描述来看，"胡旋"的主要特征是旋转，"左旋""右转"，转起来长袖飘举如回雪，衣带裙裳蓬如转动的车轮。该诗虽未提舞霓裳，然其后称天下最擅长胡旋舞的是杨太真和安禄山。"禄山胡旋迷君眼，兵过黄河疑未反。贵妃胡旋惑君心，死弃马嵬念更深。"[2] 由此可以推测，杨贵妃的霓裳舞必然亦以"胡旋"为主要舞蹈动作。如此，其舞衣霓裳亦须长袖大摆，舞动起来才能犹若"回雪飘飘"，蓬转如轮，多姿多彩。另外，白居易又有《燕子楼三首并序》诗云："自从不舞霓裳曲，叠在空箱十一年。"[3] 序称歌妓盼盼

---

[1] （唐）白居易：《江南遇天宝乐叟》，载白居易著，谢思炜校注《白居易诗集校注》，中华书局2006年版，第905页。

[2] （唐）白居易：《胡旋女》，载白居易著，谢思炜校注《白居易诗集校注》，中华书局2006年版，第305—306页。

[3] （唐）白居易：《燕子楼三首并序》，载白居易著，谢思炜校注《白居易诗集校注》，中华书局2006年版，第1211页。

为徐州已故张尚书爱妓，诗人曾游徐、泗，受张某宴请，得以见之。后尚书既殁，盼盼居而不嫁十余年，令人感慨。由此可知，歌妓盼盼歌舞霓裳实有其事，而霓裳当有舞袖的形制也十分明了。这也充分说明，古人诗赋中经常歌咏的霓裳的确是上下连裳。而霓裳作为舞衣，其袖既然可舞，则必然是长袖。

《日本三代实录》载日本奈良的东大寺于清和天皇贞观三年（861）三月十四日举办无遮大会，赛会所用之乐来自大唐、高丽（位于朝鲜半岛）和林邑（今越南南部顺化等地），"大佛殿第一层上结棚阁，更施舞台，天人天女彩衣霓裳，音伎聒，空以移，一天，南北贵贱士女充街，赛陌莫不聚观跂足耸肩，人不得顾先是"[1]。无遮大会所用法曲有的来自大唐，虽不明确是否一定为《霓裳羽衣曲》，但至少从"音伎聒"可以推断霓裳彩衣配乐以舞，而所谓"天人天女"即指舞衣女子。《日本纪略·后篇一》提到日本醍醐天皇延喜七年（907）九月九日"重阳宴"，"观奏霓裳羽衣"[2]。这说明《霓裳羽衣曲》的演奏在日本一直持续到10世纪初，而此时的大唐已然奄奄一息。"彩衣霓裳"大概是盛唐霓裳故事留给世人的最后印记。

宋人晏几道《玉楼春》词曰："红绡学舞腰肢软，旋织舞衣宫样染。织成云外雁行斜，染作江南春水浅。"[3]晁补之《碧牡丹》（王晋卿都尉宅观舞）云："绣带因风起。霓裳恐非人世。"[4]说明宋代霓裳舞衣染若宫样，色如春水，红绡绣带，织有云鸟图案，美丽异常，世间少有。宋徐积《节孝集》卷二十五录有七言律诗《舞》云："十幅华裀遍画堂，仙家妆束学霓裳。一双舞袖鸾凰势，满院春风罗绮香。"[5]该诗同样描述了妙龄女子身着罗绮舞霓裳的情景。

元人白仁甫撰杂剧《唐明皇秋夜梧桐雨》第一折写正末扮唐明皇唱【胜葫芦】："露下天高夜气清，风掠得羽衣轻，香惹丁东环佩声。碧天澄净，银河光莹，只疑是身在玉蓬瀛。"第二折写正末云："妃子学得霓裳羽衣舞，同往御园中沉香亭下闲耍一番。"唱【红绣鞋】："不则向金盘中好看，便宜将玉手擎餐，端的个绛纱笼罩水晶寒。为甚教寡人醒醉眼，妃子晕娇颜，物稀也人见罕。"高力士云："请娘娘登盘演一回霓裳之舞。"正末云："依卿奏者。"（正旦做舞）（众乐撺掇科）正末唱【快活三】："嘱咐你仙音院莫怠慢，道与你教坊司要迭办。把个太真妃扶在翠盘间，快结束，宜妆扮。"【鲍老儿】："双撮得泥金衫袖挽，把月

[1] ［日］黑板胜美：《日本三代实录》，吉川弘文馆1974年版，第64页。

[2] ［日］黑板胜美：《日本纪略》，吉川弘文馆1980年版，第799页。

[3] （宋）晏殊、晏几道著，张草纫笺注：《二晏词笺注》，上海古籍出版社2008年版，第414页。

[4] （宋）晁补之著，乔力校注：《晁补之词编年笺注》，齐鲁书社1992年版，第14页。

[5] （宋）徐积：《节孝集》卷二十五，四库全书本。

殿里霓裳按。"杂剧中正旦扮杨贵妃穿着轻质羽衣，泥金衫袖，绛纱笼罩，环佩叮咚作响。"泥金"即言彩衣金粉为饰，可增加色泽，使得舞衣衫袖看上去金光闪闪，十分璀璨。其后第三折，（外扮右龙武将军）陈玄礼代表众将士逼杀杨国忠，而后要求将贵妃正法，贵妃被迫赐死。（高力士持旦衣上，云）："娘娘已赐死了，六军进来看视。"（陈玄礼率众马践科）。这里的霓裳舞衣成了单纯的舞台道具，代以尸体。第四折【幺】："常记得碧梧桐阴下立，红牙箸手中敲。他笑整缕金衣，舞按霓裳乐。"[1]"缕金衣"言霓裳为金线所绣。元杂剧中透露的这些信息说明，元代演员所穿着的霓裳彩衣采罗绮绛纱为轻质羽衣，又有泥金缕金之饰，十分华美。

清黄图珌撰《看山阁集》有《秋仲集友花间草堂观演自制梅花笺一剧分韵得裁字》诗云："落拓襟期素不才，一尊雅集对花开。柳腰樱口争奇艳，舞罢霓裳五色裁。"[2]该诗讲述清代文人观演自制的《梅花笺》一剧，伶人穿着的戏衣为五色霓裳，也即彩绣之衣。

综上所述，霓裳的形制大体以上下连裳为主要特征，其色泽与搭配因人而异。但无论是什么类型的霓裳，必定不是单色使用，尤其是作为舞衣的霓裳，其颜色搭配、装饰技巧及服饰造型等可能会根据使用场景的不同而有着比较丰富的变化选择。

二、从盛世之喻到梨园雅称

楚辞汉赋之"霓裳"与"开元霓裳"，尤其是后者，几乎自其一诞生就备受瞩目。其中，固然与其所代表的士族品位和文化意蕴有很大关系，但更为重要的恐怕还是因其所代表的艺术水平所达到的前所未有的高度。

姑且抛弃辞赋之"霓裳"不论，单说"开元霓裳"，它实际所代表的是开元盛世无与伦比的艺术辉煌与社会盛况。首先，在社会治理方面，唐玄宗李隆基在经历了诸多宫廷变乱之后，吸取教训，锐意改革，任用贤臣名相治理国家，广纳良言，励精图治，很快便使整个社会恢复稳定，国力强盛，政治昌明，声名远播，吸引很多外国使臣、贵族、僧侣、商贾等络绎不绝地前往大唐进行文化交流或开展贸易，从而为文化艺术的繁荣提供了雄厚的物质基础和良好的社会条件。盛唐诗人杜甫曾有《忆昔二首》诗赞曰："忆昔开元全盛日，小邑犹藏

---

[1]　（元）白仁甫：《唐明皇秋夜梧桐雨》，载王季思主编《全元戏曲》第一卷，人民文学出版社1990年版，第486—512页。

[2]　（清）黄图珌：《看山阁集》卷三，清乾隆刻本。

万家室。稻米流脂粟米白，公私仓廪俱丰实。九州道路无豺虎，远行不劳吉日出。齐纨鲁缟车班班，男耕女桑不相失。"[1] 其次，在文化艺术方面，这一时期的统治者所秉承的是开放包容、兼收并蓄的治理思想，这使得当时的社会和文化风气自由而开放，从而促进了音乐、文学、诗歌、绘画、舞蹈等各种文化艺术的快速发展，很多艺术领域纷纷达到一个新的历史高峰，而《霓裳羽衣曲》就是一个非常典型的代表。前面提到，《霓裳羽衣曲》的成功是很多因素耦合而成的结果，既有霓裳文学的文化铺垫，亦有现实中乐、舞、伎等各种艺术的交汇融合，更有权臣安禄山搜刮四方奇珍与民脂民膏的物质支撑。如此得天独厚的条件，再加上李杨二人精湛深厚的艺术修养以及无与伦比的创作才情，这才有了天作之合、盛世之音。

从前人的描述来看，李杨二人当时合作创作的《霓裳羽衣》舞曲，无论是其舞其乐，还是其艺术装扮，恐怕都达到了无人可望其项背的高度。盛极而亡的故事固然可悲可叹，然其背后掩盖不住的终究是盛世之下的灿烂光辉。这恐怕也是后人在谈起霓裳事典时往往都止不住一声叹息的根本原因。宋辛弃疾《贺新郎》（赋琵琶）云："自开元、《霓裳曲》罢，几番风月。"[2] 诗人感叹的便是这种世事突变、风月变换。

安史之乱（755—763）以后，"霓裳舞曲"很快便成了禁曲。唐末五代即便偶有传演，亦不过余音缭绕。南唐李煜《玉楼春》词曰："晚妆初了明肌雪。春殿嫔娥鱼贯列。笙歌吹断水云间，重按霓裳歌遍彻。"[3] 如若此时李后主的宫中尚能"重按霓裳歌遍彻"，则基本也是余响。宋代以后，在文人士子的笔下，《霓裳羽衣曲》更成绝响。宋欧阳修《六一诗话》云："《霓裳曲》，今教坊尚能作其声，其舞则废而不传矣。"[4] 明郎瑛撰《七修类稿》卷二十四"霓裳羽衣曲考"称："《霓裳羽衣》曲、舞不传于世久矣，虽学士知音之流亦徒求想像而已。"[5] 可见，至少北宋时期，也即欧阳修生活的年代，教坊还能演奏《霓裳曲》，只是舞废不传。四百余年以后，曲、舞皆废，人们只能靠传奇想象了。

事实上，《霓裳羽衣曲》在社会上的快速消失，既与盛世经典往往难以原模原样复制相关，也与其后的社会环境发生变化有很大的干系。约于唐大历年间（766—779）出生的诗人于鹄（逝于814年前后）曾作《赠碧玉》诗曰："新绣

[1]（唐）杜甫著，（清）钱谦益笺注，郝润华整理：《杜甫诗集》上海古籍出版社2021年版，第186页。

[2] 张逸尘编：《辛弃疾：醉里挑灯看剑》台海出版社2022年版，第55页。

[3]（南唐）李煜著，王兆鹏注评：《李煜词全集》长江文艺出版社2019年版，第21页。

[4]（宋）欧阳修著，李之亮笺注：《欧阳修集编年笺注》七，巴蜀书社2007年版，第146页。

[5]（明）郎瑛：《七修类稿》，上海书店出版社2009年版，第253页。

笼裙豆蔻花，路人笑上返金车。霓裳禁曲无人解，暗问梨园弟子家。"[1] 诗中提到"霓裳禁曲"，说明在"安史之乱"以后，《霓裳羽衣曲》曾一度被当作禁曲而禁止表演。这或可解释，为何在短短几十年间，曾经风靡一时的霓裳舞曲很快便无人知晓，唯偏远庙堂或可偶尔一观。与于鹄大致同一时期的著名诗人刘禹锡有《秋夜安国观闻笙》一诗云："织女分明银汉秋，桂枝梧叶共飕飗。月露满庭人寂寂，霓裳一曲在高楼。"[2] 如果这一曲霓裳是真正的演奏，则秋夜楼庭"人寂寂"大抵既是一种无奈，也是对盛世仙乐的一种怀念与留恋吧。特别钟爱霓裳舞曲的白居易，多次尝试恢复这一人间盛典，终究因人才难觅、流传困难，而成为遗憾。这再次说明，艺术经典作品的诞生与传播有其自身的规律和必须具备的社会条件。

换句话说，对于王朝命运而言，盛世而衰自然不是什么好事，但对于梨园而言，经典必定是经典。霓裳神曲作为梨园界永恒的经典之一，即便不再传播，也必将留下深深的印记，世代相传。其中，最具代表性的印记之一便是霓裳故事以各种各样的形式在梨园中广泛流传和弥散。

清人李光庭撰《乡言解颐》"优伶"条云："粤自伶伦作乐，嶰管初调；师旷审音，楚风不竞；孙叔敖诒谋燕翼，优孟衣冠；唐天宝教演霓裳，梨园子弟。乃有传奇词客，按旧谱以翻新；唤起古人，俾现身而说法。蔡中郎《琵琶记》，写不尽离合悲欢；杜太守《牡丹亭》不过是存亡梦幻。他若《西厢》《西楼》之曲，《十种》《百种》之编，领异标新，夸多斗靡。须知生旦净末丑皆以老郎为传，惟净丑为高足，故能醒同光双陆之痴；燕、赵、晋、秦、吴，区分戏子之班，独燕、赵为上乘，所以助慷慨悲歌之兴也。"[3] 李氏这段对于"优伶"发展史的概述很具代表性。在这段文字描述中，李氏将"天宝教演霓裳"看作"优伶"史上一个十分重要的转折点。按照李氏的说法，正是自梨园子弟以后，才相继涌现出一批传奇词客，按旧谱翻新声，"唤起古人，俾现身而说法"，也即通过现身说法的故事演绎以"醒同光双陆之痴"或"助慷慨悲歌之兴"。从唐末五代以后传奇词赋诸宫调的大发展来看，所谓"杂剧""新声"的面貌确实非同于以往。故李光庭之"乃有传奇词客，按旧谱以翻新"一说，未尝不具有合理性。而"生旦净末丑皆以老郎为传""惟净丑为高足""醒同光双陆之痴"等诸句亦不过借北方梨园界奉明皇为戏祖之传说，反复强调天宝霓裳对于后世的影响之深。

---

[1] 《全唐诗》卷三百一十，上海古籍出版社1986年版，第775页。

[2] 《全唐诗》卷三百六十五，上海古籍出版社1986年版，第914页。

[3] （清）李光庭：《乡言解颐》卷三，清道光刻本。

从现有材料来看，以天宝霓裳为主题而创作的诸宫调在北宋时期就已经有了，譬如《碧鸡漫志》中提到北宋石延年的《拂霓裳传踏》即述开元天宝之遗事，而其他史料中也多有"拂霓裳"这一条目出现。又有《录鬼簿》《雍熙乐府》等载有《天宝遗事诸宫调》或《天宝遗事》。元杂剧中，天宝霓裳同样是一个非常重要的创作题材。元人钟嗣成《录鬼簿》"前辈才人有所编传奇行于世者五十六人"之"白仁甫"下列有"《梧桐雨》，唐明皇秋夜梧桐雨"和"《幸月宫》"（一作《唐明皇游月宫》）二目，"庾吉甫"下列有"《霓裳怨》"（一作《杨太真霓裳怨》）一目。[1]另外，关汉卿也曾创作有《唐明皇哭香囊》（简称《哭香囊》）一剧。

明清最具代表性的戏曲剧目如《惊鸿记》《长生殿》等更是被传为经典，搬演不倦，历久弥新。又清人李斗《扬州画舫录》"国朝杂剧"中提到万树作八种杂剧之一《舞霓裳》[2]。除此之外，明代孙仁孺编撰的《六十种曲》之《东郭记》《南柯记》《浣纱记》《琵琶记》以及《还魂记》中均有【舞霓裳】之曲牌，明王骥德《曲律》之"中吕过曲五十章"亦收录有【舞霓裳】，明传奇《牡丹亭》第三十一出也有【舞霓裳】曲牌。如此等等，不胜枚举。

上述这些与"霓裳"有关的曲牌或曲目的广泛存在无不有力地证明了唐开元天宝间的霓裳故事对后世所产生的深远影响，而这大概也可以解释为何后世往往以"霓裳"一词作为伶人伶事甚或梨园的雅称。

以"霓裳"代指伶人伶事，最早盖自白居易始。白居易《燕子楼》一诗的"自从不舞霓裳曲，叠在空箱十一年"即以"舞霓裳"指代歌妓盼盼当年之伶人伶事。清佚名撰《曲海总目提要》卷二"关盼盼杂剧"条记载元人侯克中所撰、后经明人改换增添以成全本的关盼盼一剧，其本事亦来自白居易的《燕子楼三首并序》。可见，由霓裳而引申开来的故事虽千变万化，却万变不离其宗。纵眼望去，皆不过以"同光双陆之痴"平添"慷慨悲歌之兴"。

其他如唐人徐黄《再幸华清宫赋》云"已而玉笛休吹，霓裳罢制"[3]，郑谷《相和歌辞·长门怨二首》有"闲把罗衣泣凤凰，先朝曾教舞霓裳"[4]，以及苏轼的《水龙吟》（赠赵晦之吹笛侍儿）"绮窗学弄，《梁州》初遍，《霓裳》未了"[5]，

[1]（元）钟嗣成、贾仲明著，浦汉明校：《新校录鬼簿正续编》，巴蜀书社1996年版，第60、62页。

[2]（清）李斗：《扬州画舫录》卷五，清乾隆六十年（1795）自然盦刻本。

[3]（清）陆心源编：《唐文拾遗》卷四十五，（清）董诰等编《全唐文》，上海古籍出版社1990年版，第229页。

[4]《全唐诗》卷二十，上海古籍出版社1986年版，第76页。

[5]（宋）苏轼著，夏华等编译：《东坡集》，万卷出版公司2017年版，第87页。

晏几道的《玉楼春》"露桃宫里随歌管，一曲霓裳红日晚"[1]，吕渭老的《贺新郎》(别竹西)"记别时、檀槽按舞，霓裳初彻"[2]等，皆是以霓裳旧事感怀伤时或指代歌儿舞女们笙歌燕舞的场面。

以"霓裳"一词明确作为曲部的代称，可见于清代。清王廷绍于乾隆年间（1736—1795）编撰的《霓裳续谱》即为京城伶师"以口相授，相沿既久"的俗曲总集，"其曲词或从诸传奇拆出，或撰自名公钜卿，逮诸骚客，下至衢巷之语，市井之谣，靡不毕具"[3]。

张次溪辑《北京梨园金石文字录》载清道光六年（1826）九月京城"补修"崇文门外精忠庙"后阁墙垣"，有《重修喜神殿碑序》云："盖闻乐府曲部，相传旧矣……迨至明皇游入月宫，闻天上之乐，归制霓裳曲部，此乐府曲部所以建焉。其后宋金元明，文人墨客采诗博典，演为传奇。"[4]碑序称明皇游月宫"归制霓裳曲部"，由此建立"乐府曲部"，继而由文人墨客演为传奇，是以追述梨园班社的源头为霓裳曲部的诞生。这与前述李光庭所秉持的观点一致。另外，该序还提到自嘉庆十七年（1812）以来，该祖师庙曾在春台、和成、双和、顺立、四喜、庆成等京城戏班乐助之下获得多次修缮。清朱一新撰《京师坊巷志稿》云"精忠庙"："庙祀岳忠武，康熙时建……旁有喜神庙，伶人所祀也。"喜神庙即喜神殿，供奉老郎神（也叫喜神），传说老郎神即唐明皇。大概自清雍乾时起，京城梨园界便于此处设立了京城梨园会馆，行内人一般不称"会馆"，而是称为"精忠庙"或"老郎庙"。由此可见，京城梨园自溯其祖为唐明皇，故其以"霓裳"自譬便是再自然不过的事情了。

清人李绿园于乾隆年间创作的长篇小说《歧路灯》第十九回写瑞云班送戏箱到盛宅唱戏，去早了，大门还未开。书中写道：

> 等到日出半竿时，才开了大门，戏子连箱都运进去。戏子拿了一个手本，求家人传与少爷磕头。家人道："还早多着哩。伺候少爷的小厮，这时候未必伸懒腰哩。你们只管在对厅上，扎你们的头盔架子，摆您的箱筒。等宅里头拿出饭来，你们都要快吃，旦脚生脚却先要打扮停当。少爷出来说声唱，就要唱。若是迟了，少爷性子不好，你们都伏侍不下。前日霓裳班唱的迟了，惹下少爷，

[1] （宋）晏殊、晏几道著，张草纫笺注：《二晏词笺注》，上海古籍出版社2008年版，第414页。

[2] 黄勇主编：《唐诗宋词全集》第七册，北京燕山出版社2007年版，第3131页。

[3] （清）王廷绍辑：《霓裳续谱》，清乾隆集贤堂刻本。

[4] 张次溪辑：《北京梨园金石文字录》，载张次溪编纂《清代燕都梨园史料（正续编）》下册，中国戏剧出版社1988年版，第914页。

只要拿石头砸烂他的箱。掌班的沈三春慌的磕头捣碓一般，才饶了。"[1]

文中所言"霓裳班"乃是指另外一个戏班。小说第二十一回又写"浪荡子"夏逢若称"苏昆有一个好班子，叫做霓裳班，却常在各衙门伺候"[2]。此"霓裳班"显即前面所提戏班，为苏昆班。

清吴长元撰《燕兰小谱》卷四云京城名伶"金桂官"原本江苏常熟人，其人"清姿瘦骨，腻理柔容，如俟城隅之静女，无桑间态，亦乏林下风"，然因其"素习昆曲，曾为外吏衙前，今春阑入部内，匝月之间，泽车华服，气象改观"。其诗赞云："卯儿幻入霓裳队，漫把铜山笑邓通。"[3]这里的"霓裳队"实即梨园代称，言金桂官"入部内"，即官家梨园，造化不凡，仅数月之间便"泽车华服""气象改观"，变化巨大。正所谓"笔有生枯""意含美刺"也。

清人张际亮撰《金台残泪记》卷二收录了一些作者与伶人交往的诗作，其《为□□大令题画》诗云："黄幡歌曲念奴姿，我去江南别几时。宛向霓裳队中见，十分颜色果然伊。"[4]诗中的"霓裳队"亦指代梨园。

清人杨圻曾于光绪丁酉年（1897）游扬州偶遇老伶工蒋檀青，闻咸丰遗事，作长歌《檀青引》以寄家国之恨，其长歌云："春江酒店青山路，一曲《霓裳》卖一钱。"诗有附传曰："蒋檀青，京师人，其先越产也。善弹筝吹笛，工南北曲。文宗时，乐部推第一。长安名士宴宾客，非檀青在座则不欢。初，高宗建圆明园于京师西北，园景宏丽。时海宇晏安，库帑充牣。高台深池，极游观之乐。岁以首夏幸园，冬初还宫。历仁宗、宣宗以为例。文宗时，梨园尤盛，设昇平署以贮乐工，内务府掌之。设南府，命乐工教内监之秀颖者习歌舞。当夫棠梨春晚，梧桐秋末，万几之暇，辄召两部奏新曲。至檀青发喉，则天颜怡霁，赏赉过诸伶……"从这段文字的描述可以看到，檀青原为清代宫廷梨园（昇平署）的乐工，不仅擅长"弹筝吹笛"，而且能唱，颇得"天颜"喜悦和青睐，然经八国联军之兵祸后，如此红极一时的伶工竟沦落到在扬州"抱筝琶沿门卖曲为活"的地步。"迄穆宗中叶，湘淮军克金陵，平捻匪。东南定，再见中兴。而檀青贫，终不得返京师。京师方重靡靡之音，无重昆曲者。于是诸伶中，亦无有知檀青姓氏者矣。"作者时年21岁，"游广陵"，"宴客平山堂"，"乃命丝竹，

[1]（清）李绿园著，栾星校注：《歧路灯》，中州书画社1980年版，第193页。

[2]（清）李绿园著，栾星校注：《歧路灯》，中州书画社1980年版，第208页。

[3]（清）吴长元：《燕兰小谱》，载傅谨主编《京剧历史文献汇编·清代卷》第一册，凤凰出版社2011年版，第53页。

[4]（清）张际亮：《金台残泪记》，载傅谨主编《京剧历史文献汇编·清代卷》第一册，凤凰出版社2011年版，第429页。

以佐诗酒。座上遇檀青，知余之自京师来也。清歌一声，弹筝一曲，白发哀吭，泪随声下。问所哀，为余述宫中事甚悉。言咸丰九年三月某夕，牡丹堂牡丹盛开，月出，上敕诸美人侍夜宴，置酒赏花于镂月开云之台。春寒未解，以紫貂荐地，宝炬千百，珠翠瑟瑟，靓妆如云。召演明皇沉香亭故事数折，花月之下，春光如醉，歌声遏云，不能自已。上顾诸美人，嗟赏伽楠、牟尼、碧玉带钩各一事，西洋文锦两袭。内官引余跪花荫谢恩，春露滴云鬟，舞衣犹未脱也。由今思之，四十年矣。每念先皇恩，如隔世事。因叹曰：'从此以往，无复此乐矣。'言已欷歔，余亦怅然"。[1] 由此可见，清代宫廷梨园亦演绎唐明皇传奇故事，而作者此处"一曲《霓裳》卖一钱"之"霓裳"恐意蕴深刻。

周明泰撰《道咸以来梨园系年小录》载清光绪二十三年（1897）丁酉"本年叙雪团拜在福寿堂堂会戏单"中首列《霓裳曲谱》，其后罗列《赐福》《风云会》《除三害》《连升三级》《五人义》《醉酒》《琴挑》《翠屏山》等戏目。[2] 这里的"霓裳曲谱"若非曲目本身，则是指代其下所列梨园曲目了。

清人易顺鼎撰《琴志楼诗集》卷十九《阳历正月六日怀仁堂听剧作》诗云："仙曲霓裳还听取，叫天高唱《战长沙》。"[3] 诗中"仙曲霓裳"当指雅部剧目，而《战长沙》则为花部，盖二者风格迥异，故诗中用以对比。

清曹雪芹著《红楼梦》第八十五回写贾府唱戏："说着，丫头们下来斟酒上菜，外面已开戏了。出场自然是一两出吉庆戏文，乃至第三出，只见金童玉女，旗幡宝幢，引着一个霓裳羽衣的小旦……"[4] 这里的"霓裳"则明显是指戏衣了，而且是小旦穿的。小说中提到的这出戏叫《蕊珠记》，据考证，系自元人杂剧改编而来，其第三出"冥升"讲嫦娥（小旦扮演）堕入人间，差点错配，为观音所点化，即将升引月宫，故戏中扮演嫦娥者所穿之衣被称为"霓裳羽衣"，以之指代仙人衣。

明孟称舜撰传奇《娇红记》第四十一出有："（生）（觑介）我觑他灯影下庞儿无恙，身穿着翠冷霓裳。"[5] 这句戏文唱的虽是"生"对灯影之下"魂旦"的描述，但在真实的舞台上，"翠冷霓裳"一定表现为旦角戏衣的形式。

清蒋应焻作《摸鱼儿》一词云："喜良宵、管弦叠奏，当筵酒抱如许，两行

---

[1]　（清）杨圻：《檀青引》，载张次溪编纂《清代燕都梨园史料（正续编）》下册，中国戏剧出版社1988年版，第1079—1083页。

[2]　参见周明泰《道咸以来梨园系年小录》，载傅谨主编《京剧历史文献汇编·民国卷》第九册，凤凰出版社2019年版。

[3]　（清）易顺鼎著，王飚点校：《琴志楼诗集》，上海古籍出版社2004年版，第1374页。

[4]　（清）曹雪芹著，（清）无名氏续：《红楼梦》，华文出版社2019年版，第920页。

[5]　（明）孟称舜著，卓连营注释：《娇红记》，华夏出版社2000年版，第189页。

画烛帘垂绣，演出长生全部。霓裳舞，真引我、赏心痛饮杯无数，拓开小户。是兵起渔阳，鼓鼙动地，急点打如雨。"题下注云："辛斋五叔招饮观演《长生殿》传奇。"[1] 从题注可知，"霓裳舞"乃指《长生殿》传奇中优美的舞蹈动作。清贝青乔撰《半行庵诗存稿》卷六"观演《长生殿》杂剧"云："谱按霓裳李阿瞒梨园旧部。此重看雄关警报兵何急，内殿酣歌宴未阑，一代浪夸初政美，三唐早识中兴难，金钱会里琵琶曲，弹向江南泪不干。"[2] 这里的"谱按霓裳李阿瞒梨园旧部"当指《长生殿》杂剧"演绎的是唐明皇李玄宗的梨园霓裳故事。又有清代戏曲杂记《听春新咏》（别集）云"蒋金官"："字云谷，苏州人。【和春部】凝香似菊，吹气如兰。昔年惊艳，曾疑谪降于瑶池；此日徵歌，犹认联班于月窟。登场演剧，含商吐角，气静神闲。"诗赞曰："霓裳奏后卸轻妆，马上相夸白面郎。"[3] 这里的"霓裳"盖亦为泛指，指称蒋金官登台演剧之伶人伶事。

综上所述，我们可以清楚地看到，明清以后，当人们提及"霓裳"一词时，基本不再局限于指称开元盛世之仙音妙曲或一般燕歌宴舞中的华丽舞衣，而是越来越多地用以指代梨园中与伶人伶事相关的各种传奇故事、曲目、音乐和舞蹈等，甚或直接用作梨园的雅称。概括地说，以"霓裳"而自号，以"霓裳"而自豪，是梨园伶界自唐开元天宝以来难以舍弃的光辉传统。

第三节　霓裳艺术与服饰制度

一、霓裳意象的艺术演变

通观古代文献中有关"霓裳"的文字记载可以发现，作为对装扮服饰的一种称呼，"霓裳"更多是以一种文人化的意象形式出现，而古代服饰制度中实际并无"霓裳"一项。换句话说，"霓裳"在某种程度上只是古代那些富有浪漫主义情怀的文人士大夫阶层用以描述生活中各种五颜六色的漂亮服饰的一种文学词汇，其主观色彩十分浓厚。实际生活里，即使存在这样的衣服，人们似乎也

[1] （清）丁绍仪辑：《国朝词综补》卷十一，清光绪刻前五十八卷。

[2] （清）贝青乔：《半行庵诗存稿》卷六，清同治五年（1866）叶廷琯等刻本。

[3] （清）留春阁小史辑录，小南云主人校订：《听春新咏》（别集），载张次溪编纂《清代燕都梨园史料（正续编）》上册，中国戏剧出版社1988年版，第193—194页。

很少在口语中使用"霓裳"这样的称呼，更多是以"彩衣"代之。

在现实生活中，尤其是在祭祀舞蹈或娱乐表演等场合，巫祝或伶人为了引人注意或营造氛围，通常都会穿着一些五颜六色的衣服。这些衣服往往在颜色搭配上讲究对比强烈，色调明快，颜色鲜艳，望之如虹霓般令人感到赏心悦目。

霓和虹一样都属于自然天象，往往夏日雨后出现在天空。虹为七彩，霓在虹的外侧，颜色稍淡，古人称其为雌虹或副虹。副虹，比较好理解，即第二道彩虹。两道彩虹一主一次，颜色一浓一淡。所谓雌虹，即以虹之副比作雌性。古人认为虹是龙在雨后的显形，故以虹比龙公，霓比龙母，二者雌雄相伴。

屈原在其《九歌》中将东君服饰譬为"霓裳"，说明东君之服虽华美而不俗艳，为清流而有含蕴。这种美而不艳、清而不俗的文学意象非常契合诗人的精神

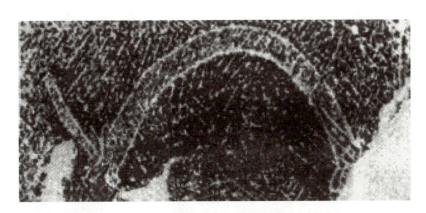

1-3-1

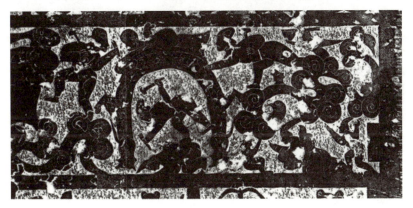

1-3-2

1-3-1　河南唐河县针织厂出土汉代画像石《虹》[1]

1-3-2　山东济宁嘉祥武梁祠石室出土汉代画像石《虹霓图》[2]

[1]　韩玉祥主编：《南阳汉代天文画像石研究》，民族出版社1995年版，第123页。

[2]　胡广跃：《石头上的中国画：武氏祠汉画像石的故事诠释》，三秦出版社2014年版，第195页。

追求和思想品质，也备受后人推崇和赞赏。尤其是屈原所创造的"霓裳"这一艺术想象，在很大程度上代表了一些士大夫阶层的艺术欣赏品味。因此，在汉代以后的诗歌辞赋以及传奇小说中，这种美妙的意象不断得到丰富和发展，尤其是"霓裳"作为神仙衣的这一艺术想象得到不断强化和提升。与此同时，这一艺术形象的不断发展反过来也会在一定程度上促进现实生活中作为服饰装扮的彩衣或舞衣的发展。而彩衣或舞衣在实际应用中的发展不仅会受到文人士大夫阶层艺术欣赏品味的影响，也会受到当时社会生产技术以及文化政治环境等各种因素的制约。

在诸多正史资料中，唯唐宋乐志简略提及"霓裳曲"或"拂霓裳队"。其中，《新唐书·礼乐志》仅提及"河西节度使杨敬忠献《霓裳羽衣曲》十二遍"，未详其情。在述及唐代立部伎、坐部伎、清商乐、古曲、法曲以及散曲等各种音乐舞蹈时，《新唐书·礼乐志》均未提及"霓裳曲"或"霓裳舞"。

《新唐书·礼乐志》称唐"分乐为二部：堂下立奏，谓之立部伎；堂上坐奏，谓之坐部伎。太常阅坐部，不可教者隶立部，又不可教者，乃习雅乐"。盖立部伎、坐部伎和雅乐等皆隶于教坊司。其中"法曲"，"其音清而近雅"，"出于胡中，传为秦、汉所作"。"玄宗既知音律，又酷爱法曲，选坐部伎子弟三百教于梨园，声有误者，帝必觉而正之，号'皇帝梨园弟子'。宫女数百，亦为梨园弟子，居宜春北院。梨园法部，更置小部音声三十余人。帝幸骊山，杨贵妃生日，命小部张乐长生殿，因奏新曲，未有名，会南方进荔枝，因名曰《荔枝香》。""开元二十四年，升胡部于堂上。而天宝乐曲，皆以边地名，若《凉州》《伊州》《甘州》之类。后又诏道调、法曲与胡部新声合作。明年，安禄山反，凉州、伊州、甘州皆陷吐蕃。"[1]"霓裳曲"在梨园"小部音声"的基础上，合"道调、法曲与胡部新声"而作，虽被归为法曲类，其音声乐工实际却隶于"梨园法部"。

就其性质而言，"霓裳曲"与教坊司所承应的乐舞曲目迥然不同。教坊乐舞中，不同主题的舞曲所用的舞衣各不相同，以与其主题相应。譬如《破阵乐》，《旧唐书·音乐志》称其为唐太宗所造，"太宗为秦王之时，征伐四方，人间歌谣《秦王破阵乐》之曲。及即位，使吕才协音律，李百药、虞世南、褚亮、魏徵等制歌辞"，其有扮演士兵者，"百二十人披甲持戟，甲以银饰之"，又有专门的舞者，"舞四人，绯绫袍，锦衿褾，绯绫裤"。又譬如《庆善乐》，亦"太宗所造也"，"太宗生于武功之庆善宫，既贵，宴宫中，赋诗，被以管弦。舞

---

[1] （宋）欧阳修、宋祁：《新唐书》卷二十二志第十二，中华书局1975年版，第475—477页。

者六十四人，衣紫大袖裙襦，漆髻皮履。舞蹈安徐，以象文德洽而天下安乐也"。[1]如此，专用于贵妃"霓裳曲"和"霓裳舞"的霓裳彩衣也必将有别于教坊司诸般舞乐中所用舞衣。

《旧五代史·乐志》按引《欧阳史·崔棁传》称"自唐末之乱，礼乐制度亡失已久"，后梁高祖时期曾一度意欲恢复，然"礼乐废久，而制作简缪，又继以龟兹部《霓裳法曲》，参乱雅音。其乐工舞郎，多教坊伶人、百工商贾、州县避役之人，又无老师良工教习。明年正旦，复奏于庭，而登歌发声，悲离烦愤，如《薤露》《虞殡》之音，舞者行列进退，皆不应节，闻者皆悲愤。开运二年，太常少卿陶縠奏废二舞"[2]。可见，五代后梁时期，"霓裳曲"被归为"龟兹部"，其乐工舞郎来源驳杂，既没有好的老师教习，舞者的表演也很差。至于舞衣，估计也不会好到哪里去。

《宋史·乐志》提到"队舞之制"有"小儿队"和"女弟子队"。盖前者均为男子表演，后者皆为女子。男子表演，依据表演项目的不同，一般穿袍、襦、衫及袴等服饰。譬如"柘枝队"，"衣五色绣罗宽袍，戴胡帽，系银带"；"剑器队"，"衣五色绣罗襦，裹交脚幞头，红罗绣抹额，带器仗"；"婆罗门队"，"紫罗僧衣，绯挂子，执锡环拄杖"；"玉兔浑脱队"，"四色绣罗襦，系银带，冠玉兔冠"。女弟子队则一般穿各色"砌衣""道衣"或"绣罗襦"等。其中就有"拂霓裳队"，"衣红仙砌衣，碧霞帔，戴仙冠，红绣抹额"。其后"曲破"中提到"小石调《舞霓裳》"[3]。"拂霓裳队"当专为配合曲破小石调《舞霓裳》而舞。其舞者穿"红仙砌衣"，配"碧霞帔"，戴"仙冠"，这大概是正史志书中对霓裳服饰最为明确的描述。

除了"拂霓裳队"，《宋史·乐志》还提到"菩萨蛮队"，"衣绯生色窄砌衣，冠卷云冠"；"佳人剪牡丹队"，"衣红生色砌衣，戴金冠，剪牡丹花"；"凤迎乐队"，"衣红仙砌衣，戴云鬟凤髻"；"菩萨献香花队"，"衣生色窄砌衣，戴宝冠，执香花盘"。[4]史梦兰撰《全史宫词》卷十六有"砌衣分得生红色，队是佳人剪牡丹"[5]句，其"剪牡丹"即指"剪牡丹队"，而这里的"砌衣分得生红色"也说明"砌衣"有不同种类之分。然"砌衣"究竟何所指，并无人知晓。该词仅在元人所撰志书中出现，此前不曾有过。此后虽有提及者，基本也是引用者居

[1]（后晋）刘昫等：《旧唐书》卷二十九志第九，中华书局1975年版，第1059—1061页。
[2]（宋）薛居正等：《旧五代史》，中华书局1976年版，第1930页。
[3]（元）脱脱等：《宋史》卷一百四十二，武英殿本。
[4]（元）脱脱等：《宋史》卷一百四十二，武英殿本。
[5]（清）史梦兰：《全史宫词》，中国戏剧出版社2002年版，第497页。

多，其他使用并不多见，亦无人对之有任何解释。根据志书的描述，唯一可以明确的是，"砌衣"大概可以有多种款式和颜色。

另外，除了"砌衣"，女子舞队有时也穿"通衣""宽衫""绰子""道衣""绣罗襦"等表演用服。《宋史·乐志》称"感化乐队，衣青罗生色通衣，背梳髻，系绶带"，"抛球乐队，衣四色绣罗宽衫，系银带，奉绣球"，"采莲队，衣红罗生色绰子，系晕裙，戴云鬟髻，乘彩船，执莲花"，"彩云仙队，衣黄生色道衣，紫霞帔，冠仙冠，执旌节、鹤扇"，"打球乐队，衣四色窄绣罗襦，系银带，裹顺风脚簇花幞头，执球杖"。[1] 其中，"绰子"即褙子，始于隋朝，宋明时期比较流行。道衣，犹和尚衣，比较明确。绣罗襦和宽衫也是日常服制中比较常见的类型。唯"通衣"不太明确，从字面意思看，大概上下贯通之制。

比较起来，《宋史·乐志》中提到的女子服饰除了"砌衣"，其他舞衣皆类生活服用之衣，唯"砌衣"比较特殊，似专为扮演菩萨仙人所穿，犹若仙衣。但作为演出服饰，若直接呼其为"仙衣"似乎并不合适。故"砌衣"当为专用名词，即指仙衣这一类型的衣服。

从字面意思来看，"砌"有堆、垒、连缀、拼合之意。"拂霓裳"之用"砌衣"，当言此衣连缀五彩，或言杂五彩而成，继而配之以"霞帔"。这种"砌衣"实际仍然是沿袭了汉赋以来"杂五彩""披丹霞"的霓裳传统。

值得注意的是，元人称戏曲表演中所用道具为"砌末"（一作"切末"）。关于"砌末"一词的来源，前辈学者已有过一些探究。拙著《戏曲盔头：制作技艺与盔箱艺术研究》之"切末"一节亦曾有过简单的介绍。元人志书中提"拂霓裳"之舞衣，不称"霓裳"而称"砌衣"，可以推测，"砌衣"当与"砌末"有共通之意，即言行头道具。盖"霓裳"过于文雅，不便流传，而此一类型的衣服在日常服饰中又无对应的称呼，于是梨园行中发明了"砌衣"这一行业术语。如此，则"砌衣"当是宋元之人对于"霓裳"的口语化称谓。

"砌末"或"切末"一词，戏行至今仍用作行业术语，然却不见"砌衣"一说，说明该词大概只在宋元时期流行，未能流传到明清以后。这大概一方面是因为"砌衣"一词作为行业术语，并不广为人知，尤其是明清以后随着霓裳故事的进一步泛化传播，文人士大夫阶层更倾向于以"霓裳"一词来穿凿附会与伶人舞衣相关的物事并经常用以指代所有妙龄女子的华衣丽服；另一方面，梨园行则倾向于以更直白、更形象且念起来也更顺口的"宫装"或"彩衣"来代替"砌衣"这一称呼。明清戏曲理论家在谈及戏衣时，通常仅以"行头"或

---

[1]（元）脱脱等：《宋史》卷一百四十二，武英殿本。

"衣箱"一词统而称之，细分之下亦只有"绫缎袄褶""宫装""舞衣"或"百花衣""醉杨妃"[1]之谓，而无"砌衣"一说。这说明元人志书中"砌衣"所指称的舞衣种类比较有限，适用范围也比较窄。因此，久而久之，便无人知晓"砌衣"一说了。而我们今天所看到的"宫装"或"彩衣"等戏衣的形制，与志书中所提到的"砌衣"正有着许多相似之处。

概括地说，从《宋史·乐志》中"拂霓裳"舞队穿着"砌衣"的描述，我们既可以找到"砌衣"与楚辞汉赋之霓裳以及开元霓裳之间的关联，亦能发现其与明清以后乃至沿袭至今的"宫装"或"彩衣"之间所存在的相似之处。

如果单纯从"霓裳"意象以及其作为表演用衣或作为华衣丽服之统称的角度来说，毫无疑问，"霓裳"在造型艺术上的演变与发展，经历了几个比较重要的阶段，并呈现为不同的表现形式。

首先是早期楚巫祭祀表演用衣阶段。史料记载，古代楚地巫风炽盛。春秋战国时期，楚地流传许多巫歌，这些巫歌用于祭祀，也即楚巫在祭祀鬼神的仪式上所唱。楚巫祭祀时通常会载歌载舞，其目的是降神娱神，歌唱神灵的丰功伟绩，祈求神灵的保佑和庇护。如此则歌必美辞，衣必美服。因此，楚巫舞蹈用衣通常是颜色鲜艳的彩衣。

从相关图绘及考证资料推测，这一时期，盖受制于当时的生产技术和制作水平，再加上其用于民间祭祀的性质，楚巫所用五彩之衣并不是特别讲究，至少在身为贵族的诗人屈原看来会显得比较粗鄙。因此，楚巫的彩衣装束在诗人即景抒情的过程中被想象改造成"青云衣"和"白霓裳"这样清新且清高的神仙衣服搭配，并从此以"霓裳"之称闻名于世。

值得注意的是，前人对于《九歌》"东君"的讨论，一般认为东君指日神。"东君"其诗云："暾将出兮东方，照吾槛兮扶桑。"汉王逸《楚辞章句》释"暾"曰："谓日始出东方，其容暾暾而盛貌也。"[2]在诗篇后的几处注解中，王逸亦皆释为是对日神的描写。后世人对"东君"诗篇的解读基本沿袭了王逸这一观点。譬如宋人洪兴祖《楚辞补注》"九歌·东君"篇引《博雅》曰："朱明、耀灵、东君，日也。"[3]朱熹《楚辞集注》卷二"九歌·东君"篇题下按曰："此日神也。《礼》曰：'天子朝日于东门之外，又曰王宫祭日也。'"[4]然当代学者国光

[1]（清）李斗撰，汪北平、涂雨公点校：《扬州画舫录》，中华书局1960年版，第134页。
[2]（汉）王逸撰，黄灵庚点校：《楚辞章句》，上海古籍出版社2017年版，第58页。
[3]（宋）洪兴祖：《楚辞补注》，中华书局民国铅印本；（清）王念孙著，张其昀点校：《广雅疏证》（中华书局2019年版，第674页）卷九"释天"曰："朱明、耀灵、东君，日也。"
[4]（宋）朱熹：《楚辞集注》卷二，中华书局民国影印本。

红对此提出异议，认为"东君"应当指月神，故《九歌》"东君"篇祭祀歌颂的对象应当是月神。[1] 如若"东君"指月神，则"霓裳"之以"霓"来譬喻其品性柔美倒似乎也算贴切，而自唐代杨贵妃舞霓裳以后，人们的确多以霓裳指称美人舞衣或泛指女子的漂亮服饰。至于古人诗文中频繁出现的男子霓裳的意象，盖与东君霓裳而东君为日神的观念有很大关系。不管怎么说，在古人眼中，霓裳作为神仙之衣，自然无论男女皆可穿之。

另外，宋元明清时期有很多书画名人曾以"九歌"为题材绘制了《九歌图》，从这些图画中的人物形象，我们也可大致想象古人对于"霓裳"的理解和认知。

其次是汉魏南北朝以至隋唐不断仙化的神仙衣阶段。这一时期，"霓裳"造型更多以"神仙衣"的形式在诸多文人诗歌或小说中获得长足的发展。如上所述，或许是源于人们对屈子《九歌》中"东君"形象的理解以及受到汉魏以来诗赋小说中所塑造的人物形象的影响，人们一般将身着霓裳神衣的角色设定为男性，而其形制大抵亦是以当时社会贵族男性的穿着标准为基础。关于这一点，前面的章节中有过探讨，这里不再赘述。但是从文人诗歌的描述来看，霓裳，也即色彩鲜艳的彩色装扮用衣在民间赛会的传统中一直保留。至于人们在赛会中扮演的神佛众仙是否衣分男女，以及男女众神所穿神衣是否都被称为霓裳，似乎不是一个太大的问题。诗人笼统地称众仙之衣为霓裳，以一言以蔽之。

从汉魏南北朝文学作品中的相关描述来看，时人对于霓裳的艺术想象实际上也是建立在当时生活用服或乐舞用衣的基础之上的。尤其是"披我丹霞衣，袭我素霓裳"的描述，非常契合古人在穿衣制度方面的某些规定，而"霓裳羽带""鹤驾霓裳"以及"霓裳曳广带"等描述也很容易让人想到翩跹若飞的舞衣。

最后就是唐宋时期的霓裳舞衣阶段。这一时期的显著特点就是霓裳舞衣凭借着《霓裳羽衣曲》的闻名而大放异彩，不仅在称谓上拥有了自己的专属名称，而且在形制、功用以及人物使用等方面都有了比较明确的定位。

在形制方面，如前所引，白居易《霓裳羽衣歌》中提到的"虹裳霞帔"与汉代曹植笔下的"丹霞衣"和"素霓裳"明显不同。"素霓裳"言其为单色，即白练裙，而"虹裳"当为多色彩裙，尤其是裙幅较大，或者如后世之七彩飘带状，可以四散开来，便于表演"胡旋"之舞。另外，"霞帔"与"霞衣"在表述上也有了不同。盖汉魏以后，随着衣制形式的不断丰富和发展，"衣"所包含的品类和范围太过宽泛，而自汉代即已出现的"帔"，则在形制和使用方面也有了较多的变化和发展，并于唐代开元天宝时期被广泛应用于宫廷舞衣。此后发

[1] 参见国光红《九歌考释》，齐鲁书社1999年版，第80—103页。

展到宋代，霓裳在款式和服色方面虽有了更多变化，以适用于不同的舞队表演，然其基本形制仍是以"霞帔"配"霓裳"，而名之以"砌衣"。又因"砌衣"为舞队女子表演舞蹈所穿，且所扮形象多为神仙菩萨，故其保留了传统舞衣或仙衣"长袖""广带"等基本特征。

在功用方面，霓裳被明确用为舞蹈"霓裳曲"之服，也即被明确界定为特定舞衣，因此，必然具备易舞和便于表现舞蹈的某些特征。而舞蹈动作和主题的不同，也将影响到舞衣的形制、面料、颜色以及图案等诸多表现形式。

在人物使用方面，霓裳被明确界定为女性舞衣，更加符合女性的身体特征。体现在制作方面，会有一些类似腰身宽窄以及裙裥等体现女性曼妙身材的要素。另外，霓裳舞衣出自宫廷，其制作面料所使用的绛纱和罗绮等都是十分珍贵的丝织品，再加上各种装扮配饰，十分华美。

总的来说，也正是从唐代开始，霓裳舞衣真正开始走上了一条比较独特的专业化道路。而《宋史·乐志》中"砌衣"的出现，说明霓裳舞衣在宋代获得了更进一步的专业化发展。

元代以后，随着戏曲表演艺术的发展，"砌衣"逐渐为后来的"宫装"或"彩衣"所代替。因古人并没有对"砌衣"作太多细致的描述，其具体细节如何尚不是很清楚。根据现有图像资料大致可以推测，"宫装"或"彩衣"与之相比，应该还是在继承传统的基础上发生了一些变化，以更加适应后世戏曲表演的需要。这些变化主要反映在"帔""裙"和衣袖的样式、制作细节以及材质面料等方面。"帔"，也即"霞帔"，发展为彩绣云肩。裙，也即"霓裳"，现为多色连缀的飘带样式，其内另加衬裙。"舞袖"则为多色连缀的彩色接袖加水袖。当然，不排除唐代霓裳和宋代砌衣已经具备彩绣云肩、羽状飘穗及五彩接袖等这些形制的可能性。

从"宫装"其名来看，显即自宫中服饰发展而来，故称"宫样"或"宫装"，系宫外之人对宫内女装的称呼。宋人晏几道《玉楼春》词曰："红绡学舞腰肢软。旋织舞衣宫样染。织成云外雁行斜，染作江南春水浅。露桃宫里随歌管。一曲霓裳红日晚。归来双袖酒成痕，小字香笺无意展。"[1] 综合晏诗和《宋史·乐志》中的记载以及"宫装"在今天的使用情况，基本可以判断，"宫装""砌衣"与"霓裳"实际一脉相承。只不过从前人的描述来看，唐宋霓裳当为纱绡而成，现在的宫装多使用绉缎。南方有的地方将其称作"彩衣"或"美人衣"。

值得注意的是，在明清文字记载中，戏曲旦角以及民间女子所穿其他形制

---

[1]　（宋）晏殊、晏几道著，张草纫笺注：《二晏词笺注》，上海古籍出版社2008年版，第414页。

漂亮的彩绣之衣，甚至包括鹤氅等男性所穿之衣也都被称为"霓裳"。以此，"霓裳"由过去的指称舞衣或神衣等专用名词变成了泛指一切制作讲究、装饰华丽的衣服。

明人撰《烬宫遗录》卷上载："坤宁后苑有钦安殿，供安玄天上帝。殿东有足迹二，云世庙。时两宫回禄，玄帝曾立此救火。五年秋，上谕隆德英华殿诸像俱送朝天宫隆善寺等处，惟此殿圣像独存，以有灵迹也。懿安尝用素绫作地，剪五色绢，叠成大士宝相，宫中谓之堆纱佛。又用素绫与黄桑色绫相间，制衣如鹤氅式服之，以礼大士，宫中称为霓裳羽衣。后并不用黄桑色。"[1] 这段文字记录的是明熹宗懿安皇后张氏制作"堆纱佛"以及"霓裳羽衣"的宫廷故事。文中所言"霓裳羽衣"制如"鹤氅"，为"礼大士"之服，非舞衣霓裳。

清人蔡钧《出洋琐记》"日都小驻纪略"描述光绪九年（1883）二月在西班牙马德里参加的"嘉那华茶会"（carnival party）云："五大洲中男女服饰奇制异妆无一不备，至于华丽贵重甲于泰西者，则有侯爵拉夫人之衣，以钻石结成，其值三十五万元。侯爵满夫人之衣，以珍珠攒簇，其值二十四万元，光华璀璨，照耀满室，中国之所谓霓裳羽衣恐未足语此也。"[2] 蔡钧为清末政治官员，曾作为清朝政府的外交使臣出使西方各国，其将中国古代的"霓裳"与西班牙盛大茶会中的贵族服饰相比拟，说明在清人眼中，"霓裳"代表的是中国传统最为华丽尊贵的服饰。

综上所述，"霓裳"的演变过程实际经历了一个由民间舞衣到文人意象化发展再到宫廷舞衣，继而回归民间舞衣的本色，直至泛化为指代所有伶人用衣甚至所有女子（或男女）华衣丽服的过程。这是一个比较漫长而复杂的过程，因为文献记录资料的缺失，很多细节详情目前暂时无从考证。因此，围绕"霓裳"的讨论，姑且只能大致集中于"霓裳"意象在概念、造型以及使用范围等方面的粗略分析与描述。更为细致的内容，譬如涉及五色或五彩以及织染画绣等工艺制度部分，将在随后的章节中继续予以探讨。

二、霓裳艺术与传统服制的融合

前面曾提到，除了《宋史·乐志》中的"拂霓裳"队舞之制，在历代正史的服饰制度中，"霓裳"几乎从未被当作一种服饰制度而提及过。即使是在《宋

---

[1]（明）佚名:《烬宫遗录》，民国适园丛书本，第5—6页。

[2]（清）蔡钧:《出洋琐记》，清光绪二十三至二十四年（1897—1898）沔阳李氏铁香室刻铁香室丛刻本，第17—18页。

史·乐志》中，"拂霓裳"队舞的女子服饰亦只是被称为"砌衣"，而非"霓裳"。《新唐书》《旧唐书》中虽然都提到《霓裳羽衣曲》，却同样对杨贵妃或梨园弟子的霓裳舞衣只字不提。这或许是因为，霓裳作为当时一种泛泛的溢美之词，并未被正式命名为舞衣或某一特定用衣的专有名词，且亦未由此而形成一种特定的用衣制度。但这同时也说明，霓裳作为彩装舞衣，其在形制、款式以及图案样式等方面具有很大的灵活性。然而，这并不代表霓裳就可以完全游离于古代严格的服饰制度之外而不受任何约束。

从上古时期的"百兽率舞"到周官"师瞽教百子"，再到春秋时期鲁国的"八佾舞于廷"，中国古代乐舞的传统虽然比较久远，舞衣其制如何难以考证，但是我们仍然可以从汉魏以来的礼乐制度中略窥一斑。

《汉书·礼乐志》云："《六经》之道同归，而《礼》《乐》之用为急。""人函天地阴阳之气，有喜怒哀乐之情。天禀其性而不能节也，圣人能为之节而不能绝也，故象天地而制礼乐，所以通神明。"又云："凡乐，乐其所生，礼不忘本。""乐者，圣人之所乐也，而可以善民心。其感人深，移风易俗，故先王著其教焉。"古人不仅把"乐"放在很重要的位置，与"礼"并提，而且强调礼乐的重要性，既要顺乎性，通乎神，也要依其本，善民心。"先王耻其乱也，故制雅颂之声，本之情性，稽之度数，制之礼仪，合生气之和，导五常之行，使之阳而不散，阴而不集，刚气不怒，柔气不慑，四畅交于中，而发作于外，皆安其位而不相夺，足以感动人之善心也，不使邪气得接焉，是先王立乐之方也。"[1]古代歌、舞、乐通常是三位一体，"雅颂之声"合于礼乐，即强调雅颂之声合乎乐礼和制度。

古代礼乐制度中的"舞"有哪些特殊规定，在志书《礼乐志》中都有所体现。《汉书·礼乐志》云："典者自卿大夫师瞽以下，皆选有道德之人，朝夕习业，以教国子。国子者，卿大夫之子弟也，皆学歌九德，诵六诗，习六舞、五声、八音之和。"又云："高祖乐楚声，故《房中乐》楚声也……高庙奏《武德》《文始》《五行》之舞；孝文庙奏《昭德》《文始》《四时》《五行》之舞；孝武庙奏《盛德》《文始》《四时》《五行》之舞。《武德舞》者，高祖四年作，以象天下乐己行武以除乱也。《文始舞》者，曰本舜《招舞》也，高祖六年更名曰《文始》，以示不相袭也。《五行舞》者，本周舞也，秦始皇二十六年更名曰《五行》也。《四时舞》者，孝文所作，以示天下之安和也。盖乐己所自作，明有制也；乐先王之乐，明有法也。孝景采《武德舞》以为《昭德》，以尊大宗庙。至

[1]　（汉）班固著，（唐）颜师古注：《汉书》，中华书局1962年版，第1027、1037页。

孝宣，采《昭德舞》为《盛德》，以尊世宗庙。诸帝庙皆常奏《文始》《四时》《五行舞》云。高祖六年又作《昭容乐》《礼容乐》，《昭容》者，犹古之《昭夏》也，主出《武德舞》，《礼容》者，主出《文始》《五行舞》，舞人无乐者，将至至尊之前不敢以乐也；出用乐者，言舞不失节，能以乐终也。"[1] 可以看到，在汉代，舞有新创新编者，有自先代承袭而来者，有乐己之作，有乐先王之作。不同的舞服务于不同的功能。对于舞的要求，首先是舞必合乐，以不失节。

其次是"据功象德"。《晋书·乐志》云："汉高祖自蜀汉将定三秦，阆中范因率赉人以从帝，为前锋。及定秦中，封因为阆中侯，复赉人七姓。其俗喜舞，高祖乐其猛锐，数观其舞，后使乐人习之。阆中有渝水，因其所居，故名曰《巴渝舞》，舞曲有《矛渝本歌曲》《安弩渝本歌曲》《安台本歌曲》《行辞本歌曲》，总四篇。""至景初元年，尚书奏，考览三代礼乐遗曲，据功象德，奏作《武始》《咸熙》《章斌》三舞，皆执羽龠。"[2] "据功象德"是古代宫廷乐舞创作的一个基本理念，也是古代礼制的一个基本要求，即需"舞象德""歌咏功"或"舞象功""歌咏德"。《晋书·乐志》"祠庙飨神歌二篇"云："理管弦，振鼓钟，舞象德，歌咏功，神胥乐兮！……礼有仪，乐有则，舞象功，歌咏德，神胥乐兮！"[3] 歌词中明确显示，祠庙飨神的歌舞要表现天人神祖的功德。舞蹈既有如此要求，则舞衣亦当与之相应。尤其是汉高祖本楚地人，喜楚乐，只因"阆中范因率赉人以从"，作战英勇有功，爱屋及乌，不仅复其姓，且令人习其舞曰《巴渝舞》，由此可知，楚舞与巴渝之舞必然风格迥异，其舞衣当然也会有所不同，以此彰显帝王的文治武功。因此，"据功象德"既可以在某种程度上看作古代礼制在乐舞中的一种基本体现和基本要求，也可以在更广泛的意义上理解为不同舞曲间表象达意上的一种差异性存在。而专用舞服的存在则是这种差异性的重要体现之一。举如《后汉书·舆服志》云："爵弁，一名冕……祠天地五郊明堂，《云翘舞》乐人服之。《礼》曰：'朱干玉戚，冕而舞《大夏》。'"[4] 乐人演奏《云翘舞》或表演《大夏》之舞，都要佩戴"爵弁"，即冕，如此，相应的着装应当亦有所要求，惜于未载。又《晋书·乐志》云："《公莫舞》，今之《巾舞》也。相传云项庄剑舞，项伯以袖隔之，使不得害汉高祖，且语项庄云'公莫'！古人相呼曰公，言公莫害汉王也。今之用巾，盖像项伯衣袖之遗式。"[5] 从

[1] （汉）班固著，（唐）颜师古注：《汉书》，中华书局1962年版，第1038、1043—1044页。

[2] （唐）房玄龄等：《晋书》，中华书局1974年版，第693—694页。

[3] （唐）房玄龄等：《晋书》，中华书局1974年版，第684页。

[4] （南朝宋）范晔撰，罗文军编：《后汉书》，太白文艺出版社2006年版，第816页。

[5] （唐）房玄龄等：《晋书》，中华书局1974年版，第717页。

这段文字或许可以推测，此前汉舞《公莫舞》，其舞衣当用长袖，至晋代改为舞巾，即以巾代袖，舞蹈名称也由此改为《巾舞》，舞曲因舞衣之变而据以命名，盖自此而始有确载。

隋唐以后，有关宫廷乐舞用衣的记载更多，也更详细。

《隋书·音乐志》载隋高祖时帝王舞乐分文武，用八佾。其中，文舞六十四人，舞人着黑介帻，进贤冠，绛纱连裳，帛内单，皂领袖襈，革带，乌皮履。武舞亦六十四人，服武弁，朱褠衣，革带，乌皮履。乐人着装各自有别：大鼓、长鸣、横吹工人，着紫帽和绯裤褶；金钲、枹鼓、小鼓、中鸣工人，服青帽和青布裤褶；铙吹工人为武弁和朱褠衣；大角工人则平巾帻、绯衫及白布大口裤。[1] 又有杂乐百戏"并会京师"，如西凉鼙舞、清乐、龟兹以及傩戏等，尤其是傩戏，其人物装扮更加特异。《隋书·礼仪志》载"方相与十二兽舞戏"云："齐制，季冬晦，选乐人子弟十岁以上，十二以下为㲲子，合二百四十人。一百二十人，赤帻、皂褠衣，执鼗。一百二十人，赤布袴褶，执鞞角。方相氏黄金四目，熊皮蒙首，玄衣朱裳，执戈扬楯。又作穷奇、祖明之类，凡十二兽，皆有毛角。"[2] 隋代傩戏中除了乐工遵循一般装扮规制，扮方相氏和怪兽者，其服饰都十分怪异，彰显了隋代舞蹈服饰的丰富多样。

值得注意的是，隋文帝杨坚不循常规，提出"不须象功德，直象事可也"，使得"据功象德"的创作理念在获得进一步发展的同时，也为后来"皆好新变""无复正声"的"风俗"之变埋下祸患。到隋炀帝时，因其"不解音律""略不关怀"，"后大制艳篇，辞极淫绮"。这种"淫绮"之风体现在表演及服饰上，亦极尽夸饰之能。《隋书·音乐志》载："大业二年，突厥染干来朝，炀帝欲夸之，总追四方散乐，大集东都。""每岁正月，万国来朝，留至十五日，于端门外，建国门内，绵亘八里，列为戏场。百官起棚夹路，从昏达旦，以纵观之。至晦而罢。伎人皆衣锦绣缯彩。其歌舞者，多为妇人服，鸣环佩，饰以花毦者，殆三万人。初课京兆、河南制此衣服，而两京缯锦，为之中虚。""六年，诸夷大献方物。突厥启民以下，皆国主亲来朝贺。乃于天津街盛陈百戏，自海内凡有奇伎，无不总萃。崇侈器玩，盛饰衣服，皆用珠翠金银，锦罽缔绣。""百戏之盛，振古无比。自是每年以为常焉。"[3] 可以想见，隋炀帝时期，京城散乐百戏大盛，伎人服饰异彩纷呈。所用衣服，课于京兆（西安）、河南及

[1] 参见（唐）魏徵、令狐德棻：《隋书》卷十四志第九、卷十五志第十，中华书局1973年版，第343—345、358、376—377页。

[2] （唐）魏徵、令狐德棻：《隋书》卷八志第三，中华书局1973年版，第168—169页。

[3] （唐）魏徵、令狐德棻：《隋书》卷十五志第十，中华书局1973年版，第381页。

两京（西京大兴即今西安，东京洛阳）等地。

唐代舞乐更是大盛，不仅舞曲甚多，表演规模也空前壮大，一部乐舞的舞者动辄几十上百人，而舞人服饰俨然有制。譬如唐贞观六年（632），"起居郎吕才以御制诗等于乐府，被之管弦，名为《功成庆善乐》之曲，令童儿八佾，皆进德冠、紫袴褶，为《九功》之舞"。贞观七年（633）改《破阵乐》为《七德》之舞，"增舞者至百二十人，被甲执戟，以象战阵之法焉"。又唐麟德二年（665）载有诏制曰："国家平定天下，革命创制，纪功旌德，久被乐章。今郊祀四悬，犹用干戚之舞，先朝作乐，韬而未伸。其郊庙享宴等所奏宫悬，文舞宜用《功成庆善》之乐，皆著履执拂，依旧服袴褶、童子冠。其武舞宜用《神功破阵》之乐，皆被甲持戟，其执纛之人，亦著金甲。"[1]这段文字十分清楚地显示了古代乐舞中特定舞曲之舞衣制式的存在。

唐代舞曲有很多门类，史书音乐志中记载的乐舞种类主要有立部伎、坐部伎、西凉乐、高丽乐、天竺乐、龟兹乐、康国乐以及散乐等。不同舞乐的舞人穿扮各有不同。

《旧唐书·音乐志》载"立部伎"有八部，譬如《安乐》，"后周武帝平齐所作也。行列方正，象城郭，周世谓之城舞。舞者八十人，刻木为面，狗喙兽耳，以金饰之，垂线为发，画猰皮帽，舞蹈姿制，犹作羌胡状"。《太平乐》，"亦谓之五方师子舞。师子鸷兽，出于西南夷天竺、师子等国。缀毛为之，人居其中，像其俯仰驯狎之容。二人持绳秉拂，为习弄之状。五师子各立其方色。百四十人歌《太平乐》，舞以足，持绳者服饰作昆仑象"。《破阵乐》，"太宗所造也。太宗为秦王之时，征伐四方，人间歌谣《秦王破阵乐》之曲。及即位，使吕才协音律，李百药、虞世南、褚亮、魏徵等制歌辞。百二十人披甲持戟，甲以银饰之。发扬蹈厉，声韵慷慨"。《庆善乐》，"太宗所造也。太宗生于武功之庆善宫，既贵，宴宫中，赋诗，被以管弦。舞者六十四人，衣紫大袖裙襦，漆髻皮履。舞蹈安徐，以象文德洽而天下安乐也"。[2]"坐部伎"有六部，譬如《景云乐》，"舞八人，花锦袍，五色绫袴，云冠，乌皮靴"；《庆善乐》，"舞四人，紫绫袍，大袖，丝布袴，假髻"；《破阵乐》，"舞四人，绯绫袍，锦衿褾，绯绫裤"；《承天乐》，"舞四人，紫袍，进德冠，并铜带"。[3]

又有：《西凉乐》，"盖凉人所传中国旧乐，而杂以羌胡之声也。魏世共隋咸重之。工人平巾帻，绯褶。白舞一人，方舞四人。白舞今阙。方舞四人，假髻，

[1]（后晋）刘昫等：《旧唐书》卷二十八志第八，中华书局1975年版，第1046、1045、1047页。

[2]（后晋）刘昫等：《旧唐书》卷二十九志第九，中华书局1975年版，第1059—1060页。

[3]（后晋）刘昫等：《旧唐书》卷二十九志第九，中华书局1975年版，第1061页。

玉支钗，紫丝布褶，白大口袴，五彩接袖，乌皮靴"；《高丽乐》，"工人紫罗帽，饰以鸟羽，黄大袖，紫罗带，大口袴，赤皮靴，五色绦绳。舞者四人，椎髻于后，以绛抹额，饰以金珰。二人黄裙襦，赤黄袴，极长其袖，乌皮靴，双双并立而舞"；《天竺乐》，"工人皂丝布头巾，白练襦，紫绫袴，绯帔。舞二人，辫发，朝霞袈裟，行缠，碧麻鞋"；《龟兹乐》，"工人皂丝布头巾，绯丝布袍，锦袖，绯布袴。舞者四人，红抹额，绯袄，白袴帑，乌皮靴"；《康国乐》，"工人皂丝布头巾，绯丝布袍，锦领。舞二人，绯袄，锦领袖，绿绫浑裆袴，赤皮靴，白袴帑。舞急转如风，俗谓之胡旋"。[1]

对比唐代不同乐舞可以发现，不同性质的乐舞，不仅舞人服饰的形制差别甚大，而且来自不同地方的舞蹈，其服饰也具有鲜明的地域性特征。大体上来说，文舞如《景云乐》《庆善乐》《承天乐》一般以大袖袍襦为主，明显为中原传统儒服体制；武舞如《破阵乐》表现天子征伐的场景，故披甲执戟，而《太平乐》《安乐》分别来自西南夷和羌胡，则其装扮异于华服。再如《西凉乐》之布褶白裤、《高丽乐》之极长袖与大口裤、《天竺乐》之朝霞袈裟、《龟兹乐》之绯袄白裤以及《康国乐》之锦领袖与绿绫浑裆袴等都极富异域风情和民族特色。

值得注意的是，《西凉乐》舞人所穿"紫丝布褶"为"五彩接袖"，与现在戏服宫装的衣袖有些类似。由此可以推测，唐代霓裳曲中的"霓裳"、宋代"拂霓裳"队伍中的"砌衣"以及明清之际的宫装，其五彩衣袖之制或许正是由此发展而来。当然，从上述志书的文字描述大致还可以知道，诸如"锦领袖""极长袖""朝霞袈裟""绿绫浑裆袴"等异域舞蹈服饰大概都会对中原传统舞蹈的舞服制式产生或多或少的影响。

另外，《旧唐书·音乐志》还写道："当江南之时，《巾舞》《白纻》《巴渝》等衣服各异。梁以前舞人并二八，梁舞省之，咸用八人而已。今工人平巾帻，绯袴褶。舞四人，碧轻纱衣，裙襦大袖，画云凤之状。"[2]这里明确提到了《巴渝》等江南舞服各有特色。而"纱衣""裙襦大袖"或为唐以前的清乐、古曲中所经常使用的舞衣样式。然清乐、古曲发展到唐代实际已产生很大的变化，主要是融入了四方之乐，随后产生一系列的新曲，一如《霓裳羽衣曲》，受此影响，和乐而舞的舞衣也必然受到不同乐舞中舞衣制式及风格的影响，由此而创造产生了新的舞衣，一如"霓裳曲"之舞衣。"作先王乐者，贵能包而用之。纳

---

[1] （后晋）刘昫等：《旧唐书》卷二十九志第九，中华书局1975年版，第1068、1069、1070、1071页。

[2] （后晋）刘昫等：《旧唐书》卷二十九志第九，中华书局1975年版，第1067页。

四夷之乐者，美德广之所及也。"[1] 包容大度、兼收并蓄、广纳博采的盛唐气象在唐代乐舞制度中得到了淋漓尽致的体现，包括舞衣。这种善于容纳吸收的包容精神自然很容易促进创新，产生一些比较经典的舞衣。除了前面提到的霓裳舞中的经典舞衣霓裳，还有譬如《圣寿乐》中"回身换衣，作字如画"[2]的舞衣同样令人叹为观止。该舞衣有点类似后人所说的"当场变"或"翻衣"，即服装可以在演出中当场变化。[3]清人李斗《扬州画舫录》卷五谈戏具行头，其"大衣箱"之"文扮"服饰中也提到"当场变补套蓝衫"。[4]

上述诸乐之外，唐代还流行散乐，如《大面》（又名《兰陵王入阵曲》）、《拨头》、《踏谣娘》等。这些散乐大都有着很强的故事情节，其所演故事各不相同，其着装亦必各象其事。

总的来说，汉以降，宫廷乐舞虽日趋丰富，然制不可乱。《隋书·音乐志》载："齐永明中，舞人冠帻并簪笔，帝曰：'笔笏盖以记事受言，舞不受言，何事簪笔？'"[5]乐舞服饰中连一个小小的装饰用物都不能弄错，必须要合乎事理和规矩。"据功象德"的指导原则在舞蹈服饰的创作中得到深刻体现。由此联想到唐代霓裳曲中的霓裳创作，在传统清商乐、道乐以及西凉乐、天竺乐和康国乐等外来舞乐中寻求服装制式的创作灵感，丝毫也不例外。

舞蹈服饰除了在制式方面要遵守传统礼乐制度提出的"据功象德"的基本要求，还要在颜色、图案、用料以及画绣之制等方面受到相关制度的约束。

首先，古代服饰在颜色、图案以及用料和装饰等方面都有着严格的等级规定。

《后汉书·礼乐志》云："公主、贵人、妃以上，嫁娶得服锦绮罗縠缯，采十二色，重缘袍。特进、列侯以上锦缯，采十二色。六百石以上重练，采九色，禁丹紫绀。三百石以上五色采，青绛黄红绿。二百石以上四采，青黄红绿。贾人，缃缥而已。""自二千石夫人以上至皇后，皆以蚕衣为朝服。"[6]根据史书的记载，汉代女子的社会地位越高，其服饰颜色可以使用的范围越广，可以达十二色。这大概是当时布料染色技术所能达到的极限。社会地位比较低的，如"六百石以上"，能用九色，禁用"丹紫绀"三色；"三百石以上"只可使用"青

[1]（后晋）刘昫等：《旧唐书》卷二十九志第九，中华书局1975年版，第1069页。
[2]（后晋）刘昫等：《旧唐书》卷二十八志第八，中华书局1975年版，第1051页。
[3] 参见中国戏曲志编辑委员会编《中国戏曲志·江苏卷》，中国ISBN中心1992年版，第600、1051页。
[4]（清）李斗撰，汪北平、涂雨公点校：《扬州画舫录》，中华书局1960年版，第134页。
[5]（唐）魏徵、令狐德棻：《隋书》卷十三志第八，中华书局1973年版，第291页。
[6]（南朝宋）范晔撰，罗文军编：《后汉书》，太白文艺出版社2006年版，第819页。

1-3-3

1-3-4

1-3-5

1-3-3　唐代金绣云鹤纹罗袄，陕西历史博物馆藏

1-3-4　唐代团花纹锦，陕西历史博物馆藏

1-3-5　唐代动物纹锦，陕西历史博物馆藏

绛黄红绿"五色。级别越往下，颜色越单一。"贾人"只能用"绀缥"。"二千石夫人以上至皇后"可以"蚕衣"为朝服。

隋初章服制度，帝王衮服依前制，仍为"玄衣纁裳"，图案不仅要求"衣五章（即山、龙、华虫、火、宗彝）"，"裳四章（即藻、粉米、黼、黻）"，"衣重宗彝，裳重黼黻，为十二等"，还要求"衣褾、领织成升龙，白纱内单，黼领、青褾、襈、裾"。又有祭服"绛纱袍，深衣制，白纱内单，皂领、褾、襈、裾，绛纱蔽膝，白假带，方心曲领"。拜陵举哀则服白纱单衣，视朝及宴见则白练裙襦。"自王公已下服章，皆绣为之。"皇后"服四等"，有褘衣、鞠衣、青服和朱服，领袖则用"织成"。皇太后制同皇后。皇太子妃"服褕翟之衣，青质，五采织成为摇翟，以备九章"。[1] 可以看到，隋朝服饰不仅对衣服的颜色、图案、用料有详细规定，还对衣服上图案的设置、样式制作是用织还是绣等都有细致要求。帝王皇后衣服上领袖之图案可织成，自王公以下则"绣为之"。盖相比于刺绣，织锦工艺更为复杂，难度也比较大，费工耗时，因此比较珍贵。

衣服图案除了可以用织、绣，还可以绘画而成，有所谓画衣。《隋书·礼仪

[1]　（唐）魏徵、令狐德棻：《隋书》卷十二志第七，中华书局1973年版，第254、255、257、276、261、277页。

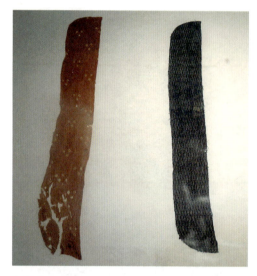
1-3-6

1-3-7

1-3-6 唐代印花纱和素纱，陕西历史博物馆藏

1-3-7 唐代泥银绫纹罗织金腰裙，陕西历史博物馆藏

志》载"陈永定元年，武帝即位"，与诸臣商讨乘舆御服之制曰："今天下初定，务从节俭。应用绣、织成者，并可彩画，金色宜涂，珠玉之饰，任用蚌也。"[1]画衣在唐代比较流行。《旧唐书·音乐志》云：《上元乐》，高宗所造。舞者百八十人。画云衣，备五色，以象元气，故曰'上元'。"又"《圣寿乐》，高宗武后所作也。舞者百四十人。金铜冠，五色画衣。舞之行列必成字，十六变而毕。有'圣超千古，道泰百王，皇帝万年，宝祚弥昌'字"。《光圣乐》，玄宗所造也。舞者八十人，鸟冠，五彩画衣，兼以《上元》《圣寿》之容，以歌王迹所兴。"[2]古代所谓画衣，实即使用印花布料做成的衣服。或许在统治者看来，画衣工艺比织绣要简单，故提倡节俭可用画衣和泥金装饰等。但实际上，隋唐时期的印花工艺技术水平还比较有限，尤其是一些制作复杂、难度较高的印花工艺，在社会上并不是很普及。这就使得在当时社会中，哪怕是穿着画衣，也只能是一部分宫廷贵族才享有的特权，其他人不得僭越。

《唐语林》卷四"贤媛"载曰："玄宗柳婕妤有才学，上甚重之。婕妤妹适赵氏，性巧慧，因使工镂板为杂花，象之而为夹结。因婕妤生日，献王皇后一匹，上见而赏之，因敕宫中依样制之。当时甚秘，后渐出，遍于天下，乃为至贱所

[1]（唐）魏徵、令狐德棻：《隋书》卷十一志第六，中华书局1973年版，第218页。

[2]（后晋）刘昫等：《旧唐书》卷二十九志第九，中华书局1975年版，第1060页。

服。"[1] 文中所记乃唐玄宗时发明的镂板夹缬技术，其与传统印花工艺相比，新颖别致，起初秘而不传，仅宫中可用，到普及以后竟为"至贱所服"。

南北朝时期，北周有能臣长孙平深得武帝重用，然其为相州刺史时却因"正月十五日百姓大戏，画衣裳为鏊甲之象"[2] 而惹武帝大怒，被免去官职。清人钱谦益《再次敬仲韵十二首·其二》诗云："不知何罪画衣冠，肯信眉于眼下安。"[3] 画衣在明清之际已经比较普遍，清代统治者虽然对于服色要求甚严，却并未对画衣之制作何特别限制。钱氏由明入清，郁不得志，托古说事而已。明人撰《兵镜》卷十八《人物杂占》云："人尚彩画衣主兵起。"[4] 其称掌管兵权的人如若崇尚彩色画衣，有叛乱谋反的嫌疑。这表面看似一种迷信，其背后所隐藏的根本原因不过是统治者对僭越衣制的恼怒与忌惮，哪怕这彩画之衣只是用于演戏之装扮中。明清戏班中多有祸起戏衣者，事虽不同，理却相似。

明清以后随着印花技术的进一步提高和推广，印花布在民间得以逐渐普及。"画衣"在明清文人的诗歌中经常出现。明柳应芳《七夕咏王美人百花画衣》诗云："七夕画衣裁，一花一色开。当筵翻酒湿，争道渡河来。"[5] 诗中"画衣"显即裁剪印花布而成，该布彩印各式花朵，名"百花"，体现了很高的印花水平。清人方芳佩有《芳闺梦月》诗云："凭阑有恨题纨扇，拜月何心理画衣。"[6] 又有《为董浦先生悼亡姬张氏作》云："卷帘愁见燕双飞，寒逼香篝冷画衣。"[7] 闺阁女子皆着画衣，说明印花布衣在清代已经很流行。

清代尤侗《衣》诗云："吴绫越绮总无分，裁出针神绝妙文。试着霓裳疑月女，倚来翠袖是湘君。墨弹浓淡千丝雨，线吐高低五色云。"诗人自注其诗云："近日画衣皆以墨弹色，又内外层层吐出五色，号月华衣。"[8] "画衣霓裳"说明霓裳的制作并不全都用绣，弹墨印制之画衣也可以达到非常好的效果，以至京城梨园的伶人使用画衣一度成为比较普遍的现象。

"画衣"一称在过去的文献中虽然经常出现，但问及现在的老一辈人，很多人不知有"画衣"一说，但称"印花布衣"或"花布衣"。民间口头所说"布衣"则通常是指纯色布衣，印花布衣则简称"花布衣"。值得注意的是，

[1]（宋）王谠撰，周勋初校证：《唐语林校证》，中华书局1987年版，第405页。

[2]（唐）李延寿：《北史》卷二十二列传第十，中华书局1974年版，第811页。

[3]（清）钱谦益：《牧斋初学集》卷十二，民国涵芬楼影印明崇祯瞿式耜刻本。

[4]（明）吴惟顺、吴鸣球编撰：《兵镜》卷十八，明刻本。

[5]（清）钱谦益辑：《列朝诗集》丁集第十四，清顺治九年（1652）毛氏汲古阁刻本。

[6]（清）方芳佩：《在璞堂吟稿》，清乾隆间刻本。

[7]（清）方芳佩：《在璞堂续稿》，清乾隆间刻本。

[8]（清）尤侗：《西堂集》，清康熙刻本。

在笔者对全国戏衣行业开展调研的过程中，的确听过地方戏中有用笔墨颜料彩画而成的戏衣。据浙江嵊州黄泽镇渔溪村的李梅清老先生讲述，其年轻时曾为村里的戏班画过戏衣，即以毛笔蘸彩色颜料直接在布料上绘制图案。其颜料为传统方法熬制，里边含胶质成分。所用之布在画之前需要上浆，画完以后还需要经过熏蒸等特殊处理，如此才能着色牢固。其原理与传统凸版印花工艺有些相似。

概括地说，技术垄断与特权专享从来都是占主导地位的传统服饰制度的底层逻辑。古人在论述衣冠制度时更多地将其与社会治理联系在一起。譬如《史记》云："盖闻有虞氏之时，画衣冠异章服以为戮。"后人注引《晋书》"刑法志"曰："三皇设言而民不违，五帝画衣冠而民知禁。犯黥者皂其巾，犯劓者丹其服，犯膑者墨其体，犯宫者杂其屦，大辟之罪殊刑之极，布其衣裾而无领缘，投之于市与众弃之。"[1]《慎子·逸文》云："有虞之诛，以幪巾当墨，以草缨当劓，以菲履当刖，以艾韠当宫，布衣无领当大辟……画衣冠，异章服，谓之戮。上世用戮而民不犯也。"上古之人试图通过衣冠制度来分门别类，令民知耻而禁犯。

盛唐名臣张九龄代帝拟撰《敕岁初处分》云："夫宓羲神农，黄帝尧舜，或诛而不怒，或教而不诛：彼亦何为，独臻于此？朕自有天下二纪，及兹，虽未能画衣以禁，亦未尝刑人于市，而政犹踣驳，俗尚浇醨，当是为理之心，未返于本耳。"[2]唐代统治者虽然口称"未能画衣以禁"，但实际并没有否认古人"画衣而治"的服饰等级思想。"服制有度"的思想贯穿始终，历代统治者都小心翼翼地躬身践行，丝毫不敢马虎，即便乐舞演奏也不例外。

《新唐书·礼乐志》云："大中初，太常乐工五千余人，俗乐一千五百余人。宣宗每宴群臣，备百戏。帝制新曲，教女伶数十百人，衣珠翠缇绣，连袂而歌，其乐有《播皇猷》之曲，舞者高冠方履，褒衣博带，趋走俯仰，中于规矩。"又云："周、隋与北齐、陈接壤，故歌舞杂有四方之乐。至唐，东夷乐有高丽、百济，北狄有鲜卑、吐谷浑、部落稽，南蛮有扶南、天竺、南诏、骠国，西戎有高昌、龟兹、疏勒、康国、安国，凡十四国之乐，而八国之伎，列于十部乐。""扶南乐，舞者二人，以朝霞为衣，赤皮鞋……"[3]中原舞乐着中原服饰，四方乐着四方之服，其本身也是服饰制度的一种体现。

[1] （汉）司马迁撰，（刘宋）裴骃集解，（唐）司马贞索隐，（唐）张守节正义：《史记》卷十，元至元二十五年（1288）彭寅翁崇道精舍刻本。

[2] （清）屈大均辑：《广东文选》卷一，清康熙二十六年（1687）刻本。

[3] （宋）欧阳修、宋祁，《新唐书》卷二十二志第十二，中华书局1975年版，第478—479页。

唐人魏徵等撰《隋书·礼仪志》云："七年，周舍议：'诏旨以王者衮服，宜画凤皇，以示差降。'""又裳有圆花，于礼无碍，疑是画师加葩花耳。藻米黼黻，并乖古制，今请改正，并去圆花。"[1] 衣服图画何物，皆有定例，不能随意更改，即便"于礼无碍"，也不可以。服饰制度之严，就连神像用衣也不例外。宋江少虞编《事实类苑》卷十八"祀太一"载："太宗时，建东太一宫于苏村，遂列十殿，而太一五福二太一处前，冠通天冠，服绛纱袍，余皆道冠霓裳。天圣中，建两太一宫，前殿处五福君太一太游三太一并用通天冠绛纱服之制，余亦道冠霓裳。熙宁五年，建太一宫，内侍主塑像，乃请下礼院议十太一冠服，礼院乃具状请如东西二宫之制，太一尽服通天绛纱。有言亳州太清宫有唐太一塑像，上遣中使视之，乃尽王者衣冠，遂诏如亳州之制。"[2] 由此可见，古代服饰制度管理之严与渗透之广。

最为典型的是前面曾经提到的北魏乐浪王的儿子元忠于宫中陪王侍宴时，"著红罗襦，绣作领，碧绸裤，锦为缘"，遭皇帝责问："朝廷衣冠，应有常式，何为著百戏衣？"答曰："歌衣舞服，是臣所愿。"以至于皇帝不得不感叹说："人之无良，乃至此乎！"[3] 值得注意的是，元忠官太常少卿，为太常寺副官，掌宗庙祭祀，经常与歌衣舞服打交道，因此，习惯于穿着此类服装倒也不是很奇怪。然在严格维护统治秩序的君王看来，百戏之衣也不是随便穿的，应当各有定式，并服用于不同的场合。历代官制中设有礼官、乐官甚至舞师，其重要职责之一就是"辨礼识度"，确保章法不乱。即使遭逢礼乐尽毁的末代乱世，新建王朝的统治者也会很快将其恢复如初。

《晋书·乐志》云："汉自东京大乱，绝无金石之乐，乐章亡缺，不可复知。及魏武平荆州，获汉雅乐郎河南杜夔，能识旧法，以为军谋祭酒，使创定雅乐。"又"舞师冯肃、服养晓知先代诸舞，夔悉总领之"。[4] 河南人杜夔曾为"汉雅乐郎"，"能识旧法"，为魏初乐舞制度的恢复做出了重要贡献。舞师冯肃，《后汉书》载其为冯玳之子，官黄门侍郎[5]，任宫内侍从之职。从这些史料记载约略可以知道古代舞师和乐郎在乐舞制度的代际传承中发挥了重要作用。换句话说，历代舞乐制度包括舞蹈服饰的设计与应用都离不开宫廷乐官舞师的管理与设计。当然，统治者直接参与戏衣舞服设计的案例在史书记载中亦屡见不鲜。譬如唐

[1]　（唐）魏徵、令狐德棻：《隋书》卷十一志第六，中华书局1973年版，第216、217页。

[2]　（宋）江少虞编：《事实类苑》，上海古籍出版社1993年版，第152页。

[3]　（北齐）魏收：《魏书》卷十九上，武英殿本。

[4]　（唐）房玄龄等：《晋书》，中华书局1974年版，第679页。

[5]　参见（南朝宋）范晔撰，罗文军编《后汉书》，太白文艺出版社2006年版，第248页。

明皇李玄宗就经常参与服饰帽冠的设计。清宫档案中也记载清代统治者经常亲自参与戏衣的设计与修订等，兹不一一列举。

简而言之，以"霓裳"为代表的中国传统戏曲服饰艺术正是在这样一个复杂而独特的服制文化和历史背景中，走过足够漫长的发展道路，才一步一步成长起来，最终形成一门绝艺，谓之"衣箱之制"。如此成长起来的霓裳艺术既拥有独具魅力的文化艺术特征，也携带着传统服饰文化与服饰制度的涵养与规范。

第二章　霓裳之匠作史影

　　从前面的介绍可以得知，戏曲衣箱的传统很大程度上也是在古代乐舞之舞蹈用衣的基础上发展起来的。古代乐舞用服不仅融合了民间与官方的服饰文化与传统，吸收了外来舞蹈服饰的某些特点，而且在很大程度上受制于社会生产与制作水平，譬如生丝与布帛生产、染色与印花工艺、织绣与装饰工艺以及缝制与裁剪工艺等。换句话说，我们现在所看到的传统衣箱之制，在某种程度上是古代服饰文化的一个缩影，从中可以窥见与古代服饰相关的各种工艺精华。因此，考察传统戏曲服饰的匠作历史，需将其放在一个更为广阔的背景下才能获得一个较为全面而清晰的认识。

第一节　匠作制度钩沉

一、匠作概述与官制溯源

　　服饰加工与制作行业中的"匠"或"匠作"始于何时，史书中似乎并无比较明确的记载。汉班固撰《白虎通义》言"三皇"即伏羲、神农、燧人时期，"民人""能覆前而不能覆后"，"茹毛饮血而衣皮韦"。[1] 如果将服饰简单定义为"遮身蔽体"之物，那么显而易见，这种"能覆前而不能覆后"的广泛意义上的服饰在很早以前便出现了。当然，如果仅仅有简单的服饰制作，还不能确定是否一定有"匠"或"匠作"的存在。所谓"匠"，乃指在某一方面独有专长的人，而"匠作"则是指由匠人劳作而形成的某一特定行业。这显然涉及一个社会劳动分工的问题。

　　《周易·系辞下》曰："黄帝、尧、舜垂衣裳而天下治，盖取诸《乾》《坤》。"[2]《淮南子》《吕氏春秋》又有"伯余作衣"[3]和"胡曹作衣"[4]之说。根

[1]（汉）班固：《白虎通义》卷上，中国书店2018年版，第24—25页。

[2]（魏）王弼，（晋）韩康伯注，（唐）孔颖达等正义：《周易正义》，（清）阮元校刻《十三经注疏》，中华书局1980年版，第87页。

[3]（汉）刘安著，（汉）许慎注，陈广忠校点：《淮南子》卷十三，上海古籍出版社2016年版，第305页。

[4] 许维遹：《吕氏春秋集释》卷十七，中华书局2009年版，第450页。

据这一记载，黄帝、尧、舜乃为衣冠之祖，而伯余、胡曹则很有可能是早期专门负责制衣的匠人或统领匠作的官员。至如《考工记》中记载的"百工"之制，表明此时我国已经有了非常明确的匠作之制了。《考工记》是《周礼·冬官》中的重要篇章之一。

虽然对于黄帝、尧、舜的传说以及《周礼》的年代问题，学界还存在着一定的争议，然而判断服饰行当的"匠"或"匠作"出现与否的依据必然有二：一是服饰出现与否，二是服饰制作的分工出现与否。前一个问题相对简单，出土的考古资料即可证明。譬如骨针的出现，它们是人类最早的缝纫工具。我国在旧石器时代晚期就已经有骨针存在。1933 年，在北京周口店龙骨山山顶洞人遗址发现了距今 10000 多年的骨针，然其针体稍稍弯曲，针孔部分有缺。之后人们于 1983 年在辽宁海城仙人洞遗址又发现了三枚保存完好的骨针，这三枚骨针针孔圆滑，针体较直。陕西临潼出土了距今 8000—6800 年的骨针。再之后不断有更多制作精致、打磨光滑的骨针被发掘出来。2017 年，陕西榆林石峁遗址皇城台出土了上万根距今 4000 多年的骨针。这些骨针长 2—10 厘米不等，最短者约 2 厘米，直径约 1 毫米，针孔直径则不到 1 毫米，可以与当下所见最细的

2-1-1　骨针，陕西临潼零口遗址出土，陕西历史博物馆藏

2-1-2　骨针，陕西石峁出土，陕西省考古研究院藏，易华拍摄

2-1-3　骨针，陕西石峁出土，石峁遗址博物馆藏，易华拍摄

2-1-4　丝织品残片，陕西石峁出土，陕西历史博物馆藏

2-1-1

2-1-2

2-1-3

2-1-4

绣花针相媲美。如此精细的骨针打制技术是一项非常了不起的社会成就，它不仅集割、刮、磨和钻孔等技术于一身，而且以其制作的精细程度彰显了当时社会服饰加工与制作水平的高度。换句话说，只有在缝制或刺绣质地比较细腻的丝织品时才会用到这种很细的骨针。如果只是缝制兽皮或麻枲等质地比较粗厚的服饰，显然需要用到较粗的骨针。而当时整体比较低下的社会生产力水平决定了这种技术活儿不大可能是一项人人都会参与的工作，故劳动技术的分工必然会由此产生。值得注意的是，石峁遗址同时出土了质地比较精细的丝织品残片。这种丝织品的加工制作理所当然地会涉及更多的技术门类与行业分工。

从《周礼》等古代有关工匠的文献记载来看，类似这种技术性很强的劳动，其分工不仅十分明确而具体，且已形成非常完备的工匠制度管理体系。由此可以推测，专门负责服饰制作与加工的匠人或匠作必定很早便已存在。

古代文献中与服饰制作相关的匠作制度资料比较多，可以从史志、职官、政书、农书、类书、四书五经或各种笔记杂说等著作中撷取。与服饰相关的匠作制度大致涉及纺织、印染、刺绣、剪裁、缝制以及装饰等几个方面。其他如纺织材料所用蚕丝、葛草、棉麻，装饰材料所用皮甲、毛毡、玉石、珠穗，以及各种生产制作工具等，亦与服饰制作息息相关。

文献资料中与这些匠作制度相关的记载主要体现在大型官修史书、政书、农书和类书中有关舆服、礼乐、官制、朝贡、税赋等篇章中。还有一些个人撰写的笔记、杂记或传记如明刘若愚撰《酌中志》、清末皇帝溥仪撰《我的前半生》等著述在谈论有关本朝或前朝的制度时，偶尔也会提及一些。其中，比较重要的文献资料有以下这些：

经书类，如《周礼》《尚书》《礼记》《仪礼》等。其中尤以《周礼》诸篇和《尚书》"禹贡""周官"两篇最为重要。《周官》和《周礼》诸篇提到的"三公六卿"之制是后世历代官制的雏形，而与服饰相关的工匠制度亦被纳入相应的职官管理体系之中，并在此基础上不断完善。

官修史书类，以历代官修史书中的舆服志、礼乐志、职官志、食货志等为主，这些志书中偶尔会涉及一些与服饰制度相关的内容。其中，职官志主要涉及宫廷内部的服饰执掌和管理机构，礼乐志以庙享和乐舞用衣为主，舆服志主要涉及帝后百官用服，食货志则涉及耕桑税赋等内容。以上部类与"工匠制作"看似无多关联，然与工匠制度相关的历史脉络隐约可见。

政书类，如《唐会要》《通典》《文献通考》《明会要》《大明会典》《钦定大清会典》等。这类政书中一般设置有礼乐、舆服、职官、武功等篇章。与正史中的舆服志、礼乐志和职官志等内容相比，政书中的这部分内容更为详尽，资料也更为丰富。譬如《文献通考》中设置的"职官考""王礼考""乐考"等诸部，以及《明会要》中的"礼乐"和"舆服"两部，都有一些比较丰富的内容可供参考。《大明会典》的卷六十"冠服"和卷六十一"文武百官冠服"，也分别对不同的冠服制度做了比较详细的描述，尤其是卷一百八十八"工匠"和卷二百一"织造"分别对工匠则例、种类数量、两京和江南织造等内容做了比较详细的记录，为后人考察当时的工匠制度提供了重要的参考资料。《钦定大清会典》和《大清会典则例》中也设置了与"织造"和"匠役"相关的内容，而其对于内务府下各司执掌的记录尤为详尽。

职官类，如《唐六典》记录了唐代宫廷的尚衣制度。唐代内侍省设内府局，又有殿内省设尚衣局。由此可知，明清之内务府和尚衣局之设，与之一脉相承。

类书中比较重要的有《册府元龟》《太平御览》《三才图会》《渊鉴类函》等。

其他，如《考工记》《考工典》《天工开物》以及诸子百家杂说笔记等书著中也有一些比较重要的内容值得参考。下面择其要者而简述之。

首先，从官制的源头文献来看看古代与服饰相关的管理制度。儒家经典中被列为"三礼"之一的《周礼》在这方面提供了十分重要的参考资料。《周礼》"天官"中分别提到"大府""玉府""内府""外府""司裘""掌皮""典妇功""典丝""典枲""内司服""缝人""染人"等管理机构；"地官"中有"草人""掌染草""舞人"等机构；"春官"中则有"典命"和"司服"等。以上各大机构，除"大府""玉府""内府""外府""司服""内司服""舞人"等属于总管邦国贡赋、宫廷内外财物藏储与服用以及各种祭祀舞蹈的综合性机构以外，其他如"司裘""掌皮""典妇功""典丝""典枲""缝人""染人""草人""掌染草"等部基本都是各有专工。以"掌皮"为例，其掌"秋敛皮，冬敛革"，"以式法颁皮革于百工""共其毳毛为毡"[1]。所有皮革毛毡之工匠制作皆归"掌皮"所管。"司裘"，"掌为大裘，以共王祀天之服。中秋献良裘，王乃行羽物。季秋，献功裘，以待颁赐"[2]。所有皮服羽饰的加工制作俱归"司裘"管辖。当然，毛羽的征用与赋贡具体由"兽人"和"羽人"等负责。"兽人"管田猎捕兽，兽肉交给"腊人"制作食物，皮毛筋角交给玉府以备加工服饰器用。"羽人"之职亦如此。"典丝"，"掌丝入而辨其物"，"掌其藏与其出"，"颁丝于外内工"，"凡上之赐予，亦如之。及献功，则受良功而藏之，辨其物而书其数，以待有司之政令，上之赐予"。丝物的征收、颁赐、供奉、藏储及分发给内外工匠制作，皆由典丝管理。不仅如此，"凡祭礼，共黼画组就之物。丧纪，共其丝纩组文之物。凡

---

[1]（汉）郑玄注，（唐）贾公彦疏，彭林整理：《周礼注疏》，上海古籍出版社2010年版，第241页。

[2]（汉）郑玄注，（唐）贾公彦疏，彭林整理：《周礼注疏》，上海古籍出版社2010年版，第233—235页。

饰邦器者，受文织丝组焉。岁终，则各以其物会之"。[1] 即所有祭祀、丧葬以及邦国器物上所用跟丝织物相关的彩画、织绣、组穗之物皆由典丝督办。"典枲"，"掌布缌缕纻之麻草之物，以待时颁功而授赉。及献功，受苦功，以其贾楬而藏之，以待时颁，颁衣服，授之。赐予亦如之。岁终，则各以其物会之"[2] 。所有跟麻草相关以及以麻草制作布帛衣物的事项俱归典枲所管。司裘、典枲和典丝可以说是与服饰制作直接相关的最为重要的三个管理部门，尤其是典枲和典丝，负责的是服饰物料生产与制作中丝麻葛绵等几个较大门类。当然，从原材料生产到衣服的设计、加工与缝制以及装饰等，这里边还需要很多专业部门的参与，譬如蚕桑的养殖与生产，一般由"典妇功"负责；草、葛的生产加工分别由"草人"和"掌葛"负责；丝帛、布帛的练染则分别由"染人"和"掌染草"负责。"染人"，"掌染丝帛。凡染，春暴练，夏纁玄，秋染夏，冬献功。掌凡染事"[3] 。"掌染草"，"掌以春秋敛染草之物，以权量受之，以待时而颁之"[4] 。

以上各部之外，《周礼》中另有"冬官考工记"，称"百工"为国之"六职"之一 。所谓"六职"，盖士、农、工、商之外，上加国君和王公。不算国君和王公，则"工"居第三。"百工"之中，"攻皮之工五"，"设色之工五"，"刮摩之工五"，"攻金之工六"。制作服饰所用装饰之物如玉石珠宝以及服饰加工所用的各种工具如针锥车剪等大小器物应当俱由"刮摩之工"和"攻金之工"两大门类中的各种工匠制作完成。服饰中的皮、革、毛、羽以及绘画、纺织、刺绣、缝纫等盖由"攻皮之工"和"设色之工"等门类中的各个工种负责。

从《周礼》中的官制设置，我们可以大致得出这样一个结论，即中国传统手工业的门类划分和机构管理在很早以前就已初步定型。秦汉以来，与服饰制作和应用相关的历代宫廷管理与行业分工都是以此为基础而不断发展起来的。直到今天，我们看到一个完整的戏衣行仍然少不了织、染、画、绣、裁剪以及缝合等这些最基本的劳动分工。当然，现代意义上的"戏衣行"是一个内涵与外延都十分狭窄的概念。换句话说，现在人们口头所说的"戏衣行"通常仅指那些直接参与戏衣设计与制作的人，纺织、染色，甚至包括绣工在内，严格说都不能算在"戏衣行"之内。纺织和染色两大行业所服务的对象和范围甚广，并不单单为戏衣服务。即便是绣工，也并非只绣戏衣。如有余力，任何绣活他们都会乐意承接。此乃生计所需，且绣工仅关乎刺绣工艺，无关乎行业。

[1]（汉）郑玄注，（唐）贾公彦疏，彭林整理：《周礼注疏》，上海古籍出版社2010年版，第273—276页。
[2]（汉）郑玄注，（唐）贾公彦疏，彭林整理：《周礼注疏》，上海古籍出版社2010年版，第276—277页。
[3]（汉）郑玄注，（唐）贾公彦疏，彭林整理：《周礼注疏》，上海古籍出版社2010年版，第286—287页。
[4]（汉）郑玄注，（唐）贾公彦疏，彭林整理：《周礼注疏》，上海古籍出版社2010年版，第599页。

据国家级非物质文化遗产传统戏曲盔头制作技艺传承人李继宗先生讲述，过去华林昌盔头铺旁边有一个绣花作，里边绣花的师傅全是男性。这种情况过去在其他地方也比较普遍。虽然从严格意义上讲，纺、染、织、绣各为一行，与"戏衣行"并无隶属关系，但戏衣的制作显然都离不开这些行业，尤其是染行和绣行。有很多制作比较讲究的戏衣为了追求特殊的表现效果，其布料颜色一般都是单独染制而成。这种具备独特表现效果的色布非专业染匠难以完成。所谓"绣工"和"染工"即分别指绣行和染行的匠人。南方习称女性绣工为"绣娘"。

除此之外，戏衣的裁剪和缝制也各有专行，更多是二者兼长，习称"裁缝匠"或"缝人"。另外，戏衣制作中又有"画活""刷活""绣活""成活"之说。"画活"即绘画图案。如果图案不是直接绘在布料上，则需通过一定的工艺将其复制到布料上，这种复制工艺就叫"刷活"。"绣活"和"成活"分别指戏服制作中的刺绣与裁剪缝合。

由此可见戏衣制作分工之细。这在某种程度上印证了书前所言，即"戏衣行"实际是一个很复杂的行业，它涉及传统手工艺的很多方面，甚至社会管理的很多方面，而不单单是"戏衣"本身的问题。这也是本书将传统戏衣制作技艺放在一个更为广阔的文化历史背景中进行考察的根本原因。只有这样，才能更好地理解戏衣及其制作技艺产生与发展的历史过程。

在管理方面，我们可以看到《周礼》中分别设置了"大府""外府""内府""玉府""司服""内司服""典命"以及"九嫔"和"典妇功"等。"九嫔"，"掌妇学之法，以教九御妇德、妇言、妇容、妇功"。其中，九嫔之"妇功"与"典妇功"的区别在于，前者主要是指帝王九嫔治丝枲之功，后者是指掌管或主持更为广泛的"妇式之法"，"以授嫔妇及内人女功之事赍"[1]。诸如桑植、纺织、缝纫等项皆为古代社会"女功"的重要内容。"司服"与"内司服"分别掌管帝后之服。"典命"掌诸侯与诸臣之礼仪等级，有所谓"五仪""五等"之命，"上公九命为伯，其国家、宫室、车旗、衣服、礼仪，皆以九为节"[2]，以下各命依次递减，犹若后世之九品官制。"大府""外府"犹若国库，管邦国之财赋贡物与藏储。"玉府"和"内府"则主要负责帝王宫廷之服用。

值得注意的是，尽管有人对《周礼》所产生的年代表示质疑，然《周礼》一书中所呈现的这些官制记载却可以与《尚书》之"禹贡""周官"两篇以及其他文献中的相关资料相互印证。譬如"周官"中的"三公六卿""九牧之制"以及"禹贡"中提到的天下九州土物赋贡等，都是古代中国官制物赋的真实写照。

[1]（汉）郑玄注，（唐）贾公彦疏，彭林整理：《周礼注疏》，上海古籍出版社2010年版，第272页。
[2]（汉）郑玄注，（唐）贾公彦疏，彭林整理：《周礼注疏》，上海古籍出版社2010年版，第785页。

举如兖州（今山东地区），古产桑蚕，贡有漆、丝、盐、葛和花纹织布等，徐州产玄纤（黑丝细布）、细布生绢和五色颜料，豫州（今河南以东、安徽以北等地）贡有枲、绤、纻、纤、纩等，即以大麻、苎麻、细葛、丝绵等为特产。东南沿海和南部诸岛有织贝，西南有织皮，如此等等。

目前全国各地出土的现代考古资料也对古代各地纺染织绣等古老传统工艺的存在年代提供了最有力的佐证。譬如仰韶文化遗址（山西夏县，前3500）出土的半只蚕茧，良渚文化遗址（浙江湖州，前2750）出土的丝、麻和绢片，龙山文化遗址（山东济南，前4000）出土的骨梭和纺轮，石峁文化遗址（陕西神木，前3000）出土的骨针和帛片，以及北京山顶洞人遗址出土的距今5万年的红色矿物颜料、骨针和用颜料染过的装饰品等。在这些遗址出土的考古资料中，有很多织物及工具的精美细腻程度令人叹为观止。如此高水平的生产与制作工艺，对于公元前千百年的西周王朝来说，如果没有完善成熟的行业分工与社会管理体制与之相匹配，是很难想象的。

二、《食货志》与唐宋官志

接下来，看看汉唐之际的《食货志》。《汉书·食货志》云："理民之道，地著为本。""民受田……若山林薮泽原陵淳卤之地，各以肥硗多少为差。有赋有税。""还庐树桑"，"女修蚕织"。"在野曰庐，在邑曰里。""春令民毕出在野，冬则毕入于邑。""冬，民既入，妇人同巷，相从夜绩。"汉史记载十分清楚地表明，"树桑养蚕""蚕织夜绩"为赋税之需。又汉臣贾谊援引古谚"一夫不耕，或受之饥；一女不织，或受之寒"而有"积贮"之论，汉帝感其言，"始开籍田，躬耕以劝百姓"。[1]从汉代开始，历代帝王率领后宫及百官开启籍田"躬耕""亲桑"之礼。大型类书如《册府元龟》《钦定大清会典》等都对帝后躬耕、亲桑以及射猎之礼仪做了比较详细的介绍。

《魏书·食货志》云："先是，天下户以九品混通，户调帛二匹、絮二斤、丝一斤、粟二十石；又入帛一匹二丈，委之州库，以供调外之费。至是，户增帛三匹，粟二石九斗，以为官司之禄。后增调外帛满二匹。所调各随其土所出。"朝廷凡九品官员所用，皆委之州库，为民户百姓所出。"其司、冀、雍、华、定、相、泰、洛、豫、怀、兖、陕、徐、青、齐、济、南豫、东兖、东徐十九州，贡绵绢及丝；幽、平、并、肆、岐、泾、荆、凉、梁、汾、秦、安、营、幽、夏、光、郢、东秦，司州万年、雁门、上谷、灵丘、广宁、平凉郡，怀州邵上郡之长

[1]（汉）班固著，（唐）颜师古注：《汉书》，中华书局1962年版，第1119、1120、1121、1127—1130页。

平、白水县，青州北海郡之胶东县、平昌郡之东武平昌县、高密郡之昌安高密夷安黔陬县、泰州河东之蒲坂、汾阴县，东徐州东莞郡之莒、诸、东莞县，雍州冯翊郡之莲芍县、咸阳郡之宁夷县、北地郡之三原云阳铜官宜君县，华州华山郡之夏阳县，徐州北济阴郡之离狐丰县、东海郡之赣榆襄贲县，皆以麻布充税。"可以看到，绵绢丝贡及麻布之税各有分布和规定。值得注意的是，这一时期的绵绢丝之贡乃是以北部和东部地区为主，而非后来的东南各省。另外，麻布之税遍布南北。志载："诸桑田皆为世业，身终不还，恒从见口"，"诸麻布之土，男夫及课，别给麻田十亩，妇人五亩"。桑麻种植在传统农耕社会的国计民生中至关重要，桑田世代为业，麻田男夫和女妇皆有份例。"旧制，民间所织绢、布，皆幅广二尺二寸，长四十尺为一匹，六十尺为一端，令任服用。"[1]这实际上是官方给出的绢布生产标准。一切农工纺织与生产制度皆须以官方尺度为标准。

《隋书·食货志》载晋自中原丧乱，司马氏南下建立政权，百姓南迁，"而江南之俗，火耕水耨，土地卑湿，无有蓄积之资"，国用物阜，各随轻重，因地制宜，历宋、齐、梁、陈而因之，"其军国所须杂物，随土所出，临时折课市取，乃无恒法定令，列州郡县，制其任土所出，以为征赋"，"其课，丁男调布绢各二丈，丝三两，绵八两，禄绢八尺，禄绵三两二分……丁女并半之。男女年十六已上至六十，为丁。男年十六，亦半课，年十八正课，六十六免课。女以嫁者为丁，若在室者，年二十乃为丁"。特殊时期，课无定税，随其所出。男丁女丁皆按年龄大小确定课税起征时间和数量。所征布绢和丝绵的长度及分量也都有明确规定。"其仓，京都有龙首仓，即石头津仓也，台城内仓，南塘仓，常平仓，东、西太仓，东宫仓，所贮总不过五十余万。在外有豫章仓、钓矶仓、钱塘仓，并是大贮备之处。自余诸州郡台传，亦各有仓……州郡县禄米绢布丝绵，当处输台传仓库。"这一时期，虽仓储不足，国用匮乏，但是业已建立了比较完善的仓储和税收管理制度。又北齐河清三年（564）规定："乃命人居十家为比邻，五十家为闾里，百家为族党。男子十八以上，六十五已下为丁……率以十八受田，输租调……六十六退田，免租调。"除了京城，"其方百里外及州人，一夫受露田八十亩，妇四十亩。奴婢依良人，限数与在京百官同……又每丁给永业二十亩，为桑田。其中种桑五十根，榆三根，枣五根，不在还受之限。非此田者，悉入还受之分。土不宜桑者，给麻田，如桑田法。率人一床，调绢一匹，绵八两，凡十斤绵中，折一斤作丝，垦租二石，义租五斗。奴婢各准良人之半"。"每岁春月，各依乡土早晚，课人农桑。自春及秋，男十五已上，皆布田亩。桑蚕之月，妇女十五已上，皆营蚕桑。孟冬，刺史听审邦教之优劣，定

---

[1]（北齐）魏收：《魏书》卷一百一十，中华书局1974年版，第2852—2854页。

殿最之科品。"[1]北齐政令的规定竟细至桑树几根，春日早晚"课人农桑"，男子
十五岁以上从春天到秋天都得务农种田，女子十五岁以上在桑蚕之月亦需经营
蚕桑之事。

用现代人的眼光来看，古代王朝治理本着"是民皆工"逻辑，即但凡是民，
皆可为工。这里的"工"乃"劳工"之"工"，并非古人用以划分社会阶层的所
谓"士农工商"之"工"。前者单纯是指从事一般劳动生产的劳动力，后者特指
具备某种技能、在社会劳动分工中占据一席之地且能以此为专行的工匠技术人员
（古人云"弄巧以谓工"），区别于以桑田种植为本业的普通农工。虽然在今天看
来，男耕女织中包括刺绣、做衣服在内的农闲杂活等也是在做工，然此之"工"，
古人常谓之"功"，有褒奖之义。"是民皆工"的治理方式奠定了古代农耕社会
衣冠制度的社会根基。

唐代税赋实行"租庸调"制。《新唐书·食货志》云："凡授田者，丁岁输粟
二斛，稻三斛，谓之租。丁随乡所出，岁输绢二匹，绫、绝二丈，布加五之一，
绵三两，麻三斤，非蚕乡则输银十四两，谓之调。用人之力，岁二十日，闰加
二日，不役者日为绢三尺，谓之庸。"[2]《旧唐书·食货志》载唐武德七年（624）
确定"赋役之法"，规定："调则随乡土所产，绫绢绝各二丈，布加五分之一。
输绫绢绝者，兼调绵三两；输布者，麻三斤。"[3]所谓的"租庸调"制不过是传
统赋税制度的一种变革方式而已，从根本上来说，岁赋各种绫绢布匹从民所出
的旧制并未改变。此后宋元明清各朝与之相类。

以上《食货志》中通常只提及绢丝麻布之贡赋，很少提及成衣，这一方面
固然与《食货志》的编写体例有关，另一方面盖因成衣通常需量身定做，工艺
也比较复杂，过去通信与交通都极为不便，各地仅需供奉布帛材料即可，然后
朝廷自可安排宫廷各作匠人负责制作完成。然而，这并不代表各个地方没有成
衣之贡。宋王钦若等人编修的《册府元龟》"闰位部·纳贡献"载："梁太祖开
平元年（907）五月壬午，保义军节度使朱友谦进百官衣二百副"，"乾化元年
（911），两浙进大方茶二万斤，琢画宫衣五百副"。[4]"保义军节度使"是唐末
五代时期朝廷在今陕西、河南之间设立的节度使，地理位置上基本属于北方。
这说明唐末五代时期，南北方对朝廷皆有服饰之贡。按照"物随土出"的贡赋
原则，北方所贡之服饰自然出自北方工匠之手，不可能自南方买进后纳于朝廷。

[1]（唐）魏徵、令狐德棻：《隋书》卷二十四志第十九，中华书局1973年版，第673—675、677—678页。

[2]（宋）欧阳修、宋祁：《新唐书》卷五十一志第四十一，中华书局1975年版，第1342—1343页。

[3]（后晋）刘昫等：《旧唐书》卷四十八志第二十八，中华书局1975年版，第2088页。

[4]（北宋）王钦若等编：《册府元龟》卷一九七，中华书局1960年版，第2380、2381页。

而汉唐之际宫廷尚功、尚衣等机构的存在说明北方负责服饰制作的工匠制度不仅十分完备，而且年代久远。

下面再来看看唐宋时期与服饰相关的官制情况。

唐李林甫编《唐六典》卷十二载唐代"宫官"设有"尚服"和"尚功"。"尚服"之下有"司衣""典衣""掌衣"诸职。其中，"司衣"，"掌衣服"。"尚功"，"掌女工之程课，总司制、司珍、司彩、司计四司之官属。司制掌衣服裁制缝线之事。司珍掌金玉宝货之事。司彩掌彩物、缯锦、丝枲之事。司计掌支度衣服、饮食、薪炭之事"。此制自隋而来。隋文帝设有"六尚、六司、六典""以掌宫官之职"，隋炀帝改"六尚"为"六尚局"，包括尚官局、尚仪局、尚服局、尚食局、尚寝局和尚工局。其中，尚服局有司衣，掌衣服；尚工局"管司制，掌营造裁缝；司宝，掌金玉珠玑钱货；司彩，掌缯帛；司织，掌织染"。"尚功"（"尚工"）和"尚服"盖女官之属，掌女工，主要为皇后及妃嫔服务。

唐代"内府局"有"令二人，正八品下；丞二人，正九品下"。其中，"内府令掌中宫藏宝货给纳名数；丞为之二。凡朝会五品已上赐绢及杂彩、金银器于殿庭者，并供。诸将有功，并蕃酋辞还，赐亦如之"。又有殿中省设尚衣局，"掌供天子衣服，详其制度，辨其名数，而供其进御"。[1] "内府局"和"尚衣局"，主要掌管天子之服，三公九卿的服饰制度亦归其所管。换句话说，隋唐时期，朝廷的男服和女服是分开管理的，故从制作的角度来说，亦当有男工和女工两套工匠制度。这种男女有别的管理方式，实际上在《周礼》宫廷官制的设置中已有所体现。

宋代官制基本沿袭唐代，亦有"六尚"，"名别而事存"。宋神宗时欲恢复"殿中省"官制，因禁城之中无合适地方而作罢。后因权太府卿林颜"见乘舆服御杂贮百物中"，"乞复殿中省六尚"，这才又按先朝之制恢复殿中省六尚供奉之式。"殿中省"，"掌供奉天子玉食、医药、服御、幄帟、舆辇、舍次之政令"，设"六局"，包括"尚食""尚药""尚酝""尚衣""尚舍"和"尚辇"。其中，"尚衣"，"掌衣服冠冕之事"，有尚衣库使和副使，旧称"内衣库"，"大中祥符三年改，监官二人，以内侍、三班充，掌驾头服御伞扇之名物。凡御殿、大礼前一日，请乘舆衮冕、镇圭、袍服于禁中以待进御，事已，复还内库"。"典一人，匠四人，掌库十人。"[2] 宋太宗太平兴国二年（977）置"受纳匹段库"，"受纳绫锦"，"西州鹿胎绫罗绢匹段"。宋真宗大中祥符元年（1008）该库并入尚

---

[1]（唐）李林甫等撰，陈仲夫点校：《唐六典》上，中华书局2014年版，第341—346、350—352、354、361、326页。

[2]（元）脱脱等：《宋史》卷一百六十四，武英殿本。

衣局，称"内衣物库"，"掌受纳锦绮、绫罗、色帛、银器、腰束带料。造年支，准备衣服，以待颁赐诸王、宗室、文武近臣、禁军将校时服，并给宰臣、亲王、皇亲、使相生日器币，两府臣僚、百官、皇亲转官中谢、朝辞特赐，及大辽诸外国人使辞见银器、射弓、衣带"。又有"新衣库"和"朝服法物库"，前者"掌受锦绮、杂帛、衣服之物，以备给赐及邦国仪注之用，并受纳衣服以赐诸司丁匠、诸军"。后者亦设于宋太平兴国二年，后并入殿中省。"掌百官朝服、诸司仪仗之名物。"[1] 宋代还曾有裁造院、针线院、杂卖场之设，后来也都或省或并，被纳入殿中省。

另外，《宋史·职官志》卷一百六十五载云："少府监，旧制，判监事一人。以朝官充。凡进御器玩、后妃服饰、雕文错彩工巧之事，分隶文思院、后苑造作所，本监但掌造门戟、神衣、旌节，郊庙诸坛祭玉、法物，铸牌印诸记，百官拜表案、褥之事。凡祭祀，则供祭器、爵、瓒、照烛。""元丰官制行，始制少监、丞、主簿各一人。监掌百工伎巧之政令……凡乘舆服御、宝册、符印、旌节、度量权衡之制，与夫祭祀、朝会展采备物，皆率其属以供焉。庀其工徒，察其程课、作止劳逸及寒暑早晚之节，视将作匠法，物勒工名，以法式察其良窳。""所隶官属五：文思院，掌造金银、犀玉工巧之物，金采、绘素装钿之饰，以供舆辇、册宝、法物凡器服之用。绫锦院，掌织纴锦绣，以供乘舆凡服饰之用。染院，掌染丝枲币帛。裁造院，掌裁制服饰。文绣院，掌纂绣，以供乘舆服御及宾客祭祀之用（崇宁三年置，招绣工三百人）。"[2]

从上述这段文字可知，宋少府监不仅掌管宫廷所需各种名物制度、法式、度量衡，而且直接监管百工技巧和匠作之法，执行非常严格的匠作管理制度。其下辖文思院、绫锦院、染院、裁造院和文绣院五部官署，服饰制作所需织、染、裁、缝、绣以及金彩装饰等匠作俱囊括其中。宋崇宁三年（1104），文绣院刚刚设立时，仅绣工即招三百人，可以想见其整体规模之大。

又《宋史·职官志》卷一百六十八"皇城以下诸司使"列有："皇城，洛苑，右骐骥，尚食，左骐骥，御厨，内藏库，军器，左藏，仪鸾，南作坊，弓箭库，北作坊，衣库，庄宅，六宅，文思，东作坊，内苑，牛羊，如京，东绫锦，香药，崇仪，榷易，西京左、右藏，毡毯，西绫锦，西京作坊，鞍辔库，东染院，酒坊，西染院，法酒库，礼宾，翰林，医官，供备库。"[3] 以上诸司包罗甚广，其中南北东西作坊四个，绫锦院和染院各两个，又有衣库、藏库和供备库若干。各司

[1]（元）脱脱等：《宋史》卷一百六十四，武英殿本。

[2]（元）脱脱等：《宋史》卷一百六十五，武英殿本。

[3]（元）脱脱等：《宋史》卷一百六十八，武英殿本。

虽不都与服饰制作相关，然却由此可以想见其工匠制度与匠作规模亦必非同一般。

《宋史·礼志》卷一百零二"岳镇海渎之祀"云："太祖平湖南，命给事中李昉祭南岳，继令有司制诸岳神衣、冠、剑、履，遣使易之。"[1] 宋太祖令李昉祭祀南岳，让相关部门负责制作诸岳各神所需之衣冠剑履，也即神仙用品。这从侧面再次说明，宋代负责服饰制作的工匠制度十分完备。

三、明清制度钩沉

明清两代官制更为完备。以明代宫廷为例，设有四司、八局、十二监，称"二十四衙门"。与服饰相关的有如浣衣局、巾帽局、针工局、内织染局等。其外有内府供应库、内承运库以及甲、乙、丙、丁、戊、承运、广盈、广惠等十库。各库所掌略有不同，如乙字库"掌贮奏本等纸及各省所解胖袄"，丙字库"掌贮丝绵布匹"，承运库"掌贮黄白生绢"，广盈库"掌贮纱罗诸帛匹"等。[2] 对于各库所藏和来源，明代太监刘若愚在其《酌中志》中有比较详细的介绍。譬如甲字库所掌阔白三梭布、苎布、绵布以及各类杂项，皆浙江等处每年所供。乙字库有各省解到胖袄。丙字库有浙江每年交纳的丝棉、合罗丝串、五丝荒丝，以及山东、河南和顺天等处每年供奉的棉花绒等，内官冬衣以及军士布衣也来自此库。承运库掌浙江、四川、湖广等省供奉的黄白生绢，以及内官冬衣、乐舞生净衣等项。广运库掌管黄红等色平罗熟绢、各色杭纱以及绵布等。[3] 从刘氏的描述来看，明代宫廷所用布帛衣物包括棉衣、胖袄以及乐舞演员所用之衣等均由全国各地按例供奉。

明代除了在两京（北京、南京）分别设有内外织染局以外，又在苏州、杭州等地设立织染局，清代称江南织造。《大明会典·织造》第二百一卷载："凡织造段匹，阔二尺，长三丈五尺。额设岁造者，阔一尺八寸五分，长三丈二尺。岁造段匹并阔生绢送承运库。上用段匹并洗白腰机画绢送织染局。婚礼纻丝送针工局……洪武元年，令凡局院成造段匹，务要紧密，颜色鲜明，丈尺斤两不失原样。"成造缎匹、生绢及画绢在颜色、密度、尺寸、重量等方面皆有严格规定。"凡有赏赉，皆给绢帛，如或缺乏，在京织造。""（洪武）二十六年定，凡供用袍服段匹及祭祀制帛等项须于内府置局，如法织造，依时进送。每岁公用段匹务要会计岁月数目并行外局织造。"[4] 朝廷所用绢帛缎匹通常由外省供奉，

---

[1]（元）脱脱等：《宋史》卷一百零二，武英殿本。

[2]（清）张廷玉等：《明史》卷七十四，武英殿本。

[3] 参见（明）刘若愚《酌中志》，北京古籍出版社1994年版，第115—116页。

[4]（明）赵用贤：《大明会典》卷二百一，明万历内府刻本。

遇有不够用时，则由京内织造。用于赏赐、御用袍服或祭祀的布帛比较特殊，通常由内府司局按要求式样如法织造，京内不够用时可由外局织造，遇到内织染局匠人不够用或有龙袍急用时，也可奏请从外局调用或请外局承应。

《大明会典·织造》"内织染局"云："本局如遇织造冬至大祀上用十二章衮服皮弁服，题行钦天监，择日礼部题请，遣大臣祭告，其工匠间有于外府取用者。嘉靖四十四年，题行苏松二府，各取织罗匠二十名，随带家小，赴部审实送局。隆庆元年，题准凡有传奉急用龙袍等件，本局果难独支，方许奏行南局织造，不得违例陈请。"[1] 该文字记载一方面体现了明代用工制度的规范，另一方面也可以说明，当时虽有外省供奉，但明代京城染织工坊必定仍然保持着较高的皇家制作水平。

对于明代织造各处供奉的种类、数量、品级等要求，《大明会典》中都做了非常详细的记录。值得注意的是，明代设在全国各地的织染局仅浙江、福建、山东以及直隶镇江府、苏州府、松江府、宁国府等就有将近 20 个。除此之外，还有江西布政司、四川布政司、河南布政司等不计其数。各处所造缎匹种类、数量、尺寸、重量等俱有明确要求。明洪武二十六年（1393），朝廷规定："凡制造皇帝、皇太子、亲王衮冕袍服，务要择日兴工，仍择日以进。其余婚礼妆奁并太常寺祭服净衣，及给赐衣服冠带、丧礼衫巾，并行移针工、巾帽二局如法制造。其给赐衣服冠带，须要预先多办，以备不时赏赐。"至于各王府亲王、王妃所需冠服种类、数量以及用料、承办等，《大明会典》中均一一罗列。成造衣鞋数量及赏赐和祭祀乐舞所用等亦记录在案[2]，其数量之惊人，令人咋舌。由此也可想见明代京城及各处织造工匠任务之繁重。

至如明代朝廷匠役制度、准工则例、工匠采补等，《大明会典·工匠》第一百八十八卷和第一百八十九卷也做了比较详细的介绍。明代役匠有所谓"轮班匠"和"住坐匠"。"轮班匠"即"令籍诸工匠，验其丁力，定以三年为班，更番赴京，输作三月，如期交代，名曰轮班匠。仍量地远近，以为班次，置勘合给付之。至期，赍至部听拨，免其家他役"。明洪武二十六年定："凡天下各色人匠，编成班次，轮流将赍原编勘合为照。上一以一季为满。完日，随即查原勘合，及工程明白，就便放回，周而复始。如是造作数多，轮班之数不敷，定夺奏闻，起取撮工。本户差役，定例与免二丁余丁一体当差。设若单丁重役，及一年一轮者，开除一名。年老残疾，户无丁者，相视揭籍明白疏放。其在京各色人匠，例应一月上工一十日，歇二十日。若工少人多，量加歇役。如是轮

[1]（明）赵用贤：《大明会典》卷二百一，明万历内府刻本。

[2]（明）赵用贤：《大明会典》卷二百一，明万历内府刻本。

班各匠，无工可造，听令自行趁作。"后来又奏准按照诸司役作繁简，"更定班次"，"率三年或二年轮当给与勘合，凡二十三万二千八十九名，计各色人匠一十二万九千九百八十三名"。其中，"（五年一班）裁缝匠四千六百五十二名"，"（三年一班）织匠一千四十三名"，"（三年一班）染匠六百名"，"（一年一班）绣匠一百五十名"。外府轮班人匠中的南匠北匠如有不愿当班者，也可以出钱免去匠役，然需亲自到所属各部申请，获批才可回转。内府各司局以及外省各府轮班匠各有一定数额登记在案。[1]

除了轮班匠，还有住坐匠。明永乐年间（1403—1424）设有"军民住坐匠役"，匠人亦从各地招收而来，如尚衣监有一千二百四十九名住坐匠，其中，"双线匠六十七名""绣匠三百六十六名""裁缝匠一百八十五名""毛袄匠六十九名""钻珠匠五名""穿珠匠一十一名""绵线匠三名""画匠二十三名""绵匠一十九名""凉衫匠八名""打线匠一名"等。织染局有缨匠、络丝匠、打线匠、织匠、挑花匠、刻丝匠、染匠、纺绵花匠、捻绵线匠、织罗匠、络纬匠、裁金匠、背金匠、洗白匠、挽花匠、攒丝匠、结棕匠、画匠等共计一千三百一十七名匠人。针工局有绣匠、裁缝匠、裱褙匠、绵匠、毛袄匠、弹绵花匠、熟皮匠、捻金匠、双线匠、络丝匠、毡匠一名、销金匠、打线匠、穿珠匠、绦匠、画匠等共计六百九十名。其他各司局如司礼监、司设监、内承运库、兵仗局、巾帽局、工部织染所等也都分别有自己的裁缝匠、绣匠、染匠、画匠等。[2]从明代各司局衙门住坐匠的数量来看，明代京城仅仅是官方作坊中，与服饰制作技艺相关的裁缝匠、绣匠、染匠、画匠、裱糊匠等匠人就已经数量惊人。

清代基本沿袭明代制度，有关司局库作的文字记载更为详细。相关记录主要体现在《钦定大清会典》《大清会典则例》以及清宫档案、昇平署档案等资料中，清末代皇帝溥仪撰《我的前半生》中也略有体现。兹略举几例。

清乾隆时期允裪等编修《钦定大清会典》卷七十七"工部·制造库"云："凡赏赐督抚提镇蟒段、朝衣、鞍辔、囊鞬，卓异官朝衣、采服，会试主考同考官裹金银花，文武状元朝衣、绒冠、甲胄、佩刀、鞓带，钦天监博士狐皮端罩，天文生羊裘，各学教习袍帽靴袜，均由部造给。""凡卤簿仪仗、采绣金绮，均绘图行江苏织造，依式制成解部。至备造一应器用所需珠宝、金银、铜铁、皮革、绮绫、绢布、颜料，皆于内务府户部支取应用。"[3]工部制作库有五作，包括银作、绣作、甲作等。又卷八十七载"内务府"："掌内府一切事务，奉宸苑、武备院、上驷院

[1] 参见（明）赵用贤《大明会典》卷一百八十九，明万历内府刻本。
[2] 参见（明）赵用贤《大明会典》卷一百八十九，明万历内府刻本。
[3] （清）允裪等：《钦定大清会典》卷七十七，四库全书本。

并隶焉，所属广储、会计、掌仪、都虞、慎刑、营造、庆丰七司。"

内务府及各部所司各有库作。《钦定大清会典》载："凡匠作七等，银作、铜作、皮作、染作、衣作、绣作、花作各有定数，皆以执艺之优劣定役食之多寡。"[1]其中，"染作司染洗绫绸、布匹、丝绒、棉线、毡氊及炼绢，弹粗细棉花。衣作司成造衣服，缝合皮毛。绣作司刺绣。花作司成造各色绫绸、纸绢、通草供花及燕花、瓶花。各作见设各项匠人一千二百有六名，内召募民匠二十一名。康熙二十五年奏准：匠役有特等精巧者给食银二两，次等精巧者一两五钱。雍正六年议准：凡成造物件食粮匠役如不敷用，许雇民匠帮工。自二月初至九月杪为长工日，给制钱一百五十四文。自十月初至正月杪，为短工日，给制钱一百三十四文。乾隆五年议准：匠役缺，六库郎中同该库官遴选充补，一年者为学手，二年为半工，三年为整工。如三年后不能造作即革除，有特等精巧者奏明，加增钱粮"[2]。

又《钦定总管内务府现行则例》载："康熙二十五年六月奏准匠役内有特等精巧者给食二两钱粮，头等精巧者给食一两五钱钱粮。乾隆五年三月呈准嗣后匠役缺出，总管六库郎中同该库官员挑取匠役一年者为学手，不令成造。活计二年者为半工。三年者为整工。如三年后仍不能成造活计即行革退。将该管司匠交该处查议领催等严加责处。如有特等精巧者奏明加给钱粮。"[3]

清代规定宫廷匠人包括民匠，依其手艺熟练程度给定银两，手艺精巧者增加钱粮，手艺不好且三年之后仍不能成活的不仅要被革退，还得遭受责处。通常情况下，宫廷活计皆由官匠也即住坐匠完成，只有在官匠不敷用时才会雇用民匠。如《钦定总管内务府现行则例》载清乾隆十七年（1752），"万寿山等处活计俱着官匠成活，不必雇觅民工。如有官匠不敷应用，着该处呈明总管内务府大臣查数酌量雇觅。其内廷活计遇有应行雇觅民工者该处总管等奏明再行雇觅"[4]。

除了内务府和各部司作，清代同样设有外省织造，如江南织造直接归内务府所管。《钦定大清会典》载内务府"管理江宁府、苏州府、杭州府织造官各一人"[5]。"设织造官三人，江宁织造一人，苏州织造一人，杭州织造一人，均于内务府司员内请旨简放，各随司库一人，笔帖式二人，库使二人，以岁供上用官用之币，每年三处织就上用缎由陆路运京，官用缎由水路运京，凡大红蟒缎、大红缎、片金、折缨等项，派江宁织造承办；纺丝、绫、杭绸等项，杭州织造

[1]（清）允裪等：《钦定大清会典》卷八十七，四库全书本。
[2]（清）官修：《大清会典则例》卷一百五十九，四库全书本。
[3] 故宫博物院编：《钦定总管内务府现行则例二种》，海南出版社2000年版，第363页。
[4] 故宫博物院编：《钦定总管内务府现行则例二种》，海南出版社2000年版，第363页。
[5]（清）允裪等：《钦定大清会典》卷八十七，四库全书本。

承办；毛青布等项，每年需用三万匹以内，苏州织造承办，需用至四五万匹则分江宁等处织办。其所织缎、纱、绸、绫、纺丝、布匹、绒线等项，由缎库、茶库拟定花样、颜色、数目，分派该织造处照式承办，解送本司，派官挑选，将所收数目具奏并会户部销算。"[1]清代江南三大织造承担了宫廷大量丝织布匹等用品的开销。

具体到一件服饰所用工料和花费，内务府档案中也有详细记录。譬如《同治九年六月档案》载："一件鹅黄缎细绣五彩云水全洋金龙袍，需用绣匠六百八工，绣洋金工二百八十五工，画匠二十六工六分。每件工料银合计为三百九十两二钱一分九厘。一件鹅黄透缂五彩云水全金龙袍，需用缂丝匠九百九十工，画匠二十四工七分，每件工料银合计为三百四十两八分二厘。"[2]单是一件龙袍即需耗费如此人力物力，而清宫档案中所载如此袍服数量不计其数，由此而所费工料和花费必定数目惊人。

清末皇帝溥仪在《我的前半生：全本》一书中描述了皇家吃饭用衣的"排场"，称"衣服"是"大量的做而不穿"，"一年到头每天都在做衣服，做了些什么，我也不知道，反正总是穿新的"。"单单一项平常穿的袍褂一年要照单子更换二十八种，从正月十九的青白嵌皮袍褂换到十一月初一的貂皮褂。至于节日大典，服饰之复杂就更不用说了。"受过劳动改造的溥仪也认识到皇家生活的奢侈过度，称："既然有这些劳民伤财、穷奢极侈的排场，就要有一套相应的机构和人马。给皇帝管家的是内务府，它统辖着广储、都虞、掌礼、会计、庆丰、慎刑、营造等七个司（每司各有一套库房、作坊等等单位，如广储司有银、皮、瓷、缎、衣、茶等六个库）和宫内四十八处。"[3]"每司各有一套库房、作坊等等单位"描述的正是明清以来宫廷以及朝廷各部所司库房及匠作作坊的情况。

《清稗类钞》"度支类"云："宁、苏、杭之织造，每岁发五百万两。光绪中，度支竭蹶，户部当时不过存银二百万两。每月须放八旗兵饷四十八万两，虎神营等一百余万两，而所存之银，仅足发三月兵饷，司计之臣，时时仰屋兴嗟。""凡京师大工程，必先派勘估大臣，勘估大臣必带随员；既勘估后，然后派承修大臣，承修大臣又派监督。其木厂由承修大臣指派，领价时，承修大臣得三成，监督得一成，勘估大臣得一成，其随员得半成，两大臣衙门之书吏合得一成，经手又得一成，实到木厂者只二成半。然领款必年余始能领足，分

[1]（清）昆冈等修，（清）吴树梅等纂：《钦定大清会典》卷九十，光绪朝本。

[2] 张琼主编：《故宫博物院藏文物珍品全集：清代宫廷服饰》，商务印书馆（香港）有限公司2005年版，"导言"第26页。

[3]（清）爱新觉罗·溥仪：《我的前半生：全本》，北京联合出版公司2018年版，第52—53页。

多次交付，每领一次，则各人依成瓜分。每文书至户部，辄覆以无，再催，乃少给之，否则恐人疑其有弊也。木厂因领款烦难之故，故工价愈大，盖领得二成半者，较寻常工作只二成而已。大工如祈年殿，至一百六十万，太和门至一百二十万。内务府经手尤不可信，到工者仅十之一，而奉内监者几至十之六七。"[1]清代宫廷之奢靡腐败可见一斑。

以上资料所反映的是以官方为主的古代匠作制度的大致情况。至于民匠，亦偶有涉及，譬如明清时期的轮班匠役自当由民匠所出，清代宫廷也时常雇用民匠以补官匠之不足。而民籍匠人的管理在历代职官志或食货志中也略有体现。此外，文人诗歌或笔记中偶尔也会有所提及。元人吴莱《渊颖集》"张氏大乐玄机赋论后题"引汉谚云："宫中好高髻，城中高一尺，宫中好长袖，城中全匹帛。"[2]唐人白居易《醉后狂言酬赠萧殷二协律》云："余杭邑客多羁贫，其间甚者萧与殷。天寒身上犹衣葛，日高甑中未拂尘……因命染人与针女，先制两裘赠二君。吴绵细软桂布密，柔如狐腋白似云。"[3]张籍《白纻歌》诗云："皎皎白纻白且鲜，将作春衫称少年。裁缝长短不能定，自持刀尺向姑前。"[4]宋晏几道《玉楼春》词曰："红绡学舞腰肢软，旋织舞衣宫样染。织成云外雁行斜，染作江南春水浅。"宋吕本中《官箴》载云："叔曾祖尚书当官至为廉洁，盖尝市缣帛欲制造衣服，召当行者取缣帛，使缝匠就坐裁取之，并还所直钱，与所剩帛，就坐中还之。荥阳公为单州，凡每月所用杂物，悉书之库门，买民间未尝过此数，民皆悦服。"[5]清李斗《扬州画舫录》卷九曰："大东门钓桥外百步至街口东为彩衣街。"[6]《民国贵县志》卷二"风尚"载："妇女在室者缝纫外兼操井臼，在田者饷饟外兼执耘锄，居城厢者虽富家大族亦不辞井臼缝纫之事。"[7]上述这些零散记载反映的基本都是民间服饰的制作情况。贵族士大夫或自有擅长染缝的家仆佣工负责服饰制作，或可到街市匠作铺户量身定做。对于普通家庭妇女而言，缝补衣物是必须具备的一项生活技能，从小习之；一年四季既要为自己和家人准备应季衣物，也往往需要通过缝补之女功赚取一些家用补贴。而富家大族"不辞井臼缝纫之事"则谓之"女德"。如此种种，不胜枚举，兹不赘述。

综上所述，对比当前戏衣行的现状，我们大致可以得出如下几条结论：第

---

[1]　徐珂编撰：《清稗类钞》第二册"度支类"，中华书局1984年版，第515—517页。

[2]　（元）吴莱：《渊颖集》卷八，元至正刊本。

[3]　（唐）白居易著，谢思炜校注：《白居易诗集校注》，中华书局2006年版，第972页。

[4]　《全唐诗》卷二十二"舞曲歌辞·白纻歌"，上海古籍出版社1986年版，第83页。

[5]　（宋）吕本中等撰，章言、李成甲注译：《官箴》，三秦出版社2006年版，第116页。

[6]　（清）李斗撰，汪北平、涂雨公点校：《扬州画舫录》，中华书局1960年版，第208页。

[7]　（民国）欧仰羲修，（民国）梁崇鼎纂：《民国贵县志》卷二，民国二十四年（1935）铅印本。

一，中国古代在服饰加工制作方面很早就形成了比较完善的行业分工制度并建立了比较成熟的行业管理模式，这种分工制度与管理模式对后世影响深远。第二，一个完整的服饰制作行业至少要涉及纺、染、织、绣以及后期加工制作等诸多行业门类，而所谓"戏衣行"既是自这些传统行业门类中诞生，也摆脱不了与各相关产业之间的重要联系。第三，古代服饰制作行业中的各种劳动细分，如男服、女服、官服、棉服、内服、外服以及画绣之服等服饰制作之别，还有绘、染、缝、绣等技术分工，在现代戏衣行中亦有所体现。换句话说，现代戏衣行中的行业门类与技术分工在很大程度上保留了传统的分工模式。第四，从先秦两汉历经各朝直至明清时期，我国北方地区的服饰制作与加工行业一直都保持着较大规模和较高水平，但是随着政治重心的转移以及朝贡和赋税制度的改变，也会发生一些南移北转的现象。

具体到戏衣行来说，统治者的喜好倾向、气候特点与文化习俗等因素也都对其行业发展与工艺技术产生一定的影响。譬如北方寒冷，戏台一般距离观众较远，戏服绣制通常使用比较粗的绒线，由此体现的图案风格也比较粗犷大气。南方气候温暖，戏服绣制用线较细，风格细腻，格调雅致，比较适合近观，因此，在宫廷贵族和富贾大户中备受青睐。这在很大程度上促进了南方戏衣业的发展。

第二节　工艺制式略考

一、工艺制式概述与探源

传统服饰的工艺制式丰富多彩，如果单从样式来分，大致可以分为长衣和短衣。如果从功能来分，有秋冬之服和春夏之服，有朝服、常服、礼服和甲服，又有内服和外服等。传统戏服从古代服饰发展而来，一切以人物形象的塑造为主，有长衣和短衣之制，也有朝服、常服、礼服和甲服之分，然却基本没有春夏秋冬之分。譬如胖袄，是一种棉坎肩，一般生行尤其是净行都会使用，不管什么季节，哪怕炎炎夏日也照穿不误，其目的主要是撑起身架，而不是保暖。戏衣的内外之服大致比较简单，一般内服水衣，外服袍褶，遇特殊装扮，需在袍褶之外加穿其他服饰如蟒、褂、风衣等，与古制大抵相同。除此之外，考察传统服饰的工艺制式还应包括图案、尺寸、用色、用料、画绣之制以及边饰和装饰等细节。因此，工艺制式所涵盖的范围甚广。

工艺制式是制作技艺的直接体现。古代文献中专门对服饰制作技艺本身进行详细介绍的内容并不多见，然在涉及衣冠制度如舆服志、乐志、食货志、风俗志等篇章中会有一些比较集中的内容可供参考。譬如官志记载中有关"尚衣""府库"的设置和礼乐志中有关衣冠度制的规定等，不仅可以帮助我们大致了解古代官坊匠作的设置情况，而且有助于了解古人对于服制规范的设定，包括古代服饰在用色（如五方之色与五彩等）、图案（如章服之制及一般鸟兽花卉之纹等）、用料（如葛、草、丝、绵、帛、锦、纱、罗、縠、绮等）、技艺（如织染、织绣、织绘等）以及穿衣规制（如袍、葛/裘、褐衣、朝服、袭衣、常服/礼服、内/外服）等方面的文化特色与文化底蕴。

其他如笔记、杂记、人物传记以及诗词歌赋、小说散文等文献中也会有零星的记载。譬如清人张贞的《画衣记》非常细致地描写了明末爱国将领高衡为其夫人制作的画衣。清代诗人尤侗则撰写了一些歌咏女子衣、裙、带（汗巾）、袜（抹胸）、云肩、半臂以及袴、袜等服饰的诗歌，这些诗歌虽囿于形式，词句比较简短，然却对衣服的形制、材料与功用等进行了生动形象的描绘，十分有助于今人对古代服饰的认识和了解。

由于古代文献中涉及工艺制式的内容甚广，且十分驳杂，不能一一尽述，故而只能选取部分材料对几个比较重要的方面略做考证。

《礼记·月令》云："（仲秋之月）乃命司服，具饬衣裳，文绣有恒，制有小大，度有长短。衣服有量，必循其故。"[1]《仪礼经传通解》卷二十六"王朝礼"曰："天子居总章大庙，是月也，养衰老，授几杖，行糜粥饮食。乃命司服具饬衣裳，文绣有恒制，有小大，度有长短。"释云："此谓祭服也，文谓画也，祭服之制，画衣而绣裳。"[2]古代天子庙祭，尚服为其准备的祭服不仅"文绣""有恒制"，而且大小和长短都有定式。按照前人的解释，"文"即为"画"，指绘画图案。祭服有文有绣，即"画衣而绣裳"，言衣裳有绘有绣或绘而绣之。这段简短的文字至少透露了以下几个方面的重要信息：第一，祭服为礼服，在礼制范围内；第二，礼服有固定的纹饰、大小和长短等；第三，礼服制作工艺有画绣之制。换句话说，服饰的使用功能、纹饰、长短和大小以及画绣之制是服饰构成的几个基本要素。服饰的功能是决定其形制的基础。也正是因为服饰具备不同的使用功能，这才使得服饰首先有了常服与礼服、内服与外服、文服与武服以及舞服等不同种

---

[1]（汉）郑玄注，（唐）孔颖达疏：《礼记正义》，载李学勤主编《十三经注疏》，北京大学出版社1999年版，第524—525页。

[2]（宋）朱熹：《仪礼经传通解》卷二十六，四库全书本。

类的区分，而后根据应用情况的不同有更为具体的细节要求。

从文献记录来看，古人根据使用功能而划分的服饰种类不仅数量庞杂，且名称不一，尤其是不同时期同一制式的服饰，其制作方式和使用特点等通常也会发生很大的变化。这给后人的考察带来很大的困难，往往导致人们对同一个概念众说纷纭，莫衷一是，语焉不详。本书在试图探讨古代服饰的工艺制式时也遇到了同样的问题。故为便宜之计，暂拟在结合传统舞衣包括戏衣的基础上，对相关内容略做梳理和探讨。

二、《北堂书钞》与《太平御览》衣式略考

唐虞世南撰《北堂书钞》"衣冠部"罗列有法服、朱衣、中衣、单衣、衣、裳、袍、裘、襦、褐、衫、袴褶、襜褕等。"法服"，即为祭祀礼服，也叫吉服，视祭祀及等级的不同，各有其制，譬如有亲桑之服、助祭之服。王后亲桑着"鞠衣"，见王着"展衣"。太后亲蚕"青上缥下"，夫人助蚕"缥绢上下"，世妇助祭"皂绢上下"。[1]"缥"是一种青中泛白也即淡青的颜色。"皂"即黑色。"绢"为平纹生丝织物，似缣而疏。李时珍《本草纲目》曰："绢，疏帛也。生曰绢，熟曰练。"[2]可见，与太后相比，夫人和世妇的用衣不仅在颜色上有所差异，在用料上也会有所不同，体现了身份和地位的差别。

"朱衣"，有"朱衣缟带"，注引《神异经》云："西荒有一人，不能五经而意合，不观天文而心通天，赐其衣，男朱衣缟带委貌冠，女碧衣戴金胜，皆无缝。"又有"朱衣玉质"，注引郭璞诗云："杞梓生于南，奇才应世出，遂应四科选，朱衣耀玉质。"[3]从注引文献来看，着朱衣者，往往非凡，而那些才能出众、科选优异的人亦用朱衣。朱衣，男女皆可穿着。由此，朱衣通常带有喜庆的性质。后世新科状元或洞房新人身着红衣的传统或自此而来。

"中衣"，"释奠绛缘"。注引徐野民《车服注》云："天子好礼释奠，中衣以纬绛缘其领袖，其朝服皂缘。"[4]"释奠"是古代学校祭奠先圣先师的典礼，天子释奠，朝服之内所穿中衣的领袖为绛缘。绛为红色的一种，指大红或深红。朝服则是黑缘。这说明中衣之释奠所用与朝服所用是有所区别的，尤其是释奠所用中衣的领袖之缘不仅要绛色，而且连用料的方式都给明确了，要求用纬即横织纹。

[1]（唐）虞世南撰，（明）陈禹谟补注：《北堂书钞》卷一百二十八，四库全书本。

[2]（明）李时珍：《本草纲目》（金陵本），中国医药科技出版社2016年版，第4126页。

[3]（唐）虞世南撰，（明）陈禹谟补注：《北堂书钞》卷一百二十八，四库全书本。

[4]（唐）虞世南撰，（明）陈禹谟补注：《北堂书钞》卷一百二十八，四库全书本。

其他服饰如"衣"，只是罗列条目如"麻衣""纻衣""绮衣""绣衣""文衣""翠衣""绿衣""虎头衣""鳞衣霓裳""短衣楚制""短衣小袖""布衣饭牛""衣青布""使作徒衣"等[1]，盖皆不同种类的衣，包括了不同材质、不同颜色、不同纹饰、不同形制以及不同用途等。尤其是提到"鳞衣霓裳""短衣楚制"和"短衣小袖"，还有"布衣"和"衣青布"。"鳞衣霓裳"自唐代以后多被用作舞衣，"鳞"或言像鱼鳞一样的片状结构，与元代"砌衣"之"砌"大概同义。"短衣楚制"，其后引《汉书》云："叔孙通降汉，王通儒服，汉王憎之，乃变其服，服短衣楚制。"明言楚制短衣与儒服不同。"短衣小袖"，注云："王莽以唐尊为太傅，尊以国歉民贫，乃著短衣小袖。"[2]国弱民贫，资用匮乏，褒衣阔袖固然奢侈，故用短衣小袖，以示节俭。"短衣"也叫"褐"。《太平御览》卷六百九十三"服章部七"载有"褐"条，其引《说文》曰："褐，短衣也。"[3]又《墨子》曰："人不可衣短褐……衣服不美，身体从容丑羸，不足观也。是以食必粱肉，衣必文绣。"[4]《北堂书钞》"短褐"条引古诗云："短褐

2-2-1

2-2-2

2-2-1　河南唐河针织厂汉墓出土画像石
2-2-2　山东刘村洪福院出土东汉画像石[5]

[1]（唐）虞世南撰，（明）陈禹谟补注：《北堂书钞》卷一百二十九，四库全书本。

[2]（唐）虞世南撰，（明）陈禹谟补注：《北堂书钞》卷一百二十九，四库全书本。

[3]（宋）李昉：《太平御览》卷六百九十三，四库全书本。

[4]（春秋战国）墨翟：《墨子》卷八，明正统道藏本。

[5] 北京鲁迅博物馆编：《鲁迅藏拓本全集》（汉画像卷Ⅰ），西泠印社出版社2014年版，第117页。

中无絮，带断续以绳。"[1] "短褐"盖后世之短衫，式短料少，不美观，故类似短衣、短褐或小袖短衣之类的衣服都被古人视为贫弊之衣。普通黎民百姓所着衣服越短，用料越少，便愈显贫弊。所谓"衣不蔽体"，正此谓也。而墨子的话也非常生动地解释了为何社会地位较低的平民百姓均以短衣为主。传统戏衣中对于短衣的运用同样非常写实地遵循了这一古代社会较为普遍的着装规律。

"布衣饭牛"，其后援引《庄子》云："鲁君闻颜阖得道之人也，使人以币先焉，颜阖守陋闾，粗布之衣，而自饭牛。"布衣典故如此，后人多以"布衣"喻隐匿于世间的才德高尚之人。又"衣青布"注引《三辅决录》曰："王邑为从弟奇求蒋翊女，盛服送之，翊辞不取，但衣青布，曰受父命，不敢违。邑乃叹曰：'所以与贤者婚，欲为此也。'"[2] 古代贤良女子衣青衣，或典自于此。然古代之青衣并不仅限于女用，贤德自谦之士亦可着青衣。

唐杜佑撰《通典》"职官典"载云："制为九品，各有从。自四品以下，亦分为下阶，大抵多因隋制。"注云："三品以上紫衣，金鱼袋，五品以上绯衣，银鱼袋，皆执象笏。七品以上绿衣，九品以上青衣，皆木笏。"[3] 按隋唐官制，不同品级着装衣色各有不同，三品以上服紫衣，四五品服绯衣，六七品当服绿衣，八九品则服青衣。明沈德符撰《万历野获编》载道教圣人张天师之后张正常于明代洪武元年（1368）袭封正一嗣教护国阐祖通诚崇道宏德大真人，秩二品。隆庆中，降为提点六品，"然每子孙赴吏部承袭时，必青衣小帽，进验封司门，报道士进来，叩四头，司官坐受，至袭号见部，始加礼貌"。[4] 此为自降服色，以示自谦。但朝廷官员若以"自谦"为辞，随意自降服色，也会招致批评。《万历野获编》"仕宦谴归服饰"条云："见朝及陛见，戴方巾、穿圆领、系丝绦……比来闻朝士得谴斥削者，皆小帽青衣，虽曰贬损思咎之意，恐未妥。此盖舆皂之服，充军者方衣之，而充军重谴，例不辞朝。若为民者，奉旨云回籍当差，犹然陇亩良民，固未尝有罪。"[5]

衣冠讲究服色自古如此，只不过不同朝代的服色之用略有差异。北齐魏收《魏书·礼志》载北魏熙平元年（516）九月，侍中仪同三司崔光上表云："奉诏定五时朝服，案北京及迁都以来，未有斯制，辄勒礼官详据。"太学博士崔瓒议云："《周礼》及《礼记》，三冠六冕，承用区分，璪玉五彩，配饰亦别，都无随气春

---

[1]（唐）虞世南撰，（明）陈禹谟补注：《北堂书钞》卷一百二十九，四库全书本。

[2]（唐）虞世南撰，（明）陈禹谟补注：《北堂书钞》卷一百二十九，四库全书本。

[3]（唐）杜佑：《通典》，北宋本。

[4]（明）沈德符：《万历野获编》补遗卷四，清道光七年（1827）姚氏刻同治八年补修本。

[5]（明）沈德符：《万历野获编》卷十四，清道光七年（1827）姚氏刻同治八年补修本。

夏之异。唯《月令》有青旗、赤玉、黑衣、白辂，随四时而变，复不列弁冕改用之玄黄。以此而推，五时之冠，《礼》既无文，若求诸正典，难以经证。案司马彪《续汉书舆服》及《祭祀志》云：'迎气五郊，自永平中以《礼谶》并《月令》迎气服色，因采元始故事，兆五郊于洛阳。又云：'五郊衣帻，各如方色。'又《续汉礼仪志》：'立春，京都百官，皆著青衣，（阙）服青帻。秋夏悉如其色。'自汉逮于魏晋，迎气五郊，用帻从服，改色随气。斯制因循，相承不革，冠冕仍旧，未闻有变。今皇魏宪章前代，损益从宜。五时之冠，愚谓如汉晋用帻为允。"[1]

由此可见，传统戏曲服饰中讲究服色程式，其根源于此，即须与朝廷制度保持一致。

值得注意的是，《北堂书钞》中还提到"襜褕"，"谓帷襜以前后也，一曰襜蔽郄也，褕后服也"。按照其解释，"襜褕"当为前后两片装饰，前者又称"蔽郄"或"跪襜"，今作"蔽膝"。传统戏曲服饰中的四喜带盖由此而来。又有"绛襜褕"注云："世祖即位，诏赐耿纯钱十万，七尺绛襜褕一具。"[2]从其长短尺寸来看，似为前后两片之制。明人方以智撰《通雅》释"襜褕"为"敞衣"[3]，便衣的一种。《方言》曰："襜褕，江淮南楚谓之襘襦。自关而西谓之襜褕，其短者谓之裋褕。"[4]汉贾谊《过秦论》曰："夫寒者利裋褐，而饥者甘糟糠。"[5]贫者制短，亦由此可证。当然，这仅是就外用服饰而言，内用服饰或祭祀用礼服另当别论。其与平民百姓无奈而用的短衣截然不同。

关于舞衣，《北堂书钞》亦有提及。其"乐部·舞篇"提到的舞衣有"衣文衣""衣绣衣"，还有"袖飞縠""纤长袖""奋袖""飙回"等动作描述。[6]按照前人的解释，"文"即"画"也，是为织绘或画绘之衣。

《周礼正义·天官冢宰》"玉府"篇云："凡王之献，金玉、兵器、文织、良货贿之物，受而藏之。"注引前人传解曰"文织，染丝织为文章也""破文为画，织为锦绣，其实锦织而绣刺"。又引《玉藻》"士不衣织"注云："织，染丝织之。盖大夫以上服，皆染丝织之。织成文则为锦，织成缦缯而画之，则为文，刺之则为绣。"[7]"典丝"篇云："凡祭祀，共黼画组就之物。"注引唐贾公彦疏云：

[1]（北齐）魏收：《魏书》，中华书局1974年版，第2817页。

[2]（唐）虞世南撰，（明）陈禹谟补注：《北堂书钞》卷一百二十九，四库全书本。

[3]（明）方以智：《通雅》卷三十六，四库全书本。

[4]（汉）扬雄撰，（晋）郭璞注《方言》第四，景江安傅氏双鉴楼藏宋刊本。

[5]（明）张溥编：《汉魏六朝一百三家集》"贾长沙集"，扫叶山房藏版本。

[6]参见（唐）虞世南撰，（明）陈禹谟补注《北堂书钞》卷一百七，四库全书本。

[7]（清）孙诒让：《周礼正义》卷十二，光绪乙巳本。

"凡祭服皆画衣绣裳，但裳绣须丝，衣画不须丝，而言共丝者，大夫以上，裳皆先染丝，则玄衣亦须丝为之，乃后画，故兼衣画而言之也。"[1] 又有"司服"曰："司服掌王之吉凶衣服，辨其名物与其用事。"注云："凡画者为绘，刺者为绣，此绣与绘各有六，衣用绘，裳用绣。""绘皆当作缋。""凡十二章，日也，月也，星也，山也，龙也，华虫也，六者画以作绘，施于衣。宗彝也，藻也，火也，粉米也，黼也，黻也，此六者绒以为绣，施之于裳也。"[2]

从前人的注解来看，古人衣用织物分三种：文织、绘织和绣织。文织即先染丝再织成布帛，这种五彩织物也被称作锦。《太平御览》"布帛部·锦"云："（大历中）代宗敕曰：'王制命市纳贾，以观人好恶，布帛精粗不中度，广狭不中量，不鬻于市。汉诏亦云：纂组文绣害女工也。'"又引王子年《拾遗记》曰："员峤之山名圜丘，东有云石，广五百里，有蚕长七寸，黑色有角鳞，以霜雪覆之，然后作茧，长一尺，其色五彩，织为文锦，入水不濡，其质轻复柔滑。"又曰："周成王时，因祇国致工女一人，善织，以五色丝内口中，手引而结之，便成文锦，其国人来献，有云昆锦，文如云霞，有楼堞，有杂珠锦，文似贯珠佩也。有篆隶锦，文似罗灯烛也。幅皆广三尺。"[3] "色五彩""五色丝"皆指织锦所用彩色丝线。

绘织即先用素丝织成布帛，再绘画以文。"绘"即"缋"也。《考工记》中提到"画缋之事"，"画""缋"盖为两个不同的工种，一为画工，一为印染之工，各负其责，一个专管画版，一个专管印染，或点染结合，共同完成印花布帛的制作。"画衣"即指以这种先织后绘的布帛做成的衣服。

绣织即在织物上刺针为文，今人称之为刺绣。刺绣可用于素色缦缯，也可以在锦上进行，所谓"锦上添花"即言于此。古人服饰之用，是织衣还是绣衣，锦衣抑或画衣，俱有比较明确而严格的规定。具体如何需视当时的生产技术与制作水平以及服饰应用的功能和场景而定。

《周礼正义》疏引《后汉书·舆服志》："衣裳备章采，乘舆刺绣，公侯九卿以下皆织成。"按曰："汉代乘舆刺绣，不用画，衣裳章采不用绣。"[4]汉代公侯九卿用织成，不用绣，乘舆可用绣，不用画。《考工典·仪仗部考汇》第一百五十卷载北宋礼仪使陶毂奏事言："卤簿内金吾诸卫将军导驾押仗旧服紫衣，请依开元礼各服绣袍。旧执仗军士衣五色画衣，请以五行相生为次，又增造五辂副

[1]（清）孙诒让：《周礼正义》卷十五，光绪乙巳本。

[2]（清）孙诒让：《周礼正义》卷四十，光绪乙巳本。

[3]（宋）李昉：《太平御览》第八册，上海古籍出版社2008年版，第267—269、271页。

[4]（清）孙诒让：《周礼正义》卷四十，光绪乙巳本。

车，复殿中辇舆备用六引，本品卤簿。又增置旗名，作大辇，凡马步仪仗，共一万一千二百二十二人，悉用禁军，旧用绢布采画者，以综丝绒绣文代之。"[1] 在礼仪使陶縠的建议下，宋代卤簿金吾卫等改紫衣为绣袍，执仗军士等也都改画衣为绣文。"乾德二年（964）礼仪使陶縠详定法物制度"云："按陶縠传，縠乾德二年判史部，铨兼知贡举，再为南郊礼仪使，法物制度多縠所定。时范质为大礼使，以卤簿清游队有甲骑具装，莫知其制度，问于縠。縠曰：'梁贞明丁丑岁，河南尹张全义献人甲三百副，马具装二百副，其人甲以布为里，黄绝表之，青绿画为甲文，红锦绿青绝为下裙，绛韦为络，金铜玦，长短至膝前，膺为人面二目，背连膺，缠以红锦腾蛇……'"[2] 又"按《玉海》乾德四年五月九日，帝亲阅诸州法物，旧用采绘者，易以文绣，凡五辂副辂舆辇属车之属，多仍唐制"。"按《仪卫志》，乾德四年，始令改画衣为绣衣，至开宝三年而成，谓之绣衣卤簿，其后郊祀皆用之，军卫羽仪自是浸盛。"[3] 是以画绣之制因时而变。盖唐代镂板画衣技术刚发明，未能普及，画衣秘为宫廷贵族所用，后来普及，竟沦为"至贱之服"。北宋以后改画衣为绣衣，一方面有可能是因为随着印染技术的提高和普及，画衣不再那么"显贵"，另一方面也有可能是因为北宋偏安小朝廷受制于当时的赋贡压力，改画衣为绣衣。《宋史·礼志》卷一百十五"诸王纳妃"载宋朝之制，诸王聘礼赐女家礼单中有"销金绣画衣十袭"[4]，由此可以看出，宋代采用不同制作技艺的画衣仍为高档用衣。

明清之际，民间制作和穿着画衣的现象已经比较普遍。清人张贞《画衣记》十分详细地描述了明末抗清志士高衡寓居京城时亲手为其夫人制作的一件画衣：

> 写折枝墨卉于白练上，幂以青纱而成者。领围尺博二寸有半寸，三其缝而饰以金。身长三尺有五寸，三分其长而杀其二以为广。袂长三尺，三分其长而杀其一以为宽。两祛亦皆以金缘之。图于前襟者，曰梅，曰绣球，曰山茶，曰水仙，曰竹石。观其后背，上秋葵一，稍下紫薇一，榴花一，一榴房尤怪伟。又下，荷花一，而画水仙于两旁。肩上作芙蓉、木犀各一枝，柯叶交亚，颇极盘纡纷披之致。左袂为海棠，为芍药，为辛夷，为玫瑰，为秋菊，为灵芝蕙草。又有桃、杏、牡丹、栀子、百合、萱花在右袂。两袖下各缀兰、石。合之，得花卉二十五种，作三十二丛，便娟映带，穷态尽变，觉奕奕生气，射人眉睫，

[1]（清）陈梦雷：《考工典》卷一百五十，清雍正铜活字本。

[2]（清）陈梦雷：《考工典》卷一百五十，清雍正铜活字本。

[3]（清）陈梦雷：《考工典》卷一百五十，清雍正铜活字本。

[4]（元）脱脱等：《宋史》卷一百十五，武英殿本。

所谓妙而真者也。衣之前后，及左右袂，皆题五七言，断句凡八首。[1]

画衣做好准备寄与夫人时，被高衡的同年好友也即张贞的叔父看到，张甚为喜爱，遂拿去据为己有，在张家藏放 60 多年。清康熙年间，这件画衣被张贞转赠给当时的名士"大司寇新城公"王士祯。清人查慎行撰《奉题大司寇新城公荷锄图》云："君臣际会唐与虞，文章政事谁不如。东家司寇鲁大儒，品望独与经术俱。昼日三接宠赉殊，城南甲第辉御书。带经堂颜公手摹，复以绘画烦鸿胪。"[2] 这里"东家司寇鲁大儒"即指"大司寇新城公"，乃山东新城人王士祯。清人王士祯不仅博学能文，而且勤谨爱民，深得康熙赏识，多次蒙御赐墨宝。清康熙三十九年（1700）六月，康熙御赐"带经堂"匾额。

明人陈继儒有《咏秦淮妓王易容百花画衣因新都谢少运索和》八首，其有诗句云："葳蕤花叶杂花须，百和香风引六铢。借得画眉京兆手，不须辛苦绣罗襦。"[3] 六铢，即六铢衣。唐谷神子《博异志·岑文本》中岑文本问曰："比闻六铢者天人衣，何五铢之异？"上清童子对曰："尤细者则五铢也。"[4] 六铢当亦细布，而五铢尤细。陈诗说明这件画衣乃是用细布绘百花纹饰而成，既美观又省去刺绣的功夫，从制作的角度来说，甚为简便。又有"越剪吴刀碎蜀罗，墨花新蘸酒花多"；"绿丝红线暗缠绵，彩绘花文著意鲜。莫向尊前轻断袖，连枝并蒂得人怜"；"腰瘦罗纤夜色阑，煖含花气斗春寒。教坊新制王家锦，不织回文织合欢"；"若问秦淮新女弟，逢人尽说画衣王"。[5] 这些关于画衣的诗句说明，明代画衣用料十分讲究，不仅可以使用细布，而且可以使用蜀地锦罗，锦罗上织合欢文，然后再彩绘各种花叶纹饰。由此而制作的画衣，自是精美异常，堪称"画衣之王"。

清尤侗《双调望江南·西山烧香曲》诗云："清早起，天色趁新晴。飞鬓斜拖双燕翠，画衣薄衬小鸦青。素裹玉丁丁。回镜照，时样称人情。多分拼教游子看，私先央及侍儿评。公论是轻盈。"[6] 又《河传·戏拟闺中十二月乐词》中"十月"有"画衣飞翠鸟"[7] 句。如此质地轻盈、绘图精美的画衣显然亦非寻常百姓所能穿。

---

[1]（清）张贞：《杞田集》卷四，清康熙四十九年（1710）春岑阁刻本。

[2]（清）查慎行：《敬业堂诗集》卷二十九，景上海涵芬楼藏原刊本。

[3]（清）陈邦彦：《御定历代题画诗类》卷一百十六，四库全书荟要本。

[4]（唐）谷神子：《博异志》，明正德嘉靖间顾氏文房小说本。

[5]（清）陈邦彦：《御定历代题画诗类》卷一百十六，四库全书荟要本。

[6]（清）尤侗：《西堂集》卷二，清康熙刻本。

[7]（清）尤侗：《百末词》卷二，清康熙刻西堂全集本。

　　清人和邦额《夜谭随录》卷二"杂记"载某秦生为狐仙怜姐所迷，称其"色比宓妃才同谢女"，其友褚某意欲见之，秦生乃至湖山下轻呼三声，即有"女子分花步月冉冉而至，丰姿绰约，美丽非常，目所未睹，著碧罗画衣曳练裙"[1]。又卷三"邱生"入某废园见"一女郎亭亭出户，容辉艳丽，旷世无匹，年约十八九，衣藕色画衣，拖墨花裙"[2]。清浩哥子撰《萤窗异草》卷二"柳青卿"云："有丽人四五从帘间袅婷而出，俱宫装画衣，备极妖艳。"[3]这些描述虽为小说家之言，然亦说明画衣服饰美艳无比且在清代比较受推崇。

　　清乾隆本《番禺县志》"市桥凤船"云："凤船之制，用巨舰一，首尾装如凤样，两翅能舒能戢，中建神座，亭奉天后，神左右饰童孺为宫嫔，画衣鼓乐以侍。"[4]又《郁林州志·舆地略》"风俗"篇曰："傩礼，今为平安醮，以僧道为之止，行索室驱疫之礼。若黄金四目，执戈扬盾，则乡村神庙用以娱神，画衣翻趻，有迎神送神之词，称其人为童家，别于僧道，殆即侲子之名也。"[5]方志记载表明清代广东、广西等地民间亦流行画衣即印花布衣。

　　1930年12月19日《申报》"文坛杂话"登载的《狗与圣遮鲁》一文曰："天才画家圣遮鲁在他一生中是常讨厌狗的，原因是为他那一身太不讲究的衣裳——上衣和背心全落了纽扣，领子也只像一根细丝绕在项上，头上又戴一顶奇怪的高帽，再配上他那破旧的装着绘具的画衣，人人都奇怪他的姿态，狗自然不消说，要把他当着欺诈师、乞丐一样地狂吠起来。"[6]可见"画衣"之称一直保留到20世纪30年代，但主要是在文人笔墨中频繁出现。20世纪30年代生人的盔头师傅李继宗先生却声称并未听过"画衣"一说，只听过有花布衣。笔者的一位朋友曾经展示了一件花衫，淡青色面料彩印花叶葫芦等图案，团花包括喇叭花、牡丹花和菊花等。内衬为红色布料，然袖口处内里白地软缎刺绣兰草花卉，镶锦缎，黑布缘边。领襟处亦饰锦缘，黑布打边。不仅彩织、绘印和彩绣三种工艺都有了，而且在颜色方面冷暖搭配，极为素雅，低调奢华。

　　关于衣服的制式，宋李昉《太平御览·服章部》从卷六百八十九到六百九十六，花了七八卷来详述各种衣服，包括衣服的各个组成部分如襟、裾、衽、袴、襜等，以及各种常用之衣如麻衣、褰衣、褭衣、深衣、锦衣、绣裳、

[1]（清）和邦额：《夜谭随录》卷二，清乾隆刻本。

[2]（清）和邦额：《夜谭随录》卷三，清乾隆刻本。

[3]（清）浩哥子：《萤窗异草》卷二，清光绪铅印本申报馆丛书本。

[4]（清）王琛修，檀萃纂：《番禺县志》卷二十杂记，清内府本。

[5]（清）冯德材修，文德馨纂：《郁林州志》卷四，光绪二十年（1894）刊本。

[6] 素：《狗与圣遮鲁》，《申报》1930年12月19日"文坛杂话"。

2-2-3

2-2-4

2-2-5

2-2-3　花衫

2-2-4　领襟

2-2-5　袖口

冬服、夏服等。盖将历代用衣典故皆汇聚一起。其有"衣蔽前谓之襜"之语，注曰："今蔽膝也。"[1] 言"襜"是"衣"的一部分。其后所列各式制度用衣如衮衣、鷩衣、毳衣、絺衣、玄衣、裨衣、褕狄、阙翟、鞠衣、展衣、袗衣、朱衣、单衣、中衣、袍、衫、襜褕、裘、襦、褒、褶等。前面数种为帝后吉服，主要以其功用、用料、颜色或装饰等特点来命名。如"阙翟"，谓"剪阙缯为翟雉形以缀衣也"。"鞠衣"谓衣"如菊花色也"，为皇后蚕桑之服。[2] 值得关注的几种衣式如单衣，《释名》曰：单衣言无里也。《方言》曰：单衣，江淮南楚之间谓之襌，关之东西谓之单衣，赵魏之间谓之祛衣，古谓之深衣是也"[3]。由此可知，单衣是古代深衣的一种，或曰由深衣而来。"深衣"之"深"，言其长短之规制，"单衣"之"单"言其厚薄之制。《明史·舆服志》云："皇帝通天冠服：洪武元年定，郊庙、省牲，皇太子诸王冠婚、醮戒，则服通天冠、绛纱

[1]（宋）李昉：《太平御览》卷六百八十九，四库全书本。
[2] 参见（宋）李昉《太平御览》卷六百九十，四库全书本。
[3]（宋）李昉《太平御览》卷六百九十一，四库全书本。

袍……绛纱袍，深衣制。白纱内单，皂领襈襈裾。"[1] 这里特地言明"绛纱袍"为"深衣制"，说明"深衣"只是一种长短制式，而非特指某种服用功能的衣服。深衣素制，可用作内穿袍服；加缘修饰，可用作中衣；质料优良，再多盛饰，则可用作敞衣。而"白纱内单"用作中衣，故领袖和衣裾均需加缘且要求黑色。

综合以上描述可以得知，古人之衣虽然名堂甚多，然其基本规制大概就那么几种，不外乎长短、里外、厚薄等。换一种颜色或质料，甚至换一种装饰就变成了另外一种衣服，具备了不同的功能，并运用于不同的场合。如衣之无缘，少了装饰，被称为"襜衣"。《说文》云："襜，无缘衣也。"[2]《方言》曰："楚谓无缘之衣曰襜，缀衣谓之褛。"[3] "缀"乃敝而缝之。《左传》有"筚路襜褛以启山林"[4] 句。所谓"衣衫襜褛"即言于此，形容衣饰简陋破敝。戏衣中的"富贵衣"（即穷衣）当自此而来。

关于"中衣"，《太平御览》引《礼记·郊特牲》曰："绣黼丹朱中衣，大夫之僭礼。"注曰："中衣即今中单衣也。""黼"，绂也。"绂"同"黻"。又引《董巴汉舆服志》曰："祭宗庙初玄，绛领袖为中衣，绛袴袜，示赤心。其奉神五郊，各从其色。"[5] 故"中衣"也是一种单衣，穿在吉服玄衣的里边，祭祀宗庙所用中衣须用红色领袖，配红色裤袜，以表示"赤心"。祭祀五郊之神，须各用其方色。因此，中衣的制作与使用也有不同规制。

"袍"，《太平御览》引《说文》曰："以絮曰襺，以缊曰袍。"《礼记·玉藻》曰："纩为襺，缊为袍。"注曰："缊，旧絮。纩，绵也。"又引《释名》曰："袍，丈夫着，下至跗者。袍，苞也，内衣也。"[6] "襺"即"茧"也。故"襺"乃指以新茧之丝絮所成之衣，而袍为旧絮所成之衣。从前人的解释来看，"袍"原本用作内衣，且为有絮之衣。然秦汉以后，"袍"逐渐由内用变为外用，而其制作自然也逐渐讲究起来。《太平御览》引《东观汉记》曰："明德马后袍极粗疏，诸王朝望见，反以为奇焉。"又引《晋书》曰："江东赐凉州刺史张骏真金印大袍。"[7] 汉魏之际，锦袍、绣袍为已有之制。

---

[1]（清）张廷玉等：《明史》卷六十六，武英殿本。

[2]（汉）许慎撰，（清）段玉裁注：《说文解字注》，上海古籍出版社1988年版，第392页。

[3]（汉）扬雄撰，（晋）郭璞注：《方言》第四，景江安傅氏双鉴楼藏宋刊本。

[4]（汉）扬雄撰，（晋）郭璞注：《方言》卷三，四库全书本。

[5]（宋）李昉：《太平御览》卷六百九十一，四库全书本。

[6]（宋）李昉：《太平御览》卷六百九十三，四库全书本。

[7]（宋）李昉：《太平御览》卷六百九十三，四库全书本。

"衫"，《太平御览》引《释名》曰："衫，芟也，衫乘无袖端也。襦裆者当胸，一当背也。"又引扬雄《方言》曰："陈魏宋楚之间谓之襜，或谓之单襦。"又引沈约《宋书》曰："渴盆陀国士人剪发，着毡帽，小袖衣，为衫则开颈缝前。"[1] 如此则"衫"最早于陈魏宋楚等地是指一种无袖衣，后来盖受西域小袖衣的影响，出现了袖衫。

"裘"，《太平御览》引《说文》曰："裘，皮衣也。"引《礼记》曰："十月之节，天子始裘。"又曰："童子不衣裘裳。"又曰："良冶之子，必学为裘。"《周礼》曰："司裘掌为大裘，以供王祀天之服。仲秋献良裘，季秋献功裘。"[2] 裘的主要功能是保暖，有内用之裘，也有外用之"大裘"。"大裘"可用作祀天之服。儿童不穿裘皮之衣。

"襦"，《太平御览》引《说文》曰："襦，短衣也，一曰䙱衣。"注曰："䙱，温也。"又引《释名》曰："襦，暖也，言温暖也。单襦，如襦而无絮也。反闭，襦之小者也，却向着之，领含于项，反于背，后闭其衿。"[3]《方言》曰："襦，西南属汉谓之曲领。"[4] 过去"襦"为曲领，这一样式至今仍可见于某些传统襦袄中，戏衣中且角所穿之襦则改以小立领为主。可见"襦"的工艺制式主要有两种，一种是有絮之襦，比较保暖，另一种为单襦，无絮。从开口方式来说也有两种，一种是正向开口，另一种是反向开口，也即后背开口，古称小襦，

2-2-6 白纱提花彩绣单衫

其领口也开在颈项之后。无论是哪一种，其总体形制都属于短衣类。当然，襦也有长款，称长襦。其制盖如褒或袍。《方言》曰："褒，明谓之袍。"注引《广雅》云："褒，明长襦也。"又曰："偏裑谓之禅襦。"注云："即衫也。"[5] 长襦亦分有絮和无絮两种。

同为短衣，襦与"褐"不同，襦可以盛饰以服，用料考究，又有珠襦、紫縠襦、绣罗襦、绛纱绣縠襦等各种制式，多为贵族妇女所穿，非褐衣百姓所

[1]（宋）李昉：《太平御览》卷六百九十三，四库全书本。

[2]（宋）李昉：《太平御览》卷六百九十四，四库全书本。

[3]（宋）李昉：《太平御览》卷六百九十五，四库全书本。

[4]（汉）扬雄撰，（晋）郭璞注：《方言》第四，景江安傅氏双鉴楼藏宋刊本。

[5]（汉）扬雄撰，（晋）郭璞注：《方言》第四，景江安傅氏双鉴楼藏宋刊本。

能企及。今戏服中"裙襦"之"襦"在很大程度上保留了秦汉以来的罗襦之制。

"褶",《太平御览》引《释名》曰:"褶,袭也。覆上之言也。"[1]"褶"之为"袭",说明褶是穿在敞衣里面的衣服,其本身也可以敞露在外。褶之制,秦汉时期即已有之。

另外,《太平御览》中分别对"裳"和"裙"也进行了描述。值得注意的是,"裳",有短布之裳,有无缘之裳。而"裙"为"下裳"则是指"裳"多幅连接的部分。《方言》曰:"裙,陈魏之间谓之帔。"[2]古人"裙"为里衣,外有衣笼之。[3]今戏衣装扮中内穿裙外穿帔之制即由此而来。又有"袴",按照《太平御览》的描述,"袴"亦有多种。"齐鲁之间谓之襱,或谓之襗,关西谓之袴。"[4]兹不赘述。

总的来说,古代社会日常所穿的各种衣式如朝服、常服、礼服、内服、外服和四季之服等基本都已被囊括在《太平御览》之中。这些衣式本身也是工艺制式中最为基本的内容,至于剪裁尺寸、织绘或刺绣文案等涉及工艺技巧的内容,一来太繁杂琐细,二来也太过专业,没办法以文字的形式一一记录在案。更何况,很多时候技随人走,且技艺又总有不断迭代更新的内容。这就决定了以口传心授为基本传承方式的活态制作技艺不仅是呈现传统技艺的最佳方式,也是实现传统制作技艺传承的最佳途径。

三、"五色之衣"与"长袖善舞"

一直以来,传统舞衣被人们赋予了两个重要特征,一是"长袖善舞",二是"五色之衣"。具体到传统戏衣,又有一个比较习以为常的说法,即"戏曲服装基本上是明代的"或言是"在明清服饰的基础上发展而来的"。前面已就古代生活用衣的工艺制式做了一些初步考证,现在来围绕古代舞衣的"五色之制"和"长袖"制式做一些简单的探讨。

清人陈梦雷撰《乐律典》载明洪武十五年(1382)定"殿内侑食乐","奏《平定天下》之舞,舞士三十二人","皆冠黄金束发冠,紫纷缨,青罗生色画舞鹤花窄袖衫,白生绢衬衫,锦领红罗销金大袖窄袍,红罗销金裙,皂生色画衣沿襈,白罗销金汗袴,蓝青罗销金沿红绢拥项,红结子红绢束腰,涂金束带,

---

[1] (宋)李昉:《太平御览》卷六百九十五,四库全书本。

[2] (汉)扬雄撰,(晋)郭璞注:《方言》第四,景江安傅氏双鉴楼藏宋刊本。

[3] 参见(宋)李昉《太平御览》卷六百九十六,四库全书本。

[4] (汉)扬雄撰,(晋)郭璞注:《方言》第四,景江安傅氏双鉴楼藏宋刊本。

青丝大绦锦臂，韛绿云头皂靴"。[1]

根据《乐律典》这段文字的描述，明人《平定天下》之乐舞舞人的穿着大抵是上穿画衣，下穿裙，裙内着汗袴。画衣有沿边，故用作中衣。画衣内穿衬衫，衬衫盖与汗袴一样，为内穿之衣，故素而无文。画衣外穿窄袖衫，袖衫其制如袭，可以外露，故画有舞鹤花纹。窄袖衫外着袍，袍之用犹若敞衣，须讲究体面，故制用锦领红罗销金大袖。其他如拥项、束腰、束带、锦臂和皂靴等外用饰物与外用服饰一样极尽装饰功能。从这些明代舞人的装束来看，无论是从衣服的穿用方式，还是从衣服本身的款式、质料和花纹装饰等工艺制式来看，都是中规中矩的，与秦汉以来传统衣制的习惯定式基本一致，并无大变。

《明史·舆服志》按传统志书惯例详细记载了帝后妃嫔、太子亲王、文武百官以及内使、侍仪、军隶、命妇、儒生、庶人和僧道等社会各阶层的服饰，除此之外，还专门设置了"乐工冠服"一篇，对乐舞用服进行了详细介绍。

根据明代舆服志的介绍，明代乐舞用服按乐舞种类的不同分作四类，即"协律郎、乐舞生冠服""宫中女乐冠服""教坊司冠服"和"王府乐工冠服"。其中，"协律郎、乐舞生冠服"又分协律郎、乐生、舞士、文舞生、武舞生、朝会大乐九奏歌工及其和声郎押乐者，另外还有大乐工、文武二舞乐工和四夷乐工。协律郎穿紫罗袍，乐生绯袍，舞士红罗袍，文舞生红袍，武舞生绯袍。"朝会大乐九奏歌工"，服"中华一统巾，红罗生色大袖衫，画黄莺、鹦鹉花样，红生绢衬衫，锦领，杏红绢裙，白绢大口袴，青丝绦，白绢袜，茶褐鞋"。"和声郎押乐者"，服"皂罗阔带巾，青罗大袖衫，红生绢衬衫，锦领，涂金束带，皂靴"。"大乐工及文武二舞乐工"，"皆曲脚幞头，红罗生色画花大袖衫，涂金束带，红绢拥项，红结子，皂皮靴"。"四夷乐工"，则"皆莲花帽，诸色细摺袄子，白销金汗袴，红销金缘，红绿绢束腰，红罗拥项，红结子，花靴"。[2] 可以看到，乐舞之中司职不同，衣着有相似之处，也有大不相同。相似之处是除了"四夷乐工"，其他基本皆以袍或大袖衫为主，"四夷乐工"则穿各色细摺袄。不同之处，有五色之分，有繁简之别，又台上衣服装饰比台下的要盛大隆重。

明代舆服志对一般舞士及文武二舞生的袍饰仅做了简要介绍，然另有三舞的衣着服饰各不相同，描述甚细。这三舞分别是《平定天下之舞》《车书会同之舞》和《抚安四夷之舞》，《平定天下之舞》是武舞，其"舞士"之穿着如前所述。除了舞士，还有"舞师"，"黄金束发冠，紫丝缨，青罗大袖衫，白绢衬衫，锦领，涂金束带，绿云头皂靴"。《车书会同之舞》为文舞，"舞士皆黑光描金

---

[1] （清）陈梦雷：《乐律典》第三十卷，清雍正铜活字本。

[2] （清）张廷玉等：《明史》卷六十七，武英殿本。

方山冠，青丝缨，青红罗大袖衫，红生绢衬衫，锦领，红罗拥项，红结子，涂金束带，白绢大口袴，白绢袜，茶褐鞋。舞师冠服与舞士同，惟大袖衫用青罗，不用红罗拥项、红结子"。[1] 文武二舞相比，其舞士皆着大袖袍衫，内衬衫，然一为冷色调，搭配暖色装饰，冷暖对比鲜明，凸显威武气势，一为暖色系，颜色鲜艳，光彩耀人，充满喜庆氛围。服装制式既与传统相符，亦与主题紧密相扣。

《抚安四夷之舞》亦为文舞，然舞士中有扮"四夷"者，且"四夷"所穿各不相同。其"四夷"之扮分别为：

> 东夷四人，椎髻于后，系红销金头绳，红罗销金抹额，中缀涂金博山，两傍缀涂金巾环，明金耳环，青罗生色画花大袖衫，红生色领袖，红罗销金裙，青销金裙缘，红生绢衬衫，锦领，涂金束带，乌皮靴。

> 西戎四人，间道锦缠头，明金耳环，红纻丝细摺袄子，大红罗生色云肩，绿生色缘，蓝青罗销金汗袴，红销金缘系腰合钵，十字泥金数珠，五色销金罗香囊，红绢拥项，红结子，赤皮靴。

> 南蛮四人，绾朝天髻，系红罗生色银锭，红销金抹额，明金耳环，红织金短袄子，绿织金细摺短裙，绒锦袴，间道纻丝手巾，泥金顶牌，金珠璎珞缀小金铃，锦行缠，泥金狮蛮带，绿销金拥项，红结子，赤皮靴。

> 北翟四人，戴单于冠，貂鼠皮檐，双垂髻，红销金头绳，红罗销金抹额，诸色细摺袄子，蓝青生色云肩，红结子，红销金汗袴，系腰合钵，皂皮靴。

"四夷"之外又有"舞师"，其舞师"皆戴白卷檐毡帽，涂金帽顶，一撒红缨，紫罗帽襻，红绿金绣袄子，白销金汗袴，蓝青销金缘，涂金束带，绿拥项，红结子，赤皮靴"[2]。

对比三舞之"舞士"和"舞师"的穿着，会发现前二舞，虽一为武舞，一为文舞，然其"舞士"和"舞师"的穿着俱为大袖衫，而"四夷之舞"的"舞士"衣各有别，差异甚大，其"舞师"亦着袄，而非大袖衫。

再看"四夷"之舞士，"东夷"为大袖衫，衬衫锦领，裙用红罗销金，而且缘边，其制与中土传统服式极为相似，表明受中土文化影响很大。"西戎"用"细摺袄子"和云肩，带有比较明显的西域特点。"南蛮"用"短袄""短裙"，与南方气候特点相应。"北翟"用貂檐、抹额，"细摺袄子"和"蓝青生色云

---

[1]（清）张廷玉等：《明史》卷六十七，武英殿本。

[2]（清）张廷玉等：《明史》卷六十七，武英殿本。

肩"，貂檐和抹额都是带有保暖功能的装饰用物，细摺袄子和蓝青云肩也比较符合北方民族的服饰特点和中国传统方色的概念。

明永乐年间（1403—1424），"四夷舞"之"四夷"分别换成了"高丽""琉球""北番"和"伍鲁速回回"，于是舞人的服色也跟着发生了变化。其中，"高丽舞四人"，"皆笠子，青罗销金胸背袄子，铜带，皂靴"；"琉球舞四人"，"皆棉布花手巾，青罗大袖袄子，铜带，白碾光绢间道踢袴，皂皮靴"；"北番舞四人，皆狐帽，青红纻丝销金袄子，铜带"；"伍鲁速回回舞四人，皆青罗帽，比里罕棉布花手巾，铜带，皂靴"。[1] "四夷"服色虽然有变，却仍旧带有比较明显的四方各族服饰特点。由此可以看出，明代不同舞衣制式的变化，一来体现了舞衣自有其来、融合四方服式制度的特点，二来体现了自古以来宫廷乐舞要求"据功象德"的传统。

明代"宫中女乐冠服"，大抵以裙袄、云肩、大袖袍服为主。"教坊司冠服"，万斯同撰《明史·舆服志》称教坊司始于唐代清乐，并罗列唐代教坊司诸乐舞人穿着，如五色画衣、文甲以及锦袍、袈裟等，未言彼时衣着与明代何异，但言明洪武三年（1370）规定教坊司如乐艺、乐妓、鼓吹、乐工、歌工诸伶所穿的服饰中有褶子、长服、大袖袍、小袖袍、彩画百花袍等。其中，"乐妓"服式"明角冠，皂褙子，不许与民妻同"，"乐人"衣服"止用明绿、桃红、玉色、水红、茶褐色"。[2] 各伶人之中，未曾明言舞人穿着如何，那么舞人穿着是否沿袭唐制或宋制则不得而知。"王府乐工冠服"，其乐工基本只能用"小袖单袍"。"凡朝贺用大乐宴礼，七奏乐乐工俱红绢彩画胸背方花小袖单袍，有花鼓吹冠，锦臂韝，皂靴，抹额以红罗彩画，束腰以红绢。其余乐工用绿绢彩画胸背方花小袖单袍，无花鼓吹冠，抹额以红绢彩画，束腰以红绢。"[3] 乐舞级别越低，其舞衣制式越简单。如果王府乐工使用大袖衫袍，属于越制。蟒袍就更不用说了，那是帝王服饰。

关于宋代乐舞，前面曾有介绍。宋代《乐志》记载宫廷中有"队舞之制"，分"小儿队"和"女弟子队"，不同舞队视舞别之不同而服不同衣式。"小儿队"如"柘枝队"穿五色绣罗宽袍，戴胡帽，"醉胡腾队"衣红锦襦戴毡帽，"异域朝天队"衣锦袄，戴夷冠，"剑器队"衣五色绣罗襦，"婆罗门队"着紫罗僧衣等。"女弟子队"穿有各色宽衫、砌衣、罗襦和霞帔等。宽袍、大衫、罗襦、锦袄、僧衣等各式衣服在宋代宫廷乐舞中广泛应用，且有五色之制。又有百戏

[1]（清）张廷玉等:《明史》卷六十七，武英殿本。

[2]（清）万斯同:《明史》卷一百三十一，清抄本。

[3]（清）万斯同:《明史》卷一百三十一，清抄本。

和散乐，虽未明其服，然却可以想见其衣式必定各随其制，既合乎礼，又便于表演。

然而值得注意的是，人们发现宋元杂剧尤其是元代杂剧穿关所列穿扮服饰中并未体现上述宫廷舞衣的丰富性。其原因何在，盖从宋代舆服志的记载中可略知一二。

《宋史·舆服志》"士庶人车服之制"载云："端拱二年，诏县镇场务诸色公人并庶人、商贾、伎术、不系官伶人，只许服皂、白衣，铁、角带，不得服紫。"[1]这里提到"不系官伶人"当指民间伶人，说明官伶和非官伶在服式穿着上有着不同的规定。民间伶人只能穿皂、白二色，也不能有任何金银珠翠之类的装饰，因"其销金、泥金、真珠装缀衣服，除命妇许服外，余人并禁"。宋真宗咸平四年（1001），"禁民间造银鞍瓦、金丝、盘蹙金线"。宋大中祥符元年（1008），三司进言："窃惟山泽之宝，所得至难，倘纵销释，实为虚费。今约天下所用，岁不下十万两，俾上币弃于下民。自今金银箔线、贴金、销金、泥金、蹙金线装贴什器土木玩用之物，并请禁断，非命妇不得以为首饰。冶工所用器，悉送官。诸州寺观有以金箔饰尊像者，据申三司，听自赍金银工价，就文思院换给。"大中祥符八年（1015），诏："内庭自中宫以下，并不得销金、贴金、间金、戗金、圈金、解金、剔金、陷金、明金、泥金、楞金、背影金、盘金、织金、金线捻丝，装着衣服，并不得以金为饰。其外庭臣庶家，悉皆断禁。臣民旧有者，限一月许回易。"景祐元年（1034）"诏禁锦背、绣背、遍地密花透背采段，其稀花团窠、斜窠杂花不相连者非"。总之一句话，除了宫廷帝后所用，内廷"自中宫以下"，所有臣民百姓禁用一切奢华装饰，包括名贵锦绣彩缎，过去有的，"限一月许回易"。宋徽宗时，权发遣提举淮南东路学事丁瓒言："衣服之制，尤不可缓。今闾阎之卑，娼优之贱，男子服带犀玉，妇人涂饰金珠，尚多僭侈，未合古制。臣恐礼官所议，止正大典，未遑及此。伏愿明诏有司，严立法度，酌古便今，以义起礼。俾闾阎之卑，不得与尊者同荣；倡优之贱，不得与贵者并丽。"[2]从宋太宗端拱二年到宋徽宗政和年间（989—1118），如此三令五申的严苛禁令几乎贯穿整个北宋时期。很难想象，在如此高压之下，民间戏班伶人岂有胆敢以身犯险、冒天下之大不韪者。不过随着宋代礼制的松弛，宫廷乐舞之制也必然会弥散至民间，对后世的舞蹈服式产生深远影响。

隋唐时期的舞乐，前面亦有提及，其特点大抵是中原雅乐着装为宽袍大袖、褒衣博带，四方之乐如隋朝"方相与十二兽"傩舞以及唐代的"十部乐"则服

---

[1]（元）脱脱等：《宋史》卷一百五十三，武英殿本。

[2]（元）脱脱等：《宋史》卷一百五十三，武英殿本。

襦裙、褶袴、袈裟以及各式代表不同角色和方域的衣服。隋朝以前历代宫廷舞蹈服式的应用大都遵循同样的原则，即以"据功象德"作为乐舞创作和表演应当遵循的基本要求。对于舞蹈服饰而言，"据功象德"的前提与基本内核便是围绕礼法而建立的传统服饰制度，尽管这一制度本身也在不断融合发展的过程之中。

值得注意的是，包括戏服在内的传统舞衣虽然并未脱离传统服饰礼制的范畴，但与生活服饰相比，古代舞衣的设计与创作仍然会根据实际表演的需要而有着一定的灵活性。唐李延寿《北史》卷五十四载"高隆之传"云："隆之性好小巧，至于公家羽仪，百戏服制，时有改易，不循典故。"[1] 又北宋陈旸撰《乐书·女乐中》载云："唐明皇开元中，宜春院妓女谓之内人，云韶院谓之宫人。平人女选入者谓之挢弹家。内人带鱼，宫人则否。每勤政楼大会，楼下出队，宜春人少，则以云韶足之。舞初出幕，皆纯色缦衣。至第二叠，悉萃场中，即从领上裰笼衫怀之，次第而出，绕聚者数匝，以容其更衣，然后分队，观者俄见藻绣烂然，莫不惊异。"[2] 这里提到唐代宜春院女妓不仅地位高人一等，演出服饰也惊艳异常，尤其是中场可以变换衣服，由"纯色缦衣"忽而变为"藻绣烂然"，令观者耳目一新。"缦衣"也叫"缦衫"，是一种没有花纹的素色丝制品，其制犹若汗衫。唐人崔令钦《教坊记》云："《圣寿乐舞》衣襟皆各绣一大窠，皆随其衣本色制纯缦衫。下才及带，若短汗衫者以笼之，所以藏绣窠也。舞人初出乐次，皆是缦衣，舞至第二叠，相聚场中，即于众中从领上抽去笼衫，各内怀中。观者忽见众女咸文绣炳焕，莫不惊异。"[3] "缦衫"与绣衣搭配变换，从而制造出其不意的效果。这大概是舞蹈服饰中有关"当场变"的最早记录。

至如前面讨论较多的"霓裳"，后世虽然流传甚广，古代史志中却几乎未曾有太多文字对其具体形制进行详细描述。究其因，盖唐代"霓裳"实为"杂舞"一时之创，其制既与传统不同，而后亦多有移易与改变，时而用作妙龄女子的舞衣，时而用作华衣丽服的代称。元末明初人宋讷《客北平闻行人之语感而成诗·其二》云："将士城门解甲初，不知相府已收图。霓裳宫女吴船载，绣服朝臣汉驿趋。甲第松筠几家在，名园花草一时无。行人千步廊前过，犹指宫墙说大都。"[4] 诗中描述的是元朝灭亡时大都宫女的霓裳之变。清代弹词《绘图孝义

---

[1] （唐）李延寿：《北史》卷五十四，清乾隆四年（1739）武英殿刻本。

[2] （宋）陈旸：《乐书》卷一百八十五，四库全书本。

[3] （唐）崔令钦：《教坊记》，四库全书本。

[4] （明）宋讷：《西隐集》卷三，四库全书本。

真迹珠塔缘》（简称《珍珠塔》）第二回词云："你道夫人何等样，今朝描写与君听，他原是宰相之女千金体，生来玉貌似天成，虽则年交四十九，他是受用的人，白发全然没半根，两鬓如云光烁烁，金珠灿烂满头珍。霓裳绣袄穿来惯，外罩披风燕尾青，弓鞋三寸元青色，稳步轻移不染尘，仪容体态多端正，毕竟是官宦之家有福人。"[1] 这里的"霓裳绣袄"却是老旦应工的陈宅方氏夫人的穿着。其前后变化之大，大抵可以说明"霓裳"作为"杂舞"之衣，有着很大的自由度与灵活性。

古代乐舞有文舞、武舞之分，又有软舞、健舞和杂舞之说。有的归属于庙堂雅乐，也有的自地方或异域而来，或在此基础上创作发展而来。

元人马端临撰《文献通考》"乐考"记载，南朝梁武帝时 (464—549)，有太常任昉奏："据魏王肃议：《周礼》宾客皆作备乐，况天地宗庙事之大者。《周官》以下六律、六吕、五声、八音、六舞大合乐，致鬼神，以和邦国。请依王肃，祀祭郊庙，备六代乐。"帝曰："按言大合乐者，是使六律与五声克谐，八音与舞蹈合节耳。岂谓致鬼神祇用六代乐也。其后即言乃分乐而序之以祭，以享，以祀，此则晓然已明，肃则失其旨矣。推检记载，初无宗庙郊禋遍舞之文，唯《明堂之位》云：'以禘礼祀周公于太庙，朱干玉戚，冕而舞《大武》；皮弁素帻，裼而舞《大夏》，纳夷蛮之乐于太庙，言广鲁于天下也。'按所以舞《大武》《大夏》者，止欲备其文、武二舞耳，非兼用六代也。夏以文受，周以武功，所以故兼之而不用《护》者。《护》，武舞也。周监于二代，质文乃备，纳蛮夷乐者，此明功德所须，盖止施禘祭，不及四时也。"[2] 从这段描述来看，文舞与武舞的历史渊源可以追溯到周代，且文舞冠冕，武舞冠弁。"皮弁""素帻"为武服打扮。"冕"则一般配大袖袍服，为文服打扮。自梁以后，南朝历代遵梁制而有文舞、武舞之制。隋文帝平陈以后"尽得宋、齐旧乐，更诏牛宏等定文武之舞，辨器服之异"[3]。"辨器服之异"说明对文、武二舞的器用服饰非常讲究。

唐教坊乐有软舞和健舞，盖自异域而来。《文献通考·乐考》云："唐开成末，有乐人崇胡子能软舞，其腰支不异女郎也。然舞容有大垂手，有小垂手，或像惊鸿，或如飞燕。婆娑，舞态也。蔓延，舞缀也。然则，软舞盖出体之自然，非此类欤。"又云："唐教坊乐：《垂手罗》《回陂乐》《兰陵王》《春莺啭》《半社渠》《借席》《乌夜啼》之属，谓之软（舞）；《阿辽》《柘枝》《黄章》《拂

---

[1]（清）马如飞：《绘图孝义真迹珠塔缘》卷一，清光绪上海书局石印本。

[2]（元）马端临：《文献通考》卷一百四十五，明冯天驭刻本。

[3]（元）马端临：《文献通考》卷一百四十五，明冯天驭刻本。

林》《大渭州》《达摩支》之属，谓之健舞。故健舞曲有《大杆》《阿连》《柘枝》《剑气》《胡旋》《胡胜》；软舞有《舞州》《苏合香》《掘枝》《团乱旋》《甘州》焉。"[1] 软舞和健舞舞姿风格不同，舞衣亦当有别。

宋郭茂倩《乐府诗集·舞曲歌辞》"杂舞"云："杂舞者，《公莫》《巴渝》《槃舞》《鞞舞》《铎舞》《拂舞》《白纻》之类是也。始皆出自方俗，后寖陈于殿庭。盖自周有缦乐、散乐，秦汉因之，增广宴会所奏，率非雅舞。汉魏已后，并以鞞、铎、巾、拂四舞用之宴享……开元中，又有《凉州》《绿腰》《苏合香》《屈柘枝》《团乱旋》《甘州》《回波乐》《兰陵王》《春莺啭》《半社渠》《借席》《乌夜啼》之属，谓之软舞。《大祁》《阿连》《剑器》《胡旋》《胡腾》《阿辽》《柘枝》《黄獐》《拂菻》《大渭州》《达磨支》之属，谓之健舞……文宗时，教坊又进《霓裳羽衣舞》女三百人。末世兵乱，舞制多失。凡此，皆杂舞也。"[2] 按照郭氏的说法，杂舞为杂诸四方之舞，包括各方俗舞，有楚汉、巴渝、南越之舞，也有来自西域的舞蹈。《霓裳羽衣舞》是在吸收外来舞乐的基础上，融合道教清乐而成，非本土正统乐舞，故与开元中的《凉州》《绿腰》《兰陵王》等软舞以及《大祁》《胡旋》《胡腾》等健舞一起被统称为杂舞。"杂舞"的性质决定了其舞蹈服饰或可具备某种程度上的随意性或可发挥性。

另外，我们可以发现，舞衣中"五色"的应用在唐代"开元盛世"的盛唐气象中也体现得比较明显。唐开元元年（713），有"瀛州司法参军赵慎"建言："五郊工人舞人衣服合依五色。""按：《周礼》以苍璧礼天，以黄琮礼地，以青珪礼东方，以赤璋礼南方，以白琥礼西方，以玄璜礼北方，是知五方帝德，色玉不同，四时文物各随方变，冀以同色相感，同事相宜，阴阳交泰，莫不由此。今祭器茵褥总随于五方五郊，衣服独乖于方色。舞者常持皂饰，工人恒服绛衣，以臣愚知，深为不便。其工人衣服各依方色，其宗庙黄色，仍各以所主色襟袖。又以乐治身心，礼移风俗，请立乐教，以化兆民。"[3]

从前人的描述来看，"五色之用"很早就有了，尤其是"五方色"的应用在商周时期很受重视。运用五色可以创作美丽的纹饰，这个道理古人自然知晓。古人很早就已掌握染丝、绘画和刺绣等方面的工艺技术，周代还设立了专门的官方机构进行分类管理。然而，在唐开元以前的宫廷乐舞中却长期呈现为"舞者常持皂饰""工人恒服绛衣"的局面，其背后的深层原因不得不说是与古代统治者的某些治理思想密切相关。

---

[1]（元）马端临：《文献通考》卷一百四十五，明冯天驭刻本。

[2]（宋）郭茂倩辑：《乐府诗集》卷第五十三，四部丛刊本汲古阁刊本。

[3]（元）马端临：《文献通考》卷一百四十五，明冯天驭刻本。

《吕氏春秋》云："天生人而使有贪有欲。欲有情，情有节。圣人修节以止欲，故不过行其情也。故耳之欲五声，目之欲五色，口之欲五味，情也。此三者，贵贱愚智贤不肖欲之若一，虽神农、黄帝其与桀、纣同。圣人之所以异者，得其情也。由贵生动则得其情矣，不由贵生动则失其情矣。此二者，死生存亡之本也。俗主亏情，故每动为亡败。"[1]古人将"五色""五声""五味"与"贪欲"乃至生死存亡相联系，称圣人之有别于常人者，在于能够有节有度，可以适当控制自己的欲望和情感，尊生重民，这是决定生死存亡的根本，世俗之君缺乏这种适度的情感，所以动辄灭亡。又引《墨子》云："墨子见染素丝者而叹曰：'染于苍则苍，染于黄则黄，所入者变，其色亦变，五入而以为五色矣，故染不可不慎也。'"[2]以"慎染"告诫君子修身养性，谨慎为人。《韩非子·解老》曰："可欲之类，上侵弱君而下伤人民。""圣人不引五色，不淫于声乐；明君贱玩好而去淫丽。""衣足以犯寒，食足以充虚，则不忧矣。"[3]"五色之戒"是古代统治者勤政爱民的重要体现。汉代桓宽《盐铁论》云："至美素璞，物莫能饰也。至贤保真，伪文莫能增也。"[4]历代贤臣名相和先秦诸子百家所持观点无不高度一致，即劝诫帝王谨衣节用，修身爱民，国祚永昌，凡奢必败。在"普天之下莫非王土，率土之滨莫非王臣"的王权时代，应该说这种"五色之戒"对于保民生、惜民力的社会治理来说是具有非常积极的意义的。

是故，唐开元以前的统治者在庙堂乐舞的服式制度方面大多因循守旧，不敢骄奢淫逸。另外，这恐怕也与古代社会整体来说较低的生产力水平、频繁的战争和自然灾害以及由此而带来的沉重赋税等各种复杂的时代因素密切相关。唐开元时期，社会安定，物阜民丰，国力强盛，舞乐服饰亦须适当变革方能体现出"大唐盛世"的包容气象。因此可以看到，唐代舞乐多用五色之衣，如《圣寿乐》"女子衣五色绣襦而舞之"[5]，《大定乐》舞人被五彩文甲，《圣善乐》舞人五彩画衣，《景云》舞人花锦袍彩云冠等。[6]又明杨宗吾撰《检蠹随笔》"霓裳羽衣"云："霓裳，五色红绿黄相间，唐人谓之五色晕裙，今彰德府虎班绢其遗制也。羽衣，以鸟之翠毛饰袖口。"[7]"五色晕裙"和"羽以为饰"说明了唐代具备较高的服饰印染技术和制作水平。

[1]　许维遹：《吕氏春秋集释》，中华书局2009年版，第42—43页。

[2]　许维遹：《吕氏春秋集释》，中华书局2009年版，第47页。

[3]　（春秋战国）韩非：《韩非子》卷第六，景上海涵芬楼藏景宋抄校本。

[4]　（汉）桓宽：《盐铁论》卷第五，景长沙叶氏观古堂藏明刊本。

[5]　（宋）欧阳修、宋祁：《新唐书》卷二十二志第十二，中华书局1975年版，第475页。

[6]　参见（清）万斯同《明史》卷一百三十一，清抄本。

[7]　（明）杨宗吾：《检蠹随笔》卷六，明万历三十三年（1605）王尚修本。

自唐开元以后，宫廷教坊舞乐用衣使用"五色之制"成了常态，即使是礼制严苛的宋代和明代，也可以使用五色。前面提到宋代宫廷队舞中有五色绣罗袍和五色罗襦，只是这"五色"为何"五色"并未明说。而明代乐人只可使用"明绿、桃红、玉色、水红、茶褐色"五色，此五色被古人称为间色或副色，用于等级地位比较低的人。另有正五色则只有帝后及贵族公卿等地位较高的人才能使用。后世戏衣中所谓"上五色"和"下五色"当由此而来。然而，正副五色之分却并非自明代而始。

三国魏王肃注《孔子家语》云："五色、六章、十二衣还相为主。"注云："五色者，青赤白黑黄，《学记》曰：'水无当于五色，五色不得，不彰，五色待水而章也。'"[1] 古人非常清楚颜料与水发生关系会产生一定的变化，将青、赤、白、黑、黄这五种颜色（自然色）称为"正色"，也即五方色；将由五色变化而产生的红、绿、紫、碧等颜色（在染色的过程中产生）称为间色，也叫副色。《礼记·玉藻》云："衣，正色；裳，间色。"注引南朝梁皇侃曰："正，谓青、赤、黄、白、黑五方正色也；不正谓五方间色也，绿、红、碧、紫、骝黄是也。"[2]

值得注意的是，古人对于"五色"的界定和描述与今人略有差异。古人所说的赤、黄、青与现代色彩学中的红、黄、蓝三原色相对。其中，"青"谓蓝色，它和翠、葱一样，常常被古人"用来形容草木绿色的鲜明"，而非黑色。古人的"赤"相当于现代色相中的大红，与"朱"同义。朱与赤的区别"往往在于染色的次数与浓度"，"周代宫廷染色，染三遍成赤色，染四遍成朱色"。朱比赤尊贵，盖工耗费亦多。古人所说的"红"乃"浅赤色"，其"由赤色和白色组成"。周人用赤色染料染色，染一遍所形成的颜色即为红色，其工少色浅，是为间色。而古人所言"玄"则为"含赤的黑色"，非等同于黑色。"碧"亦谓"缥"，为淡青色，即由青色和白色组成，古人常用"缥"形容一种淡青色的丝绸。五正色和五间色以外的颜色被称为杂色或坏色，为古人所贱。[3]《孙子兵法·势篇》曰："色不过五，五色之变，不可胜观也。"[4] 或许由于五色之变太过复杂，而古代依赖于自然植物或矿物染料的色相本身也没有一个比较固定的标准，再加上语汇或喜好上的变化，很容易导致人们在五色认识上的混乱，因此出现五色混用的情况，譬如将朱或红等同于赤，青或玄混同于黑。但不管怎么用，五正色和五间色基本都是朝廷衣制规定中可用的五色。譬如隋朝祭服用玄

[1]（三国魏）王肃注：《孔子家语》卷第七，景江南图书馆藏明覆宋刊本。

[2]（汉）郑玄注，（唐）孔颖达疏，（清）阮元撰：《礼记注疏》卷二十九，阮刻本。

[3] 参见彭德《中华五色》，江苏美术出版社2008年版，第40、44、44、60、54页。

[4]（春秋）孙武著，徐寒注译：《孙子兵法》，线装书局2017年版，第344页。

衣纁裳，常服用白袍紫衫，公服用朱衣，朝服为绛纱单衣配白纱内单和白练裙襦，领袖衣缘用黑色，绛蔽膝。唐代贞观四年（630）规定三品以上服紫，四品五品服绯，六品七品服绿，八品九品服青。[1] 而各品所用色以及禁用色不断变化，几乎各朝各代都会有所不同。

总的来说，"五色之制"的结果就是形成了后来可用于戏衣的所谓"上五色"与"下五色"。其"上五色"谓红绿白黑黄，"下五色"谓深蓝、湖色、粉色、古铜色以及紫色。不同颜色的衣服适用于不同的人物角色。由此可知，戏衣的"五色"之制远可以追溯至先秦时期。

除了"五色之制"，绝大部分用于舞蹈的戏衣通常还有一个很重要的组成部分——水袖，它从古代舞衣中的长袖发展而来。"长袖善舞"是古人赋予舞衣的另外一个重要特征。明臧懋循《负苞堂诗选》曰："从来长袖偏能舞，何处霓裳更有真。"[2] 北宋词人柳永《思归乐》词云："皓齿善歌长袖舞。"[3] 南宋刘克庄《念奴娇》（三和）词云："戏衫抛了，下棚去，谁笑郭郎长袖。"[4] 北宋歌伶衣长袖，南宋的戏衫亦为长袖舞衣。从考古发掘出土的资料中可以发现，很多古代画像石中都有长袖飘舞的舞人形象，在西安博物院展出的秦代陶俑中还有身着长袖的文吏。那么，"长袖善舞"的典故究竟何来，其实质是什么，长袖是否专为舞人所用，很值得思考。

2-2-7　汉代长袖舞人 [5]

[1]　参见（后晋）刘昫等《旧唐书》卷四十五志第二十五，中华书局1975年版，第1952页。

[2]　（明）臧懋循：《负苞堂诗选》卷一，明天启元年（1621）臧尔炳刻本。

[3]　（宋）柳永：《乐章集》中卷，清劳权抄本。

[4]　（宋）刘克庄：《后村长短句》卷二，民国朱祖谋辑刻彊村丛书本。

[5]　图片来自河南南阳陈棚彩绘画像石墓画。蒋宏杰、赫玉建、刘小兵、鞠辉：《河南南阳陈棚汉代彩绘画像石墓》，《考古学报》2007年第2期。

《韩非子·五蠹》云："鄙谚曰：长袖善舞，多钱善贾。此言多资之易为工也。"[1] 文中十分清楚地指出"长袖善舞"之说来自民谚，言钱多易于做工。清顺治十六年（1659），洪洞人宋炳奎撰《重修县志序》云："长袖善舞言才之裕也，多钱善贾言学之富也。"[2] "多"而言"裕"或"富"，故"长袖"本身也是一种财资富裕的象征。《周礼·春官》云："乐师掌国学之政，以教国子小舞。凡舞，有帗舞，有羽舞，有皇舞，有旄舞，有干舞，有人舞。"注曰："人舞无所执，以手袖为威仪。"[3] 按前人解释，"人舞"徒手，即没有道具，故以袖为舞，这是灵活发挥了衣服自有的特点，而非专为此舞设置了长袖。

古人衣袖的长度盖从"深衣"之制可以略知一二。《礼记·玉藻》云："深衣三袪，缝齐倍要。衽当旁，袂可以回肘。长、中继掩尺，袼二寸，袪尺二寸，缘广寸半。"注云："三袪者，谓要中之数也，袪尺二寸，围之为二尺四寸，三之七尺二寸。"[4] 从袖口到挂肩（古称"袼"）之间的部分，古人曰"袪"。"围"言

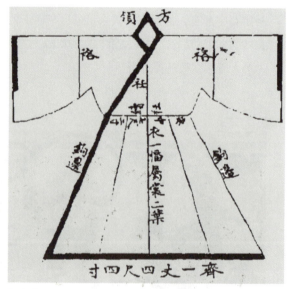

2-2-8   2-2-9

2-2-8 长袖文官陶俑，西安临潼秦始皇陵陪葬坑出土

2-2-9 深衣规制，《三才图会》

[1]（春秋战国）韩非子：《韩非子》卷第十九，景上海涵芬楼藏景宋钞本。

[2]（民国）孙奂仑、贺椿寿修，（民国）韩垧纂：《洪洞县志》卷末，民国五年（1916）铅印本。

[3]（汉）郑玄注：《周礼》卷第六，明覆元岳氏刻本。

[4]（汉）郑玄注，（唐）陆德明音义：《礼记》卷第九，相台岳氏家塾本。

"袖围"。"袂"是指从衣服中缝到袖口的整个长度，也即人们所说的"袖"。明人黄宗羲撰《深衣考》云："袂之长短，反诎之及肘。臂骨上下，各尺二寸，又身脊至肩尺一寸，共三尺五寸，衣袂相属，二幅为四尺四寸，故诎之可及肘，此言其大概也。""袂可以回肘，此指掖（腋）下肘长尺二寸，衣长二尺二寸，从掖下裁入一尺，留尺二寸，以便肘之出入。""古者布幅二尺二寸，除二寸为杀缝，止剩二尺，故身材背缝左右各二尺，外接袂幅二尺二寸，通计四尺二寸，所以袂之长，中绌掩臂之尺，若长衣中衣之制。""朱子曰裁用细白布，度用指尺，中指中节为寸。"[1]"袂"的一部分与衣相连。古人"深衣之制"，布用十二幅，幅宽二尺二寸。其中，衣二幅，袂二幅，内外衽各一幅，裳六幅。衣二幅，又各裁为二幅，为四幅，前用两幅，后用两幅。袂与衣相连，即需从腋下裁入一尺，也就是从腋至腰剪开一尺的长度，上边留尺二，作臂筒，用于运肘，然后再接二尺二的"祛"。如此算来，减去两寸的杀缝，袖子的通长是四尺二寸。但是如果接上两寸的袖口，袖长差不多仍是四尺四寸。古人度量用指尺，以中指中节长度为寸，一寸约3厘米。如此，则古人袖长差不多一米开外了。即便商周时期的度量尺寸比现在小，其袖长也在八九十厘米以上。另外，衣袖之长度仍需依人之高矮和臂之长短而加减。

2-2-10

2-2-11

2-2-10　靖边杨桥畔汉墓壁画

2-2-11　泾阳大堡子墓出土西汉舞人

[1]　（清）黄宗羲：《深衣考》，四库全书本。

"短毋见肤，长毋被土"是古人对深衣的基本要求。为了合乎这一礼制，衣服必须足够长，才能确保手脚不露出来。而古代衣服剪裁的方法也决定了其袖长基本为两个布幅的宽度。明确了这一点，再去观察考古发掘出土的先秦人物俑，其臂上衣袖堆积成折状就非常好理解了。再看秦汉时期的画像砖，很多宴饮及舞乐场面中的人物穿着长袖，有些舞人的长袖在自然下垂时可至膝下。宋人高承《事物纪原》"衫子"云："又曰女子之衣，与裳连，如披袄短长，与裙相似。秦始皇方令短作衫子，长袖犹至于膝，宜衫裙之分自秦始也。"[1] 这里所说"短衫"之制犹若现在戏衣中的"襦"，而其袖却长至于膝。

如果用作舞衣，为了舞蹈的需要，则可以更长。南朝齐陆厥《邯郸行》曰："长袖曳三街，兼金轻一顾。"[2] 袖之长，可"曳三街"，固然有夸张的嫌疑，然而既言"曳"，则一定也不会短。"曳长袖"或"长袖曳地"[3] 的形象，不仅会出现在古人描摹歌儿舞女的诗歌绘画之中，还会出现在真实的社会生活中。明人林应翔撰《天启衢州府志》云："近自隆万以来，习为奢侈，高巾刷云，长袖扫地，袜不毡而绒，履不素而朱，衣不布苎而锦绮。"[4] "长袖扫地"正是"长袖曳地"或"长袖曳三街"的真实写照。

2-2-12 汉代舞人长袖曳地的场面 [5]

从文献资料来看，"长袖"之制在明清时期的社会生活中仍比较普遍。前述清人张贞《画衣记》中记载的明人画衣"袂长三尺"。清李斗《扬州画舫录》描述扬州南柳巷口大儒坊东巷内翠花街（一名新盛街），铺肆林立，卖各种珠翠

[1] （宋）高承：《事物纪原》卷三，四库全书本。

[2] （宋）郭茂倩编：《乐府诗集》卷第七十六，景上海涵芬楼藏汲古阁刊本。

[3] （明）吴从先辑：《小窗自纪》卷一，明万历间刻本。

[4] （明）林应翔修，叶秉敬撰：《天启衢州府志》卷之十六，明天启二年（1622）刊本。

[5] 图片来自《汉画像总录》（南阳卷）。贾峨：《荥阳汉墓出土的彩绘陶楼》，《文物》1958年第10期；梁玉坡等：《河南省邓州市梁寨汉画像石墓》，《中原文物》1996年第3期。

首饰、假发（义髻）、女鞋以及女衫等。其中有"女衫"，"以二尺八寸为长袖，
广尺二，外护袖以锦绣镶之，冬则用貂狐之类"[1]。"护袖"即单接的袖口部分，
其宽在二寸左右，算起来差不多也是三尺长。明清时期的这些画衣和女衫都是
生活用衣，而非戏衣。明清裁衣用大尺，一尺约34厘米，其三尺长的衣袖大约
1米。从当下藏族服饰的衣袖特点我们依然可以窥见古代长袖衣衫的遗制。现在
做传统戏衣讲究量体裁衣，其袖长通常为从身脊到直臂指尖的长度（实际袖长
往往需要大于这个长度），仍然大致保留了古代服饰传统中的衣袖制式，然后再
加大约一尺二的水袖。

2-2-13

2-2-14

2-2-13　藏族传统服饰，邱培刚摄

2-2-14　汉代舞人长袖曳地的场面 [2]

[1]　（清）李斗：《扬州画舫录》卷九，清乾隆六十年（1795）自然盦刻本。

[2]　图片来自西安市文物保护考古所《西安理工大学西汉壁画墓发掘简报》，《文物》2006年第5期。

　　古代伶人舞蹈需要刻意加长的袖子，与其舞蹈特点也有密切关联。东汉徐幹《齐都赋》曰："含清歌以咏志，流玄眸而微眄。竦长袖以合节，纷翩翻其轻迅。"[1]宋代郭茂倩编撰的《乐府诗集》辑《晋白纻舞歌诗》云："轻躯徐起何洋洋，高举两手白鹄翔。宛若龙转乍低昂，凝停善睐客仪光。如推若引留且行，随世而变诚无方。舞以尽神安可忘，晋世方昌乐未央。质如轻云色如银，爱之遗谁赠佳人。制以为袍余作巾，袍以光躯巾拂尘……"[2]明冯梦龙《新列国志》第九十九回描写西施曰："赵姬敬酒已毕，舒开长袖，即在氍毹上舞一个大垂手小垂手，体若游龙，袖如素霓。"[3]长袖舞衣舞动起来很美，这一点毋庸置疑。更何况，长袖之舞除了可以悦目，还别具独特魅力。南朝梁武帝天监十一年（512）制《江南弄》七曲，其有《凤笙曲》和云："弦吹席，长袖善留客。"[4]唐人李何《观妓》诗云："向晚小乘游，朝来新上头。从来许长袖，未有客难留。"[5]唐孟浩然《崔明府宅夜观妓》云："白日既云暮，朱颜亦已酡。画堂初点烛，金幌半垂罗。长袖平阳曲，新声子夜歌。从来惯留客，兹夕为谁多。"[6]"长袖善留客""惯留客"或"未有客难留"，这很神奇。屈原（或言景差）作《楚辞·大招》曰："粉白黛黑施芳泽只，长袂拂面善留客只，魂乎归来以娱昔只。"注云："言美女舞，揄其长袖，周旋曲折，拂拭人面，芬香流衍，众客喜乐，留不能去也。"[7]"长袖善留客"的秘密就在于可"揄其长袖""拂拭人面"，有"芬香流衍"，的确可以让人心醉神迷。

　　以上所举说明舞衣的"长袖之制"由来已久，在舞蹈表演中可以发挥独特的作用。除了"长"，舞衣的衣袖还具备其他的特点，譬如有宽有窄，有圆袖有开袖等。唐薛奇童《怨诗》云："君王好长袖，新作舞衣宽。"[8]从古代图像或文字资料来看，舞衣中用宽袍大袖在唐代比较常见。唐代舞乐中除了用宽袍大袖，也有窄袍大袖。明代舞乐中有大袖衫，也有小袖衫。

　　圆袖即常见的袖笼式长袖，通常所用大袖或小袖袍衫基本都是圆袖，袖口是圆的，又叫圆流式。戏衣中的圆袖之制来源于古代生活服饰中的长袖之制。开袖即如现在的水袖，其如巾状，又被称为巾袖。根据现有资料判断，巾袖在

[1]　（明）刘应时等修，（明）冯惟讷等纂，（明）杜恩等订正：《嘉靖青州府志》卷十八，明嘉靖刻本。

[2]　（宋）郭茂倩编：《乐府诗集》卷第五十五，景上海涵芬楼藏汲古阁刊本。

[3]　（明）冯梦龙编：《新列国志》第九十九回，明叶敬池梓本。

[4]　（清）黄奭辑：《黄氏逸书考》"智匠古今乐录"，清道光黄氏刻民国二十三年（1934）江都朱长圻补刊本。

[5]　（唐）令狐楚：《御览诗》，四库全书本。

[6]　（唐）孟浩然：《孟浩然集》卷第四，景江南图书馆藏明刊本。

[7]　（汉）王逸：《楚辞章句》卷十，四库全书本。

[8]　（宋）郭茂倩编：《乐府诗集》卷第四十二，景上海涵芬楼藏汲古阁刊本。

2-2-15

2-2-16

2-2-17

2-2-18

2-2-19

2-2-15　圆袖舞人 [1]

2-2-16　唐代女俑长袖垂地 [2]

2-2-17　汉代巾袖舞人 [3]

2-2-18　汉代巾袖舞人（素袍，白色长袖）[4]

2-2-19　神木大保当墓出土东汉彩绘画像石

汉代即已和圆袖一样广泛存在。从汉代画像砖中可以清楚地看到舞人巾袖这一
形象。另外，前述《晋书·乐志》中提到汉代《公莫舞》原本用"袖"，后改
用"巾"，其舞亦改名为《巾舞》，这里的"巾"很可能指的就是现在的开袖
或水袖。汉代画像砖中出现有半匹式巾袖舞人的画面，可以判断这种巾袖是专

[1]　图片来自1975年湖北江陵出土秦代漆绘乐舞图木梳。刘恩伯编著：《中国舞蹈文物图典》，上海音乐出版
社2002年版，第95页。

[2]　图片来自河北磁县出土东魏乐舞俑。刘恩伯编著：《中国舞蹈文物图典》，上海音乐出版社2002年版，第
95页。

[3]　图片来自河南新野画像砖。吕品、周到：《河南新野新出土的汉代画象砖》，《考古》1965年第1期。

[4]　图片来自山东东平后屯汉代壁画墓。山东省文物考古研究所、东平县文物管理所编著：《东平后屯汉代壁
画墓》，文物出版社2010年版，第25页。

门为舞蹈而诞生的一种舞袖形式。换句话说，后世流传的开袖式专业舞袖在汉代即已产生。巾袖出现以后，舞衣中的圆袖之制并未消失，两袖并用的形式长期存在。从唐代志书和乐舞壁画来看，唐人舞蹈中处处可见圆袖的身影。湖南永州、祁阳等地方戏过去一直使用圆筒水袖，直至20世纪80年代。藏族传统民间歌舞（如望果节中的庆祝舞蹈）表演至今仍然穿着这种圆筒长袖服饰。

除了圆袖和开袖，从目前出土的画像砖可以发现，汉代舞袖还有直筒式、喇叭式、灯笼式以及内外套叠等形式。套叠即内外服皆有袖，内袖较长，外袖较短，内袖从外袖伸出形成套袖。不同袖式的存在显示了过去舞蹈用衣的形式极其丰富多样。

另外，长袖在使用的过程中也会发生一些变化，譬如将袖子收拢，结在一处。宋人订定《二程全书》曰："舞蹈本要长袖欲以舒其性情，某尝观舞正乐，其袖往必反有，盈而反之意。今之舞者反收拾袖子结在一处。"[1]"二程"乃北宋著名理学家程颢、程颐兄弟二人。明末清初顺天大兴人（今北京市）张能鳞编《儒宗理要》之"二程子"中，将上述这条言论列于"伊川先生"之下。[2]程颐别号伊川，世称伊川先生。也就是说，早在北宋时期，程颐就观察到长袖在舞蹈中的使用已发生显著变化。"收拾袖子结在一处"说明不再用其来回抛撒挥舞，这与当下所见戏曲表演中演员把水袖收拾起来拢在一处有些相似。

又明末清初戏曲声律家、吴江人沈宠绥《度曲须知》曰："舞长袖者靡于唐，至宋而几绝。"[3]按照沈氏的说法，舞长袖在唐代比较盛行，到了宋几于灭绝。这话说得有些绝对。明周忱《游小西天记》一文讲述永乐己亥（1419）中秋前一日往范阳（今河北涿州一带）怀玉乡游小西天，遇民间礼佛童子数人，又有一青州道童"绾双髽髻""披鹤氅衣"，"曳长袖而舞"，"群童乃为之击鼗鼓敲檀板品洞箫以和"。[4]这说明，可拖曳而舞的衣衫长袖在明初某些民间地区依然存在。又明王同轨撰《耳谈类增》之"王文成浮海传略"讲王文成（守仁）遇害为高明所救，暂住吴翁家，吴翁以歌舞宴席招待，"肴食精绝，已奏乐，则海盐人扮《琵琶记》艳姬数十人鱼贯而出，金翠珠玑，光彩射人，飘重裙，曳长袖为回风之舞"[5]。该描述虽为小说家言，却提到海盐人扮演《琵琶记》，应当有着一定的现实依据。当然，如果从舞袖功能或形式自唐而宋所发生的巨大变化

[1]（宋）朱熹辑：《二程全书》卷三，明弘治陈宣刻本。

[2]参见（清）张能鳞《儒宗理要》"二程子卷五"，清顺治刻本。

[3]（明）沈宠绥：《度曲须知》上卷，明崇祯间刻本。

[4]（明）周忱：《双崖文集》卷一，清光绪四年（1878）山前崇恩堂刻本。

[5]（明）王同轨：《耳谈类增》卷三十，明万历三十一年（1603）唐晟唐昶刻本。

来看，称"舞长袖""至宋而几绝"，倒也说得过去。如此，则其观点与程颐同。从舞袖这种表演功能不断变化的发展中，我们或许可以推断戏衣水袖的表演功能也在朝着一个独立的、不断完善的方向发展。

综上所述，我们可以发现，现代传统京剧衣箱或昆曲衣箱中的各种戏服，无论是青衣、布衣、彩衣、宫衣、绣衣或画衣，还是袍、衫、帔、氅、官衣、襦裙、胖袄与水袖等，几乎都可以在明清以前的传统服饰中找到与之相应的工艺制式。这一方面说明传统服饰的工艺制式在相当长的历史时期内保持了一定的稳定性，另一方面也说明传统戏曲服饰不仅在很大程度上体现了中国传统服饰文化的精髓，而且在很大程度上使中国古代传统服饰的制作技艺得以保存至今。

自清人李渔在其《闲情偶寄》中反映的清代戏班穿着扮相上的"衣冠恶习"，到 20 世纪初在戏曲文化界掀起的一场声势浩大的所谓"国剧"革命，传统戏衣不断遭遇来自社会政治和文化层面的双重打击以及所谓"革新"的冲击：一方面是针对伶人演戏到底用不用本朝服饰的摇摆不定，戏班最终须从现实生存的必要条件出发而随时屈从于朝廷的规定；直到清乾隆时期朝廷明令禁止戏班演戏使用本朝服饰以后，戏班演剧服饰才开始脱离生活用服，从而朝着纯粹艺术化的方向发展，这也为中国传统戏曲表演艺术开启了一条真正独立的"戏衣化"道路。另一方面是"五四"前后，"国剧"革命派对于西方戏剧样式的热情拥抱和对传统戏曲服饰文化的认识不足与含混不清，导致一些片面甚至错误的看法或做法，譬如认为戏衣自明清服饰而来，或戏衣皆自南方来，倡导"革除旧弊"，并掀起轰轰烈烈的戏衣改良热潮等。如果说过去的某些禁令或做法是为了迎合某种文化运动或时代变革上的需要，再加上对传统戏曲服饰文化的认识不足，从而产生某些错误的认知和做法，尚可理解，但如果对错误的认知和做法不做认真的思考与探讨，一味抱残守缺，以讹传讹，那就不能不说是浅薄之见、贻害深远了。

第三章
传统戏衣研究述略
与行业发展状况

本章主要包括传统戏衣研究述略和行业状况两个方面的内容：前者主要根据现存文字及图像资料对传统戏衣的历史传播进行了初步的研究整理，并对现当代研究成果做了大致的介绍。与此同时，对近代以来在学界和戏衣行内流行的行业偏见及其成因也进行了简要剖析。后者分别对北方和南方近现代以来的戏衣行业发展情况进行了比较深入细致的分析梳理，大致介绍了传统戏衣行业在近现代的分布与发展状况。

第一节　传统戏衣研究述略

一、传统戏衣的历史传播

传统戏衣传播主要是依赖于传统戏曲的舞台表演。对于过去的观众而言，戏衣最重要的作用是帮助塑造人物，同时增加表演的可观赏性。特别是当表演剧目相差无几而表演实力也不相上下时，戏班恐怕就需要依靠服装的新鲜亮丽和丰富多彩来吸引观众，并博得主顾的青睐。这一点在过去的对台戏或开台戏中表现得尤为明显。

对台，又叫对棚、斗棚或斗台。过去在南北方皆有，即"有钱有势的人家在结婚、丧葬、还愿或庙会上，雇用两个戏班或两伙鼓乐，同时演出内容相同的戏或吹奏同一支曲牌，借以吸引观众，来炫耀财势"[1]。骆婧著《闽南打城戏文化生态研究》称闽南的"对棚"有三种演出形式，分别为对棚、鸳鸯棚和连环棚。"对棚"是两个戏棚相对，由两个戏班同时演出。"鸳鸯棚"是将戏棚分割为左右两个表演区，由两个戏班或一个戏班的两组演员同时演出一个剧目。乐队位于舞台中后区，同时为两班人马伴奏。"连环棚"则是搭"一"字长棚，用竹竿分割为三个或五个表演区，由三班或五班人马同时演出。[2]"对棚"的意义在于引入可以让观众自由品评的竞争机制。戏班的演出水平和艺术质量高，吸

---

[1]　叶大兵、乌丙安主编：《中国风俗辞典》，上海辞书出版社1990年版，第623页。

[2]　参见骆婧《闽南打城戏文化生态研究》，厦门大学出版社2015年版，第248页。

引的观众就多，而棚前观众的多寡则是"对棚"输赢的标志。在对棚中胜出的戏班可以为自己"迎来良好的口碑和源源不断的戏约，而一旦演砸，则难免元气大伤"。因此，斗台戏的输赢对于戏班未来的生存与发展至关重要，不得马虎。除了剧本和演艺质量本身需要过硬以外，扮演服饰也得力求丰富上乘，能"妆点排场"，不落气势。元杂剧《汉钟离度脱蓝采和》第二折云："若逢，对棚，怎生来妆点的排场盛。"[1] 元杂剧中的"排场盛"说的就是对台戏中装点服饰的排场。

乐戏"对棚"的传统在唐代即已出现，时人称作"热戏"。宋人郭茂倩编《乐府诗集》录有唐代诗人张祜《热戏乐》一诗云："热戏争心剧火烧，铜槌暗执不相饶。上皇失喜宁王笑，百尺幢竿果动摇。"诗题下援引唐人崔令钦撰《教坊记》曰："玄宗在藩邸有散乐一部，及即位且羁縻之，尝于九曲阅，太常乐卿姜晦押乐以进，凡戏辄分两朋以判优劣，人心竞勇谓之热戏。"[2] 唐人段安节撰《乐府杂录·琵琶》对唐代长安城中一场著名的斗台赛作了生动细致的描述。其云："贞元中，有康昆仑，第一手。始遇长安大旱，诏移南市祈雨。及至天门街，市人广较胜负，斗声乐。即街东有康昆仑，琵琶最上，必谓街西无以敌也。遂令昆仑登彩楼，弹一曲新翻羽调《绿腰》，其街西亦建一楼，东市大诮之。及昆仑度曲，西市楼上出一女郎，抱乐器，先云：'我亦弹此曲，兼移在枫香调中。'及下拨，声如雷，其妙入神。昆仑即惊骇，乃拜请为师。女郎遂更衣出见，乃僧也。盖西市豪族，厚赂庄严寺僧善，本姓段，以定东廊之声。"[3] 这虽是一场声乐斗赛，然其胜出的一方竟然是僧扮女郎，而且摆明是"西市豪族""厚赂"而成。由此可见，盛扮服饰不仅在乐戏斗台中发挥着举足轻重的作用，同时也彰显了乐艺伶人背后雄厚的经济实力，而这往往也是戏班或支持戏班的豪族富绅们赖以夸耀的资本。《隋书·柳彧传》云："窃见京邑，爰及外州，每以正月望夜，充街塞陌，聚戏朋游。鸣鼓聒天，燎炬照地，人戴兽面，男为女服，倡优杂技，诡状异形。以秽嫚为欢娱，用鄙亵为笑乐，内外共观，曾不相避。高棚跨路，广幕凌云，祓服靓妆，车马填噎……"[4] 不排除隋初这种"男为女服""高棚跨路"的民俗场面也有"对棚"存在的可能。总之，斗赛对棚的传统从唐宋一直沿袭到清代。清康熙时期（1662—1722）编修的四川《峨眉县志》卷七"风俗"篇曰："二月朔日请城隍，出郊结棚祭赛，对棚作彩楼，梨园

---

[1] （元）佚名：《汉钟离度脱蓝采和》，明脉望馆钞校古今杂剧本。

[2] （宋）郭茂倩辑：《乐府诗集》卷第八十，四部丛刊汲古阁刊本。

[3] （唐）段安节：《乐府杂录》，四库全书本。

[4] （唐）魏徵、长孙无忌：《隋书》卷六十二，武英殿本。

搬演四门，轮流装扮故事，置木架上凌空而行谓之扮会。"[1] "四门"即武生应工戏《杀四门》，别名《越虎城》，敷演辽将盖苏文困唐太宗于越虎城而程咬金、罗通、秦怀玉等人救驾之事，属陕西东路秦腔，流行于陕、甘、青、宁、新、藏一带。宋代亦有故事戏《杀四门》，或与之略有不同。[2] 从梨园搬演《杀四门》、轮流装扮故事的"扮会"记载来推测，戏衣尤其是武扮戏衣在清早期四川峨眉地区的武戏中发挥着十分重要的作用。

开台戏又叫开箱戏。过去戏班每到一个地方首演第一台戏或每季重新组班后开演的第一场戏都叫开台戏。凡新建舞台、戏园首演"打台"的第一台戏也被称作开台戏。开台戏一般以内容喜庆吉祥的戏为主，如《六国封相》《龙凤呈祥》《大升官》《喜荣归》《贺龙衣》《打金枝》等。不同地方的戏班一般有不同的定例，如中路梆子、北路梆子的开台戏多为《打金枝》，而南方某些地方的戏班习以《六国封相》开台。《清稗类钞·戏剧类》云："广州戏班有外江本地之别。外江班所演关目与外省同，本地班则以三昼四夜为度。开台之第一夜必首唱《六国封相》。"[3] 梆子戏中，会首点《打金枝》为开台戏，"意在观察戏班阵容，各门行当实力"[4]。而其他如《六国封相》等戏基本也是阵容强大，袍、蟒、宫装、彩衣、官衣等五彩斑斓的绣衣竞相展示，不仅为观众提供了一场盛大的视觉盛宴，而且渲染烘托出一种格外热闹喜庆的气氛。

除了现场观阅，那些士族文人或戏曲理论家也会于事后将自己有关舞衣或戏衣的听闻见解写成文字，流传后世。这些文字成为我们了解古代乐舞用衣的重要资料。譬如前述《教坊记》或《乐书》中记载的唐代缦衣与绣衣的"当场变"，就是一个很好的案例。又如唐段安节撰《乐府杂录》"雅乐部"云："凡奏曲，登歌先引，诸乐陈之，其乐工皆戴平帻，衣绯大袖，每色十二，在乐悬内，已上谓之坐部伎。八佾舞则六十四人，文武各半，皆着画帻，俱在乐悬之北。文舞居东，手执翟，状如凤毛。武舞居西，手执戚。文衣长大，武衣短小。"说明乐舞中文武衣的长短之制在唐代已成定例。又"鼓架部"云"拨头"之戏者"被发素衣，面作啼，盖遭丧之状也"。[5] 衣随角色而变，谓象人象事之故也。

宋元明清时期的文学理论家，尤其是戏曲作家和戏曲理论家对演剧用衣的情况

[1]（清）文曙修,（清）张弘映纂:《峨眉县志》卷七,清乾隆五年（1740）刻本。
[2] 参见陕西省艺术研究所编《秦腔剧目初考》,陕西人民出版社1984年版,第196页。
[3] 徐珂编撰:《清稗类钞》第三十七册"戏剧类",商务印书馆1928年版,第50页。
[4] 中国戏曲志编辑委员会、《中国戏曲志·内蒙古卷》编辑委员会编:《中国戏曲志·内蒙古卷》,中国ISBN中心2000年版,第461页。
[5]（唐）段安节:《乐府杂录》,四库全书本。

亦时有关注，如前述宋人程颐、明末清初人沈宠绥等对舞长袖的关注。而元人杂剧中对于"穿关"的罗列同样为后人研究当时的戏衣穿扮留下了宝贵的资料。再如清人李渔《闲情偶寄》"演习部"专门谈论了扮戏中的"衣冠恶习"，其文曰：

> 记予幼时观场，凡遇秀才赶考及谒见当涂贵人，所衣之服，皆青素圆领，未有着蓝衫者，三十年来始见此服。近则蓝衫与青衫并用，即以之别君子小人。凡以正生、小生及外末脚色而为君子者，照旧衣青圆领，惟以净丑脚色而为小人者，则着蓝衫。此例始于何人，殊不可解。夫青衫，朝廷之名器也。以贤愚而论，则为圣人之徒者始得衣之；以贵贱而论，则备缙绅之选者始得衣之。名宦大贤尽于此出，何所见而为小人之服，必使净丑衣之？此戏场恶习所当首革者也。或仍照旧例，止用青衫而不设蓝衫。若照新例，则君子小人互用，万勿独归花面，而令士子蒙羞也。
>
> 近来歌舞之衣，可谓穷奢极侈。富贵娱情之物，不得不然，似难责以俭朴。但有不可解者：妇人之服，贵在轻柔，而近日舞衣，其坚硬有如盔甲。云肩大而且厚，面夹两层之外，又以销金锦缎围之；其下体前后二幅，名曰"遮羞"者，必以硬布裱骨而为之。此战场所用之物，名为"纸甲"者是也，歌台舞榭之上，胡为乎来哉？易以轻软之衣，使得随身环绕，似不容已。至于衣上所绣之物，止宜两种，勿及其他。上体凤鸟，下体云霞，此为定制。盖"霓裳羽衣"四字，业有成宪，非若点缀他衣，可以浑施色相者也。予非能创新，但能复古。[1]

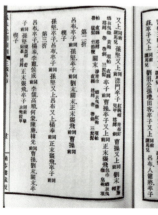

从李渔的议论我们可以看到戏衣在清代所发生的一些重要变化，尤其是青衫、蓝衫的使用变化以及舞衣、云肩等在制作样式上的改变。

3-1-1 元杂剧《三战吕布》"穿关"[2]

[1]（清）李渔著，江巨荣、卢寿荣校注：《闲情偶寄》，上海古籍出版社2000年版，第124—125页。

[2] 王云五编：《孤本元明杂剧》，上海涵芬楼印行，1941年。

另有一些诗歌杂记、笔记小说等也提到有关舞衣或戏衣的内容，虽然内容比较零散，亦可从字里行间窥见古代舞衣的某些特点。除前述文人诗歌之外，又如唐李白有《白纻辞》曰"扬清歌，发皓齿，北方佳人东邻子。且吟白纻停绿水，长袖拂面为君起……吴刀剪彩缝舞衣，明妆丽服夺春辉，扬眉转袖若雪飞"[1]，王建《霓裳词·其二》有"新染霓裳月色裙"[2]，宋人陆游《观花》云"红锦地衣舞霓裳，翠裙绣袂天宝妆"[3]，元代杨维桢《题王母醉归图》有"舞飙淑洒青霓裳"[4]，明代韩邦靖《东飞伯劳歌》诗云"长安游子紫霓裳，垂柳飞花空断肠"[5]，王永光《赋得瑶池降王母奉祝杨母初度》诗"千年麟脯麻姑荐，五色霓裳玉女裁"[6]，清冯询《秦淮曲》"红紫霓裳双鬓鸦，美人度曲客勿哗"[7]，施闰章《长安狭邪行》"霓裳翠袖舞氍毹"[8]，顾景星《新制》"霓裳细裥称腰围"[9]等。从这些简短的诗句，我们可以看到霓裳不仅有红、紫、青、白、翠等色异彩纷呈，而且有月色裙、素练裙、翠袖、细裥以及翠裙绣袂等各种形制，还有"吴刀剪彩缝舞衣"的制作描述。这些诗歌描述同样为我们提供了重要的参考信息。

笔记或杂记、小说类文字资料如明沈榜撰《宛署杂记》"三婆"条云："诸婆中有一经传宣者，则出入高髻彩衣如宫妆，以自别于侪伍。"[10] 明郎瑛撰《七修类稿》卷六云："春旱求雨"，"取小童八人，皆斋三日，服青衣而舞之"。[11] 郁永河撰《采硫日记》云："土官购戏衣为公服，但求红紫不问男女。"[12] 清吴趼人撰小说《二十年目睹之怪现状》第九十七回提及"彩衣街衣庄"[13]。上海《申报》于1882年5月15日至17日连续三天刊登一则买卖声明，称"京都武姓泰庆恒"戏班有"戏衣行头一全分"（"分"或为"份"之误——笔者注），原花了一万七千两的本钱从广东购置，然后以六千两卖与黄姓，双方买卖交易特在报

[1] 《全唐诗》卷二十二"舞曲歌辞·东海有勇妇"，上海古籍出版社1986年版，第82页。

[2] （清）汪霦：《佩文斋咏物诗选》卷一百八十五，四库全书本。

[3] （宋）陆游：《剑南诗稿》卷九，四库全书本。

[4] （清）陈邦彦辑：《御定历代题画诗类》卷六十一，四库全书荟要本。

[5] （清）钱谦益辑：《列朝诗集》丙集第十六，清顺治九年（1652）毛氏汲古阁刻本。

[6] （明）王永光：《冰玉堂诗草》，明末刻本。

[7] （清）冯询：《子良诗存》卷三，清刻本。

[8] （清）施闰章：《学余堂文集》卷十五，四库全书本。

[9] （清）顾景星：《白茅堂集》卷之七，清康熙间刻本。

[10] （明）沈榜：《宛署杂记》"居"，明万历刻本。

[11] （明）郎瑛：《七修类稿》，上海书店出版社2009年版，第60—61页。

[12] （清）郁永河：《采硫日记》卷下，清咸丰三年（1853）南海伍氏刻粤雅堂丛书本。

[13] （清）吴趼人著，高书平注：《二十年目睹之怪现状：注释本》，崇文书局2015年版，第510页。

纸上发表一份声明广而告之。[1]这些文字资料从不同角度为我们揭示了一些关于彩衣或戏衣的非常有趣的信息，譬如出入宫中的奶婆"高髻彩衣如宫妆"，"以自别于俦伍"，求雨童子服青衣而舞，土官买戏衣为公服，彩衣街有衣庄，以及戏衣作为一种资产可以买卖转让等。这些内容可以帮助我们了解戏衣或彩衣在民间的诸多妙用或民间状态。

除了文字资料，还有一些图像资料也十分有助于传统戏衣的传播。譬如前述古代画像砖、舞俑等。以书籍插图或版画为载体，举如民国时期绘制的插图本《缀白裘》，其人物衣饰以写意为主，可以在某种程度上生动展示当时的演出情形。其插图有"点兵"之宋江，"脱靴"之李白、杨贵妃，又有"水漫"之白素贞戴渔婆罩，"闻铃"之李隆基戴王帽衣袍饰，"跪池"之苏东坡戴东坡帽，"训子"之关羽三绺髯、关平着补衣，还有《安天会》之"北饯"，玄奘戴毗卢帽等。这些人物除关平外，关羽、李白、唐王李隆基等人的袍服几无差别。在清光绪年间石印本《新增百美图说》中，唐明皇戴王帽、着龙袍，杨玉环着霞帔。清光绪间丁善长绘木版画《历代画像传》之刘邦，头扎软巾，持剑，穿甲衣，外罩蟒袍，系玉带。又有鄂国公尉迟敬德头戴台顶，学蟒（实为"褶蟒"，也作"披蟒"，即内着褶、外罩蟒），袒露右臂等。这些木版画人物形象皆着扮戏之装扮，因此实际是戏曲人物的写照。《新说西游记图像》中吴友如绘唐僧戴五佛冠，着僧衣袈裟，又《吴友如画宝》中钟馗戴判官帽，着官衣。铅印本《图像三国志演义》之周瑜头戴紫金冠，插翎子，穿甲衣。民国《岳鄂王精忠血史》中刘宗喜绘岳飞戴帅盔着甲衣，宋徽宗戴王帽，后有朝天翅，衣如道袍等。《戏考》中有不少展示"名伶小影"的插图，从这些插图中亦可见当时名伶穿着的戏衣，如大靠上的吊鱼、蟒褶上的绣活等与今天之戏衣样式有较多不同。

除演出实践、文字及图像资料之外，近些年来兴起的与传统服饰和传统戏衣相关的展览、新闻媒体与网络宣传、"活态"非遗展示、非遗传承、非遗进校园，以及非遗研培计划等活动也非常有助于传统戏衣的传播。兹不赘述。

值得注意的是，除了上述提及的与戏衣、彩衣或舞衣直接相关的传播内容，还有一些历史资料对认识和了解传统戏衣的制作与传播也很有帮助。譬如前面提到的历代涉及服饰制度与制式及匠作的官志、地方志、文人诗歌以及杂记小说等。它们能够对考察有关古代服饰的匠作制度、官方管理、官方与民间的制作情况等提供不少有益的帮助和参考。如唐人李延寿撰《南史》载南朝宋后废帝刘昱曰："凡诸鄙事过目则能，锻银裁衣作帽，莫不精绝。"[2]帝王不仅可以亲

---

[1] 参见《声明》，《申报》1882年5月15、16、17日。

[2] （唐）李延寿：《南史》卷三，武英殿本。

自裁衣做帽，而且"莫不精绝"。明人唐顺之撰《李中麓文选藏书歌》云："家中绫绮割截尽，更剪朝衣作装束。"[1] 这里描述的应该是朝廷官员自行裁剪服饰（包括朝衣）之事。明刘若愚《酌中志》云："罩甲，穿窄袖戎衣之上，加此，束小带，皆戎服也。有织就金甲者，有纯绣、缂绣、透风纱不等。"[2] 罩甲之制如若马甲，是为武扮。又云："绦作，即洗帛厂。掌作官一员，协同内官数十员，经手织造各色兜罗绒、五毒等绦，花素勒甲板绦，及长随火者牌穗绦。"[3] 衣作之外，另有制作配饰的绦作。《民国贵县志》卷二"风尚"载："妇女在室者缝纫外兼操井臼，在田者饷馌外兼执耘锄，居城厢者虽富家大族，亦不辞井臼缝纫之事。""男子佣于人家者只可短衣，作水火夫。或主人有宴会，予以长衫纬帽使侍立，则偅偅然。"[4] 缝纫为妇女之功，虽富家大族亦不例外。长衣短衣穿着有讲究，做工着短衣，侍宴着长衣，故短衣为劳动衣，长衣则可长门面。又清王初桐《奁史·性情门》"凶德"篇引《旧京遗事》曰："京师妇人不治女红，竟日坐火炕上，置牛羊肉面果随意下餐，暇则弄脂粉裹足，习以成俗。内无甔石之储，出有绫绮之服，每候问亲戚，自衫襦至中衣皆有店家可赁，遇有吉席乘轿衣大红蟒衣，作使女婢即赁衣家，姥妪意气奢溢，了不畏人。"[5] 京城妇女不

3-1-2　明刊百二十回《水浒全传》第八十二回插图御殿演出场面

[1]　（明）唐顺之：《荆川先生文集》卷二，景上海涵芬楼藏明刊本。

[2]　（明）刘若愚：《酌中志》卷之十九，清道光二十五年（1845）潘氏刻海山仙馆丛书本。

[3]　（明）刘若愚：《酌中志》卷之十六，清道光二十五年（1845）潘氏刻海山仙馆丛书本。

[4]　（民国）欧仰羲修，（民国）梁崇鼎纂：《民国贵县志》卷二，民国二十四年（1935）铅印本。

[5]　（清）王初桐：《奁史》卷三十八，清嘉庆二年（1797）伊江阿刻本。

3-1-3

3-1-4

3-1-5

3-1-3 《戏考》"名伶小影" 黄景溪客串《哭灵》之蟒袍 [1]
3-1-4 清代戏画《小上坟》中荷花补官衣 [2]
3-1-5 《戏考》"名伶小影" 小生金仲仁之花褶 [3]

[1] 图片来自中华图书馆编《戏考》第8册，中华图书馆1915年版，第9页。
[2] 图片来自廖奔、赵建新《中国戏曲文物图谱》，中国戏剧出版社2015年版，第103页。
[3] 图片来自中华图书馆编《戏考》第27册，中华图书馆1920年版，第5页。

治"女红"被视为"凶德"。从中衣到衫襦皆可以租赁，即使家无"瓶石之储"，出门走亲访友仍需穿着蟒衣绫绮之盛装礼服，乃纯以租赁摆排场。

另外，文献资料中记载古人撰有一些以衣冠为专题的著述，如《旧唐书·经籍志》载路敬淳撰六十卷《衣冠谱》；《新唐书·艺文志》载苏特撰《唐代衣冠盛事录》一卷；《宋史·艺文志》载苏特（一作"时"）撰《唐代衣冠盛事录》一卷，刘孝孙撰《二仪实录衣服名义》二卷，钱明逸撰《衣冠盛事》一卷；《郡斋读书志校正》载唐李德裕撰《服饰图》三卷以及佚名《衣冠嘉话》一卷；清章学诚《六史通义·外篇》载钱明逸撰《宋衣冠盛事》《授衣广训》等。这些撰述有的只见列目，不见内容，有的明确已经亡佚，甚为遗憾。其他如《三才图会》《北堂书钞》《太平御览》等仍为我们留下了许多关于古代服饰的宝贵资料。

二、现当代传统戏衣研究成果述略

现当代学术研究中与传统戏衣直接相关的成果大致有三类。

一是带有汇编性质的大型书目包括丛书或画册等。如《中国戏曲志》等戏曲丛书中设置的舞美板块会对不同地方或不同剧种的戏衣种类以及戏衣制作等内容做一些相关的介绍。举如中国戏曲志编辑委员会编辑的《中国戏曲志》、王文章主编的《昆曲艺术大典》以及聂付生与方佳合著的《浙江婺剧口述史》等。《中国戏曲志》共 30 部省卷，基本每部省卷中都设有"舞台美术""戏装戏具作坊、厂店"和"文物古迹"等板块。"舞台美术"中会对本地戏服种类做一大致介绍。有的笼统介绍本地戏服种类和特点，有的则会根据剧种的不同，分别予以介绍。譬如福建卷，其"舞台美术"板块分别设置了莆仙戏、梨园戏、竹马戏、大腔戏、闽剧、高甲戏、闽西汉剧、北路戏、梅林戏、山歌戏等不同剧种内容，对每一剧种的戏衣、衣箱及穿戴特点等均给予了介绍。从这些介绍可以大致了解不同剧种的服饰特色。举如"大腔戏"，"凡扮演男角均在胸前挂一块宽三十厘米，长六十五厘米，下端两角成弧形的缎纺片子，称为须套……或稍加些许花纹点缀。个别人物稍有例外，如赵子龙亦用绣龙图案，而刘备则用绣凤图案。须套不论人物有须无须都能挂之，一些不着戏服而穿戴生活服装的角色也挂上须套作为装饰"。这种带有剧种象征性且很有地方特色的传统戏曲服饰往往被现代人鄙薄为简陋落后之物。又高甲戏"以大靠戏居多"，其服装有"五通五甲"之称。[1]"戏装戏具作坊、厂店"主要介绍与戏装戏具制作相关的作坊

---

[1] 参见中国戏曲志编辑委员会、《中国戏曲志·福建卷》编辑委员会编《中国戏曲志·福建卷》，文化艺术出版社 1993 年版，第 428、432 页。

和厂店，从中我们大致可以了解过去不同省份戏装制作业的相关情况。例如福建很多地方戏过去都是在本地制作戏服，如晋江、泉州等地过去都有制作戏衣的作坊；也有一些戏衣是从广东潮州等地购置。"文物古迹"部分会介绍一些戏台、壁画等文物古迹，这些古迹中偶尔也会遗留一些与装扮服饰相关的珍贵图像资料。

《昆曲艺术大典》"美术典"八册，收录了不少与戏曲服饰相关的珍贵资料。除了"美术典"，从其"表演典""文学剧目典""历史理论典"和"音像集成"中也可以找到一些与服饰相关的文字及图像资料。《浙江婺剧口述史》有"舞美卷"一部，收录了婺剧服装制作师傅徐裕国先生的访谈口述。遗憾的是其篇幅不长，内容也比较简略，未能详细展示婺剧服装的制作与传承情况。

另有一些大型集成或大型画册同样收录了比较丰富的历史文献资料，我们可以从中获取不少有价值的信息。譬如《中国国家图书馆藏清宫昇平署档案集成》共一百零八册，有"恩赏日记档""旨意档""恩赏档""差事档""知会档""日记档""分钱档""库银档""银钱档"等。所收档案涉及清宫帝后与戏曲相关的各种谕旨、赏赐、排戏和演戏记录、管箱活动与恩赏、服饰穿戴以及各种新制服饰等，尤其是有关各种新入戏服的档案详细记录了每次新收戏衣的数量、种类、花色、质料等相关信息，可以为研究清宫戏衣提供十分宝贵的资料。其他如中国戏曲研究院编写的《中国古典戏曲论著集成》和傅谨主编的《京剧历史文献汇编》等大型丛书汇聚了大量文献资料，从这些资料中亦可撷取一些与戏曲服饰相关的内容。另外，譬如中国戏曲剧种大辞典编辑委员会编辑出版的《中国戏曲剧种大辞典》、王文章主编的《梅兰芳访美京剧图谱》、韩子勇主编的《梅兰芳画传》、傅惜华主编的《中国古典文学版画选集》、周心慧主编的《中国古代戏曲版画集》以及《中国艺术研究院藏清昇平署戏装扮相谱》和《北京图书馆藏昇平署戏曲人物画册》等大型书目，也都为我们提供了不少珍贵的图文资料。与之类似的图书资料还有《清宫戏出人物画》《梅兰芳藏戏曲史料图画集》等。

二是学术著作中涉及的戏衣板块。如张庚、郭汉城主编的《中国戏曲通史》，周贻白撰著的《中国戏曲发展史纲要》，任半塘撰著的《唐戏弄》，廖奔、刘彦君合著的《中国戏曲发展史》，郑传寅主编的《中国戏曲史》《传统文化与古典戏曲》以及胡芝风撰著的《戏剧散论》，朱家溍与丁汝芹合著的《清代内廷演剧始末考》，陆萼庭撰著的《昆剧演出史稿》等。以《中国戏曲通史》为例，其在讲到南戏和北杂剧时专门谈到南戏的舞台美术和北杂剧的舞台美术，而北杂剧的舞台美术中又分别设有"化妆""服装"及"舞台装置、道具"三个板块。关于北杂剧的服装，书中提到《元刊杂剧三十种》舞台说明中的"披秉""素扮""道扮""蓝扮"等名目，称"披秉"即披袍秉笏做官员打扮，"素扮"即穿素服做平民打扮，"道扮"即道家打扮（戴逍遥巾、披鹤氅），"蓝扮"即褴褛打扮。应该说这种描述是比较准确的。古人在剧中的装扮只需这种非常简短的文字提示即可，无须细述"披秉"或"素扮"到底是怎么个扮相。书中说"这些装扮都有一定的生活依据，但并不就是现实的或历史的生活服装"，前半句没有问题，后半句则有待讨论。按照书中的观点，作者认为元杂剧所用的这些服装都是专门"做杂剧的衣服，即戏衣，当时称之为行头"。实际上当时有"做戏"一说，也有"行头"之说，却并未将做戏用的衣服称为"戏衣"，这应当是有原因的。其中最重要的原因之一恐怕就是做戏所用之衣并非专门为演剧而做，尤其是对于很多民间班社而言，它们不像现在的院团或民间戏班那样，有能力花费一定的资金去定制专门的戏衣，包括带补丁的"蓝衣"。对于古人而言，在一个缺衣少食习以为常的年代，花钱做补丁衣应当是一件很可笑的事情。更何况，从前边的介绍也可以得知，在某些特定的历史时期，民间是不允许出格制作装饰考究的衣服的。因此，对于那些在江湖闯荡、从来谨小慎微的戏班伶人来说，最为便捷稳妥的方式就是接受富家大户的捐赠并直接采用平民生活用衣。关于这一点，在一些元代小说杂剧或其他学者著述中均有提及。南方如福建某些地方戏，直到20世纪初依然没有专门制作戏衣的传统。其扮戏所用服装皆为请戏之人从生活用服中筹办，后来因嫌麻烦才改为送红包，让戏班自行准备衣服，于是戏班才有了专门购置的戏用服装，简称戏衣。此外，书中提到另外一个很值得关注的问题即古代社会服饰穿戴等级森严，对社会地位低下的民间艺人平时穿什么戴什么都有明确规定，称"倡优之贱，不得与贵者并丽"。在戏中需要扮演身份比较高贵的人时，又有特殊规定，称"倡优遇迎接、公筵承应，许暂服绘画之服"[1]，"诸乐艺人等服用，与庶人同。凡承应装扮之物，不拘上例"[2]。演员在舞台上可以"不拘禁例"，这在"优孟衣冠"的时代就有初步体现了，此后历代沿袭如此。然书称："这种服装，并不是生活服装，而是一种'绘画之服'，即模仿生活服装的戏衣。"[3]这里似乎犯了一个错误，即将"绘画之服"误作品质低劣的戏衣。通过前面的考略我们已经知道，所谓"绘画之服"实即"画衣"，周代即已有之，唐代尤为盛行，宋元明清以后也一直流行。其品质不但不差，甚至贵为皇亲国戚之服，并非为"戏衣"所专用。作者将"绘画

[1] （元）脱脱等：《金史》卷四十三，中华书局1975年版，第987页。

[2] （明）宋濂：《元史》卷七十八，中华书局1976年版，第1943页。

[3] 张庚、郭汉城主编：《中国戏曲通史》，中国戏剧出版社1992年版，第337—338页。

之服"视为"模仿生活服装的戏衣"显然是不对的。这种画衣并不是用于模仿的戏衣，而是实实在在的生活用衣。不仅是实实在在的生活用衣，而且一般民间艺人通常是没有能力置办的，只有接受富家大户的捐赠支持才可能拥有。在不同历史时期举如清末民初，的确存在民间土制"画衣"，其做工粗糙、品质低劣，与社会名流、上层贵族们交口称赞的"画衣"完全不是同一回事。这是染色与织布生产技术水平的高低问题，与画衣的性质即能不能作为生活用衣或者是否只能当作戏衣没有必然关系。然而无论如何，前辈学者在通史或专题理论著述中引入对"舞台美术"的观照，应该说不仅体现了十分开阔的学术视野，也彰显了前辈学者的远见卓识和对舞台美术的重视。而书中提出的许多学术见解也非常具有开创性，为后人在这一领域的继续开拓奠定了基础，影响深远，难能可贵，这一点是毋庸置疑的。

周贻白著《中国戏曲发展史纲要》虽然没有设置专章介绍戏曲服饰，然其在梳理中国戏曲发展史的过程中也特别强调戏剧是一门"综合艺术"，其所包含的艺术成分"兼具诗歌、音乐、舞蹈、绘画、雕塑、建筑等六项艺术"，"绘画、雕塑之与人物装扮的服装色彩和线条"与其他各种艺术成分一起"已成为戏剧本身所具有的各项因素而相互为用了"。换句话说，"综合艺术"之说的实质就是承认服装是戏剧不可或缺的一部分，是组成部分之一，而不是可有可无、随意更改或抹杀的东西。作者引用绘画及雕刻等方面的材料来佐证这一观点，如汉代武梁祠上的闵子骞衣寒御车、老莱子戏彩娱亲以及豫让砍袍之类的石刻。[1] 但作者以当时建筑上的装饰和故事画来说明绘画与雕塑对戏曲服饰的影响似乎有本末倒置之嫌。不同时代的绘画、雕塑可以在很大程度上反映当时社会的服饰面貌，甚至可以对服饰本身产生一定的影响，但这种影响是非常有限的。说到底，其对于服饰的意义更多还是体现在社会文化传播方面，而不是技术创造或理论研究方面。

任半塘著《唐戏弄》一书着力于从多维视角构建"唐戏弄"丰富而立体的精神面貌，这就使得服装与装扮以及服装与扮演效果等话题的讨论成为书中不可回避的重要话题之一。在全书八个章节外加"附载"和"补说"的鸿篇巨制中，作者处处不忘"服装"在构成"唐戏弄"之"戏剧性"中所起到的重要作用。譬如第一章"溯源"中从南北朝的舞乐"化装"、时剧表演，尤其是北魏乐浪王的"百戏衣"以及北齐高隆之的戏衣之制，到晚唐李商隐、路德延诗"备陈当时小儿模仿歌舞戏、参军戏之服装、声态、说白"，借由戏衣装扮而体现

---

[1]　参见周贻白《中国戏曲发展史纲要》，上海古籍出版社1979年版，第7—8页。

的戏剧性表演在南北朝的存在论说"唐代戏剧在民间之普遍"，继而证之以五代时期萧李诸王粉墨登场、后蜀伶人扮猴戏演《侯侍中来》、蜀后主宫中演《灌口神队》、南唐侍婢演戏而有生、旦、末、酸诸扮相等。这些标志着"戏剧属性"的存在无一不与特定的服饰装扮相联系。第二章"辨体"中谈"大面"和"套头"，将"大面"的开端视为"其已演故事"，即"面具之用以为戏"。"大面"是"面具"的类称，"套头"则为"面具"的一种。又"猴戏"一节中，将"猴戏"与"猴伎"相别。"猴伎"为"百戏"之属，即便"有服装，亦终无表情之机会，故不能涉及戏剧范围"，而"猴戏"为猴与人合演，则猴"即已取得剧中主要扮演者之地位"，"发挥于演"，"大展于科"，故称古代"沐猴而冠"之说"在装服、表情、滑稽、讽刺诸方面，已为后代之猴戏立下基础"。[1]毫无疑问，"猴戏"的戏剧性之成立仍有赖于服饰的装扮作用。第三章"剧录"中分别列举《踏谣娘》《西凉伎》《苏莫遮》《兰陵王》《灌口神队》等唐代剧目，并对其演出情形、化装与服饰扮演等戏剧要素进行深入分析，探讨了"扮旦""扮演胡王"等脚色的出现，关注了服装变化与服装效果以及服饰仪仗在《西凉伎》和《灌口神队》等剧目中的表现。第四章"脚色"中特别探讨了"男为女服""弄假妇人"的意义，而第五章"伎艺"特设"化装"一节，探讨了"汉伎"中的"伪作假形"，"魏伎"中的"更衣易貌"以及"舞装与戏装""古剧正旦化装"和"参军戏化装"等内容。第六章"设备"单设"服饰"一节，专门探讨了"由舞服到戏服"、"易服与古装"、"以画喻戏"、"歌舞戏服饰"、"科白戏服饰"（朝服、士服、罪服、戏服），包括五代冠冕、庄宗巾裹二十品等诸多与服饰密切相关的内容。第七章"演员"与第八章"杂考"也分别涉及名伶服装及扮演等相关内容。最后，作者意犹未尽，仍于"附载"中列"唐戏弄百问"，有服饰名目七问。又于"补说"再次提及"戏礼"之服装、辽兴宗后妃演戏与化装以及脚色当场更衣沿于唐等内容。总的来说，作者于本书之中对于服饰在"唐戏弄"中的戏剧性构成的探讨远超过对于服饰本身的探讨，尤其是服饰在"古剧"中的化装作用、扮演效果以及其与脚色、行当之间的关系等，这些话题的提出对于包括"唐戏弄"在内的所有"古剧"形式的探讨是非常具有启发意义的。然而，由于任著立足于对"唐戏弄"之"戏剧"精神的探究，有关服饰的内容虽多有提及，却终究不是该书所关注的重点，故其相关材料至为零散、不成体系甚至经常语焉不详也就成了理所当然的缺陷。尽管如此，古剧服饰不仅为"唐戏弄"的戏剧性作了很好的注脚，也为戏剧扮演中与服饰相关的其他一些问题的解答

---

[1]　任半塘：《唐戏弄》，上海古籍出版社2006年版，第104—108、181—185、282—290、465—472页。

作了最好的铺垫，譬如戏衣的制作与缘起等。遗憾的是，长期以来人们似乎对此并未给予太多的关注。

廖奔、刘彦君合著的《中国戏曲发展史》以更加恢宏的视野，从上古时期的原始戏剧与初级戏剧开始谈起，历秦汉唐五代而至于宋金杂剧，北宋杂剧被视为"初级杂剧的最后阶段"，而宋金杂剧中舞台特征的完备也被视为戏曲形成的重要标志之一。因此，有关戏曲服饰的内容也就重点体现在宋金元杂剧和明清戏曲的舞台美术部分。其中，在"宋金杂剧的舞台特征"中，"服饰化装"一节专门谈到戏衣，尤其提到"不同身份的剧中人，必然有其各自专门的戏装，使人一看就知道其社会面目"。而宋杂剧的戏装特点"首先是以当时的现实服装式样为基础"，"官服戏装的颜色也和品官的服色相同"，而"戏中服色的变化是戏剧生活容量扩大的反映"。"副净、副末一类滑稽人物的服装，通常也与社会人物的服装一样，但常常突出对于丑陋形态的夸张装扮，例如扮作腆腹怪态"，"这是为了加强表演的滑稽效果"。元杂剧中作为"舞台艺术的成熟"标志之一，其服饰特点是扮相较多，因"元杂剧演出中装扮各类人物，含括社会阶层众多"，故表演时就需要不同的服饰扮相，"用以突出人物身份和特征"。结合古代遗留下来的文物图像，该书作者称元代戏曲服饰与生活用服相比"有更多的加工点缀，增添了图案纹路颜色，从而起到突出的渲染作用"；并从杂剧《蓝采和》第四折"将衣服花帽全新置"得出"元代戏班所用的戏装是特制"，"当时应该有专门生产戏装的铺子，戏班可以前去购买"的结论。在明代"舞台艺术的进展"中，其服饰特点是"在当时社会服装的基础上逐渐形成行当化、类型化的特征，更注重装饰性，较之现实服装更为鲜艳夺目，并添加一些体现意念的想象之物，例如武将大靠上的四面旗帜和帽盔上的野雉翎"，"明代舞台为了追求视觉美观，还注意到生、旦服饰对称的效果"，举如《诗赋盟》中生、旦婚后皆改穿百花衣，"两人相映成趣，给人以强烈的视觉印象"，由此得出"明人在美化舞台的问题上已经走向深层追求"的结论。清代"舞台艺术的发展"中谈到"服饰装扮的演进"，称："清代戏曲舞台在服饰装扮方面取得了长足的进步。"表现之一是："清代宫廷昇平署的演出，由于是在皇帝面前进行，对于服饰装扮的要求十分严格细致，不容有一点差错，因此就有宫廷画师按照舞台的实际情景，把各出戏里每个脚色的正规扮相画为谱式，以便照谱化装穿戴，这样就有许多扮相谱册页流传下来……后来大概受到了天津杨柳青年画戏剧场面的影响，发展起戏出扮相谱一类，每幅画绘一个戏出场面，集中绘制数人，而不再单独介绍人物……""清代服饰装扮取得长足进步的第二个方面，体现在当时许多演员都能够利用扮相技术来改变自己的先天身体条件，使之适合于舞台形象的塑造。"举如清人焦循《剧说》引《菊庄新话》中王载扬《书陈优事》里的苏昆大净陈明智通过装扮技巧改变自己的舞台形象,而陈所采取的技巧不过是利用抱肚壮大腰围并利用厚底靴来增高。又举秦腔艺人魏长生通过假髻和花盆底来帮助塑造婀娜柔美的女性形象等。[1]

从通史体例来说,廖、刘二位前辈合著的《中国戏曲发展史》试图将服饰作为舞台美术的重要组成部分融入中国戏曲的发展史之中,这是非常了不起的见解和主张。然而,相比于四卷本通史的大体量,戏曲服饰在其中所占比重是微不足道的。或许正是因为研究不足,导致书中有关服饰这一部分的内容所存在的缺陷也十分明显。其中最为致命的失误是在介绍明代戏衣时竟出现"戏衣分为盔头类、衣类和鞋类……"这样匪夷所思的表述。而类似"对于各类人物的装束,一般剧本上都会具体标明,以便艺人照扮"等观点,且不说是否稳妥,至少其对于体现明代服饰本身的特点而言,并无太大的实际意义。另外,盖受王国维宋元戏剧观的影响,该通史将戏曲服饰放在宋金杂剧以及元明清戏曲史论的背景中进行考察,试图创造出一个戏曲服饰亦在按此规律演进的错觉,实际却并无太多严格扎实的考据成果作为其理论支撑,由此而导致的后果是非常可怕的。譬如宋金服饰出现的门类划分、元代服饰的加工点缀与特制服装、明代服饰的行当化与类型化以及生旦服饰的所谓"对称性",还有清代服饰的两个所谓"长足的进展",这些究竟算不算当时服饰的特点值得商榷。尤其是关于清代宫廷戏画的问题,一来,戏画本身并不能作为清代服饰的特点来论证其"长足的进步"之表现;二来,已有多位业内人士、学者包括比较著名的文物专家、戏曲爱好者朱家溍先生谈过清宫戏画问题,称其不太可能是昇平署演出赖以参考的依据,充其量也就是清宫如意馆为后宫后妃们绘画的解闷玩赏之物,犹若现在流行的被"影迷""粉丝"们热衷搜集的明星卡或大头照。清末帝溥仪在其《我的前半生》中也曾谈到如意馆画匠们平日如何伺候后妃绘画娱乐的那种极其无趣的"工作"。而杨柳青戏曲年画除了可以反映民间戏曲的流行状态外,与清宫戏画或清代服饰特点的形成更是没有丝毫的关系。然而,无论如何,对于戏曲服饰而言,两位前辈的《中国戏曲发展史》最大的贡献应当是为后来者指明了未来戏曲服饰研究应当努力的方向。

其他如郑传寅主编的《中国戏曲史》关注到不同时期乐舞伶人的装扮问题,然其主要是以"扮"来说明"戏"的属性,并未对"扮"本身作更多的探讨。其另有《传统文化与古典戏曲》一书以较多的笔墨讨论了戏曲舞台中的色

[1] 参见廖奔、刘彦君《中国戏曲发展史》,中国戏剧出版社2012年版,第一卷第292—294页,第二卷第113—116页,第三卷第136—138页,第四卷第167—169页。

彩因素，其中自然也包括服装的色彩运用。而其话题的核心则是通过戏曲服装的色彩说明社会文化与戏曲服装之间的关联，非以服装本身作为探讨的出发点。胡芝风的《戏剧散论》收录了多篇散论文章，有的谈及戏曲服装的设计制作与应用，可以为戏衣研究提供一些具有启发意义的观点。剧种理论史如陆萼庭著《昆剧演出史稿》虽是以昆剧为主勾勒昆剧演出的历史，然其在讲述演出的过程中也会涉及一些昆班置办衣箱的史实材料，对于研究昆班衣箱的形成过程很有参考价值。专题研究类如朱家溍与丁汝芹合著的《清代内廷演剧始末考》一书探究内廷演剧始末不可避免地会涉及一些关于内廷戏服穿用及制作方面的史实材料，同样非常珍贵。类似的学术著作还有很多，恕不一一列举。

总的来说，传统戏曲服饰引起了很多戏曲理论工作者尤其是通史作者的注意。然而比较遗憾的是，至少在目前看来，该领域的研究成果尤其是在研究的广度和深度上还远不尽如人意。

三是以戏衣或戏曲版画为主要描述对象的书籍、画册、文章等。如齐如山撰《行头盔头》，徐凌霄撰《北平的戏衣业述概》，程修龄著英文《中国戏典》，何景泉编著《京剧传统剧目人物扮相谱》，宋俊华著《中国古代戏剧服饰研究》，刘月美著《中国京剧衣箱》《中国昆曲衣箱》和《中国戏曲衣箱：角色穿戴》，陈申著《中国京剧戏衣图谱》，述鼎著《中华艺术导览：京剧服饰》和中国戏曲学院编、谭元杰绘《中国京剧服装图谱》以及中国艺术研究院艺术与文献馆编撰的《传统戏衣》等。齐如山的《行头盔头》内容不多，主要为条目式介绍，有些文字介绍语焉不详且存在个别错讹之处。徐凌霄撰写的《北平的戏衣业述概》篇幅虽然不是很长，却细分了"戏衣庄之正业副业""戏衣业之盛衰""戏衣铺之组织""改良行头""二水行头""古物行头""营业方法——忌讳"等几个专题。其所提供的信息容量很大，为后人了解和研究过去北京的戏衣业状况提供了极为重要的参考资料。该文章发表在《剧学月刊》1935年第4卷第5期上。1937年4月2日的上海《申报》登出律师程修龄女士编著出版的《中国戏典》书讯，称："该书搜罗梅兰芳、程砚秋、尚小云、马连良、金少山诸名伶便装剧装各照片，内容极为丰富，各项脸谱及道具，均用五色彩画，尤为美观。全书分三编：第一编总论国剧之沿革：（一）戏院；（二）戏衣道具；（三）乐器；（四）角色脸谱。第二编专论表情姿势做工，附以图案。第三编选取近常演国剧五十出，说明剧情，印刷精良，文词流畅。"从书讯的介绍来看，该书图文并茂，涵盖了从戏院、戏衣戏具、乐器、脸谱到做工、经典剧目等方方面面。因该书的编著目的是向外国友人介绍中国戏剧，故为英文版。据程女士自述，该书编著缘起"谓实内英美友人中有酷好中国戏剧者，而苦不知中国剧

3-1-6 《申报》1937 年
4 月 2 日第 15 版英文《中
国戏典》书讯

情表演，徒震梅兰芳、程砚秋诸艺员之名，而不明所演剧意"，常约其"详为讲解笔述"，尤其是梅兰芳赴俄演剧"极受欢迎，而外人观剧，终觉隔靴搔痒，故特编著该书……"[1] 目前此书虽未得见，也很少有人提起，然却可以想见书中一定保留了不少当时名伶演出包括戏衣装扮等方面的珍贵影像资料。宋俊华《中国古代戏剧服饰研究》从史的角度考证了戏剧服饰的演进过程，尤其是不同历史时期的服饰特点。不足之处在于，缺乏对服饰内在规律的把握，尤其是缺少制作层面的考量，导致难以对复杂的衣式变化有一个比较深入的、系统性的认识。何景泉的《京剧传统剧目人物扮相谱》的特点在于从剧目人物扮相出发，罗列每一个剧目人物的穿着打扮。从当时来看，似乎有啰唆之嫌，但从长远来看，其意义无疑可与元杂剧的"穿关"相比。它为后人研究 20 世纪末期京剧传统剧目的人物扮相提供了重要参考资料。中国戏曲学院编、谭元杰绘的《中国京剧服装图谱》分别介绍了蟒帔靠褶衣等不同戏衣，并将"衣"类单独分出长衣和短衣两大类，长衣如开氅、宫装、云台衣、古装、官衣、太监衣、大铠等，短衣如抱衣、侉衣、马褂、僧衣、罪衣、袄裙、袄裤、兵衣等。另外又有八卦衣、法衣、鱼鳞甲、袈裟、罗汉衣、鬼卒衣、钟馗衣、猴衣等专用衣，还有坎肩、斗篷、饭单、裘衣、水裙等配件。附录中罗列 32 种特殊穿戴案例。该书的特点是简单介绍每一件戏衣的形制、用法，配以手绘线条图。刘月美连续出

---

[1] 程俟龄：《程俟龄新著英文中国戏典》，《申报》1937年4月2日。

版中国京剧和昆曲衣箱类书籍，基本以彩色画册为主，配以简单文字介绍。其特点是大致按照"四箱一桌"的顺序分别对京剧衣箱和昆曲衣箱的内容进行逐一介绍并配以彩图。中国艺术研究院艺术与文献馆编撰的《传统戏衣》将中国艺术研究院珍藏的200多件戏衣文物进行了生动的图片展示。这200多件戏衣中有90余件为清代传统戏衣，做工考究，种类丰富，多为宫廷戏衣或名家戏衣，如"同光十三绝"之一的杨明玉所穿的水衣子以及戏曲名家关肃霜的演出戏衣等。还有150余件梅兰芳曾经用过的戏衣以及其他戏衣30余件。这些戏衣图片清晰，样式及纹样俱生动再现，为人们了解和研究清末以及民国时期的传统戏衣提供了重要参考。单从数量来说，以戏衣为主题的画册和书籍近年来涌现较多。大致可以归并为三类，即画册画谱类、普及类以及学术研究类。其中尤以前两类居多，而学术研究类则比较少见，以传统戏衣制作技艺为研究对象的著作更是一片空白。

除了以上丛书集成、研究著述以及画册画谱以外，还有一些戏曲作品集成、杂谈、刊物、文章以及回忆性书著偶尔也会涉及一些与戏衣相关的内容，同样比较值得关注。譬如王季思主编的《全元戏曲》、董每戡撰著的《戏曲丛谈》等，都会涉及一些与服饰相关的内容。另外，申报馆自1912年开始不定期出版的《戏考》中经常插入一些题为"名伶小影"的册页，这些册页多以展示当时名伶的穿着扮相为主，可以为了解和研究当时的戏衣与穿扮提供重要的参考资料。回忆性书著及文章有丁秉鐩著《国剧名伶轶事》、朱家溍撰《梅兰芳谈舞台美术》等。这些书著或文章往往对某一名家某一剧目的穿戴扮相与穿戴讲究介绍得比较详细，同时会对过去或当前所见的一些穿戴扮相发表评论意见，这些介绍或评论意见非常具有代表性，对于戏衣研究而言，是不可多得的重要参考资料。其他以戏衣戏具为主题的学术文章也有不少，其中专题性成果有刘月美撰《上海戏服、戏具店、作坊变迁情况简述》，汤婕好、潘健华撰《戏曲箭衣考论》，向靖雯、丁子杉、郭丽撰《清代蟒袍考略》，毕然、李薇撰《蟒袍"摆"的功能性与工艺造型演变》，朱浩撰《靠旗的产生、演变及其戏曲史背景——以图像为中心的考察》，陈洁撰《戏衣"靠"的功能性及审美特征研究》，滕雪梅撰《传统京剧戏衣"帔"名实考》，任婧媛撰《戏衣蟒袍的制作技艺及文化内涵研究》，胡小燕、李荣森撰《苏派戏衣业溯源与艺术特色分析》，孟月、王晓娟撰《昆剧戏衣中蟒袍的传统形制结构研究》等。从这些研究的内容来看，其选题范围很广，角度可以很细，不仅涉及历史考据、装扮舞蹈、图案纹样等方面，还涉及行业制作，与过去的戏衣研究相比，更加注重实践层面的研究，这是一个非常了不起的进步。然戏衣制作看似简单，实际却包含了非常复杂丰富的内容，除了工艺技术、图案纹饰、款式制度，还与质料、民俗、地域及传统文化等存在着千丝万缕的联系。这些都值得我们去一一探究。

值得注意的是，以上所述研究成果仅限于与戏曲服饰直接相关的内容，且其范围主要集中于传统戏曲研究领域。还有其他领域的一些研究著作对于戏曲服饰的研究来说也具有非常重要的参考意义。举如服饰类研究，有沈从文著《中国古代服饰研究》、周锡保著《中国古代服饰史》，黄能福等编著《服饰中华——中华服饰七千年》，朱和平著《中国服饰史稿》，陈高华、徐吉军主编《中国服饰通史》，袁杰英编著《中国历代服饰史》，赵连赏著《中国古代服饰图典》，刘永华著《中国古代军戎服饰》，孟晖著《中原女子服饰史稿》，黄强著《中国服饰画史》和《中国内衣史》，杨志谦著《唐代服饰资料选》，潘絜兹编绘《敦煌壁画服饰资料》，彭浩著《楚人的纺织与服饰》，张琬麟著《舞蹈服饰论》，华梅著《古代服饰》和《人类服饰文化学》，蔡子谔著《中国服饰美学史》以及中国织绣服饰全集编辑委员会编《中国织绣服饰全集》等。这些服饰类著作从不同侧面揭示了中国古代服饰的演变与发展，覆盖面十分广阔。那些关于敦煌壁画服饰、断代服饰以及少数民族服饰等专题的服饰研究或画册也从不同角度展示了我国传统服饰的绚丽多彩。另外，如李之檀编《中国服饰文化参考文献目录》等书著为服饰文化资料汇编性书目，其将古代文献中与服饰有关的书目一一罗列。中国美术、舞蹈和文化考古领域也有许多涉及古代服饰的内容，兹不一一举例。上述有关服饰的著作主要集中于历史沿革、文化考古以及图画与图像展示等方面，另外还有纺染织绣、服饰材料学以及中华五色等方面的研究也非常值得关注。举如吴淑生、田自秉著《中国染织史》，周启澄、赵丰、包铭新主编《中国纺织通史》，吴元新、吴灵姝、彭颖编著《中国传统民间印染技艺》，杨贤撰《中国古代服饰制作工艺研究》，陈东生、吕佳主编《服装材料学》，郭兴峰主编《织造原理》，钱小萍主编《丝绸织染》，裘愉发编《真丝绸织造技术》，姚穆等人编《纺织材料学》以及彭德著《中华五色》等。这些著述对于真正认识和理解传统戏曲服饰的制作工艺、材料、图案以及颜色等非常有帮助，可以帮助我们从技艺的角度切入，增加对传统戏曲服饰制作技艺的观照和理解，避免仅仅停留在"观看"和"冥想"的层面。

综上所述，认识和了解传统戏衣，可以有很多途径、角度和层面。如果仅仅依赖于各种古代文献、图绘资料、考古发掘和表演实践远远不够，活生生的技艺传承也是认识和了解传统戏衣的一个重要方面。从传统戏衣制作与传承的角度来说，戏衣不应只被看作戏曲赖以装点台面的裹扮之物，戏衣发展的历程也不应被简单地理解为戏曲舞美的"进化"史，它应该囊括了更为广泛、更具独立性的文化内容。换句话说，传统戏衣是传统戏曲的重要组成部分，但传统戏曲并不能够代表传统戏衣的全部。只有领悟到这一点，才能对传统戏衣的来源、作用及其与传统戏曲的关系有一个更为准确、清晰的认识和理解。

三、近代以来的戏衣行偏见

近代以来，人们对戏衣行的认识存在一种偏见，即认为中国戏衣制作都在南方，确切说是苏州，北方没有戏衣行。就连对传统戏曲及行头的研究颇有贡献的齐如山先生亦在其《北京三百六十行》一书中称"从前戏衣皆来自南方"，而北京是"四五十年来""始有专行"。据初步考证，齐如山的《北京三百六十行》一书写于 1937 年至 1945 年。从其所说的"四五十年来"来判断，应当是指清末至民国也即辛亥革命前后的二三十年。按照齐的说法，在此之前，北京乃至整个北方都没有（做）戏衣的。当然，这也不是齐如山自己的说法，大概率是道听途说而来。从齐当时交往的范围来看，其交际应主要限于与梅兰芳相关的伶人圈以及北京一般商业圈。这种交际圈有一个致命的弱点，即与底层手艺人存在深厚的隔膜，无论这种隔膜是有意还是无意的。之所以说"无意"，盖如前所述，北京可以做戏衣的手艺人的确"不成规模"，再加上某些特殊因素，即便有所声名，亦仅在业内流传，不为业外人士所知是很正常的事情。这里的业内、业外固然是指那些地位比较卑微的小手工业者。对于梅兰芳、齐如山这种社会名流，即便要做戏衣也必定是通过特殊的渠道譬如声名显赫的老字号，指定"名家"定制，若没有看得上的"名家"，或"名家"隐在店铺掌柜的背后，也就几乎等同于"没有"了。之所以说"有意"，很显然，清宫档案里对于戏剧行头需拿到宫外去做的细琐之事多有记载，这里的"宫外"自然是指北京城，而不可能指千里之外的南方或苏州。齐如山当时或许没有看过清宫档案或更早一点的文献记录，亦未听人说起过此事，但有一个最简单的道理须是知道的，即不可能大大小小所有的民间戏班都有能力或实力从遥远的南方购置昂贵的戏衣行头，甚至不一定都是从北京的"行头铺"里购置来自南方的戏衣，因为戏衣的置办还有其他更为经济实惠的方式。倘若这只是行里的一般偏见，是可以理解的，而齐如山作为一个文化人，从治学的角度来说，仍然会犯这样一个常识性的错误应该多少还是有一些主客观原因的。

首先，从个人经历来说，齐如山虽为河北高阳人，生于 19 世纪末，年轻求学时曾在北京待过一段时间，国外留学后又回到北京，但对于北京的行头制作业实际并不是很了解。换言之，至少了解得不是很透彻。齐如山曾两次留学海外，早年受国外戏剧影响，对所谓"国剧"并无好感。第二次回国以后，虽萌发编戏的念头，然编的都是话剧，且总不太成功。直到民国初年，一次偶然的机会，出于对梅兰芳的关注，齐如山才开始慢慢喜欢上"旧剧"。后来随着与梅兰芳交流的深入，为了将"国剧"推广到国外，齐如山开始了一系列的筹划工作，其中就包括向外国观众介绍与"国剧"相关的各种知识，遇有"专靠文字不能明了的事情"，"似非图画不可"，也就是说，齐如山觉得文字介绍说不清楚，需要借助图画展示才行。于是找了一位"极好的画匠"，准备图画，其内容涉及衣服行头，这才发现衣服行头名堂甚多，光开列的单子就有当时国剧学会收藏的"数百年来的行头单子几十种"，又"求几个行头铺各开了一个全份行头单"，并"参看了北平故宫所存着的旧行头十几份，其中有几份尚完整无缺，且另有明朝行头百余件"。[1] 齐如山当时认识一个宫中专门管箱的王姓太监。据此人介绍："宫中共有二十几份箱，最早者为明朝之箱，但已不全，不过剩有一百多件了。康熙年间的箱还有两份，也不全了。乾隆年代的箱还有两三份，很齐全，但外边不适用，因为都是照一部戏的应用制来的，如《昭代箫韶》《劝善金科》等戏，都各有专用的戏箱，其盔头、衣服都与其他的戏不同。"[2] 由此可以想见，齐如山当时对于戏曲行头的了解实际是相当有限的，最要命的是这些了解更多的恐怕还是以"道听途说"为主。尤其是清代宫廷戏衣一向讲究，历来主要由江南织造负责供应。而从宫中出来的太监为了炫耀，更是要大大吹嘘一番，声称目前所存戏衣精品乃自南方而来，不足为奇。更何况，这是要向国外宣传，各铺行剧社自然要罗列做工最好最讲究的行头，而这样的行头无疑以南方苏州产为最。对于北京的铺行来说，"同行是冤家"，谁也不愿意抬举谁。别说齐如山当年，笔者在北京也曾多次听人说"北方没有做戏衣的"，但凡提戏衣，必然首推南方苏州。然而奇怪的是，有一年笔者在福建跟某剧团交流时，问其戏衣何来，该剧团工作人员称他们一直都是从北方购买戏衣，再进一步追问时，称从北京买的。若往北去，如山西、陕西或东北等地，虽然也会有人说其戏衣多购自苏州，然却并不否认有一部分购自北京。如果说南方以其制作水平高而自矜，称北方戏衣皆自南方来，也不奇怪。为何北京当地人对此亦讳莫如深呢？经过多番考察和研究分析，笔者认为导致这一偏见产生的重要原因之一或许是本地人看不起本地的戏衣制作业。

其次，还有一个重要原因是人们对于"戏衣行"的认知或界定可能存在着一定的误解或偏差。北京的行头制作业向来有一个比较显著的特点，即分工很细，

[1] 齐如山：《齐如山回忆录》，载梁燕主编《齐如山文集》第十一卷，河北教育出版社2010年版，第115页。
[2] 齐如山：《齐如山回忆录》，载梁燕主编《齐如山文集》第十一卷，河北教育出版社2010年版，第143页。

不同行当其分布亦极为分散。以盔头行为例，盔头制作在戏具行头制作中算是一个比较小的门类了，但盔头也分硬盔和软巾。硬盔的制作又大致可以分制胎、装饰和成装三个重要阶段。其中，制胎、装饰和成装的大部分工序都是由盔头师傅完成的，但是这里边也有很多工序是由其他行当的手艺人完成的，譬如点翠或点绸、绒球及穗子等，过去这些门类都属于各自独立的行当，并非属于盔头行。即便是制胎也包括很多复杂烦琐的制作工序和流程，如镟活、拼活、沥粉等，不同工序或制作流程可能由不同的徒工完成，就连组装活往往也都是由专门的熟练工来负责。而软巾中涉及的绣活部分皆由专门的行当负责加工，非盔头师傅所能为。盔头如此之小，尚且涉及很多行当门类，可以想见做工复杂的"戏衣行"所涉门类必然更多。前面提到，传统戏衣行一个完整的行业链条通常需要涉及画、染、织、绣以及裁剪、针工等多个行当，即便不算染织，其分工至少也要分为画活、绣活、成活等几部分。其中，画活只管图案设计与绘制，绣活只管刺绣图案纹样，成活则包括裁剪和缝制成衣等。另外还有修饰和装钉，皆为专行，各司其职。北京于20世纪50年代"公私合营"时期成立的剧装厂，其生产经营活动也是以图案设计和成活为主，而劳动密集型的绣活加工则主要以外包的形式承包给周边地区的绣工完成。事实上，一条完整的戏衣生产线至少应该包括下料、画活、上稿、上绷、配色、刺绣、上浆、剪裁、缝制以及装饰等几道工序，每道工序都需极高的工艺水平，由非常专业的工匠负责完成。否则，损失的将不仅仅是相对廉价的人工费，更是高昂的物料费。除了不计成本的宫廷制作、官营作坊或实力雄厚的垄断资本，这样一个规模完备的民间生产流水线在传统小农经济时代是很难想象的。一来，参差不齐的民间戏班对于戏衣的市场需求并不足以支撑这么一个庞大的行业生产组织；二来，战乱频仍、国丧不断的社会现实也会为普通小手工业者埋下许多不可预知的"祸根"而使其难以持续长久地生存。另外，从前面的历史梳理中我们大致可以知道，在封建统治时期，民间是不允许私自制作官袍蟒服的，而一般戏用服装的制作，很多民间小作坊铺就可以解决，根本无须什么名家大铺私家定制。如此，一个想象中的完美的"戏衣行"便必然不会存在。

事实上，在齐如山的《北京三百六十行》中，他自己也曾提到北京过去有"绣货作"和"平金作"，称："绣花自以苏、广、湘三处来者最多，且最佳。但北京绣货作也很多……"北京本地的绣货作有精、粗两种做工，有的作坊绣棺罩片、轿围子，"线坯大而绣工粗，只要远看醒目便妥"，而有的作坊绣桌围椅帔，其工较细，然"亦须远看美观"。至于那些绣补服、手绢、汗巾等的作坊则工艺又细一点，绣鞋面等小件的作坊就更是专讲精细了，"因都是细看之物"，"总之，种类很多，且各有专长"。关于刺绣工艺的精细与粗犷之分，自然与绣货的功用以及客户的要求相关，这一点在南北方皆同。换句话说，北方有精工之绣，南方也有粗劣绣工，不能一概而论。关于北京的"平金作"，齐称："平金与绣花本离不开，故绣花之人多能平金，但平金另有专行。因绣工之平金都是代做，慢而且劣，不及专行快而且平。从前这行最多的工作是补服，如今则专靠戏衣了。"平金"即今所谓铺金绣或盘金绣。上述有关北京绣货作和平金作的两段文字十分清楚地表明，北京并非没有绣行，绣行并非不会绣戏用服饰，只不过不是专门绣制戏用服饰罢了。毕竟，对于手艺人而言，什么活能挣钱、挣钱多，可以养家糊口，这才是最重要的。至于具体干什么活，并不重要。另外，同样是在这本书中，齐如山称"专用戏衣及演戏所用旗、伞等等一切的物品，又名曰'戏衣作'。这也是平常裁缝所不能做，所以另是一行"。[1] 这里说的是"专用戏衣及演戏所用旗、伞等等一切的物品"，"平常裁缝所不能做，所以另是一行"。齐如山对裁缝行显然不了解。专用戏衣以及演戏所用旗、伞等用品固然非裁缝行所能承担。清末尤其是民国以后，随着传统服饰逐渐彻底退出历史的舞台，裁缝行或绣花作等传统服饰制作行业不再从事原来的行当制作是再自然不过的事情，因此，演戏所用的专用服饰或传统服饰就需要另有一新的行当来承接，这一新行当即所谓"戏衣行"。从这个角度来说，不唯北京过去没有"戏衣行"，全国都一样，苏州同样不会例外。

　　从服饰装扮的发展规律来说，即使忽略以北方为政治经济文化娱乐中心的汉唐时期，也可以从元明清三代旧都北京的文化历史中找到元杂剧或明清传奇装扮服饰在北方生产的必要性与必然性。齐如山在其《北京三百六十行》的序中说道："几十年以来，我曾问过许多实业界的人，也都说是行道（指北京'三百六十行'——笔者注）实不少，但是果有若干，实在没有切实的数目，于是我就立意要把这件事情来详细地调查调查。费了许多功夫，始得其大概。"齐如山第一次从海外留学归来，为了谋生，在北京有过一段做买卖的经历，对北京业界有一些了解大致是可以理解的。但是从其后来的记录来看，这种了解显然是很有局限的，起码不包括行头制作业在内。其对于戏曲行头的关注当在参与协助梅兰芳筹划出访海外、宣传推介"国剧"之后。或许一来因对北京的行头制作业的了解并不是十分充分，二来北京的行头制作分工太细、形态又过于特殊，导致齐如山得出了北京此前并无戏衣行的错误结论。另外，对于所谓"戏衣行"的产生，也存在一个认识不足的问题。譬如在齐的著述中，当时的北京有盔头作、把子作、头花作、头发作、翠花作、绦子作、袼褙行、髯口

[1] 齐如山:《北京三百六十行》，载梁燕主编《齐如山文集》第七卷，河北教育出版社2010年版，第102、103、104页。

行，甚至有执事作、两把头作等各种与戏具行头密切相关的行当，还有各种衣行、绣铺、裁缝铺等，却偏偏没有"戏衣作"，这究竟是何缘故。很显然，以齐如山先生当时的学术视野和理论水平是无法真正找到正确答案的。尤其是结合《北京三百六十行》及其所著其他相关书籍中甚为简略的文字记载来看，齐如山对于传统戏曲行头尤其是当时北京的行头制作业并不十分了解。然而齐如山先生自己也在其书序中说道："三百六十行"这一习语虽自宋人而来，其所描述的也只是南宋都城临安（杭州），但"北京的行道只算工艺就比这个数字还多"，原因是当时的杭州"虽然也是都城，但年代较短，且管的省份也少，而北京连元朝的大都算上，已有六七百年之久，且管的省份很多，又经皇帝提倡，所以江苏、浙江的玉工、裱工、雕刻工，云南、湖北的铜工，广东、湖南的绣工……通通的吸收了来仿做；二者一切事业总要随着时代变迁，这也是一定的道理，尤其是百余年来，因交通方便的关系……所以现在北京手艺就又比南宋的杭州多得多了。但是有一件，添了虽然不少，而失传的也很多……"[1] 这段文字虽然并不能为北京的戏衣行做什么注解，但是至少有两点值得引起人们的关注和思考：第一，相比于苏、杭或南方任何一个城市，作为都城的北京没有理由不存在更加广泛、细致的社会行业分工。第二，即便宋杂剧或南戏繁盛一时的滥觞之地或可归功于中部开封或南方杭州及苏昆等地，但元杂剧、明传奇兴盛于北方的事实却是一个绕不过去的坎儿，更不要说汉唐时期宫廷舞乐装扮存在于北方的客观影响以及北京戏曲行头制作业在现当代的延续与古代某些工艺制作高度契合的传统。[2] 以齐书中提到的"执事匠"为例，"执事"为仪仗所用之物，如旗、锣、伞、扇以及执掌权衡、金瓜、斧钺、朝天镫等，都专有一行来制作，其匠人称执事匠。[3] 曾在北方昆曲剧院担任舞美队长的李继宗先生介绍说，后台管箱人口头上把手执旗、锣、伞、扇、权衡、金瓜、斧钺、朝天镫等仪仗上台的演员称作"打执事的"。明徐复祚《投梭记》第七出有"打执事回衙去"[4] 之语，《红梨记》第三出有"打执事看王丞相去"[5]。宋人孟元老《东京梦华录》卷六描述王驾"御座临轩"云："左右近侍，帘外伞扇执事之人。"[6] 《新唐

[1] 齐如山：《北京三百六十行》，载梁燕主编《齐如山文集》第七卷，河北教育出版社2010年版，第49页。

[2] 关于这一点，可以参考杨耐《戏曲盔头：制作技艺与盔箱艺术研究》（文化艺术出版社2018年版）中与盔头制作技艺相关的考证和溯源。

[3] 参见齐如山《北京三百六十行》，载梁燕主编《齐如山文集》第七卷，河北教育出版社2010年版，第56页。

[4] （明）徐复祚：《投梭记》，载（明）毛晋编《六十种曲》第八册，中华书局1958年版，第29页。

[5] （明）徐复祚：《红梨记》，载（明）毛晋编《六十种曲》第七册，中华书局1958年版，第7页。

[6] （宋）孟元老撰，邓之诚注：《东京梦华录注》，中华书局1982年版，第172页。

书·礼乐志》中"大傩之礼"也提到"执事十二人"[1]。《魏书·礼志》云："又案《礼图》，诸侯止开南门，而《二王后袼祭仪法》，执事列于庙东门之外。"[2]可见"执事"之仪由来已久。其制作行业历史亦久。现代盔箱管理中"文堂"的銮驾仪仗与武场的刀枪把子等并属于把箱。在制作行业中，刀枪把子单为一行，执事则为另外一行，不能混为一谈。而诸如"旗""伞"之类既属于"执事"，固非传统裁缝行所擅长。然在齐如山的书中，这些在近代都被归为"戏衣行"。单从这一点来看，齐称北京过去没有"戏衣行"就是自相矛盾的。

而齐如山所说"四五十年来"北京的所谓"戏衣专行"大抵是指当时的三顺、久春等戏衣行。据老一辈人回忆，在20世纪50年代公私合营以前，北京一些比较知名的戏衣庄如三顺、久春、滕记等号虽经营戏衣，然实际却以卖活为主。老一辈人称，过去戏衣庄也同其他店面作坊一样，分前后格局，前面柜上挂满各种戏衣，后面作坊有成装、绘图、刷活等工种，但并无绣工。戏衣庄聘请专人绘图，下料刷活后连同绣线一起直接发包给绣工。绣工只管绣活，面料和绣线皆由戏衣庄提供。绣完后交活，由戏衣庄安排专人成活。若客户对戏衣的面料颜色提出特殊要求，而该颜色的面料又无现货可买，则需到染行提出具体要求让人现染。北京剧装厂成立以后，这一惯例基本上仍旧沿袭不变。无论是过去老北京的戏衣庄还是后来的剧装厂，都不可能供养一批自己的绣工进行绣活加工，一来场地不允许，二来行业惯例使然。从"绣活外包"的传统惯例来说，齐如山所谓北京"四五十年来"的"戏衣专行"其实也不是完全存在的。不仅北京不存在，其他地方恐怕也没有。

总的来说，从目前文献考证、历史研究以及田野考察的结果来看，自古以来，无论是北京还是北方，在制作戏用服饰方面绝对不会存在任何困难，而那些声称北方或北京没有戏衣或戏衣行的言论要么是误解或偏见，要么就是另有所指了。

第二节　近现代北方戏衣行发展状况

首先需要明确的是，行内口头所说的"北方"通常是一个约定俗成的模糊概念，并不曾有一个比较明确的定义。然本书所讨论的"北方戏衣行"的地理

[1] 王丙杰主编：《新唐书》，北京燕山出版社2009年版，第144页。
[2] （北齐）魏收：《魏书》，中华书局1974年版，第2772页。

范围大致是以京津冀为主，辐射至山西、陕西、辽宁、河南、山东等地。这些地方在地理方面有一个共同的特征，即都处于秦岭—淮河以北，人们习惯称之为"北方"。至于吉林、黑龙江、内蒙古、甘肃、宁夏等地虽然在地理位置上也属于北方，但因历史上主要为少数民族聚居区，文化习俗亦以游牧文化为主，相比之下，传统演剧活动并不是很活跃，故其传统戏用服饰制作业也不是很发达。根据《中国戏曲志》的记载，中国北方如内蒙古、吉林、黑龙江等地其地方大戏如梆子、皮黄等的演出服饰基本都是从京、沪、苏、杭等地购置，或者由内地迁移而去的小作坊承应一部分民间制作的需求。小戏则沿用秧歌社火的服饰装扮，以当地生活服饰为主，无须特殊制备，因此比较简陋。以内蒙古为例，清末活跃在各地的民间职业戏班一般只有两三个戏箱，演出时"一两辆牛车即可拉走"。有的戏班没有自备戏箱，可以租赁戏箱。有箱主专门以租赁戏箱为业，"戏衣以布料为主，色彩款式比较陈旧"。后来大量戏班进入内蒙古，竞争激烈，戏衣行头才由布料改为绸缎刺绣，纹样款式也有所改进。1980年，内蒙古曾创办赤峰戏装厂。[1] 下面以京津冀和关外地区、陕西、山西、河南及山东等地为主，简单介绍一下北方戏衣行业在近代以来的发展状况。

一、京津冀和关外地区戏衣行

京津冀辐射圈与关外流传

京津冀三地因毗邻甚紧的地缘关系，在戏衣制作行业方面也存在着一种比较密切的互融共通的关系。其中最为明显的一点是，在北京谋业的手艺人多为河北人。京城之中，无论是染坊、绣行、成衣行还是其他行当的匠作手艺人，都会受到宫廷匠作的很大影响。从宫廷出来的设计师或匠人包括那些需定期进宫服役的轮班匠人也会将宫中所学传之于外。有的师傅在北京学了手艺，从北京转去天津谋生立业，也会把宫廷技艺带至天津。清末出生的天津人张贵大致就属于这一类型。据《盛京皇城》"张氏戏装"描述，张贵生于1877年，因光绪年间天津闹灾，年仅12岁的张贵和弟弟跟着母亲逃荒去北京，在皇城根下遇到一位手艺人，此人看兄弟俩很聪明，便与其母商量留二人在北京学刺绣，当绣工。1894年慈禧过寿，张贵兄弟二人经人介绍进宫做绣活。在给宫廷做绣活的六年之中，张贵的设计与刺绣技艺有了很大提升。1900年，八国联军入侵北京，张贵兄弟二人出宫回天津，在天津锅店街创办顺兴号绣花作坊，因绣活好，

---

[1] 参见中国戏曲志编辑委员会、《中国戏曲志·内蒙古卷》编辑委员会编《中国戏曲志·内蒙古卷》，中国 ISBN 中心1994年版，第351页。

技艺精湛，被人称作"线儿张"。张贵的顺兴号培养了二十多位徒弟，其中包括后来比较有名的荆德慧和石金声。荆德慧于 20 世纪 30 年代创办荆记绣花作坊，擅长做旦角活，如裙、袄、裤、帔等。石金声曾多次为中国京剧院、天津京剧院、天津小百花等剧团设计制作传统戏服，在天津戏衣行中享有一定知名度。[1] 顺兴号的旁边是义盛号洋服店。据相关资料介绍，"义盛号洋服店"即义盛号，原本也是一个戏衣庄，店主王锡山。后"因欧风东渐，在青年中讲究穿西装，义盛号又改为西服店，专门做西服了"[2]。

张贵和王锡山相处甚好，当年两家经常合作，由义盛号出裁缝，顺兴号出绣工，一起制作戏衣。1915 年，张贵和王锡山共同制作的金丝蟒袍参加巴拿马万国博览会获得金质奖章。张贵生有两子，长子张庆顺，次子张庆德。20 世纪 20 年代，奉系军阀张作霖为了促进工业发展，繁荣市场经济，在沈阳大兴土木，开工营建各种娱乐场所，形成所谓的南市场和北市场。其中，北市场虽然形成略晚，却聚集了三教九流、五行八作和各路江湖艺人，十分热闹。而北京评剧当时在关外甚火，很多名伶艺人纷纷到沈阳演出，戏园子生意十分兴旺。当时从关内传过去的评剧和梆子等大戏的穿扮比较讲究。《盛京皇城》中称，因为没有本地制作，当时在关外置办戏衣比较困难，于是张贵便派自己的大徒弟刘凯岚、长子张庆顺，还有王锡山手下的常秀亭等人，带着一部分男绣工，到沈阳的北市场先后开办了老恒泰戏装店和王恒泰戏装店。中华人民共和国成立初期，张贵去世，张贵的长子张庆顺在沈阳病入膏肓，老恒泰掌柜、大师兄刘凯岚回天津"请求支援"，"正好在天津火车站遇到打算回老家分地的张庆德"[3]，张庆德就这样被拉到沈阳，在北市场老恒泰担任设计师。

关于沈阳的"老恒泰"和"王恒泰"，在现有不同说法和资料流传中似乎有一点混乱。据张贵的孙子张立讲，老恒泰是其爷爷当年在沈阳创办的分号。上述"张氏戏装"中也提到当年顺兴号的张贵与义盛号的王锡山先后分别在沈阳创办"老恒泰"和"王恒泰"。但是在很多人的口述中直接将"老恒泰"与"王恒泰"等同起来，且仅提"老恒泰"或"王恒泰"由王锡山创办，并未提及张贵或张氏与"老恒泰"之间的关系。

曾在北京学艺、在天津谋生的"把子许"许寿昌称："1937 年日本帝国主义发动了七七事变，蒋介石采取不抵抗政策，国民党军队一溃千里，天津很快就

---

[1]　参见王忠昆主编《盛京皇城》下，辽宁美术出版社 2019 年版，第 143—144 页。

[2]　陈少伯、王明楼：《北市场王恒泰戏衣庄》，载中国人民政治协商会议、辽宁省委员会文史资料委员会编《杂巴地旧忆》（辽宁文史资料选辑 总第 34 辑），辽宁人民出版社 1992 年版，第 223 页。

[3]　王忠昆主编：《盛京皇城》下，辽宁美术出版社 2019 年版，第 145 页。

3-2-1　天津顺兴号"线儿张"
张贵，张立提供

沦陷了。北平、天津百业萧条，人心惶惶，我们没做几年好生意又完了。正在这时候，天津义盛戏衣庄的少经理王文甲，想从我这个把子许身上捞些油水。他来约我去沈阳，合伙干生意。"王文甲对许寿昌说："沈阳戏班多，好挣钱，甭在天津受穷了。"许被说动了心，便于1939年离开天津，和王去了沈阳，一直待到1948年才又回到天津。许称："王文甲在沈阳北市场开了个老恒泰戏衣庄，我给他帮工。"[1]按照许寿昌的说法，他在沈阳待了将近10年，他称"老恒泰"为义盛戏衣庄少经理王文甲所开。

比许寿昌早几年到沈阳"王恒泰"的陈道勃称："1933年我由天津义盛号戏衣庄的表兄王锡山介绍来沈阳北市场，进王恒泰戏衣庄学徒，做过徒工、职员、技工、戏衣设计。""据我所知王恒泰戏衣庄始建于1926年，最初归属天津市锅店街义盛号戏衣庄，东家是王锡山。"王锡山派其弟子丁子杰"去奉天创建了这家分号"。丁子杰到东北后先在沈阳小北关的世合客栈住下（即小北街白塔北里）。1931年"九一八"事变后，日本人占领东三省，"许多戏班向关内流散，演出业务减少，王恒泰戏衣庄也受到影响，濒于倒闭"。天津总号东家王锡山得知后让"派出的人员回天津，就地雇佣的人员就地解雇"，王恒泰被迫停业。1932年以后，"一些剧场更换成日本业主，相继开业，各剧场又相继邀请班社和流动艺人演戏，对戏装、戏具也有所需求"，于是王恒泰又重新营业，不仅地点迁移到北市场的信诚客栈南院，而且东家王锡山还把设在沈阳的分号主权转让给了丁文斌，"不再归属天津义盛戏衣庄总号"。这时沈阳王

---

[1] 许寿昌：《把子许》，载北京市政协文史资料委员会选编《艺林沧桑》，北京出版社2000年版，第373页。

恒泰的"货源就不能再依靠天津了，需自己生产"。也就是说，沈阳王恒泰在1932年重新开业以后才开始独立经营、自行制作加工戏衣行头。那时的王恒泰一来没有了天津货源，二来"资金又不足"，"所以戏衣、戏具品种不如从前齐全，再加上日本统治东北，市面萧条，戏衣庄的生意艰难地维持着。后来，由于从业人员的努力，渐渐地好转起来，除经营戏衣、戏具外，还兼营神袍和高级寿衣之类的物品"。当时（1933—1938）王恒泰的主要人员有掌柜丁文斌（字子杰），副掌柜白清畔（别名白振源），账房先生兼掌柜刘治坤，外掌柜崔炳昆，内老板周宝宝。掌柜的叔伯弟弟丁文会负责炊事和打杂。另外还有靴子匠崔凤仪[1]，把子匠王庆元，盔头匠杨恩山，绒球匠魏金奎，成衣匠（外部加工人员）侯君正，以及刺绣匠李锡民、邢俊光、王云涛等。按照陈道勃的描述，王恒泰是在1937年至1942年间随着"营业额不断增加，经销的范围也逐渐扩大，在生产方面又陆续招收16名徒工，其中有刘凤鸣、丁玉玲、王文清、王树林、丁学林、丁玉和、隋兆泉、陈承朴、马云和、马超忠等人"，"为了添补工种短缺，又从北京请来靴子匠和把子匠5人，有崔凤仪、张瑞林、韩文胜等，打破了王恒泰戏衣庄过去只招收徒工，不招收技工的惯例"。陈称："这段时间，王恒泰戏衣庄的发展，已达到'五匠'俱全的境地。"根据陈的描述，沈阳王恒泰无论是掌柜还是徒工似乎都以丁、王、刘三姓为主。而在其回忆"王恒泰戏衣庄始末"时所提及的众多人名之中，不仅从未提到过"张氏戏衣庄"中的刘凯岚、张庆顺以及在《盛京皇城》中被视为王锡山手下的常秀亭，甚至没有提及"把子许"许寿昌。陈道勃称1943年日伪政权开始实施《产业统治法》，王恒泰戏衣庄所需原料来源因受"统治组合分配"的限制，经常遇到用料供应不足问题，使得生产限于维持状态。1944年，经营困难，技工和徒工相继被解雇，只剩下陈和经理的弟弟丁文治。王恒泰再次陷入停业状态。内老板周宝宝和经理丁文斌分别于1944年和1946年去世，丁文斌的父亲丁玉衡接管。解放战争期间，沈阳成为"国统区"，各戏园不能正常演戏，梨园艺人处境困窘，王恒泰戏衣庄也再次无生意可做。于是丁玉衡去了天津，其侄子丁文会留守。直到沈阳解放，王恒泰戏衣庄才又开业。[2]

陈少伯、王明楼的《北市场王恒泰戏衣庄》一文称："三十年代王锡山在沈阳、哈尔滨开设两处戏衣庄，都叫王恒泰。'九一八'事变后，王锡山把东北两

[1]　《沈阳市戏曲志》中写作"崔凤义"。参见《沈阳市戏曲志》编纂委员会编《沈阳市戏曲志》，辽宁大学出版社1992年版，第501页。

[2]　参见陈道勃《王恒泰戏衣庄始末》，载中国人民政治协商会议、辽宁省委员会文史资料委员会编《杂巴地旧忆》（辽宁文史资料选辑 总第34辑），辽宁人民出版社1992年版，第217—222页。

处的王恒泰的资本抽走，沈阳王恒泰戏衣庄则由王锡山的徒弟丁子杰、丁子华、丁老三等弟兄接管。地点由原来的小北关白塔里迁到北市场（今沈阳114中学对过）。"[1] 陈、王之说与陈道勃的描述有相合之处。

《沈阳市戏曲志》记载，王恒泰戏衣庄建于 1926 年，"系天津义盛号戏衣庄在沈的分号"，地址位于"沈阳小北街白塔北里世合客栈"。1931 年戏衣庄被迫停业，1932 年"迁北市场街 19 经路信诚客栈南院，兼给艺人义务介绍班社"。1936 年"于中央大戏院南侧，建一幢两层楼，楼上为生产车间和仓库，楼下为门市，后院设伙房"。"1940 年后，老板、经理相继去世，再度停业。新中国成立后恢复营业，到 1956 年公私合营，已有技工、徒工 110 余人。1960 年迁小北门慎盛里，拥有一个仓库，30 余间厂房，为全民所有制企业。1966 年，与第三针织厂合并，在城内中街开设戏装门市部。"该戏曲志中罗列的王恒泰人员名字除了不含 1937 年以后扩展的人员，与陈道勃所述基本相同，说明其信息来源应该受到陈道勃的影响。世合客栈，"建于 20 年代，坐落在小北街白塔北里，为砖木结构平房，有客房 14 间……该客栈经常接待在东北流动演出的艺人……天津义盛号戏衣庄，曾在此赁房 5 间，挂起'内寓王恒泰戏衣庄'的招牌，销售戏衣。该客栈于新中国成立前不复存在"。信诚旅馆，"又名信诚客栈，建于三十年代"，"坐落在人口稠密、商业繁荣的北市场街 15 经路，东邻中央大戏院，北邻王恒泰戏衣庄，近有共益舞台、大观茶园。因此，往来沈阳的戏班艺人多到此落脚。信诚旅馆除为他们提供食宿外，还为他们洽谈搭班、签订合同等演出事宜。故人称'戏子店'"。1956 年，信诚客栈停业改为民宅。"艺新戏衣庄"，"建于 1954 年 11 月 11 日，前身是天津义盛号戏衣庄在沈阳的分号——老恒泰戏衣庄。坐落在北市场街 19 经路，有一间门市两个生产车间，占地面积 80 平方米。1956 年改为集体所有制企业后，行政负责人王富有，主要技术负责人张庆德；技术工人张雅君、关桂芳、李凤英等，全庄共有 100 余人。以生产戏衣为主，兼出售从外地购进盔头、把子、靴鞋等舞台道具……1962 年，迁至小北门太清宫慎盛里，1966 年与绣品厂合并"[2]。《沈阳市戏曲志》中述及"艺新戏衣庄"于 1956 年改为所有制企业，其负责戏衣制作的技术人员为张庆德，对于改制前的企业属性未做说明，而老恒泰戏衣庄是"天津义盛号戏衣庄在沈阳的分号"。

从前面引述的资料来看，陈少伯、王明楼、许寿昌等人的口述文章和《沈

---

[1] 陈少伯、王明楼：《北市场王恒泰戏衣庄》，载中国人民政治协商会议，辽宁省委员会文史资料委员会编《杂巴地旧忆》（辽宁文史资料选辑 总第34辑），辽宁人民出版社1992年版，第223页。

[2] 《沈阳市戏曲志》编纂委员会编：《沈阳市戏曲志》，辽宁大学出版社1992年版，第501—503页。

阳市戏曲志》中都声称"老恒泰"和"王恒泰"是天津义盛号在沈阳开设的分号，但对于相关细节尤其是两家分号之间的关系究竟如何，却绝口不提。王恒泰的老师傅陈道勃很早（1933年）就到了沈阳王恒泰，在述及王恒泰戏衣庄的历史时，竟然对老恒泰以及老恒泰或王恒泰的常秀亭、刘凯岚、"老侯头"、张庆德等技术师傅只字不提。其中想必应该有些缘故。

张氏后人张立收藏了一份20世纪80年代初由天津市文化局戏剧研究室、《中国戏曲志·天津卷》编辑部向沈阳戏装厂开具的公函，函称：

我室在中央统一部署下着手编修《中国戏曲志·天津分卷》，其中一项为戏衣生产。现获悉原天津顺兴绣花局著名的"线儿张"（叫什么，我们还不知道）之子张振铎在贵厂工作，我们拟通过振铎同志了解以下情况：顺兴绣花局起止年月，主要产品、特点；"线儿张"姓名、籍贯、生卒年月、从艺经历、师承关系、传人、代表作、成就和影响以及当时天津生产戏衣的还有什么厂，生产情况如何等。望贵厂领导暨振铎同志大力协助，于百忙中写成一份书面材料寄我室……

从落款时间来看，公函出具的时间是1983年7月5日。从这份公函可以看到，《盛京皇城》中提到的顺兴号和"线儿张"在天津的确久负盛誉，以至于20世纪80年代初天津还有人知晓这个字号和"线儿张"的大名。不仅如此，还有人知道"线儿张"有一儿子在沈阳戏装厂工作。人称"线儿张"的张贵生有二子，长子张庆顺大约生于1908年，10多岁时被大师兄常秀亭带去沈阳开设分号。新中国成立初期，张庆顺在沈阳病入膏肓，父亲张贵去世以后，张庆顺亦不久于人世。张贵次子张庆德生于1917年，卒于1999年，享年80余岁。1951年，准备回武清郭庄参加分地的张庆德被师兄刘凯岚请到沈阳，后来便一直在沈阳做戏衣。公函中提到的"张振铎"即指"张庆德"。比较遗憾的是因某种特殊原因[1]，张庆德在收到公函以后未能及时给予回复，最终导致《中国戏曲志》天津分卷中有关"戏衣生产制作"的资料完全缺失。1978年，张庆德在为参加全国工艺美术展而手写的一份个人简介中称其生于1917年，1925年上学，1935年至1950年，跟随父亲在天津学艺，1951年到沈阳老恒泰戏衣庄做

---

[1]　据张立讲述，自称在北京从事工艺美术工作的马某（曾在东北戏曲研究院工作）在20世纪50年代曾以出书为名对张庆德等手艺人进行采访，并从张的手中获取不少图文资料，包括张的设计图等。1957年，马某出版图案画册，册页中有不少图案原为张庆德和陈道勃等人设计，然册中却并未指明其来源。此事在张庆德心中留下阴影。因此，当《中国戏曲志·天津卷》编辑部联系张庆德时，张并未及时予以回应。后来辽源京剧团在沈阳演出期间，其副团长在张庆德那里听说后称此是好事，应当给予支持，然为时已晚。

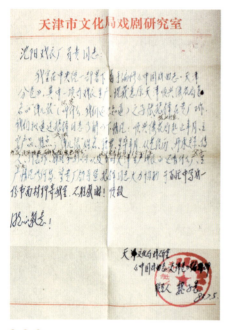

3-2-2

3-2-3

3-2-4

3-2-2　天津市文化局戏剧研究室公函，张立提供

3-2-3　张庆德个人简介，张立提供

3-2-4　张庆德，张立提供

设计，1954 年至 1964 年在沈阳艺新刺绣生产合作社。1964 年，"艺新戏装下马，被借用（于）东方红机绣厂"。1969 年，艺新戏装厂被合并到沈阳绣品厂，张庆德做"另（当为'零'之误）碎工作"。1978 年，"又回设计室工作"。1979 年 7 月，沈阳戏装厂成立，聘请张庆德做服装设计。张庆德的儿子张立这时业已开始跟随父亲学艺，并于次年也即 1980 年进入沈阳戏装厂工作。

《中国戏曲志·辽宁卷》称"王恒泰戏衣庄"（经理丁子杰）在中华人民共和国成立以后扩大营业，"至 1956 年公私合营前，已有技工、徒工一百一十余人。1962 年迁至小北门太清宫慎盛里，扩至三十多个制作车间，改为国营戏装厂。1966 年戏装厂并入沈阳市第三针织厂，改为沈阳市第三针织厂戏装厂，于城内中街设戏装门市部销售戏装、道具"[1]。《沈阳市戏曲志》载"沈阳戏装厂"建于 1979 年 7 月，其"前身是王恒泰戏衣庄、艺新戏衣庄。是专门生产戏衣、戏具、道具的厂家"。从《沈阳市戏曲志》的记载来看，"沈阳戏装厂"是在王恒泰与艺新戏衣庄的基础上建立的，而按照《中国戏曲志》的说法，王恒泰早在 1966 年就已并入沈阳市第三针织厂。因此，根据历史来推断，1956 年公私合营时，丁文斌（字子杰）的王恒泰戏衣庄与张庆顺的艺新戏衣庄，包括其他大大小小的小业主，应该是在同一时期进行了合营，后来全部加入国营剧装厂（实即"集体所有制企业"），并于 1979 年更名为沈阳戏装厂。有资料称，20 世纪三四十年代，沈阳大大小小的戏装作坊有 20 来家[2]，这些私营小作坊都会在 1956 年全国开展的"合作化"浪潮中加入"公私合营"的行列。姑且不说上述统计资料是否有误，单从《沈阳市戏曲志》中的有关描述来看，1956 年公私合营时绝对不可能只有丁子杰的王恒泰戏衣庄一家，至少应包括艺新社。

1962 年 1 月 20—24 日，沈阳市日用工业品部门召开"老工人老艺人座谈会"。在与会者名单中有"艺新刺绣合作社"的张庆德，其手艺特长写的是"京、评、话剧服装设计"。当时艺新社登记的地址是"北市场 19 经路 111 号"。该地址也是老恒泰自设立以来的地址。除了张庆德和艺新社，名单中还罗列有"王恒泰戏装厂"以及王恒泰的老师傅胡少田。胡少田擅长"平绣、打枝（籽）绣"。王恒泰戏装厂的地址是"和平区北市场街一段永宣里 22 号"。前述资料中多人提到王恒泰最早设立的地址是"沈阳小北街白塔北里"，靠近沈阳中街，后来才搬到北市场永宣里，距离老恒泰六七十米。老恒泰以制作戏服为主，王恒泰除了做戏衣，还

---

[1] 中国戏曲志编辑委员会、《中国戏曲志·辽宁卷》编辑委员会编：《中国戏曲志·辽宁卷》，中国 ISBN 中心 1994 年版，第 272 页。

[2] 该资料数据可能统计有误或在统计方式上不够严谨。张立说，沈阳从来也不可能有那么多戏装作坊。故此所谓"20 来家"可能是指包括戏装在内的所有作坊数量。

沈阳市日用工业品			
老 工 人 老 艺 人 座 谈 会			
参 加 者 名 单			
1962年1月20日—24日			

3-2-5　老工人老艺人座谈会参加者名单扉页，张立提供

景维师	景家炉的刃具	铁西铁制品生产社	铁西区兴华街南七路三段11号	
王 永	雕刻人物	沈阳市玉器厂	沈河区大西路三段进步里·3号	5.2941
杨玉舒	雕刻各种花卉	〃	和平区和平大街望胡路育光里2号	〃
胡德顺	雕刻飞禽	〃	〃	〃
王维者	金银制品的雕刻、人物、山水	市金属模具厂	沈河区沈阳路二段德新里9号	4.2480
穆福宣	金银制品、制作白金坩埚	沈河区日用陶瓷厂	大东区小东路一段兴平里6号	2.8321
原善长	精致金属雕刻	市金属模具厂		4.2486
罗士队	绢花、盆景花	红光制花生产合作社	沈河区大北门里悦来馆胡同1号	4.2832
胡少田	平绣、打枝绣	王恒泰戏装厂	和平区北市场街一段永宣里2?号	2.6500
张庆德	京、评、话剧服艺设计	艺新刺绣合作社	北市场19经路111号	2.9235

3-2-6　老工人老艺人座谈会参加者名单内页，张立提供

做盔头、刀枪把子等，规模更大。王恒泰一些制作戏衣的员工如张文清等乃是自老恒泰的徒弟那里习得手艺。

《沈阳市戏曲志》称"沈阳戏装厂"当时的技工有陈道勃（设计、绘图）、刘忠和（盔头）、崔凤义（靴鞋）、王庆元（把子）、王汝华（女帔、成衣）、王玉昆（钩制光片戏衣）、张维政（剪裁）、王君（设计），技工的名字应当有所遗漏，未能涵盖原艺新戏衣庄的技术人员。《沈阳市戏曲志》又载"沈阳评剧院戏装商店"，建于1980年，其"前身是沈阳评剧院美术队服装室。坐落在和平区北市场文艺里26号沈阳评剧院院内，有技工两名，徒工二十名。设有门市部，经销戏衣戏剧"，"1980年10月，该店技工刘明仁，在本店技师滕桂林与市戏装门市部技师张庆德的帮助下，用一个月时间，研制成功机绣机平'圈金'

和'平金'的新工艺，改革了手绣粗金的旧工艺，提高工效 5 至 10 倍"。这里提到"市戏装门市部技师张庆德"，说明原艺新戏衣庄的张庆德当时隶于沈阳市戏装厂的门市部，而前面《中国戏曲志·辽宁卷》中亦提到沈阳戏装厂"于城内中街设有戏装门市部销售戏装、道具"。综合以上二志记录可以清楚地看到，包括张庆德在内的原"艺新戏衣庄"等技术人员在改革开放之初的确隶属于沈阳戏装厂，然在现有的很多资料中竟然都未提到这一点。

除此之外，《沈阳市戏曲志》提到 20 世纪 70 年代，沈阳还成立了"辽宁舞台美术厂"，隶属辽宁省文化厅直接领导，地址在沈阳市和平区 13 纬路 14 号……是专门制作舞台设备的厂家……工厂初建时有职工 40 人……工厂又招收了徒工和技术人员，职工达 60 人，该厂的主要产品有幕布、舞台灯具、戏装、刀枪、花草以及塑料道具等。[1] 对此，《中国戏曲志·辽宁卷》中亦未曾提及。

综上所述，如果确如陈少伯、王明楼、许寿昌等人所言，"老恒泰"与"王恒泰"原本是一家，即皆由天津义盛号王锡山开办，那么最大的可能是当年顺兴号张贵与义盛号王锡山分别派人前往沈阳开设分号，表面上是合作，但实际上却是被实力更为强大的义盛号控制。顺兴号派出的常秀亭、张庆顺等人大概只被义盛号的人看作本号雇用的"伙计"，而非合伙人。然而，从后来两号的发展及关系来看，老恒泰与王恒泰同为一家的可能性并不是很大。否则，王恒泰的老师傅陈道勃在述及王恒泰的发展历史时，不会对老恒泰以及与老恒泰相关的技术人员讳莫如深。尤其是 1931 年"九一八"事变之后，王恒泰一度被迫关闭，重新开业以后，业主已换为丁姓主人，且与天津总号脱离关系。这时张贵的长子张庆顺如果在丁姓手下的王恒泰戏衣庄担任设计制作，分别于 1933 年和 1939 年进入沈阳王恒泰的陈道勃和许寿昌不可能完全不知晓此事。然在陈、许二人的回忆文章中均未曾提及张庆顺，说明张庆顺不可能在丁姓手下工作。

辽宁地方史研究专家周克让在其《菊部春秋——记旧社会两位京剧艺人的遭遇》中讲述伶人艳丽华（乳名王桂兰，后又分别改名为素兰香、王影侠）1933 年跟随白玉霜到沈阳演戏，1937 年不幸遭遇大火，其师父白玉霜（逝于1936 年）留下的戏装以及她自己添置的全部行头和生活用具均付之一炬。"斯时，沈阳市北市场有两家专门经营戏衣生意的戏衣庄，一家叫王恒泰，另一家叫老恒泰，它们都可以先行赊购，但还钱时却须加重利息。"与艳丽华没有任何血缘关系的"父亲"阎广渡（白玉霜的丈夫）"为了扶植她这棵摇钱树，使她早日再度登台，不惜重利从王恒泰戏衣庄赊购了全套旦角戏装，以冀求东山再起"。值得注意的是，生于辽宁黑山（距离沈阳 100 多公里）的周克让先生于

---

[1]　参见《沈阳市戏曲志》编纂委员会编《沈阳市戏曲志》，辽宁大学出版社1992年版，第503—504页。

其文章开端自述："余少年时，正值伪满中期，酷爱京剧，自青年起又经常'票戏'（即业余登台演出），故与京剧界人士往还甚密，经常出入'戏下处'（演员寓所），结识艺人较多，但知己者只有两位"，其中一个就是"色艺双绝的坤伶艳丽华"。[1] 从文章里的描述推断，周克让与艳丽华的密切交往当在 1939 年前后（1940 年 4 月，艳丽华与吉林伪宪兵第二团中士班长佟孝扬结婚，1941 年迁居北京），而周克让收录此文的《三不畏斋随笔》出版时，二人俱健在。从这一点来判断，周克让关于沈阳"王恒泰"和"老恒泰"两个戏衣庄的说法应该是真实可信的。这也十分清楚地说明，老恒泰和王恒泰是两家在业务关系上各自独立的戏衣店。从经营策略上来说，老恒泰与王恒泰绝对不可能是同一家店。

张立讲述，十多年以前，许振海把哥哥许振东偶然获得的一份介绍"天津戏衣戏具生产厂坊"的文字材料拍照转发给张立。该材料称"天津不以戏衣生产著称"，"新中国成立前戏衣作坊大者有二：一为坐落在锅店街源合栈内的顺兴绣花局；一为坐落在估衣街金店胡同的荆记绣花作。顺兴绣花局约创立于1920 年，经理为武清张四，以做蟒、靠为主。因当时通用粗线，张四做出来的戏衣结实耐用，受到马连良、谭富英等名角的好评，故人称'线儿张'。'线儿张'培养出了一些高足。徒弟荆德慧于 1934 年前后自立荆记绣花作，主要做旦角活：裙、袄、裤子、帔。可惜新中国成立前故去，绣花作业随之倒闭。另一徒弟石金声，曾先后为中国京剧院出国演《雁荡山》、天津评剧团赴朝演出《牛郎织女》、天津小百花剧团建国十年大庆演出《荀灌娘》、天津京剧团赴美洲演出《孙悟空大闹天宫》等制作过蟒、靠、大铠、猴衣、大（打）衣裤，尤以龙、凤的设计制作活灵活现，别具神采，在天津戏衣生产上为人所称道"[2]。文中提到的"张四"即张立的爷爷张贵，因在家族兄弟中排行老四，故名。至于"线儿张"之得名，文中写道："因当时通用粗线，张四做出来的戏衣结实耐用，受到马连良、谭富英等名角的好评，故人称'线儿张'。"说明"线儿张"的刺绣特色是使用彩线而不是绒线。

彩线通常指五颜六色的加捻丝线。线绣是刺绣工艺中一种比较古老的传统手工艺。与绒绣相比，用彩线做绣活时不用劈绒，故绣线比绒线略粗，绣制的图案具有粗犷豪放的特点。除此之外，以彩线绣制的服饰纹样结实耐用，不易跑线或起毛，吸光性能也比较好。过去民间用彩线绣花比较常见，现藏清代宫廷戏衣中也有一些是用彩线绣制。

在天津的顺兴号与义盛号前往沈阳开设分号以前，整个辽宁地区的戏服制

---

[1] 周克让：《三不畏斋随笔》，吉林文史出版社1993年版，第277页。

[2] 资料出自中国戏曲志天津卷编辑部编《中国戏曲志天津卷资料汇编》第四辑，1985年，第83页。

3-2-7

3-2-8

3-2-7　陕北民俗博物馆藏民间线绣饰品

3-2-8　榆林儿童帽饰上的线绣纹饰

3-2-9　线绣麒麟开氅及局部，杭州应建平藏

3-2-9

作水平都不是很高。《中国戏曲志·辽宁卷》称："辽宁地方小戏服装极为简单，海城喇叭戏演员只用一顶毡帽、一件布衫、一条腰带即可演出。二人转表演时亦不更换服装，有时上装无裙就以花布被面系于腰间演出，无上衣时借件花袄即可登场。"[1]

《盛京皇城》里提到最早顺兴号与义盛号两家合作，各派几个伙计前往沈阳开设分号。顺兴号派出的是以"顶门柜"即大徒弟常秀亭和少东家张庆顺为主的一拨人。当时的张庆顺还比较年轻，不到20岁，因此，业务上以常秀亭为主。《盛京皇城》中称常秀亭为王锡山手下，系记录错误。义盛号派出的是一侯姓师傅，绰号"老侯头"。侯师傅擅长制作。之后不久，也即过了一两年，王锡山（绰号"王胖子"）派儿子王文甲带着几个伙计，包括顺兴号的徒弟刘凯岚、胡少田、朱世明等人前往沈阳开设新的铺号。这就是陈道勃文章中提到的"王恒泰"。字号中带有"王"字，表明其明确为义盛号王锡山王家所开设。需要补充的是，刘凯岚也被称作顺兴号的"顶门柜"，与常秀亭一样，都是张贵的头一拨徒弟。据说，刘凯岚不仅擅长刺绣，而且擅长绘画。戏曲服装上的图案通常比较讲究对称，在布料上画图时，一般要先画好半边图案，然后再画另外半边图案。刘凯岚画出来的图案，两边几乎一模一样，完全对称。这是20世纪80年代，陈道勃收张立为徒以后亲口讲述的。

由此可以推测，在王恒泰设立以前，以顺兴号常秀亭、张庆顺和义盛号老侯头为主的第一拨人前往沈阳设立的字号很可能叫"恒泰"。1926年王恒泰设立以后，为了区分义盛号的"王恒泰"，常秀亭和张庆顺等人索性把先前的恒泰字号叫作"老恒泰"。"老恒泰"和"王恒泰"当自此而来。至于老恒泰和王恒泰为何都被王恒泰的人说成是天津义盛号开设的分号，当系市场经济中常见的一种商业竞争策略。再加上当时社会动荡不安，诸多商铺门店时开时关，关关停停，都很正常。为了吸引或留住客户，在字号前加一"老"字，称"老恒泰"或"老王恒泰"，以此说明自家字号由来已久，是业界习以为常的事情。"老恒泰"或"老王恒泰"之称，盖由此而来。一般人不明就里，道听途说，以讹传讹，倒也不奇怪。

据张立讲述，他曾听母亲说王恒泰的丁子杰、陈道勃与几个做盔头、做刀枪把子的师傅都拜了把兄弟，当初张庆德刚到沈阳时，王恒泰的这些兄弟曾经扬言要把张庆德挤出沈阳。结果张庆德不但没被挤走，老恒泰的业务规模还越做越大，在原来的基础上新增了一车间和二车间。王恒泰的陈道勃后来更是与张庆德

[1] 中国戏曲志编辑委员会、《中国戏曲志·辽宁卷》编辑委员会编：《中国戏曲志·辽宁卷》，中国 ISBN 中心1994年版，第225页。

3-2-10 张庆德（右）、徒弟黄清权（中）与陈道勃（左）合影，张立提供

3-2-11 张庆德（第一排右三）与妻子刘凤英（第一排左三）、陈道勃（第一排右二）以及王文甲的妻子王汝华（第一排左二）等人合影，张立提供

3-2-10

3-2-11

交好，成为朋友。1958年，张庆德的徒弟黄清权（音）即将去部队当兵，陈道勃还与张庆德师徒二人合影留念。20世纪80年代，张庆德在沈阳中街成立戏装门市部（挂靠中街办事处）时，还请陈道勃以及王恒泰、艺新社的一些老人一起合作，门市部全称为"老恒泰沈阳市沈河区中街剧装戏具厂"。在沈阳戏装厂工作期间，陈道勃还曾经收张庆德的儿子张立为徒。90年代，陈道勃退休以后，以"老王恒泰"为名，自己经营过一段时间，大概过了三年就歇业不做了。张立从沈阳戏装厂出来以后自立门户，也曾邀请师父陈道勃过来帮忙做戏衣。

现在再把前面提到的几个人之间的社会关系重新梳理一遍，脉络就会更加清晰起来。王恒泰的陈道勃是义盛号老东家王锡山的表弟，许寿昌是陈道勃的大舅哥。许寿昌在沈阳生长子许振东，许寿昌离开沈阳以后回到北京，生许振

海。因此，许振海从小在北京长大。许振海因为业务关系认识了张立，并述及前一辈之间的掌故。《盛京皇城》的作者之一王传章曾于 2018 年 5 月对张立进行访谈，故《盛京皇城》中有关"线儿张"及其弟子荆德慧、石金声的描述当来自许振海发给张立的那份文字资料。但是《盛京皇城》中误把张贵的弟子常秀亭说成是王锡山的手下。张立听师父陈道勃说常秀亭是顺兴号的"顶门柜"，擅长刺绣，跟刘凯岚一样，都是张贵的第一拨弟子。常秀亭外号"常四"。张立的母亲刘凤英给张立讲述老恒泰的典故时经常提到"常四"，称"常四当年在沈阳时经常吓唬张庆顺"，然而刘凤英并不知道"常四"本名叫什么。张立向沈阳戏装厂的老员工欧新芳打听，欧的丈夫常某称"常四"即其叔叔常秀亭。当时常秀亭带着年轻的张家少爷张庆顺和义盛号负责制作的"老侯头"到沈阳开设分号，因人手不够，只能做一些道袍、软巾之类的小活，大件如蟒、靠等仍需天津总号供货。而天津的顺兴号以设计、绣花为主，义盛号以成做为主。义盛号实力雄厚，名声也大，故人们在提起老恒泰或王恒泰时总以义盛号为宗。

辽宁省委员会文史资料委员会 1992 年编辑出版的《杂巴地旧忆》中同时收录了两篇文章，一篇是陈道勃的《王恒泰戏衣庄始末》，一篇是署名陈少伯、王明楼的《北市场王恒泰戏衣庄》。从两篇文章的内容来看，陈道勃仅提及了王恒泰，并未提到老恒泰，也没有说老恒泰和王恒泰都是天津义盛号在沈阳设立的分号。然王明楼的这篇文章和同年出版的《沈阳市戏曲志》都将老恒泰和王恒泰说成义盛号分号。从王明楼一文的表述来看，其与陈道勃一文有许多相合之处，说明两篇文章的内容当来自同一人的表述。据张立讲述，王明楼系沈阳评剧院工作人员，曾为撰写《沈阳市戏曲志》和《杂巴地旧忆》去找陈道勃，让陈道勃撰写一篇关于王恒泰的文章。当时陈道勃已是张立的师父，张立负责在旁边端茶倒水，招待来访客人。由此来看，文章署名中的"陈少伯"当即陈道勃。王明楼很可能将陈道勃的访谈资料另行整理，并加署一个伪名，与陈道勃亲自撰写的那篇文章同期发表。而许寿昌在北京市政协文史资料委员会于 2000 年版编辑出版的《艺林沧桑》中撰写《把子许》一文，该文关于老恒泰与王恒泰的说法，应当也是受王恒泰陈道勃等人的影响。如此一来，关于沈阳老恒泰和王恒泰的实际关系，当一目了然了。

在 20 世纪 50 年代公私合营以后，老恒泰的张庆德成立艺新刺绣合作社（一作"艺新刺绣生产合作社"），老恒泰不复存在。"文革"期间，张庆德被打成"反动技术权威"，一度被调往沈阳东方红机绣厂打杂，艺新合作社也被下马。之后艺新合作社被合并到沈阳绣品厂。再之后便是沈阳戏装厂成立，张庆德被评为技术人员，儿子张立也进入戏装厂工作。

沈阳戏装厂的最后一任厂长张海涛于 1993 年进厂。20 世纪八九十年代，沈阳戏装厂除经营戏装，也拓展经营，生产各类杂技演出服、少儿工艺服装、民族和婚礼服装以及各类舞台道具等。戏装厂倒闭以后，张海涛和妻子在沈河区正阳街的一条小巷子（翰墨轩巷）内经营了一个小门脸，距离刘老根大舞台很近。小门脸上仍挂着一块沈阳戏装厂的招牌，经营现代影视剧及舞台表演所用各种服饰道具。据张海涛本人介绍，他目前主要设计制作影视剧中的满族服饰，也做大秧歌、二人转等东北小戏服饰，简单的女帔等传统戏服也能做，但是蟒靠等活儿比较多的戏衣因人力不足没法做。小巷内除了张海涛的门店，还有另外几家乐器店和舞蹈服饰用品店，譬如新天亿戏装店等。新天亿戏装店店主唐英华，30 多年前曾在沈阳评剧院管大衣箱，兼在门市部卖戏剧用品，后来自己开门店卖戏具用品，经营范围包括衣服、帽子、首饰、乐器等。其本人偶尔也设计一些大秧歌所用的服饰以及手编头饰等。其店内服饰以大秧歌所用表演服装为主。

张庆德的儿子张立（人称"大立"）则在距此不远的步行街上开了一间门店，挂着恒泰戏衣的招牌，其对面即邓公池遗址。张立兄弟姊妹七人，俱有手艺，有的擅长盔头制作，有的擅长刺绣。张立自称 1979 年开始学习戏服设计，1980 年进入沈阳戏装厂。目前张立被浙江永康某绣品公司聘为设计师，常年在外地打工，偶尔回沈阳参加市里举办的各种非遗公益宣传活动。其妻子管理沈河区中街上的"恒泰戏衣"门面，店内以满族传统服饰为主，店内正中挂着一件制作比较讲究的传统戏衣，图案为张立本人设计，绣活由其姐姐完成。张立的母亲刘凤英也是天津武清人，生于 1928 年，现已 90 多岁。与其聊及有关传统服饰的面料、设计及绣工等传统技艺的话题时，她仍能侃侃而谈、滔滔不绝。

关于天津的戏曲服饰，《中国戏曲志·天津卷》中称："早期班社、剧团、票房演出所用的戏曲服饰，大多是从江浙湘粤等地购置，各剧种之间区别不大。本世纪二十年代初期，原来从事缝纫、刺绣、编织、绒花及其他行业的部分手工业者，改行从事戏曲服饰。他们从'挟包'开始，按演员的要求设计式样、图案，雇用技艺高超的绣工制成衣片，再由'成衣铺'合成。这种小批量单件套的私人行头，色彩新颖，穿着合体，深受演员和票友的欢迎。"这说明，天津虽然水陆交通便利，尤其是海路可直通江浙等地，大量戏曲服饰可从南方购置，但是仍然存在本地"小批量单件套""私人行头"的购置需求以及满足这种需求的戏衣制作行业，而这些行业也都是在当地缝纫、刺绣、编织、成衣等传统行业的基础上发展起来的。"由于演出场所的进化，演出形式及演出剧目的发展，演员表演技艺的出新，天津戏曲服饰艺人，在南源北流的影响下，不断求变求新，发展较快，并逐渐形成'色彩柔和、纹样考究、构图合理、做工精细'的艺术风格，创造出一些具有特色的戏曲服饰，流行在各地舞台上。"天津戏衣行不仅吸收了南北服饰的特点，也不断结合演艺需要进行新的创作并形成了自己的艺术风格。《中国戏曲志·天津卷》称："天津戏曲服饰，配色和谐清雅，图案设计也有所创新。龙的造型以口型、脑门（圆脑门、扁脑门、开缝脑门、横眉脑门、连角脑门、通脸脑门）、犄角独具特色而区别于其他地区。天津戏衣上的绣凤（无论平金绣或彩绣），姿态生动、飘逸、洒脱，翅膀有动态感；考虑加工的需要，多用绣线条，少用面，造型简练柔顺，加之云朵点缀，覆盖面更大，而且省工省料……"这种造型及设计风格很显然受宫廷影响较大。书中又提到"天津戏曲服饰手工艺人中的佼佼者"石金声，而石金声正是从前述顺兴号戏衣庄出师。近代天津戏衣行中类似石金声这样技艺出众的工艺匠人应该还有很多，戏衣行也远远不止顺兴号与义盛号两家，而是有上十家之多，且在20世纪50年代公私合营时期成立了天津市戏衣戏具厂。单从《中国戏曲志·天津卷》所记天津多达几十上百份的衣箱建置规模便可大致推测，天津本地戏衣行曾经的盛况绝不亚于其他地方。志书中记载20世纪60年代以前天津主要戏箱有三四十份，70年代以后又增加很多，包括一些机关、工厂、企业以及其他社会团体等先后建置50多份戏箱，而这些戏箱不仅多为全份戏箱，而且"绝大多数属非营业性质"，"专供所属业余剧团所用"。[1] 除此之外，那些散落在民间的租赁箱以及小班社、伶人私房恐怕亦不在少数。《（民国）天津志略》第十九编第八章"票房"云："近年来思想骤变，风气急转，曩者所认为微贱之伶人，今则身价高抬，名满神州，于是京剧之空气，浓漫津门，甚至妇人孺子，亦能哼哼两句，而一班达人雅士，更组织团体，延教师，制行头，做深切之推求，于是票房剧社，有如雨后春荀（笋），终日金声木声肉声：嚣援尘上，且不时登台彩排，以露头角，进更有女票房之设立，可谓别开生面矣。"[2] 近代以来天津的戏剧之盛，由此可见一斑。然而，遗憾的是，面对如此庞大的戏剧服饰市场，当时戏衣行业的盛况如何似乎并未留下太多的文字记载。问及天津业界，称古文化街尚有梨园阁戏剧用品商店，而曾经的戏衣行早已无存。

北京

1919 年，为推广"国剧"，梅兰芳在一批热心人士的推动下，准备访日演出，备演剧目有《天女散花》和《黛玉葬花》，因对现有服饰不太满意，特请当时比较有名的设计师李春根据表演需要重新设计戏服。访日演出获得成功，而

[1]　中国戏曲志编辑委员会编：《中国戏曲志·天津卷》，文化艺术出版社1990年版，第389页。

[2]　宋蕴璞：《（民国）天津志略》，民国二十年（1931）铅印本。

李春为之设计的戏服也被视为北京制作戏衣的开端。1919年，由李春参与入股开设的"三顺戏衣庄"被视为北京第一家戏衣庄。"从前戏衣皆来自南方"，而北京"始有专行"一说盖由此产生并对后人产生深远影响，后世很多评论或书著在谈到北京的戏装行业时，大都从此说。

关于李春，有资料介绍其生于1873年，祖居北京通县（今通州区）喇嘛庄，后迁辛庄定居，字紫阳，17岁时经人介绍到北京宣武门外一家刺绣作坊拜韩某为师，学习绘画和刺绣。韩与齐白石交往密切，李时而得到齐的指点。李出师后经常在中华门（天安门南侧）附近摆摊出售一些自己绣的肚兜、围嘴等绣活和自己画的各种花样儿。其精湛技艺为时任文华殿大学士的李鸿章所欣赏，被邀入府作画。清宣统元年（1909），经李鸿章推荐，李春为新帝（溥仪）登基设计制作龙袍，大受赞赏。李春由此名声大振。随后，李春入股京西煤矿，因经营不善赔款倒闭，改回本行，经营德春厚绣花局，也有人将李春的德春厚绣花局视为北京戏衣行的开端。1919年，梅兰芳拟赴日演出，请李春设计制作服饰。原本经营估衣行的李书舫、李子厚等人发现做戏衣比较有前途，遂邀李春入股，于前门外西草市合伙开设三顺戏衣庄。这大概是草市街上第一家以戏衣为主营业务的字号。而这条街后来逐渐发展为北京著名的"戏装一条街"。李春在三顺戏衣庄主要担任设计，旧称画活，曾收张斌禄和云清山等人为徒。张、云二人又先后收何宝善、李小山、宋荣明、张福禄、宋善德、田喜孔、仝善柱、王月山、王恩泽、王敏正、李根等20余人为徒。据称曾被誉为戏曲服装图案设计大师的高级工艺美术师尹元贞是李春的再传弟子。1937年七七事变后，李春为避乱回到通县辛庄，1943年卒于家中。

从这段简短的历史我们大概可以知道，或许是因为名气太大，抑或是为了宣传的需要，通县人李春创造的北京戏衣行业神话由此演绎而生。

那么，在李春或"三顺"之前，北京是否就没有戏衣制作或戏衣行的存在？对此问题作出否定的回答恐怕很难站得住脚。1935年出版的《旧都文物略》云："衣装之制造""由明历清，屡经改进。从前衣装，以宫中制者最完美，而市中班装，一因明代之旧。自程长庚整饬装具，完全改革旧式，绘样制图，指导监工。当时造戏衣之店铺，共有三家：一为'玉丰协'，在煤市街路西；一为'宏兴号'，在东珠市口路北；一为'正源号'，亦在东珠市口……又有'三顺''双兴'两家，一在草市，一在珠市口南。其衣装各色，共九十九种，以大衣箱、二衣箱、旗色箱为三类。"[1]《旧都文物略》的编写工作在时任北平市市长袁良的倡导下，于1934年启动，其目的乃为宣扬和保存旧都之文物风貌。其编者汤用

[1] 汤用彬、陈声聪、彭一卣编，钟少华点校：《旧都文物略》，华文出版社2004年版，第288页。

彬等人久居北京，习闻故事。上述"衣装之制造"明确提到从前戏衣"以宫中制者最完美"，这与前面相关史料的记载是相吻合的。又言"市中班装""一因明代之旧"，书中给出的"文戏衣"和"武戏衣"两幅配图也的确有着非常明显的明代服饰特征。尤其是提到历任精忠庙庙首、三庆班主的著名京剧艺术家程长庚（1811—1880）"整饬装具""改革旧式"，不仅"绘样制图"，而且"指导监工"。这十分清楚地表明，清代同光时期，北京坊市中是有戏衣制作的。而当时"造戏衣之店铺"，能说得出名号的就有"三家"，分别是"玉丰协""宏兴号"和"正源号"，又有"三顺"和"双兴"，盖因历史较短，未能与前面三家相提并论。"玉丰协"和"宏兴号"是何来历，未有详细文字，具体情形不得而知。史料中仅见清道光九年（1829）有一块重修龙王庙碑在罗列捐款人及相关组织时提到"宏兴号"，该碑刻目前存于北京顺义区文物管理所院内碑林。遗憾的是，因缺少文字资料介绍，暂不能确定彼"宏兴号"与此"宏兴号"是否同为一家。然而，书中的"正源号"却是赫赫有名。清朝末年，正源号以绸缎生意而闻名，其东家李氏财力大到可以垄断南京云锦市场。[1] 清人潘荣陛撰，清乾隆二十三年（1758）刻本《帝京岁时纪胜》载有"极品芽茶，正源号雨前春芥"[2] 句。这个以"极品茶芽"而著称的"正源号"与制造戏衣、垄断云锦的"正源号"恐为一家。实力雄厚的"正源号"一直坚持到新中国成立以后，其巍峨的门楼建筑至今犹存。

日本人辻听花撰《中国剧》"戏衣铺"云："优伶所用之戏衣，种类甚多，价值亦大。专售戏衣之处，俗曰戏衣铺（售冠帽者曰盔头铺）。北京戏衣铺多在前门外三里河附近，试一入门览之，衣裳及各附属品堆积如山。此项戏衣，概由苏州、上海、杭州等处运来者，就中苏产最多，是由苏州产出绸缎及苏人巧于刺绣之故也。戏衣以金蟒价最贵，一件约值二百元。此外如凤凰冠或九龙冠，亦须四五十元。但上海较廉于北京。"又云："戏衣之材料，绸缎最多，绫罗亦有之。或刺绣，或平金，光怪陆离，灿然夺目。就中最美丽者，为武生、武小生、花旦、刀马旦等所用之行头，大花脸、二花脸、小生所用者次之。最有品位者，则为正生、老生、正旦等之服饰。该衣裳之产出地，以江苏苏州为最多，浙江杭州次之。向者广东广州亦产出戏衣，今则不多见矣。"在辻听花的描述中，有几个特别值得关注的重要信息。其一，北京当时的"戏衣铺"有很多。如果"戏衣铺"可以算作"戏衣行"的话，那么这是北京戏衣行由来已久的又一明证了。辻听花（1868—1931）原名辻武雄，号剑堂，日本熊本县人。其著《中国

---

[1]　参见徐延平、徐龙梅《南京工业遗产》，南京出版社2012年版，第109页。

[2]　郑天挺主编：《明清史资料》下，天津人民出版社1981年版，第249页。

剧》（又名《菊谱翻新调》）一书最早刊印于 1920 年，根据书序中的自我介绍可知，作者在编著此书之前已在北京旅居 20 年，其"性嗜华剧"，"旅华以来，时入歌楼，借资消遣"，"且与梨园子弟常相往来，谈论风雅，于是华剧之奥妙，获识梗概焉"，"公余之暇，满拟搜集廿年所得，编成一书，冀为初学之津梁，留作他年之雪印"。从著作经历来看，此书亦非一蹴而就。故其书中提到的这些"戏衣铺"必然存在已久，而不可能是在三顺戏衣庄成立后的 1919 年陡然冒出。其二，书称"北京戏衣铺多在前门外三里河附近"，其言外之意，北京的戏衣庄并不仅仅局限于三里河附近。譬如前面提到的珠市口，距离三里河就很有一段距离。其三，书称这些戏衣铺的戏衣"概由苏州、上海、杭州等处运来者，就中苏产最多"，原因是"苏州产出绸缎及苏人巧于刺绣之故也"。除了苏州，上海、杭州和广州产的也有，不过上海顾绣不敌苏绣，而杭州产比之苏州要差，广州产大概更次，故"今则不多见矣"。这最后一处信息最能误导，让人以为北京的戏衣全都来自南方。然作者的本意不过是说当时的苏绣戏衣质量上乘、备受欢迎，故胜过杭州、广州之产，在各戏衣铺中占据了主流。对于近代名家会聚、物阜资丰的都城来说，集四方之精华再自然不过，但这是否就意味着除了外地戏衣，北京就没有本地戏衣了呢？很显然，作者并没有这样说。而"正源号"等戏衣庄的存在也明确否定了这一点。

再看让听花"与梨园子弟"往来的对象，皆为当时名伶。其"凡例"称："是书所收之材料，除自己研究外，由汪笑侬、小连生（即潘月樵）、刘永春、崔灵芝、王瑶卿、孙菊仙、时慧宝、熊文通、小桂芬（姓张）诸名伶及杨鉴青、陆文叔、汪侠公诸君所获者甚多。"[1] 名伶们喜好苏绣，犹今人之追赶潮流、醉心于时下名牌。

号称清末民初三大记者之一、曾任北平大学艺术学院戏剧讲师的徐凌霄（1882—1961）撰有《北平的戏衣业述概》一文，其文称北京戏衣庄"有本业，有副业"，"戏衣，即蟒、靠、帔、褶、裙，一切身上穿的不论男女、文武、上身、下身、花的、素的，都是戏衣庄的本工"。但是戏衣的"构成料""有软硬之分"，凡是"绸缎布匹等软片，他们能够一手承做，但如玉带、靠旗、背虎等则非戏衣庄所能专办"，"非找把子铺或盔头铺不可"。"所以他虽然承做，实际上只管'软'不管'硬'，管'绣'不管'上'，如同'做鞋的'与'上鞋的'分工合作之理。"可以看到，徐老对不同行业间的分工与合作了解得非常仔细，而对戏衣庄的这一描述尤为到位。这一点是非常难能可贵的。根据徐的描述，北平的戏衣庄实际跟其他地方的戏衣庄一样，并不仅仅经营戏衣一项，也代卖

---

[1] ［日］让听花：《菊谱翻新调：百年前日本人眼中的中国戏曲》，浙江古籍出版社 2011 年版，"凡例"第 1 页。

盔头，"承办神袍及寿衣"，"有时带做绣活庄生意"，出售"不合现在戏台之用"的"老旧戏衣"，也即"当绣货售出者"；"又常带做估衣铺的生意"，还有"二水行头"（即别人淘汰的或二手的旧戏衣）。所谓估衣，通常指当铺期满不赎的行头或平常人穿的旧衣服，戏衣庄廉价抢买后再高价卖出去。珠市口南大街路东的久春"藏有旧行头甚多"，"南府戏箱，就是久春的"。南府即清宫演剧机构。徐称其在久春看到"周身金卍字八团花的一件"，"年龄在南府绣品之上，其工致绣雅，亦非南府所及，刘麻子说有一百多年的年份，而并无破朽"。有比南府衣箱更好的戏衣，说明民间亦有品质极好的戏衣。说到南府的衣箱，徐称"按'式''质''花''色'四项要素而论，'质'是没有问题的，那样厚实的大缎，决非现在六角一尺半丝半麻的缎子所能比"，"刘麻子亦曾把现在的上等苏金（苏州的金线）拿出来比较，还是比它不上。这固由于现在的偷工掺料，不及老年制品之认真，亦由于年久藏深，酿成一种冷光古色"。南府衣箱的戏衣皆是老货无疑，而"现在的上等苏金""比它不上"，说明当时的苏金虽然是人皆称赞的社会主流，但并非顶流、不可超越的。徐称："南方之丝质刺绣，均较北京便宜多多。但若单制一两件，则铺中人不能为此而南游也。"如此则更是道出了戏装行业的实情，苏绣戏衣即便物美价廉，但对于外地尤其是地理位置偏远且交通不便的大部分地区来说，除非资本雄厚，且数量庞大，否则寻常班社或伶人不可能为了买一两件戏衣而大老远专门跑苏州去购置。更何况，苏州产戏衣以绸缎丝绣为主，而民国初期及以前，很多地方的戏衣尚以布质画衣为主。这种戏衣恐怕便只有在当地产出了。

谈及戏衣店的组织与工作，徐凌霄称戏衣店有铺长、管事、司账、伙计、跑外，以上属于行政管理和销售等方面。此外还有工师和绣工。工师兼图样设计并监督工人。画活及拓印于料上，皆属于工师的业务范畴。绣工则专管绣制，按工计价，与成衣铺、绣庄相同。只是绣庄每每嘲笑戏衣庄的绣工，盖嫌其活计粗糙。绣活完成以后则需挂里子和领子等，这些叫"成做"，另属一工。从戏衣店的这些分工来看，其与传统绣衣的制作并无太大的差别。另外，绣工分内外活，细活内做，如蟒袍下之海水"则送往永定门外，由乡村女子承绣"，这叫外活。还有承做之裁缝等也叫外活。用现在的话来说，就是叫"外包"。北京的戏衣店有很多比较具体的活都是外包了，这是老北京戏衣行业的一个很重要的特点。而北京"戏衣庄之营业，一半是北平的伶人票友，一半要靠外销。山东、山西、河北、河南这几省班子常常派人到北京定行头——（南省当然要奔上海）——他们没有多大讲究而要买就是一箱，至少是一堂两堂"[1]。北京戏衣

---

[1] 徐凌霄：《北平的戏衣业述概》，《剧学月刊》1935年第5期。

有北京的特点。北京戏衣可以销往外地，说明北京的戏衣也有自己的市场，并非只有苏杭沪广等南方戏衣独霸天下。

前面提到的"双兴"是指双兴戏衣庄，位于前门外珠市口南庆仁堂药店南侧，1920 年由高姓业者连同李相成、李树勋、徐广等人邀请蒙姓画师开设。原制作经营估衣兼营戏衣，后专门承做戏曲服饰。久春号戏衣庄则是同一年由张华庭、张月坡开设，初经营估衣代营戏衣，后改为戏衣，邀徐德来、李一鸣为画师。由此可以看到，"双兴""久春"与前面提到的"三顺"实际是一样的，即原本从事估衣行兼戏衣，后来转为专做戏衣。除了上面这些戏衣庄，20 世纪二三十年代成立的戏衣庄还有永聚成戏衣庄、滕记戏衣庄、三义永戏衣庄、裕民戏衣庄、鸿顺戏衣庄、新华戏衣庄等。永聚成戏衣庄 1924 年由姚荣全、宋悦亭、董维章合伙创建，邀张斌禄为服装设计。滕记戏衣庄 1930 年前后由滕清修出资创办，聘赵群堂、张升为画师，主要承做和销售戏衣。三义永戏衣庄 1934由韩佩亭、韩文祥兄弟创建，聘何庆昌画活，韩泽芳承做。裕民戏衣庄 1935 年由徐德来掌柜邀刘洪瑞画师在鹞儿胡同路南福山会铺内立店开业。鸿顺戏衣庄 1939 年开业，关宏斌为东家，高玺振为掌柜，聘尹元贞为画师。同一年，上海黄金大戏院驻京邀角人员马志中出资，聘张启源为掌柜、尹元贞为画师，成立新华戏衣庄。此外，还有 1943 年赵笑兰出资成立的源兴戏衣庄，聘曹桐萱、吴来春为正副掌柜，李紫仁为画师；1949 年赵笑兰撤资，曹桐萱自己做东家和掌柜，加高显增为画师。

上述老北京这些戏衣庄有的在抗日战争期间倒闭，有的未能熬过解放战争，剩下大部分戏衣庄在 1956 年公私合营的过程中，或加入北京戏具盔头生产合作社，或加入北京剧装厂，还有一部分手艺人则被邀请进入了北京京剧院等院团从事戏服的设计制作工作。北京剧装厂位于原崇文区东珠市口大街南侧巷内，由三顺、双兴、久春、源兴等戏衣庄以及把子魏（把子作坊）、三义斋（靴履店）等 17 家私营店铺合并而成，初名北京刺绣剧装厂，为公私合营企业，苏玉宽任厂长。"文革"初期改名为北京剧装厂，为国营企业。1982 年该厂职工达530 余名，生产戏衣、道具、靴子、水纱等。[1] 目前的北京剧装厂已将大部分房屋出租，仅保留很小的一部分空间做门市。店里的戏衣制作以设计、成活为主，其他活计基本都外包给河北等地的绣工代工。从北京剧装厂退休的一些老师傅现在偶尔还在发挥余热，有的被聘往外地传授传统戏服设计与制作技艺，有的则自己开立工作坊，继续从事传统戏衣或服饰的设计制作工作。

---

[1]　参见中国戏曲志编辑委员会、《中国戏曲志·北京卷》编辑委员会编《中国戏曲志·北京卷》，中国 ISBN中心 1999 年版，第 869—873 页。

另外，据原北京盔头社制作刀枪把子的老师傅宋家基先生介绍，其夫人郑红鹰（1945—2019）于20世纪六七十年代曾在北京刺绣社工作，北京刺绣社经常承接北京剧装厂的绣活。郑红鹰当年在刺绣厂绣过蟒袍上的大龙。刺绣社的职工以男性绣工居多，郑红鹰的师父就是一位手艺高超的男性老艺人。1972年，刺绣社改为首饰厂，工人们也都纷纷改做首饰。

河北

关于河北早期的戏服制作与生产，没有太多的文字记载。从考古发掘的资料来看，譬如河北井陉出土宋代壁画中的杂剧人物形象，其穿扮服饰基本是以当时的生活服饰为主。河北承德避暑山庄存放着一些宫廷戏衣，除了绫罗绸缎之类的彩绣之衣，还有布质和织锦戏衣，有缂丝织金龙蟒，有漳绒刻花黑靠，其产地应该来自全国各地。至于河北本地的戏服，据《中国戏曲志·河北卷》的描述，其赛戏服装用料以当地产土黄色棉布为主，然后以各种颜料绘制图案[1]，制成的服饰当即古代文献中经常提及的画衣。河北大戏如河北梆子、丝弦等剧种的穿扮情况大抵与其他地方一样，早期亦以当地生产的戏衣为主。

近代河北戏衣制作行业的情况，据《中国戏曲志·河北卷》记载，20世纪50年代中期到70年代末，河北先后成立了石家庄市戏具乐器厂、保定市化工五七戏装厂、邢台地区戏剧服装用品厂以及固安县城关公社小西湖剧装道具厂等生产厂家。[2]其中，石家庄市戏具乐器厂是1956年公私合营时由本地生产戏剧服装和乐器的几家个体户联合成立，原名石家庄市服装乐器生产合作社，1967年更名为石家庄市戏具乐器厂，为集体所有制企业。当时有干部、职工100余人，主要生产戏剧服装、靴帽、刀枪把子、桌围椅帔、京胡、二胡、堂鼓、板鼓等。负责人尚东福，技术人员主要有王进才、王新华、赵贤珠、李开明等。河北的乐器作坊，可以追溯到清道光时期（1821—1850），其戏衣作坊应该也是在原有传统服饰加工作坊的基础上转化而来。

保定市化工五七戏装厂位于保定市化工一厂内，隶属于保定市化工一厂。1973年筹建初期仅有职工30多人，负责人王会。1980年，该厂扩招部分青年待业人员，职工扩大到100多人。值得注意的是，保定距离高阳大约40公里，高阳位于保定市东南部的华北平原，是河北省有名的产棉区，素有"纺织之乡"的美誉。高阳的

[1] 参见中国戏曲志编辑委员会、《中国戏曲志·河北卷》编辑委员会编《中国戏曲志·河北卷》，中国ISBN中心1993年版，第398—399页。
[2] 参见中国戏曲志编辑委员会、《中国戏曲志·河北卷》编辑委员会编《中国戏曲志·河北卷》，中国ISBN中心1993年版，第516—517页。

民间印染技艺比较成熟，已有 400 多年的历史。保定戏装厂擅长使用高阳县民间的印染技术制作印染戏服，与刺绣工艺相比，印染工艺简便快捷，一个月大概可以制作一千套戏服，人工成本相对较低，价格也比较低廉，特别适用于业余剧团及地方小戏班社。该厂曾先后为《珍妃泪》《郑和下西洋》《胡服骑射》《西游记》《火烧圆明园》《侠女十三妹》《末代皇后》等数十部影视剧生产戏装。

邢台地区戏剧服装用品厂于 1975 年成立，初为梆子剧团附属工厂，1976 年改为邢台地区文化局戏剧服装用品厂。其业务范围除了制作戏服，也制作靴子、幕布、盔头、刀枪把子及其他道具。全厂职工最多时有 30 余人，规模不大。固安县城关公社小西湖剧装道具厂于 1976 年建于小西湖村，全厂 43 人。厂长闫登起。厂子设有盔头、剧装刺绣、刀枪把子和头套髯口等四个车间。1981 年以后，刺绣改由对外贸易刺绣厂承做，其余生产项目分别由四家个体户承揽。剧装道具厂逐渐解散。

据曾在北京市戏具盔头生产合作社工作，后退休于北方昆曲剧院的国家级非物质文化遗产项目戏曲盔头制作技艺传承人李继宗先生讲，过去北京的戏具生产作坊有很多掌柜、伙计都是河北人。李继宗自家柜上也都是河北人。李继宗本人籍贯河北定兴，隶保定。20 世纪 70 年代，其定兴农村老家也设立有生产戏具用品的村办企业，工人以当地村民为主，聘请的技师过去也都曾在北京打工谋生。又有北京民国时期以及新中国成立初期的工商登记档案资料表明，当时有很多在北京开设戏衣庄或戏衣铺的东家皆来自河北，而其店铺中的伙计亦多为其同乡。这些店铺作坊通常规模不大，往往容易受到战乱、国丧或天灾人祸的影响而关门歇业，手艺人回到老家或务农或继续本业，如此则京城技艺得以在当地传承发展。因此，过去北京与河北在戏衣制作技艺方面的相互交流比较频繁。而河北定兴的民间手工刺绣、定州的缂丝以及易县刺绣等也都与北京的宫廷刺绣保持着千丝万缕的联系。易县刺绣始见于隋，明清时期曾盛极一时。定州缂丝起于宋代，曾与蜀锦、苏绣并列齐名。古人常以"一寸缂丝一寸金"来形容缂丝工艺制品的复杂与珍贵。定兴南大牛村及周边若干村庄的民间刺绣也都以传统宫廷刺绣技艺为主，过去生产的服饰主要贡奉宫廷贵族之用，其历史最早可追溯到唐代。世居大牛村的梁淑平投资兴建的龙凤刺绣厂，工厂员工有数百人之多，产品以手工刺绣袍服、礼服、壁挂、靠垫等为主。梁称，因戏服制作工多耗时，制作成本比较高，市场销售面却比较窄，故目前其厂子戏服加工比较少。据李继宗的孙子李鑫介绍，目前在定兴农村还有一些老师傅在坚持做戏服绣活，刺绣水平非同一般，然为个体经营，规模较小。

　　当下河北传统戏衣生产制作规模较大的厂子主要集中于张家口和肃宁两个地方。河北张家口万全区的韩永祉成立了新兴剧装厂。据韩师傅介绍，他于20世纪70年代末80年代初开始制作戏衣，图案款式主要自京剧服饰模仿而来，故以北方京剧服饰的传统风格样式为主。在绘画细节上，也有一些个人创新的成分。而其绘画受当地传统建筑绘画风格的影响比较大。韩师傅制作戏衣以蟒、靠为主，兼有对帔、开氅、宫装、褶子、箭衣等。其绣活皆为纯手工刺绣，带有明显的北方民间刺绣风格。没有现代机绣或电脑绣。绣工俱为当地农村家庭妇女。生产车间即设在自家院内。院内靠北大概有五间正房：一间自住；一间摆放大案板，用于画活、下料和刷活；一间为办公兼接待用房；另两间为库房兼卧房，用于存放成衣、布料等各种用品。西边有几间厢房，用于存放画稿等杂物。南边大约有四间房，一间为成衣车间，三间为绣活车间。绣工们每天没事就过来做绣活，有事就忙自己的事，时间完全由自己把控，按工计酬。韩师傅擅长设计画图，刷活、配色等活儿有专人负责。裁剪和成衣聘有技师。韩永祉的新兴剧装厂规模虽不大，却是村里的扶贫企业，为村里妇女解决了一部分劳动就业问题。

3-2-12　韩永祉在指导绣工的用线配色

河北肃宁东高村有三四家制作戏服的村办企业如超亮戏剧服装厂等，规模较大，基本都是利用农村场地开阔的优势建立起空间较大的生产车间，用工皆为当地村民。肃宁生产的戏服有传统手工刺绣，也有机绣和电脑绣。肃宁戏服的很多图纸直接源于北京剧装厂，因其过去经常为北京剧装厂代工，现在也经常接到来自北京的订单。目前东高村有100多人从事戏服的生产制作与加工工作，产量较大，产品卖到全国各地。

其他地方如石家庄、保定等地有新近几年刚刚开办的戏装店，还有一些专门从事戏服染色以及擅长成活的家庭小作坊等。其中有一位比较有名的曹姓师傅擅长戏服面料的染色工艺，过去在北京剧装厂工作，至今行里还有很多人经常不远千里慕名而来，专门找其帮助染色。

3-2-13

3-2-14

3-2-15

3-2-13　新兴剧装厂绣活车间

3-2-14　超亮戏剧服装厂机绣车间

3-2-15　超亮戏剧服装厂电脑绣车间

二、秦晋鲁豫等地区戏衣行

陕西

陕西关中平原西部的宝鸡及其周边包括岐山、凤翔等地为古属秦国，是秦腔的发祥地。唐代乐师李龟年原为陕西民间艺人，其于唐玄宗时期改编演唱的《秦王破阵曲》（又名《秦王破阵乐》）被称为"秦王腔"，简称"秦腔"。[1] 明代距离岐山不远的周至县先后有王锦班、张家班、华庆班等秦腔班社。王锦原为乐户，妻子及女儿均为乐人。明正德年间（1506—1521），同邑举人张附翱在山东任上被人弹劾，被削职还乡后娶王锦之女王兰卿为妾，并在王锦家班的基础上创建张家班，当时往来名流如康海、王九思、张治道等"都很欣赏她（王兰卿）的艺术与人品"[2]。《中国戏曲志·陕西卷》载张家班历经 100 多年，到清康熙年间（1662—1722），家道没落，难以为继，就准备"设法卖掉几百年积累的戏箱子"。与周至阳华张家村相距不远的"眉县第五村"也有一张家，叫张华，"兄弟二人"，"自小喜爱秦腔"，农闲时，"常张罗一些人演戏，还在自己的烧房（酒丁）请人做了些行头戏衣。尽管都是能工巧匠的精心制作，却不成龙配套"。经打听，得知张家戏箱卖价并不高，只是"卖箱子不卖姓"。反正两家都姓张，张华兄弟便买下戏箱，仍取名张家班。[3] 焦文彬、阎敏学著《中国秦腔》称明末周至人张明、张显兄弟组建"华庆堂"，又名"张家班"，清初为西府四大名班之首，因康熙年间遭火灾，将戏箱转让与眉县堤邬村张家。"华庆堂"也叫"华庆班"，民国二十一年（1932）更名为"华庆社"，1953 年由政府接管，与各镇"友谊社"合并为眉县群众剧团。《中国戏曲志·陕西卷》和《中国秦腔》两书对于周至张家班的描述略有不同，然大致可以判断为同一家，其箱底自明人张附翱而来，而张家班戏箱的源头应该更早，当始自乐户王锦家班。张家班戏箱辗转流传的线索不仅十分清晰，也说明关中平原在明清时期一直都有戏曲行头制作业的存在。历史上，乐户一般由罪役户充任，即将罪人或政敌的妻女家属没入官府，充为乐工，隶乐籍。乐户被视为"贱民"，地位低下，行动也不大自由，不太可能走南闯北。王锦家班系乐户出身，其衣箱家底为当地所做的可能性比较大。而眉县张家原本自己也可以做戏衣行头，只是不如周至张家班的衣箱精致罢了。这也说明，过去北方民间戏衣制作不存在有没有、会不会的问题，差别只在技术高低与工艺特色上。

---

[1] 参见彭志强《蜀地唐音——破解住在唐诗里的乐伎密码》，人民日报出版社 2019 年版，第 160 页。

[2] 焦文彬、阎敏学：《中国秦腔》，陕西人民出版社 2005 年版，第 220 页。

[3] 参见中国戏曲志编辑委员会、《中国戏曲志·陕西卷》编辑委员会编《中国戏曲志·陕西卷》，中国 ISBN 中心 1995 年版，第 673 页。

《中国戏曲志·陕西卷》称："宋元时期，陕西戏曲服饰已形成一定形制。勉县出土的宋金杂剧砖雕和甘泉出土的宋金陕北秧歌砖雕人物，或穿交领窄袖长袍，或着曳地袍，或套圆领宽袖长袍和宽袖衫……戏曲服装已呈雏形。"又云："早在明正德、嘉靖年间，西府凤翔南萧里村民间艺人雕绘的着色木版画《回荆州》中的戏曲人物已有身着绿袖红帔、绿裙、斗篷、铠甲、靠衣，头戴彩翎、帽盔、斗笠等戏装……从清嘉庆十三年（1808）同州梆子抄本《刺中山》可知，当时戏曲演出已有凤头盔、冲天冠、三尖盔、牡丹铠甲、百叶铠、皂罗袍、碧玉袍、海棠红袍、白铠甲、梅花战裙、白玉带、丝软带、熊皮靴、麒麟靴、解豹靴等服装和鞋帽，名目式样繁多，工艺制作精良。清代中叶以后，随着陕西地方戏曲的发展，民间戏衣、行头、鞋帽、把子作坊普遍兴起，西安的振兴福、复兴白、泰盛宫、天福斋，汉中的泰春和等作坊，成为陕西戏装制作的中心。"振兴福前身为聚庆福，清光绪十五年（1889）由陈某创建，位于西安市城隍庙西道院（今建华西巷），"系以制作出售戏曲服装、头盔、鞋靴等项为主的大型作坊，素以做工精细、考究而享盛名，产品远销西北诸省及山西、河南等地"。清宣统三年（1911）辛亥革命后，迁至城隍庙大殿东侧，改名"振兴福"，陈师（"师"为民间习称，犹言"师傅"——笔者注）之子陈景福（陈三）、陈景寿经营。抗日战争期间，梅兰芳、程砚秋、尚小云、常香玉等人都在振兴福定制过戏服。1951年，陈景福之子陈天鸣继承祖业，改"振兴福"为"振兴戏具工厂"。1954年，振兴戏具工厂与新兴、星火、泰盛等几家戏剧用品作坊合营，成立西安市戏剧服装厂，地址位于西安北大街二府街。除了生产传统戏及现代戏服装、盔头、鞋靴等戏具用品外，也生产中外民族舞蹈服装和舞台装置。1949年西安的高善斋、高云鹏父子成立了隆昌戏具店。1952年戏具店由家庭作坊扩为隆昌戏具工厂，1956年公私合营时与新声京剧团合并，改名为国营新声京剧团戏剧服装部，隶陕西省军区政治部文化科。1957年移交陕西省文化局，从京剧团分出，扩建为陕西省戏剧服装工厂，1964年被撤销。汉中泰源涌戏庄由民间艺人曾泰春于民国十九年（1930）创办，位于汉中市中山街六号。戏庄以曾家子弟为主，请有绣工多名，"以民间社火、寺庙神像的袍、帽为样品，逐步摸索，试制戏装、头盔等产品"，"早期的产品主要销售给耍社火、唱小戏（木偶）的和部分戏曲班社"。"民国二十九年（1940）前后……该庄已发展到十余人，并有加工把子毛坯的木器社。产品齐全，应有尽有。包括各种硬头帽、软头帽、戏装、靴子和兵器。"1956年，公私合营，并入汉中市第一服装厂。[1]

---

[1] 参见中国戏曲志编辑委员会、《中国戏曲志·陕西卷》编辑委员会编《中国戏曲志·陕西卷》，中国ISBN中心1995年版，第476、580页。

3-2-16

3-2-18

3-2-17

3-2-16　榆林升龙剧装厂制作车间

3-2-17　榆林升龙剧装厂绣花车间

3-2-18　黄蟒，升龙剧装厂设计制作

现在陕西制作传统戏剧服饰规模较大的为"80后"年轻人高正茂在榆林创办的升龙剧装厂。高正茂和妻子张霞俱为榆林市文艺工作团演员，高目前以制作戏剧服饰为主业，服装厂设在一个距离榆林约两个小时车程的小镇子上，绣工为当地年轻妇女，绣活以传统手绣为主。该厂聘剧团退休人员帮助管理，有专门的设计人员，并经常从北京聘请老师傅过去传授技艺。其戏衣面料的染色则是拿到河北，请经验丰富的染行师傅专业处理。除了制作传统戏衣，高正茂也做盔头和舞美道具。其盔头主要是请乡下盔头师傅代做。舞美道具则主要由其妹妹和母亲负责。妹妹高青自美术设计专业毕业。据高正茂介绍，其客户群体除了榆林本地大小剧团外，还覆盖西北五省。

山西

山西传统戏曲文化氛围十分浓厚。山西沁水、晋城、翼城、临汾、永济、河津、运城、襄汾等地保留着很多始建于宋金元时期的舞楼戏台[1]，说明当时山西地区的演剧活动十分活跃。由此可以判断，宋金时期繁盛的戏剧活动并不只局限于南方的政治活动中心。而山西明清戏台的广泛存在也说明其历史上的演

---

[1]　参见中国戏曲志编辑委员会编《中国戏曲志·山西卷》，文化艺术出版社1990年版，第539—544页。

剧活动长盛不衰。因此，没有理由怀疑这是北方自汉唐以来就广泛盛行的古乐习俗长期浸染的结果。《中国戏曲志·山西卷》称："明清以来，山西各剧种均十分讲究服装"，其引王友亮《双佩斋集》曰：山西平阳亢氏"康熙中，《长生殿》传奇初出，命家伶演之，一切器用，费镪四十余万两"。晋中"祝丰园"，"曾购置许多行头"，"专以成套的服装向各地班社出租"。又1927年1月17日至19日，《世界日报》载负生《西戏》一文谈及山西乐意班（上党梆子），称其服装（《孟良盗骨》）"五光十色、灿烂辉煌的挤满一台"，而此班则号称"十万班"，即其"行头价值十万余金"，分"上三驮""中三驮""下三驮"等共二十四驮。上述三则材料虽提及戏衣，然俱未明说其戏衣制于何处。依前推论，大抵富贾大户、资本雄厚者可以从北京或南方购进，然普通班社所用租赁服饰未必皆北京或南方精品戏服，不排除有当地制作的可能。

事实上，过去山西很多地方都有制作戏衣的传统。《中国戏曲志·山西卷》载云："山西的一些古老剧种，历来因陋就简制作服装……锣鼓杂戏用粗布或在纸上刷桐油做衣料裁制服装；队戏中有布底绣龙的'龙褂'，木雕装饰的腰带；泽州秧歌的布料'袍'等均系费用俭朴的特色服装。"秧歌、队戏等皆为山西地方小戏，所用演出服饰简便行事可以理解。这里反映的应该并非山西戏衣制作行业的全貌。根据戏曲志的记载，山西的绛州、高平、忻州等地于清中期以至清末皆有戏衣作坊的存在。"清中叶，绛州有专制蟒、靠、头盔、把子的作坊。""此外，高平、定襄、稷山等地均先后办起了自己的服装作坊。多数班社就近购置，也有不少班社远赴苏州、杭州、北京等地购置。"清光绪元年（1875）高平县米山镇郭五狗"从南方学得刺绣手艺后返回故里，以绣制戏衣为生"，后其子郭清山继承父业，"挂起复盛永绣花铺招牌"。郭清山生有六子，"六个儿媳先后都学成刺绣能手"。郭清山自己负责设计、裁剪、制版等关键工序，儿媳负责刺绣，另外雇二人专管成活。抗日战争胜利以后，郭清山长子郭家桂"重操父业"，恢复复盛永铺面，"邀请当地绘画能手设计戏装样式和图案，重新制版，刺绣工艺也更为精致"，直到1953年公私合营，复盛永被"收归集体所有，改由米山乡供销合作社经营，仍由家桂负责业务"。与郭五狗同一时期的高平人张玉玺与王凤义、高忠在绛州（今新绛县）城内葫芦庙合伙创办了三义成头盔庄，"其时绛州戏剧用品生产繁荣，已有刺绣业做蟒靠、鞋庄做靴子、丝线铺做绦子、毡房做毡帽、乐器行配制全套乐器"。[1]

山西北部靠近太原的忻州宏道镇有梁氏家族以盔头闻名。据梁氏后人讲，

[1] 中国戏曲志编辑委员会编：《中国戏曲志·山西卷》，文化艺术出版社1990年版，第413—414、534—535页。

其祖辈梁在全幼年丧父，8岁即被送到镇上的集义成学艺，集义成是当地专门做戏曲行头的字号。梁在全学完手艺后将手艺分别传给了三个儿子——梁光富、梁光金和梁光银。梁光银的二女儿梁翠兰和四女儿梁翠云至今仍以盔头为业。据梁光银的儿子梁全喜（后改名为"志崇"）讲述，当年宏道的"集义成"是由梁氏家族创办。集义成不只做盔头，包括戏衣在内的全套戏曲行头都做。梁光银的孙女侯丽从家里翻出了几件旧制绣衣，其中有一件黄色蟒袍，从衣袖纹饰、白色内衬以及开襟方式来看，应属寺庙用神衣。戏衣或右衽大襟，或对襟。此衣开后襟，必非戏衣。另外，用潮州刺绣师傅宋忠勉先生的话说，戏衣蟒袍袖蟒当为叉手龙，即蟒纹应绣在袖壁外侧；神衣则用放袖龙，其蟒纹绣在袖壁

3-2-19　蟒袍，侯丽提供
3-2-20　提花纹白布内衬及局部

3-2-20

3-2-19

| 3-2-21 腰裙及线绣纹饰局部，侯丽提供

内侧。山西省晋剧院的崔永智先生说，戏衣蟒袍内衬不用白色。又有一件袴子后片，盖为社火用服饰，其绣花纹饰以线绣而成。业内人士判断，这些绣衣当是 20 世纪八九十年代产自河南，非山西本地产品。宏道梁氏的戏剧行头远近闻名，其影响范围甚广，包括太原在内。1956 年，太原市成立戏剧服装厂。20 世纪 80 年代太原尚有绣花厂经营戏装、头盔、道具、服装及绣片等，今已不存，仅迎泽区桥头街与西夹巷交叉口处有个"舞蹈戏装乐器大世界"，里边有一排小门脸，有几家经营乐器及舞蹈用服的小店。其舞蹈服饰皆以现代表演用服为主，基本不见传统戏曲服饰的踪影。分布在宏道、太原等地的梁氏后人目前仍在坚持做盔头。梁全喜除了做盔头，也做舞美设计。

河南

河南古称豫州，是豫剧大省。河南洛阳为刘秀发迹之地，也是我国东汉时期的国都。在南阳出土的汉代画像石中，有很多歌舞百戏的场面，譬如有类似"东海黄公"的形象，一扮东海黄公，一扮猛虎。此后曹魏、西晋、北魏俱建都洛阳，隋炀帝也迁都洛阳。唐代设洛阳为神都，城内有东、西、南、北市，店肆以千百计，其繁华程度仅次于当时的都城长安。五代宋金时期，河南开封又屡为帝王都城。这种得天独厚的历史条件造就了河南十分浓厚的百戏及古剧文化氛围。譬如，众所周知，产生于北齐和隋末的《代面》与《踏谣娘》即分别源于河南的洛阳和沁阳（古称"河内"）。而北宋杂剧和金院本在开封城内上演的繁盛场面更是被《东京梦华录》等笔记资料广泛记录，当时的脚色体制与服饰造型基本都已成型。

《中国戏曲志·河南卷》载："就服饰的质量而论，豫东地方有三槽之分。一槽为购置服装，质量较高，明末清初时多为布料绣绒丝线，清末时为丝绸面料绣花勾金。二槽为地方小作坊产品，平布彩绘加沿边。三槽为艺人自制服装，绘绣沿边自便，规格不等。"从这段描述来看，河南戏衣有的自外地购置，也有的本地生产。本地戏衣有作坊制作，也有艺人自行制作。关于作坊生产，河南洛阳、周口、商丘以及安阳等地都开过一些铺号。

清末民初，河南安阳的杨承林、杨承春、杨承贵三人在安阳城西南顾家庄出资兴办林盛兴戏剧服装作坊。杨承林最初由桐盛兴作坊出师。20世纪40年代迁至安阳南门里。早期采用土布面料，以颜料绘制图案，成品主要供应农村业余班社，后学习苏州戏衣采用缎料，并提高刺绣水平，戏服质量也大大提高。除了戏衣蟒靠、头盔和刀枪、把子、头饰及砌末以外，也兼做花轿、牌匾、棺罩等。1947年，作坊一分为三，分为林盛兴、春盛兴和贵盛兴。杨承林的两个儿子杨永先和杨体先分别以服装和盔头砌末为业。1956年，林盛兴与其他八家戏具作坊一起并入安阳市戏具社。

商丘原有石擢卿家庭作坊制作布料印花戏衣，1951年以后改做刺绣戏衣，1954年成立商丘市古装戏衣生产组，1957年改名为商丘市刺绣生产合作社，1958年改为商丘工艺美术厂，1960年与商丘鞋帽厂合并。"文革"期间，戏衣生产全部停止。1978年以后恢复生产。20世纪80年代以后以刺绣、抽纱制品为主营业务。

1956年，有12家戏衣店合并成立了洛阳市文艺娱乐用品合作商店，1957年公私合营后更名为洛阳市文化用品戏衣加工厂。"文革"中又更名为洛阳市文艺门市部。[1]

清代光绪年间（1875—1908），湖北黄陂艺匠任立泰等三人结伙率先在河南周口创办了"十立豫戏衣庄"，后收徒传艺，当地人纷纷加入，周家口戏衣行逐渐形成。[2]1954年，周口10余家戏衣庄和盔头铺联合成立周口戏衣组，1958年改为周口戏具装饰生产合作社，1958年更名为周口地方国营工艺美术厂，1978年再次改为周口工艺戏具厂。早期戏衣布料用白平布，后改为八角缎。曾有著名画工公少凯和绣匠于世谦闻名一时。

目前河南的洛阳、郑州、许昌、周口等地仍有一些制作戏衣的加工厂或小作坊，基本都以现代手推绣和电脑刺绣为主。被行内认可、规模较大、质量较好的是许昌蒋现锋创办的戏衣加工厂。蒋现锋生于1968年，河南禹州人。据介绍，20世纪70

[1] 参见中国戏曲志编辑委员会、《中国戏曲志·河南卷》编辑委员会编《中国戏曲志·河南卷》，中国ISBN中心2000年版，第413、497—498页。

[2] 参见王羡荣《周家口"老字号"》，载穆仁先主编《三川记忆——周口市中心城区文化专项规划调研资料汇编》，周口市政协文化专项规划调研小组，2014年，第165页。

年代，当地创办戏具厂，其爷爷曾任厂长。蒋现锋从小喜欢画画。80年代，蒋现锋到郑州剧装厂工作，白天在单位上班，晚上到孙继增先生家跟着孙师傅学做盔头。当时厂里从苏州等地请来师傅做技术指导，蒋现锋跟着苏州的老师傅学了一些戏服和盔帽方面的知识。90年代以后，蒋现锋到许昌开办加工厂，生产戏衣、盔帽等戏具用品，至今已从业30多年。其厂房为四层独栋住宅楼，最上一层主要用作盔头车间，三层为戏服车间，绣活主要放在禹州农村老家进行。其产品以传统戏衣为主，也做改良戏衣和现代戏服装。二层有一间设计室，一间接待室兼办公室和一间空房。空房拟作展厅，用以陈列其师父孙继增先生的盔头作品。底层为仓库。

山东

古代山东地区戏剧活动繁盛。仅以孔府为例，清代顺治年间（1644—1661）到民国时期就有300多年的戏曲演出活动记载。而孔府的戏箱亦数目繁多，有专门的"孔府总账"记录。这些戏箱不仅供家班使用，也出赁给外面的班社使用，其戏箱"质量好，服色全，豪华新奇"。山东其他地方花费巨大的著名戏箱也比较多，与众多民间演出班社"穷于应付"的"江湖行头"形成巨大反差。早期，山东的地方大戏、小戏演出班社"利用自做、拼凑、假借和临时租借、长期租赁等方式演出度日"[1]，可见，山东各地的大小班社大致与其他地方的情形一样，除了富贾大户的家班和少数实力雄厚的戏班，置办行头时一掷千金或竞相奢靡的场面在大多数戏班那里是不可想象的。然，古代山东如兖州亦产蚕丝，且以丝葛及花纹织布为贡。明代山东设有织染局，每年向朝廷贡奉大量织物服饰。近代山东有案可稽的戏具服饰制作与加工作坊或工厂有菏泽杨家箱店、烟台老半半堂、青岛小半半堂以及定陶县戏具服装厂和济南戏具厂等。[2]

菏泽的戏剧服饰最早可以追溯到明代。据《中国戏曲志·山东卷》记载，明万历年间（1573—1620）菏泽城内何家祠堂街的张寿之任职苏州时，其父张春城在苏州与刺绣匠人往来交游，学得刺绣手艺，回菏泽后专给庙院做神服，后由宋兆范、尤禄秀、王瑞亭相继经营。传至清代，到了杨凤云这一代，杨擅长刺绣、漂染、裁缝等多种工艺，不仅于清代咸丰元年（1851）改做戏曲服装，而且在城内西典当街正式办起杨家箱店。其子杨鹏飞8岁随父学艺，16岁父亲去世，杨鹏飞独自经营，箱店品种不断增多，工艺也逐渐精巧，工人多达

[1] 中国戏曲志编辑委员会、《中国戏曲志·山东卷》编辑委员会编：《中国戏曲志·山东卷》，中国ISBN中心1994年版，第471页。

[2] 参见中国戏曲志编辑委员会、《中国戏曲志·山东卷》编辑委员会编《中国戏曲志·山东卷》，中国ISBN中心1994年版，第564—566页。

300 余人，厂房 20 余间。这是一个相当大的规模。"因杨鹏飞乳名石头，人们遂称杨家箱店为杨石头箱店，历时一百余年。"1956 年以后杨家箱店公私合营，1958 年并入菏泽县美术厂，"文革"期间停产。1979 年菏泽城关镇第四办事处西典当街又办起戏具工厂，杨家箱店改为第四办事处戏具工厂。今湮没无闻。

除了杨家箱店，据称民国时期菏泽还有积盛号、龙祥号、三合号、济盛号等几家商号。"县城附近农村有四五十户近百人为其加工戏衣。到民国十七年前，发展绣工达四百余户，人数增到七百余人。城近郊的刘菜园、张慎言、赵盘石、谢芦堌堆、桑堤口等村皆有加工者。""1937 年定陶民间艺人陆润身受'济盛号'戏箱的影响，跟随大弦子剧团加工戏衣，后独立组成定陶戏衣作坊直到新中国成立。新中国成立前夕菏泽的四家作坊除'济盛号'外，其他三店相继倒闭。"[1] 今定陶是菏泽市的一个区，距离市区 20 多公里。《中国戏曲志·山东卷》载原定陶县戏具服装厂最早由该县张湾乡河西董村的弦子戏艺人陆润身于 1942 年创办。陆妻擅长刺绣，戏班常让其在家做戏装自用，因绣工精致，经常有附近的班社来定制，后增加人手，工人由 4 人增加到 50 多人，厂房也由两间扩到 6 间。1956 年，厂子迁到定陶县，定名"定陶县工艺社"，技工有陆润身、陆文献、马世琴等。"文革"时期戏服停产，工厂改名"定陶县刺绣厂"，生产枕套、童装等。1977 年恢复戏装生产。

烟台的老半半堂最早由黄县下观傅家村的曲福厚于清光绪年间（1875—1908）创立，取名"半半堂"，有"半济世、半养身"之意。当时主要制作一些戏具和服装，销售对象主要为农村或流动戏班，后来逐渐为一些正规戏班制作高档戏服道具。1913 年，曲福厚全家逃荒到烟台，在天仙戏园旁边开设老半半堂戏装店。曲福厚去世以后，其后人曲江涛担任经理继续经营。1931 年，老半半堂迁至儒林街 99 号（胜利剧场后门），为金少山等人做过服饰盔头及道具等。其产品包括戏服、盔头、髯口、靴子以及刀枪把子等，多达二三百个品种。老半半堂的手艺人皆为曲氏家庭成员，很多人都有自己的绝活。1951年，曲江海、曲子平、曲占一等人在青岛设立分店小半半堂。1953 年，曲江涛去世，曲长云担任经理。1954 年，曲长兴在潍坊开设半半堂戏装店。1958 年，老半半堂加入烟台戏衣合作组。在 1956 年合作化时，青岛小半半堂的曲子平等 8 人入社。1958 年改为青岛戏具厂。在 1980 年苏州举办的全国戏装道具座谈会上，青岛戏剧盔帽被评为一等品。在第二次全国戏装道具评比会上，青岛戏具厂的盔帽、女帔和男蟒均获得比较好的名次。[2]

[1] 山东工艺美术史料汇编编委会编：《山东工艺美术史料汇编》上，1986 年，第 2—16 页。

[2] 参见中国戏曲志编辑委员会、《中国戏曲志·山东卷》编辑委员会编《中国戏曲志·山东卷》，中国 ISBN 中心 1994 年版，第 564—566 页。

有资料显示，民国初年潍县（今潍坊市）有覆顺祥、德顺义、永信福、德顺兴四家戏衣店铺。此外，还有不少人利用当地绣工自制戏衣装成衣箱。20世纪50年代，潍县相继开办福海、荣记、义聚号戏具店和王明春、杜承业、郭惠田等作坊，还有"专业流派戏装的翔千精细戏具店"。1956年12月，潍坊各绣活店分别组成潍坊刺绣社、新成戏装社、同盛刺绣社三个刺绣社，1958年合并为潍坊刺绣厂。[1]

济南的戏具生产在新中国成立前"多是手工业个体作坊"，当时有孙江水、韩学敏等老艺人。孙江水，1909年生，1923年在天津双盛盔头部跟刘殿鹏老艺人学习盔头手艺，赵九洲传授刀枪把子的制作。孙江水曾为马连良、李万春、白玉昆等演员制作盔头及道具等，1957年进入济南戏具厂担任技术人员。韩学敏在新中国成立前"就随戏班生活"，后"自己开始制作戏具服装"，1949年"组织了十余人正式生产戏衣"，1956年，其作坊被"并入第六服装生产合作社"。[2]济南第六服装生产合作社"内设妇女童装部、舞衣部、戏衣部。1961年，舞衣部划归省文化局领导，戏衣部独立组建济南戏具厂。1965年舞衣生产社（舞衣部）并入济南戏具厂。1980年，戏具厂并入济南刺绣厂"[3]。

《中国戏曲志·山东卷》载：济南戏具厂的前身是以"仓昌戏具店""资生发袋厂"两家私营厂店为基础，于1955年联合济南市部分手工业者而建立的"济南戏具社"，厂址设在剪子巷42号院内。1960年改名为济南手工业管理局戏具厂。1961年，济南市第三服装厂戏衣车间、济南市舞衣社以及市中羽毛社和槐荫绷鞋社等合并为济南戏具厂。1971年迁至趵突泉北路4号。1981年与济南刺绣厂合并，改名为济南刺绣总厂戏具分厂。[4]

综合以上资料来看，在中华人民共和国成立以前，山东菏泽、烟台以及济南等地均有民间制作戏衣的作坊存在，尤其是菏泽的杨家箱店和烟台的老半半堂，其历史分别可以追溯到清咸丰元年（1851）和清光绪年间（1875—1908），甚至还有个人与绣工合作制成戏衣，继而装成衣箱自用或出租。它所代表的应该是整个北方民间戏衣制作业的真实状态，即民间戏衣制作有所谓比较专业的作坊，也有更多是依托传统服饰制作行业完成单件或少量戏衣制作。戏衣制作行业的水平高低及规模大小，与戏剧演出的装扮需求、演出市场的大小和经济消费水平等密切相关。在经历了20世纪50年代公私合营的短暂兴盛与80年代的复兴以后，分

---

[1]　参见曲东涛主编《山东省二轻工业志稿》，山东省人民出版社1991年版，第138页。

[2]　山东工艺美术史料汇编编委会编：《山东工艺美术史料汇编》下，1986年，第2—16、10—11页。

[3]　曲东涛主编：《山东省二轻工业志稿》，山东省人民出版社1991年版，第138页。

[4]　参见中国戏曲志编辑委员会、《中国戏曲志·山东卷》编辑委员会编《中国戏曲志·山东卷》，中国ISBN中心1994年版，第566页。

散在山东各地的戏具厂很快衰落。这一趋势既与整个北方地区戏衣制作行业的发展脉络大致相符，也与南方戏衣制作行业的发展状况相差无几。

第三节　近现代南方戏衣行发展状况

从现存民国以来的文字资料来看，近代文人或名伶谈戏衣出产首推南方，南方则首推苏州。根据日本人辻听花《中国剧》的描述，首推苏州的原因是：一来苏州盛产丝绸，二来苏州戏衣物美价廉。深究起来，其"物美价廉"至少包括三个方面的因素：第一，使用丝绸面料，质地光滑细腻，轻柔而有光泽，比之北方粗厚笨重的棉布戏衣的确具有很大的优势。第二，绣工精细，北方因采用棉布，多以画衣即印花布为主，即便是有丝绸面料，其民间刺绣无论是线绣还是绒绣，绣线都比较粗，图案风格以粗犷为主，比较适合北方远距离观演的特点。而南方演剧多厅堂戏，近距离观演，其刺绣风格通常比较细腻，绣线用劈绒，色彩层次也比较丰富。两相对比之下，人们自然会理所当然地认为南方绣工好，北方则质次。第三，价格便宜。据有关资料描述，近代苏州地区家家有绣娘，夜夜挑灯绣。如此大量的绣工劳作使得绣品成本低廉，做成的戏衣价格也就便宜。在如此强烈冲击之下，广大北方地区甚至包括南方其他很多地方的传统戏衣包括刺绣戏衣，便被苏州这一地方优势击垮了。

需要补充的是，劈绒绣当始于宋代。明人张应文撰《清秘藏》有"论宋绣刻丝"云："宋人之绣，针线细密，用绒止一二丝，用针如发细者为之，设色精妙，光彩射目。山水分远近之趣，楼阁得深邃之体，人物具瞻眺生动之情，花鸟极绰约嚏唼之态。佳者较画更胜，望之生趣悉备。十指春风，盖至此乎。""用绒止一二丝"即现在所谓"劈绒"，它是将一根绣线劈成若干丝线，仅用一两根丝线来穿针刺绣，而其绣针则纤细如发。用如此针线绣制出来的图案自然纹理细腻，尤其是加上蚕丝线自身的亮丽光泽，完全可以达到"设色精妙""光彩射目""较画更胜"的效果。张氏称自家收藏了一幅宋人绣制的"陶渊明潦倒于东篱山水"的刺绣作品，与同一题材的元人绣品相比，"元人则用绒稍粗，落针不密，间有用墨描眉目，不复宋人之精工矣"。[1]张氏手中的这幅绣品虽未明确具体产生于宋代何时，然而有一点可以肯定的是，宋绣能够达到

---

[1]　（明）张应文：《清秘藏》卷上，四库全书本。

"佳者较画更胜"的水平，或与宋崇宁年间（1102—1106）设立的文绣院有着比较密切的关系。《宋会要·文绣院》载：宋崇宁三年（1104）三月八日，"试殿中少监张康伯言：'今朝廷自乘舆服御至于宾客祭祀，用绣皆有定式，而有司独无纂绣之工，每遇造作，皆委之闾巷市井妇人之手，或付之尼寺，而使取直焉。今锻炼织纴纫缝之事，皆各有院，院各有工，而于绣独无，欲乞置绣院一所，招刺绣工三百人，仍下诸路选择善绣匠人以为工师，候教习有成，优与酬奖。'诏依，仍以文绣院为名"[1]。从这则材料来看，宋崇宁年间始置文绣院。在此之前，历代虽有绣工之制，而宋代宫廷中设文思院、绫锦院、染院和裁造院诸院，却没有专司刺绣的官署，盖受汉唐以来"纂组文绣害女工"的思想影响。少监张康伯奏请成立文绣院的目的非常明确，即仿效"锻炼织纴纫缝之事"，选拔民间擅长刺绣的匠人为工师，教授技艺，提高刺绣水平。张康伯的提议得到批准，文绣院由此成立。元人脱脱等撰《宋史·职官志》载曰："文绣院掌纂绣，以供乘舆服御及宾客祭祀之用。"其后注曰："崇宁三年置，招绣工三百人。"[2]从此，宋代宫廷刺绣在朝廷一干股肱之臣的干预与影响之下得到极大发展，几欲达到登峰造极、媲美于画的地步。"劈绒绣"大概正是在北宋末期的这一背景之下迅速发展起来的。但从张应文对元人绣品的描述来看，费工耗时的"劈绒绣"并未在元代一统江山。随着北宋的灭亡，宋人南渡，政治中心由当时的都城开封移至临安（今浙江杭州），"劈绒绣"盖亦在苏杭地区生根发芽。

实际上近代以来，南方除了苏州，南京、扬州、杭州、上海、广州以及漳州等地的传统织物包括刺绣戏衣等都曾各领风骚、兴盛一时。众所周知，明清时期江南有三大织造。但明代除了三大织造，还在全国很多地方设有织染局，其中光浙江就有杭州府、绍兴府、严州府、金华府、衢州府、台州府、温州府、宁波府、湖州府、嘉兴府等。福建则有福州府和泉州府。另外还有直隶镇江府、松江府、徽州府、宁国府、广德府、苏州府等。松江府即今上海松江区，宁国府在江苏南京。除此之外，还有江西布政司、四川布政司、河南布政司、山东济南府等也都设有织染局。《大明会典》中俱有记录。[3]

值得注意的是，明代设在全国各地的织染局仅浙江、福建、山东以及直隶镇江府、苏州府、松江府、宁国府等就有将近20个。与此同时，又有山西、湖广、江西、四川、河南等地布政司所设机构不计其数。这些在京外设立的织染局统称外织染局，以区别于京城之内由宫廷直接管辖的内织染局。除了织染局，

[1] （清）朱铭盘：《宋会要》职官二十九，稿本。
[2] （元）脱脱等：《宋史》卷一百六十五，武英殿本。
[3] 参见（明）赵用贤《大明会典》，明万历内府刻本。

全国各处还有岁造缎匹任务，如湖广布政司、山西布政司等地俱视其所产，各有不同数量的岁贡任务。而这些布帛丝绵产区也都是传统印染纺织业和手工刺绣业比较发达的地方。譬如浙江的杭州、宁波、绍兴、台州、金华、温州，福建的福州、泉州、漳州，江苏的镇江、南京、扬州，以及广州、上海等地，在近代都曾存在一定数量的戏衣小作坊。有些地方的戏衣制作甚至一直延续到20世纪末21世纪初。

下面就以苏州、上海以及浙江、福建、广东、江西等省的一些城市为例，简单介绍一下近代以来南方戏衣制作行业的现状。

一、苏州、上海戏衣行

苏州

前述史料记载，明清时期宫廷在苏州设立了江南织造。有资料称清道光（1821—1850）时，苏州有江恒隆戏衣店专为宫廷制作昆曲戏衣。到清末，苏州"阊门内下塘、西中市、专诸巷、吴趋坊一带，戏衣行业鳞次栉比，其中著名的有杨恒隆、唐云昌、锦昌等字号"[1]，此外还有万顺泰、陈松泰、尚太昌、郑恒隆、范聚源、范源泰等，多达20余家。清光绪年间（1875—1908），苏州戏衣行业成立了自己的行业组织霓裳公所，地址位于官库巷财神弄8号。[2]1930年前后，苏州戏衣行从业户数多达30余家。1930年吴县（今江苏省苏州市）行头戏衣同业公会成立，规定每年农历九月十三日为行业日。业内有"班货店"和"客货店"之分，前者专为戏班制作成套戏衣，后者以零售为主。[3]一说："旧时店门口四块双面店招，分别写'全副行头''文武戏衣''改良蟒袍''神袍旗伞'，这些专以戏衣为主业的店铺叫班货店。另一种店招书'僧衣道袍''轿衣礼服''庄严桌靠''寿衣衾枕'，这些以宗教迷信用品为主的店铺叫客货店。班货店有私房货与官众货的分档。私房货是专为著名演员而备的，式样定制，考究精工。谭鑫培、梅兰芳、马连良、周信芳等的戏衣就是在苏州戏衣绣庄定制的私房货。官众货是一般大路货剧装，由各戏剧老板采办，销路较广。杨恒隆、尚太昌、唐云昌等都是正宗的班货店，资金较足，所带学徒为戏衣业之冠。杨恒隆还在北京、上海设立分店。"[4]李荣森称，过去苏

[1]　郑丽虹：《桃花坞工艺史记》，山东画报出版社2011年版，第128页。

[2]　参见沈慧瑛《君自故乡来——苏州文人文事稗记》，上海文艺出版社2011年版，第242页。

[3]　参见江洪等主编《苏州词典》，苏州大学出版社1999年版，第594页。

[4]　林锡旦：《博物　指间苏州　刺绣》，古吴轩出版社2014年版，第53页。

州做戏衣的作坊分为班活店和行活店，班活店可以做全套戏衣，因此技艺更为全面。行活店只能做部分戏衣品种，技艺不够全面。此一说，与前面几种说法有相似之处，也比较合乎情理。

《苏州戏曲志》载清同治年间（1862—1874），苏州阊门内西中市（今88号）成立的万顺泰戏衣庄专制山西梆子腔戏衣。其创业者许仲卿为苏州横塘人。该庄"向以山西帮（俗称'花椒帮'）客商为主要业务对象，兼及徐州、豫北等一带民间梆子戏班"，"所用衣料历来以素薄呢绒为主；民国二十六年（1937）后，始试用吴县香山及齐门内蒋庙前一带木机所织'硬缎'（本名'素缎''香山缎'，全称'素累丝缎'）。所制戏衣式样图案等亦与昆、京剧存在较大差异"，"其绣花习用特制绒线，间或镶缀金线，从不用苏绣丝线"。1900年，"许仲卿之独子中年早逝；翌年，其遗孀许陈氏生下遗腹子许耕源"。许耕源长成后继承祖业。1930年，许耕源被同业推选为首届"行头戏衣业公会"执委之一。1936年，许氏在西中市（今143号）增辟"万昶戏衣店"。不久，日寇侵华，苏州陷落，万昶戏衣店也停业。中华人民共和国成立以后，万顺泰继续经营，主要成员有许仲卿的传人许某、吴均之等。1956年加入苏州市戏衣生产合作社，1958年并入苏州剧装戏具厂。[1] 从《苏州戏曲志》的介绍来看，万顺泰戏衣庄的戏衣独具一格，不仅与苏州当地制作的戏衣不同，而且与京、昆剧戏衣也存在较大差异。其早期衣料不用丝缎，绣花使用特制绒线，不用苏绣丝线。如此风格与山西本地的传统戏衣盖有相似之处，因此也适应了"山西帮"的需求。同时这则材料也说明，并非所有的苏绣戏衣都采用劈绒绣。另有学者著述中亦曾提及，在早期的苏制戏衣中，其用料十分广泛，并非都用丝缎。

上海《申报》最早提及苏州戏衣店的文字资料是1876年4月1日"苏垣大火"讯称：阊门外北城脚下，四月初五大火，起因为"通宵局戏渐至口角，将洋灯油泼翻致成巨祸"，延及诸铺，事发之地正处闹市中心，"人烟稠密，屋舍如鳞"，导致七八十间房屋被焚毁，其中就包括"下岸之西"的"锦昌戏衣店"。[2] 由此可知，锦昌戏衣店建立时间比较早。又1884年4月5日"土阜藏尸"中提到"泰昌戏衣店"[3]。1919年12月29日，"地方通信·苏州"中提到"西中市德馨里口正昌戏衣铺"[4]。

1919年5月17日，《申报》"地方通信·苏州"中载"神袍戏衣业罢工诉讼"

[1]　参见苏州戏曲志编辑委员会编《苏州戏曲志》，古吴轩出版社1998年版，第348页。

[2]　《苏垣大火》，《申报》1876年4月1日。

[3]　《土阜藏尸》，《申报》1884年4月5日。

[4]　《地方通信·苏州》，《申报》1919年12月29日。

消息云："汤家巷恒源神袍戏衣店违反行规，雇用业外之成衣匠作工，经霓裳公所得悉，即派司年赵阿五、方孟林往查，致与恒源店主张正寿争执吵闹。迨后，赵方等约集同业多人与张正寿评理，又复斗殴，并将张正寿捆送公所，开会议罚。而张正寿一方面报告警区，派警到来，将赵方等数人拘获解县。张正寿亦即赴县提起刑事诉讼。该公所同人以司年赵方等被拘，遂公同议决，本业一例停工，专待法庭解决，一面由夏海和出面具状。县署温知事批云：张正寿如果紊乱行规，自应召集同业，或请商会妥议。维持整顿之法，乃赵阿五、方孟林不此之务，辄聚众前往，殴伤张正寿，毁损其物件，并取去花衣数件，逮捕张正寿，至公所捆缚，种种行为均入于刑事范围。昨准警厅将一干人等解经讯明收所。俟查明取去花衣件数，以凭复讯。核判来状，对于赵阿五所犯刑事，均置不问，只以群议罢工为要挟，冀释赵阿五等若干人，照此办法，将见社会之安宁秩序日益紊乱，官厅亦无从维持矣。所请碍难率准，此批。"[1]

或许在当时看来，通信稿件只是报道了一则司空见惯的行业纠纷，然却披露了一系列重要的信息。首先，霓裳公所为行业公会性质，其行会行规对公会内所属行业行为有一定的约束性作用。其次，神袍与戏衣同为一业，成衣匠非属同业。汤家巷恒源神袍戏衣店因雇用业外成衣匠被视为违反行规，从而引起纠纷。最后，霓裳公所虽可以行规约束同行，然其对于恒源神袍戏衣店所采取的管束措施毕竟只是出于行业保护的目的，且其所采取的强制性措施已超出公法范围，因此，即便其"以群议罢工为要挟"，亦未能得到"县署"批准。可见，至少在这一事件的处理上，当时苏州的地方县署还是维护了普通小业者的合法权益。

无独有偶，1930 年苏州（旧称吴县）成立吴县行头戏衣业同业公会以后，亦曾发生一件与之类似的行业纠纷。1934 年 11 月 9 日，吴县戏衣业与成衣业发生一起行业纠纷，事发地点仍在汤家巷。戏衣作业工会常务理事吴均芝向吴县县党部呈函，称"为纠纷欠延不决，影响会务，请求赐予转函县商会召集调解"。1935 年 9 月 23 日，县党部常务特派员孙丹忱为"迅予调解戏衣业与成衣业纠纷事"而发给吴县县商会的函令中援引吴函语云："窃本会所属会员所做工作以戏衣、神袍庄严法事为主。成衣工人自有其工作范围，自古迄今，相沿成习。乃去年十一月九日，有汤家巷一〇三号章元来成衣店，超出其应做范围而承做戏衣。发生纠纷，缠讼法院。本会会员异常愤慨。""本会为会员权利计、防止纠纷计，为特具文呈请钧部，赐予据情转函吴县县商会，定期召集双方当

[1]《地方通信·苏州》,《申报》1919 年 5 月 17 日。

事人暨调解人持平调解，以免纠纷而利会务。"令函应吴函之请，责令吴县县商会进行调解，函末"计附发名单一纸"，显示双方当事人分别为"吴均芝，吴县戏衣作业工会代表，住西中市万顺泰戏衣店"，"章元来，章元记成衣店主，住汤家巷一〇三号"，调解人为吴县行头戏衣业同业公会主席范君博（住施相公弄）。同年9月25日，吴均芝又代表吴县戏衣作工会为"请调解与成衣业章元记纠纷事"致函吴县县商会称："本会会员所做工作，向有业规为其准绳，既不容超出范围，更不容业外人之侵占。不幸去年十一月九日汤家巷一〇三号章元来成衣明知营业界限而故犯侵权行为，引起本会会员不满。"为特检同原获证据戏衣一袭，随函送请查照，以便在调解时作为参考。"函件末"附未完工戏衣一件"。10月4日，吴县县商会《为戏衣业与成衣业纠纷调解完成事呈吴县县党部》函称："十月二日召集各当事人试行调解，即席调解成立。"函附调解笔录载"调解结果"云："此案据章元来面称，承做之衣并非戏衣，而吴均芝坚称与该业业规有关。经再三劝导，章元来承认以后对于正式戏衣可不承制，并由章元来状请法院撤销诉案。吴均芝亦承认将扣存未完工之戏衣一件，交由本会转给章元来具领。双方允洽，分别签字并复县党部销案。"商会委员谢鉴之担任调解。

可以看到，案件双方仍是围绕成衣业"章元记成衣"小业主章元来是否违背行规承制戏衣为矛盾的焦点。调解结果以章元来承诺"以后对于正式戏衣可不承制"而暂时告结。一年之后，成衣业章元来再次与戏衣业发生矛盾。1936年12月5日，章元来"为戏衣业杨文楚违反调解协约事"呈函吴县县商会称："窃元来上年因制作神袍被戏衣业工会误会戏衣，发生纠纷，蒙钧会调解由谢委员鉴之于二十四年十月二日在钧会邀同双方立有笔录，彼此遵守在案。乃本月三日（二十五年十二月三日）忽有戏衣业工会会员杨文楚率领数十人并警察二人在元来家中，自上午九时起至下午二时余止，大事（肆）搜查，指元来承制老祥泰零剪顾绣庄之神袍为戏衣。经元来一再说明神袍是木偶所用，戏衣是伶人所穿，界限分明，截然不同。杨文楚恃众不可理喻，竟将神袍自由取去，置钧会调解笔录于不顾，用特呈请钧会查案救济，以安商业，实为公便。谨呈吴县县商会主席程。顾绣成衣作章元来呈。"函中所言杨文楚为"戏衣作职业公会常务理事"。根据章元来的函件描述，其承做的是"老祥泰零剪顾绣庄之神袍"，乃"木偶所用"，非伶人所用之戏衣。但是12月8日吴县总工会在为"请调解戏衣业与成衣业纠纷事"而致吴县商会的函件中仍然坚称"成衣章元来侵夺戏衣工作"，"故态复萌"，"于本月三日被本会鸣警查获新旧戏衣各一件"，"该成衣不知悔改"，"故意破坏戏衣业行规"，"实属可恶"，"为特请钧会迅予转函县商会召集调解，请该会主张公道，俾戏衣工友得相当保障"。[1]
所谓"新旧戏衣各一件"，旧的一件当为此前被戏衣作工会指为"侵夺戏衣工作"而查获扣存的"未完工之戏衣"。当时双方和解后，该戏衣在吴县商会的主持调解之下交还给章元来，新的一件应即被指为"故态复萌"的神袍。在戏衣业看来，神袍与戏衣同为一业，但在成衣看来，神袍与戏衣非为一回事。矛盾的焦点在于思想认识上的不一致。然无论如何，在 20 世纪 30 年代的苏州地区，戏衣与成衣被视为两个行当，成衣不能承接戏衣工作，否则就会被看作"侵夺工作"，"破坏行规"，要遭到戏衣行会的抵制。其行业壁垒之森严，由此可见一斑。

1956 年公私合营时，苏州成立戏衣生产合作社，社员有 300 多人。1958 年改为苏州剧装戏具厂，是当时中国规模最大的剧装戏具生产厂家。1964 年以后因推行现代戏，古装戏衣失去市场，苏州剧装戏具厂也改做现代戏服。1977 年以后恢复传统戏，苏州剧装戏具厂亦得以恢复传统剧装的制作。目前苏州剧装戏具厂是全国自公私合营以来硕果仅存的两家国营剧装厂之一。另一家为北京剧装厂。2002 年，企业改制，苏州剧装戏具厂由原来的集体所有制改为股份合作制。

需要补充的是，1956 年苏州戏衣生产合作社成立时，"分 13 个工场进行生产"，其中坐落在宝林寺前文衙弄七号的"画花工场"有从业者 38 人。工场主任蒋芸才曾介绍说："画花工场分开料和画花两个步序，画花又分打样、画料两部分。画花的方法有三：一是用木版印，这是老方法，现在有时还用旧版印，但是很少，新版已不刻；二是用纸版印，即用'电笔'在绘图纸上依图样线纹打眼，然后将墨刷于缎子上，现广泛应用；三是用笔描。"当时的"画花工场"保存了上千块木版，这些木版都是十几年到几十年前的旧版，均由桃花坞刻制，多是戏衣蟒袍、寿衣、和尚衣、寺院旗幡和鞋面等图案，后废弃不用。[2] 桃花坞为戏衣业刻制印花木版，说明了两个问题：一是戏衣业中印花技术的应用不只是用在布质印花衣上，从而制成所谓的"画衣"，同样可以使用在丝缎绣衣上，即替代绣衣中的画活与刷活等工序。二是说明在规模化的戏衣生产中，人们使用了类似木版这样更为便捷的绘花技术，然而，这种便捷的绘花方式也有其致命的弱点，即版式过于僵化，缺乏一定的灵活性，因此也容易被淘汰。

苏州剧装戏具厂目前仍是苏州规模最大的剧装生产企业，在全国同行业排

---

[1] 马敏、肖芃主编：《苏州商会档案丛编》第 4 辑上，华中师范大学出版社 2009 年版，第 847—851 页。

[2] 参见张道一《桃坞绣稿：民间刺绣与版刻》，山东教育出版社 2013 年版，第 182 页。

3-3-1 苏州剧装戏具厂的绣活车间

3-3-2 绣活，苏州剧装戏具厂

3-3-3 苏州剧装戏具厂的成衣车间

3-3-1

3-3-2

3-3-3

名中位居前列。其业务范围包括传统戏衣、现代戏服装、盔帽、头面等。传统戏衣车间包括设计、画活、刺绣、成衣等不同工种。据杭州越剧服装设计师蓝玲老师讲述，苏州剧装戏具厂曾有一位擅长画活的老师傅，技艺十分精湛。早期蓝玲老师曾拿着自己设计的图案小样去苏州剧装戏具厂，画活师傅使用白粉一气呵成，以十分熟练的动作将小样上的图案直接放大、画在布料上，尺寸和比例都恰到好处。李荣森说，该师傅即苏州剧装戏具厂有名的画师潘洪生。现在剧装厂的工匠技师们的年龄都比较大了，不少师傅已在此行业工作三四十年。最年轻的师傅差不多也已从业十年。李荣森是戏衣制作的第三代传承人，其爷爷李鸿林和父亲李书泉都是苏州老一辈的手艺人，祖籍江苏镇江。据李荣森讲述，20 世纪 60 年代，国家轻工业部在全国戏衣行业评选出六七名"老艺人"，李鸿林为其中之一。李鸿林和李书泉均已不在。李荣森现在也已经 60 多岁。关于李荣森家族的三代戏衣传承，后面相关章节会进一步提到，姑不赘述。

除了苏州剧装戏具厂，苏州还有一些年轻从业者，有的是大学毕业后从事戏衣制作这个行业。这些年轻从业者通常比较有思想，有干劲。另外，苏州民间还有一些年龄比较大的绣花师傅承接绣活，浙江、上海、广州等不少地方的戏衣行通常把绣活放到苏州来做。苏州绣活不仅绣工好，人工费相对来说也比较便宜，得到行内普遍认可。

上海

《中国戏曲志·上海卷》载明万历年间（1573—1620），"昆山腔盛行沪上"，"家班的戏装大都从苏州定制采办"。上海豫园主人潘允端羡慕"吴门戏子""行头极齐整"，其《玉华堂日记》中多次记载家班演剧所需前往苏州购置。清末一些专门制作戏衣的作坊在上海相继开业，"多数戏班都就近购置，也有的戏班远到广州、北京等地采办戏装"。[1]

清光绪二十年（1894）10 月 30 日，上海《申报》登载大东门彩衣街"南鸿泰行头店"开业广告，该行头店专办顾绣蟒袍、神袍、旗伞和文武戏衣全副行头。[2] 与其大致同一时期或比之更早的戏衣店不在少数。在 19 世纪八九十年代的上海《申报》中，有关"戏衣店"或"戏衣庄"的消息时有报道，譬如 1887

---

[1] 中国戏曲志编辑委员会、《中国戏曲志·上海卷》编辑委员会编：《中国戏曲志·上海卷》，中国 ISBN 中心 1996 年版，第 456—457 页。

[2] 转引自陈申《京剧传统戏衣研究》，载杜长胜主编《京剧与现代中国社会》上，文化艺术出版社 2010 年版，第 121 页。

年 8 月 22 日 "法捕房琐案"中有 "城内四牌楼万顺昌戏衣店被学徒刘阿三串同丁阿明、朱宝生偷窃戏袍八件"[1]。1892 年 10 月 28 日 "淞滨琐志"中提到 "沪城四牌楼胡森泰戏衣店"[2]。1898 年 11 月 9 日 "英界琐闻"云："昨日棋盘街某衣庄忽失去戏衣十八件，值价甚巨。"[3] 又 1907 年 6 月 13 日，《申报》上登载一篇 "拆股声明"曰："兹者光绪廿四年习股开张申泰神袍戏衣号，共成四股，颜吉除一股，每股英洋二百五十元，开在四牌楼中市。申泰戏衣神袍号以来，忽有十载，不料颜姓去冬病故，他妻马氏因女流不欲拼股，自愿拆股于本年四月廿五日。凭中将股本盈余一并交清，将股单收回以后与颜姓无涉。恐防口舌，特此登报声明。城内四牌楼申泰号白。"[4] 由此可以看到，戏衣与神袍等兼营是当时很多作坊铺的共同特点。

1885 年 7 月 22 日，《申报》"西江谈柄"载："四月初旬，安庆连升戏班渡江而至豫省，色艺之佳实为近数年所未见，有某旦者花容玉貌，艳夺樱桃，每一登场尤足倾动，流俗缠头之掷纷若繁星，五十余天中，不觉虚糜巨万。现掌班者资愈巨，兴愈豪，已驰书上海赶办鲜艳戏衣。"[5]1892 年 7 月 14 日《申报》"彝陵杂志"云："宜昌庆云戏班，虽有名伶，苦无砌抹（末），近有某号客向上海购得戏衣若干件。"[6] 这说明 19 世纪八九十年代上海戏衣业声名远播。

《中国戏曲志·上海卷》载：清代同光年间，上海已经出现专门为戏衣店描绘戏服花样的绘画庄，如位于上海四牌楼曲尺弯的 "孙炳生绘画庄"，孙炳生始创。"孙系苏州人，为清末民初上海戏服描花师傅，艺承苏枝山"，"前后带徒十余人，其中王锦荣技艺最为著名"。"该庄曾为清末上海王顺泰、申泰、叶森泰、杨恒隆等戏衣号的戏服描绘花样。""除描绘行头纹样外，还兼营枕头、被面、鞋面等纹样的描绘。"从这一描述来看，孙炳生的谋生方式与北京大致同一时期的画师李春有些相似，均以擅长服饰绘画而名。据传："谢杏生在王锦荣处学艺时，常常代师父到孙家借花样'木模'等工具，孙待人和蔼可亲，乐意助人。""据谢称孙的师父是苏枝山，苏州人，著名的绘花师。"[7]孙炳生的弟子王锦荣于 1903 年到上海拜师学艺，1906 年自开作坊，创办 "王锦荣绘画庄"，为戏衣行绘行头花

[1]《法捕房琐案》，《申报》1887 年 8 月 22 日。

[2]《淞滨琐志》，《申报》1892 年 10 月 28 日。

[3]《英界琐闻》，《申报》1898 年 11 月 9 日。

[4]《拆股声明》，《申报》1907 年 6 月 13 日。

[5]《西江谈柄》，《申报》1885 年 7 月 22 日。

[6]《彝陵杂志》，《申报》1892 年 7 月 14 日。

[7] 刘月美：《上海戏服、戏具店、作坊变迁情况简述》，载中国戏曲志上海卷编辑部编《上海戏曲史料荟萃》第 5 集，上海艺术研究所，1988 年，第 91 页。

样，兼营婚丧喜事寿衣花样。地址位于南市傅家弄大庆里八号。1937 年店铺迁至五马路（今广东路 662 号），次年又迁至九江路 374 号。1940 年起，"和徒弟谢杏生合伙经营"。1949 年，王锦荣病故，无妻嗣，谢杏生为其办理后事，葬于原籍，并继续经营店铺。1952 年，该绘画庄加入群力戏剧用品生产合作社。[1]1956年，群力戏剧用品生产合作社与新成区另外三家作坊合并成立上海第七绣品生产合作社[2]，1958 年并入上海戏剧服装用品一厂。[3]1960 年，上海戏剧服装用品一厂与上海戏剧服装用品二厂合并为上海戏剧服装用品厂[4]，简称上海剧装厂。谢杏生为上海剧装厂主要设计师之一。谢杏生乃江苏吴县东渚镇青山村人，1916 年生，13 岁到上海拜王锦荣为师，18 岁学艺满师以后一直跟随其师，直至师父去世。谢杏生没有读过书，但非常勤奋，尤其是在绘画设计方面有着独特的天赋。譬如戏衣上的图案布局，谢杏生的原则是："疏能跑马，密不容针，繁而不乱，简则不凋。"[5]类似的绘画经验有很多，无不是在勤奋扎实的实践积累中形成的。徐世楷先生回忆，在剧装厂工作期间，上班最早的是谢先生，下班最晚的也是谢先生。上班期间，人们看到他总是在画图。20 世纪 60 年代，谢杏生获得国家轻工业部授予的"老艺人"荣誉称号，据说当时荣获此称号的人中最年轻的一个。1981 年，在轻工业部举办的全国首届质量评比中，其所设计的黑色盘金大龙蟒获得第一名。2013 年，在"国信百花杯"中国工艺美术精品奖中又荣获金奖。2013年，谢杏生因病去世，享年 97 岁。其徒弟有郁锦庭、陈文华、陈莉蓉、宋蜀生、陆文华等人。陈莉蓉现为上海市级非物质文化遗产戏曲服装制作技艺传承人。谢杏生的孙子谢建荣目前在上海创办了上海燮茏服饰有限公司，在苏州西山出资兴建了谢杏生戏曲服饰博物馆。

孙炳生的另一位弟子江云潞，原为苏州江恒隆戏衣店的后人。江恒隆戏衣店位于苏州五趋坊，清道光年间（1821—1850）"专做贡品内府昆曲行头"，光绪年间（1875—1908）因家业败落被送至绘花师孙炳生处学艺，后跟随孙到上海。1922 年孙去世，江"继续留在师父家绘花"，"1926 年自行开业"，"1938年潦倒死去"。江的儿子江根泉开设荣兴盔头店，徒弟有徐山泉，20 世纪 80 年

[1] 参见中国戏曲志编辑委员会、《中国戏曲志·上海卷》编辑委员会编《中国戏曲志·上海卷》，中国 ISBN 中心 1996 年版，第 608 页。

[2] 参见刘月美《上海戏服、戏具店、作坊变迁情况简述》，载中国戏曲志上海卷编辑部编《上海戏曲史料荟萃》第 5 集，上海艺术研究所，1988 年，第 101 页。

[3] 参见徐幸捷、蔡世成主编《上海京剧志》，上海文化出版社 1999 年版，第 98 页。

[4] 参见中国戏曲志编辑委员会、《中国戏曲志·上海卷》编辑委员会编《中国戏曲志·上海卷》，中国 ISBN 中心 1996 年版，第 611 页。

[5] 上海戏剧服装厂设计室汇编：《上海戏装：传统戏曲服装（部分）》，内部资料，第 6 页，徐世楷提供。

3-3-4

3-3-5

3-3-4　盘金大龙蟒，谢杏生设计，谢门弟子复制，陆文华提供

3-3-5　女帔，谢杏生为荀慧生设计，谢门弟子复制，陆文华提供

3-3-6   3-3-7

3-3-6 女帔局部，谢杏生设计，谢门弟子复制，苏州谢杏生戏曲服饰博物馆藏

3-3-7 女帔局部，谢杏生设计，谢门弟子复制，苏州谢杏生戏曲服饰博物馆藏

代尚在贵阳戏曲学校。除此之外，上海画花的师傅还有纪仁祥、陈伯荫、马金全等人。1956 年俱加入了上海第十绣品生产合作社。[1]

　　根据刘月美撰《上海戏服、戏具店、作坊变迁情况简述》的罗列，清末民初上海经营戏服的作坊有四五十家之多。其中，清同光年间开业的就有王顺泰戏衣庄（一说"王隆泰戏衣庄"）、申泰戏衣号、吴生泰戏衣号、叶森泰戏衣号、杨恒隆戏衣号等。申泰戏衣号盖即前述《申报》中提及的"申泰神袍戏衣号"，清光绪二十四年（1898）开张，位于南市四牌楼，老板为上海人。20 世纪 20 年代末转让给张明新，改名"天昌戏衣号"。吴生泰和叶森泰亦坐落于南市四牌楼。王顺泰戏衣庄坐落于五马路（今广东路），老板王善卿。谢杏生称其是天昌戏衣号老板张明新的师父。吴生泰戏衣号老板姓吴，绰号"小蜡烛"，安徽人。1937 年"八一三"日本袭击上海时，店面被炮火烧毁，"所有职工全部转入'天昌戏衣号'，其中有名的成革师傅绰号'老师太'留下的男大靠纸样尺寸合度、外形好看，后传给谢杏生"。叶森泰戏衣号"主要承做道衣、神服、戏服"，老板叶松亭，安徽人。1937 年"八一三"事件时店面被毁。杨恒隆戏衣号老板杨鉴卿，小名巧生，苏州人，清

[1] 参见刘月美《上海戏服、戏具店、作坊变迁情况简述》，载中国戏曲志上海卷编辑部编《上海戏曲史料荟萃》第5集，上海艺术研究所，1988年，第92页。

末曾在苏州（今阊门122号）杨恒隆戏衣号"专做贡品昆剧行头"，"时有'三泰（申泰、吴生泰、叶森泰）不及一隆'之说"。1937年"八一三"时店面被毁，杨恒隆戏衣号迁往苏州。1946年，杨鉴卿病故，店铺歇业。雇员卫新生、杨寿南后来进入苏州剧装厂，徒弟金清生则进入上海戏校服装工厂。

清末开设的戏衣号还有花张和行头店。花张和行头店老板姓张，号"花张和"，绰号"癞子"，北京人，其作坊位于上海五马路（今广东路643号）。20世纪二三十年代在五马路开设的戏衣号或戏衣庄还有柳恒昌戏衣号、顾永记戏衣号、新永记戏衣号、瑞昌戏衣店、卫顺泰戏衣号、鸿盛兴戏衣号、合兴成戏衣庄、益广祥戏衣店、唐阿福戏衣作等。唐阿福戏衣作位于今广东路600号二楼，"开业时先替'卫顺泰戏衣号'成革戏服，后来专门'跑戏馆'，承做私房行头，如梅兰芳、麒麟童、俞振飞、言慧珠、童芷苓等京剧演员的私房行头均请唐阿福做过。子唐汉卿，成革女服而出名，绰号'小唐'。1956年参加上海第十绣品生产合作社"。与之类似，以成革戏服为主业的还有单正银戏衣号、唐阿友戏衣店、龚裕记戏衣作、严有才戏衣作、许星记戏衣作、裕泰戏衣作、曹记戏衣铺、蒋怀庭戏衣作、鸣泰祥戏衣号等作坊铺。以上作坊铺大多坐落在五马路一带，也有散落在其他各处的。如单正银戏衣号在南市学院路165号，1956年参加上海市第一戏衣生产合作社。蒋怀庭戏衣作坐落于黄陂北路52弄17号，1956年参加上海第七绣品生产合作社。鸣泰祥戏衣号位于四牌楼路20号，1956年参加上海第一戏衣生产合作社。唐阿友戏衣店位于福州路汕元坊5号，铺主唐阿友"是赵桂坤徒弟，专替五马路一带戏衣店成革戏服，有雇员1人。1952年和侄子唐汉卿同去华东戏曲研究院京剧实验剧团成革戏服多年。1956年参加上海第十绣品生产合作社"。上海五马路上这些数量众多的作坊铺规模不大，人数不多，主要依托周边的戏衣店或戏衣作坊，以成革戏服为业，说明当时戏衣行业的分工比较细，戏衣店或戏衣作坊并非完全靠自己的人力全套成做，而是绘花、刺绣、裁剪、成革等各有专行，相互合作，体现了大都市业态丰富而繁荣的局面。这一点与同一时期的北京比较相似。

除了上述店铺，刘月美的文章中还提到同盛泰戏衣庄、蒋顺兴戏衣庄、隆升泰戏衣号、张启荣戏衣加工作、锦泰戏衣作、周桂记戏衣号、俞伯禄戏衣号、栾金元戏衣号、鑫昌戏衣店、佳多戏衣店、美丽戏衣店、龚福记戏衣店、恒大戏衣作、大生戏衣庄、开一天戏衣号、大茂戏衣庄等。

从刘月美文中的介绍来看，上海这些戏衣作坊的铺主有来自苏州的，也有上海本地的，还有来自安徽或是江苏无锡、镇江等地的，有的甚至是来自北京的。譬如吴生泰铺主"小蜡烛"和叶森泰铺主叶松亭都是安徽人。顾永记戏衣号铺主为无锡人，绰号"小无锡"。新永记戏衣号铺主"阿广"为镇江人。花张和行头店铺主来自北京。更多不著姓名或籍贯的手艺人大概也都是来自上海本地及周边乃至全国各地的社会底层民众。笔者在浙江宁波考察时听闻老一辈人讲，以前宁波人也有不少在上海做戏衣盔帽等活计。譬如宁波盔头字号"张凤春"铺主张三友有一弟弟名张建设即在上海做盔头。上海戏衣铺的规模有大有小，有的专营戏衣，有的兼营神袍、盔帽、绒球等，举如位于广东路 621 号楼上的锦泰戏衣作就承做戏服和绒球，尤以绒球出名，1956 年参加上海第十绣品生产合作社时共有 3 人。有的系自典当行、估衣行或其他行当等改行而来，如 1939 年开业的董德茂点翠作到 1954 年时改做戏服，招牌换为"大茂戏衣庄"。佳多戏衣店和大生戏衣庄原先是典当行，后改做戏衣。有的戏衣店如龚福记戏衣店先是"半开间门面的檀香店，后来改做戏服、钉光片"。美丽戏衣店专门采用怡和洋行进口的捷克斯洛伐克光片和德国"跳舞牌"光片制作光片戏服。有的作坊如恒大戏衣作、祥恒泰戏衣庄等则以越剧行头为主。祥恒泰戏衣庄除了做越剧行头，还经营"班盔"和"神帽"等。[1]一般戏衣作坊都集中在南市四牌楼和五马路（今广东路）一带。这些地方除了戏衣庄，还开设戏靴作、盔帽作、把子作、回须作和点翠作等。20 世纪二三十年代，四牌楼一带的戏衣、盔帽、戏靴、回须、绒球、珠花等作坊最为兴旺，而广东路一带的戏衣、盔帽和戏靴作坊也十分红火。另外，上海其他地方也散落一些做戏衣的店铺或字号。徐世楷先生讲，天昌号设在浙江中路的一个弄堂里（浙江电影院对面），没有门面，老板通常都是直接到后台接活，以擅长制作蟒、靠而成名。看得出，当时上海戏衣行业的业态或许一时呈现为欣欣向荣的景象，然小业主们以及学徒工匠们的辛苦与艰辛也略可识得一斑。

上海四牌楼一带过去也叫彩衣街或彩衣巷。民国《上海县续志·物产》中记有"彩衣"，其后注云："神袍、伶衣、冠冕、甲胄之属，多以锦绣纂组金箔翠羽制成，俗称其肆曰神袍店，彩衣街以此得名，今其肆多设四牌坊。"[2] 由此可知，"锦绣纂组"之属如神袍、伶衣、冠冕、甲胄等过去皆被人们视为彩衣类或与彩衣相关的配饰，而伶衣与神袍置为同类乃世俗之惯例。清人秦温毅撰《上海县竹枝词》云："彩衣一巷总悬衣，衣焕朝晖与夕晖；东接大街四阙上，中间耀眼色光辉。"其后注云："彩衣巷在鱼行桥东至蔓笠桥，是巷开设衣庄居多。"[3] 薛理

[1]　参见刘月美《上海戏服、戏具店、作坊变迁情况简述》，载中国戏曲志上海卷编辑部编《上海戏曲史料荟萃》第 5 集，上海艺术研究所，1988 年，第 92—100 页。

[2]　（民国）吴馨修，（民国）姚文枏纂：《上海县续志》卷八，民国七年（1918）铅印本。

[3]　（清）秦温毅：《上海县竹枝词》，广陵书社 2003 年版，第 44 页。

勇编著《闲话上海》称："上海开埠后，租界里形成了以棋盘街（即今河南中路）为中心的服装街，彩衣街的服装店相继迁出而逐渐衰落。但至1913年填这一段的肇嘉浜筑路时，这里还有：立大、协泰、福泰、陈大亨等数家衣庄。"[1]

其他如江苏扬州、扬州东部的江都区（旧甘泉县）和泰州市、扬州北部的高邮市以及盐城南部的东台等地过去也都有类似性质的彩衣街或彩衣巷。清李斗《扬州画舫录》卷九云："新城东关至大东门大街，三里，近东关者谓之东关大街，近大东门者谓之彩衣街。""彩衣街为运司后一层。"[2] "运司"即运司街，两淮盐运使司署驻地。元代至民国时期，扬州均设有专管盐务的两淮运司，习称两淮盐运司、两淮盐务（政）或运司。《清宫扬州御档》[3] 中记有两淮盐务为宫廷进贡服饰和衣料的档案。而两淮盐运司贡奉衣饰物料在明代史料中亦有所记录。扬州彩衣街"旧设有制衣局，其后绣货、戏服、估衣铺麇集街内，故名"[4]。估衣、绣货与戏服诸铺聚集是彩衣街的特色。

估衣，即"估值旧衣，按成色作价"。在旧社会，"劳动人民裁不起新衣，只得到估衣店购买旧衣，估衣行业也就应运而起"。"估衣行业小的称衣店，大的叫衣庄。当时，高邮县城的估衣店分布在南北门及彩衣街一带。南门有福源、裕太、仁太等衣店，何正记衣庄。中市口有朱记、晋源两家衣店。彩衣街有钻记、恒昌等衣店和叶正昌、恒隆衣店，还有一些衣摊。北门外有仁懋、泰源衣店。新巷口有德太、益康衣店，公记衣庄。高邮县城的估衣业，兴旺时期多达二十多家。""彩衣街的衣店衣庄鳞次栉比的，盛极一时。衣店、衣庄柜台上安装黑底金字招牌，柜台尾端还有站牌，上写'原典抄发'四个金色大字，墙上有小点牌子，上面写着：'童叟无欺、原典抄批、货真价实，竭诚欢迎。'墙上挂了很多估衣，有裘皮、布衣、丝绸衣，还有戏班子的唱戏彩衣，老、少服装、旗袍马褂等等。五颜六色，五彩缤纷，彩衣街由此得名。从清代开始，一直沿袭至今。"[5] 估衣、神袍、戏服以及彩衣之间的关系再次一目了然。

20世纪50年代以后，上海又在此前诸多戏衣小作坊的基础上成立了一些制作戏衣戏具的合作社或工厂。举如群力戏剧用品生产合作社工场，简称"群力工场"，专做戏衣、盔帽、戏服绘花等。1952年成立，地址在天津路145弄3

[1] 薛理勇编著：《闲话上海》，上海书店出版社1996年版，第226页。
[2] （清）李斗著，王君评注：《扬州画舫录》，中华书局2007年版，第123、125、129—130页。
[3] 中国第一历史档案馆、扬州市档案馆编：《清宫扬州御档》，广陵书社2010年版。
[4] 王克胜主编：《扬州地名掌故》，南京师范大学出版社2014年版，第24页。
[5] 董绍舒整理：《高邮估衣行业的兴衰》，载高邮县政协文史资料研究委员会编《高邮文史资料》第6辑，高邮县政协文史资料研究委员会印制，1987年，第202—203页。

号，由 29 人组成，包括李培寿、唐阿友、谢杏生、邵君庭、赵银根、汤学林、苏正才、唐汉卿、郑素珍、赵祥宝、汤其瑜、张德云、赵贵坤、唐阿囡、赵帮龙、钱长顺等人，属上海市手工业联社。1956 年加入上海第七绣品生产合作社。1956 年，群力工场在原址与新成区的杨福泰盔头铺、蒋怀庭戏衣作、杨七郎盔头作等三家作坊合并成立上海第七绣品生产合作社，生产戏衣、盔帽、戏服绘花等。社长郭和林。1958 年并入上海戏剧服装用品一厂。

上海第一戏衣生产合作社于 1956 年由邑庙区（今南市区）四牌楼一带的 33 家作坊合并成立，共有社员 92 人，社长巢书德，地址位于成都北路 858 号。生产项目包括戏衣、盔帽、须结、铜泡、光片、头套、口面、制线、绒球、点翠、珠花头面等。1957 年有职工 127 人。1958 年 12 月转为上海戏剧服装用品一厂，属上海体育文娱工艺美术公司。

上海市黄浦区戏剧服装用品生产合作社位于广东路 614 号，门市部在广东路 637 号。其 1956 年由黄浦区广东路一带 42 户作坊和群力工场中的 2 户合并成立，后改名为上海第十绣品生产合作社。1958 年转为上海戏剧服装用品二厂，属上海市体育文娱工艺美术公司。共有社员 170 人，理事主任郭和林。主要生产戏衣、盔帽、靴鞋、口面、头套、水钻头面、绘花等。

1960 年，上海戏剧服装用品一厂与二厂合并，改称地方国营上海戏剧服装厂。厂址在成都北路 863 号，门市部仍在广东路 637 号。下设三个车间，分别位于紫金路 36 号、人民路 120 号、天津路 145 弄 3 号，建筑面积达 2500 多平方米，全厂职工 661 人。主要产品有蟒、靠、褶子、帔、皇帽、踏镫、口面、厚底靴等四大类 1000 多种。1966 年地方国营上海戏剧服装厂更名为上海戏剧服装生产合作社。"文革"期间，一大批技术人员调离原岗，转入其他行业，全厂仅余下 142 人。1971 年，上海戏剧服装生产合作社更名为上海戏剧服装用品厂，简称上海剧装厂。厂址设在复兴中路 57 弄 6 号。下设综合车间和戏帽车间两个车间，分别位于河南中路 181 号与紫金路 34 号，门市部改设在南京东路 259 号。1976 年全厂有职工 261 人。20 世纪 80 年代末，全厂尚有职工 376 人。而其已"发展成为影视、戏曲、曲艺、歌舞、杂技、照相等部门制作礼服、工艺出口服装、仿古服装、传统盔帽、厚底班靴、民族舞鞋、头套、口面、水钻头面、头翠头面、排须丝绦、鸾带、狐尾、舞台大幕、尼龙纱幕、铜泡、彩色电光片等以及旅游工艺美术品的多功能专业工厂"[1]。目前，上海剧装厂早已倒闭，原有技术工人纷纷流散。

---

[1] 刘月美：《上海戏服、戏具店、作坊变迁情况简述》，载中国戏曲志上海卷编辑部编《上海戏曲史料荟萃》第 5 集，上海艺术研究所，1988 年，第 101 页。

21 世纪以来，上海仍在从事戏服设计与制作的老师傅有奉贤区的包畹蓉和长宁区的陈莉蓉与徐世楷夫妇二人等。包畹蓉原本为湖州人，从小喜欢京剧，曾拜"四大名旦"之一的荀慧生为师，学习青衣。后又学习了制作戏衣，并收藏了大量京剧服饰。上海市奉贤区专门为其建造了"包畹蓉京剧服饰艺术馆"。2017 年，包畹蓉去世，享年 90 岁，生前曾被评为上海市非物质文化遗产项目"京剧服饰制作技艺"代表性传承人。

陈莉蓉，上海市级非物质文化遗产传承人。1942 年出生，1959 年进上海戏剧服装用品一厂工作，1961 年拜谢杏生为师学习戏服图案设计。当时谢杏生在二厂，两厂合并以后，生产车间的地址未变，仍在原来的地方。工厂专门为陈莉蓉及其师姐举办了拜师大会。过去这行被称作"画白粉"。当时谢师傅让她们跟着学习画小样，因担心她们画不好，不让她们在布上画，只是拿笔在纸上画。陈师傅说，谢师傅不识字，也讲不出什么理论，就是擅长画，她和师姐跟着学，学了两三年。1974 年，陈莉蓉担任上海戏剧服装用品厂门市部经理。1995 年以后，陈莉蓉开始在上海瀚艺服饰有限公司担任戏服设计师并成立陈莉蓉图案设计研究室，从事戏服以及旗袍的图案设计与绣花配色等工作。2013 年谢师傅去世以后，陈莉蓉、陆文华等弟子希望恢复整理谢师傅的戏衣绘画资料，然困难重重。在陈莉蓉等几位弟子的努力下，谢杏生先生为梅兰芳、荀慧生等人设计制作的一些比较经典的戏衣样式如鱼鳞甲等得以复制。鱼鳞甲，又名虞姬甲，20 世纪 30 年代梅兰芳扮演《霸王别姬》之虞姬时，特请王锦荣绘画庄海派画师谢杏生为其设计，然后由位于浙江中路的天昌号戏衣庄制作完成。全套衣甲主要由衣裙、腰箍和上下甲等几部分组成。上甲为叶片云肩式，绣鱼鳞纹，饰虎头和孔雀开屏，镶帽钉，垂红穗。下甲由侉子发展而来，绣孔雀开屏（或饰虎头）及平金三蓝绣鱼鳞纹。甲衣内黄绉缎彩绣牡丹衣，配白绉缎彩绣勾子纹马面裙，甲衣外系腰箍。整套服饰色彩明艳而光彩夺目，雅淡多姿而不失英武之气。陈莉蓉等人复制的戏衣现存于苏州西山谢杏生戏曲服饰博物馆。

陈莉蓉的丈夫徐世楷生于 1938 年，江苏泰州人。1950 年，年仅 12 岁的徐世楷投奔在上海做戏服的舅舅，进入蒋顺兴当学徒。蒋顺兴号老板姓蒋，店铺位于黄浦区广东路 601 号（工人文化宫旁边）。当时店里有五位师傅，一人做帽子，一人揩花，三人制作。揩花，上海行话，即直接把图案画在布料上，北方叫"画活"，土话叫"画白粉"。徐世楷的舅舅以制作旦角服饰为主，擅长制作女帔、青衣、宫装等。绣活拿去苏州做。徐世楷先生说，当时广东路上做戏服的戏衣作坊有二三十家，

| 3-3-8　鱼鳞甲及局部，谢杏生戏曲服饰博物馆藏

3-3-9

3-3-10

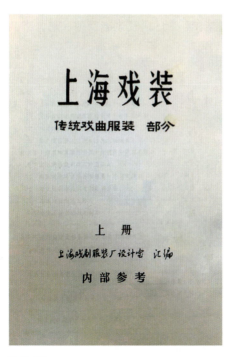

3-3-11

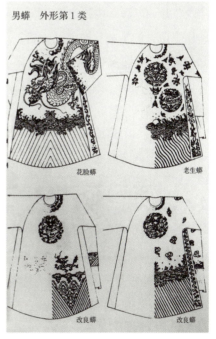

3-3-12

3-3-9　陈莉蓉、徐世楷夫妇与谢杏生先生合影，陈莉蓉提供

3-3-10　《上海戏剧服装用品厂产品质量标准》资料册，徐世楷提供

3-3-11，3-3-12　上海戏剧服装厂设计室汇编传统戏曲服装资料册，徐世楷提供

蒋顺兴是当时最好的一家。梅兰芳、程砚秋、荀慧生、尚小云等表演艺术家都在蒋顺兴号定制过戏服。徐世楷跟着老板学艺，先从干杂活、练习缝纫开始，逐渐掌握整个戏衣制作流程。徐世楷勤奋好学，干活也踏实，深得老板信任，经常被派出去跑活，譬如把画好的布料送到苏州去刺绣，经常往返于上海、苏州之间。另外，遇到要求比较高的订活儿，需要请外面的师傅画活，也由徐世楷去跑。徐世楷先生说，他从这些经历中学到了不少有用的东西。

旧时学徒有一条不成文的规矩，即"学三年，帮三年"。徐世楷学徒三年，又帮工三年，六年后出师。1956 年公私合营，蒋老板带着工具和店里的工人一起加入上海第十绣品生产合作社，当时合作社有 100 多人。1958 年，第十绣品生产合作社改为上海戏剧服装用品二厂。1960 年，二厂与一厂合并成立地方国营上海戏剧服装厂。徐世楷读过书，会写字，这在当时算是有文化的人，因此在厂子里被分配做后勤工作。厂子成立工会以后，徐世楷做宣传干事，后又被派去管仓库，负责采购制作戏服、帽子等所需的各种原材料。1978年改革开放以后，传统戏得以恢复，徐世楷和剧装厂的几位老师傅一起，将以前厂里做过的各种戏服包括规格、尺寸、样图等作了一番整理，编成资料册，如今成为十分宝贵的参考资料。徐师傅说，20 世纪 60 年代初，上海剧装厂也曾编过一套图册，有五六本，里边收录了上千种戏衣设计图，俗称"晒图"。有客户上门订货时，将其拿给客户参阅，便于客户看样选订。刚工作不久的年轻人对戏衣不太熟悉或不够了解，可将其拿来作为学习临摹的资料。生产车间有时也需要适当参考。可惜的是，这套图册印数不多，一共只有几套，"文革"以后便不知踪迹。除了整理资料，徐师傅又重新购买各种材料，开始恢复制作传统戏服。当时人手比较少，除了画花和刺绣等活计分别交由妻子陈莉蓉及苏州绣娘完成以外，其他工序如买料、染色、打版、印花、描花、配色、刮浆等基本都是由其一人包揽。

目前，陈莉蓉、徐世楷夫妇均已年过八旬，二人仍致力于传统戏衣的文化传承事业。陈莉蓉在社区开办了一个绘画班，免费教孩子们绘画传统戏衣图案，一些制作戏衣的年轻人也经常去听课。2023 年 5 月，陈莉蓉和徐世楷夫妇不辞辛劳，亲自前往浙江台州，为"80 后"青年李少春指导示范传统海派京剧戏衣的设计与制作。此外，上海的一些高校、博物馆等机构也经常邀请二人去做讲座。

3-3-13　陈莉蓉画图示范，李少春提供

3-3-14　徐世楷制作示范，李少春提供

二、浙闽粤赣等地区戏衣行

浙江

说起戏曲，浙江人会自豪地声称："一部戏曲史，半部在浙江。"从南戏、永昆到婺剧、绍剧、越剧等不同时代、不同地方的民间剧种争妍斗丽的局面来看，此话确实不虚。浙江省文化与旅游厅的一份初步统计数据显示，截至 2019 年，浙江全省现有昆剧、京剧、越剧、婺剧、绍剧、甬剧、姚剧、瓯剧、和剧、湖

剧、杭剧、睦剧、新昌调腔、宁海平调、台州乱弹等共 18 个剧种，每一剧种均有数量不等的民间职业剧团存在。其中仅越剧民间职业剧团就有 400 多家，其他如婺剧有 90 多家，瓯剧将近 20 家，姚剧和绍剧均在 10 家以上。再加上 30 多家国营剧团，传统戏曲演出市场的规模不可谓不庞大。据说过去大型剧团的戏服多往苏沪去采办，而小型民间剧团财力有限，很大程度上则依赖于当地的戏衣制作行业。目前，浙江省内很多地方都有制作戏衣的从业者，据称浙江的永康更是全国规模最大的电脑绣戏衣生产基地。

《中国戏曲志·浙江卷》记载，20 世纪 50 年代公私合营时，浙江省分别成立有杭州剧装戏具厂、金华戏具工场和嘉兴戏剧服装厂。杭州剧装戏具厂的前身为锦绣合作小组（一作"锦绣合作社"）。[1]《杭州市戏曲志》称锦绣合作小组成立于 1954 年，由原先从事堂幔、桌围、神袍等刺绣业的手艺人组成，以生产绣花、堂幔、桌围和神袍等为主。1956 年，政府把另外分散的 20 多家艺人组织起来，成立杭州市五一礼品广告生产合作社。1957 年，锦绣合作小组与该社合并成立杭州市美艺剧装戏具生产合作社，并从苏州邀请了 20 多位老艺人作为剧装戏具生产的技术骨干，当时全厂职工 90 余人，置设计、刺绣、成合等部门。1958 年职工达 600 余人，戏具服装车间有 100 余人，扩大为杭州工艺美术厂。1959 年，戏剧服装车间从工艺美术厂独立为杭州美艺戏具服装厂。1963 年，一度改名为杭州工农兵戏具厂。"文革"期间解散，1979 年恢复。1982 年有职工 70 人，直接从事剧装戏具生产的有 40 余人。技术骨干有设计师张家贤、王桂尧，龙凤画师陆子强（一作"陆子元"），女服画师吕倩等，"尤以陆子强为最"，"他技艺高超，出手不凡，绘龙不用草图，十团龙、大龙、盘龙，能随手画于绸面上，栩栩如生"。张家贤、王桂尧、陆子强等几位师傅均逝于 20 世纪 60 年代。此外还有靴鞋师傅楼炳芳、包头师傅王长法、刀枪师傅冷福宝、绣花师傅俞天喜、盔帽师傅虞长兴（艺名小丹阳）、点翠师傅王福林、绒球师傅蔡洪祥和曹小妹等。[2]

《杭州市二轻工业志》称："清末，杭州刺绣业盛而不衰。当时的后市街、天水桥、三元坊、弼教坊一带有刺绣作坊 10 余处，从事官服图谱、伞盖旗幡、花轿帐幔、供桌围屏、神服戏衣乃至嫁奁衣饰等绣制的刺绣艺人有 200 余人……本世纪 20 年代，杭州刺绣业仍很繁荣，诸暨、嘉兴、温州等地的刺绣艺人也来杭设业。"当时杭州的汪复兴绣作很有名望，行会会头是汪瑞华。行会沿袭杭绣旧例，只收男工，不收女工，故有"男工绣"一说。"抗战以后，刺绣业急剧衰

[1]　参见中国戏曲志编辑委员会、《中国戏曲志·浙江卷》编辑委员会编《中国戏曲志·浙江卷》，中国 ISBN 中心 1997 年版，第 609 页。

[2]　参见胡效琦主编《杭州市戏曲志》，浙江文艺出版社 1991 年版，第 300—301 页。

3-3-15　　　　　　　　　　　　　　　　　　　3-3-16

3-3-17

3-3-15　杭州男工绣，楼国荣藏，王
胜红提供

3-3-16　楼宝土在刺绣，楼国荣藏，
王胜红提供

3-3-17　楼国荣在南宫秀公司年会上
发表讲话，王胜红提供

落。至民国三十六年（1947），杭州仅剩下 5 家绣花店，从业人员为 20 人，解放初，仅剩下 5 名刺绣艺人。"1956 年，7 名刺绣个体劳动者组织成立了锦绣生产合作社，社址在中山中路，从事戏衣的绣制。"[1]这里提到的"7 名刺绣个体劳动者"即王桂尧、王长发、楼宝土、杨荣生、俞天相、张金发、杨柏林等手艺人。《杭州市非物质文化遗产大观·传统手工技艺卷》称："到 1936 年，杭州城内还有'史泉源''史源兴''史源永''宏泰''华昌'等 7 家绣庄。1956 年，由王桂尧为主任，王长发为副主任，张金发、楼宝土、杨荣生、俞天相、杨柏林等为主要技术力量，组织成立杭州美艺锦绣合作社（杭州剧装戏具厂前身），这是杭绣最后一批男工技术骨干。""1960 年，杭州工艺美术学校专门设立首届刺绣班，共招收学生 35 名"，"杭绣老艺人张金发和楼宝土执教"。[2]

楼宝土，浙江萧山南阳镇人，1903 年生。楼宝土从小跟随父亲学习手艺，1956 年与其他几位手艺人合作组成杭州美艺锦绣合作社。1957 年，锦绣合作社与其他社合并，组成杭州锦绣戏具生产合作社（一作"杭州美艺剧装戏具生产合作社"）。后来在此基础上又成立了杭州剧装厂。王胜红师父楼国荣称，楼宝土与其父亲是老表。楼国荣属牛，原杭州剧装厂的技术工人，擅长裁剪和制作，

[1] 《杭州市二轻工业志》编纂委员会编：《杭州市二轻工业志》，浙江人民出版社1991年版，第82页。

[2] 何平主编：《杭州市非物质文化遗产大观·传统手工技艺卷》，西泠印社出版社2008年版，第36、38页。

2022 年病逝，享年 70 多岁。由此推算，楼国荣当生于 1949 年。据苏州剧装厂的李荣森讲述，20 世纪 60 年代，楼国荣曾在苏州剧装厂学习手艺，其父亲楼炳芳擅长制作靴鞋，楼国荣最早师承的是其父亲的靴鞋制作手艺，后来改学戏衣制作。80 年代初，苏州剧装厂的李荣森等人到访杭州剧装厂，楼炳芳师傅曾予以接待。楼国荣自述其于 20 世纪 70 年代被下放到黑龙江，80 年代初回到杭州，1983 年进入杭州剧装厂，成为传统戏衣制作工艺的技术骨干。[1]1993 年，浙江小百花越剧团与宝丰公司合作成立浙江小百花宝丰文化发展有限责任公司，地址位于上城区中山路 199 号，负责人徐国良。小百花宝丰公司设立时装和戏服两个部门，楼国荣先生受邀担任戏服部技术骨干。与楼国荣先生一起加入"小百花宝丰"公司的还有几位分别擅长盔帽、绣花和盘金的老师傅。后因经营方面出现问题，小百花宝丰公司出现严重亏损。1999 年，杭州蓝玲艺术服饰有限公司成立，楼国荣师傅被聘为技术骨干。楼国荣师傅在杭州蓝玲艺术服饰有限公司工作几年后退休。

杭州蓝玲艺术服饰有限公司的创始人是蓝玲。蓝玲，杭州人，1947 年生，1960 年考入浙江越剧一团，跟着乐队学拉小提琴，1962 年改为服装管理，先后跟随团里的罗志摩和孙明昌学习舞美及化妆。1979 年，经团里推荐，蓝玲首次在《龙凤怨》中担任服装设计与化妆造型设计，展露个人才华。1984 年，浙江小百花越剧团建立，蓝玲调入小百花越剧团，致力于服装和化妆等舞美设计。1993 年，小百花越剧团和宝丰公司合作成立小百花宝丰文化发展有限责任公司，蓝玲邀请楼国荣等人加入小百花宝丰公司。1999 年，蓝玲自己投资成立杭州蓝玲艺术服饰有限公司，聘楼国荣等人负责技术制作。公司置有设计、绣花、裁剪与成做等几个工作间。绣活工人已从事绣花工作几十年。戏服裁剪以立体剪裁为主。服装设计师基本都是美术设计专业出身的年轻人。蓝玲艺术服饰有限公司在服装用料包括染色、用线等方面都十分讲究。据蓝玲老师讲述，很多细节琐碎之事她都要亲力亲为，譬如经常为找到合适的布料或绣线而"跑遍整个杭州城"，体现了她精益求精的精神。蓝玲服饰制作以改良戏曲服装为主，其特点是在吸收借鉴传统服饰文化的基础上，融入现代表演服饰的设计理念。

王胜红，杭州千岛湖人，1977 年生，1995 年进入浙江小百花宝丰公司，跟随楼国荣师傅学习服饰设计与制作。王胜红在浙江小百花宝丰公司工作学习了 7 年，2003 年前往杭州越研艺术服务部任总经理。2004 年，王胜红在杭州塘河路开设了自己的工作室，制作戏曲服饰，并为自己的服饰品牌取名为"南宫秀"。

[1] 王胜红转述。

3-3-18

3-3-19

3-3-18 手工绣花，杭州蓝玲艺术服饰有限公司
3-3-19 手工绣花，杭州蓝玲艺术服饰有限公司

3-3-20

3-3-21

3-3-20　楼国荣给技术人员现场演示制作

3-3-21　王胜红在绣花

据王胜红介绍，刚入行时，楼国荣师傅曾送其一本传统戏曲服饰图册。该图册为油印本，牛皮纸封面，一共两册，上册收录了 49 套传统戏曲服饰的设计图案，下册收录的是桌围、帐幔等戏具用品设计图。图册未署编著者信息，当为杭州剧装厂 20 世纪 60 年代初印制，用作客户订货时的参考样本，上海、苏州的剧装厂也曾制作有类似的图册。上海绘制的图册一套大概有 5 本，称作"晒图"，收录了近千套戏服图样。苏州剧装厂编制的图册收有绣服 100 多套，另有素服图册，素服即不绣花的服饰。苏州剧装厂厂长李荣森说，20 世纪 60 年代初，苏州剧装厂技术部的几位老师傅负责绘制了图册。其爷爷李鸿林、父亲李书泉都参加过编写绘制工作。"文革"期间，其父亲还因编写此书挨过批斗。80 年代以后，苏州剧装厂对本厂生产的主要戏衣品种进行重新绘制，编绘了一系列图文资料。

3-3-22

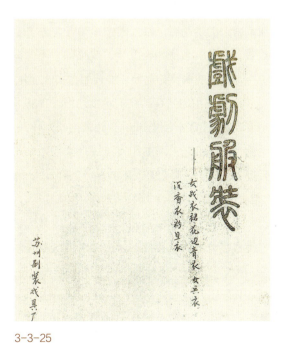

3-3-23

3-3-24

3-3-25

3-3-22　大靠设计图，王胜红提供

3-3-23　大龙蟒设计图，王胜红提供

3-3-24　褶子设计图，王胜红提供

3-3-25　苏州剧装戏具厂戏剧服装设计图封面，应建平提供

　　目前，王胜红成立了南宫秀非遗时尚设计中心，将传统服饰文化与南宫秀技艺相结合，在制作现代时尚服饰的同时，也承做传统戏曲服饰。楼国荣师傅生前经常去王胜红的服饰公司做技术指导。现在，杭州除了蓝玲艺术服饰有限公司和王胜红的南宫秀非遗时尚设计服饰公司，还有位于杭州拱墅区的衿绣戏曲服饰有限公司亦经营传统戏曲服饰制作业务。杭州之外，宁波、绍兴、台州、温州、金华以及永康等地也都分布着一些戏曲服饰行业的从业者。

　　浙江宁波，唐宋时期称明州，建明州府，明代为避讳而改称宁波府。明代宁波府设立有织染局，每年需向朝廷贡奉大量丝织物品。因此，宁波的印染织绣等传统手工业同样保持了较高的水平，其金银彩绣（又称金银绣）也别具一格。有资料显示，20世纪50年代初，宁波的海神庙、咸塘街等街市上仅绣花店铺就有三四十家。而咸塘街（今天一广场附近）上的戏服店有十多家，如"同福春""大荣祥"等。曾经远近闻名的"真善美"戏衣店则位于咸塘街69号。据"真善美"孙氏后人介绍，20世纪初，孙翔云的父亲孙通钿到宁波谋生，先在咸塘街的绣花店里做工人，1930年左右独自开设"真善美"绣花店，后改做戏衣。当时的名伶如徐玉兰、戚雅仙、毛佩卿、筱丹桂、毕春芳等都在"真善美"定做过戏服。孙翔云8岁开始在自家店里当学徒，跟随爷爷和父亲学手艺，18岁时与店里的绣花姑娘王素贞结婚。1956年，孙翔云同很多手艺人一起加入宁波戏衣戏帽生产合作社。孙翔云擅长制作龙凤戏服绣袍。2008年，"龙凤戏服绣袍"制作技艺入选浙江省第三批非物质文化遗产名录，孙翔云被评为浙江省首批省级优秀民间艺术人才。

　　浙江金华戏具工场，俗称金华戏具厂，最早成立于1957年。《中国戏曲志·浙江卷》称："金华徽戏的服装、戏具规格比较严谨，独具特色"，"过去有一批零星分散的专业技工，跟随老徽班制作，并以此为生"。1956年，浙江婺剧团成立，政府"将分散在各婺剧团的戏具技工集中起来设立附属工场"，此即浙江婺剧团附属戏具工场，"陆续招募了服装画师盛廷禄、柳加福，盔帽道具师聂永堂、程三荣等四十余人"，"不久又兼并了衢州张姓戏衣店，并招收一批学徒，全工场达到七十余人"。[1] 由此可见，金华地区的戏曲服饰制作过去主要服务于老徽班。在金华戏具工场成立以前，金华地区不乏制作戏衣的坐商店铺或独自揽活的个体技工。

　　浙江金华的徐裕国先生，生于1943年，1962年进入金华戏具工场，师承

[1]　中国戏曲志编辑委员会、《中国戏曲志·浙江卷》编辑委员会编：《中国戏曲志·浙江卷》，中国ISBN中心1997年版，第609—610页。

3-3-26

3-3-27

3-3-26 吐水大龙蟒绣片，杭州衿绣戏曲服饰

3-3-27 孙翔云夫妇展示大靠，孙建华拍摄

柳加福和林文纲两位老师，擅长婺剧戏服的设计与制作。在学习制作婺剧服饰的过程中，徐裕国发现，戏服的制作方法和图样都是厂里的老师傅们靠脑子记忆并口头传述的，没有相关文字记载或者图案资料。1963 年，徐裕国与师父林文纲开始以彩色工笔的形式手绘婺剧戏服。大约花了一年时间，画了 36 种婺剧服装的样式。早期，徐裕国在厂里担任工艺美术设计，后来先后担任技术科科长和副厂长等职务。1968 年，金华戏具厂转产，老艺人得以安置，年轻人纷纷改行，原金华戏具工场改行为金华无线电厂，徐裕国则成了金华市无线电一厂的普通员工。1969 年，徐裕国到浙江美术学院进修，师从吴德隆教授。1985 年，徐裕国举家迁往深圳定居。1994 年，徐开始在深圳市青少年活动中心从事书画教育工作。2006 年受金华市艺术研究所之邀，徐裕国回到金华参与《中国婺剧史》的编写工作。2008 年，徐裕国出版了《中国婺剧服饰图谱》，2009 年，徐裕国被评为浙江省婺剧服饰制作技艺传承人。同一年，徐裕国创建了金华市婺州戏具服饰研究所，并致力于婺剧服饰的收集整理、研究传承以及创新发展。徐裕国的妻子郑桂茶 1946 年生，最早是金华戏具厂的绣娘，曾被金华市妇联授予"优秀女匠"的称号。

3-3-28

3-3-29

3-3-28　徐裕国和他的戏衣

3-3-29　婺剧男大靠 [1]

　　浙江嘉兴戏剧服装厂建立于 1957 年，由当地民政部门和街道办事处主办，生产戏服、盔头和道具。20 世纪 70 年代，曾经从苏州聘请师傅进行指导，厂子由小变大，从一个车间扩大到裁衣、制图、制样、配料等几个车间，职工也从原来的 10 多人发展到 40 多人。制作的戏衣包括京剧、越剧、闽剧以及少数民族戏剧所用服饰等。[2]

　　浙江台州的戏服制作行业过去也比较发达。有资料称，清道光至咸丰初年，台州路桥区的十里长街曾是台州一带最大的戏服集散地，店铺商行多达 20 余家。20 世纪 50 年代，台州亦成立有戏剧服装厂，后来倒闭解散，而黄岩区十里铺的"汪氏戏服厂"则以家庭小作坊的形式生存了下来。现年 60 多岁的汪震鹏是"汪氏戏服厂"第四代传承人。汪震鹏的父亲汪祥云擅长绘画设计，母亲王小娥擅长刺绣。汪震鹏的姐姐汪程飞从小跟随母亲学做刺绣。汪震鹏介绍说，其家族自太婆那一辈就开始做刺绣，爷爷这一辈兼做绣花和戏服，可以开展画稿、裁片、刺绣等全套业务，到父亲这一辈时专门做戏衣。汪震鹏称，在其家族传承中，从来都是直接画图于布料之上，没有"刷活"一说。汪震鹏兄弟姊妹五人，哥哥姐姐和弟弟都会绣花，他自己画、绣、裁剪及成衣全套都会。因戏衣行业不景气，目前汪震鹏位于路桥十里长街的店铺主要售卖神袍和敬神用品。其孩子定居于国外，其本人也准备退休。21 世纪初，汪氏戏

[1]　图片来源于《中国婺剧服饰图谱》。

[2]　参见中国戏曲志编辑委员会、《中国戏曲志·浙江卷》编辑委员会编《中国戏曲志·浙江卷》，中国 ISBN 中心 1997 年版，第 610 页。

衣制作技艺被列入黄岩区第三批非物质文化遗产保护名录和台州市第三批非物质文化遗产保护名录。

台州路桥区的李少春原本为绍兴嵊州人。李少春兄弟二人，弟弟李少峰在嵊州老家做戏具行头，包括戏衣和盔头。李少春妻子为台州人，夫妇二人在台州经营一家戏具门店，号梨园阁，承做戏衣和盔头。其服饰制作以越剧戏服为主。2017年6月，李少春被评为台州市非物质文化遗产项目戏剧服装制作技艺代表性传承人。

李少春的父亲李梅清，1946年生，浙江黄泽渔溪人，擅长制作戏衣和盔帽。李梅清的父亲李兰芳（1902—1959）早先与两个姐夫合办过一个女子科班，据称该女子科班是嵊州东乡第二女子科班，后来又独自办班，聘外村一男教习教戏，地点就在渔溪村的王家庵。据说，著名越剧名家王文娟最早即在李兰芳的女子科班学戏。王文娟的养母是渔溪村人，当时王文娟暂时被寄养在渔溪村，在李兰芳的女子科班学戏时只有十一二岁，学了个把月时间，因要回自己家，便离开了渔溪。李兰芳女子科班的首场戏，俗称"串红台"，在金庭乡后山村的白佛堂进行，之所以选择这里是因为被誉为"越剧皇后"的著名演员姚水娟在这里串过台，越剧名家竺素娥和姚水娟都出自该村。该村过去有一个男子科班。李梅清的母亲金香珠（1919—1968）为越剧女子科班出身。金香珠的师父荣金水（绰号"矮尼姑"）曾担任嵊州施家岙女子科班教习，该科班被当地人称为"西乡第一副女子科班"，据称也是全国第一个越剧女子科班。金香珠当年在绍兴、宁波一带小有名气，是有名的当家花旦，据说光私彩水钻包头和私彩服装就有好几箱。金香珠被李兰芳礼聘到戏班，后与李兰芳结合成家。金香珠比李兰芳小10多岁。金香珠到李兰芳戏班时将搭班唱戏的六七个好姐妹一起带了过来，其中有两三个后来也嫁到了渔溪村。

李梅清从小出生在这样一个戏剧之家，耳濡目染，亦十分爱好传统戏剧。其时当地有4个剧团，其中的群乐京剧团招收小演员。12岁的李梅清嗓子好，想去学戏，考进剧团，交了学费，刚学了两三个月，剧团解散，师傅也被下放。李梅清开始在村子里放牛。李梅清14岁时村里有剧团叫他去帮忙演小兵，从此便在农闲时跟着四处去演出。十六七岁时，李梅清和一群年轻人在村里组织成立了剧团。李梅清亲自登台演出，绍剧、越剧、京剧等传统戏以及后来的样板戏都能唱。"文革"中，剧团解散。"文革"以后，村里办剧团，缺少行头道具，擅长绘画的李梅清按照原来的盔头及戏衣样式绘制图案，设计制作。村里成立红英戏具厂，李梅清负责技术。李梅清带着村里的李一江和李百汀，再加上从其他大队挑选的7人，一共10人，负责制作戏具行头。李梅清带头研究，研究明白以后教

3-3-30

3-3-31

3-3-32

3-3-33

3-3-30	李梅清
3-3-31	李少峰越剧服饰
3-3-32	李少春设计制作的盘金绿蟒
3-3-33	李少峰的电脑绣越剧服饰

给大家。做出来的产品得到认可，附近各村都过来购买。产品包括盔头、服装、髯口以及各种道具等。当地称髯口为胡须，打胡须没有原料就使用毛线。戏衣赶着用，来不及绣就直接画。李梅清画过一件杨令公穿的白袍，在白布上直接以铅笔打好图稿，再用油画颜料画好图案，然后裁制成戏服便直接使用。绣制戏服的纹样也由李梅清以 1：1 的比例绘制，绘好后交给村里人去绣制。当时明山乡公社在许宅村小学支起大绷架做绣花，丝线用的是村里人自家养蚕收的蚕丝，高档真丝面料不好买，用的是附近村子生产的蚕丝面料，比较薄，且质地偏硬，不像上海那边产的真丝面料柔软细密。有了村办戏具厂，村民们集体合伙，使得村

里的戏班行头一度增加到 9 台。后因演出不景气，戏具厂很快坚持不下去，宣布解散。李梅清和几个徒弟分别被请到别处去做盔头，不久又被请回村里，如此反复。"文革"期间，李梅清因父亲曾被划为地主[1]、成分不好而备受牵连，历尽人生坎坷，但终究坚持了下来。李梅清塑菩萨、做盔头，通过到各处做工来谋生。20 世纪 90 年代，李梅清从东阳买了二手平推绣花机，开始绣花制作戏服。其盔头制作则一直坚持到 2015 年以后。目前李梅清年岁已大，儿子李少春和李少峰子承父业，李梅清偶尔给儿子帮忙打下手。

浙江温州以瓯绣而闻名。《温州市科技志》称：清道光三十年（1850），温州五马路成立了绣铺麟凤楼，雇用男工，绣制蟒袍以及庙宇用的幡帐、桌围、椅披、寿屏等。1910 年，刺绣艺人林森友开办刺绣工场，制作瓯绣画片，1916年，温州开设刺绣局，专做出口业务。温州的瓯绣兴盛一时。[2] 1977 年，温州地区文化局在五马路瓯绣原有戏装车间的基础上筹建浙南戏服厂，"调温州瓯绣厂的陆云担任首席设计师"。"其时各城镇的大小戏装绣制厂（店）达百余家"。"据陆云先生回忆，当年有个叫阿三的老司，设计技艺高超，可以水粉直接于缎上勾稿，凡对称图案，先勾一半，趁色未干，速将缎面对折印上另一半，然后稍改即可。""现今在温州城区已找不到绣制戏装的店家，解放北路的几条小弄内虽有挂着'戏装绣铺'的小招牌，但都是承接业务而已，真正的绣制加工地在瑞安市陶山镇。""家住陶山镇的伍瑞年，从十三岁开始学习刺绣，后来专门绣制（外加工）各类戏装与神佛袍装。"[3]

陶山镇距离温州大约有 30 千米，乘公共交通需辗转倒车方能抵达。从小在陶山镇陶南村长大的张香妹说，她这辈子到过的最远的地方是瑞安县城。张香妹现今 60 多岁，从事刺绣加工 40 余年，目前还在为温州城里的老板做绣活。面料和绣线都由老板提供，她只管做刺绣。物料往返都是靠邮寄，沟通靠电话。刺绣一件龙袍需要一两百个小时，每月能挣一两千块钱。20 世纪 60 年代，陶山刺绣厂成立。当时租用花园底村临河的民房为厂房，主要承接温州刺绣合作社的来料加工业务。厂子绣工最多时有 200 多人。陶山刺绣厂是当时温州瓯绣最大的农村加工点。1978 年，15 岁的张香妹到陶山刺绣厂拜师学艺，师从张光允。

---

[1] 据李梅清讲述，其父亲李兰芳因在本村当保长期间得罪过邻村，"文革"期间被邻近几个村子以"不干农活""不穿草鞋"为由诬告，被打为地主，差点被枪毙。革命战争期间，李兰芳曾多次帮过中共地下组织，救过丁友灿、余庆民等共产党员。丁友灿在四明山区革命根据地当三五支队队长期间曾得到李兰芳的救助，新中国成立后曾担任嵊县第一任县长。余庆民是黄泽镇人，曾在渔溪村教书兼地下党工作，当时住在李兰芳的家中并得到李兰芳的掩护，后来在安徽某大学担任党委书记。二人闻讯后竭力为李兰芳提供担保，这才勉强救下一命。

[2] 参见温州市科学技术委员会编《温州市科技志》，温州市科学技术委员会，2000年，第156页。

[3] 胡春生编著：《温州瓯绣》，浙江摄影出版社2012年版，第91、92页。

3-3-34   3-3-35

3-3-34　张香妹手工绣制的白蟒

3-3-35　蟒水细节，张香妹绣

3-3-36　张香妹女儿徐珍珍在帮母亲做绣活

3-3-36

当时厂里有 4 名男性绣工师傅，张光允为其中之一。1994 年以后，张香妹分别与温州、瑞安以及苍南等地的戏服店合作，刺绣戏服。2014 年，戏袍绣制技艺被列入第八批温州市非物质文化遗产名录，2016 年，张香妹入选第五批瑞安市非物质文化遗产代表性传承人。传统手工刺绣很耗精力，也很费眼神。张香妹称，长年累月坐在绣绷前做绣活，现在眼神儿不太好使。其女儿徐珍珍，1992年生，每天下班后帮妈妈做一点绣活，以减轻其工作负担。

　　除了以上所述，浙江绍兴的年轻人沈国峰主要从事绍剧服饰的设计与制作。浙江永康的陈香月在 20 世纪 80 年代成立了"正龙戏装"，其戏服主要采用电脑绣，即由电脑编程操控的机器刺绣。聘原沈阳剧装厂设计师张立为合伙人并担任技术骨干。据陈香月介绍，其所用电脑绣机器会及时更新，基本都是采用最新款的机器设备。新款机器设备功能强大，配合好的图案设计、面料和绣线，绣制出来的图案纹理细腻平整，几乎可以达到非常接近手绣的程度。电脑绣的特点是速度快、产量大，相比于传统手工刺绣，人工成本低，成品价格也比较

3-3-37

3-3-38

3-3-39

3-3-40

3-3-41

3-3-42

3-3-43

3-3-37　电笔刻画，沈国峰演示

3-3-38　刷印图案，沈国峰演示

3-3-39　正龙戏装设计师张立

3-3-40　正龙戏装电脑制图

3-3-41　正龙戏装制作车间

3-3-42　正龙戏装电脑绣车间

3-3-43　正龙戏装电脑刺绣

3-3-44   3-3-45

3-3-44　女蟒，张立设计，正龙戏装制作

3-3-45　婺剧龙套衣，张立设计，正龙戏装制作

低，比较适应民间剧团的需求。目前浙江的戏衣制作行业普遍采用电脑绣，产品质量良莠不齐。还有一些人仍采用过去的缝纫机刺绣，简称"机绣"。这种机绣离不开绣工的手动操控，故也被叫作"手推绣"，以此区别于完全由电脑控制的全自动机器绣活。

福建

《中国戏曲志·福建卷》记载，福建省有莆仙戏、梨园戏、高甲戏、潮剧、闽剧以及芗剧等地方剧种，此外还有外省传入的闽西汉剧、北路戏和梅林戏等。不同剧种的舞台美术各具特色，尤其是那些比较古老的剧种，举如竹马戏和大腔戏等，其"化妆、服饰、砌末均因陋就简，无章可循"。年轻剧种如山歌戏，其景物和人物造型也比较清新别致。[1] 单就服饰来说，这些特点说明福建的剧种更多地保留了本地的面貌特色。事实也证明，福建个别剧种的传统戏衣在早些时候几乎都是由本地刺绣作坊承制。譬如梨园戏的戏衣，基本出自泉州及晋江

---

[1]　参见中国戏曲志编辑委员会、《中国戏曲志·福建卷》编辑委员会编《中国戏曲志·福建卷》，文化艺术出版社1993年版，第415—440页。

一带绣坊。目前，泉州、莆田、漳州、福安等地仍存在一些制作戏服的个体小作坊，其产品主要供给当地民间剧团。还有一些绣花作坊或民间个体绣花师傅兼做神袍和戏服绣花。其刺绣方式有人工手绣，也有机绣和电脑绣。偏远地区以及规模较小的个体绣花作坊主要采用手工刺绣，规模稍大、有一定经济实力的私营小业主则通常会购置由电脑控制的大型全自动机器，使用电脑刺绣。整体来说，不像浙江那边大量采用电脑绣，福建的不少小业主或个体手工业者仍在采用机绣或手绣。尤其是民间祈福敬神的信仰比较浓厚，神袍制作比较受欢迎。人们相信手工绣制的袍服更有诚心。

福安市溪潭镇芹洋村的刘吉春在家里开办了一个刺绣作坊，自己设计刺绣图案，自己配色，绣活则都是由村中妇女利用闲暇时间手工完成。有媒体报道称，芹洋村乃"千年古村"，"群山阻隔，交通不便"。从位于湾坞的福安高铁站乘公共交通前往芹洋村需要辗转大约两个小时，碧水青山绵延不绝，芹洋村

3-3-46　村民在刘吉春家绣花

3-3-47　刘吉春为绣图补花

3-3-48　神袍龙纹

3-3-46

3-3-47　　　　　　　　　　　　　　　　3-3-48

即位于大山深处。村民们憨厚纯朴，对外来客人十分热情。问及村里擅长刺绣的手艺人，竞相指引。村里唯一的柏油公路从村中穿过，公路两旁沿街的村民家中，有几家敞开的门厅里能看到摆放的绣绷。村里的妇女没事就在家绣花。刘吉春的家不临马路。在村人的带领下，穿过长长的小巷，七拐八弯，最后好不容易在一条小巷的尽头拐进一个弄堂，这里就是刘吉春的家。家庭作坊中有几个年纪比较大的妇女正在绣花。正对大门的是刘氏祠堂，正中挂着一幅做工十分讲究的巨幅寿幛。除此之外，刘吉春家中还收藏着一幅清道光二十四年（1844）的刘氏家族寿幛。寿幛四围装裱的人物图画或绘或绣。

刘吉春于 1950 年出生，现年已 70 多岁。据介绍，他奶奶会绣活，奶奶 10 多岁时嫁到本村，带来了刺绣手艺。刘吉春本人的手艺是跟其叔叔学的。叔叔擅长绣活，也做戏衣。叔叔是从母亲那里学的绣活手艺。20 世纪七八十年代，闽东地区剧团数量很多且十分活跃，对于戏服的需求量也比较大。当时全村 60% 以上的家庭妇女和未出嫁的女子都加入绣坊学做刺绣，因此，芹洋的刺绣业一度繁盛。后来随着民间剧团的没落，戏服需求量急剧减少，村里大量劳动力外出务工，从事刺绣的人员日益减少。刘吉春从 20 世纪 70 年代开始做戏衣，现在家中还保留了不少以前绘制的图画手稿。

特别值得一提的是，在刘吉春的家中还保留了一套早期用来描摹戏衣图案的照灯装置，苏州的李荣森先生称其为描桌。该装置主要由玻璃隔板和照灯两部分组成，玻璃隔板用木头框架做成，中间镶有两块玻璃。使用时将玻璃隔板摆放在两条长凳上，玻璃隔板下方的小凳上放置照明灯。将画稿放在玻璃板上，然后再把装好绣布的绷架压在画稿上面，打开照明灯的电源，画稿上的图案即可清晰地呈现在绣布上，然后拿笔沿着线条描摹，即可将画稿上的图案准确地描到绣布上去。这种绘图方式现在已经很少用。目前普遍使用的是针孔打样，然后用特制工具刷蘸颜料刷图复制。二者绘图方法虽差别很大，然其基本原理却是一样的，即都是以现有图稿为基础，进行原样复制。前者一般适用于规模比较小的绘图需求，后者则可以适用于更大规模的重复绘制。

因为需求不多，刘吉春现在做的戏衣比较少，基本以神袍（菩萨衣）为主，兼做龙伞、寿幛、迎神旗等民俗活动用品，也做很多寺庙用品。芹洋村几乎家家都在客厅中挂一寿幛，寿幛前摆放供桌供品。每逢初一、十五烧香拜神，祈求健康平安。刘吉春生有一子两女，女儿嫁到别处，也在做绣活。目前芹洋村的绣活生产基本都是刘吉春在组织，他与外面的老板保持联系，承接绣活，面料和绣花材料由老板提供，刘吉春在布料上画好图案，然后分给村里的农闲妇女来做绣活，从而帮助村里人增加收入。

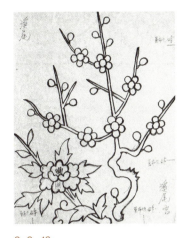

3-3-49

3-3-50

3-3-51

3-3-52

3-3-53

3-3-49　刘吉春铅笔图稿

3-3-50　刘吉春家的玻璃照灯设备

3-3-51　刘吉春使用照灯设备后的图案效果

3-3-52　刘吉春演示描摹复制图案

3-3-53　刘吉春使用玻璃照灯设备在绷布上绘图

　　福建泉州主要以梨园戏和高甲戏为主。高甲戏"前身为宋江戏，多演武戏"，"早期服饰的色彩、样式和花纹简朴，有一部分是用布料做的，只有镶边，没有绣花"。"草台演出的剧目，以大靠戏居多，故服装有五通五甲之称，有黑、白、红、黄、青五色。""通"即常说的蟒，高甲戏中的蟒服绣盘龙或团龙以及水波等花纹，绣工以色线平绣为主，然后勾金，后来发展为凸龙，绣全金或全银。"甲"即大靠，早期饰铜片护心镜，后改为绣狮头等图案。生、旦服饰不多，分素、绣两种。这些服饰基本都是由本地刺绣作坊承制。梨园戏历史虽久，服饰却相对简单。高甲戏的行头有6—8担，梨园戏"演出剧目多文戏"，"一个戏班的全部行头装入两担戏笼，分为正副笼各一担。正笼一边放生脚服装和相公爷（梨园戏戏神），另一边放旦脚服装。副笼放蟒、甲（靠）及其他服装"。"据老艺人回忆，原先都用素褶、素衣裙，至二十世纪四十年代初，才有绣花纹饰，而花纹都用全金全银或对比强烈的色调。"[1] 梨园戏的服饰多数也是由本地刺绣作坊承制。

《泉州文史资料》中一篇谈论泉州刺绣行业的文章称，百年来，泉州刺绣首推"得春堂绣铺"。该铺由林的司开设于清道光二十九年（1849），当时"租用承天巷林厝祠堂，内为工场，外面街道二开间为营业场所"，主要产品为"道场绣品，神像绣服以及迎神赛会时用的各种绣件，兼营戏服"。林的司传得春堂于其婿王宝善（燕司），王宝善传其子祖芳（扩司）及松茂等兄弟四人。新中国成立前，"王家为逃避国民党抽壮丁，故祖芳易姓为陈。祖芳再传其女陈红绢、陈红凤及男学徒许玉芳等，计四世百余年"。稍后又有王阿招在承天巷开设的"日春堂绣铺"，"因为业务不如'得春堂'，乃迁往晋江石狮继续营业"。之后又有柳某，原在打锡巷的西序巷口开设"柳彩章绣铺"，后向秦魁铺（今涂门支路）留姓购地建楼房，迁往新址继续营业。早期打锡巷还有福州人开设的"怡发绣庄"，东街则有"福记绣铺"，"但规模业务和牌号均都不如得春堂"。"清末民初，泉州南门外仙石乡（现属晋江县陈埭公社）的皮师，专门经营戏服，都是到泉州城内雇请女绣工绣制"，"还有专门为人雇请裁制戏服的工匠和画师"，譬如"西门城脚的林戆山、林汉江父子和敷仁巷的双司，都是闻名的裁手"，"画师则有敷仁巷的徐成，羊公巷的陈霖司等"。"那时全市的刺绣工约有数百人之多。"泉州刺绣有"高浮绣"，"艺人们应用棉絮作垫料，然后绣上金线，唐代称为蹙金绣"。"泉州的刺绣品，大体上可以分为金线绣和绒线绣两大类"。绒线绣，盖与北方的绒绣相似，多用于比较文雅秀丽的"戏服宫装女披，木偶戏服、被面、帐眉、手帕、妇女的衣裙等"。金线绣则多用于绣制"朝服"以及"后来的戏服、佛服、龙蟒桌裙、道场绣品、凉伞、大纛旗、喜庆绣幛、彩、幢幡等，尤以龙蟒桌裙的绣刺是最为地道的拿手工艺"。"泉州民间艺人在处理龙蟒桌裙的画面时很大胆，敢于将卷曲粗大的龙须，根据需要，突出伸展于绣品

[1] 中国戏曲志编辑委员会、《中国戏曲志·福建卷》编辑委员会编：《中国戏曲志·福建卷》，文化艺术出版社1993年版，第400、421—422、432页。

之外达七寸余长"。[1] 这种突出加长的龙须也被用于戏服之中，为其他绣品或戏服所无，非常具有地方特色。刺绣所用的金线，有圆金和扁金之分。圆金内里有丝线以为芯子，线芯之外以金箔裹捻。用来裹捻的金箔为窄条状，是由金箔薄片切割而成，细而扁平，被称作扁金。扁金可以直接用来织绣在服饰图案之中。泉州人的金线绣一般以圆金为主，因丝线外包裹金箔，其状如葱，故又被称作"金葱绣"（一作"金苍绣"）。

3-3-54

3-3-55

3-3-54　男蟒，泉州石狮文化馆展品

3-3-55　女靠，泉州石狮文化馆展品

[1]　周海宇、林建平：《泉州刺绣行业话古今》，载中国人民政治协商会议福建省泉州市委员会文史资料研究委员会编《泉州文史资料》第18辑，1985年，第151—157页。

3-3-56

3-3-56　泉州戏衣上的"高浮绣"，泉州石狮文化馆展品

3-3-57　陈记绣庄"高浮绣"

3-3-57

　　1963 年，戏装师傅陈天福从同安来到石狮传艺，开设陈记绣铺，经营戏服制作。当时从业人员有 13 人，均为女青年。陈天福的儿子陈继志继承了他的手艺。20 世纪 80 年代，石狮的戏服制作业由一家发展为五家，并由手绣发展为机绣。2009 年，泉州金苍绣技艺被列入第三批福建省非物质文化遗产保护名录。2010 年，泉州石狮金苍绣被列入第二批泉州市非物质文化遗产扩展项目名录。石狮金苍绣传承人陈继志 1952 年生，他在石狮市内开设有天福戏具绣庄（以下

简称"天福绣庄")。陈继志擅长设计，妻子和女儿擅长刺绣，尤其是高浮绣。除了自家人，绣庄内还聘有几名工人帮助制作菩萨用头盔等。绣活仍以手工刺绣为主，产品以神袍、绣幛等民俗或寺庙用品为主，戏服制作的活儿不多。

福建莆田以莆仙戏为主。莆仙戏服装通称"戏衫"，有蟒袍、补袍、瓦衫、女袄、军背心等不同品种。蟒袍俗称"统"，靠俗称"八战""战甲"或"袍箭"，补袍即官衣。莆田制作戏服的老师傅王以立生于1953年，现居住在莆田市仙游县鲤西路。据称，其曾祖父王文鼠清末曾在城关龙井街开设店铺独立经营，主要制作戏帽和菩萨帽。《中国戏曲志·福建卷》载，清同治年间（1862—1874），仙游西门外隔头街原有名为"头顶丰"和"头顶琳"的戏帽店，还有王文裕开设的戏服店。清光绪年间（1875—1908），"头顶丰"铺主"因年纪老迈，又无子嗣，乃把其业交由艺徒王文鼠（仙东区榜头紫泽人）承接"，"头顶琳"则告停业。"头顶丰"的"艺徒王文鼠"即王以立的曾祖父。"迨至民国初年，仙游戏帽店只有王文鼠一家。王文鼠死后，其子王孟祖、王志祖及孙王成同相继承业。" [1] "文革"期间，戏帽店一度停业。1977年，仙游县榜头公社组办戏服店，王文鼠的后人成为戏服店的主力。王以立称，王孟祖是其亲爷爷，王志祖为其叔伯爷爷。"王成同"系"王新堂"之误。王新堂是王以立的父亲。王新堂弟兄三人，其他兄弟已转行，只有王新堂继承了祖业。王以立兄弟二人，哥哥王可立主要制作盔头，王以立则以戏衣为主。1959年，县里的鲤声剧团晋京为国庆10周年献礼，随后在长春电影制片厂拍摄戏曲影片《团圆之后》，剧中戏帽由王以立的父亲王新堂设计制作。1979年，鲤声剧团晋京会演《春草闯堂》，有一部分戏帽为王新堂和两个儿子一起设计制作。1979年恢复传统戏，王新堂和两个儿子一起创办乡镇企业榜头戏装厂，生产戏帽、戏衣等道具等全套戏曲用品。当时的莆仙戏《晋宫寒月》和现代剧《鸭子丑小传》《阿桂相亲记》等优秀剧目的服装都出自该戏装厂。早年莆田鲤声剧团的戏服主要从福建漳州和广东潮汕购买，其风格大体比较厚重。王新堂办厂时，从鲤声剧团拿来戏服，描绘其图样，模仿制作，因此，其戏服风格主要是受漳州戏曲服饰的影响。刚开始时，厂子有100多人，其中有20多人做盔头，80多人做绣活。王以立主要负责设计、沟通以及购买材料，绣活和裁剪分别由绣工和裁剪师傅去做。王新堂的厂子兴盛了三四年，后来几乎每个剧团、公社以及乡镇都办厂，供大于求，再加上剧团演出慢慢萎缩，王新堂的厂子很快就不行了。王以立生有三子一女，目前女儿和妻子还在继续做绣活。

---

[1]　中国戏曲志编辑委员会、《中国戏曲志·福建卷》编辑委员会编：《中国戏曲志·福建卷》，文化艺术出版社1993年版，第549页。

　　莆田荔城区黄石镇的宋一山有一个规模不大的戏服加工厂。宋一山生于1978年，其手艺自父亲宋乃文而来。宋乃文（1949—2023），黄石镇清后村人，10多岁开始做戏衣，为老一辈手艺人，生前擅长做戏衣和盔头。宋乃文的父亲宋元煦（1926—?）为知识分子，大学毕业后一直在当地中学教书。宋元煦擅长绘画，经常使用毛笔给宋乃文绘画戏衣图案。宋一山回忆说，20世纪八九十年代，父亲在村里做戏具服饰，哥哥姐姐、姑姑舅舅等人都跟着一起做。除了亲戚家人，还雇有10多个工人，人数最多时有40余人。当时都还是手工绣花，布料上的图案以手工绘制。后来有电灯以后采用照影描图，也都是手工描绘，再往后才用刷活。宋乃文有四个孩子，三男一女，宋一山最小。宋一山11岁小学未毕业便辍学在家，跟着家人学习绣花，左右手都可以拈针刺绣。宋一山曾

3-3-58

3-3-59

3-3-60

3-3-58　宋乃文在绘图

3-3-59　蟒袍图纸（局部），宋一山制

3-3-60　宋一山在裁剪

3-3-61　年少时的宋一山在绣花

3-3-61

对采访他的记者说，男孩绣花免不了会遭人笑话。小时候，"每次一有人来坊间，他和哥哥都会害羞地趴到绣架下"[1]。宋一山的哥哥擅长做盔头。现在两个哥哥均已改做他行，仅宋一山一人还在坚持做戏衣。其戏衣产品主要供给当地民间剧团。

宋一山介绍说，现在当地民间剧团虽多，但经济实力较弱，手工刺绣人工成本太高，做出来的戏衣价格也很高，当地剧团根本买不起。为了适应农村剧团较低的消费需求，他们不得不采用机绣或电脑绣等方式努力降低制作成本，因为机器不够完备，无法自己生产盘金绣片，宋一山经常从浙江正龙公司购买绣片，然后裁剪成衣。成衣过程中需根据当地特点进行一些比较特殊的处理，譬如靠肚上的虎头绣片，需要在里边塞棉，使之凸立，增加立体感。靠身尺寸一般是8寸（约26厘米），莆田当地习用6寸半（约21厘米），通过缩短靠身来将虎头靠肚稍稍向上移动一些，看起来更加精神、美观。

总的来说，消费能力低是导致民间戏服加工业无法提升戏服质量的一个重要决定性因素。尽管如此，像宋一山这样的戏衣制作从业者仍有自己的市场空间。用宋一山的话说，像浙江正龙这样的大厂一般只接受大单定制，不接受小单，而像苏州剧装厂那样的专业厂家通常也是以全套定制为主。民间剧团偶尔需要定制一两件戏衣，也只能找当地人制作。目前宋一山是当地唯一经营戏衣制作的从业者。

福建漳州龙海的芗剧演员杨秀玲因剧团不景气，经常自己在家动手制作盔帽和头饰等戏具用品，其母亲则在有需求时做一些比较简单的戏衣。客户主要来自当地的芗剧团。杨秀玲的父亲和丈夫皆为芗剧演员。民间剧团自制戏服行头的情形大抵如此。

据《中国戏曲志·福建卷》载，清光绪三十四年（1908）福州有彩华绣庄开业，其前身是庆成绣店，店址位于福州南台大庙前，店东郭孝义系闽侯县洪山桥郭家村人。郭孝义的儿子郭友波13岁随父学艺，19岁继承父业，迁店于南台铺前顶，改号彩华绣店。郭家传艺四代，历时近百年。其制作的戏服，采用全金线浮绣样式，产品曾远销马来西亚、缅甸、新加坡等地。如今却难觅踪影。据福州剧团的人介绍，他们现在的戏服皆自北京购置而来。

厦门的义耕源戏装店创办于清光绪三十二年（1906），店址位于厦门市棉袜巷12号，店主王子程。初创时主要制作绸花工艺品，后增加刺绣、戏服等产品。店里设有作坊，有固定工人34名，另有店员2人，厨师3人。还有"分布在厦

---

[1]　《绣坊父子兵，寂寞也痴迷》，《湄洲日报》2008年6月25日。

门、漳州、福州等地的店外工 100 余人"。该店"刺绣工艺专业化程度较高，分为画花、绣花、裁剪、成衣等工段"，产品"主要有戏服、桌围、锦彩、道士衣、袈裟、寿图、帐眉等，产品畅销东南亚"。"除自产自销外，亦经销外地生产的戏具、工艺品，并设出租结婚礼服的业务。""厦门沦陷期间，戏装店关闭。抗日战争胜利后，王子程及其子王荣华恢复营业，时有工人 12 人。中华人民共和国成立后，该店与其他商店合并，不再生产戏服绣品，成为只经销乐器、戏具的商店。"

厦门天华斋戏装店创办于民国四年（1915），店主陈春灼，店址位于厦门市镇邦路 114 号。陈春灼原籍福州，其父曾在福州经营刺绣店。陈春灼与妻子吴翠兰、儿子陈光辉和两个女儿都擅长刺绣。陈春灼在厦门开设戏装店，店内有技工 20 多人，还有店外工百余人，多数是男工。师傅则是从其父亲的店中聘请而来。该店"承制各种戏服、戏帽、戏鞋、面具、宫灯等"，"主要接受戏班订货，也制成品出售。同时，经营喜庆婚丧的各种绣品"。另外，"戏装店还经销漳州等地生产的戏具如刀、枪、剑、锣、钹、腰鼓、小鼓等。制品还远销到新加坡、马来西亚、越南、菲律宾、中国香港等地"。抗战时期，厦门沦陷，天华斋关闭。20 世纪 40 年代初，恢复营业。中华人民共和国成立后，天华斋与其他绣庄合并，成立厦门市刺绣生产合作社。

1955 年秋，漳州市文化局和手工业管理局把当地戏曲服装店、乐器店组织起来，成立了漳州市工艺美术生产合作社，有职工 28 人。1959 年，合作社转为地方国营企业，职工增至 87 人。1980 年，改名漳州刺绣厂，工人达 100 多人。当时的刺绣厂设有戏服车间，生产制作各种戏曲服装，包括布袋戏、提线木偶和杖头木偶戏所用服装。[1]

以上为福建省各地戏衣行业的大致情况。

广东

日本人辻听花撰《中国剧》（又名《菊谱翻新调：百年前日本人眼中的中国戏曲》）"装束·绣缎与装束"云："向者广东广州亦产出戏衣，今则不多见矣。"[2] 辻听花描述的大概是清末民初时广州戏衣向北京输出的情况。清人纂刻《佛山街略》云："观音庙后街卖戏盔、神仪。""戏盔"明确是指伶人扮戏所戴帽盔，"神仪"盖装扮神像所用服饰，尤其是神袍。从前面相关地方资料来看，

---

[1] 参见中国戏曲志编辑委员会、《中国戏曲志·福建卷》编辑委员会编《中国戏曲志·福建卷》，文化艺术出版社 1993 年版，第 549—552 页。

[2] ［日］辻听花：《菊谱翻新调：百年前日本人眼中的中国戏曲》，浙江古籍出版社 2011 年版，第 46 页。

神袍与伶衣过去通常属于同一行业，皆为装扮之用。徐凌霄撰《北平的戏衣业述概》云："神袍本与戏衣是一路的绣活，只尺寸肥大，不适于戏场之用耳。"[1]故"戏盔"与"神仪"并列，说明伶衣很可能也被包括在内。除了"观音庙后街"，《佛山街略》中还提到"水巷直街"亦出售"神仪"。"坐地社"和"转丰胜街"等地方则"卖原当衣服"。又有"文明里"，"卖力、木料、花衫、花轿、鼓乐、玉器"。"畸岭街横街"，"南通十七间，入绒线街，卖金钱、金箔、旧绅服、杂项、书籍"。"东胜街"，"卖戏盔，有班馆。茗戏船下乡演戏，不能承接，故设馆代之"。"琼花会馆俱泊戏船。每逢天贶，各班集众酬恩，或三四班会同唱演，或七八班合演不等，极甚兴闹。"[2]"花衫""鼓乐"出现在"文明里"，"东胜街"不仅卖"戏盔"，而且有"班馆"。又有"琼花会馆俱泊戏船"，每逢酬神演戏，有三四班或七八班合演同唱，好不热闹。据称《佛山街略》为清道光十年(1830)禅山怡文堂刻印，原版10页现藏于伦敦大英图书馆东方写本与印本部。有学者称《佛山街略》成书于道光七年（1827）。[3]这说明19世纪早期清代佛山的民间戏剧演出活动十分兴盛，戏用装扮亦可在街市上购买。

另据《广东省志》记载，清康熙年间（1662—1722），"佛山余茂隆、潮州黄金盛，都是广东有名的戏服作坊"，后来余茂隆迁到广州状元坊。有称清顺治年间（1644—1661），广州就有一批手工艺人聚在一条小巷里从事戏服制作，该巷叫泰通里，即后来的状元坊一带。20世纪30年代初期，由余清、关秋两人合股在状元坊78号创办了"中华绣家"工场，"以戏服经营为主，兼营帐幕、绣画、庙堂神工品、褂裙、礼服、日用绣品等"，"采取自行设计、缝制、刺绣发外加工的方式经营"[4]。广州戏服的用料比较多样，并不局限于丝绸，也有麻布和棉布等。1937年，广东状元坊共有戏服业17家，从业者85人。另有中华、群星、新新、余球记等6家则分布在梯云路、南华西路一带，从业者有45人。潮州有11家，分布在仙街头和西门天地坛等地。汕头市国平路也有一两家小店，产量不多。[5]

《广州非物质文化遗产志》称，今广州中山五路小马站过去有一家著名的绣庄叫"彩元"，店主名何竹斋。广东民间工艺博物馆收藏有一张彩元号的广告单

[1]　徐凌霄：《北平的戏衣业述概》，《剧学月刊》1935年第5期。

[2]　王庆成编著：《稀见清世史料并考释》，武汉出版社1998年版，第576—577、574—575、580页。

[3]　参见张忠民《前近代中国社会的商人资本与社会再生产》，上海社会科学院出版社1996年版，第90页。

[4]　甄人、谭绍鹏主编：《广州著名老字号》（续编），广东人民出版社1990年版，第119页。

[5]　参见广东省地方史志编纂委员会编《广东省志·二轻（手）工业志》，广东人民出版社1995年版，第183—184页。

云："专办各省文武蟒袍、珍珠衫褂、朝衣朝裙、女蟒霞帔等高级服饰，还制作日常服装、屏风摆件、装饰用具，各式货品一应俱全。"从广告单内容，可以得知，彩元号虽被称为绣庄，但实际并不只是承做"绣活"，而是包括成衣在内，一并完成的。这与过去苏州各行之间的壁垒森严截然不同。但是，绣庄处于城市闹市区，店铺面积往往有限，于是就会出现"绣庄接到戏服订货，发给广州近郊农村的妇女绣制"的情况，这一点与北京有些类似。"当时广州河南（今海珠区）龙潭村的妇女便以精绣戏服闻名，后来一些大老倌到绣庄订戏服时指定要龙潭村的绣工绣制。"[1]

1938年，"日军侵占广州后，广州大部分的戏服店都转移到香港开业，其中较大的戏服店铺有'广州'和'中华'两家"。1942年，"日军侵占香港期间，先前去香港开业的戏服店铺又陆续迁回广州状元坊"。1956年公私合营时期，中华、群星、新新、天华、文化、陈章记等戏服店与一些个体户组织成立中华戏服生产合作社。1962年，人民戏服生产合作社与文艺戏剧用品社合并，成立人民戏服社。1969年，人民戏服社与维新旗帜社、优胜旗縀社、美奇机绣社合并，成立广州卫东机绣工艺厂，地址则由状元坊搬至沿江东路437号和439号。当时厂房占地近6000平方米，人数700多人，"主要制作现代戏服、舞台服和旗帜等维持生产"。老一辈工艺师有李文焕、李伟等。1976年，卫东机绣厂分出"人民戏服厂"，后改名为"广州戏服工艺厂"。1977年恢复古装戏服生产。1979年广州戏服工艺厂改名为"中华戏服工艺厂"。当时职工有100多人，后来发展到300多人，地址仍在沿江东路437号。与此同时，"文革"初期停产的状元坊戏服厂在人民路状元坊口附近得以重建。擅长戏服设计的黄庆秋担任厂长。状元坊戏服厂属于街道企业。1994年，广州中华戏服工艺厂转制，改为广州中华工艺装饰实业公司，"除了保留少量戏服道具生产外，更多的是珠绣品、钉金礼服、褂裙、窗帘、床上用品及旗帜、印衫等，还兼并了广州宫灯厂"。2010年公司解散。状元坊戏服厂因"小本经营"，亦面临经营困难。[2]1961年出生的董惠兰，自1979年高中毕业后便在状元坊戏服社做学徒，从设计、画图、放样、开料到绣花、刮浆、剪裁、车缝，跟随谭权、谭暖以及黄庆秋等老艺人学习掌握了戏服制作的各个工艺流程和工艺技术。1995年，状元坊戏服厂面临解散危机，董惠兰承包了戏服厂，继续坚持做粤剧服饰。[3]

[1] 贡儿珍主编，广州市人民政府地方志办公室、广州市文化广电新闻出版局编：《广州非物质文化遗产志》上，方志出版社2015年版，第861—862页。

[2] 参见广州市人民政府文史研究馆编《珠水风情》，花城出版社2018年版，第372—377页。

[3] 参见孙璇主编《岭南大匠》，羊城晚报出版社2016年版，第190—191页。

目前，广州本地基本已经没有专业制作戏衣的厂家。广州各大粤剧团所用戏衣普遍从苏州、北京等地定制。广州粤剧艺术博物馆收藏了几件制作精美的戏衣，如红地团花凤纹女蟒、黄地凤纹女蟒等，尤其是一件清代黑地龙蟒，其衣身上除了龙蟒，还绣有各种花卉图案，蟒水处也饰有朵朵莲花，别具特色。除此之外，还收藏有各种密饰亮片的戏衣，大致反映了 20 世纪初广州戏曲服饰的特点。

《中国戏曲志·广东卷》载，清道光以来，广东海陆丰地区的正字戏、西秦戏、白字戏等剧种的戏衣多购自广州状元坊，其式样与粤剧大致相同。20 世纪40 年代，"由于戏班收入不好，戏衣多是新旧相杂，而且一套多用，甚至破破烂烂"。后来，正字戏好多戏衣"或请当地裁缝制作，或由艺人自制，色彩单调，且不绣图案"。中华人民共和国成立前夕，"生、旦行戏衣仅用浅红、浅绿的色布制成，在领和襟口边沿镶缝绸边装饰"。"粤北采茶戏、乐昌花鼓戏、雷剧、花朝戏、贵儿戏等剧种，早期服饰都很简朴，多以衫裙、衫裤、背心褂为主，腰中扎彩带或围裙。采茶戏和花鼓戏都有'一对水箩挑起全部家当''一幅横彩两担箱，服饰锣鼓分开装'的口头谚语。"中华人民共和国成立后，"上演大型剧目，服饰逐渐丰富，并增设了衣箱。戏衣多从广州等地选购"。[1]

海丰的陈明新一直为当地白字戏、西秦戏等剧种的本地剧团制作戏具服饰。陈明新 1948 年生，1960 年开始跟随其父亲学手艺。戏衣、盔头都会做。据陈明新讲述，其父亲 20 多岁开始学习制作戏具服饰，当时陈明新的爷爷从佛山请来师傅传授手艺。1987 年，陈明新的父亲去世，终年 80 岁。陈明新说小时候家里很穷，他和父亲都是自己绣花、裁剪，做戏服和盔帽，日子过得很艰辛。在陈明新看来，戏服中最难做的是战袍，也即北方所说的靠甲，尤其是上面的狮子头，一共有四个，两肩、肚子和前方下垂处各一个，都是立体的。两侧（靠腿）绣龙，龙是平面的，比较好做。陈明新家制作的戏具服饰主要服务于当地的西秦戏、白字戏和正字戏等地方剧种。一个剧团差不多有 45 顶盔头就够用了，衣服也不是很多。据说，海丰县以前有 100 多个农村剧团，现在只剩 3 个，西秦戏、白字戏和正字戏等地方剧种，历史悠久，却急剧萎缩，目前已被列为稀有剧种。从陈明新家的窗户向外看去，屋后巷子对面正是白字戏剧团之所在。然而，即便近在咫尺，陈明新也早已不再从事戏具服饰制作，家里现存的几件服饰盔帽乃前些年做的菩萨用神衣神盔。用陈先生的话说，过去手艺人很辛苦，每天不停干活，也就勉强养家糊口而已。现在儿子经营房地产，日子好过了，

---

[1]　中国戏曲志编辑委员会、《中国戏曲志·广东卷》编辑委员会编:《中国戏曲志·广东卷》，中国 ISBN 中心1993 年版，第 355 页。

3-3-62

3-3-63

3-3-64

3-3-65

3-3-62 红地团花凤纹女蟒，广州粤剧艺术博物馆藏

3-3-63 黄地凤纹女蟒，广州粤剧艺术博物馆藏

3-3-64 黑地龙蟒，广州粤剧艺术博物馆藏

3-3-65 密片男蟒，广州粤剧艺术博物馆藏

自己年纪也大了，在家看孙子，安享晚年。

广东潮州以潮绣而闻名。《中国戏曲志·广东卷》载，清末至民国间，潮州开设有黄金盛、广成兴、翁荣昌、蔡宝成、泰生、许炳丰等潮绣店铺，另外还有林铭记、陈济昌、李坤记等家庭作坊。其中，黄金盛的靠甲、广成兴的蟒袍、翁荣昌的平绒以及蔡宝成的头盔等比较有名。潮州的戏服除了供应潮汕、兴梅以及海陆丰地区的潮剧、外江戏、正字戏、西秦戏和白字戏等剧团外，还远销东南亚。中华人民共和国成立初期，粤东行署文教处潮剧联合办事处"曾组织一个戏服加工组，专为潮剧六大班制作戏服"。1956年公私合营时，潮州各潮绣店、家庭作坊与戏服加工组合并，组成潮州市抽纱公司顾绣部，后来顾绣部又独立组建了潮安潮绣厂。[1]

潮州宋忠勉家的几代人都从事绣花。宋忠勉1962年生，弟兄四人，排行老四，12岁开始学绣花。他当时刚上初二，母亲让其做绣花赚钱交学费，一学期五块七毛五。14岁初中毕业，在家待业，一直到1980年改革开放，村办街道设立了一个戏服厂，宋忠勉进厂工作，后来辞职独自经营。目前在潮州市内经营一个忠勉绣庄，刺绣作品以潮绣为主。楼上有一个比较大的生产车间，有画图、打版、裁剪、刺绣等流水线，主要生产佛教用品，包括神袍、帽子等。宋忠勉与当地的盔帽师傅合作，设计制作了百屏灯。所谓百屏灯，即以潮剧的传统剧目为基本素材，制作了一百屏戏曲人物故事。每一屏有二至五人不等，多者可达10多人。每个故事人物都按照传统戏曲着装的样式穿戴衣帽。譬如头屏榜书"董卓凤仪亭"，屏内塑董卓、貂蝉、吕布、王司徒和丫鬟等人。其中，董卓身穿红色狮子开台，开台也即开氅。头戴戏帽，当地人叫射箭眼，射箭眼是潮剧独有的一种戏帽，《潮剧闻见录》称其自秦汉时期的梁冠演变而来，"帽顶有缺口，状似城垛的箭眼，专为太师或国丈所戴，传统剧目《杨令婆辩本》的庞洪，《三国》戏中的董卓，皆戴此帽"[2]。吕布穿白色箭衣，戴纱胎紫金冠。王司徒穿紫官衣，戴纱帽。次屏榜书"秦琼倒铜旗"，屏内塑秦琼和罗成二人，秦琼骑马穿小甲，戴大隆，罗成戴太子盔。第十屏为"关爷过五关"，屏内塑关羽、张飞和曹将蔡阳三人。关羽着绿色文武衣，戴绿夫子巾。张飞着黑地绣龙大甲。蔡阳穿黄地绣龙大甲，头戴笠子。其笠子的造型与京剧中的八面威有些相似，然左右各有一立翅，别具特色。从百屏灯中戏曲人物的穿戴造型大致可以了解传统潮剧戏曲服饰的地方特色。

[1]　参见中国戏曲志编辑委员会、《中国戏曲志·广东卷》编辑委员会编《中国戏曲志·广东卷》，中国ISBN中心1993年版，第405—406页。

[2]　林淳钧：《潮剧闻见录》，中山大学出版社1993年版，第130页。

3-3-66

3-3-67

3-3-68

3-3-69

3-3-66　神衣，陈明新制作

3-3-67　潮绣，忠勉绣庄

3-3-68　潮绣细节，忠勉绣庄

3-3-69　百屏灯偶人戏衣，忠勉绣庄

江西

明隆庆四年（1570）刻本《（隆庆）瑞昌县志》载，江西瑞昌风俗"土瘠民贫，信巫好祀，礼逊兴行，弦歌之声不绝"[1]。又明正德十年（1515）《瑞昌府志》云："岁暮，人家多召巫祝，披五色衣，鸣锣跳神，祚福免灾。"[2] 以今人视角来看，明代瑞安人安贫乐道，思想自由而开放，热爱音乐，年末祭祀，喜着"五色衣"，载歌载舞。此与屈原笔下身着五色霓裳、载乐欢歌的"楚巫"有些类似。而江西采茶戏衣过去使用的纸花、绘花或印花服装，也反映了早期民间戏衣的丰富多样性，体现了生趣盎然的民间智慧。《中国戏曲志·江西卷》载，"纸花服装"即以彩色剪纸图案贴在麻布长袍上，其形状或圆或方，图案视人物身份而定，有盘龙、麒麟、狮象、鹤鹿及虎豹等。"绘花服装"是在布上绣花，缝在领口、衣摆或衣袖等处。同全国很多地方一样，过去江西民间将"绣花"称为"绘花"，说明此亦古制习俗的遗存，并非偶然现象。"印花服装"则是借用纸板、颜料等工具原料，在布料上漏印各种图案纹饰，然后裁制成衣。[3]

据《中国戏曲志·江西卷》载，"现存于各剧种中最古老的服装"有"明代崇祯年间修水县春林班、凤舞班男女蟒靠十五件"，"清代顺治年间赣南东河戏玉合班、凝秀班的男女蟒靠六件"，以及"光绪年间东河戏玉喜班、万舞台和清末民初浮梁县饶河班、安福县吉安戏的蟒靠、官衣、褶子、坎肩、马褂等八十余件"。[4] 单从这些明清戏班留存的戏衣来看，如果由此就得出明末江西已有戏衣制作行业的存在，似乎有些不够严谨。然而，将蟒服应用于戏班扮戏的地方实践，至少可以在很大程度上说明戏服"进化论"的观点是站不住脚的。尤其值得注意的是，这些蟒服的图案有"文禽武兽"或"男龙女凤"。明清时期，"龙""凤"服饰为王族所专用，除非皇帝赏赐，否则，即便是国家重臣也不可随便使用。不独龙凤图案，其他很多图案也是不可以随便使用的。

《明史·舆服志》载："天顺二年，定官民衣服不得用蟒龙、飞鱼、斗牛、大鹏、像生狮子、四宝相花、大西番莲、大云花样。"另外，"蟒衣"也不是随便什么人都可以穿的。"弘治十三年奏定，公、侯、伯、文武大臣及镇守、守备，

[1]（明）刘储修，（明）谢顾纂：《（隆庆）瑞昌县志》卷之一，明隆庆四年（1570）刻本。

[2] 中国戏曲志编辑委员会、《中国戏曲志·江西卷》编辑委员会编：《中国戏曲志·江西卷》，中国 ISBN 中心1998年版，第521页。

[3] 参见中国戏曲志编辑委员会、《中国戏曲志·江西卷》编辑委员会编《中国戏曲志·江西卷》，中国 ISBN中心1998年版，第522页。

[4] 中国戏曲志编辑委员会、《中国戏曲志·江西卷》编辑委员会编：《中国戏曲志·江西卷》，中国 ISBN 中心1998年版，第516—517页。

违例奏请蟒衣、飞鱼衣服者，科道纠劾，治以重罪。"[1] 即便是在清代，历朝统治者对于军民、职官之品级所用亦有着十分严格的规定，如"顺治三年定，庶民不得用缎绣等服，满洲家下仆隶有用蟒缎、妆缎、锦绣服饰者，严禁之"。"康熙元年定，军民人等有用蟒缎、妆缎、金花缎、片金倭缎、貂皮、狐皮、猞猁狲为服饰者，禁之。"清雍正元年（1723），对于那些"职官不按定例"以及"越分者"，"令八旗大臣、统领衙门及都察院严行稽察，如大臣等徇情疏忽，同罪"。"二年（1724）又申明加级官员顶带、补服、坐褥越级僭用之禁。"[2]

为了防止民间违禁私制，朝廷甚至规定蟒服专由京城官坊制作，这些官坊直接隶属于内廷。因此，明代戏班中出现带有龙凤纹饰的男女蟒靠，推测其原因，一来或为戏班东家所送，而东家身份非同一般；二来或是明末礼制松弛以后的违禁之举，否则就只能用"神袍"来解释了。"文禽武兽"或"男龙女凤"只是江西部分老戏服上的纹饰特点。又"赣南东河戏和浮梁饶河班的黑蟒和白靠并非龙形与虎头"，而是"金钱和元宝"或"蝴蝶与花卉"。可以肯定的是，类似金钱、元宝这样的图案，一定不是明清舆服志中所重点关注的内容了。因此，仅从纹饰上来说，这类戏服大概率不在朝廷管制范围之内，的确"具有鲜明的地方特色和历史风貌"。

其他如赣南东河戏与赣中吉安戏戏服中的"鲤鱼和波纹"，"尤其是东河戏的戏衣，其胸、背、领、袖、边、摆，处处嵌缀着金丝铜片"，还有赣北宁河戏与赣东饶河戏"上窄下宽"、两臂袖筒护片下垂的靠衣特点以及赣南东河戏靠衣"上宽下窄"，"胸袖两侧连接一块斜布，飘飘洒洒，状如蝙蝠"。[3] 这些戏服图案、纹饰及形制在地域上的差异，从侧面反映了其戏衣制作行业在工艺制作上的独特性。

清末以来，江西有明确记载的戏衣制作业目前来看不是很多。《中国戏曲志·江西卷》中提到的"汪记春茂绣花店"开办于清末，地址位于今江西乐平市何家台，"专门刺绣戏服，蟒、靠、铠、开氅、帔、褶子、帽子、生巾、员外巾、荷叶巾等一应俱全，尤以宫装见长"。1956 年，其"与孙济斗蟒靠店、彭万顺鼓店、陈集发盔头店合伙经营"，"入股者还有陈才兴、彭泽润、汪志彬、石兆如等人"。"文革"期间停业。孙济斗蟒靠店与张义顺绣花店皆是 20 世纪三四十年代以后创立。张义顺绣花店与汪记春茂绣花店一样，名为绣花店，实际也承制戏衣，兼绣"菩萨袍、帐檐、轿帘、棺罩等"。这说明，当演出市场

[1] （清）张廷玉等：《明史》卷六十七，武英殿本。

[2] （民国）赵尔巽：《清史稿》舆服志二，民国十七年（1928）清史馆铅印本。

[3] 中国戏曲志编辑委员会、《中国戏曲志·江西卷》编辑委员会编：《中国戏曲志·江西卷》，中国 ISBN 中心 1998 年版，第 516 页。

的需求不足以支撑单纯以戏服制作为专营产品的生产时，兼营业务则是一种十分普遍的现象。除了上述几家之外，另有瑞金人钟其羧于清嘉庆年间（1796—1820）在瑞金县城创办的瑞金钟家盔头店，除了制作盔头，也兼做戏衣、砌末、把子等。"文革"期间"被封转业"。清道光年间（1821—1850）由南昌迁入乐平西街冯家巷的陈集发盔头店，"全店二三十人"，"多为陈家亲属，少数客姓伙计"，"祖传手艺"，"专制戏用盔头，兼事绣花"。1956年，同其他几家作坊铺一样，与"汪记春茂绣花店合并经营"。而江西省采茶剧团附属工厂的创办者孙明亮则为"裁缝出身"，孙明亮"1954年进剧团担任服装制作"，1961年发起并创办了剧团附属工厂。厂子刚成立时，仅有职工6人。1968年"因剧团撤销而停办"。另有于1979年开办的宜春文化戏剧用品厂，该厂位于"宜春地区京剧团内，有职工三十余人"，规模亦不大。[1] 目前在南昌东湖区铁街开设东湖顺华戏剧服装店的张国华生于1947年，其戏服制作手艺自爷爷起，经历了三代传承。据说，其爷爷张益胜曾开设南昌刺绣厂。张国华称，他最后一次手工做戏服是20世纪90年代为南昌民俗博物馆做展品。张国华的戏剧服装店现在经营各种戏具用品，包括头帽、衣服等，衣服皆为机器绣制。

除了以上地方，南方其他省如江苏、安徽以及湖北、四川等地，过去也都有一些制作加工戏服的小作坊，20世纪50年代亦先后成立过戏具服装厂。譬如江苏，最著名的是前述1958年成立的苏州剧装戏具厂，为目前全国仅有的两个国营剧装厂之一。另有镇江市影剧服装工艺厂，20世纪70年代末恢复传统戏时，可以承制各种传统戏衣，现在则以影视剧服装道具为主。安徽省各戏曲剧种服装"除某些布质简易者自做外，余皆购自徽州休宁、屯溪等地专为神像、戏班绣制袍服的作坊，和由省外苏州、杭州等地购置"[2]。至于休宁、屯溪等地的这些小作坊具体情形如何，竟无可考。

川剧戏装有"大穿"和"小穿"。"大穿"包括蟒、靠、开氅、龙箭、宫装、官衣等。用北方行话来说，都是属于"分量比较重的"。"小穿"有"男、女袍子、披、褶子、裙袄、武身子等"。另外，川剧服装还有一个比较特别的地方是"男着的蟒、开氅和官衣不上水袖（内穿布质香汗衣的衣袖长过袍服几寸）"[3]，而有的地方戏中还保留着圆筒（一作"圆流"）水袖的传统。川剧的这些着装特点表明，其

---

[1]　参见中国戏曲志编辑委员会、《中国戏曲志·江西卷》编辑委员会编《中国戏曲志·江西卷》，中国ISBN中心1998年版，第642—643页。

[2]　参见中国戏曲志编辑委员会、《中国戏曲志·安徽卷》编辑委员会编《中国戏曲志·安徽卷》，中国ISBN中心1993年版，第427页。

[3]　中国戏曲志编辑委员会、《中国戏曲志·四川卷》编辑委员会编：《中国戏曲志·四川卷》，中国ISBN中心1995年版，第361页。

在很大程度上沿袭了秦汉时期的古风旧俗。尤其是"大穿"与"小穿"之别，体现了古代服饰制度对于川剧服饰在实际应用中的重要影响。近代以来成都的川剧服装作坊有"鸿兴隆""刘永隆""志泰号""协泰鑫"等。鸿兴隆开在成都南纱帽街，创始人刘鸿兴，其后由刘建中（绰号"刘响口"）继承。鸿兴隆"除绣制戏衣外，尚可代办全套'行头'，能为新办班社提供'全箱'，并始终保持着'川剧风格'"，"1956年并入胜新剧装生产合作社"。刘永隆则是"京剧戏装作坊"，开业于光绪年间，原为顾绣帮，经营顾绣。20世纪20年代以后开始承制京剧戏装，1949年歇业。志泰号创始人陈志泰，可以生产京剧和川剧服饰盔帽。协泰鑫是刘德忠开设的剧装店。20世纪50年代公私合营时期，志泰号、协泰鑫等作坊铺合并成立前进剧装厂。鸿兴号与德隆号、富有号、茂盛会等其他20余家个体户合并成立胜新剧装生产合作社，地址位于南纱帽街。1959年，改为成都剧装厂，地址移到新南门外致民路。"文革"期间转产。1980年恢复，厂址位于白云寺街五十七号院内。四川南充于20世纪50年代成立了南充剧装生产合作社。[1]

湖北戏衣以汉绣为主。有史料记载，明代武昌永安王宫中有盛大演出，其宫人绣衣绮丽。明清时期武昌设有织绣局，为绣花官坊。清咸丰十年（1860），武昌塘角（今新河街一带）聚集了不少有名的绣花铺，譬如吴和源绣局、苏鸿发绣铺等。民国初年，汉口有绣花一条街。当时的汉剧服装多自这些地方而来。除此之外，清末湖北荆州和通城等地也有制作戏衣的作坊。而荆绣戏衣的历史据说比汉绣戏衣还要久远。有资料称，湖北黄陂艺匠任立泰于清代光绪年间前往河南周口，将戏衣制作技艺传到了周口。这说明过去黄陂也有戏衣制作匠人存在。1951年武汉组建刺绣联营社时，汉口万寿宫绣花街尚余9家绣铺。1955年，联营社分为两个合作社：一个叫武汉市第一工艺刺绣生产合作社，以制作戏衣为主；另一个叫武汉市戏具用品生产合作社，主要制作戏具。1957年，两社合并为武汉市民艺戏具绣品合作工厂，1958年改为武汉工艺厂，1961年分出武汉市戏具绣品合作工厂，1963年划出一部分业务另行成立武汉市戏具用品生产合作社，1972年改名武汉市戏剧用品厂。20世纪80年代初，武汉市戏剧用品厂先后恢复和发展了武昌的白沙洲、积玉桥、九峰山以及汉口的四唯街、六角亭街和距离武汉不远的孝感等地方的戏衣加工点。其从业人员达到300余人。[2]

1884年2月29日上海《申报》本报讯"汉口火灾"中还曾提到"万寿宫街"上的"朱复来戏衣店"，其文云："汉镇正月二十七日七点半钟，骤闻警报，火

[1]　参见中国戏曲志编辑委员会、《中国戏曲志·四川卷》编辑委员会编《中国戏曲志·四川卷》，中国ISBN中心1995年版，第446—449页。

[2]　参见李德复、陈金安主编《湖北民俗志》，湖北人民出版社2002年版，第1328页。

光烛天，询知系半边街、纬子街、万年街及万寿宫前街四街接连交界之处，先从半边街林香露茶室南首某机坊后面住宅肇灾，系用火油不慎所致，一时救扑不及，遂成燎原之势……约焚一点半钟，被灾之户百有余家，西至万年街布号巷路而止，南半边至乾元丝行后墙为止，南至纬子街朱公茂线店小巷与对门之华森盛纸号为止，东至万寿宫街之朱复来戏衣店对门之郑天顺顾绣店为止……其间店铺林立，尽成焦土，祝融氏之祸烈矣哉。"[1]

另外，据说清末湖北潜江龙湾地区有多个民间剧团，龙湾制作汉剧服饰的手艺人相继离世，目前还在传承这一手艺的张宗明老先生是当地汉剧服饰制作技艺的第六代传承人。张宗明生于1945年，1976年在武汉跟盔头师傅唐诗珊（1908—?）拜师学艺三年。出师以后回龙湾在当地村办企业做盔头。当地的绣花厂从杭州聘请了师傅，张宗明又跟着学会了绣花和戏服制作。20世纪80年代，张宗明到武汉经营剧装戏具，在武汉干了20多年，然后又回到龙湾继续制作盔头戏装。现为湖北省级非物质文化遗产剧装戏具项目传承人。尽管已经年近八旬，但身体硬朗、思维敏捷的张宗明先生仍怀揣着年轻人都少有的热情和勇气。他向笔者描述自己未来的计划，希望能扩大场地，引进电脑绣花机做戏衣。张宗明现在使用手推绣花机绣花（当地人叫"靠板机"）。他说：绣花、裁剪、制作自己一个人全管，忙不过来时，妻子也过来帮忙。除了戏衣，张宗明还做盔头。与其他很多地方的盔头相比，张宗明的盔头无论是从工艺制作还是从款式结构等方面来说都已经相当不错了，但他还准备继续学习提高。

除了制作盔头和戏服，张宗明还喜欢唱戏，在当地成立了花鼓戏剧团。张宗明担任团长。业余时间，张宗明会带着剧团到处演出，他也亲自登台扮演，譬如在《打金枝》中扮演皇帝。张宗明将自己原先住的一处老旧平房用作戏服生产车间兼剧团驻地，屋子里摆放着戏箱和字幕机等演出用品。据张宗明讲述，龙湾地区曾经活跃着"楚益社"和"复胜堂"两个汉剧团。汉剧团里有专门的"箱倌"，不仅管理戏具服饰，还经常负责对戏具服饰进行修补，后来发展为制作戏帽、靴鞋、戏服等。张宗明说，汉剧团经常演出历史剧、袍带戏，当地老百姓不太能听得懂，看的人少，而花鼓戏演的都是农村题材中比较接近老百姓生活的传统剧目，比较起来，更接地气，因此更受欢迎。

综上所述，可以发现，近代以来传统戏衣行业的发展具备一个非常重要的特点，即很多是从绣花局或绣花作坊发展而来。这些作坊有官营，更多的是私人小业主经营。绣花作坊兼营神袍、伶衣及其他各种绣品是一个比较普遍的现象。只

[1]《汉口火灾》，《申报》1884年2月29日。

3-3-70

3-3-71

3-3-72

3-3-70　张宗明使用靠板机绣花

3-3-71　张宗明裁剪戏衣

3-3-72　张宗明的妻子成合戏衣

有在当地的演剧活动极为兴盛时，才会有专营戏衣铺或专业作坊铺的存在。像北京、上海、扬州、汉口以及苏、杭等地，过去都曾为宫廷承造服饰，这是其在近代蟒袍工艺制作方面或多或少保留了一定宫廷特色的重要原因之一。而在行业细分方面，一个城市的文化、经济以及交通越发达，对戏衣的要求就越高，其行业分工便越细。相反，在市场需求不是很大、物资及劳动力匮乏的社会背景下，一两个人撑起戏衣制作的全套流程的情况也是有的，而且不在少数。只是这种全活制作很难在保证较高质量的同时保持较高的生产效率。事实上，据几位戏服行业的手艺人介绍，过去擅长"全活儿"的老一辈手艺人的确不像现在规模较大的加工厂那样，能够经常承接大批量订单。他们基本接的是一件一件的散单定活儿，量不大，从下料、画活儿，到绣活儿、刮浆、剪裁和成衣，一个人全部拿下。在这种情况下，其家人通常会充当下手。如果业务量比较大，还可以发动身边的亲戚朋友和村民加入进来，尤其是绣活部分，可以拿给别人去做，由此节省不少精力。

第四章　传统戏衣种类与制作流程

第一节 传统戏衣的种类划分及面料材质

一、传统戏衣的种类划分

日本人辻听花撰《中国剧》(又名《菊谱翻新调:百年前日本人眼中的中国戏曲》)"衣裳与冠帽"云:"戏衣种类用于旧剧者,多系汉、唐、明之式样。有蟒袍、官衣、甲被、披风等名目。花旦所穿者,多系袄子,为满洲妇人式。文丑有用朝鲜衣冠者。又冠帽、巾盔及裤子、鞋靴,种类甚多,名目不一,依脚色如何定之。"[1]中国传统戏衣文化,盖孕育绵长、来源甚广。上下五千年的悠久历史,纵横几千公里的辽阔地域,再加上兼收并蓄、包纳融合的文化个性,使得中国传统戏衣形成了"种类甚多""名目不一"的重要特点。

戏衣种类的划分有不同习惯和不同方法。譬如,若从穿戴角度,按照功用的不同,大致可以分为外穿和内穿。外穿如蟒、靠、氅、褶、披、官衣等,内穿如胖袄、水衣、竹衣及彩裤等。从制作角度,按质料的不同,可以分为纸衣、葛衣、棉布和丝绸等几个主要类别,高档戏衣中又有锦缎、缂丝类,还有质地比较特殊的纱衣和竹衣等。其中,锦缎类又可以细分为织锦缎、经面缎、纬面缎、人丝缎等不同品种。按工艺方式分,可以分为素衣和画衣。画衣又可以细分为织、染、绘、绣等不同品种。不同颜色和不同花色组合也会形成不同种类的戏衣。举如蟒靠,有五色之分,又有上五色和下五色。同一种颜色的蟒,有不同的图案讲究,有龙蟒,也有不绣龙而绣其他纹饰的,譬如麒麟蟒、虎蟒、飞鱼蟒,还有的绣金钱、元宝、蝴蝶、花卉等,千奇百怪。而龙蟒之中,又有大龙蟒、团龙蟒等。大龙蟒上的龙饰也有不同造型,有过肩龙、吐水龙、戏珠龙,有二龙或四龙,以及大龙与小龙等。按照衣式来分,有长衣、短衣以及上衣下裳等不同标准。按照梨园行的角色行当来分,有文扮、武扮,有生衣、旦衣、袍带衣、法衣、道袍等。按传统衣箱制分,不同地方不同剧种的衣箱种类与数量各有不同,常见有大衣箱、二衣箱、三衣箱等。又有文箱和武箱。"在海陆丰,正字戏、西秦戏和白字戏三个剧种的砌末与服饰装箱均分为文箱和武

[1] [日]辻听花:《菊谱翻新调:百年前日本人眼中的中国戏曲》,浙江古籍出版社2011年版,第46页。

箱。"[1] 不同衣箱制度，其戏衣种类和数量各不相同。另外，南方有些地方剧种不用衣箱，而是用篓或担。不同剧种，其戏衣有几担或几篓，每副担或竹篓中装什么戏衣，亦视具体情况而定。值得注意的是，按照上述标准划分的戏衣种类并不是固定不变的，它会随着时间或应用实践的变化而发生改变。下面择其要者而述之。

关于内穿和外穿，前面提到，有些服饰的古今制度变化较大。譬如袍，汉唐以来即有经学家对其进行过考证，其最早为贴身内穿之物，与现在的袍迥然相异。盖内穿衣物以素简为主，无须各种五彩装饰。但是随着袍饰渐趋华丽，后来竟演变为外用礼服或官服，如蟒袍、官袍。在古代服饰制度中，完整规范、合乎礼制的穿戴通常需是贴身内衣（属于亵衣）、明衣、中衣、袭衣加礼服。礼服一般是敞开的，且宽衣大袖，会露出里边的袭衣，因此，袭衣和礼服皆为可视部分，故其在制作和装饰方面也就比较讲究，尤其是礼服，盛饰其外。中衣之内则为紧身和贴身衣物，如袍之属，古人称之为亵衣。所谓"亵"，实即不够庄重、不可外露之意。从形制上而言，这一内穿袍类衣物一般采用深衣之制，即为长衣，它与更为贴身的短身衣裤如单衣、短衫、裲裆和犊鼻裈等还不是一回事。对于衣暖食足的上层贵族而言，如此繁文缛节自然没有问题。但对于更多的贫苦百姓而言，他们很难做到这一点，只以短褐为主。偶一为袍，也是书生文雅之扮，属于相当有礼节的装束了。衣服的穿着、款式被古人拟为制度，实际受到经济、地位尤其是社会身份等因素的很大影响。宫廷贵族即使其仆从也穿着锦衣彩绣之服，非因地位高贵，而是主家财货殷实，有足够的经济基础。相比之下，一般黎民百姓及街头杂耍艺人等，经济能力有限，只能短衣蔽体。还有譬如衣裤的运用，陕西临潼出土兵马俑的武士形象一般是外穿甲衣内穿袍，袍内穿裤。又有一些战国时期的杂技艺人铜像，其形象为上穿短衣，下穿裤等。与之类似的画像有很多。这些早期人俑或人像的裤装形象说明在战国秦汉时期，社会底层人民穿短衣裤的现象非常普遍。黎民百姓经济能力非常有限，同时为了方便劳动，只能上穿短衣，下穿裤。"裤"因此也被称为"穷裤"，成了穷困的象征。值得注意的是，这并不意味着贵族阶层就不穿裤，只是在其看来，"裤"并非体面衣物，不能外穿而已。但凡有些讲究的，至少需有"三重衣"，即大衣、二衣和三衣。大衣即外衣或礼服，二衣也叫中衣，三衣则即内用衣物。戏曲衣箱中的大衣箱、二衣箱和三衣箱盖自此而来。

戏曲服饰中的内穿衣物比较简单，主要以水衣和彩裤为主。胖袄虽然也是

---

[1]《海陆丰历史文化丛书》编纂委员会编著：《海陆丰历史文化丛书·珍稀戏曲剧种》卷5，广东人民出版社2013年版，第162页。

穿在蟒靠等袍服的里面，然其功用主要是造型，与古人实用意义上的内衣大不相同。还有彩裤，虽然亦经常穿在大衣、二衣的里边，然有时也会从衣缘处露出，甚至直接敞露在外，因此，与严格意义上的内穿衣物也是有区别的。这就是作为戏衣的彩裤有五色之分甚至有绘绣之饰的原因。据行里人介绍，彩裤有花、素之分。素的通常是指黑白二色以及青色。有的素彩裤上会印有同色暗纹，如白裤印白花，黑裤印黑花等。那些颜色鲜艳的彩裤，如红色、黄色以及粉红、浅绿、香色、湖色、浅灰和皎月色等颜色的彩裤，包括绣花彩裤，则都被称作花彩裤。选用的彩裤，既要与演员所穿戏衣的颜色相搭配，也要符合剧中人物的性别、年龄以及身份等特点。"贵者红，贱者青"是彩裤使用的一个重要原则，譬如扮演帝王、朝臣、旗牌、校尉、太监及官兵等，一般穿红彩裤。扮演位分较低的官员、衙役、狱卒、家院、酒保等角色，则穿青色彩裤。且行扮演年轻女子如丫鬟、富家小姐等角色时，通常会穿着桃红、浅绿等颜色比较鲜艳、色调比较明快的彩裤，以展示女子活泼可爱、贤淑雅静的特点。扮演文武小生也经常使用一些颜色鲜艳的彩裤，以表现人物的年轻英俊和潇洒风流。扮中年妇女常用皎月或浅灰等，显素净、恬淡。老旦则多用黑色或白色素裤，显庄重、素朴。主要角色一般穿绣花彩裤。绣花彩裤上的花色图案丰富多彩，有铜钱、瓦当、福寿字，以及各色花卉、动物、昆虫，如老虎、狮子、蝙蝠、蜜蜂等。用行话说，绣花丰富，显得比较武，故多用于武行。不同花纹有不同的寓意，用于不同的人物。在样式上，彩裤又分散腿和系带两种。系带彩裤的裤腿略长，比散腿彩裤约长半尺（约16厘米），裤脚处钉有两根带子，用于扎束，演员穿好彩裤后可以将裤脚扎束塞在靴靿里边。散腿彩裤不用系带扎束裤脚，故又被叫作"撒脚彩裤"。

"水衣"，也经常被呼作"水衣子"，演员唱戏时穿的贴身内衣，川剧中称为"汗衣"或"香汗衣"。一般水衣子皆为短衫，衣长至臀，衣袖齐腕。男用水衣通常为大领，大襟，女用水衣则为对襟，小立领或圆领。演员在化妆前一般要先换好水衣子，化完妆再穿胖袄或直接穿蟒、褶等戏服。在演出中，水衣子主要用作衬衣，避免舞台上出汗太多弄脏戏衣。与其他水衣子不同，川剧中比较传统的香汗衣的衣袖较长，演员穿上褶子后，其内里香汗衣的袖子会从褶子的袖口伸出约六寸（约20厘米），用作水袖。褶子则无水袖。这种内衣长袖伸出外衣袖口的穿着服式在汉代画像中经常可以看到，故系秦汉以来一直沿袭的旧俗。据川剧老艺人讲，过去四川人穿的这种长袖既用以擦汗又可用来扇风。明代福建人徐𤊹撰五言诗《雨中忆远》有"袖轻沾香汗衣添"[1] 句。以袖揩汗，香汗添衣，此之

---

[1]　（明）徐𤊹：《鳌峰集》卷之九，明天启五年（1625）南居益刻本。

谓也。

中国艺术研究院的杨珍老师称其清唱时穿敞衣，"敞衣"之说来自其当年教戏的老师。与"水衣"不同，"敞衣"可以单用，但是扮戏时，"敞衣"之外需另加穿戏服，不能着"敞衣"上台。另有行里的老师傅介绍，净行、武生、武旦等行当穿扮时需在水衣之外加穿胖袄，有的行当即使不穿胖袄，亦须在水衣之外加穿一件衣服，然后再穿外面的衣服。水衣之外加穿的这件衣服，称作"素褶子"。根据描述，素褶子与敞衣的作用大致相似，即有美观和隔汗等多重功用。素褶子为褶子的一种，一般人皆知，然"敞衣"一说，已很少有人知晓。有人将"敞衣"之"敞"等同于"氅"，称"敞衣"即"氅衣"。现代衣箱制中有"开氅"，为大衣箱外用之戏服，与杨珍老师提及的非正式场合穿用的"敞衣"显然并非同一回事。

明人方以智撰《通雅》云"襜褕，敞衣也"，"武安侯衣襜褕入宫，不敬。注云：若妇人服。智以为襜褕大敞，无两腋襞积，故曰似妇人服也"。[1] 汉时"襜褕"为一种及膝短衣，其为便服，非朝见礼服。武安侯自恃娇宠，以便服入宫，以此获罪。从明人的描述来看，"敞衣"当用作日常便服。清人董以宁撰有《成十二绝》云："寓楼客到几徘徊，恐是侵晨梦未回。恰遇蔷薇初盥罢，敞衣穷绔下楼来。"[2] 又日本江户末期学者藤田东湖（1806—1855）撰《途中偶作》诗云："敞衣茅屋任家贫，自笑常为到处宾。"[3] 以上诗歌中的"敞衣"应皆为日常便服之衣。敞衣之用料，无一定例。大抵贫者用棉布，富者可用丝缎等高级面料。民国河南安阳《林县志》云："女子服装较男子为优，在先小康之家，婚嫁装奁裙袄敞衣均用绸缎，今则代以洋布及各种绒麻织品。"[4] 说明"敞衣"之制比较灵活，可以用绸缎或其他各种布料，具体视经济实力或时代风尚而定。

清代官修《高宗纯皇帝实录》载："皇太后万寿彩棚特派步兵昼夜看守，时届隆冬，巡逻达旦，又因虞及火烛，不令炽炭"，故有"上谕"，"着将内务府制就棉敞衣各赏给一领以御严寒"。[5] 这里的"敞衣"为棉大衣，其既与前述用作单衣的敞衣有所不同，亦区别于"裘氅"之"氅"。"氅"乃以鸟兽毛羽为主要原料加工而成的裘服，为帝王贵族冬季御寒之服，非一般黎庶可用。普通百姓用于御寒的夹棉"敞衣"，在湖北某些地区称为"大敞"或"大衣"，盖20

[1]（明）方以智：《通雅》卷三十六，四库全书本。

[2]（清）董以宁：《正谊堂文集》卷十九，清康熙书林兰荪堂刻本。

[3][日]藤田东湖：《藤田东湖遗稿》，日本古典书籍库日本汉诗。

[4]（民国）张凤台修，（民国）李见荃等纂：《林县志》卷十，民国二十一年（1932）石印本。

[5]《高宗纯皇帝实录》卷之四百二，清内府抄本。

世纪 80 年代以前农村地区比较常见，其制一般为大襟圆领或对襟小立领，衣长至足或及膝。还有过去比较普遍的绿色军大衣，也被称作"大氅"或"大衣"。古人将不夹棉的日用单衣便服称为"氅衣"，盖言其可"氅而见人"，有别于内衣。内衣被古人视为"亵衣"，绝对不可以穿着见人，氅衣却可以，因此，即便是注重礼节的日本人亦可"氅衣茅屦""到处宾"。然因"氅衣"属便服，非礼服，若在一些比较庄重严肃的场合仍穿着此衣，就会被视作不合礼仪，故有"不敬"之说。演员扮戏，台下可以穿氅衣，如若上台，就必须在氅衣之外加穿袍褂等大衣。

　　清人李斗《扬州画舫录》"大衣箱"中提到"锦缎氅衣""鹤氅""男女衬褶衣"，"布衣箱"又有"氅衣"一项。[1]"锦缎氅衣"与布衣之"氅衣"分列两箱，显然并非同一种戏衣。虽皆名"氅衣"，然其用料与做工大异，其舞台功用也必然有很大差别。另外，"锦缎氅衣"与"鹤氅"相提并论，说明"氅"与"氅"实为两种性质不同的服饰，而非今人误以为的繁简之别。"氅衣"置于"布衣箱"，说明其为布衣。现在用作便装的氅衣仍为布衣之制。清人"衣箱"中的这一罗列，再次印证戏服中作为布衣的"氅衣"亦自早期社会的生活用衣而来，在清中叶成为衣箱定制的一部分。而李斗所言"男女衬褶衣"当即今所谓素褶子。戏衣内加穿衬褶或氅衣，据说其原因有多种，首先，最重要的就是为了美观，可以防止里面的衣服外露，避免不雅。其次，穿上这层衣服后，可以使人物线条看上去更加有型，否则，演员扮上后会比较难看。最后就是可以隔汗。遇到天热或舞台动作较多的行当，演员容易出汗，有了这层"衬褶"，可防止汗渍侵衣，对最外层的戏衣绣活可以起到一定的保护作用。衬褶或素褶置于大衣箱，表明其分量较布衣之"氅衣"略高，生净等行外穿蟒靠，内穿素褶。老旦等行当则可于帔褂之内穿氅衣。衬褶和布氅犹若古代之亵衣或中衣（用为二衣），前者以丝缎为主，后者使棉布面料。

　　"胖袄"，是以棉布制成、内塞以棉的无袖小袄，制如坎肩，以带系结，衣长及腰。盖因穿上此袄可使体形显胖，故名"胖袄"。与过去人以保暖为目的而使用的棉袄不同，戏服中的胖袄主要是用来帮助演员塑造体形，故穿胖袄不分春夏秋冬，仅视演员所扮演的行当或人物而定。

　　检索现有文献资料发现，"胖袄"之名最早见于南宋，一作"袢袄"。宋人叶适撰《会昌观小集呈坐上诸文友》诗云："兹邦异气候，十月阳屡暴。清霜云几何，累日困袢燠。"[2]这里的"燠"当为"襖"（袄）之误。叶适（1150—1223），

[1]（清）李斗：《扬州画舫录》卷五，清乾隆六十年（1795）自然盫刻本。
[2]（宋）叶适：《水心集》卷之七，明黎谅刊黑口本。

号水心居士，世称水心先生，温州人，曾任职于都城临安（今浙江杭州）、鄂州、蕲州（今湖北蕲春）、泉州、平江府（今江苏苏州）等地，谥"文定"。明刻《（弘治）温州府志·永嘉县》载有"水心先生故居"，云其为"宋叶文定公适居"，又有"草堂书楼"，云"有匾曰会昌观"。[1] 由此可知，"会昌观"乃书楼匾额名，位于浙江永嘉县境内。"袢袄"为宋时永嘉人冬季御寒之服。《明史·舆服志》"军隶冠服"云："（洪武）二十一年，定制旗手卫军士力士俱红袢袄，其余卫所袢袄如之。凡袢袄，长齐膝，窄袖，内实以棉花。"[2] 这里的"袢袄"用作军隶服饰，其长及膝，有窄袖。明太祖朱元璋还曾将"袢袄"用于赏赐。《明实录·太祖实录》（洪武二十年秋七月丁酉）载曰："命工部遣人运毛皮袄六千八十六领、纻丝绵布袢袄裙裤五万事往北平，给赐来降之人。"[3]

作为古代军队不可或缺的一项重要军备物资，"袢袄"更多是以"胖袄"之名出现在历代官修志书尤其是各地方志之中。譬如南宋景定年间（1260—1264）纂修的《景定建康志·武卫志》中就多次提及"胖袄"。其卷三十八"武卫志·江防"曰："给军器衣甲，付各屯桩管，以备使用。"其"军器衣甲"包括"甲一千二百五十六副，胖袄一千八百八十四领，绵裙一千八百八十四腰，衲袄三千一百四十领，衲裙三千一百四十腰，以上共发过一十三万九十四件"。小注云："内除朝廷科下殿司铁甲袄裙五千九十六件，并建康府胖袄绵裙一千八百八十七件、太平州军器一万八千五百七十二件外，余从本司库支。"时南宋偏安，在朝臣马光祖的提议下，朝廷于宝祐年间（1253—1258）在建康（今南京）设置军器库，不久又新建都作院，"无日不讨，百工皆精而器愈备焉"。作院中有"麻缕竹木骨角设色之工凡十有六位"，"设色之工"当为"工师"，也即擅长制作的技术人员，另有工匠无数。而所造"军器"，不同制使任内俱有制造"胖袄"等项，如"制使姚希得任内令项置局造万人军器"，其后注云："分阃者当加之意，本司作院递年所造，固有常规。近来应副荆蜀等处调遣，支拨不一。器械之备，不厌其多，于是令项置局制造万人军器，如铁甲、胖袄、帽子、衲袄、腿裙、长枪、大朴、刀枪、手刀、手斧、角弓、木弩、旗帜、金鼓、栲栳之属，总八万七千五百五十件。专差游击右军统制张武等监造，贮以别库，用备不测调遣事。非紧急毋得轻动，物料共费二百二十一万余贯，铁炭米之类不在焉。自景定四年十月下手，及解阃之日，共已造到二万七千一百九十六件，余缗及物料桩之司存，接续置造。"又"创造新军衣

---

[1] （明）王瓒、蔡芳编纂：《（弘治）温州府志》卷之四，明弘治十六年（1503）刻本。

[2] （清）万斯同：《明史》卷一百三十一，清抄本。

[3] 转引自李国祥、杨昶主编《明实录类纂·北京史料卷》，武汉出版社1992年版，第18页。

袄"云："新屯宁江诸军本府所当添办军装，遂行下作院造办胖袄绵裙布帽各一千件工物，共该六万六千四百三十贯。"[1]包括胖袄在内的各项物资由作院总造，且由专人负责监造，然后收库备用或拨付各处使用。

《景定建康志》纂修的时间与叶适生活的年代不远，而建康（南京）距离永嘉大约500公里，都城临安（杭州）在二者之间。通过梳理发现，除了叶诗、《明史·舆服志》和《明实录·太祖实录》等文献，志书中通常多言"胖袄"，较少称"袢袄"，盖"袢袄"为正名，言其以袢系结，而"胖袄"或为口语，谐音而来，兼有讽喻之意。明史玄撰《旧京遗事》云："京军每年以十月朔颁给袢袄：取诸东南外解，费官帑银不知几十万。然诸军唯道柔臃肿厚絮，蹒跚无理，至上马亦不能挥鞭而骛也。"[2]制作军用"袢袄"，费官银甚巨，而其效果竟然是"臃肿厚絮""蹒跚无理"，"上马亦不能挥鞭而骛"。

实际上，包括"胖袄"在内的军用物资，历代朝廷都制定有非常严格的管理措施。元刻本《元典章》"禁约擅造军器"云："元贞元年（1295）四月，行中书省准，中书省咨刑部呈贺安等告东平路达鲁花赤咬童不公，数内成造胖袄皮甲衣甲环刀箭只枪头等物除外，今后如有达鲁花赤各投下似此成造军器胖袄等物，随即牒报所在衙门，申覆上司，无令擅自成造。"[3]元人拜柱撰《通制条格》亦云："元贞元年正月，中书省刑部呈贺安等告东平路达鲁花赤咬童至元二十四年（1287）七月内，勒令各司县达鲁花赤局官等造纳胖袄皮甲环刀箭只，缘系诏赦已前事理，拟合革拨。今后司县达鲁花赤，如有各投下似此成造军器胖袄等物，随即牒报本衙门，申覆上司，无得擅自成造。"[4]假借造办之名，擅自成造，加重地方负担，为朝廷所不许。

对于胖袄的颜色、物料、尺寸和规格等各项要求，明代朝廷都有比较严格具体的规定，而且还为此建立了一套比较完善的查验制度。《大明会典》"军装"云："洪武九年令将作局造绵花战衣，用红紫青黄四色，江西等处造战袄，表里异色，使将士变更服之。"明初将作局所造棉袄有红、紫、青、黄四色，江西等处还造有表里异色战袄，时称"鸳鸯战袄"，目的是方便将士内外变换使用。又"宣德十年定例，每袄长四尺六寸，装绵花绒二斤，裤装绵花绒半斤"。从尺寸来看，仍属长袄，盖至于膝。"今例，造胖袄裤用细密阔白绵布，染青红绿三色。俱要身袖宽长，实以真正绵花绒。""衣里开写提调辨验官吏，缝造匠作姓

[1]（宋）周应和：《景定建康志》卷三十八、卷三十九，四库全书本。
[2]（明）史玄：《旧京遗事》卷二，清退山氏抄本。
[3]（元）佚名：《元典章》兵部卷之二 典章三十五，元刻本。
[4]（元）拜柱：《通制条格》卷二十七，明抄本。

名，并价直宽长尺寸斤重裙幅数目。用印钤盖。限每年七月以前解到。"[1]物料要求用"细密阔白绵布"，按规定染色，内实以"真正绵花绒"。为防止劣质、造假，衣内还要开写标签，标明查验官吏、缝造匠人以及价值、尺寸、斤重和布幅数目，并钤盖印章。可见当时制度管理之严。

明顾起元《客座赘语》卷十"官军粮赏则例"亦提到胖袄制作的一般标准，其云："水夫，每名胖袄一件，每件折表里绵布五丈二尺八寸、绵花二斤，每布一匹长三丈二尺，折银三钱，绵花一斤，折银七分。"尽管有着严格的质量标准和查验制度，胖袄粗制滥造的情形仍然不可避免。《初仕录·重军需》云："军需为国家重务，如胖袄裤袜弓箭弦条，俱系岁办钱粮。须逐件估看，某该物料几何，价值几何，工食几何。宁使价值少（稍）宽，以求精致，庶免解部驳回，重累役人也。近见包揽之徒，多收里甲银两，而制造极为粗恶，胖袄枲中贯沙，久则腐烂……头盔衣甲胖袄裤鞋又皆减克，成造率多虚具，加之内府需索留难，解役有百倍之苦，军士无一分之用。"[2]多收银两不说，制造竟然"极为粗恶"，解役劳苦也罢，最重要的是对于军士而言，"无一分之用"。

关于古代胖袄的形制，从前面的介绍大致可知，其形制较长，约可及膝，故又被叫作"长胖袄"。明人张卤辑《皇明制书》卷五"针工局造"有"长胖袄"条。[3]从功能来说，主要是为了保暖。尤其是新棉胖袄，"附体轻暖"，"经年板紧"，需复弹而暖。清人刘岳云《格物中法》云："凡衣衾挟纩御寒，百人之中止一人用茧绵，余皆枲著，古缊袍，今俗名胖袄。棉花既弹化，相衣衾格式而入装之，新装者附体轻暖，经年板紧，暖气渐无，取出弹化而重装之，其暖如故。"[4]胖袄自古代"缊袍"而来，普通人以枲绵为主，也有的用茧绵，即蚕茧丝绵。《武定滨州杂咏》云："粗布缝衣厚著绵，名为胖袄裤同穿。生平不解皮裘暖，只盼木绵花色妍。"[5]

在元明时期的曲本中，"胖袄"亦指军服或寒衣。举如孤本元明杂剧《张子房圯桥进履》第三折季布云："明日与他相持厮杀，个个都要献功。一个人要三十根好箭，一个人要五张硬弓，身穿上五领胖袄……"[6]"五领胖袄"盖以夸张之辞形容季布军士的虚张声势。后世扮戏中的"胖袄"之用，或即源此。明

[1]（明）赵用贤：《大明会典》卷之一百九十三，明万历内府刻本。

[2]（明）吴遵：《初仕录》，官箴书集成。

[3] 参见（明）张卤辑《皇明制书》卷五，明万历七年（1579）张卤刻本。

[4]（清）刘岳云：《格物中法》卷六下之下，清同治刘氏家刻本。

[5]（清）胡季堂：《培荫轩诗集》卷四，清道光二年（1822）胡镇刻本。

[6]（元）李文蔚：《张子房圯桥进履》，民国三十年（1941）刊孤本元明杂剧本。

代《雍熙乐府》中【南吕·一枝花】题"绵花诉苦"有"纳寒衣行胖袄供边士"[1]句，又鼓词底本《大唐秦王词话》中有"胖袄襕裙""花胖袄"[2]，这两处的"胖袄"皆为实指，与扮戏之用不同。

　　戏剧中扮戏所用胖袄从实用胖袄发展而来，是为了装扮的需要而对之进行适当的艺术加工的产物。作为戏具的胖袄不仅有男女大小厚薄之分，在衣身尺寸和塞棉方式上也很有讲究。大胖袄也叫折肩胖袄，其肩部宽大，前襟长约二尺（约66厘米），后身约二尺三（约76厘米）至二尺四（约80厘米）。肩头和后身下摆部分较厚，其他部位稍薄。尤其是肩头塞棉厚度约一寸（约3厘米）

4-1-1

4-1-2

4-1-3

4-1-1　大胖袄

4-1-2　中号胖袄

4-1-3　小胖袄

4-1-4　榆林某剧团身着大胖袄候场的演员

4-1-4

---

[1]　（明）郭勋辑：《雍熙乐府》卷之九，明嘉靖四十五年（1566）刻本。

[2]　（明）诸圣邻著，杜维沫校点：《大唐秦王词话》，辽宁古籍出版社1996年版，第344、176页。

至一寸半，后身下摆厚半寸左右。大胖袄多用于净行，如铜锤或架子花脸穿蟒或开氅时通常都要使用大胖袄，以此塑造出肩宽背厚的魁伟形象。中胖袄又叫圆肩胖袄，肩部略呈圆弧形，与大胖袄相比，其肩部略窄，也不如大胖袄的肩部那么厚实。前襟和后身长度比大胖袄略短，后身衣摆无须加厚。中胖袄亦多用于净行，如架子花、武花脸等在穿箭衣、抱衣或扎靠时用之。其他如扮演解差等有时也会用到。小胖袄肩部更窄，衣身也短。小胖袄分薄厚两种，薄的小胖袄仅在肩部塞棉，衣身不絮棉，称薄小胖袄。厚的小胖袄，在衣身部分絮有薄棉，称厚小胖袄。长靠武生、文武老生扎靠、穿蟒或箭衣时一般用厚的小胖袄。老生、小生穿褶、帔、老斗衣，或短打武生穿抱衣、侉衣时，通常使用薄的小胖袄。女用小胖袄的衣身比男用小胖袄更短，肩头塞棉较厚，衣身则比较薄。主要供刀马旦扎靠时使用。

胖袄一般穿于戏服之内，也有一些剧目为了人物塑造的需要，直接将其穿在外面，如《悦来店》中的骡夫、黄傻狗等。

从质料的角度而言，过去戏衣多为布衣或画衣，不足为奇。除此之外，还有竹衣和纸衣。清人余怀撰《板桥杂记》下卷"轶事"载："丁继之扮张驴儿娘，张燕筑扮宾头卢，朱维章扮武大郎，皆妙绝一世……无锡邹公履游平康，头戴红纱巾，身着纸衣，齿高跟屐，佯狂沉湎，挥斥千黄金不顾。初场毕，击大司马门鼓，送试卷。大合乐于妓家，高声自诵其文，妓皆称快，或时阑入梨园，氍毹上为'参军鹘'也。"[1] 这里提到的"无锡邹公"，恃才放旷，能"挥斥千金"，却"身着纸衣"，还时不时混入梨园，扮演"参军鹘"之戏。一来说明其特立独行，二来也说明"纸衣"必非褴褛弊衣，不堪使用。无独有偶，清震钧《天咫偶闻》卷九载："徐退字进之，扬州人。应京兆试不弟，遂不归，亦不入城。日从田夫野老，行歌西山林麓之间。或佯狂，衣纸衣，带（戴）假髯，垂钓于昆明湖。"[2] "衣纸衣""戴假髯"俨然一副超然世外的放达之态。清雍正年间刻本《（雍正）扬州府志》卷四十"杂记"云："天启间，男子衣纸衣，五色，崇徵末衣纸者尤多。"[3] 又《（嘉庆）扬州府志》引前志曰："（熹宗）三年十二月，扬州地震。是时，仪真有男子衣五色纸衣，论者以为服妖。"[4] 从《扬州府志》的记载来看，纸衣在明末天启、崇祯年间（1621—1644）比较普遍，尤其是崇祯末年，穿纸衣的人不在少数。纸衣有五色，说明其为彩色文绘之衣，比较漂亮，

---

[1]（清）余怀：《板桥杂记》下卷，清康熙刻说铃本。

[2]（清）震钧：《天咫偶闻》卷九，清光绪三十三年（1907）甘棠转舍刻本。

[3]（清）尹会一、程梦星等纂修：《（雍正）扬州府志》卷四十，清雍正十一年（1733）刊本。

[4]（清）阿史当阿修，（清）姚文田纂：《（嘉庆）扬州府志》卷七十二，清嘉庆十五年（1810）刊本。

也比较新颖，一般人大概难以接受，故有议论者称其为"服妖"。用现在的话来说，穿着与众不同，犹言不正常。

有学者曾经援引1986年刘汉林、曹秀明编撰的《邓城乡志》云："范楼桑皮纸为其特产，以桑皮纸和楮树皮做原料，人工捞制而成，具有几百年的历史，是过去裱糊油篓、制戏衣帽盔的佳品，清代和民国时期生产极盛，现由于原料缺乏，只有少量生产。"[1]"范楼"是河南商水县邓城镇"东南7华里"的一个行政村，商水在河南周口的西边，距离周口20多公里。商水和周口俱位于秦岭—淮河一线以北，在地理位置上属于北方。过去不仅北方可以生产制作纸衣，南方也产纸衣。清人屈大均撰《广东新语》卷十五"货语·纸"引《岭表录异》云："长乐有榖纸，厚者八重为一，可作衣服。浣之至再不坏。甚暖，能辟露水。"[2]此"长乐"乃今广东省五华县，隶梅州，在潮州西偏北，距离潮州约130公里，古称"长乐"。《岭表录异》为唐人刘恂所撰，这说明至少在唐代，广东长乐一带的纸衣制作即已达到很高的水平，不仅暖和、辟露水，而且水洗不会坏。

南宋淳熙年间（1174—1189）刻本《新安志》卷十"纸"篇引北宋苏易简（958—996）撰《文房四谱》"纸谱"云："山居者尝以纸为衣，盖遵释氏云不衣蚕口衣也。然复（当为'服'之误）甚暖，衣者不出十年，面黄而气促。绝嗜欲之虑，且不宜浴。盖外风不入，而内气不出也。亦尝闻造纸衣法，每一百幅，用胡桃乳香各一两，煮之。不尔，蒸之亦妙。如蒸之，即常洒乳香等水，令热熟，阴干，用箭箬横卷而顺蹙之。然患其补缀繁碎。今黟歙中，有人造纸衣段，可如大门阔许。近士大夫征行，亦有衣之者。盖利其拒风于凝冱之际焉。"[3]"黟歙"乃安徽黟、歙二县，分别位于黄山市西北和东北。黟县距离黄山市约70公里，歙县距离黄山20多公里，距离东部杭州则有200多公里。一件纸衣可以穿10年，说明足够结实。从宋人的描述来看，安徽黟、歙二县所制纸衣，虽然暖和，却不能洗，而且透气性不是很好，长时间穿着，不利于体气散发，以致"面黄而气促""绝嗜欲之虑"。不过身体出现这种状况，究竟是年纪自然衰老所致，还是衣服不透气所致，恐怕还很难说。然当时纸衣如此受欢迎，以至士大夫"征行""亦有衣之者"，说明纸衣有其自然优势。从文中描述来看，制作纸衣的技术大致与造纸工艺有相似之处，即需制作纸浆，植物纤维中添加特殊香

[1] 张浩：《乡村桑皮纸业的历史发展与现实出路——以沙颍河流域邓城镇为例》，《商丘职业技术学院学报》2016年第4期。

[2] （清）屈大均：《广东新语》，中华书局1985年版，第428页。

[3] （宋）赵不悔修，（宋）罗愿纂，（宋）李勇先校点：《（淳熙）新安志》卷十，清嘉庆十七年（1812）刻本。

料之后，或蒸或煮，抄纸晾干，用箭杆捋平，其门幅可有门板大小，然后再裁剪为衣。从加工过程来看，制作纸衣的所谓"纸衣段"与过去的毛毡或现在的无纺布有些类似，虽然都使用了植物纤维原料，却有别于织布，即非纺织而成。

虽然如此，纸衣仍有其自身的局限，无法与丝织品相比。再加上工艺比较落后的话，其质量也会比较次，这就使得纸衣在某些时候被当作缺衣少食的贫困象征。举如《旧唐书·周智光传》云："大历二年正月，密诏关内河东副元帅、中书令郭子仪率兵讨智光，许以便宜从事……及智光死，忠臣进兵入华州大掠，自赤水至潼关二百里间，畜产财物殆尽，官吏至有着纸衣或数日不食者。"又"回纥传"云："时东郡再经贼乱，朔方军及郭英乂、鱼朝恩等军不能禁暴，与回纥纵掠坊市及汝、郑等州，比屋荡尽，人悉以纸为衣。"[1]以上两则材料描述的是初唐时期周智光与鱼朝恩等人坐镇西北，横霸一方，招致祸患，以至当时汝（今河南平顶山）、郑（今河南郑州）以及华州（今陕西渭南华州境内）等地"比屋荡尽，人悉以纸为衣"，"官吏至有著纸衣或数日不食者"。《太平广记》卷二百八十九"妖妄"有"纸衣师"亦云："大历中，有一僧，称为苦行。不衣缯絮布绁之类，常衣纸衣，时人呼为纸衣禅师。"[2]书注此文引自唐人陆长源撰《辨疑志》，说明唐初时，纸衣的制作水平似乎不是很高。

宋人周密撰《武林旧事》卷六"游手"云："又有买卖物货，以伪易真，至以纸为衣。"[3]从《武林旧事》的描述来看，当时南宋都城临安（今杭州）也有纸衣，其质量似乎不是很好，但应该也不是很次，否则难以"以伪易真，至以纸为衣"。据中国艺术研究院戏曲研究所的杨珍老师讲述，其年轻时曾获得一件别人赠送的纸衣。20世纪八九十年代，某天，杨珍老师在中国科学院大院里偶然碰见一位平时比较熟的老先生，见其身上穿着一件很特别的衣服，比较好奇。老先生告诉她这是纸衣，用纸做的，因见其比较感兴趣，当即脱下来送她。在当时的老一辈人看来，纸衣也不是什么稀罕物。这件纸衣杨珍老师穿了好几年，后来因体形变胖，不能穿了，她又改送他人继续穿用。据杨珍老师描述，这件纸衣与当时所有衣服的色调一样，都是流行色黑色，但看上去很有质感。若不仔细看的话，还以为是皮衣。这说明，当时的纸衣比较厚实，也比较结实。与《广东新语》中"甚暖"的描述是一致的。

南宋诗人陆游有《谢朱元晦寄纸被》诗二首云："布衾纸被元相似，只欠

---

[1]（后晋）刘昫：《旧唐书》卷一百十四、卷一百九十五，武英殿本。

[2]（宋）李昉：《太平广记》卷二百八十九，民国景印明嘉靖谈恺刻本。

[3]（宋）周密：《武林旧事》卷六，四库全书本。

高人为作铭","纸被围身度雪天，白于狐腋软于绵"。[1] 又诗人徐文卿有《绝句》曰："纸衣竹几一蒲团，闭户燃香自屈盘。诵彻离骚二十五，不知月落夜深寒。"[2] 这些诗句表明当时的纸衣或纸被非常保暖，只是从陆游的诗来看，朱元晦送给他的纸被又白又软，貌似用着非常舒服。这说明，纸质衣被还有一个优势是颜色多样，可以是白色，也可以染成不同的颜色，如黑色或五色。五色衣被当然也比较适合用作戏谑表演之服。元曲《张协状元》第八出有"朔风又起，担儿里，纸被袄儿尽劫去"之语，第十出又有旦曰："奴进君，些子粥。更与君，旧纸被。"[3] 这说明纸被袄在元代仍为普通百姓日常生活用品。

纸衣色白，且非出自"蚕口"，因此也被高僧、道人视作洁净之衣。譬如南宋京兆府咸阳县大魏村（今咸阳市秦都区双照大魏村）人王嚞（1112—1170）有《阮郎归·咏纸衣》词曰："蔡伦助造阮郎归，于身显纸衣。新鲜洁净世间稀，隔尘劳是非。琼表莹，玉光辉，霜风力转微。寒威战退达天机，白云自在飞。"[4] 王嚞号重阳子，即众所周知的王重阳，乃道教全真教之祖师。又金代密国公完颜璹有《题纸衣道者图》诗云："紫袍披上金横带，藜杖拖来纸掩襟。富贵山林争几许，万缘唯要总无心。"[5] 宋人孔传续撰的《白孔六帖》卷三十一"骨法非常"引《吴越史》"文穆王元瓘"云："淮将李涛冠（'寇'之误——笔者注）衣锦军，命王讨之。自是日者，视王曰：'此人手刃，百人当大贵。'有僧自新，常衣纸衣，住广德山院。闻元瓘至，举家皆遁，而自新岿然晏坐。军中有问其故，曰：'前后左右皆兵耳，将安适？'时王在众中，新乃敛衣奉迎，与语久之。及师还，遂载而归。后王问新：'当时何以见识。'答曰：'微僧无它术，但观王骨法非常，故幸得识矣。'"[6] "文穆王元瓘"乃吴越武肃王钱镠第七子钱元瓘（887—941）。今安徽东南部苏浙皖三省交界处的广德市有广德山，自新和尚所住广德山院当坐落于此山。广德市位于浙江湖州西部，杭州西北部，距离湖州70多公里，距离杭州100多公里。

从陕西到河南，以至吴越，从北京到广东长乐，皆有纸衣，说明纸衣制作技艺在中国传播的范围甚广，而其应用历史自唐代一直沿袭到20世纪八九十年代。尤其是20世纪初至八九十年代，北京还能看到做工不错的戏衣，而且质感

[1]（宋）陆游：《剑南诗稿》卷三十六，四库全书本。

[2]（宋）刘克庄著，辛更儒笺校：《刘克庄集笺校·诗话》，中华书局2011年版，第6860页。

[3]（元）无名氏：《张协状元》，载王季思主编《全元戏曲》第九卷，人民文学出版社1999年版，第25、33页。

[4]（宋）王嚞：《重阳全真集》，道藏辑要。

[5]（金）元好问：《翰苑英华中州集》卷五，景上海涵芬楼藏董氏景元刊本。

[6]（唐）白居易原本，（宋）孔传续撰：《白孔六帖》卷三十一，四库全书本。

和纹理都不错，应该说这是一件非常了不起的事情。它体现了我国劳动人民高超的制作技艺和无穷的创造智慧。

与纸衣用作外穿的装扮功能不同，质地特殊的竹衣则通常用于内穿。竹衣，一作竹衫，顾名思义，是用细竹管编制而成的衣服，分有袖和无袖两种样式，又有圆领和立领之分。过去没有空调，竹衣经常被用作夏天爽汗的内衣。尤其是说书或演戏的艺人，大夏天穿着厚厚的长袍或戏衣，很容易汗流浃背，为了化解尴尬或保护戏衣，艺人们通常会在袍服里面穿上竹衣隔汗，因此，竹衣又被叫作凉衣或隔汗衣等。因质地独特，竹衣在古代受到很多文人墨客的讴歌赞颂。清人张劭就有《竹衫》一诗云："齐腰卉服亦消炎，穿就幽篁异织帘。鱼网筛风凉易透，鲛丝辟水汗难粘。身逃张荐裁应好，心爱王献着未嫌。莫怪眼中微有刺，此君原与热人砭。"[1] 张诗不仅以竹衫自喻高洁的志向，而且将竹衫拟人化，称赞其"眼中"微瑕、"砭"人以利的热心。清人蒋士铨《百字令·豆棚闲话图》词云："试看忽鼓忽歌，妄言妄听，椎鲁皆良友。怕问三家村学者，六四括囊无咎。蕉扇驱蚊，竹衫收汗，星挂疏疏柳。先生倦矣，豆花聊以为寿。"[2] 蒋词借竹衫表达了一种落拓不羁、放旷豁达、自在闲适的情怀。

明人张岱在其笔记《快园道古·戏谑部》中记载了一件有关竹衣的趣事，其云："祁世培塾师曰大先生，云南归，携一竹汗络，初坏几节，即寻本地细竹补之。后经四十余年，所补殆遍，而云南竹无一存者矣。故凡事失其本来者，辄呼之曰'大先生汗络'。"[3] "竹汗络"即竹衣，祁世培乃明末戏曲家祁彪佳（1602—1645），号世培，别号远山堂主人，与张岱为好友，俱为山阴（今浙江绍兴）人。张岱文中的这段趣事无意之中为我们透露了几个有关竹衣的重要信息。首先是明末万历至崇祯年间（1573—1644），云南和浙江绍兴等地皆产竹衣，而云南竹衣在做工和质量等方面恐更胜一筹。其次，"初坏几节，即寻本地细竹补之"，说明当时的竹衣制作工艺比较特殊，坏一节或几节之后，可以修补替换。现在有些地方试图恢复传统竹衣制作工艺，不得古人之法，单就"丝络"而言，断一丝则竹珠全部散落，甚为"娇气"。古人一件竹衣缝缝补补，却可以穿"四十余年"。

古人制作的竹衣，除了穿线编织的技巧比较高超，其用以穿编的竹节也加工得十分精妙，能做到圆润如玉、精妙如珠。清人全祖望赞其"结来金琐碎，

---

[1]（清）俞琰选编：《咏物诗选》，成都古籍书店1987年版，第138页。

[2]（清）蒋士铨：《百字令·豆棚闲话图》，载张宏生主编《全清词·雍乾卷》第3册，南京大学出版社2012年版，第1547页。

[3]（明）张岱撰，高学安，佘德余标点：《快园道古》，浙江古籍出版社1986年版，第118页。

抡出玉琼玲"[1]，赵怀玉诗云"明玕千缕擘，元玉几圭陈"[2]，李方湛词曰："看玲珑胍络，未贯鲛珠，尚含仙露。"[3] 清人吴清鹏撰《笏庵诗》中录有一首七言律诗《竹汗衫》则曰："穿成宛比珍珠琲，著处俄生鳞甲光。"[4] 做工精致的竹衣，其竹节长约 2 毫米，管径约 1 毫米，此般米粒大小之尺寸，称其为"珠"，毫不过分。故其也曾获得"珍珠衫"或"珍竹衫"之雅称。

　　近代不少戏曲名家有竹衣遗之后世，如马连良的两件竹衣子现存于天津戏剧博物馆，京剧名家季砚农、评弹名家潘伯英和杨振雄及越剧名家尹桂芳等均有竹衣流传于当代。有学者书著中还收录有京剧名家梅兰芳身穿竹衣的照片。[5] 其他如北京京剧院、中国黄梅戏博物馆等机构也都藏有名家使用过的竹衣。除了京剧名家，譬如章太炎、金岳霖、丰子恺、蒋方震等近代比较著名的文化名人或革命家也都与竹衣文化建立了比较密切的联系。其中，近代资产阶级革命家章太炎故居中就有一件由小竹穿编而成的竹衣，而位于杭州西湖的章太炎纪念馆收藏了一件据说章太炎本人穿过的竹衣。我国近代哲学家金岳霖在其回忆录《我更注意衣服》一文中写道：父亲"是清朝的小官"，"可能是三品"，"他的官虽小，衣服可多。其中有特别怪的，例如用切成了一寸或半寸长的空心小竹，用丝线穿连成三角形或四方形的图案织起来的贴心小褂。穿上这样一件小褂，当然等于不穿。可是在这样一件衣服上面可以穿上蓝的铁线纱袍，黑的铁线纱马褂，这两件衣服也都不会沾上汗水"。[6] 金岳霖在回忆录中非常清楚地交代了竹衣的作用，即防止竹衣外面的袍褂"沾上汗水"，因此对做工比较精贵的袍褂可以起到很好的保护作用。这与戏剧演员内穿竹衣以保护外面的蟒袍是一样的道理。近代名人丰子恺在其《辞缘缘堂——避难五记之一》中写道："夏天的傍晚，祖母穿了一件竹衣，坐在染坊店门口河岸上的栏杆边吃蟹酒。"[7] 近代革命家、浙江海宁人蒋方震（字百里）的母亲杨镇和家世代可以"截竹为衣"。杨镇和年幼丧父，继而丧母，生活贫苦无依，其自己不仅倚靠竹衣制作"自立于衣食"，并在后来不幸丧夫以后赖此手艺独立抚养年幼的孤子长大成人。1923

[1]　（清）全祖望：《鲒埼亭诗集》第五卷，清姚江借树山房本。

[2]　（清）赵怀玉：《谢金太守惠竹衫藏墨》，《亦有生斋集》卷二十二，清道光元年（1821）刻本。

[3]　（清）李方湛：《解连环·竹衫》，载张宏生主编《全清词·雍乾卷》第15册，南京大学出版社2012年版，第8367页。

[4]　（清）吴清鹏：《竹汗衫》，《笏庵诗》卷四，清咸丰五年（1855）刻吴氏一家稿本。

[5]　参见吴开英《梅兰芳若干史实考论》，文化艺术出版社2015年版，第299页。书中收录了一张"梅兰芳身穿隔汗竹衫的照片"。

[6]　金岳霖：《金岳霖回忆录》，北京大学出版社2011年版，第110页。

[7]　丰子恺：《辞缘缘堂——避难五记之一》，《文学集林》1939年第3期。

年蒋母去世，梁启超应蒋百里之请为其母撰写墓志铭《蒋母杨太夫人墓志铭》云："方震语启超曰：……杨氏世传能截竹为衣，竹似珠，善辟暑。母精其艺，因得自立于衣食。"[1]

在京剧、昆曲以及一些地方戏中，竹衣均被当作戏衣的一种列入衣箱。譬如山东很多地方戏包括大平调等，其二衣箱的"武戏行头"中即包括竹衣。[2]刘月美著《中国京剧衣箱》和《中国昆曲衣箱》中"三衣箱"之"内衣"与"内衬物"俱罗列有"竹衫"一项。[3]笔者自近几年的考察实践中发现，其他剧种如山西晋剧、四川川剧以及广东汉剧等诸多地方戏的衣箱中过去也包括竹衣。得益于一些老艺术家及其后人的捐赠，现在我们可以在一些戏曲博物馆或地方非遗展馆的公益展出中领略传统竹衣的风采，而近年来全国各地新闻媒体及网络平台对竹衣的纷纷报道，也引起了人们的兴趣，以至有些地方的手艺人或业余爱好者先后尝试恢复这门古老的传统制作技艺。

从目前报道来看，从南到北，从东到西，如广东、广西、福建、安徽、江苏、浙江、江西、四川、重庆、陕西以及天津和北京等不同地方的博物馆或民间收藏者手中都有一些清代或民国时期留存下来的竹衣，就连美国大都会博物

4-1-5　　　　　　　　　　　　　　　　　　　　　　　　4-1-6

4-1-5　竹衣，广州粤剧博物馆藏

4-1-6　竹衣，现代制作工艺

---

[1]　梁启超：《蒋母杨太夫人墓志铭》，载《饮冰室合集》，中华书局1941年版，第17页。

[2]　参见马建中《山东戏曲论稿》，华艺出版社2000年版，第201页；同见于孙守刚总主编《大平调 四平调》，山东友谊出版社2012年版，第45页。

[3]　参见刘月美《中国京剧衣箱》，上海辞书出版社2002年版，第182页；刘月美《中国昆曲衣箱》，上海辞书出版社2010年版，第91页。

馆都收藏了一件竹衣。[1]根据笔者的考证，传统竹衣的制作与应用过去在我国的分布范围十分广阔，尤其是在南方产竹区，更是司空见惯。而与竹衣相关的历史大致可以追溯到唐代。从我国竹文化的应用与发展来说，其历史应该更为久远。比较遗憾的是，与绫罗绸缎等高档丝织物相比，竹衣盖价值低廉，再加上南方湿润多雨的气候特点，除了古代文献中的文字记录，目前在考古发掘的各种实物资料中，尚未发现年代较早的竹衣文物。好在自元代以来，有不少诗人撰写了以竹衣为题材的诗篇，从中可以获得有关竹衣的穿着特点与制作技艺等相关信息。除了前面提及的诗句，元代诗人乔吉有《竹衫儿》一词云："并刀剪龙须为寸，玉丝穿龟背成文，襟袖清凉不沾尘。汗香晴带雨，肩瘦冷搜云，是玲珑剔透人。浃背全无暑汗，曲肱时印新瘢，衬荷花落魄壮怀宽。挹风香双袖细，披野色一襟团，满身儿窥豹管。"[2]清人李方湛《解连环·竹衫》有"问谁湘浦截篠簩，寸寸巧穿千缕。但仿佛短后，规模自疏，可邀凉滑能清暑。不藉针神，恰借得、此君机杼"以及"绡衣衬来济楚。便珊珊锁骨，临风思举"之句。[3]吴清鹏撰《笏庵诗》中所录《竹汗衫》一诗云："断竹续竹无寸长，千丝万丝网在纲。"[4]清代浙江海宁人查揆更是以"竹衫"为题，撰写了一首长达三百多字的古体诗。其诗云：

热毒谢祇裯，裸丑避堂构。被炙炷瘢痏，遭蒸出饙馏。晷景曜离明，风占绝巽繇。裼袭谅负重，顶踵亦在疚。

缫妄想蚕凉，绡虚丐鲛贸。初嫌巾带重，亦觉麻苎陋。纫荷讬牢骚，衣铢诳娇幼。词谲或难竟，匠巧乃在宥。

淇材斫么麽，鲁削砉迭奏。断竹续竹然，一经一纬就。排当丝缗穿，圆匀青碧镂。连骈交网珊，诘屈画篆籀。

居然谢机绞，竟尔割领袖。蛇蜕藓皮斑，螺旋卍字凑。匝匝瓜蔓缠，乙乙筋络瘦。袒肉露空嵌，虚襟挈罅漏。

袂摇寒吹繁，汗润疏雨逗。滑汰浣即干，森挺折不皱。适意肯迂今，猿心或拙旧。慨想生民初，草衣一顽秀。

---

[1] 参见任芳慧《呼唤人文关怀　抢救传统服饰》，《中国纺织报》2003年4月25日。文中载有北京服装学院李克瑜教授在某传统服饰论坛上的发言，称其曾于1981年到美国大都会博物馆参观，"其中就有一件中国的用小竹子编成的衣服，是用特别细的竹片，竹片之间还缀有珍珠，非常漂亮"。

[2] 隋树森编：《全元散曲》，中华书局1964年版，第582—583页。

[3] （清）李方湛：《解连环·竹衫》，载张宏生主编《全清词·雍乾卷》第15册，南京大学出版社2012年版，第8367页。

[4] （清）吴清鹏：《笏庵诗》卷四，清咸丰五年（1855）刻吴氏一家稿本。

取足掩胫骭，自然跻仁寿。要其闭淳风，曾未泄灵宝。不然易地处，奇
邪无不售。万物被剪裁，翻足薄绮绣。

蒙庄契鸿荒，眇论取驰骤。时哉圣人旨，质文有其候。[1]

从暑热难当、"褐袭""负重"，到"淇材"砍伐，"鲁削"奏奏，断竹续竹，
经纬穿编，蛇蜕薜皮斑，凑卍字螺旋，缠"匝匝瓜蔓"，瘦"乙乙筋络"……不
仅制作工艺与过程描述甚细，而且详述了穿在身上的效果，"袂摇寒吹繁，汗润
疏雨逗"，"滑泼浣即干，森挺折不皱"。不只凉爽宜人、坚挺有型，还能"跻
仁寿"，"闭淳风"，彰圣人之旨，显文华之秀。无怪乎文人墨客对竹衣之功用、
品节多有讴歌与赞叹。有关竹衣的文化与历史，包括制作与应用以及其在近代
以来的发展情况，笔者的《竹衫：从民间的艺术走向艺术的民间》[2]一文有较为
详细的考证与梳理，兹不赘述。

皮毛衣是以动物皮毛做成，其主要功能是用于保暖，也有用于装扮和修饰
的。北方游牧民族地区盛产皮毛，在气候寒冷的季节，人们通常穿着以动物毛
皮做成的袍服来抵御风寒。《汉书》"匈奴传"："自君王以下咸食畜肉，衣其皮
革，被旃裘。"[3]周代官制中设有"司裘"和"掌皮"等职。"掌皮"："秋敛皮，
冬敛革"，"以式法颁皮革于百工"，"共其毳毛为毡"。[4]皮革毳毛加工皆由掌
皮负责。"司裘"："掌为大裘，以共王祀天之服。中秋献良裘，王乃行羽物。季
秋，献功裘，以待颁赐。"[5]司裘负责制作良裘，以备帝王冬日祭天时穿用，另
需贡献功裘，用于帝王颁赏。《考工记》中将"攻皮之工"与"设色之工"相提
并论。明清时期宫廷匠作中设有皮作[6]，尚衣监中有毛袄匠。[7]明宋应星《天工
开物》云："凡取兽皮制服，统名曰裘，贵至貂狐，贱至羊鹿，值分百等。"[8]制
作裘服所用兽皮有取自羊、兔、狐、鹿、獭、貂等。不同兽皮制成的衣服，其
差别很大，以貂狐之裘为贵。同一种裘皮又以成色区分贵贱。班固《白虎通义》
曰："天子狐白，诸侯狐黄，大夫苍，士羔裘，亦因别尊卑也。"[9]

[1]（清）查揆：《筼谷诗文钞》卷十二，清道光刻本。

[2] 杨耐：《竹衫：从民间的艺术走向艺术的民间》，《民间文化论坛》2023年第4期。

[3]（汉）班固撰，（唐）颜师古注：《前汉书》卷九十四上，武英殿本。

[4]（汉）郑玄注，（唐）贾公彦疏，彭林整理：《周礼注疏》，上海古籍出版社2010年版，第241页。

[5]（汉）郑玄注，（唐）贾公彦疏，彭林整理：《周礼注疏》，上海古籍出版社2010年版，第233—235页。

[6] 参见（清）梁章钜《称谓录》，清光绪十年（1884）梁恭辰刻本。

[7] 参见（明）赵用贤《大明会典》，明万历内府刻本。

[8]（明）宋应星：《天工开物》卷上，明崇祯十一年（1638）刻本。

[9]（汉）班固：《白虎通义》卷下，四库全书本。

裘皮衣虽然有着极其优良的保暖性能，然对于传统农耕民族，尤其是广大普通百姓而言，是可望而不可即的奢侈品。过去的戏班伶人经常大冬天顶着刺骨严寒露天演出，夜间则困宿在台板上，冻得直打战，也未必能拥有一件可以保暖的裘皮衣。梨园界有一句流传甚广的谚语云："住的祠堂庙院，赛过金銮宝殿。夏天蛇蝎乱窜，冬天冻的打颤。"[1] 20 世纪 20 年代，上海《申报》登出一篇"梅讯"云："迩来天气少寒，晼于上装之际尚不畏冷，或有以置一火炉为言者。然上时，安黄传粉不能近火，近火则粉燥，燥则无脂泽，且损美观也。前日，菊朋演某戏，即于皮袍上加戏衣一袭，及卸装时，晼见之曰：'恁言三爷多舒服呢。'菊朋亦为之展颜。"[2] 看到言菊朋演戏于戏衣之内加穿皮袍，就连当时的梅兰芳都十分艳羡。

严格来说，言菊朋演戏时穿的皮袍算不得戏衣，顶多只能算作演员个人的私房衣。而真正用作装扮装饰的皮毛类戏衣在民间表演中也能见到。过去天津卫"玩耍会"上有"狮子、中幡、花鼓、重阁和五虎扛箱等"表演，其中，"五虎扛箱是五位身穿虎皮衣的武丑，作少林武术表演。后边是箱官扛箱，贼子要劫箱，于是同护箱人对打，打完之后，由箱官作滑稽表演"[3]。

甘肃民勤县地方戏二人台《汉番会》中，汉将韩擒虎唱曰："来在坡前用目瞭，见一位番王站得高。头上戴的番王帽，身上穿的虎皮袍。"[4] 按照扮戏的一般原则，戏中扮作番邦大王韩友奇的伶人当头戴番王帽、身穿虎皮袍才比较符合戏中人物的身份。藏族传统服饰通常在领口、衣边等处镶以豹皮和虎皮，作为英勇和俊美的象征。在传统藏戏表演等民俗活动中，我们经常可以看到这种以羊毛、兽皮制成或装饰有动物皮毛的服饰。

元曲《张协状元》第一出，书生张协夜梦长安应举，路遇狂风大作，见"一个猛兽，金睛闪闪，尤如两颗铜铃；锦体斑斓，好若半团霞绮"，书生吓得"魂不附体，仆然倒地"，然后听到脚步声，抬头一看，"不是猛兽，是个人。如何打扮？虎皮磕脑虎皮袍，两眼光辉志气豪"。第八出丑扮"强人"（劫匪）白曰："有采时捉一两个大虫，且落得做袍磕脑。林浪里假装做猛兽，山径上潜等着客人。"[5] 曲文中两次出现"强人"，前者虽然只是一个梦境，然在舞台上却是要将这个原本虚无的梦境实实在在地演出来。如此，扮演劫匪的演员便需穿

[1] 陕西省戏剧志编纂委员会编，鱼讯主编：《陕西省戏剧志·西安市卷》，三秦出版社1998年版，第720页。

[2] 东阁：《梅讯》，《申报》1924年1月5日。

[3] 冯骥才主编：《话说天津卫》，百花文艺出版社1986年版，第42—43页。

[4] 李玉寿编著：《民勤小曲戏》，甘肃文化出版社2015年版，第471页。

[5] 无名氏：《张协状元》，载王季思主编《全元戏曲》第九卷，人民文学出版社1999年版，第7、22页。

4-1-7

4-1-8

4-1-7　镶饰皮毛的蟒纹藏袍，拉萨博物馆藏

4-1-8　藏民皮袍，拉萨博物馆藏

4-1-9　藏民皮袍，拉萨博物馆藏

4-1-10　藏民毛毡服饰，拉萨博物馆藏

4-1-9

4-1-10

上"虎皮磕脑虎皮袍"这样的虎衣子。后面的"强人"出场亦是如此。只是在实际演出中，要用真虎皮做这一套行头怕是有些困难。盔头师傅李继宗先生说，他以前曾经为剧团做过虎衣子，以黄绒布做成，上面画黑色斑斓纹。当时为了做虎衣子，他还亲自跑去北京动物园仔细观察老虎的形态和特点。当然，也不排除有实力的戏班拥有真虎衣的可能。又如《雁门关存孝打虎》中正末扮李存孝云："你孩儿不用衣袍铠甲，就用这死虎皮做一个虎皮磕脑，虎皮袍，虎筋绦。"[1] 这里的虎皮袍盖性质相同。除了虎皮袍、虎皮衣，元杂剧中还出现许多名目的动物衣，如狮衣、象衣、鹿衣、狗衣等。尤其是象衣、狗衣之属，以假

[1]· 转引自陈寿楠、朱树人、董苗编《董每戡集》第1卷，岳麓书社2011年版，第552页。

4-1-11　清代镶虎皮大靠（局部），
中国艺术研究院藏

皮（如以绘画纸衣或布衣等代替）制作的可能性更大一些。

　　在古代宫廷表演中，采动物皮毛为袍服或装饰的戏衣并不罕见。中国艺术研究院收藏的一件清代大靠的胸前部位就装饰了一块真正的虎皮。《新唐书》载"大傩之礼"云："其一人方相氏，假面，黄金四目，蒙熊皮，黑衣朱裳，右执楯，其一人为唱师，假面，皮衣，执棒。"[1]《旧唐书·音乐志》载"立部伎"有《太平乐》，"亦谓之五方师子舞。师子鸷兽，出于西南夷天竺、师子等国。缀毛为之，人居其中，像其俯仰驯狎之容。二人持绳秉拂，为习弄之状。五师子各立其方色。百四十人歌《太平乐》，舞以足，持绳者服饰作昆仑象"。扮演"五方师子舞"，其服饰"缀毛为之"。

　　古人衣裘主要是为了保暖。《礼记·玉藻》有云"表裘不入公门"，"袭裘不入公门"。其后注曰："表裘外衣也。"其与"禅"衣一样，属于"褻衣"。"皆当表之乃出"，"衣裘必当裼也"，[2]谓皮裘要穿在里面，不能直接穿露在外。其外还应再加以裼衣，如此才显得庄重，合乎礼仪。发展到后来，变成以鸟羽皮革之服竞相夸饰。《旧唐书·舆服志》云："周自夷王削弱，诸侯自恣。穷孔翠之羽毛，无以供其侈；极随和之掌握，不足慊其华。则皮弁革舄之容，非珠履鹬冠之玩也。"[3] 由此可知，古代帝王诸侯为了满足穷奢极欲的生活，对于鸟羽

[1]　（宋）欧阳修、宋祁：《新唐书》卷十六，武英殿本。

[2]　（汉）郑玄注，（唐）陆德明音义：《礼记》，相台岳氏家塾本。

[3]　（后晋）刘昫：《旧唐书》卷四十五，武英殿本。

| 4-1-12　猛虎纹开氅，谢杏生设计，陆文华提供

皮革的追求达到无与伦比的程度。魏晋南北朝时，以孔雀羽、雉鸡毛以及燕羽毛等制作的裘服，皆属珍贵服饰。在唐代的重大朝会或宴见中，宫廷仪卫分别着"六色氅"，有"大五色鹦鹉毛氅"和"小五色鹦鹉毛氅"，又有鹤氅、孔雀氅、鸡毛氅等各种名目。《新唐书·仪卫志》云："元日、冬至大朝会、宴见蕃国王，则供奉仗、散手仗立于殿上……黄麾仗，左、右厢各十二部，十二行。第一行，长戟，六色氅，领军卫赤氅，威卫青氅、黑氅，武卫鹜氅，骁卫白氅，左右卫黄氅，黄地云花袄冒……第三行，大稍，小孔雀氅，黑地云花袄冒……第五行，短戟，大五色鹦鹉毛氅，青地云花袄冒……第七行，小稍，小五色鹦鹉毛氅，黄地云花袄冒……第九行，戎鸡毛氅，黑地云花袄冒……"[1]《山堂肆考》云："氅本缉鸟毛为之，齐有青氅赤氅之制，唐有六色孔雀大小鹅毛鸡毛之制。"[2]可见，唐以前便出现了缉毛为氅的衣制，只是到了唐代，毛氅之制有了更大的发展。宋代沿袭了唐代的"六氅"之制。朱启钤《丝绣笔记》引《宋史·仪卫志》云："五色绣氅子并龙头竿挂第一青绣孔雀氅，第二绯绣凤氅，第三青绣孔雀氅，第四皂绣鹅氅，第五白绣鹅氅，第六黄绣鸡氅。"[3]宋代"六氅"主要是以孔雀毛、鹅毛和鸡毛做成且绣六色图案。所用动物之毛，品类虽少，然工却亦繁。这或许是后世绣氅之始。

毛氅之制给动物带来的伤害触目惊心，以至宋人董逌撰《广川画跋》录《雄雉断尾图》云："大业中，作羽仪毛氅尽矣。乌程人入山采捕鹤巢大木，欲取之，不能上，因操斧伐树。鹤恐杀其子，乃自拔氅毛投地，得者合用乃不伐

[1]　（宋）欧阳修、宋祁：《新唐书》卷二十三上，武英殿本。

[2]　（明）彭大翼撰，（明）张幼学增定：《山堂肆考》卷三十七，四库全书本。

[3]　（民国）朱启钤辑：《丝绣笔记》卷上，民国美术丛书本。

树。"[1]"大业"为隋炀帝年号。"乌程"即乌程县，今浙江湖州南菰城遗址。自唐宋以来，对于隋炀帝因"诏作舆服仪卫"而"课州县送羽毛"的历史事件，历代官修志书或文人笔记中就多有描述和记载。《隋书》"炀帝本纪"载云："太府少卿何稠、太府丞云定兴盛修仪仗，于是课州县送羽毛，百姓求捕之网罗被水陆禽兽，有堪氅毦之用者，殆无遗类。"[2]为了"盛修仪仗"，所有"水陆禽兽"之可用于制作毛氅者，无一遗漏。清乾隆时期（1736—1795）《（乾隆）乌程县志》载云："大业二年，诏作舆服仪卫，课州县送羽毛，民求捕之，殆无遗类。乌程昇山有树百尺，上有鹤巢。民欲取之不可得，乃伐。其拒偶，恐杀其子，自拔氅毛投地。"[3]

虽如此，在清代宫廷贵族的奢靡生活中，皮毛裘氅的身影仍时时可见。《红楼梦》第五十二回写贾宝玉去见贾母，贾母看到宝玉穿着，知道天冷将要下雪，"便命鸳鸯来：'把昨儿那一件乌云豹的氅衣给他罢。'鸳鸯答应了，走去果取了一件来。宝玉看时，金翠辉煌，碧彩闪灼，又不似宝琴所披之凫靥裘。只听贾母笑道：'这叫作"雀金呢"，这是俄罗斯国拿孔雀毛拈了线织的。前儿把那一件野鸭子的给了你小妹妹，这件给你罢'"。宝玉穿上这宝贝衣服不到一天就给烧了"指顶大"的一个洞眼儿，连夜拿出去找人修补。"婆子去了半日，仍旧拿回来，说：'不但能干织补匠人，就连裁缝绣匠并作女工的问了，都不认得这是什么，都不敢揽。'"晴雯看过后说道："这是孔雀金线织的，如今咱们也拿孔雀金线就像界线似的界密了，只怕还可混得过去。"[4]就这么一个小洞，晴雯拼了小命花了一个通宵勉强补上，结果看上去仍差强人意。

贾母给的这件宝贝衣服，书中正题呼作"雀金裘"，其以乌云豹的皮为里子，以孔雀毛捻金线织成，故看上去"金翠辉煌，碧彩闪灼"。当初贾母送宝琴"凫靥裘"时，一向大方的史湘云都羡慕不已。现在与"雀金裘"再一对比，竟然又有着天壤之别了。"雀金裘"工艺并不是小说中杜撰的虚幻之物，而是有真实存在的。故宫博物院举办过清代宫廷服饰展，其展品中就有一件"孔雀羽穿珠彩绣云龙吉服袍"。该袍大面积铺绣所用丝线即孔雀毛捻线。与贾府"雀金裘"不同的是，清宫的这件帝王袍服用的是缎面，满绣云龙、八宝、福山、寿海等图案，随所绣图案之不同需要，分别使用金线、银线、五彩绒线以及米珠、珊瑚珠等各种珍贵物料。从质料角度而言，这件使用了孔雀毛捻线的彩绣龙袍显

---

[1]（宋）董逌：《广川画跋》卷四，四库全书本。

[2]（唐）魏徵、长孙无忌：《隋书》卷三，武英殿本。

[3]（清）杭世骏：《（乾隆）乌程县志》卷十六，续修四库全书本。

[4]（清）曹雪芹著，（清）无名氏续：《红楼梦》，华文出版社2019年版，第528—532页。

然比贾宝玉那件以乌云豹皮为里子的雀金裘更为珍贵。

从清乾隆时期允祹等人编修的《钦定大清会典》"工部·制造库"中可以看到，除了"钦天监博士狐皮端罩""天文生羊裘"，其他如"督抚提镇"等，不过是赏赐"蟒段""朝衣"或"采服"，"凡卤簿仪仗、采绣金绮，均绘图行江苏织造，依式制成解部。至备造一应器用所需珠宝、金银、铜铁、皮革、绮纻、绢布、颜料，皆于内务府户部支取应用"。[1]盖"钦天监""天文生"职责所系，需经常冒着严寒夜观天象，故可以特殊，得衣裘皮。如此，好歹也算回归了裘服之用的本义。

董绍舒撰《高邮估衣行业的兴衰》描述了过去高邮彩衣街上的衣店衣庄："墙上挂了很多估衣，有裘皮、布衣、丝绸衣，还有戏班子的唱戏彩衣，老、少服装、旗袍马褂等等。五颜六色，五彩缤纷，彩衣街由此得名。"[2]民国《上海县续志·物产》提到"彩衣"，注云："神袍、伶衣、冠冕、甲胄之属，多以锦绣纂组金箔翠羽制成，俗称其肆曰神袍店，彩衣街以此得名，今其肆多设四牌坊。"[3]1961年成立的济南戏具厂则是由济南市第三服装厂戏衣车间、济南市舞衣社以及市中羽毛社和槐荫绱鞋社等合并而成。由此可知，过去动物保护意识不足，将皮毛鸟羽用于戏服加工是一个比较普遍的社会现象。戏衣中的"氅"最早就是专指以毛羽加工而用于外穿的保暖大衣。现在"氅"的布料一般采用绸缎面料，工艺以绘绣为主，品类以所绣图案为名，譬如鹤氅绣鹤，虎氅则刺绣猛虎纹。

戏衣中的靠甲，在现实生活中，最早多为皮甲，后来才逐渐出现夹棉的布甲。现在的靠甲一般使用真丝或人丝等面料绣制。

又有画衣，包括织绘画衣、印染画衣、笔绘画衣、刺绣画衣以及类似江西的纸花戏衣、绘花戏衣等，其质料与工艺无不展现了特殊的文化魅力。

值得注意的是，戏剧服饰的种类很多，不同社会行当往往有不同的划分习惯。

在重视表演实践的梨园行，人们依据约定俗成的惯例，对演员在舞台上需要穿戴的服饰进行科学划分和管理，由此而形成一套比较独特的衣箱制度，譬如要按照服饰在舞台表演中的重要性进行存放管理，并考虑到其在后台装扮使用中的便利性等。目前比较有代表性的大戏剧种如京剧、昆曲等的剧团基本都拥有一套比较完善成熟的衣箱制度。一套完整的衣箱制度通常包括大衣箱、二

[1] （清）允祹等：《钦定大清会典》卷七十七，四库全书本。

[2] 董绍舒整理：《高邮估衣行业的兴衰》，载高邮县政协文史资料研究委员会编《高邮文史资料》第6辑，高邮县政协文史资料研究委员会印制，1987年，第203页。

[3] （民国）吴馨修，（民国）姚文枬纂：《上海县续志》卷八，民国七年（1918）铅印本。

衣箱、三衣箱、盔头箱、杂把箱和梳头桌等。其中大衣箱主要放蟒、褶、帔、氅、官衣等形制较长的生旦服饰。二衣箱主要放靠、铠、箭衣、马褂等各式短衣，兵衣、猴衣、抱衣、茶衣、背心等杂扮衣服有的放二衣箱，也有的放在三衣箱。三衣箱又叫靴包箱，主要放水衣、竹衣、胖袄、彩裤以及靴鞋、布袜等杂项。盔头箱和杂把箱则分别放盔头和刀枪把子等物件。梳头桌主要盛放头发、头面以及彩匣子等各种容妆用品。从衣箱盛放习惯可以看到，凡是比较光鲜亮丽的重要服装都被放在了大衣箱。衣箱制体现了梨园行在后台服饰管理上非常务实的实用主义思想。

不同剧种之间，因剧目、角色的不同以及地方文化的差异，其衣箱差别也比较大，有的还带有强烈的地域特色。有的剧种剧目比较少，角色比较简单，衣箱可能只有两箱或三箱，有的剧种剧目数量及角色行当都比较丰富，衣箱也比较多，有五箱、六箱甚至七箱。譬如"赣剧饶河、广信大班早期设五箱一担，即盔头箱、官衣箱、二衣箱、杂箱、锣鼓箱和把子担，有的又将杂箱细分为鞋箱、头面箱，将把子担改为长箱，所以又号称七箱"[1]。而福建一些地方戏，如前所说，其服饰道具等行头用担挑篓装，有一担、两担或多担，又有正副篓之说。不同剧种的衣箱不仅在数量或形制上有所不同，即使同为大衣箱或二衣箱，其衣箱内所装戏服种类和数量也会有很大不同。衣箱的内容和形制是由戏班或剧团所擅演的剧目及角色行当来决定的。

另外，同一剧种在不同历史时期，其衣箱也是不断变化发展的。以地方戏为例，很多地方戏在早期阶段服饰较少，衣箱也比较简单，有的甚至打个包袱就能带着走。后来随着剧目与角色行当不断丰富和发展，装扮服饰越来越多，这使得衣箱的规模也不断扩大。京昆大戏在历史发展的早期阶段，其衣箱也比较简单。《孤本元明杂剧》中不少剧目后面都列有"穿关"，从"穿关"所罗列的名目来看，其服饰种类并不是很多，由此可以想见，当时的衣箱规模可能也不会很大。到了明清时期，经常可以看到一些富贾大户动辄斥巨资置办家班衣箱，有的甚至为此而不惜倾家荡产。虽然如此，清人李斗撰《扬州画舫录》中提到的"衣箱"不过分"大衣箱"和"布衣箱"两种，其中"大衣箱"又分文扮、武扮和女扮等。"文扮"有富贵衣（即穷衣）、五色蟒、五色披风、五色袄褶、朝衣、八卦衣、八仙衣、百花衣、当场变、蓝衫、太监衣、锦缎氅衣、道袍、袈裟、鹤氅、法衣等。"武扮"有扎甲、大披挂、小披挂、丁字甲、排须披挂、大红龙铠、番邦甲、绿虫甲、五色龙箭衣、刽子衣、战裙等。女扮有舞

---

[1]　中国戏曲志编辑委员会、《中国戏曲志·江西卷》编辑委员会编:《中国戏曲志·江西卷》，中国 ISBN 中心 1998年版，第516页。

衣、蟒服、褶袄、宫装、采莲衣、白蛇衣、老旦衣、水田衣等，又有男女衬褶衣、红裤、五色顾绣彩裤等。"布衣箱"则有青海衿、紫花海衿、青箭衣、青布褂、印花布棉袄、敞衣、青衣、号衣、蓝布袍、安安衣、大郎衣、斩衣、老旦衣、渔婆衣等。[1]现在的剧团演出，其剧装行头动辄使用集装箱、大卡车往来搬运。剧装虽多，但有很多为现代戏或新编戏改良服装，已脱离传统衣箱的范畴。这一情形盖与盛唐时期的梨园新创或清代大戏盛行时期的衣冠大制有些许相似之处。从行内诸多人士的私下反应来看，这未必是个好现象。

有关传统戏衣箱的服饰种类及基本内容，可以从当代有关衣箱和戏曲服饰图谱的书著中了解一些大致情形。其中，刘月美著《中国京剧衣箱》中"大衣箱"罗列有富贵衣、蟒、官衣、帔、开氅、褶子以及宫装、太监衣、龙套衣、八卦衣、袈裟、僧袍、罗汉衣、八仙衣，还有清装和古装等。另有斗篷、坎肩、裙、饭单、四喜带、领衣、蓑衣、肚兜和云肩等被列为"饰物配件"。"二衣箱"罗列有靠、铠、甲、箭衣、马褂、短打衣等。"三衣箱"主要是内衣和靴、跷等。所谓"古装"，即"19世纪末，冯子和、欧阳予倩、梅兰芳等创演以歌舞为主的新剧目，参照中国仕女画、壁画，模仿仕女服饰制作的戏服"，其最大特点是"衣短，裙长，裙束于上衣外"，也即短衣加长裙制度。其中，男古装搭配坎肩，女古装搭配云肩、坎肩。裙又有长裙、短裙和腰裙。所谓"清装"，主要包括旗蟒、箭蟒、补服、龙褂、旗袍、袄、裤、裙和小紧身等。按照书中的描述，皆是以清代服式为基础而形成的戏衣。[2]

刘月美著《中国昆曲衣箱》一书中"大衣箱"罗列有富贵衣、蟒、官衣、帔、开氅、褶子、神衣（福、禄、寿、喜、财）、宫衣、八仙衣、八卦衣、僧袍、袈裟、法衣、罗汉衣、花神衣以及清装和古装等。"配件"有斗篷、马甲、裙、腰巾、饭单、四喜带、蓑衣、领衣、云肩、肚兜、手帕等。"二衣箱"有靠、铠、甲、箭衣、马褂、短打衣。所谓"短打衣"包括抱衣、打衣、快衣、茶衣、兵服等。"三衣箱"有水衣、竹衫、胖袄、护领、彩裤等。[3]与京剧衣箱相比，除个别戏衣有所不同，至少从名称来看，两者之间似无太大区别。真正的差异更多体现在图案及运用等细节之处。

中国戏曲学院编、谭元杰绘《中国京剧服装图谱》目录页前的"说明"中称本书"根据服装本身形制上的基本特征，将其划分为蟒、帔、靠、褶、衣五大种类"，其中"衣"又分"长衣""短衣"和"专用衣"。"长衣"包括开氅、

[1] 参见（清）李斗《扬州画舫录》卷五，清乾隆六十年（1795）自然盦刻本。

[2] 参见刘月美《中国京剧衣箱》，上海辞书出版社2002年版，"目录"、第129—137页。

[3] 参见刘月美《中国昆曲衣箱》，上海辞书出版社2010年版，"目录"页。

宫装、云台衣、古装、官衣、学士衣、蓝衫、箭衣、龙套衣、太监衣、大铠。"短衣"包括抱衣、侉衣、马褂、大袖儿、僧衣、罪衣、袄裤、袄裙、兵衣等。其他如鹤氅、八卦衣、法衣、仙女衣、鱼鳞甲、旗装、补服、袈裟、罗汉衣、哪吒衣、钟馗衣、鬼卒衣、制度衣、猴衣、僧袍等都被归为"专用衣"。又有坎肩、饭单、斗篷、蓑衣、领衣以及各式裙等被列入"配件"一类。[1]长衣和短衣是就形制而言的，蟒、帔、靠、褶主要是就功用而言的，两相并列，有其独特之处，然若没有更细致的说明，恐亦有分类混乱之嫌。

实际在制作行业，工匠们对戏服另有一套不成文的、约定成俗的区分方式。对于践行制作手艺的小业主而言，戏服制作是其赖以生存的劳动产品，一套戏服要花费多少工时、凝聚多少劳动汗水是体现其劳动付出及产品价值的最为简单直观的方式。在近代制作业者的眼中，蟒靠是"用工"最多的，因为上面的绣活最多，这决定了其成衣价格也相对较高。这里的"用工"主要是指"绣工"，其计量单位一般以天数记，譬如一个绣工一天工作八小时，记作"1工"；两个绣工绣五天，记作"10工"。据张家口韩永祉师傅说，"三小衣"即小生、小旦、小丑（又叫"三花脸"）等脚色所穿之褶帔袄裤裙等衣，绣花相对较少，"用工"也少，然却是最令人头疼的。因这类服饰在设计、面料等方面极为讲究，它要求设计师具备非凡的设计能力。其他服饰产品如胖袄、水衣、彩裤等技术含量不是很高，市场准入的门槛也比较低，要么是由专做此行的小业者制作，要么是那种大型的、综合性戏具服饰生产企业兼营制作。[2]在某些专业戏服生产者看来，类似胖袄、水衣子等衣服是不能算作戏衣的。换句话说，不同种类的戏服，其对传统技艺的要求是不一样的。有的人擅长制作蟒靠宫装等"重装活"，有的擅长褶帔裙袄等"轻装活"。其他如胖袄、敞衣、水衣及彩裤等，过去一般的裁缝都会做，戏衣行中只有在人手非常富裕的情况下才会承接此类活计。如果轻装、重装包括各种杂衣都能制作，即可号称拥有比较全面的制作技艺。至于竹衣、纸衣以及裘皮这类材质比较特殊的衣服，则是由擅长这类手艺的特殊行当完成。譬如竹衣制作，乃竹行手艺人比较擅长，纸衣多为纸行工匠加工，裘服自然由皮作匠人来加工制作。蟒靠宫装等戏服绣活过去多由绣庄承接，而近代很多戏衣行乃由绣行、缝铺甚至神袍、彩衣、估衣行等改换而来，其原因在于相互之间有一定的技艺关联之处。由此可见，在

[1] 中国戏曲学院编，谭元杰绘：《中国京剧服装图谱》，北京工艺美术出版社1992年版，"说明"及"目录"页。

[2] 2019年笔者对河北万全的传统戏衣制作技艺传承人韩永祉进行了采访，老先生表示，其产品制作以蟒靠等戏衣品种为主，"三小衣"尤其讲究"贴身""合体"，设计上比较"吃功"，而水衣、彩裤、胖袄等服饰需求不大，基本不做。

制作业者眼中，技术含量和用工长短是区分其服饰产品的首要标准。

总的来说，无论是梨园行还是制作业，对于服饰种类的划分有一些共同的标准，大家都比较认可，譬如形制上的长短之分，款式纹样上的文武之分或男女之分，颜色上的年龄、地位之分，以及功能上的内穿外用之分、专用杂扮之分等。一般来说，文扮外用服饰以长衣为主，如蟒、氅、褶、帔、官衣等，武扮或杂扮服饰则以短衣为主，如靠、铠、甲、马褂、抱衣、茶衣等，一些专用服饰如猴衣及女用袄裙、袄裤，还有内用水衣、彩裤等也都属于短衣。

从形制来说，以蟒为例，虽然属于长衣，但在具体样式上又有男女之分。男蟒和女蟒在形制上有相似之处，也有不同之处，尤其是在图案装饰及样式长短等方面存在较大的区别。除此之外，蟒还有颜色之分，有所谓"上五色""下五色"。不同颜色的蟒服所适用的对象不同。譬如男用黄蟒，又分明黄和杏黄两种，明黄男蟒为戏中扮皇帝者专用，杏黄男蟒则是戏中扮太子、亲王或藩王者所用。男蟒又有红、绿、白、黑、粉、蓝、紫等色，均为戏中扮演不同地位或不同性格的角色所用。除了常见的"十色"男女蟒，还有加官蟒、太监蟒等专用蟒衣，以及后人加工改良过的简蟒，简蟒也叫改良蟒。

再如演剧活动中使用频率较高的褶子，也属于长衣，其分类更为复杂。根据面料和质地的不同，褶子有软硬之分。齐如山著《国剧艺术汇考》云："褶子在戏中，乃最随便之服"，"亦有软硬之分，软者为绉绸地，硬者为缎地"。[1]朱瘦竹著《修竹庐剧话》云："梆子班小生分袍带、靠把、扇子、穷生四种"，"扇子小生，习惯简称扇子生，一定穿绉纱褶子（绉纱，北平人叫洋绉，现在崇尚漂亮，大都代以物华葛或软缎。绉纱褶子也叫软褶子，不过只有软褶子，缎子褶子不好叫硬褶子）"。[2]根据前人的说法，软褶子主要使用绉纱为面料做成。绉纱也叫绉缎或洋绉。称绉纱褶子为软褶子，盖其质柔软，质量和垂感都比较好。硬褶子则是用大缎做成。与软缎或绉缎相比，大缎厚实细密，质地较硬，故也被叫作硬缎。大缎的缺点是易折并留下折痕，且很难恢复，因此，以大缎做成的硬褶子也不怎么被看好。明清时期有一种广东产粤缎，其质地同样比较细密，使用吴丝织成，因"光辉滑泽"而得名"光缎"，享誉一时。清康熙刻本《广东新语》云："广之线纱与牛郎绸、五丝、八丝、云缎、光缎，皆为岭外、京华、东西二洋所贵。"[3]清道光二年（1822）刻《（道光）广东通志》引旧《广州府志》云："粤缎之质密而匀，其色光辉滑泽，然必吴蚕之丝所织，若本土之丝

[1] 齐如山:《国剧艺术汇考》一，辽宁教育出版社1998年版，第147页。

[2] 朱瘦竹著，李世强编订:《修竹庐剧话》，中国戏剧出版社2015年版，第204页。

[3]（清）屈大均:《广东新语》卷十五，清康熙水天阁刻本。

则黯然无光。"[1]以这种光缎为面料做成的褶子也叫硬褶子。

在齐如山先生所罗列的名目中，软褶子有红、绿、黄、蓝、黑、湖色、粉红以及杂色等，此外还有紫花褶子、各种女褶子和若干硬褶子。硬褶子又分素硬褶子、各色硬褶子以及各色硬花褶子等。不同的褶子有不同的功用。硬褶子作各色便服使用。衬褶多用软褶，如红、绿软褶子，常用作"衬衣"，也即李斗所言"衬褶子"，剧中扮公子或丑公子亦常穿之。黄软褶子为帝王所用。小生"恒用"蓝软褶子，老员外内穿衬褶亦蓝软褶子。湖色和粉红软褶子分别为《琴挑》之潘必正以及《佳期》之张君瑞等所穿用。黑软褶"亦曰青褶子，贫寒人用之，箱中没有富贵衣，则穿此亦可"。杂色软褶子为文武各脚所用。"戏中用褶子之时极多，文武各脚都时时用之，不但作外衣，而作衬衣之时也不少，所以平常衣箱也得预备一二十件，多则三四十件，颜色不拘，统名杂色褶子。"[2]

根据绣法以及图案纹饰的不同，男女绣花褶子又可以分出许多种类来。譬如在衣面绣花的褶子叫绣花褶子，仅在衣缘如领、袖、衩、裉摆等处加绣花边的褶子则叫绣边褶子。衣里衣外都绣有图案的褶子为双面绣褶子，只在衣面刺绣图案的褶子为单面绣褶子。素褶子没有刺绣图案，仅在衣缘如领、袖、衩、裉摆等处镶双边牙子。另外，不同行当在戏中扮演不同身份、地位及年龄的人物时，其所穿褶子的颜色、图案以及装饰细节等也各不相同。比如文生褶子多为散绣花纹，如蝴蝶、牡丹、杏花等。武生褶子多为团状花纹，如燕子、月季等，并加饰宽边。不同花色纹样的褶子有不同的讲究。牡丹和蝴蝶多用于扮演风流倜傥的富家子弟。扮大家闺秀，其褶子纹饰淡雅而素丽。太监一般穿红绿团花褶子，傧相穿红绿散花褶子，宫女穿各色花褶子加云肩，道姑穿粉红褶子加背心，内系腰包，腰束丝绦。剧中扮已婚女子，一般穿素褶子，即青素无绣，仅在衣缘处镶蓝缎双边牙子，俗称青衣，显端庄稳重。素面无绣的香色或褐色褶子则为剧中扮演中老年人物所穿。扮儒雅风流的书生可穿蓝素褶。扮演庶民、文生、武士、院公、仆役等人可穿青素褶。[3]如此等等，种类繁多，数不胜数，充分体现了戏剧服饰色彩纷呈、变幻无穷的艺术魅力。

由此可见，作为一种装扮的艺术，传统戏衣虽然被普遍认为有其"程式性"的一面，然亦因其装扮角色的复杂性而呈现包罗万象、变化万千，适应性和包容性都很强的艺术特点。

[1]（清）武念祖修，（清）陈昌齐纂:《（道光）广东通志》卷九十七，清道光二年（1822）刻本。

[2] 齐如山:《国剧艺术汇考》一，辽宁教育出版社1998年版，第147—149页。

[3] 参见中国戏曲志编辑委员会、《中国戏曲志·北京卷》编辑委员会编《中国戏曲志·北京卷》，中国ISBN中心1999年版，第718—719页。

以上所举戏衣种类及划分不一而足，还有一些常见或比较重要的戏衣将在后面的章节中继续介绍。此处姑且略过。

二、传统戏衣的面料材质

在现代服装概念中，面料材质被视为构成服装的三大要素之一。传统戏衣也讲究面料，因为面料不仅关系到服饰的品质与特性，还直接关系到服饰的表现效果。关于传统戏衣的材质用料，前面相关内容中已有所提及，这里将从不同角度再稍做介绍。

从目前所了解的情况来看，戏衣制作中经常使用的面料有真丝或人丝（人造丝）。真丝面料使用桑蚕丝织成，其色泽亮丽，手感滑爽，高端大气，主要用于制作高档戏服。真丝面料因为原料比较昂贵，其成品价格也比较高。相比之下，人丝面料为人造丝织成，价格相对低廉，在当下的应用更为广泛。

人造丝也叫人造纤维，它是"制得织物具有丝绸一样外观、风格和手感的化学纤维的总称"，以"天然高分子材料（蛋白质或纤维素）为原料经化学及机械加工而制成"。蛋白质如玉米中富含的玉米蛋白等在自然界广泛存在，而纤维素也是棉绒、木浆、纸浆等原材料中广泛存在的一种有机物质。"用天然纤维素为基本原料，用粘胶法或铜氨法生产的再生纤维及用醋酸或硝酸酯化后的纤维素酯制得的纤维"即人造纤维素纤维，简称"人造纤维"，俗称"人造丝"或"人丝"。人造丝或人造纤维在材料学中通常也被称作再造纤维，属于化学纤维的一种。"化学纤维"是利用仿生学（桑蚕吐丝）原理，"以天然或人工合成的高聚物为原料"，将其"制成化学溶液"，然后通过"纺丝板上细小的纺丝孔""挤压形成纤维"，"不同形状的孔形成不同截面的长丝纤维"。高分子化合物（高聚物）来源不同，化学纤维又可以分为"以天然高分子物质为原料的再生纤维和以合成高分子物质为原料的合成纤维"。常见的化学合成纤维有涤纶、锦纶、腈纶、氨纶等。[1] 理论上讲，因为原材料和制造工艺不同，人造丝所包含的具体门类实际有很多。目前市场上比较常见的人造丝主要有粘胶纤维、醋酸纤维和铜氨纤维等品种。不同种类的人造丝，其制作方法也不一样。以粘胶纤维即以粘胶法生产的人造丝为例，其大致过程是先将短棉绒、木浆、竹浆或

[1] 冯新德主编：《高分子辞典》，中国石化出版社1998年版，第552页；郭今吾主编：《经济大辞典·商业经济卷》，上海辞书出版社1986年版，第39页；[苏]布扬诺夫：《现代和未来的材料——纤维材料》，田丁、杰夫译，中华全国科学技术普及协会，1956年，第18—23页；凌永乐编著：《日常生活中的化学知识》，新知识出版社1956年版，第50—52页；陈永主编：《不可不知的材料知识》，机械工业出版社2020年版，第228—229页。

4-1-13

4-1-14

4-1-15

4-1-13　五枚缎（涤纶）

4-1-14　塔夫绸（涤纶）

4-1-15　真丝斜纹绸

纸浆等浆料放在特定的化学溶液中进行处理，然后在一定压强的作用下，使得溶解后的纤维素经由喷丝细孔"进入由硫酸、硫酸钠、硫酸锌等组成的凝固浴中成为纤维"，继而经过洗涤、脱硫、漂白、干燥等一系列工艺，加工成可用于纺织的长丝。人造丝并非因为"人造"而一无是处。不同的人造丝有其独特的性能，如粘胶人造丝具有"光泽强，吸湿性好，易染色"的特点，铜氨人造丝可"用作高级的丝织品原料"，具有"洁白、柔软、光泽好"的特点，醋酸人造丝则"具有蚕丝的性能"。[1] 除此之外，人造丝还有一个最大的优点是品类丰富，价格低廉，因此在当下的戏服制作中大行其道，应用极广。

　　据称模仿桑蚕吐丝的人造丝制作构想肇始于 17 世纪的英国人胡克。19 世纪中叶，瑞士人奥蒂玛丝开人造丝的先河，19 世纪末，德国人实现了人造丝工业生产。20 世纪以后，随着科学技术的发展和工艺水平的提高，人造丝的品种不断丰富，质量不断提升，生产规模也越来越大，进而在现当代的纺织品面料中占据主流。[2] 用法国人克里斯汀·迪奥的话说："人造丝如今已经独当一面——

[1]　李学文编：《中国袖珍百科全书·农业、工业技术卷》，长城出版社2001年版，第8178页；田崇勤主编：《学生辞海》（高中），南京大学出版社1992年版，第503页。

[2]　参见杜新民、杜岩卿编著《世界100项重大发明》，河北科学技术出版社1997年版，第96—97页；鲁葆如编译《应用化学》，中华书局1941年版，第194—198页。

4-1-16   4-1-17

4-1-16　显微镜下缎纹组织

4-1-17　双绉（真丝）

而不仅仅只是其他面料的仿制品。从这个角度来看人造丝是种好面料，有些面料只有人造丝才做得出来——如某些丝缎。但是如果用人造丝当天然丝的替代品，此时它当然就稍逊一筹了。"[1] 总的来说，人造丝面料是西方工业化的产物，而真丝也即桑蚕丝面料是我国特有的传统织物，二者各有优势，也存在不可避免的局限。在人造丝大量面世以前，传统戏衣的制作基本以真丝面料为主，当然，也不排除棉麻类质料。

　　传统戏衣中使用的真丝面料主要有绉缎和大缎。绉缎是一种以"平经绉纬"方式织就的"绉面缎背"丝织品。具体来说，就是以两根或三根不加捻的合股生丝为经线，以两根或两根以上的加强捻生丝为纬线，在组织结构上采用五枚或八枚缎纹织成，由此，一面呈现为细微的绉面效果，另一面则呈现为较为光滑的缎面效果。其有绉纹的一面通常被用作正面，称绉缎或纬缎。做戏服通常使用绉面，这一面吸光性能更好，可避免舞台反光。较为光滑的一面通常用作反面（有时亦可用作正面），称光缎或经缎。[2] 两面皆为绉面的丝缎称双绉。双绉的经纬线皆用捻线。绉缎有"素织和花织之分"。其中，花织使用提花机织造，其成品织物"在绉纹地上呈缎花，地暗花明"。目前这种提花绉缎"已很少见"。[3] 没有提花的绉缎即为素绉缎。素绉缎质地柔软，垂感好。现在的绉缎产品除了有真丝织成，也有棉纺、棉混纺、人造丝或人造丝与厂丝交织的品种等。

[1]　［法］克里斯汀·迪奥：《迪奥的时尚笔记》，潘娥译，重庆大学出版社2016年版，第94页。

[2]　参见巢峰总编《上海经济区工业概貌·杭州市卷》，学林出版社1986年版，第141页。"素绉缎"云："织物的正面为纬缎"，"反面为经缎"。

[3]　上海纺织品采购供应站编：《纺织品商品手册》，中国财政经济出版社1986年版，第438页。

4-1-18

4-1-19

4-1-18　显微镜下纬面缎起经面花组织

4-1-19　妆花缎结构示意图，中国丝绸博物馆展

厂丝是指缫丝厂缫制的真丝，区别于传统手工缫制的土丝。

　　大缎和绉缎一样，皆为缎类。缎类织物的共同特点是其组织结构采用缎纹组织。缎纹组织即"靠经（或纬）在织物表面越过若干根纬纱（或经）交织一次"[1]，以这种交织方式组织的丝织品即被称为"缎"。以"缎"而名的丝制品在汉代诗文中已有所体现。宋人李昉撰《太平御览》载东汉张衡有《四愁诗》云："美人赠我锦绣段，何以报之青玉案。"[2]宋元以后，有关"缎"的文字记录已经比较常见。在目前考古发掘的缎类织物中，江苏的无锡、苏州，以及山东的邹城等地均出土有元代五枚暗花缎。所谓"暗花缎"，是指"在织物表面以正反缎纹互为花地组织的单层提花织物，因为它的花地缎组织单位相同而光亮面相异，所以能够显示花纹，在今天被称为正反缎"[3]。一说"在经面缎地子上，织出与地色相同的纬面缎花，称为暗花；在纬面地子上，织出与地色相同的经面缎花，称为亮花"[4]。老一辈人把经面起花的缎子叫经缎，纬面起花的缎子叫纬缎，实际也是暗花缎与亮花缎之别。"无论是素缎还是花缎，它们的基本组织都是缎纹组织。缎子从外观上看，好像是全部由经丝或纬丝组成的，而实质是由于缎纹织物的交织点少，表面浮丝长，因而看起来就像经纬丝没有交织一样。""缎子的表面效应是由经或纬的浮长丝组成的，因此分有经面缎和纬面缎两种。缎子的表面效应是

[1]　李建华主编：《柔软的力量·字说丝绸》，上海文化出版社2012年版，第90页。

[2]　（宋）李昉：《太平御览》卷四百七十八，四库全书本。

[3]　薛雁、徐铮编著：《华夏纺织文明故事》，东华大学出版社2014年版，第45页。

[4]　中央工艺美术学院编著：《工艺美术辞典》，黑龙江人民出版社1988年版，第118页。

由经向浮长丝显现的，叫做经面缎。它的特点是，经密大纬密小，织品表面几乎全部为经丝所覆盖。缎子的表面效应是由纬向浮长丝显现的，叫做纬面缎。它的特点是，纬密大经密小，织品表面几乎全部为纬丝所覆盖。"[1]

明清时期，缎类织物的品种十分丰富，名称不一，"有以产地为名者，如川缎、广缎、京缎、潞缎等；有以用途命名者，如袍缎、裙缎、通袖缎等；有以纹样命名者，如云缎、龙缎、蟒缎等；有以组织循环大小为名者，如五丝缎、六丝缎、七丝缎、八丝缎；还有以工艺特征命名者，如素缎、暗花缎、妆花缎等"[2]。名目之多，常常让人眼花缭乱，不知所以。大抵是但凡在织造工艺、花纹特色或纱线品质等方面略有差异，便另起一种称谓，以作标榜。

现代戏服中所用的大缎应当是缎类织物中最为普通的一种真丝面料。其与绉缎的主要区别大概在于，后者采用加强捻纱线，使得织物表面呈现细微的绉面效应，光泽略显暗淡，质地轻薄柔软；前者不用加强捻甚至无捻，织物表面浮线较长，组织厚密，色泽亮丽，手感平滑。大缎在戏服制作中一般用于蟒靠等"重装活"，绉缎则一般用于褶帔及裙袄等比较轻薄的戏服。

软缎是当代传统戏服中经常使用的另外一种缎类织物。软缎"一般可以分素软缎、花软缎和人丝软缎"。素软缎，即"素织软缎的简称"，"经丝在缎面，采用高级原料，纬丝在缎背面，采用低级原料"。经丝"通常选用光亮而品质优良的"厂丝，纬丝用"有光人造丝"。换句话说，即"以生丝为经，人造丝为纬"。其"缎面平滑光亮如镜，质地柔软，背面呈细斜纹状"。"素软缎可染色和印花，制成素色软缎和素织印花软缎。""由于真丝与人造丝的吸色性能不同，匹染后经、纬异色，在经密不太大时具有闪色效果。"花软缎，"是花织软缎的简称"，也是"桑蚕丝（或锦纶丝）和人造丝的交织软缎"，"它是在八枚缎纹地上起纬浮花的织物"。人丝软缎则是"人造丝作经纬丝织成的"缎纹织物。与大缎和绉缎相比，软缎更为"光滑明亮"，手感偏硬。[3]

沈阳人张立从其母亲那里得知，过去还有一种戏服面料叫"摩本缎"（音）。据张师傅描述，其家中至今仍保留部分余料。该面料正反面稍有不同，反面呈颗粒状，略显粗糙。有资料称，摩本缎与乔其纱、塔夫绸等纺织品一样，都属于外来音译名。至于为什么要使用外国的名称，"原因是，新中国成立前我国

[1] 黑龙江商学院编：《丝绸》（教学参考资料），黑龙江商学院，1980年，第123—124页。

[2] 薛雁、徐铮编著：《华夏纺织文明故事》，东华大学出版社2014年版，第46页。

[3] 李学信、赵友增等主编：《常用商品知识手册》，山东人民出版社1989年版，第163—164页；中央工艺美术学院编著：《工艺美术辞典》，黑龙江人民出版社1988年版，第119页；农家生活常识编写组编：《农家生活常识》，山西人民出版社1982年版，第146—147页。

轻纺工业很落后，当时仅有的纺织工业，大部分为帝国主义资本所垄断，大部分呢绒和其它纺织品是靠外国进口。因此，旧商人就把国外市场上用的一些商品名称搬到国内来了"[1]。《工艺美术辞典》则称"库缎"也叫"摹本缎"。"库缎是纯桑蚕丝色织缎类织物"，"原是中国清代官营织造生产的，进贡入库以供皇室选用，故名库缎，又名摹本缎、贡缎"，其纹样"以传统风格的团花为主"。"缎分花、素两类"，"花库缎是在缎底上提织出本色或其他颜色的花纹，并分为'亮花'和'暗花'两种"。"根据加工方式和外观效果的不同，库缎还可以分为：起本色花库缎、地花两色库缎、妆金库缎、金银点库缎和妆彩库缎等。"[2] "摩本缎"与"摹本缎"，文字书写虽有差异，但实际应为同一种缎类织物。清代有关"摹本缎"的记载最早出现于19世纪中叶。《文宗显皇帝实录》中提到"青摹本缎二匹"[3]。民国《吴县志》《华阳志》等地方县志中也都曾提到"摹本缎"。《华阳志》在提及"摹本缎"时，还提到"贡缎"。清光绪年间刻本《蚕桑萃编》卷七"机具卷"提到的"纺车"有"贡缎机"和"摹本缎机"，"所织之物缎则曰贡缎、提花缎、摹本缎、浣花缎"。[4] 徐珂编撰《清稗类钞》"物品类"载"摹本"条云："摹本，丝织物也，一名花累，俗称花缎。"又"廉俭类"载"阎文介崇俭"云："文介将至晋，语其戚某曰：'宜多携搭连布。'此布至粗且厚，抵任，首制以为袍褂。属员有用摹本缎者，辄斥之，谓：'方今兵书旁午，汝辈何尚奢侈？审如此者，必多财，可捐资充军饷。'属员等乃皆以搭连布为袍褂。"[5] 从上述资料的相关记载来看，摹本缎应该属于一种比较贵重的缎类提花织物，由单独的摹本缎机织成，与贡缎并非一回事。在织造方法上是否受到外来织造技术的影响，目前尚无可考。但至少有一点是可以肯定的，即它是在传统纺织技术的基础上，由本土纺车机织而成。

总的来说，缎类织物的共同特点是采用缎纹组织，通常经丝加弱捻，纬丝不加捻（绉缎除外），经线和纬线只有一种显露于表面，交织点均匀而分散，外观光亮平滑，质地柔软，反面则无光泽。因起花方式不同又分为经面缎和纬面缎，二者在花色明暗及织物厚度等方面略有差异，然皆属于比较高档的服饰面料。过去，人们一般将蚕丝缎简称为丝缎或真丝缎，绉缎、锦缎、库缎、重缎

---

[1] 黑龙江商学院编：《丝绸》（教学参考资料），黑龙江商学院，1980年，第123页。

[2] 中央工艺美术学院编著：《工艺美术辞典》，黑龙江人民出版社1988年版，第119页；潘志娟主编：《丝绸导论》，中国纺织出版社2019年版，第114页。

[3] 《文宗显皇帝实录》卷二百四十，清内府抄本。

[4] （清）卫杰：《蚕桑萃编》卷七，清光绪二十六年（1900）浙江书局刻本。

[5] 徐珂编撰：《清稗类钞》，商务印书馆1928年版，第四十五册"物品类"第84页，第二十四册"廉俭类"第75页。

以及提花缎和妆花缎等皆为真丝缎。面料革新以后，现在市面上出现的所谓丝缎则包括棉缎、尼龙缎、涤纶缎等不同材质的绸缎。不同绸缎虽然质地不同，很多基本工艺却是一样的，故品质比较好的人造丝缎的质感、纹理等看上去往往与真丝缎不相上下。

这里需要补充的是，纱线加捻是指将若干由单丝合并而成的纱线增加一定的捻度，通过加捻使得经纱或纬线的纤维性能及结构得到一定程度的改变，并使其具备一定的强度、光泽与手感等物理性能。根据加捻程度的不同，纱线可以分为常捻纱、弱捻纱和强捻纱。常捻纱是指正常捻度的纱线，这种纱线抱合度适中，反光性能也比较好。强捻纱的捻度比较大，纱线抱合紧密，手感硬挺，反光性能减弱。弱捻纱的捻度比较小，纤维间的抱合力小，纱线相对疏松，手感蓬松柔软，染色时染液比较容易渗入纤维内部，缺点是容易散绒，产生起毛或起球现象。[1]

织物组织则是指经纱与纬纱的交织方式。根据交织方式的不同，织物组织方式主要有平纹、斜纹、缎纹和变化组织等不同类型。采用平纹组织纺织的织物，其正反面一样。这种织物经纬纱上下交织的次数多，纱线屈曲大，织物强度也比较大，透气性能比较好，但花纹相对简单，缺乏光泽，手感较硬，弹性略差。斜纹组织有正反面区别，光泽较好，经纬纱上下交织的次数比平纹组织要少，纱线浮线略长，织物手感比较柔软，经纬密度比平纹织物有所增加。面

4-1-20　　　　　　　　　　　　　4-1-21

4-1-20　电力纺（真丝，8姆米）

4-1-21　杭纺（真丝，25姆米）

[1]　参见陈东生、吕佳主编《服装材料学》，东华大学出版社2013年版，第44—46页。

料分经面斜纹和纬面斜纹两种。缎纹组织比较复杂，常见有五枚缎、八枚缎等不同品种。其经纬纱相互交织次数比较少，经纱或纬纱浮线较长，纱线较细，织物密度较大。变化组织是综合采用平纹、斜纹、缎纹等不同组织方式交织变化，形成的纹路十分复杂，种类也比较繁多。[1]

通常所说的绸缎，即指纱线纺织中采用缎类组织的织物。戏用服饰面料除了常用的缎类织物，还有电力纺、绢丝纺、尼龙纺、富春纺以及杭纺等常见纺类织物。纺类织物被认为是丝绸中组织最为简单的一类。纺类织物的共同特点是使用平纹组织，经纬纱无捻或弱捻（有时也被叫作"平经平纬"）。原料主要采用桑蚕丝、绢丝、粘胶长丝、涤纶丝、锦纶丝等。质地平整细密，轻薄柔软，手感滑爽，比较耐磨。其中，电力纺也叫纺绸。"最早是以土丝为原料，用手工木机织造"，后来改用机器缫制的厂丝，并以电力织机生产，故称"电力纺"。手工缫丝可以"将质量较差的蚕茧"缫制成比较粗的蚕丝，也可以缫制出等级比较高的优质蚕丝，这种手工缫制的蚕丝统称"土丝"。土丝的质量参差不一。与土丝相对的是厂丝，即机器缫制的蚕丝。机器缫制的厂丝从混茧、剥茧、选茧，到煮茧、缫丝，最后复摇、整理等，每一道工序都有着十分严格的质量把控标准，最后得到的厂丝在生丝弹性、强度以及成色等方面都具有较高的品质。电力纺使用不加捻的生丝（厂丝）作为经纬纱，先织成坯布，再经过精炼去掉丝胶，最后得到质地平整细腻且无正反面区分的平纹织物。其特点是轻薄飘逸，色泽柔和，舒爽透气。戏服中一般用作里衬。用其制作水袖，演员使用手感也会特别好。经纬纱皆使用真丝或厂丝的电力纺，称作真丝或厂丝电力纺。经纬纱分别使用真丝和人造丝交织而成的电力纺叫交织电力纺。人丝电力纺则是经纬纱全部使用人造丝织成的电力纺。[2]绢丝纺是使用绢丝织成的平纹织物，适合做内衬衣服。尼龙纺是以锦纶丝织成的平纹织物，具有耐磨、易洗、快干、不容易缩水等特点，其价格也比较低廉，因此应用较广。

杭纺也叫"老纺""素大绸"，是"纺类中分量最重，质地最厚的一种平纹纺"，"织纹纹粒清晰明朗、色光柔和、手感厚实紧密、富有弹性"。其"经纬向均采用农工丝制织成"，且"经纬向均用三根50/70旦桑蚕农工丝"，"因在浙江杭州设计生产而得名"。[3]所谓农工丝即手工缫制的土丝。杭纺很适合用来

[1] 参见游泽树、王振荣、周锦万编《织造》，湖北科学技术出版社1984年版，第11—15页。

[2] 参见潘志娟主编《丝绸导论》，中国纺织出版社2019年版，第109页；农家生活常识编写组编《农家生活常识》，山西人民出版社1982年版，第146页。

[3] 上海纺织品采购供应站编：《纺织品商品手册》，中国财政经济出版社1986年版，第387页；上海市老教授协会、东华大学老教授协会编：《东华大学老教授话穿着》，东华大学出版社2013年版，第101页。

做水袖。陕西秦腔表演艺术家汤桂琴在其《水袖艺术》一书中写道："水袖用料杭纺绸子制作最为合适。因为杭纺分量较重，使用起来舒展，有弹力，又有韧劲，便于舞动。"[1] 曾师从王瑶卿、萧长华等人的刀马旦王诗英在其《戏曲旦行身段功》一书中亦写道："普通水袖是用白绸子做的。如果用水袖表演一些高、难度较大的袖技，还是用杭纺绸子制作水袖最相宜。因为杭纺绸子的分量比较重，便于舞动。"[2]

值得注意的是，现代丝质品分量常用姆米数来衡量。姆米即织物一平方米克重。单位平方米内用丝越多，织物便越厚重。不同地方桑蚕品种不同，其传统手工蚕丝的克重通常会有所差异。这些都会成为影响织物厚薄的重要因素。

绍纺为浙江绍兴所产，"是杭纺的同类产品"，"比杭纺略轻"。又有湖纺，浙江湖州所产，与绍纺相仿。二者皆不如杭纺效果好。杭纺、电力纺等纺类织物"在平纹组织上，加织八枚缎纹经花，就成为花纺"。又有富春纺和华春纺。富春纺是"黏胶长丝与人造棉交织而成"，其"经纬丝密度相差较大，经丝密度几乎是纬丝密度的一倍，故使绸面显露出来的经纱比纬纱在绸面上显露的要多，使经丝（人造丝）的色光在绸面上得到发挥"，织物特点是"绸面纹粒光洁，绸身柔软，色泽艳丽、美观"。"由于选用的原料是价格较低的人造丝与人造棉，故织物售价较低，是丝绸织物中的低档大路品种。"在传统戏服制作中，富春纺常被用作杭纺的替代品。华春纺则是"涤长丝与涤黏混纺交织而成"，"质地轻薄有半透明状，手感柔软，坚牢平挺，有弹性"，"但由于纬向有粘胶纤维成分"，"纬线容易起毛"。[3]

《中国戏曲志·河北卷》载："从现存于避暑山庄的清廷戏曲服装来看，自乾、嘉以来就十分重视戏衣的质料和式样，除一般戏衣所用的布、绫、绸、缎外，大量戏衣皆为缂丝、漳绒、云锦等贵重丝织品。这些戏衣不仅质地华贵，制作精良，而且图案和色彩也极为丰富多彩、如缂丝织金团龙蟒、漳绒刻花黑靠、缎绣八仙衣等，都堪称宫廷戏曲服装中的珍品。"[4]

可以看到，过去用于戏服制作的真丝类面料还有绸、绫、锦、缂丝、漳绒等

[1] 汤桂琴：《水袖艺术》，陕西人民教育出版社1991年版，第3页。

[2] 王诗英：《戏曲旦行身段功》，中国戏剧出版社2003年版，第172页。

[3] 上海纺织品采购供应站编：《纺织品商品手册》，中国财政经济出版社1986年版，第388页；王义宪、孙友梅编：《纺织品》，黑龙江人民出版社1979年版，第98页；张怀珠、袁观洛、王利君编著：《新编服装材料学》，东华大学出版社2017年版，第130页；傅杰英：《纺织品知识三百问》，中国商业出版社1988年版，第142页。

[4] 中国戏曲志编辑委员会、《中国戏曲志·河北卷》编辑委员会编：《中国戏曲志·河北卷》，中国 ISBN 中心1993年版，第397页。

种类。而前面在梳理古代舞衣的过程中提到的材质又有纱、罗、绢、绡等名目。这些面料皆为真丝织成，然却因经纬纱的粗细、密度、组织结构以及织造方式的千变万化而产生了丰富多样的丝织品种。每一种织物都具备鲜明独特的特点。

以绸为例，《丝绸导论》中称："无其他类丝绸面料特征的、质地紧密的丝绸织物都可以归为绸类。"换句话说，"绸"经常被用作一般丝绸织物的统称。口语中，人们经常将"绸""缎"并用，称"绸缎"。实际上，作为一种织物的名称，"缎"特指采用缎纹组织的丝织品。而"绸"，大多数是平纹组织，也可以是斜纹或各种变化组织，"可以有多组不同的纬纱，甚至可以用多组经纱织造"。其质地比缎和锦要略轻薄而坚韧，"重量与密度大于纺类织物"。织物表面"细洁光滑""柔和平整"，容易褶皱，且不易恢复。"绸类织物的原料除了桑蚕丝、粘胶长丝、涤纶丝、锦纶丝等长丝纱外，还可以采用棉纱、毛纱、麻纱等短纤纱与蚕丝等交织制成绸类织物。"可以说，现代意义上的"绸"在很大程度上是指与传统棉纺织物相区别的丝织品，它不仅包括了真丝类织物，而且包括真丝与人造丝交织类织物以及纯人丝类仿绸织物等。以塔夫绸为例，20世纪30年代起源于法国，传到中国后主要产地为苏州东吴丝织厂。其"以平纹组织为基础，经纬纱都采用高等级生丝"，"是绸类织物中密度最大的品种"。种类有素色塔夫绸、闪色塔夫绸、条格塔夫绸及提花塔夫绸。从原料上来说，除了蚕丝塔夫绸，又有涤纶塔夫绸、人丝塔夫绸、绢纬塔夫绸（纬纱用绢丝）、双宫塔夫绸（纬纱用双宫丝）、绢宫塔夫绸（绢丝与双宫丝交织）以及丝棉交织或丝毛交织的塔夫绸等。[1]

锦，东汉刘熙撰《释名》曰："锦，金也。作之用功重，其价如金。"[2] 沈从文在"谈锦"和"织金锦"中，借助出土文物，对照古代文献，使用"文物互证法"进行研究，称"文献上提及锦绣时，是和金银联系不上的"，"'锦'字得名也只说'和金等价'，不说加金"，至于"织金锦"也即在"织锦"中添加金丝线的工艺是比较晚期的事情。[3] 沈氏的考证对《释名》中"锦，金也"的说法作出了合理的解释，即在古人眼里，"锦"就是"金"，因其做工复杂，其价如金。这说明"锦"的织造工艺是非常独特的。《说文解字》云："锦，襄邑织

[1] 所谓"起源于法国"，盖言其织造方式如经纬密度的配置等非产于本土，其织造特点是"搓揉面料有哗哗作响的摩擦声"，即所谓"塔夫效应"，故翻译过来名"塔夫绸"。参见潘志娟主编《丝绸导论》，中国纺织出版社2019年版，第35、110—112页。

[2] 王先谦撰，龚抗云整理：《释名疏证补》，湖南大学出版社2019年版，第205页。

[3] 沈从文：《中国文物常识》，天地出版社2019年版，第196—205页。

4-1-22

4-1-23

4-1-24

4-1-25

4-1-26

4-1-27

4-1-22　汉代长葆子孙锦，中国丝绸博物馆藏

4-1-23　唐代对鸟纹锦，中国丝绸博物馆藏

4-1-24　经锦（经线起花）组织示意图，中国丝绸博物馆展示

4-1-25　纬锦（纬线起花）组织示意图，中国丝绸博物馆展示

4-1-26　汉代毛纱，中国丝绸博物馆藏

4-1-27　汉代漆纱，敦煌悬泉置遗址出土，中国丝绸博物馆藏

纹。"[1]《本草纲目》曰："锦以五色丝织成文章。"[2] 以彩色丝线通过不同的提花方式来织成有特定图案的织物是锦类织物的最大特点。锦类织物的经纬纱不加捻，或加弱捻。组织方式有斜纹组织，也有缎纹组织。缎纹组织的织锦盖俗称"锦缎"之由来。从组织结构上来说，在重经组织上以经丝起花的叫经锦，在重纬组织上以纬丝起花的叫纬锦，还有运用双层组织的双层锦。宋锦、蜀锦、云锦等都是比较有代表性的锦类织物。高档织锦常以桑蚕丝甚至捻金线或片金为经纬纱织成，中低档产品采用桑蚕丝与少量棉纱线等混合织成，也有分别用棉、麻、毛纱线织成的棉锦、麻锦、毛锦等。[3] 现代工艺中使用桑蚕丝与人造丝交织或仿蚕丝织成的锦类提花织物也比较常见。

纱、罗是经纬纱使用特殊的绞纱组织在织物表面形成细小纱孔的传统丝织面料。素纱多为生织，花纱多为熟织。而罗在组织结构上更为复杂，"有二经绞罗、三经绞罗、四经绞罗、四经互绞几何纹花罗、十经互绞花罗和多经（12经以上）互绞花罗等"。纱罗类织物的特点是轻盈、透气且具有飘逸感，是制作戏服舞衣的理想面料。另外，"经丝相互扭绞，织物结构比较稳定，比较耐磨"，因此，纱罗类织物无论是在过去还是现在都比较受人欢迎。现代戏服制作中比较常见的纱罗类织物有乔其纱、杭罗等。乔其纱，与摩本缎一样，也是外来音译名。品质比较好的乔其纱系用桑蚕丝织造，"细致而透明，是丝绸中质地最轻薄的"品种，其"表面有均匀的纱孔，轻薄透明"。现代织造工艺中，纱类织物的"经纬丝大多采用桑蚕丝、锦纶丝、涤纶丝，纬丝还可用人造丝、金银丝及低线密度的棉纱等"。杭罗则为纯桑蚕丝生织而成。[4]

绡，《说文解字》云："生丝也。"以生丝织成且非常薄的透孔丝织品即为绡。其经纬密度比较小，采用平纹或绞纱组织，质地透明且有孔眼。绫，《说文解字》称："东齐谓布帛之细曰绫。"[5] 说明绫这一类织物的特点是质地比较细腻、轻薄。在组织结构上，绫类织物以斜纹或变化斜纹为主，其表面呈现为"明显的斜纹纹路"，"或以不同斜向组成山形、条格形以及阶梯形等花纹"。[6]

---

[1]　（汉）许慎撰，（宋）徐铉等校：《说文解字》，上海古籍出版社2007年版，第379页。

[2]　（明）李时珍：《本草纲目》，黑龙江美术出版社2009年版，第1334页。

[3]　参见潘志娟主编《丝绸导论》，中国纺织出版社2019年版，第108、116—119页；盖山林编著《蒙古族文物与考古研究》，辽宁民族出版社1999年版，第201页；谭莉莉等《镌刻在时空中的印迹：云南边境少数民族历史文化遗存》，云南大学出版社2018年版，第141页。

[4]　潘志娟主编：《丝绸导论》，中国纺织出版社2019年版，第107、120—22页；农家生活常识编写组编：《农家生活常识》，山西人民出版社1982年版，第147页。

[5]　（汉）许慎撰，（宋）徐铉等校：《说文解字》，上海古籍出版社2007年版，第649、654页。

[6]　潘志娟主编：《丝绸导论》，中国纺织出版社2019年版，第107页。

换句话说，细腻的斜交纹或以变化的斜交纹组成不同图案是绫类织物的主要特征。绢，《本草纲目》曰："疏帛也。生曰绢，熟曰练。"又"帛"条曰："素丝所织，长狭如巾，故字从白巾。厚者曰缯，双丝者曰缣。后人以染丝造之，有五色帛。"[1] 从这两段描述来看，帛为素丝织物的统称，其厚者为缯，也即绸，双丝者为缣，经纬纱比较稀疏的生织品为绢。绢类织物"一般采用平纹或重平组织织造，经、纬纱不加捻或加弱捻"，"质地较轻薄"，"绸面细密"。现代工艺

4-1-28

4-1-29

4-1-30

4-1-31

4-1-28　顺纤纱（真丝，6姆米）

4-1-29　显微镜下顺纤纱加捻线平纹组织结构

4-1-30　汉代四经绞横罗，中国丝绸博物馆藏

4-1-31　罗纹组织示意图，中国丝绸博物馆展示

[1]（明）李时珍：《本草纲目》，黑龙江美术出版社2009年版，第1334页。

中，绢类织物可以用桑蚕丝、人造丝或其他化纤丝织成。[1]

　　绫绢也属于质地比较轻薄的丝织品，其中绫以经面斜纹组织织成，绢采用的是平纹组织，纱线粗厚而疏。一说"花者为绫，素者为绢"。还有一种比较类似的织物叫绨，也是平纹组织，其使用长丝作经，棉或其他纱线作纬，质地粗厚而织纹清晰。

　　缂丝是传统贵族服饰中经常使用的另外一种价值昂贵的丝织品，因织造过程极其费工耗时，"存世精品极为稀少"，在现代收藏界享有"一寸缂丝一寸金"之誉。"缂丝"之"缂"，古人亦常写作"刻"。北宋庄绰撰《鸡肋编》卷上云："定州织刻丝不用大机，以熟色丝经于木椊上，随所欲作花草禽兽状，以

4-1-32

4-1-33

4-1-34

4-1-35

4-1-32　绡（真丝，6姆米）

4-1-33　显微镜下绡平纹组织

4-1-34　花卉纹绫组织结构示意图，中国丝绸博物馆展示

4-1-35　南宋花卉纹绫，江西德安周氏墓出土，中国丝绸博物馆藏

[1]　潘志娟主编：《丝绸导论》，中国纺织出版社2019年版，第107页。

4-1-36   4-1-37

4-1-36 绢类织物组织结构示意图，中国丝绸博物馆展示

4-1-37 汉代锦缘绢服，中国丝绸博物馆藏

小梭织纬时，先留其处，方以杂色线缀于经纬之上，合以成文，若不相连，承空视之，如雕镂之象，故名刻丝。如妇人一衣，终岁可就，虽作百花，使不相类亦可。盖纬线非通梭所织也。"[1] 南宋潜说友撰《（咸淳）临安志》"刻丝"条称：其"有花素二种，择丝织者，故名"[2]。明张自烈撰《正字通》卷八曰："缂，织纬也。"[3] 从前人记载来看，缂丝以熟丝为经，小梭织纬，通过回纬技巧织出"合以成文，若不相连"——具有镂空效果的纹饰。用现在的话说，即所谓"通经断纬"——经纱贯通，纬纱仅与图案部分的经纱交织，到图案边缘时便回转，行话叫"回纬"（"断纬"之说实际并不准确）；未经交织的纱线则另由构成其他图案的纱线来交织穿越。庄氏文中"先留其处"，即言此意。从《临安志》的记载来看，缂丝也有花素之分，盖素织缂丝为单色纬纱织纹，花织缂丝为多色（即杂色）纬纱织就。无论花素，其图案可千变万化而无所重复，一件缂丝女衣，费时经年。缂丝在两宋时期备受推崇，风靡一时。明清时，朝廷提倡清廉之风，一度诏书废止缂丝，后来又逐渐恢复，继续为宫廷贵族所青睐。

宋以降，丝织行业中设有"刻丝作"，专门负责制作缂丝。明曹昭撰《格古要论》卷下载曰："刻丝作，宋时旧织者白地或青地，织诗辞山水，或故事人物、花木鸟兽。其配色如傅粉，又谓之颜色。作此物甚难得。尝有舞裀阔一丈有余

[1] （宋）庄绰：《鸡肋编》卷上，四库全书本。

[2] （宋）潜说友：《（咸淳）临安志》卷五十八，四库全书本。

[3] （明）张自烈：《正字通》卷八，清康熙二十四年（1685）清畏堂刻本。

者，且匀紧厚。"[1] 吴琬撰《三才广志》云："刻丝作，北宋旧制，或黄地，或白地子……有舞裙阔一丈者，其花朵皆刻断，以丝相连，故名。"又"定州刻丝作，其制不用大机，以熟色经于木棁上，随所欲作花草禽兽状，小梭织纬，以杂色缀成事于经纬之上，合以成文，不相连，成如雕刻之相"。不仅如此，其下还提到"楼阁刻丝作""龙水刻丝作""龙凤刻丝作""百花刻丝作""花竹刻丝作""领毛刻丝作"等。[2] 不同刻丝作的存在，说明当时的缂丝工艺分工甚细，不同丝作的匠人擅长织造不同类型的花色。其中，"领毛刻丝作"之"领"当为"翎"之误。清人陆廷灿撰《南村随笔》"刻丝画"云："宋时，刻丝人物、花卉、翎毛等，神采宛然，不减名人笔。"[3] 如此，缂丝翎毛应当也是缂丝织造工艺中一个很重要的技术类别。

现代缂丝工艺以生丝作经纱，以熟丝作纬纱，平纹织造，纬纱显花。盖与熟丝相比，生丝更富有弹力和韧性，而熟丝则因去除了丝胶和杂质，更显光洁柔软，从而使得纬纱呈现的图案花纹在光泽上也更为明亮柔润。

漳绒，也被称作"天鹅绒"，是绒类织物的一种，明清时期以福建漳州产最为著名，故以产地名之。绒类织物的特征是其表面有绒毛或绒圈。绒圈以起绒杆（细铁丝等）提花而成，待织到一定长度时，按照事先设计好的图样，以刻刀沿着起绒杆"剖割"，即可形成毛绒。绒类织物有花、素两种，素绒织物表面以绒圈为主，花绒织物则是"将部分绒圈按花纹切割成绒毛，绒毛与绒圈相间构成花纹"。按照起绒方式的不同，绒织物又有"经起绒织物""纬起绒织物"以及"缎面浮经线或浮纬线通割的绒织物"等不同品种。以"经起绒"为例，其特点是"以绒为经，以丝为纬"，且经线有"地经"和"绒经"按1：2的比例排列，每织3纬或4纬，插入一根或圆或扁的金属起绒杆。织到一定长度时，将织物从织机上取下，平放在台板上，抽出起绒杆，即可形成绒圈。在抽出起绒杆之前，用白粉在织物表面印绘图案，然后用刻刀对花纹处绒圈进行"刮除"（行话叫"割绒"或"雕花"），织物表面即可形成有特殊质感的绒状花纹，最后抽出起绒杆，未刮割的绒圈保持原状，成为绒圈地纹。绒圈地纹与绒毛花纹相互映衬，"构成花地分明的花漳绒"。漳绒一般采用变化斜纹组织，也有缎地经

[1]　（明）曹昭：《格古要论》卷下，四库全书本。明人王三聘辑《事物考》卷三"刻丝作"引《格古要论》此句，将"辞"改为"词"，"傅粉"改为"傅彩"，"颜色"作"刻色"。参见明嘉靖四十二年（1563）何起鸣刻本。

[2]　（明）吴琬：《三才广志》卷五百九十六，明刻本。

[3]　（清）陆廷灿：《南村随笔》卷四，清雍正十三年（1735）陆氏寿椿堂刻本。

4-1-38

4-1-39

4-1-40

4-1-38　元代缂丝残片，中国丝绸博物馆藏

4-1-39　缂丝组织示意图，中国丝绸博物馆展示

4-1-40　绒织物绒圈组织示意图，中国丝绸博物馆展示

起绒或纬起绒组织，称漳缎。[1]据学者考证，漳绒在明代大量生产，清代康熙年间逐渐转移到苏州、南京等地织造。

　　绒类织物在古代又被称为"绒锦"或"剪绒"。元杂剧《玩江亭》（正名《瘸李岳诗酒玩江亭》）第一折有"绒锦袄"。《大明会典》卷六十七"纳吉纳征告期礼物"中罗列"妆花绒锦"。严嵩《钤山堂集》卷十七"纪赐十二绝"载绝句题名《赐绒锦护膝一双》，其他如王世贞撰《弇山堂别集》、王圻撰《续文献通考》、谈迁撰《国榷》等明清资料中均多次提及"绒锦"。[2]又元末汤舜民撰散曲《赠素云》曰："一任他漫天巧结银河冻，半霎儿满地平铺素剪绒。"[3]"素剪绒"，说明使用了单色起绒并剪绒的织造技术。明朱有燉撰《元宫词》云："旋着内官开宝藏，剪绒段子御前分。""宫词"是"就帝王生活发诸吟咏"的词作，其"内容涉及历史大事、王朝兴衰、宫廷生活及社会习俗"等方面。朱词描述的是元代宫廷的真实生活。其词前有短序云："元代宫廷事迹无足观，然纪其事实，亦可备史氏之采择焉。永乐元年，钦赐予家一老妪，年七十矣，乃元后之乳姆女，知元宫中事最悉。间尝细访，一一备知其事。故予诗百篇，皆元宫中实事，亦有史未

[1]　参见福建省地方志编纂委员会编《福建省志·二轻工业志》，方志出版社2000年版，第70—71页；冯林英《清代宫廷服饰》，朝华出版社2000年版，第96页；潘志娟主编《丝绸导论》，中国纺织出版社2019年版，第108页。

[2]　（元）戴善甫：《玩江亭》，明脉望馆抄校本；（明）赵用贤：《大明会典》卷六十七，明万历内府刻本；（明）严嵩：《钤山堂集》卷十七，明嘉靖二十四年（1545）刻增修本；（明）王世贞：《弇山堂别集》，四库全书本；（明）王圻：《续文献通考》，明万历三十一年（1603）曹时聘等刻本；（清）谈迁：《国榷》，清抄本。

[3]　张伟编：《元曲》第3卷，吉林摄影出版社2004年版，第807页。

曾载外人不得而知者，遗之后人以广多闻焉。"落款为"永乐四年（1406）春二月朔日"。[1] 其时去元不过30多年，而元代宫廷中已有"剪绒段子"，即绒缎，表明元代绒织物的织造技术已经达到很高水平。20世纪70年代长沙马王堆汉墓出土了一件仅48克的素纱衣，其领口与袖口的装饰部分都使用了质地很薄的起绒织物。这说明我国传统的绒织技术实际在汉代即已比较发达。

绒类织物的用料，高端者使用桑蚕丝，中低端者以蚕丝线和棉纱线交织，也有纯用棉纱织成。清陈元龙撰《格致镜原》"绒毯"条引《松江志》云："剪绒花毯以木棉线为经，采色毛线结纬而翦之，花样异巧，应手而出，能为广数丈者。"[2] 以棉纱织成的绒类织物其质地比较厚实，保暖性能强。用在戏曲服饰中，在舞台灯光下则会产生与其他面料截然不同的独特效果。现代工艺中起绒织物所用纱线除了可纺棉、麻、丝、毛等原料，还有涤纶、锦纶、氨纶、丙纶、腈纶、粘胶纤维、碳纤维等各种化学或人造纤维，甚至还可以利用下脚料纤维等。其产品使用范围除了服饰制作，也广泛应用于地毯、毛毯以及各种装饰用织物等。

现代丝绸面料中还有一类织物被称作"呢（音ní）子"，不少资料中将其称为"呢类织物"。上海剧装厂退休的老师傅徐世楷先生在述及戏服的面料时称，过去上海制作彩裤时经常使用的一种面料叫西湖呢，是一种真丝面料，上面有小花纹[3]，也即真丝提花面料。《简明纺织品词典》中称"西湖呢"是"呢的一种"，其经纬丝皆为桑蚕丝，"绸面有轻微的双绉效应"。《现代汉语词典》中释"呢"为"呢子"，其下有词条"呢子"释为"一种较厚较密的毛织品"。[4]

以"呢"而名的织物始见于清代。譬如《钦定大清会典》《海国图志》《粤海关志》《约章成案汇览》《（道光）广东通志》《（乾隆）澳门记略》《时务通考》等文献中多有提及。古代呢类织物有"大呢""小呢""呢绒"以及"哗叽呢""哆啰呢"之称。《广东海防汇览》载，清嘉庆十年（1805）三月，广东总督那彦成等人"传谕"："汝国（嘆咭唎）钟表、大呢、羽毛等物，原非中国必需之物，所以准汝国贸易通商者，皆出大皇帝怜外夷子民、一视同仁之恩，此次汝国王恭进表贡，大皇帝鉴汝等恭顺之心，谕令赏收。"[5] 清代嘉定人（今上海）蔡尔康撰《泰西新史揽要》卷五称"有地名呢子者"，其下注云："中西人

[1] （元）柯九思等：《辽金元宫词》，北京古籍出版社1988年版，"出版说明"及第19—20页。

[2] （清）陈元龙：《格致镜原》卷五十四，四库全书本。

[3] 2023年3月27日笔者在其儿子位于虎坊桥的家中对徐世楷夫妇进行了访谈。

[4] 蔡黎明主编：《简明纺织品词典》，上海辞书出版社1993年版，第167页；中国社会科学院语言研究所词典编辑室编：《现代汉语词典》，商务印书馆2012年版，第942页。

[5] （清）卢坤等：《广东海防汇览》卷三十六，清道光十八年（1838）刻本。

衣服等所用之呢，西人本无其名，以其物织自呢子，即以其地名名之，华人则对吾而译作呢也。"[1] 文中称"呢子"原为地名，与"伯鸣罕"（今译作"伯明翰"）、"曼拙式"（当指"曼彻斯特"）等皆为英国当时以制造业发达而闻名的繁华城市。由此可以推测，"呢子"当指"利兹"，该城市被誉为英国第三大工业城市。早在15世纪末，利兹即已是英国重要的呢绒生产中心之一，而利兹所在的约克郡更是一度成为全英毛纺织业的中心。[2] 17世纪中期，英国、荷兰等地的毛纺织品开始经由海上贸易输入中国。除了所谓哔叽呢、哆啰呢，还有猩猩毡、羽纱、羽缎等各种称谓，都属于进口毛纺类产品。

值得注意的是，毛纺织业在英国不仅有着比较久远的历史，而且被誉为其民族工业。早在11、12世纪，英国的林肯、北安普敦、斯坦福、约克、贝弗利和布里斯托尔等城市便涌现了若干毛纺织生产中心，而且成立了按行业组织的行会。13世纪，英国就已实现了"以水力漂洗坊的普遍出现为标志的英国毛纺织业技术革新"。14世纪末，英格兰东部一带出现资本主义性质的呢绒商。此后，在英国政府的扶植下，英国的毛纺织业又不断从尼德兰等地吸引技术和人才，再加上关税保护、"圈地运动"等政策的实施，英国的毛纺织业在15—16世纪获得迅速发展，从而为其后来"工业强国"乃至"日不落帝国"的实现做出了巨大贡献。[3] 因为英国很早就实现了毛纺织业的技术革新，工业化程度高，加上原材料品质优良，这使得中国少数民族地区原有的毛纺织品甚至包括中原地区在内的几乎所有传统手工纺织品都相形见绌。有学者考证，清康熙六十一年（1722），英国商船运至广州的呢绒制品，猩猩毡售价每尺银1.2两，羽缎、羽纱的平均售价为每尺银0.9两，而雍正元年（1723）全国的平均米价为每石银0.88两。也就是说，当时进口呢绒每尺（约33厘米）的价格高于每石（相当于60千克的重量）米的价格。清中后期以后，西洋呢绒的价格虽有所下降，但"仍非普通百姓可以消费得起"。"据当时平遥典当商的记载，猩猩毡的价格为每尺银1两，羽缎的价格为每尺银5钱（套料的价格为银16—17两），库锦、顶级内造倭缎的价格均为每尺银4钱，而一般民众所用的普通布的价格仅为每匹银3钱。"[4]

虽然进口呢绒价格昂贵，但是在宫廷贵族中备受欢迎。不仅清宫档案及相关史料中处处可见，就连小说《红楼梦》中贾府人众雪天所穿也比比皆是。譬如李

[1] （清）蔡尔康：《泰西新史揽要》卷五，清光绪二十二年（1896）上海广学会刻本。

[2] 参见陈曦文《英国中世纪毛纺织业的迅速发展及其原因初探》，《北京师院学报（社会科学版）》1986年第2期。

[3] 参见金志霖《13世纪产业革命及影响初探》，《史林》2007年第5期；陈勇《从呢绒工业看英国早期资本主义成长的有利条件》，《中南民族学院学报（哲学社会科学版）》1984年第3期；陈曦文《英国中世纪毛纺织业的迅速发展及其原因初探》，《北京师院学报（社会科学版）》1986年第2期。

[4] 宋文：《清代西洋呢绒考析》，《故宫博物院院刊》2021年第4期。

纨穿的"青哆啰呢对襟褂子",黛玉罩的"大红羽纱面白狐狸里的鹤氅",薛宝钗穿一件"莲青斗纹锦上添花洋线番羓丝的鹤氅"……众姊妹"都是清一色的大红猩猩毡与羽毛缎斗篷"。"哆啰呢""羽纱""番羓丝""大红猩猩毡""羽毛缎"等皆属西洋进口呢绒,即为进口毛纺织品。即便到了晚清乃至民国时期,诸如呢绒哔叽之类服饰依然不便宜。《(民国)同安县志》云:"男女常服皆尚长而今尚短,普通多以棉布为之,今则衣丝绸呢绒哔叽者日多,一套衣服可抵中人一家之产。"[1] 或许因其过于昂贵而神秘,早期人们对这些五花八门的西洋货认识不清,以为"羽缎""羽纱"等织物系用鸟雀绒毛织成,而"猩猩毡"则被误以为是猩猩血染成。实际不过是因为英国产羊毛甚细而已,而猩猩毡的红色乃以一种红果的汁液染成。至清光绪二年(1876),左宗棠在兰州创设织呢总局,引进西方机器生产呢绒,中国才算开启了自己的机械化毛纺织业进程。诚如当代学者所言,"以清代官方为代表的社会主流"对西方进口毛纺织品的了解"停留在夸张神秘的阶段",表明其"缺乏对西方物品及其生产技术的探究精神"。[2]

那么,"呢绒"究竟是怎样的一种面料,类似呢绒的毛纺织物是否都是舶来品呢?

《丝绸导论》将"呢类织物"归为14类"丝绸面料"之一。清人记载的"呢类织物"中,除了前面提到的"大呢""小呢""哔叽呢""哆啰呢",还有譬如《东华录》中提到的"羽缎""哔叽缎",《皇朝通典》中提到的"哆啰绒""哔叽纱""荷兰绒""羽纱",《粤海关志》中提到的"羽纱""羽缎""羽布"等名目。[3]

《清稗类钞》云:"羽缎,亦称羽毛缎,或曰哔叽,质厚,如缎,故名。"[4]从这段文字的描述来看,羽缎的质地盖与缎有些相似,属于精纺类的呢绒制品。现代毛纺织品中的精纺呢绒是由"精梳毛纱"织造而成,其成品"质地紧密",呢面"平整光洁,织纹清晰,富有弹性",代表性品种如华达呢、哔叽呢、花呢、派力司等。其中派力司是"精纺毛料中最薄的一种","适宜做夏季服装"。华达呢和哔叽呢则比较厚实,宜做春秋冬季服装。花呢有薄厚之分,薄花呢也可以做夏季服装。与精纺呢绒相对的是粗纺呢绒,即以"粗梳毛纱"织成,其呢面"有毛绒或绒毛覆盖","织纹一般不显露","质地紧密","保暖性强","成品厚重",主要品种有法兰绒、大衣呢等,适合做秋冬季保暖用

---

[1] (明)牛若麟修,(民国)吴锡璜纂:《(民国)同安县志》卷之二十二,民国十八年(1929)铅印本。

[2] 宋文:《清代西洋呢绒考析》,《故宫博物院院刊》2021年第4期。

[3] 参见(清)蒋良骐《东华录》,清乾隆刻本;官修《皇朝通典》,四库全书本;(清)梁廷楠《粤海关志》,清道光刻本。

[4] 徐珂编撰:《清稗类钞》第四十五册"物品类",商务印书馆1928年版,第84页。

4-1-41　华达呢

4-1-42　哔叽呢

4-1-43　法兰绒

4-1-41　　　　　　4-1-42　　　　　　4-1-43

衣物。[1] 织物的命名一般与其特点相应，这一点自古至今皆然。由此可以判断，清代呢绒织物中的"纱""缎""布"之名亦在某种程度上体现了其工艺特点，即具有光面织物的特征。而"毡""绒"之称，表明其应具备呢面或绒面织物的特征。夏志林主编《纺织天地》称：光面织物，"主要是精织品"，"要求织纹清晰"，织物表面"光洁""平整""挺括""滑爽"，"弹性足"。而呢面织物，"主要是粗纺织品"，"织物表面覆盖有细密绒毛"，一般"不露底纹"，"质地紧密而呢面丰满"，"手感丰富而柔软"，"保暖性强"。绒面织物，其表面有一层"均匀细密的绒毛"，具有"光泽自然"的特点。[2]

《约章成案汇览》中罗列了部分进口麻、绒、毛类织物的贸易价格，譬如："麻布，每匹贰钱"，"羽布，每匹贰钱"，"哆啰呢，每丈壹钱贰分"，"哔叽，每丈肆分伍厘"，"羽缎，每丈壹钱"，"羽纱，每丈伍分"，"羽绸，每丈叁分伍厘"，"花剪绒，每匹壹钱伍分"，"剪绒，每匹壹钱捌分"。[3] 为了方便对比，特将上述品类及价格制表如下：

《约章成案汇览》中罗列的麻、绒、毛类织物贸易价格对比表

名称	麻布	花剪绒	剪绒	羽布	羽缎	羽纱	羽绸	哆啰呢	哔叽
单位	每匹	每匹	每匹	每匹	每丈	每丈	每丈	每丈	每丈
价格	贰钱	壹钱伍分	壹钱捌分	贰钱	壹钱	伍分	叁分伍厘	壹钱贰分	肆分伍厘

---

[1] 参见潘志娟主编《丝绸导论》，纺织出版社2019年版，第106—108页；夏志林主编《纺织天地》，山东科学技术出版社2013年版，第159—162页；北京师范大学交叉学科研究会编纂《中国老年百科全书·家庭·生活·社交卷》，宁夏人民出版社1994年版，第177页。

[2] 夏志林主编：《纺织天地》，山东科学技术出版社2013年版，第160—161页。

[3] （清）颜世清辑：《约章成案汇览》卷十三上，清光绪三十一年（1905）上海点石斋石印本。

从上面的表格可以看到，羽布、羽缎、羽纱和羽绸应当是指四个不同品类的进口毛纺织品。《汉书》及《说文》中皆言"四丈为匹"。如此则羽布每丈是五分，与麻布、羽纱价同，比羽绸贵，廉于羽缎。哆啰呢则比羽缎还要贵，盖因其厚实保暖的工艺特点。哔叽比羽绸略贵，比羽纱便宜。剪绒的价格与哔叽相差无几。比较起来，羽绸是最便宜的。

造成价格差异的原因不外乎两点：一是原料，二是工艺。在原料相同且同等品质的前提下，工艺越精细，织物质量越高，价格自然就越贵。中西方原料对比，中国原产羊绒羊毛的质量的确不如英国出产，因此才有了英国的限制羊毛（羊绒）出口以及中国后来的纷纷引进。从工艺的角度，西方毛纺织业不仅很早就普遍实现了工业机械化，而且技术比较成熟，相比于中国传统的同类产品，其织物匀整而细腻。清人车善呈撰《泰西格致之学与近刻翻译诸书详略得失何者为最要论》一文在论述"马力"一词时称："凡制造何种器物，亦可先推得须用若干汽力而后配锅炉机器以为之用，百不爽一，其功用惟见于克虏伯炮弹造法、爆药制火药法、水雷秘要诸书，又附见于营造轮舰、船坞、铁路、开矿之书亦各详载言之。在中国仿造因已见有实效，而独于缫纺、纡织、绸布、呢绒、羽毛以及玻璃、颜料日用百物，其造法均未有翻译成书，讲时务者憾焉。然机器看似离奇奥妙，按之皆平淡无奇。观其造物，凡人力须转手几次者，即需用几次机器，并无超越径成之法。惟器有巧拙疏密，故智者可以设想变法因之，日新月异，更尚无穷。在中国即欲创造绸布、呢绒、日用百物，亦非甚难。盖物有本末，事有终始。苟研精夫始事原由，继事节目，终事功效，层层推敲，自无遁惰，而致功易于反掌。然用机器以制造期以胜人力而省工费，非谓百物皆可以机器造之。此又须考核而施，而书中皆不载此义，故机器诸书，详略相间，得失相参，未可拘泥不化也。"[1]这段文字意在揭示机器本身并没有什么神秘的，其本质不过是人力的转化，是人在"研精夫始事原由"的基础上，"层层推敲"，努力创造的结果。换句话说，是"人"创造了"百物"——人们虽然利用自己的聪明智慧创造出可以帮助自己节省"人力"或"工费"的机器，然其终究是人的劳动智慧的体现。机器无论发展到如何精妙的地步，都不能代表它是万能的，或者说是机器创造了"百物"。车氏此说强调了人在工艺创造中的重要性。

单纯从工艺原理的角度来说，中国古代很早就掌握了毛纺织工艺技术。《周礼·春官》"司服"云："祀四望山川，则毳冕。"注引汉郑司农曰："毳，罽衣

[1]　（清）陈忠倚编：《皇朝经世文三编》卷十一，光绪二十八年（1902）上海书局石印本。

也。"[1]《说文解字》云："毼，兽细毛也。"又云："氍，西胡毼布也。"清段玉裁注曰："毼者，兽细毛也，用织为布，是曰氍。亦段氍为之。"[2] "西胡"是我国古代对葱岭内外西域各族的泛称。周代祭祀四方渎岳之神，需穿毛料也即毛纺布衣，而毛料布衣也是西域各族的常见衣物。《食货典》引《汉书》"高帝本纪"云："八年春三月，令贾人毋得衣锦绣绮縠絺纻氍。"注引颜师古曰："氍，织毛，若今毲及氍毹之类也。"[3] 这说明用于服饰的毛料在汉代已经比较常见，然其与"锦""绣""绮""縠"等织物一样都属于高端面料，为贵族所垄断，商贾之民不得穿用。除了"氍"，我国古代用作服饰的毛料还有"毲""牦""纰""毲""氍毹"等诸多称谓。至今我国西南地区仍保留有以羊毛、兔毛或驼毛等动物毛为原料来纺纱织布的传统手工艺。事实上，汉代以降，直至清代，传统手工毛纺面料始终都是宫廷贵族服饰用料中不可或缺的重要布料之一。只是随着清代海上贸易的发展，西方机器生产的品质优良且品类丰富的毛纺织物大量涌入，对我国传统毛纺织手工业造成了巨大的冲击，最终，我国传统的手工毛纺工艺在西方近现代毛纺工业技术革命迅猛扩张的历史进程中彻底落败。

现代毛纺工艺中除了纯用动物毛，还有使用动物毛与其他人造毛、化学纤维等混纺或交织而成的毛型纺织品，习惯上统称为呢绒。前述"西湖呢"当是采用桑蚕丝织成、与呢类织物相仿的丝织物。藏戏服装如甲鲁袍等所使用的毛纺布料则叫氆氇。从纺织品材料运用与变化的历史可以看到，面料的品质不仅与面料本身的材质有关，与面料织造所采用的工艺也有极大的关系。弄清了这一点，或许可以对戏曲服饰的面料有一个更为清晰的认识和理解。

以上诸多服饰面料，基本囊括了真丝纺、人纺、化纺和毛纺等几种常见纺织面料。除此之外，还有比较传统的棉纺和麻纺类织物等，过去在戏服中用得也比较多。尤其是戏服内衬、水衣以及胖袄等，以棉麻葛类面料为佳。

概括地说，不同戏衣的制作用料往往差别很大。常见戏曲服饰的面料通常使用布帛锦缎等。有的戏衣如水衣，为单层，只需一层面料即可。更多戏衣为双层，其里子布多以棉麻为主。也有褶帔等要求较高的戏衣，其内衬亦需使用材质较好的面料。有的戏衣如胖袄、靠肚以及其他需呈现立体感的绣活等则经常用到填充辅料如棉絮等。戏服上用于装饰的辅助性材料一般有皮毛、珠饰、

[1] （汉）郑玄注，（唐）陆德明音义：《周礼》卷二十一，永怀堂本。

[2] （汉）许慎撰，（宋）徐铉等校：《说文解字》，上海古籍出版社2007年版，第414页；（清）段玉裁：《说文解字注》卷十三上，清嘉庆二十年（1815）经韵楼刻本。

[3] （清）陈梦雷编：《食货典》卷三百十一，清雍正铜活字本。

箔片、胶片以及丝绦等。其他辅料如缝纫、绣花用线通常用棉线、金线、绒线和五彩丝线等。特殊服饰如竹衣，需用细竹节和葛麻绳来编织。纸衣则需要桑树皮等原料先制成"纸衣段"，然后再绘画裁剪成衣。

戏衣从本质上来说是一种表演用衣，表演用衣的用料选择主要受到两个方面的影响：一是预期效果与意愿喜好等主观因素的影响，二是社会物质条件与技术水平的高低等客观因素的影响。早期人类社会在举办某种带有祭祀性质的表演仪式时，参与表演的人往往会穿上特定的表演服装。当人们在现有物质条件的基础上准备这种表演服装时，他们至少需要考虑三个方面的问题：一是如何让这服饰与仪式的主题相适应，二是如何通过服饰来彰显仪式的意义或重要性，三是如何让神主（如果有的话）和观众看着都比较愉悦满意。三个方面看似简单，实际却关系到服饰与艺术、服饰与文化、服饰与信仰习俗以及服饰与受众心理等多角度的深层次问题。无论哪个方面都将对表演的效果产生至关重要的作用和影响。如果服饰制作的选择不能与表演主题相适应，或不能对表演产生辅助或增强的作用，那么对于表演效果而言，该服饰所起到的影响就是负面的。尤其是考虑到，几乎所有的表演（祭祀），除了满足精神信仰（神主或其他）层面的需求，还要面对重要的第三方，即观众。即便表演本身没有任何问题，服饰穿着违背了精神信仰，或令观众不满，则其表演效果也必将大打折扣。当然，现有物质条件与技术水平是决定所有选择的根本。表演用服从古到今的制作发展史，在很大程度上可以说是一个与服饰材料、制作技术共进退的历史演变过程。

举例来说，早期人类以树叶、羽毛、兽皮为原料，以筋、葛、藤、麻为经纬，以骨制针锥等为穿孔和连缀面料的工具，缝制简单而粗犷的服饰。当社会进步、生产技术水平大大提高以后，服饰之用逐渐出现了以葛、麻、毛、丝、棉等为原料而制成的各种纺织品。在染纺织绣技术不断发展的基础上，又先后出现平纹织物以及趋于复杂变化的染纺织绣面料，如各种丝绸、锦缎甚至缂丝面料等，还有以植物、动物或矿物为原料染制的五色丝缕，以及金银珠玉骨角毛羽等种类丰富的装饰用品。

具体到传统戏服而言，在经济条件许可的前提下，人们自然会优先考虑使用蚕丝面料，因其不仅垂感好，而且舒适透气，色泽亮丽。尤其是素绉缎，材质柔软，价格适中，染色也比较方便，适合制作褶帔袄裤等常用戏衣。如果是制作蟒、靠等重装活则使用大缎。大缎比绉缎略厚，有质感，价格也不是很贵。若是宫廷戏衣，当然会使用更好的面料。《清代起居注册·同治朝》载清同治三年（1864）五月，御史贾铎奏言："风闻太监演戏费至千金并有用库存缎匹裁作戏衣之事。"只要统治者喜欢，哪里管什么"各省军务未平，百姓疮痍满目，库帑支绌，国用不充，先皇帝山陵未安，梓宫在殡"。[1]

蚕丝面料虽好，也有其先天不足之处，即不耐用，尤其是真丝刺绣面料，既不能着水，还容易褶皱，不好打理。相比起来，棉麻蕉葛之类的面料会更加实用。质量上乘的棉麻蕉纱葛布等服饰，穿着同样比较舒服。唐人白居易诗有"时暑不出门，亦无宾客至……夏服亦无多，蕉纱三五事"，又有"鱼笋朝餐饱，蕉纱暑服轻"。[2]"蕉纱"即蕉麻，以芭蕉纤维绩麻纺织而成。明人宋应星《天工开物》"夏服"云："有蕉纱，乃闽中取芭蕉皮析缉为之，轻细之甚，值贱而质枵，不可为衣也。"[3] 说明蕉纱面料丝缕轻细而稀薄，价格也不贵，以蕉纱面料做成的服饰虽不能作为待人接客的正式服装，却很适合居家避暑时穿着。

葛布是以葛藤纤维纺纱织布而成。我国葛布加工制作的历史可以追溯到新石器时代。20 世纪 70 年代，江苏吴县草鞋山新石器时代遗址出土了纬纱起花罗纹组织的葛纤维纺织残片。《诗经》《礼记》等古代典籍中有大量关于葛藤种植和加工的文字记载。周官中还设有"掌葛"一职，专门管理葛藤的种植与加工。由于加工技术不同，古代利用葛藤纤维加工而成的葛布有粗细两种，粗的叫绤（xì），细的叫绤（chī），也即粗葛布和细葛布。《诗经·国风》中有《葛覃》一诗曰："葛之覃兮，施于中谷，维叶萋萋。黄鸟于飞，集于灌木，其鸣喈喈。葛之覃兮，施于中谷，维叶莫莫。是刈是濩，为绤为绤，服之无斁。"[4] 诗中描述满山遍野的藤葛被采割回来以后，经过水煮加工等各种工序，最后做成了穿着舒适的粗布或细布衣服，久穿不厌。葛布的特点是吸湿性能强，透气性比较好。唐人杜甫《端午日赐衣》诗云："细葛含风软，香罗叠雪轻。自天题处湿，当暑著来清。"[5] 清人袁学澜《田家四时绝句》诗云："晚凉新浴葛衣轻，葵扇摇风坐月明。"[6] 诗句描述了葛布轻细柔软、舒爽利汗的特点。葛布"年久则黑"，然将其"洗湿，入烘笼内铺着，用硫磺熏之，即色白"。[7] 即便使用久了，处理起来也比较容易。隋唐以后，随着纺织技术的进步，纺织生产能力的提升，葛藤因为生长周期长、加工难度比较大等而逐渐被麻纤维等原料取代。

我国古代纺织使用麻纤维的历史也比较久远。麻纤维的原料主要是苎麻和

[1] 官修：《清代起居注册·同治朝》，清刻本。

[2] （唐）白居易：《白氏长庆集》卷三十六，宋刊本；（清）汪立名：《白香山诗集》卷三十五，四库全书本。

[3] （明）宋应星：《天工开物》卷上，明崇祯十一年（1638）刻本。

[4] 刘松来编著：《诗经》，青岛出版社 2011 年版，第 3 页。

[5] 黄勇主编：《唐诗宋词全集》第二册，北京燕山出版社 2007 年版，第 685 页。

[6] 王稼句点校：《吴门风土丛刊》，古吴轩出版社 2019 年版，第 538 页。

[7] 上海市纺织科学研究院《纺织史话》编写组编写：《纺织史话》，上海科学技术出版社 1978 年版，第 10—11 页。

大麻等。苎麻是我国特有的荨麻科多年生草本植物，一年可以收割三次，春秋战国时便已广泛栽培，主要产于南方。《诗经·陈风》"东门之池"曰："东门之池，可以沤麻。"[1]古代劳动人民很早就掌握了通过沤泡发酵方式来处理苎麻纤维的脱胶技术。《礼记》中的深衣以及汉唐时期的巾袍舞衣等都曾流行以白纻制作。唐代诗人王建《白纻歌》有诗句"新缝白纻舞衣成""青娥弹瑟白纻舞"。[2]《说文解字》曰："纻，麻属。"[3]现在舞台上演员使用的最好的护领仍然是由白纻布制作。

大麻是天然麻纤维原料的另外一个重要植物来源。大麻也叫青麻，为桑科属一年生草本植物，以北方出产为主。20世纪70年代，河南郑州大河村新石器时代遗址出土有大麻种子实物，表明我国人工种植大麻的历史同样比较久远。我国古代劳动人民很早就认识到大麻雌雄异株。雌株称苴（jū）或苴麻，开花后能结子。雄株叫枲（xǐ）、枲麻或牡麻，只开花，不结子。清段玉裁《说文解字注》引《玉篇》云："有子曰苴，无子曰枲。"又引《丧服传》曰："苴，麻之有蕡者也。牡麻者，枲麻也。"蕡，即大麻籽。牡麻俗称"花麻"，夏至开花，花为雄花，不能结子，花落即拔而沤之，剥其皮而加工，纺织成布，称夏布（也有称苎麻布为夏布）。周官中设有"典枲"，为专门管理枲麻种植与加工的官员。苴麻俗称"子麻"或"种麻"。段氏引《九谷考》云："《闲传》曰：夏至不作花而放勃，勃即麻实，所谓不荣而实，谓之秀者。"每年八九月间，"子熟则落"，人们"摇而取之"，尽收麻籽后乃刈之，"沤其皮而剥之"，"是为秋麻"，"色青而黯，不洁白"。[4]从品质来看，秋麻不如夏麻。

4-1-44　染色苎麻布

4-1-45　素色亚麻布

4-1-46　印花棉布

4-1-44

4-1-45

4-1-46

[1] 刘松来编著：《诗经》，青岛出版社2011年版，第89页。

[2] （唐）王建：《王司马集》卷二，四库全书本。

[3] （汉）许慎撰，（宋）徐铉等校：《说文解字》，上海古籍出版社2007年版，第662页。

[4] （清）段玉裁：《说文解字注》七篇下，清嘉庆二十年（1815）经韵楼刻本。

以麻纤维纺织而成的布料凉爽透气，很适合用来做夏季服饰，或许亦因此而有"夏布"之称。现在制作比较讲究的高档戏服的内衬依然采用夏布。

相比于蚕桑养殖和麻葛栽培，我国棉花作物的种植很晚，基本是在明清以后才大为普及，而棉布的流行也很快使之取代了麻葛的地位。在目前的天然植物纤维中，以棉麻为代表的纺织品仍然占据主流，其中棉类织物因价格较低而广受欢迎。在传统戏服的制作中，虽然棉麻类面料也曾独揽江山，然在某些误导性宣传理念的引领下，社会上出现了一种不分场合、不论条件、一味追求高档（低价）真丝面料的偏执。

梅兰芳在谈论"服装的色彩与质料"时说道："设计服装，当然不能永远拘于陈腐旧套，但对于旧的规律一定要彻底明白。""对于规律的理解，不可以简单的划分这样形式颜色好，那样不好。要知道这里面是各种不同条件配合起来的，产生的效果也各有不同。"他谈到舞台出场的"上下手""和文堂性质不同"，他们"是剧中作战的兵卒，在台上出现的实际人数虽然有一定的限度，但他们是象征剧中人数最多的一级人物，所以又不能像龙套那样每组有颜色的区别，只能是甲乙双方区别一下。一方是黄色老虎帽、袄子，一方是黑色老虎帽、袄子。双方都是红裤子，式样相同"。他说"兵卒采用这种服装有不少优点"。首先，"兵卒穿布衣是有足够根据的"，一来舞台上呈现的服饰有丝质，有棉质，可以有明暗不同的质感；二来舞台服饰有花的，有素的，各式服装可以起到相互衬托的作用，同时能够丰富舞台的色彩。其次，"这部分角色开打，翻筋斗，动作频繁剧烈，单的布衣布帽布裤，不但轻便，而且比缎绣的衣服结实耐用"。他还列举了一个事例："有的观众看了《闹天宫》，问这么多猴子，哪一个是孙悟空？""任何一个小猴都是黄缎衣服，也难怪观众分辨不出哪一个是孙悟空。"这实际涉及的是人物穿着与身份搭配的问题，即戏行中一直强调的"宁穿破，不穿错"。剧团舞美过于追求真丝面料的质感，却忽略了人物的身份，实际就是穿错了。梅氏称："旧《安天会》里，跟孙悟空站门的小猴，勾着不同的猴脸，又都穿着土黄色的布袄子，红布彩裤，只有持伞一个小猴打扮形状和孙悟空比较接近，但他的服装和脸谱主色是黑白两色，所以孙悟空卸了蟒靠和他也不致雷同。"单是从一众猴子的服饰穿戴，便已显出舞美技术的高下了。正如梅兰芳所言，戏曲服装固然"不能局限于旧的原封不动，但设计服装不能平均主义"。如何从服装的角度"突出人物和主题"，譬如"在一出有兵有将的大戏当中"，讲究棉质与丝质以及其他质料的服装的相互搭配与调节，"花团锦簇和纯朴简练的对比和匀称"等，显然也是一个十分重要的技巧性问题。[1]

---

[1] 梅兰芳著，傅谨主编：《梅兰芳全集》第3卷，中国戏剧出版社2016年版，第237—241页。

随着现代纺织工艺技术的不断提高，尤其是人工合成技术的突飞猛进，传统意义上的绫罗绸缎在织造工艺和原料使用等方面都已发生了翻天覆地的变化，出现了各种价格低廉而品质并不全都低下的人造丝或人造丝与棉、麻、蚕丝等混纺的各种长丝织造面料，简称人丝或混纺面料。有的人丝或混纺面料可以达到与棉麻甚至真丝面料十分相似的效果，有些人丝面料的品质、性能甚至比一些真丝或棉麻面料还要好。尤其是一些高品质的仿真丝面料，其光泽垂感以及柔韧性等方面与真正的蚕丝面料相比，几乎可以达到以假乱真的地步。为了区分不同材质的面料，人们通常把天然蚕丝面料简称为真丝面料，其他则称人造丝或混纺面料。但在实际应用中，很多普通消费者往往并不能真正区分人丝或混纺面料与真丝面料。这从另一个角度说明了现代纺织面料在技术上的巨大进步。

对于戏服面料的选择而言，人们完全可以根据传统戏曲表演的需要来选择合适的工艺面料，而不是偏执于真丝面料。否则，无论是从社会条件、制作成本，还是从预期效果、观众喜好来说，都会显得既不现实，也不合理。列举一个当下最为常见的案例，明明是要扮演一个贫困潦倒、失魂落魄的书生，非要让他穿上一件真丝绉缎打底、点缀五色绸布补丁的"富贵衣"，怎么看都会显得不伦不类，丝毫见不出舞台的美感来，哪怕它是真丝面料，有着真丝面料特有的诸多优点。

当然，制作传统戏服，无论是面料里料，还是用作填充或装饰的辅料，于细节之处精益求精，总不为过，前提是要恰到好处。

第二节　传统戏衣的设计制作流程

一、传统戏衣的应用设计

传统戏曲服装的设计与制作是一个比较复杂的过程。一套好的服装，一定是卓越的设计理念、精湛的制作技艺与优良的物质材料等多方面因素合力叠加的结果。

对于传统戏曲服饰而言，更多的是讲究规制，即规矩或制度。规制通常是比较固定的，譬如一件官衣或蟒袍，其衣式结构如何，衣身长宽多少，又或袖宽袖窄等，皆有定例。具体到每一个细节，如领窝开口，或是用来制作领口滚条的布幅，其长宽应当几寸几分，亦不可马虎。传统戏服讲究规制，表明有标准可依，不能乱来。但是如果由此就认为传统戏衣的制作很简单，照葫芦画瓢即可，那就错了。道理虽然简单，但制约传统戏衣行业的社会因素仍然有很多。

从市场角度来说，戏衣制作在更大程度上首先仍是一种生产行为，虽然从事这项工作的人不乏艺术的眼光与艺术的精神。在市场条件下，任何生产都必须考虑市场需求与经营成本，戏衣制作也是如此。从消费角度来说，传统戏服的消费群体从来都算不得大众，然而戏衣的制作过程却又很复杂，不仅工序繁多，而且极为烦琐。尤其是在传统服饰制度与现代穿着习惯严重脱节的当下社会，重复或模仿制作那些形制比较特殊的古代服饰本身就不是一件容易的事。在古代，服饰制度的制定包括图案纹饰设计在内，皆由专人负责，且不乏朝廷命官、丹青画手甚至帝王的亲自参与，然后才是经验最为丰富的工匠师傅带着技术娴熟的一流技工，使用最好的布匹材料，为宫廷贵族制作各种工艺精绝的服饰，包括各种戏曲舞蹈类服饰。在现代，没有了官方的业务指导，传统戏服行业不仅要求能够制作，而且需要具备自己独立的设计能力。如果仅仅是在现有版式的基础上稍加改动或重复性地原样复制，那么，这种过于僵硬呆板的版式通常很难适应市场需求的变化，尤其是当社会环境和市场需求越来越多样化时。

因此，在传统戏衣制作行业中，一套完整而成熟的生产模式，不能只是简单地复制加工，还应具备相应的设计能力。对于拥有一定规模的小型加工企业来说，一条完整的生产流水线，不能只是拥有生产车间的加工制作，还需配备一定的应用设计环节。一个好的设计是整个戏衣制作的灵魂。

值得注意的是，在分工较细的现代企业文化背景下，这里所说的设计并不只是简单的设计图版或绘画样稿，而是需要掌握从传统规制到文化习俗、从舞台应用到行当流派，从大众喜好到特殊需求，从材料选择到制作加工等方方面面的知识与技能。一个出色的设计师，首先要具备深厚的文化功底和过人的见识，然后才是过硬的技术能力。

文化功底包括多个方面，其中最重要的是对服饰制度的了解。在传统戏曲表演的舞台上，古代服饰制度最为简单直接的体现可以用一句最通俗的民间土话来概括，即"什么样的人穿什么样的衣服"，行里人称其为"规矩"，戏曲理论中将这种相沿成习、相对固定的模式笼统地称为"程式"。了解古代服饰制度，不仅要知其然，还要知其所以然，唯有如此才能深刻理解人物与服饰以及与主题或情节等诸多要素之间的紧密联系。

举个简单的例子，戏服有长短，诸如蟒袍、开氅、官衣、箭衣、褶子、对披（一作"帔"）等都属于长衣，又如袄、裤、裙、打衣、马褂等都属于短衣，帝王将相在朝堂之上要穿蟒配玉带，一般为官者需穿官衣，文士书生穿褶子，女子穿袄裤或袄裙等，这是一般规律。但在京剧或昆曲衣箱中都有一款十分普通又应用广泛的衣服叫老斗衣，素而无饰，其款式与素褶子十分相似，然比素褶子略短。这种衣服无论是男穿还是女用，腰间通常都要系上一条白裙子，行话叫打腰包。这种打扮是什么讲究呢？有一种解释说老斗衣实即劳动衣，为扮演社会底层穷苦百姓者所穿；"老斗"是对底层劳动者的蔑称。是不是蔑称，无从得知，但是音转的可能性比较大。[1]民间通常对年纪比较大的男性底层劳动者直呼为"老头"，在某种程度上它并不算一种礼貌的称谓。但在后台中，有时的确存在一种比较简省的称谓方式，如将《玉簪记》中潘必正戴的桥梁巾叫"必正巾"。杨小楼演《夜奔》一改昆曲中林冲夜奔头戴罗帽的传统，而将倒缨盔稍加改动，拿来戴之，后人呼其为"夜奔盔"。衣箱中未尝不存在这样一种可能，即各脚色行当所穿之衣都有一个比较明确固定的称谓，就连扮演穷苦讨饭之人所穿的补丁衣都有一个体面的名称叫"富贵衣"，那么扮演一个年纪偏大、地位卑微而又极为普通的劳动者，其所穿衣服又该叫什么，着实有点令人犯难。如果叫"劳动衣"，肯定不妥。毕竟，这类人物虽以劳动者为主，但在戏中出现时并非都在从事劳动。然若直呼"老头衣"，固然也不雅，于是聪明的后台师傅利用音转（谐音）而发明了这个略带调皮意味的名称也未尝不可。

根据老斗衣在舞台上的使用情况可以大致推测，它实际与古代文献中经常提及的短褐或布衣有些类似，即都是社会底层普通劳动者所穿。故其衣以棉布为之，且为单层，长仅及膝。这种衣服不像长袍大褂，形制略短，且比较单薄，盖劳动时于举手投足之间多有不便，因此，往往于腰间另围一裙，称腰包。戏中扮演地位低下的老年女性穿老斗衣亦需打腰包。明明类似裙的形制，不称裙而称腰包，说明其服饰的性质是劳动用衣，以此区别于富贵人家彰显身份、装饰华丽的衣裙。换句话说，与裙之功用不同，腰包非为富贵窈窕之美而生。在现实生活中，其更多服务于方便实用的目的，并维护了普通劳动者最后的体面与尊严。不仅如此，老斗衣与富贵衣所寄予的"否极泰来""富贵发达"等美好的愿望亦有所区别。作为衣箱中不可或缺的又一重要服饰品类，它实际所蕴含的是人们对于芸芸众生之普通生活的另外一种平淡不惊的处世态度与处世哲学。懂得了这个道理，老斗衣该怎么做，一目了然。换句话说，无论出于怎样的设

---

[1] 高艾军、傅民编《北京话词典》(中华书局2013年版)第515页释"老斗"为："知识浅薄的人，外行。"陈刚编《北京方言词典》(商务印书馆1985年版)第159页收录有词条"老斗鸡"云："世故深而难对付的老油子。"章炳麟撰《新方言·释言》(民国浙江图书馆刻章氏丛书本)援引《说文》："竖，竖立也。凡人初能立者谓之童竖，竖有短义。故《方言》曰：襜褕，短者谓之袉褕。竖犹袉也。"又曰："竖从豆声，或转如斗。今淮西谓童仆为斗子，直隶、山东谓农夫无知者为庄家老斗，即竖字也。""竖"字繁体作"豎"，从臤，豆声。

计理念，都不应违背这一最基本的文化常识。

又譬如前文所述，梅兰芳讲过去演《安天会》，众猴都穿土黄色布袄配红彩裤，只有孙猴子才穿黄缎猴衣，顶多再加一近侍（打伞的猴子）穿着与其比较接近，即便如此，该猴衣服及脸谱的色调与主演也是有分别的，区别很明显。如此则主次分明，合乎逻辑，不存在观众分不清谁是孙悟空的情况。倘若一定要谈艺术，这才能体现出艺术水平的高低。然而在后来的《闹天宫》中，一群大小猴子出场皆是黄缎猴衣，相貌穿戴乍一看全都一个样，没什么分别，从整体效果来看的确光彩照人，然其意义也就仅剩"光彩照人"了。

服饰制度的深层含义是：不同服饰的工艺、款式、材料多寡、品质高低、装饰手段以及图案纹饰等均从不同侧面、不同角度，在不同程度上彰显了衣主的身份、地位、财富、信仰、生活经历以及生活愿望等丰富的社会特征与个人信息。这一点可以从清代宫廷戏衣不同款式的八仙衣中体现出来。同样是八仙，由凡入仙，人物出身与个性不同，其所穿衣服也各具特色。其中，男性如曹国舅，民间传其为宋仁宗曹皇后之弟，出身显赫，故其衣制蟒氅结合，圆领大襟，衣缘饰宽边，刺绣团龙、八宝及海水江牙等纹饰，身后两条立摆，倍显气势。相比之下，铁拐李虽然号称八仙之首，民间传其借尸还魂，附体于瘸腿饿莩，蓬头孔目，胡子拉碴，为穷困窘迫状。太上老君送他金箍束发，又赠铁拐杖和酒葫芦，故着青衫短衣，开领如葫芦状，腰围衣带，系短裙。因其功德圆满，位列仙班，故衣绣青藤葫芦、盘长、花卉，并饰以宽边沿饰，以区别于凡夫俗子。其他如张果老原为道士，其衣式如道袍，又融合了八卦衣和开氅的某些特征，刺绣祥云、蝙蝠及圆"寿"字，寓意吉祥。蓝采和虽为男子，民间传其常女装打扮，手提花篮，拍板踏歌。故其衣着粉，式如帔，短衣身，如意领，饰腰襕及宽沿，绣蝴蝶、卷草、团花等纹饰，与人物似狂非狂的性格特点相应。作为八仙中唯一的女性，何仙姑本是民间一普通女子，得仙人度化，修道成仙。清宫戏衣中为其设计的款式制如绣花蓝褶，却又加饰腰襕，腰襕下垂五色绣花飘带，与宫衣相似。飘带上方掩以小腰裙，衣缘衬以白色绣花宽沿。整体特点是简洁明快，活泼而不失淡雅；丽而不俗，华而不媚。可以看到，从款式制度到材料用色，再到纹样装饰等细节，这些风格迥异的八仙衣处处彰显了宫廷戏衣精雕细琢、端庄大气的艺术风格。

仅就戏衣而言，无论是从其作为一种特定的文化符号，还是从它所体现的文化意蕴的角度来说，承载其上的传统戏曲表演绝不仅仅是一种单纯的表演艺术，更是一种装扮艺术。确切地说，它是在服饰装扮的基础上表达人们对舞蹈、音乐以及美术等各种艺术形式的审美追求。

4-2-1

4-2-2

4-2-3

4-2-4

4-2-1，4-2-2 中国艺术研究院藏清宫戏衣，曹国舅穿八仙衣（正反面）[1]

4-2-3，4-2-4 中国艺术研究院藏清宫戏衣，铁拐李穿八仙衣（正反面）[2]

[1] 选自中国艺术研究院艺术与文献馆编《传统戏衣》，文化艺术出版社2021年版，第105页。

[2] 选自中国艺术研究院艺术与文献馆编《传统戏衣》，文化艺术出版社2021年版，第109页。

4-2-5

4-2-6

4-2-7

4-2-8

4-2-5，4-2-6　中国艺术研究院藏清宫戏衣，张果老穿八仙衣（正反面）[1]

4-2-7　中国艺术研究院藏清宫戏衣，蓝采和穿八仙衣（正面）[2]

4-2-8　中国艺术研究院藏清宫戏衣，何仙姑穿八仙衣（正面）[3]

[1]　选自中国艺术研究院艺术与文献馆编《传统戏衣》，文化艺术出版社2021年版，第101页。

[2]　选自中国艺术研究院艺术与文献馆编《传统戏衣》，文化艺术出版社2021年版，第107页。

[3]　选自中国艺术研究院艺术与文献馆编《传统戏衣》，文化艺术出版社2021年版，第103页。

　　宋元时期，人们将杂剧表演中演员之扮官者称为"装孤"，现在人们将演员穿戴各种服饰以在台上扮演不同人物的表演行为称为"扮戏"。"扮戏"一词，体现了传统梨园行对演员穿戴各种戏曲服饰的最真实的态度。既然是装扮，就离不开对客观社会历史与文化生活传统的尊重。因此，一个好的设计者，在考虑传统戏曲服饰的设计与应用时，既不能抛弃"戏"的艺术性与功能性，也不能忽略在"扮"的实践中需要融入的对传统服饰文化与古代服饰制度等文化背景的关注与理解。

　　20世纪六七十年代，包括戏曲服装在内的与传统戏相关的内容都被当作"四旧"而毁掉，就连那些从事传统戏服制作的小手工业者也受到牵连。理论上来说，这固然是将艺术模仿与历史真实等同起来，混淆了概念。然而"艺术的真实"究竟该如何把握好尺度，也是传统戏衣设计者不得不认真思考的一个重要话题。纯粹写实的手法是艺术表现的一种形式，但并不能够完全代表艺术本身。传统戏服的设计与制作可以从历史的真实中汲取营养和灵感，然后用艺术的手段表现出来并运用于艺术的目的，如此才算完成了真正艺术的创作与模仿。换句话说，在艺术与现实"似与不似"之间找到微妙的平衡才是传统戏曲服装设计艺术的真谛。也正因为如此，传统戏曲服饰中才诞生了诸如水袖、四喜带、"当场变"、文武衣以及"学蟒"（一作"褶蟒"或"披蟒"）等比较独特的服饰艺术形式，以及那些寓意丰富、造型奇妙的图案艺术及装饰艺术。

　　文化功底的另外一个重要方面是对艺术规律与行业市场等方面的基本把握。举例来说，不同地方的戏曲服饰尤其是对于地方剧种而言，往往有其独特的地域特色。譬如北方京剧服饰以庄重典雅为美，南方江浙一带的越剧服装以风格飘逸、色彩艳丽见长，而广东粤剧在20世纪某一时期特别流行镶缀五彩胶片的戏衣。除了地域上的文化特色，历史上一些造诣深厚的戏曲理论家、表演艺术家或文化学者往往也会参与进来，与那些杰出的戏衣设计者或工匠大师等一起努力，创作产生了一批非常具有代表性的戏剧服装，并作为不同戏曲流派的经典款式而代代相传。以蟒服为例，其中比较有名的就有梅派蟒、马派蟒、裘派蟒、袁派蟒以及麒派的麒麟蟒和改良单靠袖蟒等不同种类。这些不同流派的蟒服都是在传统蟒袍的基础上改良而成的。

　　传统蟒袍的式样通常是比较固定的，然其具体的绣活图案以及装饰细节等却可以丰富多彩、争奇斗艳。梅派女蟒据说是梅兰芳扮演《贵妃醉酒》时创制的。由上海王锦荣绘画庄的画师谢杏生设计，天昌戏衣号制作。其典型特征是衣缘、领圈和袖缘等处皆饰以银绣云鹤纹深蓝色宽边，云肩和领圈处亦加装宽窄不同的同色装饰，衣身为红缎绒绣团凤牡丹圈金线加盘金绣海水江牙。色彩鲜明，对比

4-2-9　粤剧缀饰胶片的女蟒及局部，广州粤剧艺术博物馆藏

4-2-10　红缎素地梅派女蟒及云肩，韩永祉设计制作

强烈，含蓄而内敛，富贵而华美，与人物的身份、性格及命运特点等十分契合。

　　据苏州剧装厂李荣森先生介绍，裘派蟒有好几种，其中一种是大底肩饰游龙和"福""禄""寿"三字的黑缎盘金蟒。为《铡美案》《二进宫》等剧中的花脸人物所穿。而大底肩的样式据说是唐韵笙首创，来自唐扮关羽所穿绿缎盘金蟒。裘派花脸蟒的龙纹"加大加粗"，"前身侧龙尾甩后肩"，"后身坐龙显示粗犷"。另有一种裘派蟒在大底肩下增加了一些小团龙，同时改"福""禄""寿"三字为"福""寿"及"福寿"字同圈的火焰纹。马派蟒的特色是删繁就简——去掉传统蟒袍上行云八宝等烦琐纹样，改十团龙为前胸后背处各一团龙大蟒。又有袁世海创制的袁派改良蟒，其绣活图案为"狮子滚绣球"。

　　20世纪80年代，上海的谢杏生先生在已有四龙蟒的基础上创制了新的四龙

4-2-12

4-2-11

4-2-11　裘派蟒，韩永祉设计制作

4-2-12　文武衣，广州粤剧艺术博物馆藏

蟒，其特征是胸前、后背各一条龙，甩尾过肩，然后两袖各绣一条小龙。[1]李荣森先生称，四龙蟒诞生不超过80年，四龙蟒中的过肩蟒造型来源于传统的二龙蟒。传统二龙蟒则是在胸前、后背各饰一龙，龙脚过肩。

麒派的麒麟蟒最早是由京剧表演艺术家周信芳提出要求，谢杏生设计绘画的。周信芳7岁学戏，艺名七龄童，后改为"七灵童"。1907年在上海演出时始用"麒麟童"，遂以"麒麟童"而闻名。1957年至1958年，周信芳为演《徐策跑城》《萧何月下追韩信》等剧提出改良蟒的想法，不想要传统的蟒水图案。谢杏生先生称其既以"麒麟童"而名，干脆改蟒纹为麒麟，专门为其设计了以麒麟为主要图案的蟒袍。据徐世楷先生称，当时谢先生为其设计制作的麒麟蟒有好几种颜色，这些衣服后来在"文革"期间被烧掉了。

麒派改良单靠袖蟒是周信芳于20世纪40年代排演《文天祥》而特制的一套服装。该服装也是由谢杏生设计，天昌戏衣号制作。其形制与"文武衣"有些类似。"文武衣"即"一种半蟒半靠的戏衣，形同披蟒"。刘月美著《中国昆曲衣箱》中称其是"供开国元勋或建有军功者穿的"，"早期昆班"中有之，"现昆曲衣箱已不备"。[2]北方昆曲表演中有一种内扎靠外罩蟒、右侧蟒袖掖在衣内不穿的着装方式，叫"学蟒"（或作"褶蟒""披蟒"）。传统戏曲表演中的这种着装方式其实已有很长一段时间的历史。此前书著《戏曲盔头：制作技艺与盔箱艺术研究》在介绍《单刀会》中的关羽扮相时曾有所提及。明人罗贯中著《三国演义》中关羽攻打樊城时"止披掩心甲，斜袒着绿袍"[3]，这里的"止披掩心甲"和"斜袒着绿袍"实即传统戏曲中关羽这类人物"披蟒"的着装方式。过去，关羽在人们心目中是神一般的存在。在剧中扮演关羽，如果仅仅扎靠，这只是一般武将的穿扮，难以凸显关羽的与众不同，而"披蟒"则是身份和地位非同一般的另一种象征。广州粤剧艺术博物馆展出了一件现代人制作的"文武衣"，其铭牌注解称之为"文武袖"，是"粤剧及南方剧种常见的特色服饰，由传统文官长袍和武将服饰演变、改良形成，左袖为大袖，右袖为束袖，显示了穿着者文武双全的形象"。由此可见，粤剧服装中的"文武袖"当为"文武衣"的别称。与北方不同，粤剧的文武衣将文官袍服穿在里面，外罩形制比较简单的软甲，大抵相当于《三国演义》中所说的"掩心甲"，而文官服的左右两袖则一为带水袖的大袖，

[1]　参见潘嘉来主编《中国传统戏衣》，人民美术出版社2006年版，第71—72页；刘月美《中国京剧衣箱》上海辞书出版社2002年版，第95页；刘月美《中国昆曲衣箱》，上海辞书出版社2010年版，第10页。

[2]　刘月美：《中国昆曲衣箱》，上海辞书出版社2010年版，第6页。

[3]　杨耐：《戏曲盔头：制作技艺与盔箱艺术研究》，文化艺术出版社2018年版，第406—407页；（明）罗贯中：《三国演义》第七十四回"庞令公抬榇决死战，关云长水淹七军"，华夏出版社2013年版，第441页。

一为小袖套束袖，其整体造型与京昆剧中的"学蟒"区别较大，代表了南方地方剧种的戏衣特色。

从上面所举可以看到，传统戏服虽然讲究规制，但并非完全僵化，一成不变，而是守中有变。守的是基本制度，变的是表现形式。蟒的基本制度包括圆领（内加滚条）、苫肩、宽袍、大袖、挺立摆和蟒纹（包括海水江牙）。其中，苫肩比较独特，它是戏中区分文臣武将的重要标志。武将穿蟒需配苫肩，文臣则无须苫肩，然制作时却通常需要一并备齐。除了基本制度不能变，蟒服上的纹饰可以根据需要适当改变，进行一定程度的创作发挥。当然，这种创作发挥也要讲究出处和依据，是在继承的基础上有所发展，而不是随便臆造——这才是真正基于传承的创新，也是传统文化的意义之所在。这种传承有序、有传有变的发展规律是传统戏服设计艺术的重要规律之一。只有真正理解并掌握了这样的艺术规律，才能更好地从事传统戏服的应用设计与制作工作，设计生产出来的戏服产品才更容易被接受并获得观众（或称受众）的喜爱和认可。

受众接受程度的高低与市场空间的大小直接相关。受众接受度高，表明产品受欢迎，喜欢的人多，市场空间自然就大，反之则小。这是非常简单的道理。影响受众接受度的因素具体都有哪些，是戏服制作从业者不得不思考的事情。首先，质量和价格是诸多因素中最为重要的两个因素。对于传统戏衣而言，决定其质量高低的，一是面料工艺的材质性能包括各种辅料的优劣品质，二是制作水平的高低，包括产品的应用设计与创新能力。面料工艺好，制作水平高，演员不仅穿着舒服，而且舞台效果好，观众觉得好看，说明这衣服做得好，水平高。戏衣质量好，往往也意味着其制作成本不会低，故其产品价格也比较高，这又会反过来制约其受众的接受能力，导致接受度在一定程度上的降低。但是，影响接受度的并不仅仅局限于质量和价格等因素，还有其他一些社会或人为因素，如定制传统、定制要求及市场供给能力等。

在传统戏衣行业中，经常有人抱怨他们用心做出来的戏服因价格高而没人买。对于那些作为受众也即消费者的演员或剧团来说，他们自然希望以尽可能低的价格买到品质最好的产品。而对于很多生产者而言，高品质与低价格几乎是一对不可调和的矛盾。但是换个角度来说，这也许只是对从业者提出了更高的要求而已。即要求在提高质量与降低成本之间努力找到一个合适的平衡点，同时对自己的产品做好客户细分与市场定位。换句话说，客户群体的需求是多样化的，有高端需求，也有中低端需求，不同需求所对应的接受度也会有一个大致稳定的范围。对于同一目标群体的同一需求而言，其接受度不可能无限高，也不可能无限低。这是由市场规律决定的。关键问题在于，传统戏衣制作行业的从业者对于自己的产品定位究竟如何，是否清晰，以及是否有足够的能力向对应的目标群体提供合适的戏服产品。多数在本地市场站稳脚跟的戏衣生产者基本都具备这样的能力。

举例来说，同样是制作传统戏衣，有的从业者拥有比较大的企业规模，可以形成流水线操作。无论是人工还是机器操作，在技术实力相当、产品质量也相差无几的情况下，那么规模较小的从业者因为无法实现流水线操作，生产效率低下，人工生产成本高，戏服产品的价格也高，自然就没办法形成竞争力。除非流水线作业尤其是电控机器绣花（俗称"电脑绣"）的戏服产品在质量或数量及要求等方面，无法满足部分消费者的特殊需求，否则，传统戏衣制作行业中规模较小的从业者所遭受的冲击一定是惨烈的。

事实上，在经历了早期低质低价的量产阶段之后，由电脑控制的全自动机器绣花技术也在不断提升自己的品质，包括面料选择、图案设计、机器迭代、技术更新与工艺改进等。用从业者的话说，只要功夫下到极致，电脑绣花完全可以做到与人工手绣别无二致的程度，甚至可以比人工手绣更加细腻工整、更加美观大方。按照前面清人车善呈所剖析的机器工作原理，这并非没有可能，不过需要"智者"不断地努力"精研"而已。

就目前而言，在传统戏服制作行业中号称全国规模最大的电脑绣生产基地位于浙江永康及其周边地区。当地大大小小上十家电脑绣花企业之间同样存在着很大的竞争压力，而敢于拼搏突围的企业家亦需在人才技术、机器设备、制作工艺、图案设计、产品质量以及市场定位等方面不断投入并努力寻求突破。

电脑绣的速度已远非人工所能比，倘若其质量也全面提升，那么其对传统戏服纯手工制作行业所造成的巨大压力可想而知。在电控机绣成为一种必然趋势且无法回避的情况下，这后一部分从业者尤其需要对自己的产品特色、工艺水平、技术能力、人力成本以及市场环境等各方面因素做一个全面而准确的评估，找准自己的市场定位，并在发挥自身优势的基础上，积极努力地寻找应对之策，包括但不限于及时了解并掌握市场行情的变化与动向、消费群体的消费能力与消费喜好，努力提升更加积极开放的交流与合作意识，并在生产材料的选择与应用、设计理念的传承与创新，以及制作加工的技术提升等方面不断寻求突破。

简单来说，"传统"或"传承"从来都不是"一劳永逸"的代名词，而是一根联系过去、现在与未来的纽带。没有对过去的传统文化知识的掌握，包括服饰的功能、演变以及戏曲服饰与地方习俗、戏曲剧种、戏曲流派及舞台表演等诸多因素之间的密切关联，就失去了深厚的文化根基；没有对当下时代发展与科技文化知识的掌握，包括材料演变、技术更新、体制变化以及演出市场与消费群体的动向等，就无法精准定位自己的产品设计、生产目标与努力方向。如果不能适应当下的形势与变化，未来也就无从谈起。

准确地说，传统戏衣制作行业中原本并无"应用设计"一说。"应用设计"一词是现代服装设计学理论中的一个基本概念。但是这并不代表传统戏衣行业中没有与之相应的工作实践理念。在传统戏衣行业中，实际承担"应用设计"这一工作职能的人可能是同一个人，也可能是不同的人；可能是专职的，但更多是非专职的；还有很多时候是群智群策的结果。

《旧都文物略》"衣装之制造"云："自程长庚整饬装具，完全改革旧式，绘样制图，指导监工。"[1] 这里提到清末三庆班班主、京剧名家程长庚亲自"绘样制图"，改革旧式装具行头，不仅如此，还亲自"指导监工"，密切关注具体制作过程，对制作质量进行严格把控。这是演员加班主对服饰应用设计与实际制作进行干预指导的典型案例。

清末民初著名京剧评论家徐凌霄在《北平的戏衣业述概》中介绍了当时北京戏衣店的组织结构，有"铺长""管事""司账""伙计""跑外"等管理行政和销售的人员，还有"工师"和"绣工"属于技术方面。其中，"工师"大致相当于现在的"应用设计"，其"兼图样设计"，并"监督工人"。"图样设计"即画样。与现在的服装设计者在白纸或电脑上绘制平面设计图不同，当时的工师"画样时先用'香头'利用其灰色，恰似大号铅笔，后用粉笔描覆，即以其粉痕覆印于架上绷好之绸缎"。工师需要准备的图案分两种，一种是普通的，如蟒袍上的云龙、八宝、海水江牙，帔子上的"寿"字、团鹤，马褂上的团龙，以及开氅上的虎豹狮象等。另一种是特殊的，所谓特殊者，即被称为"改良"者。所谓"改良"，"实不过'改样'……凡有所'改'，辄曰'改良'"。其图案"则无一定，由定制者自出心裁，交与工师画样亦可照制"。[2] 从徐凌霄的描述来看，只要不按原来的传统样式做，便都算改良。而"工师"的所谓"图样设计"，行内也叫作"画活"，其主要任务是将画样直接画在布料上，然后交由绣工进行绣制。至于画稿，可以是定制者提出想法，由戏衣店来帮助落实画样，也可以是定制者直接提供画样，由工师按照客户提供的画样来完成定制。按照徐氏的说法，戏衣店的工师不仅要负责画（将图样直接画在布料上），还要负责监工，也即监督后续制作是否按要求进行、有没有走样等。

据自上海剧装厂退休的徐世楷先生介绍，在20世纪50年代"公私合营"以前，上海戏衣行业需要进行图样设计时有两种解决办法，一种是戏衣店有自

---

[1] 汤用彬、陈声聪、彭一卣编，钟少华点校：《旧都文物略》，华文出版社2004年版，第288页。

[2] 徐凌霄：《北平的戏衣业述概》，《剧学月刊》1935年第5期。

己的画图师傅，通常情况下可以自行承担图样设计任务，遇有特殊情况不能自行胜任时再去请更有名气或更为专业的师傅绘制；另一种是直接请绘画庄的师傅绘制。徐世楷先生讲，其先前所在的蒋顺兴戏衣铺一共有5个人，其中一人负责"打料"。打料即在布料上画出衣服的尺寸。打料之后将布料送至绘画庄，由画庄师傅按要求在指定位置画好图样，然后再将布料取回，交由绣工做绣活。徐先生说，一般要求不是很高的戏服，铺里师傅自己也能画，然若遇到名角，就必须请绘画庄有名的师傅绘画才行。这些画庄的画师譬如当时非常有名的谢杏生先生，通常不仅有着深厚的绘画功底，而且在传统戏服的纹样设计方面有着非常丰富的经验。

一般情况下，绘画庄的师傅只管画样，不管监工。后续的绣制、用线与配色等，皆由戏衣庄自行掌控。用徐世楷先生的话说，过去戏衣庄的老板如蒋顺兴的蒋老爷等皆非等闲之辈，他们在戏服的款式、用料、用色以及传统纹样的应用等方面有着十分丰富的经验，故而通常起着把控全局的作用。而戏衣庄里的大小师傅们也都要掌握一些与之相关的基本知识。

徐世楷先生说，"公私合营"以后成立的合作社，包括后来的上海剧装厂，实行的是现代企业管理制度，各科室车间分工明确。有技术科，有设计室，有绣花车间和成合车间等。打料的师傅专管打料，画花的师傅不仅管画样，也要管后面的配色、绣花等是否符合要求。另外，为了适应批量生产的需要，还要有专门的制版师傅和刷活师傅等。画花，也叫绘花，即现在通常所说的图案设计。过去上海、江苏等地将直接在布料上绘画的师傅直呼为"画白粉的"。

由此可见，传统戏衣制作行业并不是一个简单复制或机械模仿的服饰加工行业，而是要根据应用实践的需要，确切说是客户的具体要求，适时设计更新，作出适度的改变，唯此才能适应不断变化的需求。因此，在传统戏衣制作行业中，所谓设计，既不是对传统的彻底颠覆，也不是固守传统、止步不前。它是强调在深厚的知识储备与熟练的技术背景下应当具备的一种可以灵活发挥的技术实力。

下面结合一些具体案例，再来说说在传统戏衣制作行业的应用设计中应当具备的技术能力。

理论上说，结构和功能越是复杂的戏衣，其所需要的设计水平便越高。譬如靠，一件大靠，前前后后，一共由大小不同的40多个部件组成，每一个部件的大小形状、图案尺寸等都有讲究。徐凌霄在谈及"改良行头"时提到"庚子后流行甚久"的改良之风，称"其'行头'改良之惟一有据者曰肖真，例如'靠子''蟒袍'或从小说图像摩仿，或从历代名人遗影取式。不能说他们乱来，但此等肖真未必适合台上的动作。即如铠甲之腰包由后拦腰一围，再扎一条带子，所谓扎裹是也。但在戏衣，则靠之前后扇必须分开，若受此一捆，全身皆僵，起霸不能，连亮相都费事矣"[1]。"摹仿"或"肖真"虽然算不得"乱来"，然这种"改良"在徐凌霄看来却也算不得高明的设计，因为它并没有与戏结合起来，从而体现出一种真正为戏所用的、高超的艺术水平和技术水平。

　　一些看上去比较简单的戏衣，如褶或帔，其结构比较简单，装饰图案也相对比较少，但是不同花色与不同人物的搭配很有讲究。譬如大红、粉红等颜色的褶帔不能画菊花——用徐世楷先生的话说，这种衣服一般为戏中扮演富贵人物者所穿，故画牡丹者较多，寓意富贵吉祥。雪青、淡绿或淡紫等颜色多用于配角，可以画梅兰竹菊等图案，寓意坚韧高洁的品质。除此之外，纹样大小与繁简，布局或紧凑或分散，以及分布的具体位置等，也都能彰显设计者水平的高低。河北张家口的戏衣师傅韩永祉先生说，在他看来，"三小"衣最难做。舞台上扮演小生、小旦和小丑这类人物，用得最多的衣服就是褶帔袄裤裙等看上去比较轻薄的衣服，南方叫轻装或软活。这类衣服虽然看似简单，但是需要考虑剧情、人物等诸多因素，因此其设计也最为令人头疼。

　　沈阳戏衣师傅张立先生说，一个人的技术能力越全面，其设计水平便越高。如果是"全活儿"，自然有助于其设计能力的提升。所谓"全活儿"，就是掌握了从设计、画图、用料、打样，到刺绣、刮浆、裁剪、成衣等全流程、各个环节的制作工艺。从现代专业和劳动细分的角度来说，这似乎有点不可思议，几乎不太可能。在目前的传统戏衣行业中，更为普遍的现象是从业者有着比较细致的分工。通常情况下，一个规模较小的加工企业，有专门负责打版的，有专门负责画图的，也有专门负责裁剪和缝合的，至于刺绣则更是一个专行，甚至有专门负责配色和配线的。每人各司其职，各管一摊儿。其中，打版与传统打样性质相似，即都需要画出衣服各部位的具体尺寸。不同的是，前者需打出样版（通常是纸质的）来供其他工人反复使用，后者是直接在布料上画出样版尺寸。如果没有打好的样版，画图师傅便没办法确定纹样的具体位置和尺寸。当然，还有一种情况是设计人员将图样画好，然后由专门的师傅以针孔的形式将纹样复制在蜡纸上，再由专门负责刷活的师傅使用特制的颜料将蜡纸上的图样刷到布料上去，再然后是负责配线和配色的人员告诉绣工用什么线绣什么图。可以看到，这是一种比较固化的流水作业模式。

　　然而，无论是在过去还是现在，"全活儿"的现象并不罕见。尤其是对于那些制作经验比较丰富且规模普遍较小的传统戏衣作坊来说，"全活儿"是一种必

---

[1] 徐凌霄：《北平的戏衣业述概》，《剧学月刊》1935年第5期。

要的生存技能。即便是在当下的应用实践中，一个略有规模的加工企业，其真正优秀的设计人员——用张立先生的话说，各道工序可以不精，但必须都会才行。这样说不是没有道理。

举例来说，作为一个设计人员，平面图画得再好看，做成衣服却效果不佳；或者一件衣服整体看着好看，但具体到细节部位，如领、摆、衣襟或靠肚等不知道如何处理，或处理得不是很地道，同样会使得做出来的衣服看着别扭或穿着难受，这些显然都缘于应用设计能力的不足。换句话说，它实际涉及一个从平面绘画到立体转变的应用过程。这是一个技术娴熟的工师必须考虑到的重要问题。

据徐世楷先生讲述，过去上海有名的戏衣铺如蒋顺兴戏衣庄一般都有专门画图打样的师傅。通常如果客户有具体想法，就按客户的想法去设计图样。如果客户没有提具体要求，仅说要一件红色女帔或别的什么衣服，那么店里就需要按照传统的样式去给客户设计制作。只是与绘画庄有名的专业画师相比，戏衣作坊的师傅在绘画技术上可能稍有逊色。因此，但凡遇到特别讲究的客户时，徐世楷的师父也即蒋老板就会派他到画庄请谢师傅（谢杏生）绘画样稿。去之前，师父会特地问一句："你应该知道画什么吧？"徐得回答"知道"。如果不知道，师父会仔细交代清楚，然后再去画庄。到画庄，将要求给谢师傅讲明白。简单的图样，谢师傅可以当场画好。复杂的图样，谢师傅会酝酿半个小时左右才动笔。"公私合营"进厂以后，谢师傅担任设计，据说他每天上午很早就到厂里了，下午走得最晚。人们上班后能看到他一直在忙着画图。用徐世楷先生的话说，只要交给谢师傅的活儿，他都能画出来，而且画得特别好，很让人满意。画好的图样拿给绣娘，有经验的老绣工基本都知道什么图该用什么色线，如何来表现纹路，颜色该如何过渡等。万一遇到不知如何处理的难题时，谢师傅会亲自指导讲解明白。

苏州剧装厂厂长李荣森先生年轻时在绣品厂随父学艺，先从描图、戳样开始，继而学习绘图设计。与此同时，他跟其父学习了关于配色、针技与绣法等与绣花相关的基本知识。1977年恢复传统戏以后，李荣森开始跟父亲学习剧装制作技术。1979年回苏州后他一度被安排在放绣站，从开料、画花、检验到涉及绣活、成合以及色彩、用途等方面的知识技能都了解掌握了许多。李荣森的父亲李书泉（1921—2009）最早是技术出身，后来才钻研画图设计。李书泉学绘画设计主要靠临摹自学，因其"懂得制作"，又广吸博纳，故在设计及配线方面取得了长足的进展。1956年合作化以后，"他首先被调入设计室"。李荣森的爷爷李鸿林（1891—1966）少年学艺从熨烫绣片开始，然后学各种缝纫技巧，又通过"跑乡"掌握了添线、配线以及针法等与刺绣相关的基本知识，最后才开始学习出样（也即开料）、剪裁、成合等制作技术。在被派往北京分店工作期间，李鸿林认真研究了宫廷戏衣及北京各名家流派戏衣的特点，最终，"其手艺突飞猛进，除善于造型设计外，成合缝纫技术也相当精湛"。据悉，"李鸿林一生授徒甚多"，"除了以教授徒弟的方式"进行技艺传承，"还以制作样本和绘制图稿的形式传承技艺"。[1]

上述案例说明，传统戏衣的应用设计与工艺制作之间存在着一种十分微妙的关系，二者相辅相成，不可截然分离。

下面以张立先生为例，对戏衣的应用设计流程做一个完整的介绍与描述。张立先生目前以高级设计师的身份受雇于浙江永康某绣品公司，然其工作职责却并不仅仅局限于绘图，而是包含一系列应用设计方面的内容。首先从接单开始，也就是一旦拿到客户的需求订单，设计人员便需根据客户的要求，尤其是客户能够接受的价格、期限及其预期达到的效果等，进行一个很好的规划设计，包括面料的选择、工期的安排等。如果面料和辅助材料都是现成的，自然会比较省心，否则还得考虑面料的筛选与购置等问题。不同戏服，因为剧情的需要，往往在面料材质尤其是工艺、颜色等方面有比较特殊而苛刻的要求。以面料颜色为例，为了追求新颖独特的表现效果，客户或设计所需的面料颜色往往无法在市面上直接买到，这就需要根据具体情况进行特殊染制。这种需要特殊染制的面料因其需求量小，没办法到染厂大批量染色定制，故往往都是小缸染制。有的是请规模较小的专业染坊染制，有的则是自己直接染制。

接下来着手戏服的设计工作。传统戏服的款式尺寸基本都是固定的，通常无须大作改动，除非有特殊要求，可以进行微调或重新设计。遇到一些不太常见或需要改良的戏服，因为没有现成的版式、尺寸或纹样可依，这就需要对版式、尺寸及图案等方面进行重新设计。一般情况下，传统戏服的应用设计主要体现在面料的选择、图案的绘制、颜色的调配以及各种装饰的表现方式等方面。这里重点介绍一下图案的酝酿构图与设计绘制。

在酝酿构图的过程中首先需要确定的是服饰的整体风格，或繁或简，颜色基调、地域特色及类型流派等，都要尽可能做到胸有成竹。这就要求设计者不仅要具备深厚的艺术素养，而且要积淀各种丰富的文化知识。譬如剧团要定制一件梅派的红色女蟒，设计人员首先要对该剧团的大致情况有一个初步的了解，包括剧团的性质、规模、经济实力以及所处的文化背景如地方习俗、历史惯例、风尚喜好等，然后才能有针对性地确定一个比较合适的风格类型。同样是梅派红色女蟒，有红缎素地，有锦纹或万字铺地。前者相对简洁，后者更显富丽饱满。即便

[1] 韩婷婷：《苏州剧装业百年传承——以苏州李氏家族三代传人技艺传承为代表》，硕士学位论文，苏州大学，2010年，第42—43、32—37、12—30页。

是同为素地，在比较具体的图案纹饰及颜色搭配等细节方面又各有不同。具体选择哪一种，自然与剧团当地的经济条件、风尚喜好以及文化意愿等各方面因素有着比较密切的联系。

不同地方不同剧种的同一种戏服，在整体风格、具体做法以及纹饰细节等方面通常都会存在或多或少的差异。与此同时，相同地方同一剧种不同剧团的同一种戏服，因需求不同也会存在差异。譬如为了从当地不同剧团的演出中脱颖而出，有的剧团在定制服装时会相互比照，提出类似于"你给我做的衣服要比给他家的还要好"这样的要求。在同种款式同等价位的前提下，这个"还要好"往往就体现在图案设计、颜色搭配与做工细节等方面。以浙江永康中月婺剧二团定制的红缎素地梅派女蟒为例，设计人员在原有旧制的基础上，按照自己的设计风格对衣缘宽边的仙鹤纹饰稍加调整，从而产生与老样不同的表现效果。这是传承与创新的理念在传统戏衣的应用设计中灵活运用的表现方式之一。因此，在整体风格大致确定的前提下，构图细节的处理往往也是考验设计人员水平高下的一个重要方面。

酝酿构图细节的过程并不只是琢磨如何把每一处的图案线条画得尽善尽美。用张立先生的话说，绘制戏服图案，与平面设计图案并非完全一回事。不仅要考虑图案纹饰在衣服上的具体位置、呼应关系、动静效果等，还要考虑其与刺绣工艺、制作工时及产品成本等相关因素之间的关系。

以四龙蟒服为例，其前胸后背各绣一条大龙，左右衣袖上各绣一条小龙，绣完以后，小龙应当位于袖臂外侧，且龙尾在上，龙首在下，做侧面回首仰视状。潮州话叫"叉手龙"。潮州制作戏服的师傅宋忠勉先生说，戏衣蟒袍上用叉手龙是考虑到戏曲演员在台上演出时经常有抬臂拱手的动作，这时衣袖外侧朝向观众，用叉手龙视觉效果会好一些。如此则绘图时如何处理好衣袖内外侧的构图关系以及龙首与龙尾间的顾盼关系，就显得十分重要。

与叉手龙相对的叫放袖龙，用于神衣。神衣是寺庙用以装扮神像的服饰。神像通常为坐姿，两臂下垂，端放于前，衣袖上的龙饰位于袍袖正面，且为正面龙，便于瞻仰，故云"放袖龙"。

又譬如二龙蟒，其胸前后背各饰一条大龙，大龙甩尾过肩，四只龙脚或在同侧，或有一对龙脚过肩。同侧的四只龙脚，其姿势各不相同。海派谢门弟子陈莉蓉称其师父（谢杏生）传有"拿""抓""蹬""踏"四字口诀。即便如此，每只龙脚具体伸展到何处，如何来表现，不同的人往往有不同的理解或可彰显不同的文化底蕴。

仅以龙头为例，同样是侧面龙，也可以千人千面。2023 年 4 月 10 日笔者采

4-2-13

4-2-14

4-2-13 红缎素地梅派女蟒（局部），浙江永康中月婺剧二团定制

4-2-14 红缎锦纹女蟒（局部），广州粤剧艺术博物馆藏

访期间，张立先生在白纸上随手展示了三种侧面龙的画法，有来自其师父的，有来自其父亲的，还有在学习前人的基础上自行创造的。不管是哪一种龙，都有其鲜明的个性与独特表现力。再譬如绣花女褶，若胸前绣花，则其花朵不仅要大小合适，而且上下左右的位置也要恰到好处，否则就会影响穿在身上的效果。

至于图案纹饰对于工艺、工时及成本的影响，最直接的一点是纹饰越复杂，绣工就越多。如南方潮绣服饰特别讲究垫绣，无论是刺绣人物花鸟还是动物博古等，俱要在底布上先用棉絮纱布等材料细细地垫出一个比较立体的图案轮廓，然后再用五色丝线在上面刺绣精美图案，将垫衬物料包裹在内，从而呈现出五颜六色、精美绝伦的立体图案来。这种使用垫衬的立体刺绣自然要比平面绣多耗费许多工时。然而，同样是平面绣，譬如刺绣一花朵，其花瓣的大小多少以及线条的走势等，也会影响到绣工的难易程度、刺绣针脚的走向以及刺绣工时的多寡等问题。尤其是盘金绣，特别讲究线条的完整流畅。如果图案设计不合理，那么就有可能对金线的走势造成困扰。而所有这些对工艺或工时的影响，最后都会直接或间接地以经济成本的形式反映出来。上海的徐世楷先生还列举了龙鳞的例子，如将 6 片龙鳞改为 4 片，就会省许多工。

因此，用张立先生的话说，一个真正合格的设计人员不能只会平面图的设计绘制，还要考虑其对后续工作的影响。这就是为什么要求设计人员在技术能力方面，不能仅仅是擅长绘画，还要了解前后相应的制作工序。

当然，在比较具体的行业分工中，也有一些只管画图的专行，譬如前面提到过去北京、上海、苏州等地都有专门的绘画庄，画庄是一个独立的行当，而画师也可以是一个比较独立的职业。画师（或只是擅长绘画的人）画好图样（平面线条图）以后，将其交给戏衣行中专门负责放样、画活的师傅，由画活师傅将图样放大到合适的尺寸，并使用白粉将其直接画到布料上。也有画师是将图样直接拿白粉按 1∶1 的比例画在布料上，这道工序行话叫"画白粉"。如上海的谢杏生师傅就经常被人呼作"画白粉的"。一些制作戏衣的小作坊如果不是很擅长绘画或不具备当下所谓的图案设计能力，就会花钱请那些擅长绘画的人来给自己绘制，行话叫"画花"。苏州剧装厂李荣森的父亲李书泉在 1956 年公私合营之前"只承担开料、成合还有一个刺绣的工序"，后来开始钻研"图案设计"的一个重要原因是请人画花的成本太高。"当时一件女帔在新中国成立前顶多赚 2 块钱都不到，但其中一半利润要支付给画花人"。李书泉学图案设计没有拜过师，"主要是采用写生临摹的方法来摸索"——这是戏衣行中很多具备绘画天赋的手艺人的一个共同特点。由于"懂得制作"，因此绘制的图案"比绘画作坊的稿子更活"，"画稿与戏衣尺寸相匹配，布局各方面掌握良好"。[1] 这也可以说明，一个会"全活儿"的设计师为什么要比单纯只会画图的设计人员在戏衣图案的应用设计方面更加游刃有余。

---

[1] 韩婷婷：《苏州剧装业百年传承——以苏州李氏家族三代传人技艺传承为代表》，硕士学位论文，苏州大学，2010 年，第 35—36 页。

二、传统戏衣的制作流程

传统戏衣的制作流程简单来说主要有开料、画活、绣花、刮浆、裁剪、成合及装订等几个重要步骤。

开料

开料也叫打料、打样或出样，即在选好面料以后，根据长短需要，截取一定长度的布料，并使用粉线儿或粉片在布料上打好尺寸，北方叫"打粉线儿"，南方如广东、上海等地叫"打样"或"打料"。清末广东佛山人吴趼人（自称"我佛山人"）著《滑稽谈》"打样"条云："凡起造房屋，必先绘为图，谓之打样。"[1]20世纪三四十年代活跃于上海文坛的"民国洋场作家"汪忠贤与漫画家许晓霞合作推出的《上海俗语图说续集》中称"打样"一词"在上海有几种不同解说"，其中"凡建筑或制造器具，必先绘成图案，详注尺寸、物料、形式、颜色等项，使工匠按图制造。此项图画绘制人，现在已尊称为工程司，但上海俗语则称为'打样鬼'"。[2]上海蒋顺兴戏衣庄学徒出身的徐世楷先生称，制作戏衣首先要打料，也叫打样，就是在烫平的布料上画出戏衣各部位的尺寸，目的是固定尺寸，为下一步画活做准备。[3]苏州戏衣行称之为"出样"。与建筑或制造器具中的"打样"略有不同，戏衣行中的"打样"虽然也需要画出样式、标注尺寸，然却不是只在纸本上出个图样，而是直接画在布料上，以开展下一步的制作。

当然，在戏服制作行业，"打样"之"样"还另有一解。以前，苏州、上海、杭州等地的剧装厂做过一种绘有各种戏衣图样的小册子，用来给客户做参考。河北张家口制作戏衣的韩永祖师傅也绘制了一本这样的小册子，便于客户选择订货。清宫档案记载，宫廷戏衣的制作通常是先在纸上画出小样，经呈览批准后方可比照审定后的式样严格按照要求来制作。现在有些剧团聘请的舞美设计人员并非传统戏衣行的从业人员，他们在设计服装时往往只是先画出图案小样，然后将小样拿给戏衣行中专门擅长画活的师傅，再由其使用白粉将小样中的图案按照1：1的比例放大绘制到布料上去。

开料或打料看似简单，实际却比较复杂，技术难度也比较高。首先，将裁剪好的一大块布料平铺在一个比较大的工作台上，布料的四周用别针将其牢牢

[1] 我佛山人：《滑稽谈》，扫叶山房书局1926年版，第15页。
[2] 汪忠贤文，许晓霞图：《上海俗语图说续集》，上海大学出版社2015年版，第190—191页。
[3] 2023年5月15日下午电话采访。

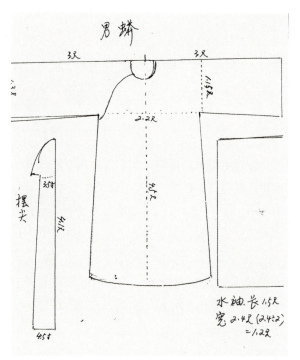

4-2-15

4-2-16

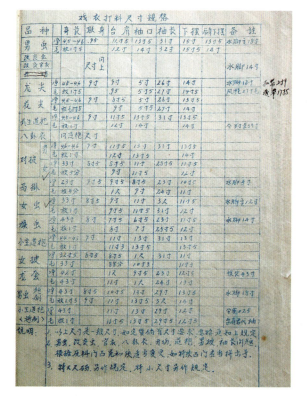

4-2-17

4-2-15　男蟒尺寸小样，韩永祉绘制

4-2-16　小旦衣尺寸小样，韩永祉绘制

4-2-17　上海剧装厂戏衣打料尺寸表（1978），
徐世楷提供

4-2-18　上海剧装厂戏服尺寸表（1978），徐世楷提供

固定住，布面绷紧，不能松动。其次，用烙铁或熨斗将布料烫平，不能有任何褶皱。最后，借助木尺，使用粉线儿或粉块在布料上打出衣身、衣襟以及领袖等每一个组成部分的线条尺寸。

开料是一个技术性很强的工序。对于很多手艺不精的人来说，其最大难度在于如何精准把握不同戏衣的构造和尺寸。譬如一件蟒服或一件大靠，其基本形制如何，都由哪些部件构成，每一个部件的具体形状及大小尺寸如何等，都要做到心中有数，了如指掌。在打料画线的过程中，各个部位的结构图不仅要求线条清晰、尺寸精确，而且还要在绘制的过程中善于将各个部位的结构图进行很好的排列组合，尽量充分合理地利用布料的每一寸空间，如此才能使得对布料的利用尽可能做到最大化，从而节省物料，不造成多余的浪费。因此，打料实际不仅仅关系到衣式、尺寸如何绘制等技术性难题，还涉及物料多寡及造价预算等比较实际的材料使用问题。

徐世楷先生讲，过去上海戏衣庄基本每个店都有一个专门负责打料的人。他们能把各种戏衣的尺寸牢记于心，而且都是口传心授，世代相传。"文革"期间，不仅传统戏被禁演，旧的戏服也被烧毁。改革开放以后，传统戏虽然得以恢复，然而由于从业人员流失比较严重，传统戏衣行业中擅长制作的技术人员出现青黄不接的现象，继而导致技术断层。20世纪70年代，北京、上海、苏州等地的剧装厂都曾安排老一辈技术人员和设计人员做了一些恢复工作，他们凭借记忆，整理或绘制了一些传统戏衣的尺寸和纹样，并将其制作成册，这些小册子流传后世，成为宝贵的参考资料。

一些有过亲身经历的从业者说，从事传统戏衣的制作，如果不知道衣服的具体尺寸，根本就没办法下手。因此，有些从事这一行的私人老板往往不惜花费重金将那些曾在剧装厂工作的老师傅聘请过来，专门负责打样、制版工作。有的甚至不远千里，从北京、苏州或上海等地聘请有经验的老师傅来传授技术。

现代戏衣制作行业中的所谓"制版"，是从西方服饰制作工艺中借鉴过来的一个概念。体现在工艺上，主要是使用牛皮纸等硬纸板按照服饰各部位的尺寸大小剪裁成型，目的是方便工人掌握使用。它实际是一种成本较低的复制模仿手段，缺点是尺寸固化，缺少灵活变通。一旦遇到客户对现有尺寸不满意，希望进行调整时，"打样"便成了难以解决的技术难题。因此，必须在开料或打料方面具备精湛的技术实力，才能在制作过程中灵活处理类似的、可能经常遇到的技术性问题。

画活

画活是传统戏衣制作中的一道重要工序。过去画活师傅经常拿白粉直接在布料上画图，因此也被叫作"画白粉"。与打料不同，虽然都是用粉料在布匹上绘制线条纹路，然打料主要画的是服饰裁剪缝合等部位的大小尺寸，线条以直线居多，只有个别特殊部位如领口、腋窝等才会用到一些有弧度的线条。画活则主要是绘制各种图案纹样，包括花鸟虫鱼、飞禽走兽、龙凤祥瑞、八宝吉祥、海水江牙等，其线条形式千变万化，不一而足。至于什么衣服画什么图案，都有什么规矩，还要视具体情况而定。

画活这项技艺跟其他工序有一个很大的不同，即需要很强的美术功底。过去北京、上海、苏州等地都有专门的绘画作坊或绣花作坊，可以通过传统师徒传承的方式传授绘画技艺。在近代戏衣行业中享有盛名的绘画技师如上海的谢杏生、北京的李春等人都曾经是画庄或绣坊学徒出身，学过绘画的基本技能。也有一些本身就是戏衣行的师傅，他们虽然没有拜过师，然却从小善于观察模仿，或受过一定的熏陶，具有很好的绘画天赋，然后在结合工作实践的基础上，虚心学习，勤学苦练，从而在戏衣的绘画设计方面达到比较高的造诣，譬如苏州的李书泉、张家口的韩永祉、沈阳的张立、许昌的蒋现锋等皆属于此类。不管是哪种情况，那些手艺精湛、经验丰富的师傅往往都有一个共同的特点，即悟性高，观察力强，善于思考，因此，在绘画设计方面的表现力也比较丰富。

从事画活的师傅有的出自戏衣行本行，有的则另属一行。以上海的谢杏生先生为例，在 20 世纪 50 年代"公私合营"以前，他原本在绘画庄学艺谋生。谢先生虽以绘画戏衣纹样而名，然严格来讲，他并非戏衣行的从业者。绘画庄所承接的业务内容甚为广泛，戏衣纹样不过是其中的一项。其他如枕顶、被褥以及各种衣用服饰甚至器物上的图画纹样等，但凡有需求，来者不拒，皆可承担绘制业务。上海剧装厂成立以后，谢先生由绣品厂并入，担任专门的戏服纹样设计师。北京的李春最早学艺于绣花庄，属于绣行。李春早年学得绘画和绣花手艺后，也曾一度刺绣肚兜围嘴并绘制一些画样，摆摊售卖，以此为生。至于开设绣花局、为梅兰芳设计戏衣以及与人合伙开设三顺戏衣庄等是其三四十岁以后才陆续展开的事情。虽然不属于戏衣专行，但从李、谢二人的从业经历来看，他们在接触或直接进入戏衣行之前，不仅具备了扎实的技术功底，而且积淀了丰富的从业经验，因此才可以在后来的戏服设计中大放异彩、声名远扬。

值得注意的是，过去的戏衣作坊通常规模不大，活儿也不多，有顾客定做戏衣，一般也就是一两件或一两套，很少有类似现在的批量定做。如有顾客需要特定的图案样式，技艺高超的画活师傅基本都是抬手即画，信手拈来，多不过三两日，少则立等可取，随需而画，随画而用。不同师傅有不同的画风，同一师傅为不同戏服所画纹样也不尽相同，由此形成传统戏衣绚烂多彩的风格。

然而，这种直接在布料上画白粉的传统工艺主要适用于活儿不多、量不大且无须复制的小规模尤其是单件或单套戏衣制作。如果要大批量制作同一款式及花色的戏衣，就需要将图案原稿（通常尺幅较小）按照戏衣实际大小尺寸放大绘制在白纸上。白纸尺寸若不够大，需多幅拼接。譬如一件大蟒，衣身长四尺六（约153厘米），前后身连起来长度达到九尺二（约306厘米），超过了3米。这时如果按照1∶1的比例在白纸上绘图，白纸需要拼接至3米多长。小的部件，如裙片、袖片、领片等部件的尺寸不是很大，可以使用小幅纸张。

接下来在白纸上蒙一层透明的蜡纸，然后使用针头在蜡纸上比照着从底下白纸上透过来的图案纹路，一点一点扎孔刺图，刺出一模一样的图案轮廓，行话叫"针稿"，一作"凿花"，也有叫"制版"或"戳样"，相当于镂版，是一种比较古老的传统手工艺。针稿用的工具一般由大头针自制而成。现在南方普遍使用电动针稿工具。蜡版做好以后，将准备好的布料平铺在干净整洁的工作台上，四周用别针固定，使熨斗或烙铁烫平，然后将蜡版铺在布料上方，以镇尺压住边缘，或用别针固定，以避免发生偏移错位。用一种特制的刷活工具蘸上颜料后沿着蜡纸上刺有针孔的轮廓快速涂刷，让颜料顺着针孔均匀地漏下去，

4-2-19

4-2-20

4-2-19　绘制图稿，韩永祉演示

4-2-20　针稿制版，韩永祉演示

4-2-21　自制针稿工具

4-2-21

4-2-22

4-2-23

4-2-22　局部刷活，韩永祉演示

4-2-23　蓝缎使用白粉的刷活效果

4-2-24　纸稿图版，韩永祉制作

4-2-25　大蟒蜡纸图版，韩永祉制作

4-2-24

4-2-25

　　从而在布料上以点状形式构成具有连续感的线条图案。这种漏印工艺实际自古代传统漏印技术发展而来，拥有比较久远的历史渊源。

　　20 世纪 70 年代，我国江西贵溪渔塘公社仙岩一带的崖墓群中发掘出土了春秋战国时期使用了漏印技术的印花织物。隋唐时期，我国的漏版印制技术已达到很高的水平。"这种技术首先是制作漏版，漏版的材料可以是木板或者皮革，也可用绸帛或硬纸浸过油漆之后制作而成，然后于其上描绘图形，进行雕刻，镂空制成漏版。印刷时，将需印染的织物对折，夹在两块完全相同的漏版中间，用刮板或刷子分别在镂空的地方涂刷染料或色浆，除去镂空版后展开织物，织物一面的对称花纹便会显示出来。"[1] 古代这种在织物上漏印的技术也被称作"夹缬"。缬，即指使用了这种漏印技术的印花织物。可以看到，目前在传统戏衣行中使用的这种漏印工艺与古代织物上的漏版印花技术在制作原理上一脉相承。传统戏衣行通常凭借这种漏印的方式在布料上完成图案纹样的快速复制工作。这道工序北方行话叫刷活，南方叫上稿、揩花、印花或扫花。

给绣布上稿的方式大致有三种：第一种是把样稿直接描画在绣布上。这种方式一般适用于面积较小的纹样刺绣。戏衣上的刺绣面积通常比较大，一般都是在大绣绷子上进行，手工描画效率低下，而且对画图的技术水平要求很高，因此戏衣行通常不使用这种方法。第二种是制作漏版，即通过刷活工艺将图案印在布料上。漏版的制作可大可小，灵活方便，因此也是戏衣行中应用最为普遍的一种印花方式。第三种是借助拷贝灯进行白描。其原理是在玻璃框中安装小灯，将光源放在拷贝台下，拷贝台上铺放图稿，图稿上铺放布料，直接描画图案，也可以铺放蜡纸，制作漏版。专业的拷贝灯价格不菲，民间如福建等地使用普通灯泡代替，即在玻璃板下放一灯具，玻璃板上面铺放图样、白纸或布

4-2-26

4-2-27

4-2-26　刷活车间，肃宁超亮戏剧服装厂

4-2-27　版藏室，肃宁超亮戏剧服装厂

[1]　韩丛耀主编，朱永明、胡天璇著：《中华图像文化史·文字图像卷》，中国摄影出版社2018年版，第256页。

料、蜡纸。打开电灯开关，当灯光照射上来，图稿上的纹样就可以清晰地透在白纸、布料或蜡纸上，然后拿笔在白纸或布料上进行描摹复制，或用针锥在蜡纸上扎孔刻版。这种使用灯光照明来增加图案亮度的方式虽然很有效，但对眼睛的伤害比较大，而且设备过于复杂，使用起来也不方便，因此，在目前的戏衣行业中并不多见，基本已被淘汰。

另外，随着技术的进步，南方很多戏衣行业已普遍使用电动打孔机来打孔制版。这种电动打孔机虽然仍需人工手持操作打孔，但打孔速度很快，效率极高。缺点是当打孔速度太快时，打出来的针版可能会出现孔眼太细、不均匀或不连续的情况。孔眼如果太细，印花时粉料漏不过去，布料上线条印不出来。孔眼不均匀或不连续，印在布料上的线条效果也会很差。相比之下，用手工一针一孔扎制出来的漏版孔洞相对匀称，印制出来的纹样线条也比较流畅清晰。

上稿工艺中使用的颜料通常是自行配制，配置时需要用到白蜡、鬼子蓝或洋蓝（一种经济实惠且比较好用的蓝色颜料）、加立德粉（一种白色的粉料）以及煤油等。先把白蜡放在锅中化开，然后加入鬼子蓝或洋蓝以及加立德粉，搅拌均匀。颜料熬好以后，放置凉凉，待凝固后装入盘内备用。现在一般使用加工好的化学颜料，呈粉末状，直接加煤油调和即可，方便快捷。刷活前，要先取少许颜料，放在浅盘中，加少许煤油调和均匀，即可用来进行刷活。韩永祉先生说，使用煤油调和是因为煤油容易挥发，且不容易产生晕染污损的现象。上稿前除了准备好颜料，还要准备好刷活工具。刷活工具可用碎毛呢做成，用其蘸取少许颜料，控制好浓度，便可以在铺好的漏版上快速刷涂印花。

值得注意的是，作为一种小手工业，过去民间传统戏衣行业并无"绘图设计"一说。20世纪50年代"公私合营"以后，在现代企业制度背景下重新建立起来的戏衣行业纷纷设立了设计、开料、绘印、刺绣、成合以及检验等技术生产部门，在原先戏衣行或与戏衣行相关的从业人员中，一些擅长绘画尤其是擅

4-2-28 白粉，
沈国锋提供

4-2-29 洋蓝，
沈国锋提供

4-2-28　　　　　　4-2-29

长画活的师傅作为技术骨干力量被调入设计部或设计科，专门负责戏衣纹样的绘画设计。因此，现在的人们经常把传统的画活称作绘画设计。实际上从前面的介绍可以看到，现代所谓绘画设计与传统画活并非完全一回事。现代的设计文稿都是在图纸上进行的。纸稿设计完成以后，由制版人员按照纸稿的纹样制作漏版，然后再由负责绘印的技术工人将其印到布料上去。传统的画活工艺被分解成了画样（纸样）、制版和漏印三个步骤。待戏衣制作完成以后，又有专门负责质量检验（简称"质检"）的技术人员对成品进行检验。严格来说，这种现代企业生产模式的建立并未完全改变传统戏衣的制作流程，只是为了适应批量生产的需要，而在制作方式上略做调整。但是随着生产技术的进一步提高，电脑绣花逐渐流行，电脑绣花是将设计人员设计的图案纹样直接输入电脑，在电脑上制版（设定相关参数）以后，由电脑程序直接控制绣花机在布料上绣花即可，根本无须在布料上进行传统的图案绘印。因此，在采用电脑绣的戏衣制作行业中，传统的画活包括制版和刷活（刷印）工艺也就彻底没有了。

绣花

将印好纹样的布料上绷以后就可以绣花了。绣花纹饰是传统戏衣文化的重要元素之一。除了少数素色服装，一般戏衣上都会绣制一些颜色艳丽的纹饰，尤其是大蟒、大靠、开氅等被称为"硬活"的戏衣，更是采用大面积彩绣纹饰，以此彰显戏中人物的雍容华贵、气度不凡。其他如褶、帔、宫装、箭衣等戏衣也少不了绣花纹饰的装点。因此，绣花是戏衣制作中很重要的一道工序。

与画活有些相似，那些能够自己绣花的戏衣作坊，其戏衣制作中的绣活可以自己做。如果活儿比较多，人手不够，通常会拿到外面去绣。还有一些戏衣作坊没有自己的绣工，或是图省事，也会将绣活拿到外面去请别人做。换句话说，戏衣行可以有自己的绣花工人，同时绣花本身也可以是一个比较独立的行当。过去社会上从事绣花的人比较多，有男有女，并不局限于女性。从业态的角度来说，有职业从事刺绣的绣花庄、绣花局等绣花作坊，也有将绣花当作家庭副业的散户。过去在城市中职业从事绣花的绣工一般为男性，盖女子一般足不出户或需在家料理家务，只有男子才外出打工。据国家级非物质文化遗产戏曲盔头制作技艺传承人李继宗先生介绍，20 世纪 50 年代以前，李家盔头铺华林昌旁边有一个绣工作坊，里边的绣工全是男工。"公私合营"时期，北京传统小手工业中与戏曲相关的制作行业一部分加入了盔头社，另有一部分加入了北京剧装厂，譬如当时比较有名的把子魏和把子赵也加入了北京剧装厂，而把子魏原在北京校尉营胡同 38 号有一处比较大的院落，一半留作自用，做把子，另一

4-2-30　绷布上的绣花图案，韩永祉戏衣

半租给别人做绣花。当时里边有 20 多个绣花工人，俱为男性。以男性为绣工的现象在过去很普遍，南方如浙江杭州、江苏苏州、福建莆田与潮州等都不乏男绣工。李继宗先生说，过去那些绣花工人的收入很低，生活十分清苦。这些绣花作坊的绣工以及周边农村地区的刺绣散户，根据其所掌握的绣花技艺也分好多种，不同的绣工承接不同的绣活。

　　齐如山著《北京三百六十行》提到北京的"绣货作"，"种类很多，且各有专长"，有的专门承接棺罩片、轿围子的绣花，特点是"线坯大而绣工粗，只要远看醒目便妥"。张立先生提到过去的绣工中有一种叫"大坯工"，盖即擅长这种绣工。有的承接补服、手绢、汗巾等绣活，这种做工"又细一点"。又有"绣鞋面等小件的作坊则专讲精细，因都是细看之物也"。除此之外，还单有一"平金作"，虽然"绣花之人多能平金"，"但平金另有专行"，"因绣工之平金都是代做，慢而且劣，不及专行快而且平。从前这行最多的工作是补服，如今则专靠戏衣了"。[1] 按照齐如山的说法，平金在以前也另算一行，由于时代的变化，平金行的传统业务少了，这才改靠戏衣。至于"绣货行"有无"专靠戏衣"，或者如果有的话，其具体如何，齐如山在该书中并未提及。但我们可从徐凌霄《北平的戏衣业述概》一文中窥到大致情形。徐文在介绍戏衣店的组织与工作时说道："（戏衣店）有绣工……其按工计价，与成衣铺、绣庄相同。惟绣庄提及戏衣庄之绣工，辄加嗤笑，本来台上表现是远射的，不宜太细。生角净角所著，

[1]　齐如山：《北京三百六十行》，载梁燕主编《齐如山文集》第七卷，河北教育出版社2010年版，第102、103页。

尤不宜于太细。太细者台下看上去反而芜杂模糊。"从绣庄对戏衣庄绣工的嘲笑来看，自然是嫌其活计太粗，看不上戏衣的绣花。即便如此，戏衣庄的绣活也有内外工之分。徐文称："绣工分内外两活，稍细者如蟒袍之身与袖在本铺之做坊。于铺之另室或别院，设长架四五，绣工一一安坐于每架之两边而事其描龙绣凤之工作，此为'内活'，其蟒袍下之海水另为一截，则送往永定门外，由乡村女子承绣，以及承做之裁缝等则为'外活'。"[1] "外活"，用现在的话来说，就是"外包"。换句话说，过去北京戏衣店很多比较具体的活包括绣活、裁剪以及缝纫等都是外包。这是老北京戏衣行业的一个很重要的特点。20世纪50年代成立北京剧装厂以后，该厂的很多绣花仍然是外包给周边农村地区的绣工。当时北京剧装厂的业务量很大，厂子地方有限，根本无法容纳太多大绣绷。据说为解决绣工问题，当时北京剧装厂专门派人到周边河北农村地区的绣活加工点进行技术培训。现在的北京剧装厂只剩下很小的一块儿门脸儿房，若要定制戏衣，绣花仍需放到河北偏远农村去做。

由此可见，北京的绣庄要么不做戏衣绣活，嫌掉价，要么另有平金行或其他绣工来承接。当然，像李春那样因谋生困难，由绣行而被迫改为专做戏衣的情形在清末民初也并非偶然现象。事实上，由于时代风气的转变，时人崇尚西洋简洁朴素的服饰风格，改传统服饰为西服或洋服，传统绣花作的生意渐趋没落，在看到戏衣的生机后，纷纷改做戏衣，由此而成为老北京所谓"戏衣的专行"。

除了北京、上海、天津等地，很多地方的戏衣行也都是由绣行转变而来，这也使传统的绣花技术在戏衣制作中得到一定的传承。

传统绣花技艺非常丰富，但在一般戏衣制作中所使用的针法或技艺并不是很多。一来，演员穿着戏衣在舞台上演戏，对于观众而言是远观，刺绣的图案针法不宜太细，如果太细，远处看不清细节，模糊一片，效果反而不好。二来，戏衣作为一种演出道具，它与生活服饰或装饰摆件的服务性质完全不同。戏衣服务于舞台表演，不仅追求装扮效果，而且讲究经济实用。如若针法烦琐细密，绣工过于精细，不但于装扮实效无补，反而影响使用，浪费钱财。因此，戏衣上的绣花有其自己的讲究和特色。

关于配色，一般的服饰或装饰性绣花只需考虑纹样自身的色彩和美感即可。戏衣上的绣花配色更多考虑的是舞台观演的效果。而影响舞台观演效果的因素有很多，既有自然人文环境中的观赏距离、舞台光线（或灯光）以及文化习俗等客

---

[1] 徐凌霄：《北平的戏衣业述概》，《剧学月刊》1935年第5期。

观因素，也有演出剧目的情节、主题，剧中人物的身份、性格与年龄，以及观众的欣赏习惯与接受心理等主观因素。打比方说，戏衣中对于大红、大绿两种色彩的运用就比较独特。不管是南方还是北方，民间普遍有类似"红配绿，丑得哭"这样的俗语。在日常生活中，用大红配大绿，通常很难让人接受，因为色彩对比太强烈，对人们的视觉冲击太大，这与人们在日常生活中所追求的宁静祥和的意愿或情绪构成冲突。不仅如此，时间长了，还容易产生视觉疲劳。然而，在戏衣中使用大红大绿却显得很艳丽，也没有丝毫的违和感。这是因为舞台上人物装扮的目的就是突出形象，吸引关注，而这也符合了台下观众的心理预期（希望在戏中看到与平时不一样的新鲜事物），因此人们是可以接受的。浙江金华制作婺剧服饰的徐裕国老先生在谈到戏衣的配色问题时经常提到一句金华俗语，即"红配绿，心肝肉"，以此说明金华人对"红配绿"这种色彩搭配的喜爱程度。实际这种对比强烈的颜色搭配，并非只有金华人喜欢，全国很多地方的人都喜欢。对比强烈的色彩搭配本身并没有任何问题，关键在于将其运用在什么地方。除了大红大绿，为了突出人物形象，在戏衣的配色制作中还会经常用到白与黑、蓝与白、黄与黑等能够形成强烈视觉冲击的对比色。

戏衣绣花中对于色彩层次的选择与处理，与其他绣花也很不一样。一般生活中用于装饰的绣花，通常在色彩层次上过于追求丰富细腻和生动逼真的效果，但在戏衣中却不可以这样。戏衣绣花中最常使用的是相近颜色的三种渐变色，譬如要绣蓝色或红色的花瓣，分别使用的是深、中、浅三种不同的蓝或红色。如果绣绿叶，使用的也是深绿、绿和浅绿三种颜色。这种三色相近的颜色运用法，行话叫三蓝、三红、三绿或三黄等，南方统称三彩。除此之外，南方苏州等地的戏衣在配色方面又有"显五彩""野五彩""素五彩""全三色""独色"和"一抹色"等传统方式。"所谓五彩，并不局限于某五种线色，而是多种线色的总称。"换句话说，所谓"五彩"，就是指戏衣绣花中随意选定的几种颜色，它只是一种泛称，并不特指某五种颜色。"全三色"即指前文所说同一种颜色的深、中、浅三种不同的颜色。"显五彩"，是指"选择对比关系最强烈的线色组合"，常用色有"洋红、玫瑰红、火黄、洋绿、湖绿、湖色、苹果绿、青莲色"等。简单来说，基本上就是以红黄蓝三原色再加上传统"上五色"中的绿色为主色来调和而成的几种颜色。而"野五彩"主要是指"传统色彩以外的各种间色"，常用色有"朱红、橘红、橙黄、叶绿、油绿、红头紫、古铜红、豆沙色、玫瑰紫"等。而"素五彩"，"则指冷色系统（包括中性色）诸色，适用于男式服装，特别是'老生'和'穷生'服饰。所谓"素五彩"之"素"色，显然并非一般字面意义上的素色（白色），而是指戏衣中比较"素净"的衣服所使

4-2-31

4-2-32

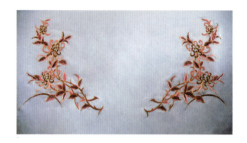

4-2-33

4-2-31　四喜带红绿配，韩永祉戏衣

4-2-32　靠肚牡丹三蓝绣，韩永祉戏衣

4-2-33　角花渐变色，韩永祉戏衣

用的颜色，其色调以冷色系或中性色为主，譬如蓝、绿、紫等冷色系和黑、白、灰等中性色。[1]

　　不管是"显五彩"，还是"野五彩"，它们的整体风格还是比较艳丽或是能够产生比较强烈的视觉对比效果的，如蓝绿两色在与白色素地进行搭配时尤为明显。"显五彩"一般用于戏中由小生、小旦所扮演的主要人物，以烘托剧中人物高贵不凡的身份，或是表现青年男女活泼开朗、聪慧妩媚的性格特点。"野五彩"则一般用于剧中的配角如彩旦所扮演的媒婆等。这类戏衣的配色虽然也"强调色彩鲜艳，对比强烈"且"毫无章法"，但是"却把一个'俗'字表现得恰到好处"。盖雅正与世俗是区别"显五彩"与"野五彩"的最大特点。"独色"是指"不需搭配"的"单色运用"，如"一般大靠的扉裙（腿裙外边配舞的两块侧裙），武生的腰箍和旗腰、飘带等醒目部位均使用独色绣"。"一抹色"是将

[1]　潘嘉来主编：《中国传统戏衣》，人民美术出版社2006年版，第123页。

"两到三种接近的绣色糅合使用"，"介于'全三色'和'独色'之间的一种色彩搭配方式"，因"远观为一色，近看为多套颜色搭配的艺术效果"，故称"一抹色"。除此之外，还有一种配色叫"文五彩"，它是"上世纪50年代才出现的配色方法"，"其冷暖色调兼备，对比较弱，追求和谐柔美、温文尔雅之感"。[1]

由此可见，所谓"文五彩"，主要是就色彩的对比强度而言的，它既不像"显五彩"那样艳丽夸张，表现力强，又不像"素五彩"那样低调安详，和顺肃穆，更不似"野五彩"那般世俗、芜杂。"文五彩"讲究的是沉稳内敛，超凡脱俗。

配色在戏衣绣花中所发挥的作用十分重要。用张立先生的话说，传统戏衣的绣花纹饰讲究"三分画，七分绣"。陕西安塞妇女们有句话叫"画花容易配色难"，即"认为赋彩比起画草图来要更难些"。虽然如此，那些活跃在民间的"乡土艺术家们"往往都会在长期的实践中总结出一些非常宝贵的配色经验，譬如"撒粉红，收真红；撒洋蓝，收深蓝；撒黄绿，收黑绿"等，还有"黄见紫，恶心死；红见蓝，狗都嫌；红绿相随，相互照应；红显大，绿丑差"等。[2]

对于过去那些技艺精湛的绣工而言，戏衣绣花中的配色用线通常都是凭借感悟和经验，无须特别的指导。图案设计人员或画活师傅提供的纹样基本都是

4-2-34　　　　　　　　　　　　　　　　　4-2-35

4-2-34　绿褶子上的菊花绣，上海剧装厂生产，宋一山收藏

4-2-35　白褶子上的三灰色角花，上海剧装厂生产，宋一山收藏

[1] 李明、沈建东：《苏绣》，译林出版社2013年版，第160—161页。

[2] 安塞县文化文物馆编，杨宏明、陈山桥、谢妮娅主编：《安塞民间绘画精品》，陕西人民美术出版社1999年版，第127页。

白描线条图，并无色彩可言。戏衣行制作的戏衣需要放绣（即放到外面去绣）时，一般都要事先做一些考察和摸底，寻找有经验的绣工，然后才决定是否放绣或在哪里放绣。如果找不到合适的人手，便只能自己培训了。广东潮州的宋忠勉先生称其 12 岁便开始学绣花。当时他上初一，一个学期的学费是 4.5 元，母亲让他放学后帮着家人绣花赚学费。20 世纪 80 年代初，宋忠勉进入街道办开设的戏服厂工作，戏服厂的生意一度兴盛，绣花都是拿到乡下农村去做。宋忠勉负责"跑乡"。1984 年 11 月，宋忠勉从工厂辞职，自己开店营业，为了做绣活，他亲自到周边一些农村地区寻找合适的绣娘并传授绣花经验，提高她们的绣花技术和水平。

苏州过去很多地方都设立有放绣站，以镇湖刺绣发放站（简称"放绣站"）为例，"在以吴县刺绣生产合作社为基础成立吴县刺绣厂之后，镇湖便成为该厂的外发加工基地之一"。设在镇湖的放绣站"一直扮演了很重要的角色"，"全乡以刺绣生产合作社为组织形式，通过放绣站对外承接加工任务，从事刺绣生产和获得刺绣收入"。放绣站在绣品厂和农村绣女之间起到了一种"桥梁和纽带"的作用："对于刺绣总厂来说，放绣站是总厂的一个派出机构，负责生产任务的分配和实施；对于镇湖来说，放绣站是农村通往城市的一个窗口。"[1]

放绣站的运作方式是"由放绣站负责到总厂领取绣件（生活），绣女到放绣站领取刺绣的加工件。任务急的刺绣件，则由放绣站人员配好线带了绣件到绣女家当面交代任务：规定刺绣花样、技艺要求、人工要求（即这件绣件做多少人工，按多少人工结算钱款）、完成时间要求。放绣站知道哪些人擅长绣什么绣件，谁的做工好，谁偷懒拖延，谁老实勤快"[2]。从技术上来说，放绣站"不仅是一个生产管理单位，同时也是一个技术交流和传播的机构"。"放绣站在安排生产的过程中，刺绣站工作人员还定期下乡检查刺绣生产进度，倾听绣女的意见和要求，解决绣女在生产中遇到的技术难题。绣女也可以主动到站上就生产中的问题向站里的工作人员求教。有时，上级联社也派技术人员下乡进行现场的技术咨询和指导，帮助绣女提高技术水平。"这种"放绣"的模式与北京剧装厂过去的做法十分相似。

20 世纪 70 年代，苏州剧装厂也设有自己的放绣站。1979 年年底，此前被下放到农村的李荣森刚回苏州，当时被分配到苏州剧装厂，首先是被安排到放绣站工作，而此时的李荣森"一心想进技术部门"。这时有个老师傅对其进行"点拨开导"，称"设计室仅限于图案，不如放绣站全面，放绣站承上启下，要

---

[1] 叶继红：《苏州镇湖刺绣产业集群研究》，古吴轩出版社 2007 年版，第 32—33 页。

[2] 林锡旦：《博物　指间苏州　刺绣》，古吴轩出版社 2014 年版，第 227 页。

检验上道开料、画花是否有问题，绣好以后要检验成合是否有问题，不仅涉及管理而且在技术上涉及检验、针法、绣法、色彩、用途（比如给什么剧种、什么角色使用）"[1]。这说明，传统戏衣的绣花在绣线配色和刺绣技巧等方面，在很大程度上会受到民间绣花技艺的影响，同时它也体现了民间绣花技艺的特色。

目前，"放绣站"作为一种管理刺绣生产的机构虽然早已不存，但"放绣"这种模式至今仍在浙江、广东、江苏、福建等很多地方流行。譬如广州、杭州、绍兴以及台州等地制作戏衣的加工厂因为本地刺绣成本太高，通常会把比较重要的绣活以邮寄或快递的方式送到苏州去做。类似这种情况，绣花所涉及的配色、针法或绣法等问题一般都由技术熟练的绣工来自行掌握。

至于戏衣绣花中需要用到的针法或绣法，通常以平针绣和盘金绣为主。平针绣即平铺刺绣，没有太多的技巧，是一种非常普通的针法。一般戏衣中的刺绣图案使用的都是平针绣法。盘金绣又叫平金绣，它是用金线在布料上盘出花纹，一边盘一边用订线将其固定。盘金时通常是两根金线并列盘制，其技法又分满盘、勾边、叠鳞等几种。满盘就是整个图案都用盘金绣成，如蟒袍上的蟒纹、水脚等一般都用盘金绣成。盘金要求"疏不露底，密不成堆"，线条流畅，订线规整。勾边也叫圈金，是指用金线沿着纹样的边缘走一遍线条，使得绒绣图案的轮廓更加鲜明。叠鳞也叫压鳞，是蟒袍中盘鳞片时需要用到的一种技法。用这种技法盘出来的鳞片，看上去的效果是一片鳞片压着一片鳞片，栩栩如生，很有立体感。

平金绣需要用到金线或银线，俗称金银线。金银线分片金和捻金。片金为金箔切片而成，宽仅0.5毫米，为片状金线，多用于织锦。捻金则是以丝或棉线为芯，将切成窄条的金箔与线芯捻合在一起而形成的圆金缕丝线，亦称圆金。捻金线有金色和银色之分，南方有些地方又将其称作金葱线或银葱线。刺绣中使用的金银线基本都是捻金线。捻金线有粗细之分，其粗细取决于线芯的数量。传统捻金线有1—5根芯不等，线芯越多，金线便越粗。现代工艺的金线可以做到很细，最细直径仅0.5毫米。金线越细，盘金便越费工。然戏衣中的平金绣并非越细越好，太细则订线较多，绣出来的纹饰也比较细腻，远距离观看时效果并不是很好。戏衣中的盘金绣一般使用5股金线，即线芯由5根线组成，也有用4股或6股的。

其他如拉锁绣、打籽绣、纳纱或戳纱绣以及堆绣、贴花绣等偶尔也会用到，但比较少见。拉锁绣，顾名思义，其绣出的效果是针针盘拉、环环相扣，刺绣

[1] 韩婷婷：《苏州剧装业百年传承——以苏州李氏家族三代传人技艺传承为代表》，硕士学位论文，苏州大学，2010年，第43页。

4-2-36

4-2-37

4-2-38

4-2-36　盘金绣，清代戏衣（局部），中国艺术研究院藏

4-2-37　现代盘金绣，韩永祉戏衣

4-2-38　吊鱼盘金贴绣，广州粤剧艺术博物馆藏

4-2-39　靠肚盘金堆贴绣，浙江义乌婺剧团藏

4-2-39

时需要用到两根针，将一根针上的线绕在另一根上形成一个小线圈，然后用另一根针将线圈钉住，如此循环往复，绣出精美的图案。清代龙袍或龙褂上的海水纹样通常使用拉锁或长拉锁绣，以此来表现海水的波澜起伏。拉锁绣十分耗费工时，若绣制同样一个纹样，其所耗工时差不多是平针绣的 5 倍。打籽绣一般用于刺绣花卉的花蕊，使得图案看上去形象生动。堆绣或贴绣等属于立体刺绣手法，通常只用于局部细节如兽首、虎头、龙须、吊鱼等。纳纱绣有时也被称作戳纱绣，区别在于后者不用满绣，可以露纱底，前者则需满绣，不露纱底。纳纱绣同样也是一种非常耗工耗时的刺绣技法，一般只有在高档绣品或宫廷戏衣中才会使用。清代《同治九年六月档案》中有一份记录载云："一件鹅黄缎细绣五彩云水全洋金龙袍，需用绣匠六百八工，绣洋金工二百八十五工，画匠二十六工六分。每件工料银合计为三百九十两二钱一分九厘。一件鹅黄透缂五彩云水全金龙袍，需用缂丝匠九百九十工，画匠二十四工七分，每件工料银合计为三百四十两八分二厘。"[1] 类似这种不计成本的"细绣"宫廷袍服显然不是普通戏衣所能承受的。

从具体针法来讲，传统戏衣中经常使用的除了平针以外，还有套针、施针、鸡毛针、斜缠针等。套针常用于刺绣花鸟动物及人物等纹样的细节，如花叶或鸟兽羽尾的晕色效果等都可以用套针来表现。其针法是"一批一批地施绣，将下批插入上批成套"，"前批和后批如鱼鳞一般层层覆盖，又像犬牙一样互相错开"。[2] 施针，也叫施毛针，与套针有些相似，也是一种讲究针线疏密层次的绣法，即先下针比较疏落，然后根据过渡色彩的需要，分别用不同绣线，逐层逐步加密，最终将先前留下的稀疏空间逐渐填补丰满，成为过渡色彩丰富细腻且十分自然的完整图案。通过这种绣法，可以呈现出图案纹样中浓淡色彩过渡时的层次感。鸡毛针，"该针法因其成品效果形似鸡毛而得名"，"按用针方法可分为稀疏、紧密和交叉绣"[3]，比较适合花叶、羽毛等纹饰的绣制。斜缠针则是从纹样轮廓的一端起针，另一端落针，绣线呈斜向。一般绣花叶纹饰时用得比较多，可以更好地呈现叶脉走向。

在绣线的使用上，传统手绣一般使用线绣或绒绣。绒绣分劈绒和不劈绒两种。南方有比较讲究的私彩（私人定制）偶尔会用劈绒，即将绒线劈开，分成几股来使用。劈绒后的绣线比较细，纫针适合选用特小号铁针。劈绒绣的特点

[1] 张琼主编：《故宫博物院藏文物珍品全集：清代宫廷服饰》，商务印书馆（香港）有限公司2005年版，"导言"第26页。
[2] 朱利容、李莎、陈凡编著：《蜀绣》，东华大学出版社2015年版，第57页。
[3] 邵晓琤：《中国刺绣经典针法图解：跟着大师学刺绣》，上海科学技术出版社2018年版，第49页。

4-2-40

4-2-41

4-2-42

4-2-43

4-2-40　线绣，清代戏衣（局部），中国艺术研究院藏

4-2-41　绣花线

4-2-42　北方绒绣，韩永祉戏衣

4-2-43　南方绒绣，杭州蓝玲艺术服饰有限公司

是针脚细密，纹样细腻。这种纹样适合近看，不适合远观。因此，戏衣中的绒线绣一般不劈绒，直接使用绒线来进行绣花。绣花绒线比较粗，使用的绣花针也相对粗一点。绣出来的图案的整体特点是豪放粗犷，远看轮廓比较醒目。线绣所使用的绣线为加捻合股线，绒线则非合股加捻线。民国时期的戏衣多用线绣，现在很少使用。无论是绒绣还是线绣，皆以真丝线为佳，其色泽亮丽，绣出来的图案富有光泽。另外，绣线出厂时通常是盘束状，绣工在刺绣之前需要重新整理绣线，盘在纸托或线托上才方便使用。

　　以上所讲戏衣绣花均为传统手工绣。传统手绣根据绣活的多少或难易程度，一般又将绣工分为重、中、轻。[1]南方戏衣如潮剧服饰有重装和轻装之分，重装戏服绣活比较多，绣起来难度也比较大。轻装戏服绣活较少，刺绣难度也要小一些。

　　20世纪30年代，随着西方缝纫机的大量流入，使用缝纫机操作的绣花技术（简称"机绣"）也开始在我国发展起来。50年代以后，全国很多地方都建立了机绣厂。机绣不仅速度快，而且好的机绣产品可以达到与手绣相媲美的程度，尤其是对针法要求不是太高的绣花产品，采用机绣可以大大降低人工绣花的成本，然其缺点是针法比较有限，表现方法比较单一，不如人工手绣表现力丰富。不仅如此，机绣入门的难度也比较大。对于很多人来说，随手拿起一枚绣花针来飞针走线远比操控一台机器要简单许多。更何况，绣花机本身也是一种比较昂贵的设备，一般家庭承担不起。在传统戏衣行业中，目前南北方多少都还保留了一些机绣工艺，但更多的是人工刺绣或电脑刺绣。

　　电脑刺绣最早于20世纪80年代从西方传入中国，由广东、福建以及江浙等地逐渐扩展到内地。早期电脑绣技术水平较低，刺绣产品质量较差。近年来，随着软硬件技术的迭代更新以及设计能力的不断提升，电脑绣的制作水平也越来越高。在图案纹样、材料品质以及制作工艺不断提高的前提下，用电脑绣制作的戏衣产品因人工成本较低，价格低廉，满足了很大一部分中低档消费者的市场需求。

4-2-44

4-2-45

　4-2-44　　机绣，肃宁超亮戏剧服装厂

　4-2-45　　电脑绣，肃宁超亮戏剧服装厂

---

[1]　参见天津人民出版社编《天津风物志》，天津人民出版社1985年版，第76页。其"刺绣"中提到"绣工分重、中、轻"。

　　与人工绣花相比，电脑绣有很大的优势。人工绣费眼费时、效率低下不说，不少地方的绣工的绣花技术水平也参差不一，尤其是许多刚入行的绣工，绣花手艺不是很精湛，刺绣的产品质量也不是很高。而电脑绣花只要将事先设计好的图案纹样输入电脑程序，通过周密计算，设定好参数，绣出来的产品不仅针脚细密匀称，而且速度极快，效率很高，还省去了在布料上绘制底稿的麻烦。缺点是缺少人工的灵活性，尤其是在绣制大片的图案时，机器在移动针头时容易出现点位错位等问题。在绣花的表现方式方面，电脑绣不如人工手绣自由灵活，风格多变，富有想象力和创造力。不仅如此，电脑绣的机械设备造价很高，一套最普通的绣花设备动辄好几万甚至上十万元，而且更新换代的速度非常快。这对于那些实力一般的小业主而言，是一个不小的压力。另外，以电脑绣为中心而形成的流水线分工较细，不同生产环节安排紧密，环环相扣，一旦其中一个环节出现问题，其他环节都会受影响，继而可能会造成巨大的人力浪费，无形中增加生产成本，因此，对于以传统人工手绣为主的戏衣行业来说，面对电脑绣所带来的巨大的压力，这未尝不是一个良好的、可以扬长避短的发展机会。

刮浆和剪裁

　　绣活做完以后需要刮浆（一作"挂浆"）处理。刮浆就是在绣布背面均匀地刷上一道糨糊。糨糊以面粉加水调和而成。蟒、靠之类的重装活要求质地挺括，不仅要通身刮浆，而且刮浆要厚，糨糊要浓一些，南方叫"满浆"。褶、帔之类的小生服不需要太硬，刮浆需薄。可以通身刮浆，也可以只在绣花处刮浆，糨糊略稀，南方叫"花浆"。刮浆的目的大抵如纱线上浆一样，可以增加面料和花线纤维间的抱合力，并在织物和绣活的背面形成一种保护性浆膜，以增加其耐磨性。尤其是对于绣活而言，可以使绣线与布料之间贴合得更紧密，防止跑线。

　　刮浆看似简单，但对浆料的浓度和质量等要求都比较高。制作的浆料要均匀细腻，既要有良好的成膜性和足够的黏着力，又要具备一定的流动性。刮浆时，浆料不能只是覆盖在织物和绣活的表面，还要具有一定的渗透性，能够均匀渗透到织物及绣活的内部，使单根纱线或花线之间相互黏结。如果浆料太浓或太稀，或刮浆不均匀，都会使刮浆的效果大打折扣。

　　刮浆通常在台案上进行，也有的在绷布上进行。刮浆前要将绣片背面朝上，平铺在台案上，用别针将其固定，然后再开始刮浆。刮浆的过程中要一边调整绣片，一边刮浆。绣片上的绣活有走形、跑针的地方，需要拨弄平整，然后通过刮浆进行固定。刮浆以后，将其放在阴凉处晾干即可。东北的张立先生说，

4-2-46

4-2-47

4-2-48

4-2-46　绣片刮浆准备，苏州剧装戏具厂

4-2-47　刮浆绣片，肃宁超亮戏剧服装厂

4-2-48　裁剪，韩永祉戏衣

过去刮浆都是下午快下班时进行，这样刮完浆以后刚好可以将绣片在台案上晾置一晚，第二天早上就干了。

接下来由经验丰富的裁剪师傅对绣花面料进行裁剪。杭州的应建平先生说，戏服制作中最难的是裁剪。之所以说裁剪最难，是因为这一步容错率非常低。一旦剪坏，很可能整块绣活就废掉了，补都无法补。若非熟练工，不敢随便动剪刀。

剪裁有剪裁的规矩。不同衣服，其领口深浅、衣身长短与宽窄以及衣袖和袖裉等尺寸如何，前胸、后背、衣襟、衣裾以及杀缝等各处细节如何处理，无一不需技术要领，裁剪师傅对每种服饰的技术要领都要了然于心。当然，除了衣领、衣身、衣袖等绣活面料部分，与其相应的里子布和衣缘、镶边等各个零碎部件也都要剪好备齐。

成合与装订

成合，即把裁剪好的衣片与相应的里子、衣缘、镶边等部分通过缝纫而组合成衣。过去成合是纯手工缝制，现在普遍采用缝纫机，速度快，效率高。

4-2-49

4-2-50

4-2-51

4-2-49　绣片成合，韩永祉戏衣

4-2-50　手工缝纫，苏州剧装戏具厂

4-2-51　装订，苏州剧装厂

　　成合与剪裁通常是一个人，其技术含量很高，受人尊敬，因此行里人经常将其尊称为大师傅。戏服行业中，能够成合的大师傅很受欢迎。那些注重品质、有实力的戏服加工厂通常会花费重金聘请擅长成合的大师傅。

　　装订相对简单，就是给已经成合的衣服装上扣、带或亮片、珠饰等其他装饰物。

　　装订完成以后，整件戏服便得以完成。

关于水袖

　　值得一提的是，戏衣中的长衣大袖如蟒、官衣、开氅、褶、帔等一般都要装水袖。用行里人的话说，大衣箱里的戏衣基本都带水袖。长衣一般装在大衣箱。短衣窄袖通常不需要装水袖，但有个别短衣如茶衣也装水袖。具体根据表演的需要而定。水袖的长度，一般在一尺至一尺二（33—40厘米）之间，颜色以白色为主。清宫戏衣中的水袖则有红、黄、蓝、绿、白、紫、黑等各种颜色。

　　水袖自水衣宕袖演变而来。丁修询主编《昆曲表演学》中称："按制，古代戏曲演员必于戏衣内以白布水衣为衬，以免汗沾戏衣（演时汗湿，演毕水洗。汗湿与水洗为此衣常态，故名'水衣'）。水衣袖长较戏衣袖长超出3—4寸（市制），超出部分称'宕袖'，水袖即由水衣的宕袖发展而来，一般长约1尺2寸。"[1]后世旦行尤其是青衣，为了表演动作丰富的水袖功，往往会把水袖延展得比较长，用二尺二（约73厘米）以上，最长可达七尺（约233厘米）。

刀马旦演员王诗英在《戏曲旦行身段功》中谈"水袖的规格"称："袖筒须长过手四寸。水袖的长短和宽窄要求不一。一般旦行水袖一尺三寸，后来发展到三尺、五尺甚至七尺。普通水袖是用白绸子做的。如果用水袖表演一些高、难度较大的袖技，还是用杭纺绸子制做水袖最相宜。因为杭纺绸子的分量比较重，便于舞动。为什么用白绸子做水袖？因为白颜色明亮、洁白，好配其他色。同时，也是因为白颜色反光性强，在舞台灯光的照耀下，显得格外明朗、素雅，动起来像两条飞舞的银带。"[2]

汤桂琴著《水袖艺术》称，"短水袖的长度通常在二尺七寸之间"，"通常用于青衣、闺门旦、花旦，也可用于武旦、刀马旦"。至于长水袖，其"长度一般要求一幅袖长七尺"，"长袖和服装袖口的衔接要谐调"，"水袖用料杭纺绸子制作最为合适"。"水袖的色调，白色最好，因它颜色洁白、明亮，与服装的颜色反差明显，能适应色彩斑斓的戏曲舞台需要。同时也显得素雅大方。"[3]

水袖的安装，一般都是在戏服成衣以后，由戏衣行的师傅按照客户定制的要求直接加上，也有演员根据自己的需要自行购置。20世纪80年代，不到20岁的胡文阁（梅派弟子）"在西安唱秦腔小生，却痴迷京戏，痴迷梅派青衣"，"水袖是青衣的看家玩意儿，它既可以是手臂的延长，载歌载舞；又可以是心情的外化，风情万千"。为了跟老师学舞水袖，胡文阁当时自己花钱买了一幅七尺长的杭纺做水袖。"这一副七尺长的杭纺，当时需要22元，正好是他一个月的工资。"[4]

通常来说，水袖的长短是根据行当及演员身材的高矮等情况而定。《京剧知识词典》称"水袖"："随着演员身材的高矮，根据行当的不同及剧情的需要而定：男用长一尺许（丑角用较短），女用长二尺许，最长可达三尺，堂衣类的漂白水袖仅长八寸。"[5]杨貌著《京剧常识》云："迄至今日，老生用的水袖，跟早期尚相差无几。然而在旦行里的'青衣'，则把水袖的尺寸，发展得特别厉害，

[1]　丁修询主编：《昆曲表演学》，江苏凤凰教育出版社2014年版，第241页。

[2]　王诗英：《戏曲旦行身段功》，中国戏剧出版社2014年版，第142页。

[3]　汤桂琴：《水袖艺术》，陕西人民教育出版社1991年版，第63—64、3页。

[4]　肖复兴：《肖复兴散文精选》，长江文艺出版社2021年版，第33页。

[5]　吴同宾、周亚勋主编：《京剧知识词典》，天津人民出版社1990年版，第94页。

最长的，甚至用到二尺二寸以上。青衣的水袖，是否需要有这般长的尺寸，那是决定在艺人的身材，亦即内行所谓的'个儿'。譬如程砚秋先生，生得比较高大，他用的长尺寸衣袖，也就比较受看。可是问题来了，有些唱程派一路青衣戏的演员，就像定下规例地去用长水袖，却未考虑到自己的个儿是否相称。如果生得矮小，就不用二尺二的水袖吧，用一尺八的，也叫我们替他感到吃力，份量实在压得太重，臂腕一部，好像沉沉下坠的样子。"[1]《中国戏曲志·四川卷》则云："川剧水袖主要用于女角。"[2]现在川剧中的水袖基本和其他剧种中的水袖一样，亦常见于男角。由此可见，随着时代的变化，戏衣上的水袖也发生了较大的变化。

　　总而言之，从行业属性的角度来说，传统戏衣主要服务于传统戏曲表演。现在也有一些衍生品种脱离了戏曲舞台，成为纯观赏性的工艺品。此外，过去戏衣制作主要是手工完成，不同地方制作的戏衣，往往在面料、工艺及图纹样式等方面具有鲜明的地方特色。然其效率低，人工成本也高。现在市场化传播，

4-2-52　　　　　　　　　　　　　　　　　4-2-53

　4-2-52　长水袖，刘圆军绘 [3]

　4-2-53　短水袖，王晓绘 [4]

---

[1]　杨貌:《京剧常识》，上海文艺出版社1959年版，第46页。

[2]　中国戏曲志编辑委员会、《中国戏曲志·四川卷》编辑委员会编:《中国戏曲志·四川卷》，中国 ISBN 中心2000年版，第304页。

[3]　图片来自汤桂琴《水袖艺术》，陕西人民教育出版社1991年版，第10页。

[4]　图片来自汤桂琴《水袖艺术》，陕西人民教育出版社1991年版，第67页。

加上电脑操控的机械刺绣（电脑绣）大量普及，戏衣制作的人工成本大大降低，戏衣价格相对低廉，能够满足一般性需求。但是其服饰样式的趋同性也比较强，地域色彩减弱。再加上化纤面料的使用、审美习惯和舞台表演风格的变化，使得传统戏衣在制作技艺方面亦发生了一定的变化。比如蟒、靠等戏服过去讲究坚挺，以挺括为美，现在人们嫌其笨重不便，省去传统刮浆、垫衬等工艺，使其逐渐往轻薄、飘逸的方向发展。

第五章　重装活与轻装活

　　常见戏衣有蟒、靠、褶、帔等款式上的划分，从制作的角度，人们又常有大小服、轻重装或软硬件之说。譬如，福建地方戏过去习惯将蟒袍类戏服叫作"大服"，袍仔（箭衣）类戏服叫作"小服"。潮剧中则将戏装分为"重装"和"轻装"。北方戏衣行也有软硬、轻重或大小活之分。举如河北万全的韩永祖先生特别擅长做蟒、靠，故其业务以蟒、靠、宫装等重装活为主，轻装类如褶、帔、袄、裤、裙等虽然也做，却不是其主要的业务特色，再有胖袄、水衣、彩裤等戏衣则完全不做。轻装与重装的区别大概在于用工和绣活之多少。一般来说，如蟒、靠、宫衣之类的戏衣，其组成部件多，绣活多，做工复杂，用工也多，故被行里称作"重工"或"重装活"。重装活非常讲究做工细节，尤其是绣工考究，制作成本高，故其价格也会比一般戏衣高出许多。至如褶、帔、袄、裤、裙类，其衣身构成相对简单，绣活也少，故称"轻装活"。轻装活装饰较少，有的甚至没有或仅有简单花边为饰，制作成本低，价格也相对便宜。重装活一般使用大缎，刮浆时为满刷浆，成衣质地较硬，故又被称作"硬件"。行里老一辈师傅讲，过去的蟒袍很硬，能够立起来。齐如山撰《行头盔头》中提到"硬褶子"，称褶子"有软硬之分：软者为绉、绸地，硬者为缎地"[1]。现在的褶子基本俱使用质地较软的绉缎，刮浆使用稀浆，刮花浆，也即仅在绣花部位刮浆，故都属于软活或软件。莆田做戏衣的师傅宋一山先生说，官衣因为有摆翅，为硬质，再加上官补绣活较细，可以被归为硬件类。箭衣中的龙箭绣活较重，也可以算硬件，花箭衣绣活略少，可以算软件。由此可见，戏衣的软硬、轻重只是一个大致的区分，二者之间并无十分严格的界限。一般来说，大服基本都属于重装活，如福建泉州的高甲戏中大靠戏较多，其衣箱服装有"五通五甲"之称，通（蟒）、甲（靠）皆为重装活。因此蟒和靠也是戏箱中分量最重的资产。

　　值得注意的是，轻装活虽然装饰少，服式结构也相对简单，但这并不意味着轻装活就非常好做。用韩永祖先生的话说，"三小衣"（小生、小旦和小丑）看似简单，却最难做。他认为难做的原因有二：一是衣身的美观合体很不容易把握；二是装饰虽少，但是要做到搭配自然、恰到好处，也很不容易。

　　下面就来简单介绍一下传统戏衣行业中重装活、轻装活和其他常见戏衣的流变与制作情况。

---

[1] 齐如山：《行头盔头》，载梁艳主编《齐如山文集》第二卷，河北教育出版社2010年版，第356—357页。

第一节　蟒、氅、靠等重装活戏衣

一、蟒袍和开氅

蟒袍

传统戏衣中的蟒又称蟒袍、蟒衣，实即袍服的一种，以袍服上绣制蟒纹而得名。有的地方戏中叫"通"或"统"。譬如高甲戏中称"通"，莆仙戏中则俗称"统"。"通"和"统"或许只是读音和书写上的不同，实际意思都一样，即指蟒袍或蟒衣。剧中扮演位高权贵的文臣武将皆可穿蟒，区别在于文臣不用苫肩，武将需加苫肩。

在述及蟒衣的来源时，很多人认为戏衣中的蟒是自明代官袍中的蟒服发展而来。元曲《金水桥陈琳抱妆盒》"楔子"有"正末扮陈琳上，云"："赐一套蟒衣海马，系一条玉带纹犀。"[1] 这说明"蟒衣"最迟在元代便已出现。另外，元明杂剧中有很多戏曲人物如刘备、周瑜、关羽、张飞、伍子胥、薛仁贵、宋江等都穿过"蟒衣曳撒"，只是这些人物扮相在穿蟒衣曳撒的同时还会搭配不同颜色的袍服。张庚、郭汉城主编的《中国戏曲通史》在谈及北杂剧的舞台美术时提到"武将方面"，"一般统帅"和"一般大将"的装束都有"蟒衣曳撒"，而"一般武将"便是穿"膝襕曳撒"了。[2] 龚和德先生《明清昆曲的舞台美术》一文援引《明史·舆服志》和明人刘若愚的《酌中志》称蟒服"很容易同元明杂剧'穿关'中的'蟒衣曳撒'混在一起，其实这是两种不同的戏曲服装"。《明史·舆服志》云："按《大政记》，永乐以后，宦官在帝左右，必蟒服，制如曳撒，绣蟒于左右，系以鸾带，此燕闲之服也。"《酌中志》云："其制后襟不断，而两傍有摆；前襟两截，而下有马面褶，从两傍起。"[3] 蟒衣、蟒衣曳撒和曳撒本来就是不同的衣服款式，这一点毋庸置疑。

清姚之骃撰《元明事类钞》卷二十四"衣冠门·曳撒"援引明人王世贞的《觚不觚录》云："袴褶，戎服也。其袖短，或无袖而衣中断，其下有横摺，而下复竖摺之。若袖长则为曳撒。腰中间断，以一线道横之，则谓之程子衣。无线导者，谓之道袍，又曰直缀。此三者燕居所常用也。迩年来士大夫宴会，必衣

---

[1]　徐征、张月中、张圣洁、奚海主编：《全元曲》第八卷，河北教育出版社1998年版，第5816页。

[2]　参见张庚、郭汉城主编《中国戏曲通史》上，中国戏剧出版社1980年版，第343页。

[3]　龚和德：《明清昆曲的舞台美术》，载文化部文学艺术研究院戏曲研究所《社会科学战线》编辑部编《戏曲研究》第1辑，吉林人民出版社1980年版，第335页。

| 5-1-1　元代曳撒（辫线袄）及局部，中国丝绸博物馆藏

曳撒。是以戎服为重而雅服为轻矣。"[1]从文中描述来看，曳撒原本为戎服，后来士大夫在燕居宴饮中也盛行。金元时期，曳撒比较流行。河南焦作金墓有出土陶俑身穿曳撒。中国丝绸博物馆曾经展出一件元代曳撒。其制长袖，袖口收窄。因腰间以辫线打细摺，又名辫线袄。其衣如袍而"中断"，也即胸部以下有横摺断之，将袍分为上下两部分，上部宽松，下部束身。而横摺以下又有竖摺，盖竖摺可以使下身布幅更加宽大，便于骑马活动。横摺与竖摺之间又装线导，犹如现在的松紧带，横向拉紧线带，可以将衣服紧束于身。如果衣不中断亦不装线带，衣身便是直的，式如道袍，称直缀。"直缀"，有时也写作"直掇"，自古代襕衫发展而来。

　　宋人郭若虚撰《图画见闻志》卷一"论衣冠异制"云："三代之际，皆衣襕衫，秦始皇时以紫、绯、绿袍为三等品服，庶人以白。《国语》曰：'袍者，朝也，古公卿上服也。'至周武帝时，下加襕。唐高宗朝，给五品以上随身鱼，又敕品官紫服金玉带，深浅绯服并金带，深浅绿服并银带，深浅青服并输石带，庶人服黄铜铁带……晋处士冯翼，衣布大袖，周缘以皂，下加襕，前系二长带，隋、唐朝野服之，谓之冯翼之衣，今呼为直掇。"[2]由此可见，直掇或直缀亦是自袍发展而来。其服饰特点是"大袖""加襕"，而"周缘以皂"，也即衣缘加黑边。"袍者，朝也"，说明袍被用作朝服由来已久。

[1]　（清）姚之骃：《元明事类钞》，上海古籍出版社1993年版，第392页。

[2]　（宋）郭若虚撰，王其祎校点：《图画见闻志》，辽宁教育出版社2001年版，第6页。

　　总的来说，袍而加襕，或加金带、银带等为饰，以区分品官级别，其制久远。晋代袍服加缘，系长带，仍为大袖。到金元时期，为了适应戎装的需要，人们将大袖袍改为小袖，腰间打摺而为曳撒。对于级别较高的将官而言，其又在曳撒上绣制蟒纹，故有蟒衣曳撒。明人将曳撒当作燕居之服，"士大夫宴会，必衣曳撒"，一来盖曳撒较为便利，二来乃"是以戎服为重而雅服为轻矣"。然若文官穿"雅服"，须是大袖直身袍服；若绣制蟒纹，则为大袖直身蟒衣。此即蟒衣、蟒衣曳撒和曳撒之间的区别。

　　从形制上来说，蟒衣和蟒衣曳撒在细节处有所不同，不仅如此，其所彰显的品级也有不同。然而重要的是二者都绣有蟒龙纹，故可称"蟒衣"。普通百姓可以穿曳撒，却不能随便穿蟒衣曳撒。前述元杂剧《金水桥陈琳抱妆盒》中的宫廷太监陈琳得御赐蟒衣，制如曳撒，级别却很高，其原因就在于上面绣制了蟒纹。而锦绣蟒衣的泛滥正肇始于明代。

　　明人沈德符著《万历野获编》卷一"蟒衣"条云："今撜地诸公多赐蟒衣，而最贵蒙恩者，多得坐蟒。则正面全身，居然上所御衮龙。往时惟司礼首珰常得之，今华亭、江陵诸公而后，不胜纪矣。按正统十二年上御奉天门，命工部官曰：'官民服式，俱有定制。今有织绣蟒、龙、飞鱼、斗牛违禁花样者，工匠处斩，家口发边卫充军。服用之人，重罪不宥。'弘治元年，都御史边镛奏禁蟒衣云：'品官未闻蟒衣之制，诸韵书皆云蟒者大蛇，非龙类。蟒无足无角，龙则角足皆具。今蟒衣皆龙形。宜令内外官有赐者俱缴进，内外机房不许织。违者坐以法。'孝宗是之，著为令。盖上禁之固严。但赐赍屡加，全与诏旨矛盾，亦安能禁绝也。"[1] 龙乃帝王之相，绣龙也只能为帝王所用。或是民间取巧，或是帝王为了赏赐身边密侍重臣，硬是在大蛇（民间称"小龙"）的基础上凭空杜撰出一个四爪蟒龙的形象来，言五爪为龙，四爪为蟒，以蟒而区别于龙。然而，无论是绣蟒、绣龙，抑或是绣飞鱼、斗牛，皆为特殊垄断，官民不可私制，有违禁绣制者，工匠处斩，家人还得被发配边疆。胆敢穿用此类袍服的人也会被治以重罪。正常情况下，有如此苛刻的社会制度作为约束，除了谋逆叛乱者，基本不会有人冒着杀头风险随便绣制或穿用蟒衣。因此，在元明杂剧的穿关或人物扮相中，我们很难看到真正的蟒衣，只能偶尔看到蟒衣曳撒的出现。这是很正常的现象。然即便是蟒衣曳撒，也只能由位高权重或地位特殊者使用。问题的关键在于，朝廷一方面颁诏禁止官民用蟒，另一方面又大肆赏赐蟒衣，在某种程度上使得蟒衣成为达官权贵恃宠而骄或壮大排面的象征。

　　《万历野获编》卷二"扈从颁赐"云："至尊初登极，行郊祀大礼，其四品

---

[1]　（明）沈德符著，黎欣点校：《万历野获编》上，文化艺术出版社1998年版，第22页。

以上及禁近陪祀官，俱赐大红织金纻袍。若恭谒诸陵及行大阅，则内阁辅臣俱赐蟒衣，或超等赐服，至鸾带金银瓢绣袋等物，以壮扈从……又锦衣卫官登大堂者，拜命日即赐绣春刀鸾带大红蟒衣飞鱼服，以便扈大驾行大祀诸礼。"其补遗卷二"阁臣赐蟒之始"又云："蟒衣为象龙之服，与至尊所御袍相肖，但减一爪耳。正统初，始以赏虏酋，其赐司礼大珰，不知起自何时，想必王振、汪直诸阉始有之，而阁部大臣，固未之及也。自弘治十六年二月，孝宗久违豫获安，适大祀天地，视朝誓戒，时内阁为刘健、李东阳、谢迁，俱拜大红蟒衣之赐，辅弼得蟒衣自此始。最后赐坐蟒，更为僭拟。嘉隆间，阁臣徐、张诸公，俱受赐，至三至四，沿袭至今，此前代所未有也。至于飞鱼、斗牛等服，亚于蟒衣，古亦未闻，今以颁及六部大臣及出镇视师大帅，以至各王府内臣名承奉者，其官仅六品，但为王保奏，亦以赐之，滥典极矣！大帅得赐蟒，始于尚书王骥，正统六年南征麓川时，次年即封拜，此虽边功，实系恩泽，且出自王振，不可训也。"[1] "蟒衣为象龙之服"，肖"御袍"而"减一爪"，明初即用作赏赐之服。刚开始用于赏赐被俘虏的异族首领，后来宫廷太监、阁部大臣，以至文臣武将，从一二品到五六品全都赏赐。到了清代，更是连普通县令都身穿蟒衣了。

清张畇撰《琐事闲录续编》"姚中丞"载云："姚亮甫先生抚豫省时"，"性简朴，凡接见属员，恒以衣服简陋属上考，趋时者率以旧衣谒见。一日，新到一县令服新蟒衣，先生责之。令曰：'卑职系寒士出身，到省时亦知旧缊之衣为今时所尚，但无力不能措办，所以廉其值制新衣。'"[2] 蟒衣虽贵，然众官趋势弄巧，反使"旧缊"成为时尚，失去节俭之意。该故事从侧面说明了蟒衣制作的华贵与富丽。

事实上，明清戏曲或小说中的蟒衣或蟒袍也正是作为权高位尊的富贵象征而频繁出现。明人汤显祖撰《紫箫记》第四出【夜游朝】中夸耀"玉带蟒袍"者，其身份是为唐代出镇西蜀的骠骑将军花卿。[3] 又《还魂记》第五十三出"硬拷"【唐多令】有"玉带蟒袍红"唱词。[4] 明佚名撰《霞笺记》第二十二出【香柳娘】有"身穿五彩团花蟒"[5] 句。此为公主，身上所穿花蟒应为女蟒。明人凌濛初撰《二刻拍案惊奇》卷三十三有"蟒龙玉带"[6]，为深得朝廷赏识的法师所穿。

从前面提及的文献资料来看，元明时期的蟒已经有了朝臣权贵所穿直身大

[1] （明）沈德符著，黎欣点校：《万历野获编》，文化艺术出版社1998年版，第72—73、893页。

[2] （清）张畇著，李云龙校注：《琐事闲录续编》，新华出版社2020年版，第95页。

[3] 参见（明）毛晋编《六十种曲》第九册，中华书局1958年版，第11页。

[4] 参见（明）汤显祖《新刻牡丹亭还魂记》，河北教育出版社2021年版，第237页。

[5] （明）毛晋编：《六十种曲》第七册，中华书局1958年版，第61页。

[6] （明）凌濛初：《二刻拍案惊奇》，远方出版社2005年版，第475页。

蟒、内侍所穿制如曳撒的太监蟒、高级将官所穿蟒衣曳撒以及公主贵妇所穿团花女蟒等不同样式。而能够穿蟒的人无不身份高贵或地位特殊。"贵而用事者，赐蟒，文武一品官所不易得也。单蟒面皆斜向，坐蟒则面正向，尤贵。"[1] 蟒因御赐而贵，正面坐蟒则"尤贵"。

内侍所穿蟒衣，制如曳撒，这一点已经比较清楚。那么权贵所穿直身蟒又当如何，清代小说中有比较细致的描述。清人石玉昆著《小五义》第三十二回描写襄阳府赵王爷："穿一件锦簇簇，荣耀耀，蟒翻身，龙探爪，下绣海水江涯、杏黄颜色、圆领阔袖蟒龙服。腰横玉带，八宝攒成，粉底官靴……"第四十六回描写阎王爷："穿一件杏黄的蟒袍，上绣金龙，张牙舞爪，下绣三蓝色海水翻波。腰横玉带，粉底官靴。"[2]

《酌中志》卷十九"内臣服佩纪略"云："自逆贤擅政……改蟒贴里膝襕之下……又有双袖襕蟒衣，凡左右袖上里外有蟒二条。自正旦灯景以至冬至阳生，万寿圣节，各有应景蟒纻。自清明秋千与九月重阳菊花，俱有应景蟒纱。逆贤又创造满身金虎、金兔之纱，及满身金葫芦、灯笼、金寿字、喜字纻，或贴里每褶有朝天小蟒者。"又："圆领衬摆，与外廷同，各按品级。凡司礼监掌印、秉笔及乾清宫管事之耆旧有劳者，皆得赐坐蟒补，次则斗牛补，又次俱麒麟补……有牙牌者，穿狮子鹦哥杂禽补。逆贤名下，凡掌印、提督者，皆滥穿坐蟒，可叹也。"此外，"按蟒衣贴里之内，亦有喜相逢名色，比寻常样式不同：前织一黄色蟒在大襟向左，后有一蓝色蟒由左背而向前，两蟒恰如偶遇相望戏珠之意。此万历年间新式，非逆贤创造。凡婚礼时，惟宫中贵近者，穿此衣也"。[3]

《嘉庆朝大清会典图》卷四十七"冠服"云："蟒袍，蓝及石青诸色随所用片金缘。亲王、郡王，通绣九蟒，贝勒以下至文武三品官、郡君额驸、奉国将军、一等侍卫，皆九蟒四爪。文武四五六品官、奉恩将军、县君额驸、二等侍卫以下，八蟒四爪。文武七八九品、未入流官，五蟒四爪。裾，宗室、亲王以下皆四开，文武官前后开。"[4]《会典》中配黑白蟒袍图案，其式圆领，直身，马蹄袖，上绣蟒纹祥云，下绣海水江牙，衣袖亦绣小蟒。

可以看到，前引《小五义》中王爷或阎王所穿蟒袍皆为锦袍之式，"圆领阔袖"，"上绣金龙，张牙舞爪"，"下绣三蓝色海水翻波"，或是"蟒翻身""龙探爪"，加"海水江涯"。腰间需配玉带。而在颜色方面，王爷和阎王皆可用

[1]（清）张廷玉等：《明史》，中华书局1974年版，第1647页。

[2]（清）石玉昆：《小五义》，华夏出版社2015年版，第119、180页。

[3]（明）刘若愚：《酌中志》，北京古籍出版社1994年版，第165—166、170—171页。

[4]（清）托津等奉敕纂：《嘉庆朝大清会典图》卷四十七，光绪朝版。

黄，锦衣卫官则用红。在蟒的造型方面，有坐蟒，有二龙戏珠蟒，有朝天小蟒。蟒的位置有绣于正身、背后，也有的绣于衣袖内外以及膝襕下等。蟒衣的材料有锦缎、蟒纻或蟒纱等。清代蟒袍将阔袖改为马蹄袖，衣裾开四衩或前后开衩，如此则方便骑马。蟒的数量则依品级而定，蟒袍的颜色也更为丰富，出现蓝色和石青色。而清代宫廷档案中又多有关于蟒缎的记载。蟒缎或为织蟒锦缎。

　　无论如何，历代蟒袍都有一个共同的特点，即以蟒纹为基本特征。在蟒袍的造型或结构上，以圆领为主，有阔袖，有马蹄袖。清代蟒袍的马蹄袖和衣裾四衩以及前后开衩，与金元时期的蟒衣曳撒在性质上有相似之处，即都带有戎装的意味，同时又特别突出身份的象征。而作为文官雅服的蟒袍应当是以阔袖、衬摆为基本造型。《酌中志》中称"直身"，"制与道袍相同，惟有摆在外"[1]。摆或衬摆即如后世戏衣中的蟒摆，俗称"摆翅"或"摆叉子"。

　　总的来说，上述蟒衣形制与后世戏衣中的蟒袍的确已经十分接近。只是明清帝王赏赐的蟒服不仅有专用蟒缎，还有蟒纱或蟒纻。无论是哪一种材质，其质地都应当极为精良，而戏服所用材质仅为大缎，与之无法相比。在蟒的造型和数量等方面，用作赏赐或实用的蟒袍更多与品级挂钩。戏衣中的蟒袍则通常有二龙、四龙、八龙和九龙等品种。另外，清代戏衣中有了五色蟒的规制，再后来又有了上五色和下五色之分。其中，上五色规制较严，下五色则不一而足。

　　在制作方面，一般戏衣蟒袍的做法是前后连身，衣袖、衣领、摆翅等部分单独加上。传统蟒袍的蟒水一般要绣在布上，绣完后刮浆。然后把绣片拼接在蟒袍底部。布绣蟒水的好处是水脚更加结实挺括。另外，蟒袍衣身有长短变化时，也比较好调整。改良蟒的蟒水有需要露地的部分则可直接绣在缎上。

　　用上海徐世楷先生的话说，蟒袍中最难做的是领圈。做领子，行话叫"拔领圈"。一个形象的"拔"字，强调了蟒袍上的领圈制作要领，即讲究坚实硬挺并且有型，不能松塌。领圈里边的领芯要用棉纱或布条做捻，烫圆，外面绲边。绲边用的布条要斜裁，宽3—5厘米，长约2尺（约66厘米）。浙江的李少春说，领窝的开口也比较有讲究，开口的位置及大小等都需要恰到好处。

　　至于衣身上的蟒纹、八宝等图案，一来需要设计的功夫，二来看绣工的精细程度。目前蟒袍上常见的龙形纹饰有团龙、行龙、大龙等。具体造型又有龙吐水、龙戏珠、蟒龙甩尾过肩等。不同造型被赋予了特定的象征含义，适用于不同的人物类型。风格上，有的端庄严谨，有的矫健昂扬，有的气势宏大。蟒袍下方的海水江牙也叫蟒水，其造型有弯立水、直立水、立卧三江水、立卧五

---

[1]　（明）刘若愚:《酌中志》，北京古籍出版社1994年版，第171页。

5-1-2

5-1-3

5-1-4

5-1-5

5-1-6

5-1-7

5-1-8

5-1-9

5-1-2　清代红蟒，中国艺术研究院藏

5-1-3　黄地凤纹女蟒，广州粤剧艺术博物馆藏，广东八合会馆捐赠

5-1-4　清代黑蟒（局部），广州粤剧艺术博物馆藏

5-1-5　对龙（局部），广州粤剧艺术博物馆藏

5-1-6　叉手龙，广州粤剧艺术博物馆藏

5-1-7　莲花蟒水纹，广州粤剧艺术博物馆藏

5-1-8　海水江牙，广州粤剧艺术博物馆藏

5-1-9　蟒摆（浙江永康中月婺剧二团定制黑大龙蟒局部）

江水、全卧水等。

在刺绣技法方面，有彩色绒线绣、平金平银绣，还有圈金绒绣等。绒绣清丽淡雅，平金绣富丽而有气势，圈金绣风格居于两者之间。现在较多使用平金绣，即蟒纹图案皆用金线盘制而成。这种绣制方式比较费工。有的地方如传统潮剧蟒袍的蟒身和下摆的刺绣部分通常要先垫衬棉花，然后再绣制图案，如此绣出来的蟒纹立体感很强。而蟒袍的摆翅同领圈一样，比较讲究，做得好则会显得比较立挺，观感也比较好。另外，摆翅的宽窄与长短等要大小合适，图案颜色搭配协调，造型讲究美观大方。蟒袍的水脚线条要流畅，宽度匀称，绣工平整，色彩搭配也要恰到好处。

值得注意的是，现代戏衣中的蟒袍在很大程度上保留了元代以来的男女不同款式，然后又在此基础上有所创新。譬如，在形制上不仅有男蟒、女蟒之分，又有加官蟒、太监蟒、改良蟒、箭蟒和旗蟒等。不同的蟒在款式造型和图案纹饰等方面都有一定的差别。一般所说的男蟒，基本分为文官蟒和武官蟒。二者最大的区别在于领肩。前者圆领无苫肩，后者有苫肩。而男蟒与女蟒的差别，不仅体现在长短方面，还体现在纹饰方面。男蟒长及足，女蟒衣身较短，仅及于膝。男蟒袖裉下装摆翅，女蟒一般无摆，也有的女蟒装有摆翅。中国艺术研究院收藏了一件梅兰芳用过的女蟒，其袖裉下即装有摆翅。另外，女蟒除了绣龙，也有绣团

5-1-10　女蟒（正面），中国艺术研究院藏梅兰芳戏衣

5-1-11　女蟒（反面），中国艺术研究院藏梅兰芳戏衣

5-1-10

5-1-11

花、飞凤、丹凤朝阳、凤穿牡丹等纹饰。女蟒一般为后妃、公主及命妇所穿。

加官蟒主要用于《跳加官》中的加官。色用红色，镶蓝边为饰，"不用帅肩"[1]。帅肩即外披的蟒领，俗称"苦肩"。"领口及右腋下有红缎系带两条，左右腋下钉有挂玉带袢两根，有腰梁，腰梁下缀红缎彩绣缠枝莲纹如意头佩一条。"纹样有"过肩大龙两条，升龙四条，游龙四条，海水江崖水脚，祥云，火珠，杂宝，暗八仙，缠枝莲纹，夔凤纹"[2]。太监蟒，色用鹅黄，主要用于扮演宫廷太监。刘月美著《中国昆曲衣箱》中称其自明代"蟒衣曳撒"发展而来，"前身有腰梁"，"下裳打竖摺"，"衣缘四周镶异色阔边"。

改良蟒又被称作"简蟒"。与传统蟒袍相比，通常改良蟒的纹饰比较简洁，除了保留前胸、后背、袖口及下摆的蟒纹和水脚，其他如流云、八宝等满绣图案皆去掉，而蟒龙纹样和数量等也根据人物装扮的需要进行了重新设计，甚至采用草龙或夔龙纹，使得蟒袍更为简洁。除了纹样变化，老一辈著名表演艺术家如马连良、梅兰芳、裘盛戎、周信芳等人都对传统蟒袍做过一些改良，并流传后世，故改良蟒又有流派之说，如马派蟒、梅派蟒、裘派蟒等。其中，仅裘派蟒据说就有十多种。

箭蟒，据称由马连良先生首创。它是将传统蟒服的宽袍大袖与箭衣小袖两种形制结合起来而创造的一种小袖蟒服，并且去掉水脚，将玉带也换成了束带。相当于将蟒纹绣在箭衣之上，有点蟒衣曳撒那种戎服的味道。

旗蟒则是自清代帝后服饰发展而来，用来扮演戏中少数民族贵族妇女，如京剧《四郎探母》中的萧太后等人物即穿旗蟒。对于旗蟒的发展变化，朱家溍称："旦角的旗蟒，现在越来越瘦，腰身做出曲线，已经脱离蟒袍的本质，敞衣、蟒袍的尺寸，下摆和身长是有一定的比例的，违反做法，一定会难看的。这种衣服，做出腰身就失去了时代性。"[3]

最后说一下戏衣蟒袍的颜色。现代戏衣中，蟒有上五色和下五色，也被称作正五色和间五色。上五色为黄、红、白、绿、黑，下五色一般有蓝、紫、香、淡青和粉色等。经济实力较强的戏班有所谓"十蟒十靠"，谓其衣箱中的蟒靠数量多，品种齐全。实际可能更多，不止十种。一般戏班只备有上五色，即黄、红、白、绿、黑五种。民间小戏班可能只有四种甚至更少。

不同颜色的蟒袍通常用于扮演不同的人物。剧中角色穿什么颜色的蟒，一般要根据人物的扮相、身份、年龄和性格等具体情况来定。一般来说，黄蟒为

[1] 吴新雷主编：《中国昆剧大辞典》，南京大学出版社2002年版，第621页。

[2] 刘月美：《中国昆曲衣箱》，上海辞书出版社2010年版，第5页。

[3] 刘月美：《中国京剧衣箱》，上海辞书出版社2002年版，朱家溍"序"。

戏中扮演帝王者所用，其他各色蟒用于扮演朝臣。各色之中又以红、紫二色为贵。戏中扮演权贵朝臣一般用红蟒或紫蟒，新科状元和洞房花烛者用红蟒。京剧《龙凤呈祥》中扮刘备用红蟒，兼有身份高贵和喜庆之意。白蟒和绿蟒多用于武戏中的将官。武戏中的俊扮小生或老生行当如京剧《辕门斩子》中的杨延昭、《群英会》中的周瑜等通常穿白蟒。小生除了穿白蟒，还可以穿粉蟒。文戏中的某些净行也可以穿白蟒。如京剧《铫期》中净扮铫期者，勾白脸，前穿黑蟒，中间换白蟒出场，盖寓意人物命运发生了变化。京剧《铡判官》中，扮阎君者穿黄蟒，判官穿红蟒，包拯进阴司判案，勾黑脸，罩黑纱，穿白蟒。从颜色搭配效果来说，自然是黑白搭配为佳，以此点明人物所处的场景比较特殊。而在其他扮相中，包拯一般穿黑蟒，寓意刚直不阿。京剧《哭灵牌》中扮刘备者穿白蟒，以此表示丧服。绿色在古代服饰制度中通常被视为卑贱者之服色，相应的，绿蟒代表的身份地位也不是很高。然京剧《单刀会》之关羽、《二进宫》之杨波等净扮人物皆穿绿蟒，故绿蟒又被赋予了忠义勇猛的特殊含义。郑传寅在其《色彩习俗与戏曲舞台的色彩选择》一文中称："元杂剧舞台上关羽通常穿红袍，但在明清的戏台上，他改穿绿袍。服色变化并不表明关羽的地位发生了变化，而是艺人觉得红脸再配红袍过于扎眼，而且缺乏色彩对比，故据《三国演义》'云长青巾绿袍'之描写，以绿易红。"[1] 从郑传寅的描述来看，剧中扮演关羽的袍饰经历了从红色到绿色的转变，其原因有二：一是为了使服饰与脸谱的颜色搭配更加协调美观；二是小说中也有"青巾绿袍"之说。下五色中的香色蟒多与白髯搭配，用于扮演剧中年纪较大的朝臣。其他如蓝色、皎月色、淡青色等各色蟒多为配角所用，没有特殊规范可言，只要与人物的年龄、扮相及身份、地位等相适应即可，使用起来比较灵活。

开氅

开氅盖自古代氅衣而来。《宋史·昭寿列传》载云："（昭寿）常纱帽素氅衣。"[2] 宋人姚勉《沁园春（寿王高安，七月二十八日）》有"雪里神仙小氅衣"[3] 句。释智圆《赠林逋处士》诗曰："深居猿鸟共忘机，荀孟才华鹤氅衣。"[4] 刘克庄《赠玉隆刘道士》诗曰："新染氅衣披得称，旧泥丹灶出来寒。"[5] 古代

[1]　郑传寅：《郑传寅文集 第六卷 论文集》，长江文艺出版社2020年版，第36—37页。

[2]　（元）脱脱等：《宋史》，中华书局1977年版，第8841页。

[3]　周振甫主编：《唐宋全词》第8册，黄山书社1999年版，第2930页。

[4]　北京大学古文献研究所编：《全宋诗》，北京大学出版社1998年版，第1514页。

[5]　北京大学古文献研究所编：《全宋诗》，北京大学出版社1998年版，第36143页。

的氅衣一般用作便装外衣。其形制如道袍，有素氅，有彩织或彩绣。《酌中志》"氅衣"载："有如道袍袖者，近年陋制也。旧制原不缝袖，故名曰氅也。彩素不拘。"[1] 由此可知，氅衣原为无袖之制。

戏服中的氅衣，有的地方戏如潮剧称为"开台"，粤剧则称为"海长"。其形制与蟒袍有些相似，绣活较多，衣长及足，大袖，后侧左右有摆翅。区别在于蟒袍为圆领，开氅为大领，也叫和尚领。《酌中志》称其有如道袍，盖素氅衣与道袍十分相近。道袍在戏服中又被称作"褶子"。因此，开氅与褶子也有相似之处。然褶子无摆翅，而开氅有摆。另外，开氅衣缘包括袖口和领口等处皆镶有异色宽边，宽约四寸（约13厘米），袖口、衣襟及下摆处衣缘宽边通常略呈波浪形。

开氅的图案有团花、狮、虎、象、豹、麒麟、草龙、仙鹤、八宝、博古等。绣有团花、八宝、博古等纹饰的开氅一般用于文场，白鹤开氅用于仙家，如京剧《青石山》中李衍茂扮吕洞宾即穿白地团花鹤开氅。狮、虎、象、豹、麒麟、草龙等动物纹开氅则用于武场。剧中扮演帝王、将帅、将官、中军、侠客、英雄、山寇、寨主等都可以穿开氅。不同人物所使用的开氅在纹饰和颜色等方面会不一样。譬如黑色平金绣狮子开氅，显威武大气，多用于净扮武功高强的豪侠或地位较高的武将。白色绒绣团狮开氅虽然绣的也是狮子，但在整体气势上

5-1-12   5-1-13

5-1-12　京剧《青石山》，李衍茂扮吕洞宾穿白地团花鹤开氅

5-1-13　女用开氅，中国艺术研究院藏梅兰芳戏衣

---

[1]（明）刘若愚：《酌中志》，北京古籍出版社1994年版，第171页。

要柔和许多，故多适用于那些有智谋的勇士。而黄色麒麟开氅则主要彰显人物的位高权重。另外，不同剧种中的开氅在纹饰和用法等方面也会有所不同。譬如潮剧中的开氅（开台）一般用于文官，其上绣大小两只狮子，谐音"太师少师"，用于扮演剧中的太师或国丈，譬如《辩本》中的潘洪即穿此衣。[1] 京剧中的团花开氅多用于小生，团狮开氅多用武生行当。

以上所说主要是男用开氅，女用开氅则为对襟形式，图案以蝶凤花枝为主。

二、大靠和改良靠

靠，又叫"甲""靠甲""战甲"或"扎甲"等，是武戏装扮用衣。主要分男靠和女靠，硬靠和软靠，还有改良靠和专用靠。硬靠又叫"大靠"或"长靠"。梨园行中有长靠武生，即扎大靠之武生。与硬靠对应的，有所谓软靠。大靠不扎靠旗即为软靠，扎靠旗则为硬靠。改良靠，顾名思义，与改良蟒一样，是通过对传统大靠改良而来。徐凌霄撰《北平的戏衣业述概》云："'改良'行头者，实不过'改样'……凡有所'改'辄曰'改良'。"[2] 改良靠据说由周信芳所创，经过改良，在款式和质地等方面都有所创新，其面料用光缎，靠身为圆领大襟，上下甲四缘饰以垂穗，称"排须"。改良靠在结构上比传统大靠简化了一些，去掉了靠肚，穿起来较为轻便。专用靠如霸王靠、二郎靠等，为剧中扮演霸王、二郎神等人所用。

通常情况下，人们提到靠或扎靠时，都是指传统的男大靠，它是衣箱中扮演武戏时必不可少的戏衣种类。既有大靠或长靠之称，似乎亦当有小靠或短靠与之相对。梨园行中有所谓"长靠短打"，这里的"短打"实即应当穿着短靠或小靠。然短打戏衣现在被人们习称为打衣或英雄衣。而靠之得名，最早应自短靠而来。"短靠"一称在清中期以后的武侠小说中比较常见，当时的短靠也被叫作"软靠"。

翻检明清及以前的文献资料可以发现，戏衣中"靠"或与"靠"相关的称谓出现得比较晚，几乎是在清中叶以后才出现。清人李斗《扬州画舫录》中罗列了很多戏具行头，其中："武扮则扎甲、大披挂、小披挂、丁字甲、排须披挂、大红龙铠、番邦甲、绿虫甲、五色龙箭衣、背搭、马褂、刽子衣、战裙。"[3] 里边虽提到各种甲、褂、铠，甚至包括了箭衣和战裙，却唯独没有提到

[1]　参见中国戏曲志编辑委员会、《中国戏曲志·广东卷》编辑委员会编《中国戏曲志·广东卷》，中国 ISBN 中心 1993 年版，第 354 页。

[2]　徐凌霄：《北平的戏衣业述概》，《剧学月刊》1935 年第 5 期。

[3]　（清）李斗撰，汪北平、涂雨公点校：《扬州画舫录》，中华书局 1960 年版，第 134 页。

后世武戏中必不可缺少的靠。这说明当时的戏衣中尚无"靠"之一说。我们现在所说的靠或大靠，应即当时的扎甲。《扬州画舫录》刊行于清乾隆六十年（1795），在此之前及此后的相当长一段时间内，戏衣中都没有靠、大靠或软靠、硬靠之说。

然而，在与李斗大致同时的清人石玉昆撰写的小说《三侠五义》中却出现了"衣靠""软靠"和"水靠"等夜行或水下用衣的名称。其第十二回写"英雄（展昭）换上夜行的衣靠"，系"五爪丝绦"。这里的"衣靠"也被叫作"软靠"。小说第一百零三回云白玉堂"将软靠扎缚停当，挎上石袋，仿佛预备厮杀的一般"。这里的"软靠"与展昭"夜行的衣靠"是同一类型的衣服，即一种紧身短打便装。又第四十九回仁宗皇帝想测试一下混江鼠蒋平的水下功夫，故意将心爱之物三足金蟾投入水中，让蒋平捉取。蒋平向公公陈林求借"水靠"一件。陈林"立刻叫小太监拿几件来。蒋平挑了一身极小的，脱了罪衣罪裙，穿上水靠，刚刚合体"。蒋平下水捉住金蟾以后，"仍然踏水奔至小船，脱了衣靠"。[1] 蒋平的"水靠"也被称作"衣靠"，说明水靠、软靠、衣靠都是同一性质的紧身衣。

除了《三侠五义》，其他小说如《小五义》《施公案》《济公全传》《儿女英雄传》《侠义英雄传》《七剑十三侠》《三侠剑》等清代武侠小说中也经常出现"夜行衣靠""紧身衣靠"或"短靠"之类的英雄衣。

以清人张杰鑫撰写的小说《三侠剑》为例，其第一回写胜英夜间出行，"外带水衣水靠"。描写"镇江四霸天"二寨主时，云其："脸面黑中透亮，青缎帽子，青洋绉大氅，里衬青色短靠。"第二回写千里独行侠秃老美侯华璧"身穿蓝绉绸大氅，纺绸的短靠，十字绊英雄绦，蓝绸子腰围子，青缎子薄底靴子"。而高恒"乃是十四五岁一个小童，身穿青绸子水靠，背后背定一口劈水刀。这人的水靠，乃是生油熟油油得铮亮，衣服又合体又瘦小，那夜行衣穿着更利便"。第三回写孟金龙"身穿绛紫绸子短靠，皮带扎腰"。萧银龙则"五色线网子绷头，面似桃花，荷花色短靠，玫瑰紫的绒绳十字绊，荷花色的裤子，福字履缎镶缎鞋"。第四回曰："闭眼神佛刘士英，蓝云缎壮帽，蓝绸子短靠，十字绊上横插十三节点穴枪，插在皮囊里耀眼明光。"第六回赵元成"绛紫的大氅，绛紫短靠，十字绊英雄带，绛紫壮帽"，赵元成的师父洪教师"身穿宝蓝短靠，英雄带十字绊"。又有黄三太"青布四楞小帽，青布短靠，青皂布靴子青布英雄带，青棉花绳的十字绊"。[2]

从《三侠剑》中的描述来看，短靠有绸缎制的，也有青布制的，颜色有青

[1]（清）石玉昆：《三侠五义》，华夏出版社2013年版，第68、493、238—239页。

[2]（清）张杰鑫：《三侠剑》，吉林大学出版社2011年版，第4、77、83、139、144、214、338—339页。

色、蓝色、绛紫色、荷花色、宝蓝色等。可以外穿，也可以穿在衣服里面，外穿大氅。而水靠也可以用青绸制作。它除了具有紧身合体、用于水下的特点外，似乎没有更多特别之处。但是穿短靠或水靠几乎都要扎缚十字绊、英雄绦或英雄带，腰里有时还要围一根蓝绸子。

清唐芸洲的《七剑十三侠》中不仅多次提到"紧身衣靠"，还提到"密扣紧身"和"密扣紧身短袄"。小说第一百六十回云："今日众将及余秀英又非戎装打扮，皆是穿着紧身衣靠，各带短兵。惟有余秀英更加出色，只见他身穿元色湖绉洒花密扣紧身短袄，一条三寸宽阔鹅黄色丝绦紧束腰间，下着元色湖绉洒花紧脚罩裤，脚蹬花脑头薄底绣鞋，头上绾了个盘龙髻，扎着一块元色湖绉包脑，密排排两道镜光，一朵白绒缨顶门高耸，手执双股剑，愈显得粉脸桃腮，柳眉杏眼，妩媚中带着英雄的气概。拿云、捉月两个丫头，也是短衣紧扎，一色的元色湖绉密扣紧身，元色湖绉扎脚罩裤，头绾螺髻，也有一块包脑，左旁斜着插一朵白绒缨，手执单刀，倒也雄纠纠气昂昂，相伴着余秀英，不离左右。"[1]

众将和余秀英都穿着"紧身衣靠"，而这身打扮又并非戎装，仅属于短打便装。其中，余秀英"身穿元色湖绉洒花密扣紧身短袄"，腰束"三寸宽阔鹅黄色丝绦"，两个丫头"也是短衣紧扎"，"一色的元色湖绉密扣紧身"，配扎脚罩裤。从这些穿戴打扮来看，紧身衣靠其实就是装有密扣的紧身短袄，或称密扣短上衣。小说《侠义英雄传》中将这种密扣衣服称作"夜行衣靠"。

《侠义英雄传》第十九、二十回张燕宾和陈广泰之间有一段关于"夜行衣靠"的详细对话。张燕宾对陈广泰低声问道："你没有夜行衣靠么？"陈广泰"不但不曾置备夜行衣靠"，甚至"不曾听说夜行衣靠是什么东西"，"怔了一会才问道：'什么夜行衣靠？我不懂得。'张燕宾不觉笑了起来，也不答话，仍回身在衣箱里翻了一会儿，翻出一身青绢衣裤出来，送给陈广泰道：'你我的身材、大小、高矮都差不多，你穿上必能合身。'陈广泰放下手中的衣，看这套衣裤，比平常的衣裤不同，腰袖都比平常衣服小，前胸和两个袖弯全都是纽扣，裤脚上也有两排纽扣，并连着一双厚底开衩袜，裤腰上两根丝带，每根有三尺来长，此外尚有一大卷青绢，不知作什么用的，一件一件的看了，不好怎生摆布。"张燕宾"卸去自己身上的外衣"，将自己身上的衣服展示给陈广泰看。"陈广泰见他身上穿的，和这衣裤一般无二，遍身紧贴着皮肉，仿佛是拿裁料就身体上缝制的，心想穿了这种衣服，举动灵巧是不待说的。"

---

[1]　（清）唐芸洲著，北海等校点：《七剑十三侠》，齐鲁书社1993年版，第428页。

5-1-14   5-1-15

5-1-14 范宝亭（左）、俞振亭合演《白水滩》，穿密扣服饰 [1]

5-1-15 梅兰芳（左）在《金山寺》中穿着紧身衣裤战裙 [2]

　　张燕宾不仅给陈广泰讲述了丝带和青绢的作用，还给演示了青绢的裹法。他说："这种行头的尺寸，是照各人身体大小做的，你看这衣的腰胁袖筒，不都是小得很吗？只是腰胁虽小，因是对襟，有纽扣在前胸，所以穿在身上，弯腰曲背，不至觉得羁绊难过，至于两只衣袖是两个圆筒，若不照臂膊的大小，大了碍手，小了穿不进。就是照臂膊的尺寸，而两个圆筒没有松环，两膀终日伸得直直的，便不觉怎么，但一动作起来，拐弯的地方没有松环，处处掣肘，不是穿了这衣服在身上，反被他束缚得不能灵便了吗？"陈广泰也笑道："原来是这么一个用处！怪道这衣服，名叫夜行衣靠，就是靠皮贴肉的意思。"于是，陈广泰也脱去身上衣服，"换了绢衣，照张燕宾的样，装束停当了，外面罩上长衣"。[3]

　　小说中说得非常清楚，"夜行衣靠"的"靠"就是"靠皮贴肉"的意思。"靠皮贴肉"大概是靠服之本义。只是小说中所说的靠是短靠，也叫软靠，其前胸和两袖皆装密扣，目的是便于活动。穿这种靠衣要扎束绒绳十字绊，称扎靠。腰缠青绢，下配紧脚裤。而青绢又可以解下来裹头，用以保护头部。这种衣服用在戏具行头中被称作"打衣"，用于短打武生。"扎靠"这一术语虽然被保留下来，却被用来指代扎大靠，也即扎甲。盖在扮戏的过程中，扎甲更为复杂，难度更高，因此逐渐将"扎靠"用作扎甲的代名词。

[1]　图片来自《戏考》第七册"名伶小影"，中国图书馆，民国三年（1914），第6页。

[2]　图片来自鲁青等编纂《京剧史照》，北京燕山出版社1990年版，第44页。

[3]　平江不肖生：《侠义英雄传》，岳麓书社2009年版，第126—129页。

《闻歌述忆》云："一日就寝，回环涉虑，念叫天真佳，惜只一见，闻其扎靠剧师授有自。""演之前一日，竟喜而无寐，兼羡其能演扎靠剧，益复神王。"又："长庚无武剧，不善扎靠，而谭身手灵捷，扎靠、亮相、起打、上场，并世无偶。"[1]谭鑫培，人称"小叫天"，擅演扎靠剧。相比起来，程长庚就不擅长扎靠，也不演武戏。由此可见，扎靠剧不只是伶人表演起来有难度，扎缚大靠本身也很有难度。

大靠武戏有时又被称作靠把或靠架剧。《梨园旧话》称谭鑫培"扮演武生戏尤于靠把为宜"[2]。《燕都名伶传》言："君（时慧宝）在江南，以文武诸出著一时，继以体弱，不愿演靠架剧。"[3]扎靠的武生手中离不开兵器道具，各种各样的兵器道具在梨园行统称为"刀枪把子"。"靠把"的"把"即指把子。"靠架"的"架"或作架子，净行当中有"架子花脸"，其"架子"当指功架；"架"抑或为白字，乃"甲"之误。这后一种的可能性更大一些。戏剧中大靠的形制当自古代武士的甲衣发展而来。从出土文物和古代塑像来看，与大靠形制相仿的甲衣最迟在唐宋时期就已十分普遍。《扬州画舫录》中提到的"扎甲"很显然就是从古代这种形制的甲衣发展而来，它在清中期的戏曲衣箱中已经具备了一套比较成熟的穿戴规制。潮剧中称大靠为"大甲"，福建梨园戏中称靠为"战甲"或"八战"。这些地方上保留的习惯叫法都说明大靠或扎甲实即仿古代甲衣而制。而类似靠或靠衣这样的说法在清代乾隆时期仍或仅存于武侠小说与书会才人的口头演说中。19世纪以后，清宫档案罗列的衣箱中才开始出现靠或男靠这样的戏衣名目。

当然，关于"靠"之得名，不排除另外一种可能，即与方言或读白有关。粤语方言中读"靠"为"扣"。那么《七剑十三侠》中"密扣"的"扣"在民间方言中是否也有可能读作"靠"，有待进一步考证。但无论是"扣"，还是"靠皮贴肉"的"靠"，均形象地揭示了靠衣这种紧身戏服的特点。

大靠的构造形制比较复杂。男靠主要是由靠身、靠腿、大小袖、腋窝和苫肩等部分组成。硬靠还须加上同色靠旗。靠身分前后片，前片又由领窝、前胸、靠肚、吊鱼及靠牌子等部分组成。靠肚除了腰肚本身，其上下分别装大挺子和小挺子。有的还在靠肚上装立体狮虎头。吊鱼实际是由靠裙、虎头和鱼尾三部分组成。虎头和鱼尾里边填塞薄棉，增加立体感。现在人图省事，吊鱼直接以平面连体绣片做成。后片则主要由后背、后腰箍、后裙、凤尾等几部分组成。

---

[1]　张次溪编纂：《清代燕都梨园史料（正续编）》下册，中国戏剧出版社1988年版，第1118—1119、1130页。

[2]　张次溪编纂：《清代燕都梨园史料（正续编）》下册，中国戏剧出版社1988年版，第818页。

[3]　张次溪编纂：《清代燕都梨园史料（正续编）》下册，中国戏剧出版社1988年版，第1200页。

5-1-16

5-1-17

5-1-16　西安长安区南里王村唐墓出土天王俑

5-1-17　咸阳渭城区窦家村唐墓出土天王俑

5-1-18　汉中勉县出土宋代穿甲武士俑

5-1-19　大靠，中国艺术研究院藏

5-1-20　男靠，石狮文化馆藏

5-1-21　巡游用大战甲，石狮文化馆藏

5-1-18

5-1-19

5-1-20

5-1-21

5-1-22

5-1-23

5-1-24

5-1-25

5-1-22　靠背（局部），中国艺术研究院藏

5-1-23　大小袖及虎头饰（局部），中国艺术研究院藏

5-1-24　虎头饰（局部），中国艺术研究院藏

5-1-25　靠肚（大靠局部），中国艺术研究院藏

前后片在肩部结合，肩左右连大袖、小袖。大袖也叫护肩或蝴蝶袖，装袖条。有的袖肩处装虎头，叫虎头肩。小袖装袖箍，也叫袖口条。腋下有夹窝，也称腋窝。靠腿也叫腿裙，由左右两片组成。苫肩为一单独绣制的领肩，扎好大靠以后将其披在肩头，有领扣，系于脖前。过去男靠领肩、袖头和靠肚处还装有立体的大小虎头。这种立体的虎头造型在南方如广东、福建某些地方的大战甲（大靠）中偶尔还能看到。总的来说，一件男大靠，由 40 多块绣片组成。女靠则更多，有 70 多块绣片。每一片皆为绣活做成，费工耗时，甚为烦琐。

　　仅以靠肚的制作为例，徐世楷先生说靠肚正面为绣片，绣片和里子布之间不仅要塞棉花，还要糊衬布。糊衬布一般使用旧布片。衬布要糊 8 层，最少也得糊6—7层。如此做出来的靠肚才比较硬挺，不容易软塌或翘起。判断一件大靠的做工是否细致，有一个很重要的标准就是看靠肚做得是否坚挺硬实。靠肚做好后，其上边要加装大挺子，下边加小挺子。有的还在靠肚处绣制大雄狮或立体狮虎头，以凸显威武气势。

大靠的靠肚是一个比较奇特的构造。它可以对武生演员的体形起到一种独特的塑形作用。清人焦循《剧说》卷六记载了一个很特别的伶人故事："陈优者，名明智，吴郡长洲县甪直镇人也。为村优净色，独冠其部中。居常演剧村里，无由至士大夫前，以故城中人罕知之。"当时吴郡优部"以千计"，"最著者惟寒香、凝碧、妙观、雅存诸部"，文人雅集"非此诸部勿观"。"会有召寒香部演剧者，至期而净色偶阙。"按照当时的戏班规矩，凡应戏，班中十色各自前往，如有一色有事或生病去不了，得让管箱人赶紧另找一人代替，行话叫"拆戏"。拆戏也有规矩，即名部缺人，一定要从其他名部征借，不能滥拆借。但是当天恰好各名部之中净角皆不得空，再找次部也没有。箱人急得汗流满面，到处奔走，有相识的人为其推荐陈明智，而当时陈正好在城里。箱人迅速找到此人，"则见衣蓝缕，携一布囊，贸贸然来"。陈伶其貌不扬，箱人也管不了许多，赶紧将其带到演戏的地方，其他九色都已先到，衣箱也并列排好。大家关心净色如何，结果一看陈，无不惊愕，因"凡为净者，类必宏嗓蔚跂者为之。陈形眇小，言复呐呐不出口，问以姓氏里居及本部名，又俱无人识者"。陈伶不仅在形象方面与一般净色相差太远，就连姓名和出身也都不为人所知。大家都责怪箱人，吃饭时也不礼让。陈伶不敢言语，默坐于旁。等到客人点戏，首场竟是以净扮项王为要色的《千金记》，该戏即便对名演员来说难度也是比较大的。于是不仅箱人担心，整个戏班的人都来问陈到底能不能演，如果不能演，实话实说，让客人赶紧换别的戏，先前箱人答应的戏钱仍然照给。陈乃起曰："固常演之，勿敢自以为善。"众曰："若是，且速汝装。""陈始肮其囊，出一帛抱肚，中实以絮，束于腹。已大数围矣。出其靴，下厚二寸余，履之，躯渐高。援笔揽镜，蘸粉墨为黑面，面转大。"从抱肚束腹，腰大数围，到脚蹬高靴，身躯渐高，再到敷粉墨面，脸庞转大，整个扮相霍然大变。"既而，兜鍪绣铠，横稍以出，升氍毹，演起霸出……陈振臂登场，龙跳虎跃，傍执旗帜者，咸手足忙蹙而勿能从；耸喉高歌，声出钲鼓铙角上，梁上尘土簌簌堕看馔中。座客皆屏息，颜如灰，静观寂听，俟其出竟，乃更哄堂笑语，嗟叹以为绝技不可得。"陈伶的演出获得惊人成功，寒香部的群伶们纷纷向陈伶道歉，第二天更是让其辞去村部，担任本部净色，而部中原净色则被辞去。[1]

---

[1] 参见（清）焦循《剧说》，古典文学出版社1957年版，第128—130页。

　　从上述记载可以看到，陈伶作为一个来自农村的净行名伶，演技固然不低，然其外貌长相却与人们一般印象中的净角形象相去甚远。为弥补身形"渺小"的不足，陈伶借助了一个重要的服饰道具——抱肚。这个抱肚与胖袄还不一样，它是专门束于腹部的，故称"抱肚"。抱肚的作用十分明显，即可使腰腹部陡然增大数围。

　　陈伶所用"抱肚"虽然只是一个起垫衬作用的道具，与"绣铠"毫无关联，但是其功能却与大靠中的靠肚十分相近。而作为大靠组成部分之一的靠肚更加美观，制作起来也更为复杂。当然，从唐宋时期的武士造像来看，甲衣上有肚是一种比较流行的造型，然其内里是否加棉衬布，尚且存疑。

　　从颜色来说，靠色分上五色和下五色，有"十靠"之说，即十种颜色不同的靠。戏班实力越强，靠色越多。一般都备有五色靠，少者只有两三色。不同靠色适用于不同的人物类型。譬如勾黑脸一般穿黑靠，勾红脸穿红靠或绿靠，勾白脸则穿白靠。

　　靠身纹饰现在一般以丁字纹或鱼鳞纹为主，也有波浪、流云、游龙、二龙戏珠及虎头等比较丰富的绣活图案。其中，下甲如腿裙和靠牌子等部分不仅正面绣纹样，背面也绣有图案，表里异色。《明史·舆服志》"军隶冠服"云："洪武元年，令制衣，表里异色，谓之鸳鸯战袄。"[1]可见，战衣表里异色的传统亦由来已久。不过，大靠下甲部分背面绣花主要是为了好看。扎大靠的武生在台上表演时，下甲或腿裙经常会翻飞舞动，正反皆彩绣，可增加美感。

　　另外，硬靠需配以同色靠旗。靠旗为四面大小形制一样的三角旗，每面旗上连一根飘带。使用时将其套在旗杆上，插入靠旗筒中，靠旗筒绑在身后。过去也有人插两面靠旗，或在四面靠旗之间再加一面大蟠旗。[2]《中国戏曲志·广东卷》载："西秦戏的靠旗为四方形，武将一般都在左右肩背各插两支靠旗。"[3]

　　除了形状和数量方面发生改变，靠旗在大小尺寸方面也会随着时间的变化而变化。徐凌霄在《北平的戏衣业述概》中谈道："我看见一件蓝靠子，靠旗小而身长大，确是数十年前的旧物，只要把谭鑫培《定军山》黄忠，俞毛包《长板坡》赵云照片，与现在名伶之靠旗一比较，就知靠旗演进之趋势。曾见某杂志登载官中扮相谱，《南阳关》伍云昭戴帅盔，麻叔谋戴蓬头那背旗矮小，缩在颈后，高不

[1]（清）万斯同：《明史》卷一百三十一，清抄本。

[2] 中国戏曲志编辑委员会、《中国戏曲志·北京卷》编辑委员会编《中国戏曲志·北京卷》（中国 ISBN 中心 1999年版，第730页）中记载：清代光绪年间，河北梆子演员刘子云扮演《佘塘关》之佘彰时，"头戴帅盔，身穿箭衣，上身扎两面靠旗"，又有演员孙培亭扮演《五雷阵》之孙膑时，"身穿箭衣，背扎靠旗，四面靠旗中加饰一长三米的三角形白色大蟠旗，上绣黑色阴阳鱼八卦图"。

[3] 中国戏曲志编辑委员会、《中国戏曲志·广东卷》编辑委员会编：《中国戏曲志·广东卷》，中国 ISBN 中心 2000年版，第312页。

及顶。"[1] 朱家溍在谈及靠旗的尺寸变化时讲到，靠旗靠杆加大尺寸会导致一个弊端，即"扎不出均匀抱身的扇面形"[2]。至于靠旗的纹饰等方面，通常更是变化多端，不一而足。然不管怎么变，基本都要与靠身的纹饰风格保持一致。

女大靠，也叫女宫衣甲。盖其下甲与宫衣相似，为两层飘带式彩绣裙裳。每层飘带20根，一共40根。也有式同男靠下甲者，为改良靠。靠身一般绣彩凤、鱼鳞纹或团花图案，配彩穗大云肩。靠色一般以红或粉红二色为主。

改良靠去掉靠肚、吊鱼等装饰，改宽体为束腰紧身式。靠身由原来的一体式长靠变成上下分体式两部分，上为短褂，下为战裙。战裙，也即靠腿，由前后两部分组成，然裙片被分成前后左右若干片。穿扮时先着短褂，然后将战裙系于腰间，最后束以腰带。苫肩、大袖、后腰襕以及靠腿等底部边缘缀以排穗。不扎靠旗。与传统大靠相比，改良靠轻便简洁，也便于舞动。然却不及传统大靠那般威武有气势，故一般用于普通将官或番邦将官。

5-1-26

5-1-27

5-1-26　绿靠，韩永祉戏衣

5-1-27　改良女靠，韩永祉戏衣

---

[1]　徐凌霄：《北平的戏衣业述概》，《剧学月刊》1935年第5期。

[2]　刘月美：《中国京剧衣箱》，上海辞书出版社2002年版，朱家溍"序"。

5-1-28

5-1-29　　　　　　　　　5-1-30

三、宫装

　　宫装也叫宫衣、舞衣或彩衣。南方又叫舞美衣或美人衣。宫装为旦角服饰，戏中扮演后妃、公主等使用。其为便装，虽比女蟒等级略低，但却华丽无比。与蟒、靠等服饰相比，其制作的复杂程度有过之而无不及。

　　"宫装"一词出现虽早，但明确作为戏衣之名，最早见于清代李斗的《扬州画舫录》，该书卷五云："女扮则舞衣、蟒服、袄褶、宫装、宫搭、采莲衣、白蛇衣、古铜补子、老旦衣、素色老旦衣、梅香衣、水田披风、采莲裙、白绫裙、帕裙、绿绫裙、秋香绫裙、白茧裙。"[1] "宫装"与"舞衣"并列，说明二者当为不同形制的戏衣。然宫装和舞衣之间有何区别，或其具体形制如何，前人似乎并未给出一个比较清晰的描述。

---

[1]　（清）李斗撰，汪北平、涂雨公点校：《扬州画舫录》，中华书局1960年版，第134页。

　　宋人方千里《红林檎近》一词有"素脸浅约宫装"[1]句。明人周清原著《西湖二集》卷二十二云："绿帔绣成凤彩，艳尔宫装。"[2]清末小说家刘鹗在《老残游记续集》第七回曰："男的都是袍子马褂，靴子大帽子，大概都是水晶顶子花翎居多，也有蓝顶子的，一两个而已。女的却都是宫装。"[3]清李雨堂撰《狄青五虎将全传》第二十七回写："公主想：'日中长永，独坐无聊。不免趁此天色晴明，前往荒郊打猎，玩耍一回，以解愁烦。'想罢，脱下宫装，取出团花大袱，外衬银红织锦袍，腰间挂一口龙泉剑，手执一柄梨花枪，吩咐小番牵过赛麒麟骑上。"[4]这些文献里提及的"宫装"基本都是指日常生活中的一种装扮服饰，尤

6-1-31

6-1-32

5-1-31　宫装，重庆川剧博物馆藏

5-1-32　宫装，张立设计制作

5-1-33　云肩，张立设计制作

5-1-34　飘带裙，张立设计制作

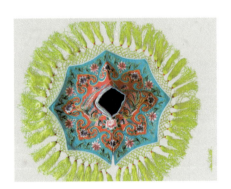

6-1-33

6-1-34

[1]　黄勇主编：《唐诗宋词全集》第八册，北京燕山出版社2007年版，第3530页。

[2]　（明）周清原：《西湖二集》，华文出版社2018年版，第303页。

[3]　（清）刘鹗著，张器友点校：《老残游记》，安徽文艺出版社2003年版，第176页。

[4]　（清）李雨堂撰，朱树人标点：《狄青五虎将全传》，岳麓书社1994年版，第387页。

其是从李雨堂小说中公主换装的描写来看，"宫装"主要是宫内闲居时穿用。

又明人沈榜撰《宛署杂记》"三婆"条云："诸婆中有一经传宣者，则出入高髻彩衣如宫妆，以自别于侪伍。"[1] 这里的"宫妆"当与"宫装"的含义大致相同，即泛指宫样装扮，言"高髻""彩衣"皆为宫廷样式。至于这种"彩衣"究竟如何，似乎并无特定制式。在普通百姓看来，但凡宫娥，皆华饰衣彩，灿若仙人，然这些彩衣到底叫什么，也不是很明确，故将其笼统地称为"宫装"或"宫妆"。

至于演戏用的舞衣，也是五彩缝制，最早叫彩衣。三国曹植《灵芝篇》诗曰："伯瑜年七十，彩衣以娱亲。"宋王应麟《困学纪闻》卷十八"评诗"注曰："今人但知老莱子之事，而不知伯瑜。"[2] 伯瑜或老莱子"彩衣娱亲"一典讲的正是古人身着彩衣而以此娱亲的故事。唐人欧阳询《艺文类聚》卷二十引《列女传》云："老莱子孝养二亲，行年七十，婴儿自娱，著五色采衣，尝取浆上堂跌仆，因卧地为小儿啼或弄乌鸟于亲侧。"[3] 可见，老莱子彩衣娱亲的方式是以彩衣为扮，做各种模拟表演，有表演的成分在里边。清人俞达著《青楼梦》第三十回载："靠东那一只船上彩衣扮戏，巧演醉妃。"[4] 这里讲"彩衣扮戏"，演的还是醉妃，那自然是《贵妃醉酒》一出了。《扬州画舫录》中的"大衣箱"既列有"女扮""宫装"，又列有"醉杨妃"一项。盖"醉杨妃"是制作尤为讲究的宫装或彩衣。正如"祅褶"，《扬州画舫录》"大衣箱"中前面已罗列有"五色顾绣青花五彩绫缎祅褶"，后边又有"女扮""祅褶"。[5]"祅褶"重复并提，说明前面为重装特制，后边为一般制作。"宫装"与"醉杨妃"并列，说明前者为一般彩衣，而后者专为《贵妃醉酒》中扮杨贵妃所用。

又清王廷绍《霓裳续谱》"四景长春"【清江引】之后载："右小人口名，女扮，穿彩衣彩裙，各手拿扇子汗巾。"[6]《霓裳续谱》未言"女扮"扮的到底是谁，然"四景长春"唱的却是歌颂四季美景的寿曲，多祝福之意。女扮者穿彩衣彩裙，便于翩翩起舞。至于这彩衣彩裙形制如何，与《贵妃醉酒》中的宫装或彩衣是否一样，则不甚明了。

《中国戏曲志·陕西卷》载"五彩衣"云："陕北秧歌服装。生脚所用称五彩衣，旦脚所用称五彩裙，丑脚所用称五色袍。以绸、缎制作，因均用红、黄、

[1]　（明）沈榜：《宛署杂记》，明万历刻本。

[2]　宋效永、向焱校注：《三曹集》，黄山书社2018年版，第280页。

[3]　（唐）欧阳询：《艺文类聚》卷二十，四库全书本。

[4]　（清）俞达：《青楼梦》，内蒙古人民出版社2000年版，第186页。

[5]　（清）李斗撰，汪北平、涂雨公点校：《扬州画舫录》，中华书局1960年版，第134页。

[6]　（清）王廷绍辑：《霓裳续谱》卷首，清乾隆集贤堂刻本。

蓝、绿、黑五色彩线绘绣各种花纹图案，故名五彩衣。"[1] 陕北秧歌中的"五彩衣"是专供生角所用，其以五色彩线绣制而成，故名"五彩衣"。色用多彩，鲜明而亮丽，这或许正是彩衣的本义。至于用来扮演醉妃的这种彩衣，其形制比较特殊，为宫廷样式，故又被称为"宫装"。

宫装的典型特征有：垂穗大云肩（也有的不用垂穗），七彩接袖连水袖，七彩飘带裙。传统戏曲宫装为上下连体，圆领宽袖，上衣下裙，裙外腰箍下方缀饰双层七彩飘带。现在改为分体，上衣下裙，系腰箍。腰箍彩绣纹饰，腰箍下缀各色彩绣飘带。飘带有三层，最上层为叶片式，较短，密密排列，前后一共有二十多片，每片皆彩绣花卉纹饰。另外两层飘带一长一短，皆为条状，上绣缠枝花纹，底垂丝穗。居中有上下两片门幅，做如意状，彩绣花凤、海水、江牙等纹饰。云肩为八角形，装小竖领和盘扣。竖领下方围以如意头绣片，绣片上绣缠枝花纹、牡丹朝凤。如意头有八个。云肩四周缀网穗（或不缀网穗）。衣上绣锦纹，袖肩绣丹凤。袖肩下方为接袖。接袖由七色绣片拼接而成，绣片呈水波纹状，绣片上彩绣缠枝花卉。

《旧唐书·音乐志》载《西凉乐》曰："盖凉人所传中国旧乐，而杂以羌胡之声也。魏世共隋咸重之。工人平巾帻，绯褶……方舞四人，假髻，玉支钗，紫丝布褶，白大口袴，五彩接袖，乌皮靴。"[2] 西凉乐为"杂以羌胡之声"的"中国旧乐"，也就是说该乐虽名为《西凉乐》，然亦曾受到中原地区传统音乐的影响，或者说在中原音乐的基础上做了改进，故有"杂以羌胡之声"一说。而其舞蹈中有"方舞四人"，着衣有"五彩接袖"，说明舞衣中"接袖"这一形制的出现同样比较久远。

第二节　官衣、箭衣和轻装活等戏衣

一、官衣和箭衣

官衣

官衣，简单说就是剧中扮官者所穿的官服。在古代，官衣是文武百官所穿

---

[1] 中国戏曲志编辑委员会、《中国戏曲志·陕西卷》编辑委员会编：《中国戏曲志·陕西卷》，中国 ISBN 中心 2000年版，第479页。

[2] （后晋）刘昫等：《旧唐书》卷二十九志第九，中华书局1975年版，第1068页。

常服的统称，也叫官袍，是袍服的一种。在戏曲衣箱中，官衣同蟒袍一样被视为"大服"，其重要性仅次于蟒。现代衣箱中，官衣和蟒袍都放在大衣箱。官衣的款式结构与蟒袍相似，但比较素净，绣活较少。除了前胸、后背两处缀以官补之外，别无绣饰。官补乃为一方形绣片，上绣飞禽走兽等纹饰，以不同纹饰区分品级。通常文官用禽，武官用兽。圆领，大袖，与蟒服一样，分别在底襟外侧和前襟后侧装摆翅，配玉带。官衣亦有五色之分，然无黄色，以红色和紫色为贵，蓝、绿次之。剧中扮演宰相、国老等权贵一般穿紫官衣，巡按、府道穿红官衣，知县等穿蓝官衣，驿臣门官则穿黑官衣。黑官衣又叫素官衣，素而无补，系丝绦，不用玉带。

朱瘦竹著《修竹庐剧话》云："官衣的五色，与蟒的不同，蟒的五色是红黄绿白黑，官衣的五色是红蓝紫铜黑，老生黑髯穿红蓝，黪白髯穿铜（就是古铜），花脸穿紫，小丑穿黑。""红黄绿白黑叫上五色，紫铜下五色，还有三件是粉红、月白、湖色，小生穿。"[1]

人们常说的官衣为男官衣。除了男官衣，还有女官衣，女官衣则稍短，其形制与男官衣同。颜色主要有红色、紫色、秋香色和古铜色等。戏中扮演命妇一般用红色女官衣，老旦行则用紫色、秋香色或古铜色官衣。衣箱中"官衣"之名当于清末民国以后才有。在此之前盖呼作圆领或圆领袍，以此区分蟒、褶和道袍。

清人李斗《扬州画舫录》卷五"大衣箱"罗列有富贵衣、五色蟒、五色披风、五色袄裙以及道袍、鹤氅、裌裘、法衣、太监衣、八仙衣等诸色戏衣，却唯独没有官衣一项。然有"大红圆领"一项，当指官衣。慈禧太后五旬万寿拟置衣箱行头罗列有各色男绣蟒、各色女绣蟒、各色男女绣氅、各色绣花道袍和红绸道袍等戏衣数百件，亦无官衣一项。然在男蟒、女蟒之后罗列有"各色缎男圆领十九件"和"各色缎女圆领十三件"。[2]这说明清光绪十年（1884）前后，在宫廷戏衣中尚无"官衣"一称。这种状况一直持续到光绪三十年（1904）以后。慈禧太后七旬万寿庆典承应档行头奏折中仍罗列为"各色缎绣男女蟒"和"各色缎男女圆领"等项，而无"官衣"之名。

宫廷衣箱虽无记录，但类似"官衣"或"官袍"的称呼在清代小说中却比较常见。清李绿园《歧路灯》第三十回写谭绍闻要验戏箱，茅拔茹特地找了王少湖做见证，茅道："这四个箱中，是我在南京、苏州置的戏衣：八身蟒，八身铠，十身补服官衣，六身女衣，六身儒衣，四身宫衣，四身闪色锦衫子，五

---

[1]　朱瘦竹著，李世强编订：《修竹庐剧话》，中国戏剧出版社2015年版，第220页。

[2]　傅谨主编：《京剧历史文献汇编·清代卷续编壹·清宫文献上》，凤凰出版社2010年版，第118—124、346页。

条色裙，六条宫裙，其余二十几件子旧衬衣我记不清。请同王哥一验。"[1] 小说《歧路灯》创作于清乾隆年间，李绿园创作该小说的时候，李斗才刚刚出生。这说明清中叶民间戏衣中已有"官衣"的说法，大概因为不是正式官称，故仅在民间口头流传。小说中的官衣有时也被称作"官袍"。

清贪梦道人撰小说《彭公案》第二十八回云："黄三太也是身穿官衣……黄三太本来生得不俗，头戴小呢秋官帽子，身穿蓝绸夹袍，腰束丝带，外罩红青宁绸夹马褂，足登青缎靴子……"又小说第一百四十五回，杨香武对刘芳说："你这个四叔就是红龙涧的大寨主。你且穿上官衣，我同霍秉龄跟着你去面见戴魁章，求他把钦差放出来……"刘芳换了衣服，三人骑马到了红龙涧，"船上喽兵一瞧，见刘芳头戴纬帽，三品顶戴花翎，身穿官服，外罩红青八团马褂，肋下佩带太平刀"。[2] 小说将"官衣"与"官袍"（夹袍）、"官服"混用，黄三太所穿官衣为"蓝绸夹袍，腰束丝带"。另外，黄三太和刘芳所穿官袍外还都加罩了一件马褂。

清人小说《二度梅全传》第四回则云："只见那仪门闭着，见那东角门外，坐了无数官袍玉带的官员……"又小说《永庆升平前传》第二十七回写山东都司马成龙参见白大帅时，"头上戴着官帽，身穿蓝布大褂，高腰袜子，青布山东皂鞋"。白大帅对他说："你既然是都司，为何不穿官衣？"马成龙说："我没有官衣，求将军见容。"[3] 官员须在正式场合穿官衣戴官帽，否则有违礼制，故要见责。跟蟒一样，有品级的官员穿官袍一般要配玉带。只是蟒袍一般为皇帝御赐，故级别更高一些，而官袍或官衣则只是一般官员所穿。

但即便是一般官袍，朝廷也有统一规制。譬如《唐会要》卷三十一记载：唐开元二十五年（737），"诸司供奉官衣冠履舄等，所司七年一替，三年一给。未满三年，有损坏者，并自修理"[4]。官袍由朝廷统一供奉，尤其是宫廷颁赐，也称宫袍，在某种程度上成为身份和荣耀的象征。脱却官袍，即意味着解甲归田。宋人高得心《林下读书》诗云："青山紫阁原同道，肯羡宫袍耀布衣。"[5] 元人戴良《寄胡舜咨》诗云："曾著官袍赋上林，一朝归卧白云深。"[6] 明人高榖《送倪廷用致政归嘉兴》诗云："旧著官袍卸，新裁野服便。"[7]

[1]（清）李绿园：《歧路灯》，华夏出版社1995年版，第190页。

[2]（清）贪梦道人著，文平校点：《彭公案》，宝文堂书店1986年版，第131、755—756页。

[3]（清）姜振名、哈辅源演说，（清）郭广瑞撰著，尔弓点校：《永庆升平前传》，荆楚书社1988年版，第136页。

[4]（宋）王溥：《唐会要》，中华书局1955年版，第578页。

[5]（清）曾唯辑，张如元、吴佐仁校补：《东瓯诗存》上，上海社会科学院出版社2006年版，第374页。

[6]（清）顾嗣立编：《元诗选》卷二十，四库全书本。

[7]（清）张豫章辑：《御选宋金元明四朝诗》卷五十三，四库全书本。

官服的具体形制，明代舆服志中规定甚详。《明史·舆服志》"文武官常服"曰："（洪武）二十三年定制，文官衣自领至裔，去地一寸，袖长过手，复回至肘。公、侯、驸马与文官同。武官去地五寸，袖长过手七寸。二十四年定，公、侯、驸马、伯服，绣麒麟、白泽。文官一品仙鹤，二品锦鸡，三品孔雀，四品云雁，五品白鹇，六品鹭鸶，七品鸂鶒，八品黄鹂，九品鹌鹑；杂职练鹊；风宪官獬廌。武官一品、二品狮子，三品、四品虎豹，五品熊罴，六品、七品彪，八品犀牛，九品海马。又令品官常服用杂色纻丝、绫罗、彩绣。官吏衣服、帐幔，不许用玄、黄、紫三色，并织绣龙凤文，违者罪及染造之人。朝见人员，四时并用色衣，不许纯素。"[1] 文武官员的官服，不仅规定了衣身和衣袖的长短，而且依照品级规定有不同纹饰，不许织绣龙凤纹，不能用玄、黄、紫三色，也不许纯用素。这些规定虽然不断产生变化，然大体内容基本保持一致。明嘉靖七年（1528），又有阁臣张璁进言："品官燕居之服未有明制，诡异之徒，竞为奇服以乱典章。乞更法古玄端，别为简易之制，昭布天下，使贵贱有等。"明世宗因此下令复制《忠静冠服图》颁礼部，要求"如式制造"，"在京许七品以上官及八品以上翰林院、国子监、行人司，在外许方面官及各府堂官、州县正堂、儒学教官服之。武官止都督以上。其余不许滥服"。礼部遂"以图说颁布天下，如敕奉行"。其中，所谓"忠静服"，乃"仿古玄端服，色用深青，以纻丝纱罗为之。三品以上云，四品以下素，缘以蓝青，前后饰本等花样补子。深衣用玉色。素带，如古大夫之带制，青表绿缘边并里"。[2] "前后饰本等花样补子"即言官袍前胸后背要依照品级缀补相应纹饰的绣片。不同贵贱等级，各依典章图式，不可滥造。

戏服中的官衣大致模仿了明清时期官袍加补的基本样式，但是又根据不同表演的需要而有所发展，有所谓素官衣、判官衣、小官衣、学士官衣和改良官衣等。素官衣实即黑色官衣，素而无补，亦无摆翅，穿扮时需在腰间系以丝绦，不用玉带。素官衣为剧中扮演无品级的官吏如城门官、降臣、罪臣或官宦家的仆役等人所用。判官衣为判官所穿，也叫钟馗衣，红色。其衣身尺寸比一般男官衣要长大，便于扮演。学士官衣简称学士衣，也叫改良褶子。盖其形制与褶子比较相近，圆领，无摆，也不加补子，不用玉带，改系板带，加飘带。小官衣也叫丑官衣，为丑行所用，其衣身较一般男官衣要短，以红色为主，补用旭日东升图。改良官衣在纹饰方面较传统官衣变化较大。譬如官补不用方补，而改用团形图案，领、袖、摆翅和下摆等处加绣纹饰，整体风格较传统官衣华丽，

---

[1]　（清）张廷玉等：《明史》，中华书局1974年版，第1637—1638页。

[2]　（清）张廷玉等：《明史》，中华书局1974年版，第1639—1640页。

可用作太监衣。

另外，戏服中官衣的补子过去一般是单独制作的绣片，这些绣片不仅依据行当与品级的不同绣有飞禽走兽等各种图案，而且通常是简单缝制或贴在官衣上，使用时可根据需要灵活拆卸、进行替换。现在的官衣一般不作区分，统一装饰仙鹤补，也无法拆卸替换。

箭衣

箭衣，也是袍服的一种。制与袍同，皆圆领大襟。然衣身略窄，裾四开，袖用窄袖，袖口如马蹄状，俗称马蹄袖。有的地方也叫小袖。扮戏时，箭衣需配苦肩而用。

箭衣在古代又被叫作跨马、马衣、缺胯衫、四襈衫或襈衫，是古代官方规定的服色之一。清人袁栋撰《书隐丛说》卷十一在谈到本朝服制时云："袍用紧身窄袖，袖如马蹄，俗谓之马蹄袖。当前下缝拆，曰跨马，以便于上马，故也谓之马衣，亦曰箭衣。袍外衣曰罩甲，又曰外套，袖宽而短，身亦短，于袍一尺至五六寸不等，袍每束带谒上者必用焉。"[1] 从清人的介绍来看，箭衣在使用时外罩以宽袖短甲，称罩甲或外套，即今之马褂。在谒见帝王等正式场合，穿箭衣束带必用马褂。

明人张自烈撰《正字通》"申集下·衣部"有"襈"字条云："马衣分裾曰襈。如今边将士卒箭衣也。唐马周疏：'三代深衣青襕袖襈襗为士人上服，开胯者名缺胯衫，庶人服之。'注：今四襈衫。襈，衣裾分也。唐制，中尉枢密皆襈衫侍从。僖宗时具襕笏。昭宗时，有事于南郊，宦官始服剑佩侍祠。严遵美为军容使，叹曰：'北司供奉官以胯衫给事，今执袍笏过矣。'胯衫即襈衫也。"[2] 比张自烈略早的于慎行在《谷山笔麈》卷一"制典"中曰："唐制，中官服色，即中尉、枢密，皆襈衫侍从……按唐初，士人服衫，马周上言，请加襕绸襈襗，为士人上服。开胯者，为缺胯衫，庶人服之，想即所谓襈衫也。衣裙分，谓之襈。如今边将箭衣之制袍，施横幅于下，谓之襕，今之襕衫。本朝中官，贵极于四品，其后多赐蟒玉，为一品之服，而朝服则不以服，此亦襈衫之遗也。"[3]《文献通考·王礼考》"君臣冠冕服章"云，唐太宗时，"中书令马周上议：'《礼》无服衫之文，三代之制有深衣。请加襕袖襈襗，为士人上服。开胯者

---

[1]（清）袁栋：《书隐丛说》卷十一，清乾隆刻本。

[2]（明）张自烈撰，（清）廖文英编：《正字通》，中国工人出版社1996年版，第1032页。

[3]（明）于慎行撰，吕景琳点校：《谷山笔麈》，中华书局1984年版，第8页。

名曰缺胯衫，庶人服之。'"[1]《新唐书·韦坚传》曰："开元末，得宝符于桃林，而陕尉崔成甫以坚大输南方物与歌语叶，更变为《得宝歌》，自造曲十余解，召吏唱习。至是，衣缺胯衫、锦半臂、绛冒额，立舻前，倡人数百，皆巾鞲鲜冶，齐声应和，鼓吹合作。"[2]

综合前人的描述，可知箭衣即唐代的缺胯衫，唐开元时期被用作篙工舵师的袍衫，后来中尉枢密等侍从或供奉官亦穿之。

明代规定武官和军人穿窄袖衣，其衣身长短、袖长与袖宽以及袖口大小等皆有明确规定。明郎瑛《七修类稿》卷九"国事类·衣服制"载："洪武二十三年三月，上见朝臣衣服多取便易，日至短窄，有乖古制，命礼部尚书李源名等参酌时宜，俾有古义。议凡官员衣服宽窄随身，文官自领至裔去地一寸，袖长过手，复回至肘，袖椿广一尺，袖口九寸。公侯、驸马与文职同，耆民、生员亦同，惟袖过手复回不及肘三寸，庶民衣长去地五寸。武职官去地五寸，袖长过手七寸，袖椿广一尺，袖口仅出拳；军人去地七寸，袖长手五寸，袖椿七寸，袖口仅出拳。"[3]武官的袍服比文官略短，袖筒略窄，袖口仅可出拳，即为箭衣。

明末战乱时期，官兵士卒基本统一着箭衣，方便打仗。禁止一般乡民穿快鞋箭衣，以避免军民不分，妨碍城防。明人钱𫔶撰《甲申传信录》载李自成夺取关中以后，"改西安府为长安，令百姓称府，或帅府，而无敢言流贼者矣。其乡民不得穿箭衣，以别军民"[4]。明陈仁锡《无梦园初集》曰："如今之甘肃一镇，自金城门迤西，无地非屯，无人非兵，金关城无非穿袖箭衣者，乃今隶赤籍伍符者。"[5]明冯梦龙辑《甲申纪事》卷五"再生纪略上"载云："守门官俱穿箭衣上城，满城俱架火器，箭帘盈堵，炮声远震数十里。"卷五"再生纪略下"曰："城中戒严，盘诘颇密。凡北人及穿箭衣快鞋者，俱不许放。"卷六"淮城纪事"云："会淮城有七十二坊，各集义士若干。不上册，不督练，亦不给饷。每家出一人、二人，以至四、五，从义而起，出于自愿。小帽、箭衣、快鞋、刀仗俱自备。"[6]起义士兵也要穿箭衣，而且要求自备。

到了清代，宫内大小太监夏天都穿葛布箭衣，江苏男子也都是箭衣小袖。

[1]（元）马端临：《文献通考》，中华书局1986年版，第1015—1016页。

[2]（宋）欧阳修、宋祁：《新唐书》卷一百三十四列传第五十九，中华书局1975年版，第4560—4561页。

[3]（明）郎瑛：《七修类稿》，上海书店出版社2009年版，第97页。

[4]（明）钱𫔶等：《甲申传信录（外四种）》，北京古籍出版社2002年版，第117页。

[5]（明）陈仁锡：《无梦园初集》海三，明崇祯六年（1633）张一鸣刻本。

[6]（明）冯梦龙编著，吴伟斌、卞岐校点：《冯梦龙全集·甲申纪事》，江苏古籍出版社1993年版，第68、98、117—118页。

徐珂编撰《清稗类钞》"奄寺类·太监之称谓服饰"云："大小太监，夏日皆服葛布箭衣，系白玉钩黑带。"又"服饰类·诏定官民服饰"云："（顺治丁亥）是年十一月，复诏定官民服饰之制，削发垂辫。于是江苏男子，无不箭衣小袖，深鞋紧袜，非若明崇祯末之宽衣大袖，衣宽四尺，袖宽二尺，袜皆大统，鞋必浅面矣。"[1] 这说明在清代，箭衣再次成为普通庶民用服。

戏曲衣箱中，箭衣一般用作武扮。清人李斗《扬州画舫录》卷五"大衣箱"武扮服饰罗列有"五色龙箭衣"，"布衣箱"有"青箭衣"。现代衣箱中，箭衣放在二衣箱，是仅次于大靠的武扮服饰。

箭衣的基本形制是上下连体，直身，衣长及足，圆领，大襟，窄袖，袖口比较特别，非平口，放平时，为斜口，形如马蹄，称"马蹄袖"。马蹄袖袖内侧绣花。通常穿箭衣可以将马蹄袖向上挽起，露出内侧的绣花纹饰，比较美观。衣裾前后左右开衩，行话叫"四面开气"。箭衣上绣龙形纹饰，如团龙、坐龙、二龙戏珠等，称龙箭衣，为戏中扮演皇帝或高级将领所用。龙箭衣下摆处绣蟒水，上方绣流云、火焰纹等。

除了龙箭衣，还有花箭衣、素箭衣、猴箭衣和改良箭衣等各种形制。花箭衣上绣团花，无蟒水，为戏中扮演一般武将所用。素箭衣，素而无绣，有蓝、

5-2-1   5-2-2

5-2-1　红色团龙箭衣，张立设计制作

5-2-2　红色团花箭衣，张立设计制作

[1]　徐珂编撰：《清稗类钞》，中华书局2010年版，第一册第440页，第一三册第6146页。

白、黑诸色，有缎制，也有布制。素箭衣一般为戏中扮公差、老军者所用。其中，白箭衣又可用作孝服。猴箭衣为戏中扮演孙悟空专用，圆领，束袖。色用杏黄或鹅黄，两肩和胸背处绣团龙、团蟒。衣缘缀宽边，绣圆寿字。改良箭衣为上衣下裳，有大襟、圆领，也有对襟直领，衣袖皆用小袖或马蹄袖。衣襟、领围绣花，或在衣缘处加绣饰。衣身绣仙鹤、麒麟、卷草等纹饰。

朱家溍在谈及箭衣的发展时曾说道："箭衣的发展，是由肥而瘦，太肥固然会有人不喜欢，可是现在流行的箭衣太瘦，实在难看。箭衣宽绰可以在背后打一个很好看的腰褶。袖子肥一些加上小袖，肘部显着宽松，出现一些美观的衣纹。抬裉肥一些，勒上绦子，正合适，腰身多余的部分除已经打到背后腰褶，扎上大带，还留出一点宽松下垂，大方美观，所以箭衣还是宜肥不宜瘦。"[1] 箭衣的肥瘦尺寸不仅关系到穿着的效果，实际也涉及穿着的技巧。

二、褶子和帔

褶子

褶子，即褶衣，"褶"音 xué。福建梨园戏称褶子为"头袈"，潮剧中叫"项衫"，北方口语习称"褶""褶子"或"道袍"，也是袍服的一种。可内穿，也可以外用。戏曲衣箱中褶子的种类很多，名目也甚多，大致可以分为男褶子、女褶子，花褶子和素褶子。又有小生褶子、老生褶子、文生褶、武生褶、文丑褶、武丑褶、富贵衣、老斗衣、短跳、海青、衬褶子等。清李斗《扬州画舫录》中"大衣箱"罗列有"五色顾绣青花五彩绫缎祆褶""祆褶"和"男女衬褶衣"，其他如"大衣箱"中的"大红金梗一树梅道袍""绿道袍""老旦衣""素色老旦衣"以及"布衣箱"中的"青海衿""紫花海衿""敞衣""青衣""蓝布袍""安安衣"等 [2] 应当皆属于褶类。不同名目的褶子有花素、颜色之分，用于不同行当或扮演不同年龄、身份、地位的戏剧人物。衣箱中褶子应用的广泛性也充分反映了过去褶子在人们日常生活中的重要性和普遍性。

据史料记载，褶服出现的时间比较早。《三国志·魏书·崔琰传》云："太祖征并州，留琰傅文帝于邺。世子仍出田猎，变易服乘，志在驱逐。琰书谏曰：'……世子宜遵大路，慎以行正，思经国之高略，内鉴近戒，外扬远节，深惟储副，以身为宝。而猥袭虏旅之贱服，忽驰骛而陵险，志雉兔之小娱，忘社稷之为重，斯诚有识所以恻心也。唯世子燔翳捐褶，以塞众望，不令老臣获罪于

[1] 刘月美：《中国京剧衣箱》，上海辞书出版社2002年版，朱家溍"序"。

[2] （清）李斗撰，汪北平、涂雨公点校：《扬州画舫录》，中华书局1960年版，第134页。

天。'世子报曰：'昨奉嘉命，惠示雅教，欲使燔翳捐褶。翳已坏矣，褶亦去焉。后有此比，蒙复诲诸。'"[1]魏文帝曹丕身为太子时，喜田猎，着褶服。太子傅崔琰上书劝谏，让其舍弃华盖褶服。"褶"即骑服。

《晋书·舆服志》有"黑袴褶将一人，骑校、鼖角各一人"。又《晋书·杨济传》云："济有才艺，尝从武帝校猎北芒下，与侍中王济俱著布袴褶，骑马执角弓在辇前。"《晋书·郭文传》中甚至还提到"韦袴褶"，即皮做的袴褶。[2]《魏书·尔朱世隆传》曰："令王著白纱高顶帽，短小黑色，傧从皆裙襦袴褶，握板，不似常时章服。"[3]

唐宋时期，袴褶之制非常盛行。《旧唐书·礼仪志》载唐开元时期"大祀"之礼，"若天子亲祠，则于正殿行致斋之礼。文武官服袴褶，陪位于殿庭"。《旧唐书·音乐志》载唐贞观六年（632），"起居郎吕才以御制诗等于乐府，被之管弦，名为《功成庆善乐》之曲，令童儿八佾，皆进德冠、紫袴褶，为《九功》之舞"。又载江南诸乐，"《巾舞》《白纻》《巴渝》等衣服各异。梁以前舞人并二八，梁舞省之，咸用八人而已。令工人平巾帻，绯袴褶。舞四人，碧轻纱衣，裙襦大袖，画云凤之状"。《旧唐书·职官志》则曰："凡千秋节，御楼设九部之乐，百官袴褶陪位。"又《旧唐书·舆服志》云："（太宗）朔望视朝，以常服及帛练裙襦通著之。若服袴褶，又与平巾帻通用。""文明元年七月甲寅诏：'旗帜皆从金色，饰之以紫，画以杂文。八品已下旧服者，并改以碧。京文官五品已上，六品已下，七品清官，每日入朝，常服袴褶。'"从祭祀、宴乐到视朝，上至帝王、百官，下至舞儿、乐工皆可着袴褶。另外，褶以色分，以紫为贵。《旧唐书·舆服志》有"五品以上紫褶，六品以下绯褶"之说。[4]唐王泾撰《大唐郊祀录》卷一"斋戒"亦云："凡致斋之日，皆昼漏上水一刻，侍中版奏请中严。诸卫各列仗队、文武五品以上，并袴褶陪位。案：晋《舆服志》云：袴褶之制，未详所起。近代车驾亲戎，中外戒严，则服之。皇唐礼令：服袴褶者，平巾帻，犀簪导，冠及令饰。三品以上紫褶，五品以上绯褶，九品以上绿褶。"[5]

宋代袭唐朝褶服之制。宋李攸撰《宋朝事实》云："文三品以上紫褶，五品以上绯褶，七品以上绿褶，九品以上碧褶。"[6]宋以后，明清时期褶服更加普遍。

[1]（晋）陈寿著，裴松之注，武传点校：《三国志》，崇文书局2009年版，第170页。

[2]（唐）房玄龄等：《晋书》，中华书局1974年版，第760—761、1181、2440页。

[3]（北齐）魏收撰：《魏书》，中华书局1974年版，第1670页。

[4]（后晋）刘昫等：《旧唐书》，中华书局1975年版，第819、1046、1067、1829、1937、1953、1945页。

[5]（唐）王泾：《大唐郊祀录》，民族出版社2000年版，第729页。

[6]（宋）李攸：《宋朝事实》，中华书局1955年版，第185页。

袴褶虽在初唐太宗时期（626—649）便已形成制度，然至中唐时，儒臣归崇敬（720—799）仍然奏请停罢。《旧唐书·归崇敬传》载："崇敬以百官朔望朝服袴褶非古，上疏云：'按三代典礼，两汉史籍，并无袴褶之制，亦未详所起之由。隋代以来，始有服者。事不师古，伏请停罢。'"[1]

唐儒归崇敬声称隋以来始有服袴褶者，固然不对，然在其之前，却不断有反对或轻视袴褶的意见。除了前面提到的魏文帝曹丕的老师崔琰之外，南朝宋吕安国、北魏孝文帝拓跋宏等人也表达过否定意见。《南史·吕安国传》载："安国欣有文授，谓其子曰：'汝后勿袴褶驱使，单衣犹恨不称，当为朱衣官也。'"[2]《南齐书·魏虏》载北魏孝文帝拓跋宏曾诏曰："季冬朝贺，典无成文，以袴褶事非礼敬之谓，若置寒朝服，徒成烦浊，自今罢小岁贺，岁初一贺。"[3]

古人称袴褶之制不合古礼，原因不过有二：一是褶为短衣，亦称短褶，非美敬之服，庶人穿之。着袴必衣褶，故古人经常"袴""褶"并用，称"袴褶"。"袴"一作"骻"。二是贵族士大夫穿褶，为内服，外则需加穿美敬之服。

清陈梦雷《古今图书集成·经济汇编·礼仪典·袴部汇考》援引《释名·释衣服》云："袴，跨也，两服各跨别也。"引《说文》："袴，胫衣也。"引《中华古今注》："袴，盖古之裳也。周武王以布为之，名曰褶。敬王以缯为之名，曰袴，但不缝口而已。庶人衣服也。至汉章帝，以绫为之，加下缘，名曰口，常以端午日赐百官水纹绫袴，盖取清慢而理人。若百官母及妻妾等承恩者，则别赐罗纹胜袴，令太常二人服紫绢袴褶，绯衣，执永籥以舞之。又时皇帝讲武之臣近侍者，朱韦袴褶，已下属于鞋。"[4]按照古人的描述，周武王时以布为褶，周敬王时以缯为袴。当时袴和褶都是庶人所穿。到了汉章帝时，帝王常以绫罗类袴褶赏赐百官及百官妻妾、母亲等。宫廷太常和近侍臣子也可以穿紫绢或朱韦袴褶。值得注意的是，这里提到周朝或汉代袴褶之服，主要是讲其材质和使用范围，并未言说袴褶之制具体始于何时，然却由此可以推断袴褶的诞生不会晚于西周。

日本神宫司厅古事类苑出版事务所编《服饰部》"服饰总载·皇太子礼服"云："礼服冠，黄丹衣，牙笏，白袴，白带，深紫纱褶。"小注曰："谓褶者，所以加袴上，故俗云袴褶也。"[5]日本源顺著《倭名类聚钞》卷十二"袴"条曰："袴，胫上衣名也。《释名》云褶袭也覆，袴上之衣也。"又"布衣袴"条引《文

[1]（后晋）刘昫等：《旧唐书》卷一百四十九列传第九十九，中华书局1975年版，第4015页。

[2]（唐）李延寿：《南史》，中华书局1975年版，第1155页。

[3]（梁）萧子显：《南齐书》，中华书局1972年版，第991页。

[4]（清）陈梦雷：《古今图书集成·经济汇编·礼仪典》卷三百四十五，清雍正铜活字本。

[5]［日］神宫司厅古事类苑出版事务所编：《服饰部》，1914年，服饰部四，服饰总载四，第160页。

选》云："振布衣。"注谓："衣则袴。"[1] 清桂馥撰《说文解字义证》卷二十五云："袭，左衽袍。"小注云："左衽袍者，李善注《王命论》引作重衣也。"又引颜注云："褶谓重衣之最衽上者也，其形若袍，短身而广袖，一曰左衽之袍也。"[2] 褶为重衣，盖袴褶相重，袴在下，褶在上。褶如短袍，长袖，左衽。《王命论》为东汉班彪所撰，李善为初唐湖北人，颜师古为初唐山东人，说明短褶之制至少在初唐时期即已如此。

宋朱熹撰《仪礼经传通解》云："公侧授，宰，玉，褐。降立。"小注曰："褐者，免上衣见褐衣。凡当盛礼者，以充美为敬。非盛礼者，以见美为敬。礼尚相变也。《玉藻》曰：裘之褐也，见美也……裘者，为温表之为，其裘也。寒暑之服，冬则裘夏则葛。"又疏曰："凡服，四时不同假令，冬有裘，衬身禅衫，又有襦袴。襦袴之上有裘，裘上有褐衣，褐衣之上又有上服皮弁祭服之等。若夏，则以绨绤，绨绤之上则有中衣，中衣之上复有上服皮弁祭服之等。若春秋二时，则衣袷褶，袷褶之上加以中衣，中衣之上加以上服也。"[3] 古人之内外服，四季各有不同。褶为春秋二季之内服，其外穿中衣，中衣外面加上服。清陈梦雷撰《明伦汇编·宫闱典》卷七十七"东宫妃嫔部"曰："皇太子入于东房，释冕服，著袴褶。"[4] 清严辰撰《（光绪）桐乡县志》卷二十载明代桐邑令蔡调吾云："每造予，冬无轻暖。余抚其背衣，甚薄。问故，曰：'敝郡漳州天气不寒，素不为重裘也。'时有制裘为赠者，公坚却之。五月造余，解公服，尚穿绢褶在内。"[5]

袴褶内服，即穿在所谓上服、外服或公服之内。但是在室内，可以脱去上服或外服，仅穿袴褶，为其方便舒适故。唐代文人官场风气比较开放，不管宫廷内外，一般都不讲究那么多繁文缛节，再加上初唐人喜欢戎装，并在形制上略加考究，于是文武百官或中外官甚至包括帝王都将袴褶用作外服。《旧唐书·舆服志》曰："梁制云，袴褶，近代服以从戎，今缵严则文武百官咸服之。车驾亲戎，则缚袴不舒散也。中官紫褶，外官绛褶。"[6]

明张岱《夜航船》卷十一"日用部·衣裳"论"公服之始"曰："唐太宗制朝参拜表朝服，公事谒见，公服始分别。北齐入中国，始胡服，窄袖。唐玄宗始公服，褒博大袍。伏羲制裘（一云黄帝）。禹制披风（如背子制较长，而袖

[1]　[日]源顺：《倭名类聚钞》卷十二，廿一，平安时代中期庆安版本。

[2]　（清）桂馥：《说文解字义证》卷二十五，清道光三十年（1850）至咸丰二年（1852）杨氏刻连筠移丛书本。

[3]　（宋）朱熹：《仪礼经传通解》卷二十二，四库全书本。

[4]　（清）陈梦雷：《明伦汇编·宫闱典》卷七十七，东宫妃嫔部第十六，清雍正铜活字本。

[5]　（清）严辰：《（光绪）桐乡县志》卷二十，清光绪十三年（1887）刊本。

[6]　（后晋）刘昫等：《旧唐书》卷四十五志第二十五，中华书局1975年版，第1954—1955页。

宽于衫）、制襦（短衣）。伊尹制夹袄。汉高祖制汗衫（小仅覆胸背，即古中单帝与楚战汗透，因名）。唐高祖制半臂（隋文帝时半臂余，即长袖也。高祖减为秃袖，如背心）。马周制开骻（即今四骻衫）。周文王制裈，禹始制袴，周武王改为裙，以布；敬王以缯；汉章帝以绫，始加下缘。晋董威制百结（碎杂缯为之）。宋太祖制截裙、制海青（俱仿南番作）。宇文涉制毡衫。"[1] 明人简略梳理了"公服"的不同形制、创始时间及演变情况，其中就包括裙，既有三代之袴裙，也有宋代之截裙、海青。海青即黑领黑裙子，衣箱中的海青又叫院子衣，戏中扮演院子、仆役等一般庶民可用。

宋元以后，明清时期的裙衣又有长裙、胯裙、版裙和短裙之称。明徐弘祖撰《徐霞客游记》卷六上"滇游日记四"载曰："十二日，唐州尊馈新制长裙棉被。"[2] 明姚宗文纂修《（天启）慈溪县志》卷十二曰："其风俗，唐则清雅风流，宋则衣冠文物，雍容典雅，尊德乐义，皆有士君子之风。至元稍变，而儒家则不改旧服。常俗则椎髻拖辫，短檐帽，或前圆后方笠子。衣服则褶子、海青、胯裙、版裙、腰线、辫线、一撒、搭护。"[3] 清严辰撰《（光绪）桐乡县志》卷十五"人物宦绩"载：明末万历进士钱梦得云其"幼承庭训，力戒侈靡，垂髫时见客，只服青布短裙"[4]。现代衣箱中也有长裙和短裙，然长裙为男裙，短裙为女裙或扮书童者所用。长短裙的区别在于一为大襟、斜领（或曰斜襟、和尚领），一为对襟、小立领。无论是男裙子还是女裙子，又分出许多不同种类来。这些不同种类的裙子除了颜色和图案等有所变化以外，尺寸基本都一样，即男裙子衣长四尺四至四尺五（约146厘米至约150厘米），也有的四尺三（约143厘米）；女裙子衣长约三尺二至三尺三（约106厘米至约110厘米）。与其他袍服的长度大致相仿。

通常来说，戏曲衣箱中的男裙子衣长及足，大襟（也叫斜襟），斜领，阔袖带水袖，左右开气。女裙子略短，衣长至膝，对襟，小立领，阔袖带水袖，左右开气。改良裙子一般用圆领，近似官衣，然无补和摆。

根据绣花与否，裙子又分绣花裙子和素裙子。花裙子即绣花裙子，有绒绣、平金绣或绒线夹金绣，又有双面绣和单面绣。双面绣即里子上也有绣花。单面绣仅绣衣面。有的满身绣，有的绣角花或边花。角花即只在衣角处绣花。边花即在领、袖、裉、摆等衣缘处加绣花边。绣花纹饰比较丰富，包括梅、兰、竹、

[1]（明）张岱著，袁丽点校：《夜航船》，汕头大学出版社2009年版，第351—352页。

[2]（明）徐弘祖著，褚绍唐、吴应寿整理：《徐霞客游记：附索引》，上海古籍出版社2011年版，第759页。

[3]（明）姚宗文：《（天启）慈溪县志》卷十二，明天启四年（1624）刊本。

[4]（清）严辰：《（光绪）桐乡县志》卷十五，清光绪十三年（1887）刊本。

| 5-2-3　田雨农在《饿虎村》中饰黄天霸，穿花褶 [1]

菊、栀子、牡丹、蜂蝶、飞燕、草龙、蝙蝠、八仙、八宝等。表现手段有团花、散花、小碎花以及边角花等不同形式。不同行当通常采用不同的纹饰和不同的表现形式。譬如净角花褶子通常可以用铜钱纹、大折枝花或虎豹麒麟等走兽纹；文生褶子多为散绣蝴蝶、牡丹、菊花、杏花、梅花等四季花卉；武生褶子多用团花，并加饰宽边；文丑多用散点小碎花；武丑多用蝙蝠、蝴蝶、散八宝等。[2]

素褶子，素而无绣，然需在衣缘如领、袖、衩、褪摆等处镶双边牙子。牙子有不同颜色，常见有红、蓝、白、黑、皎月色、淡青色等。红色素褶子一般用于须生和老生扮演的普通男性百姓。白领青褶，用于扮演比较贫穷的，如不及第的秀才。黑领黑缎素褶又叫海青，主要用于社会地位较低的绿林好汉如武松等。其他如戏中扮老院公、小院子等仆从形象亦用之，故也称"院子衣"。

衣箱中的富贵衣也是一种素褶子，其为黑衣白领，衣身缀饰各色碎布块，以为补丁，表示贫困。老斗衣，疑为"劳动衣"之口白，前面已有过讨论。男用老斗衣式同褶子，一般使用粗布料制作，表示年老而贫，剧中扮演社会底层的老年人用之。现在通常以茧绸制成，土黄色，用作剧中扮演普通庶民的服饰。同是一件老斗衣，扮演不同的人物有不同的穿法。譬如穿老斗衣，束大带，戴白毡帽，为剧中扮仆役者形象；系白腰包，戴白发鬏，为剧中人物处于危难时

[1]　图片来自《戏考》第25册 "名伶小影"，中华图书馆，民国七年（1918），第3页。

[2]　参见刘月美《中国京剧衣箱》，上海辞书出版社2002年版，第113—117页。

刻的装扮；将前后衣片拾起，扎于腰间，系小腰包，戴白发鬏和草帽圈，为渔民和樵夫装扮；若老斗衣加白毡帽，则为悠闲自在者的扮相。女用老斗衣，衣长过膝，系腰包。身穿紫色黑领老斗衣，梳髻，为戏中贫困老妇的装扮。

短跳，即短褶，又称小褶子，衣身较短，领子可绣花。为剧中扮书童者所用。安安衣，斜襟大白领，袖缘黑边。其制比短跳更短。青袍，龙套的一种，为一般扮衙役者所穿。

女褶子也有花素之分。女花褶子，一般以二方连续纹为缘饰。女素褶子，黑色，又叫青衣，衣缘以蓝色或皎月色沿边。白色缟素，为孝服。秋香色为老旦褶子。

衣箱中用于内穿的褶子也叫衬褶，有不同颜色，绉缎制作，适用于不同人物。又有纱褶，亦是自古代纱褶而来，保留了古代纱褶之制。

帔

帔，一作"披"，粤语叫"帔风"（音 pēi），是戏曲衣箱中另外一种非常重要的戏衣。学者一般认为帔从古代的褶子发展而来。明张岱《夜航船》卷十一"公服之始"中载："禹制披风（如背子制较长，而袖宽于衫）、制襦（短衣）。"[1] 无论是"披"还是"褶子"抑或是"帔"，都是比较古老的衣服款式。现代戏曲衣箱中帔的基本形制为直身，对襟，直领，阔袖，左右开气。有男帔和女帔，男帔衣长及足，女帔至膝。一般旦角女帔领头为如意形，男帔和老旦帔领头为平直状。剧中扮演夫妻的生旦角一起出场时，通常会穿颜色、花纹相同的帔，俗称对帔。另外，穿男帔，内衬褶子；穿女帔，内穿袄、裙或系腰包。

与褶子不同，衣箱中的帔一般被认为是社会地位较高或具有特殊身份的人如帝后、观音所穿的一种便服，故有所谓男皇帔、女皇帔和观音帔等品种。男皇帔绣团龙，女皇帔绣团凤。皇帔下摆有时还会加绣潮水。观音帔则绣竹，色用白。郑传寅撰《色彩习俗与戏曲舞台的色彩选择》一文称："褶子为平民便服，老者用米色，中年用黑，青年则用大红或粉红。帔为帝王将相、权贵显要的常礼服和便服。"文章援引梅兰芳著《中国京剧的表演艺术》云："老年人穿香色，或蓝色，中年人穿红色，蓝色，少年人穿红色，粉色。"[2] 在图案纹饰方面，一般男女对帔绣小团花，老生老旦帔绣团寿纹。一般女花帔绣团花或折枝纹，如牡丹、菊花、梅花、紫藤等。

---

[1]（明）张岱著，袁丽点校：《夜航船》，汕头大学出版社 2009 年版，第 352 页。

[2] 郑传寅：《郑传寅文集 第六卷 论文集》，长江文艺出版社 2020 年版，第 37 页。

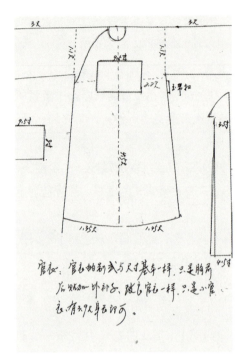

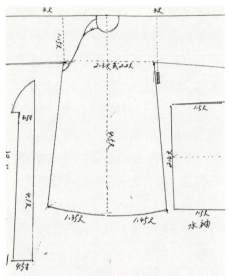

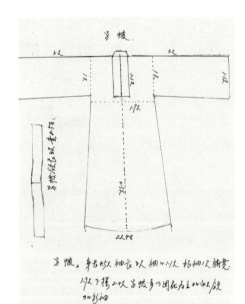

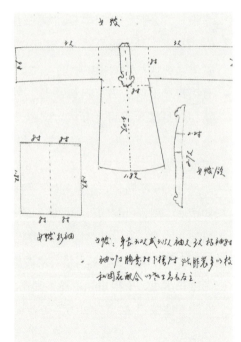

5-2-4　男官、男大蟒、男帔、女帔尺寸图式对比，韩永祉提供

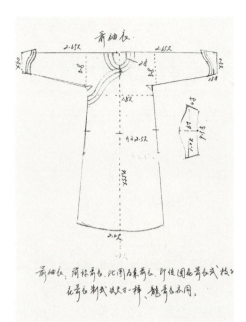

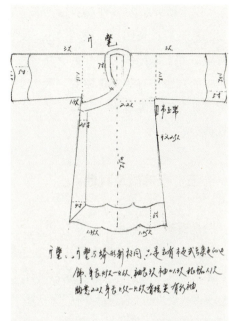

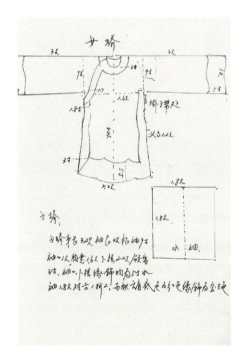

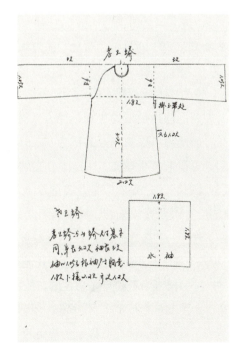

5-2-5 箭袖衣、开氅、女蟒、老旦蟒尺寸图式对比，韩永祉提供

以上所介绍的各种戏衣皆为长衣。戏衣中的长衣有一个共同特点，即男用长衣一般衣长四尺四或四尺五，女用长衣通常衣长为三尺二或三尺三，也有地方如上海剧装厂制作的女蟒或女靠衣身稍长，为四尺二。除了长衣，衣箱中的戏服还有短衣。短衣一般为上衣下裳的形式，即上边为短衣，下边为裙或裤。短衣类戏服主要有茶衣、抱衣、侉衣、兵衣、罪衣、马褂以及女用袄裤裙等。

三、袄裤裙及其他

袄裤裙

袄裤裙是现代戏曲衣箱中旦角专用服饰。清李斗《扬州画舫录》卷五"大衣箱"中与"袄"有关的戏衣名目有"五色顾绣青花五彩绫缎袄褶""镶领袖杂色夹缎袄""大红杂色绸小袄""袄褶"。"布衣箱"提到"印花布棉袄"。[1] 除了"大红裤"，基本没有提到其他裤装。"裙"，则有"采莲裙""白绫裙""帕裙""绿绫裙""秋香裙"和"白茧裙"等，没有现在的"袄裤裙"或"袄裙裤"一说。尤其是其所谓"袄褶"，实际就是指褶子。"夹缎袄"和"小袄"或类似于现在所说的小旦袄，"布袄"盖为戏中扮演丑婆一类的人物所穿。又有"梅香衣"，大概与现在所说的袄裤裙比较接近。

戏衣中的袄裤裙实际包括了袄、裤和裙三种衣式。袄为上衣，古称襦。上海剧装厂的徐世楷先生说，南方人过去称短上衣为袄。袄有单袄、夹袄和棉袄。单袄为单层制作。夹袄为双层，也叫夹层。棉袄则是在双层袄内以棉塞之，可以起到保暖的作用。《说文解字》云："襦，短衣也。"段注援引颜注《急就篇》曰："短衣曰襦，自膝以上。"按曰："襦若今袄之短者，袍若今袄之长者。"[2] 从段注来看，袄有长短之分，短曰襦，长者曰袍。明人张岱《夜航船》卷十一"公服之始"云："禹制披风（如背子制较长，而袖宽于衫）、制襦（短衣）。"[3] 这说明襦或袄之衣式诞生的时间也比较早。

裤和裙皆为下裳，亦为古制。而裙之风格更为多样，常见有马面裙、百褶裙等，图案色彩更加丰富。李斗《扬州画舫录》卷五之"大衣箱"中光裙类就罗列了五六件。裤在结构上主要由腰、裆和裤腿等几部分组成，其形制尺寸与裙相比较单一，然其颜色和绣花纹饰亦可自由发挥。

[1]（清）李斗撰，汪北平、涂雨公点校：《扬州画舫录》，中华书局1960年版，第134页。

[2]（汉）许慎撰，（清）段玉裁注，许惟贤整理：《说文解字注》，凤凰出版社2007年版，第690页。

[3]（明）张岱著，袁丽点校：《夜航船》，汕头大学出版社2009年版，第352页。

　　一般来说，袄裤裙的颜色和纹样彼此相配。另外，小旦穿的袄裤通常还要搭配饭单、四喜带和手帕等物。所谓饭单实即围裙，生活中是劳动妇女烧火做饭时套在胸前的配饰，用来保护衣服不被弄脏。戏衣中用其作为劳动妇女的象征。四喜带犹若古代的蔽膝，当自蔽膝发展而来。蔽膝，古亦称袆。《说文解字》曰："袆，蔽膝也。"注引《方言》曰："蔽膝，江淮之间谓之袆，或谓之袚，魏宋南楚之间谓之大巾，自关东西谓之蔽膝，齐鲁之郊谓之袡。"又引《释名》曰："袆所以蔽膝前也，妇人蔽膝亦如之。"[1] 穿袄裤时，将四喜带系于腰间，外罩以饭单，既可彰显人物的身份特征，又具备了可舞性的服饰功能。

马褂

　　马褂是另外一种短衣，需配袍而用，俗称长袍马褂。《（民国）新城县志》云："长袍外着短衣谓之马褂。案：褂俗字外衣也。清制礼服加于袍外者为外褂，马上所衣为马褂，扈从及出使时呼为行装礼服，今北方乡俗皆效用之，改为长袖者多。"[2] 由此可知，褂，即外褂，原本为短袖，是罩在长袍外的短衣，清代礼服之一。骑马所用之褂称马褂，为行装礼服，扈从出行时皆可用。北方乡俗多仿效，并多改为长袖，这大概也是后来北方民间普遍将长袖衫称为"褂子"的原因。

　　衣箱中的马褂一般配箭衣而用，合称"箭衣马褂"。其衣式为对襟，圆领，直袖，有花素之分。花马褂一般绣团龙或团花。绣龙马褂又称"龙马褂"，大缎或软缎制作，有绒绣或平金绣，使用时可配以苫肩。戏中扮演帝王将帅行路时可套用马褂，亦可用作将帅戎服。团花马褂绣以团花，级别稍次于龙马褂，戏中扮演校尉、旗牌、家将等用之。素马褂，素而无饰，级别更低，一般用以扮演随从。

　　其他短衣还有茶衣、抱衣、侉衣、兵衣、罪衣等。茶衣一般以蓝布做成，大领，大襟，配裤和白色短裙。抱衣和侉衣皆有花素之分，然抱衣之下缘分作内外两层，如裙，俗称"走水"。穿用时需扎背绦，系大带。而侉衣胸前以及两腋至手肘处缀以密扣纽扣，如古代小说中的夜行衣。男女罪衣通常以红色面料制成，对襟，圆领，系腰包。为戏中扮演囚犯所穿。男女兵衣的形制与其他短衣大同小异，今或用作抱衣式，或用作战衣式。值得注意的是，一般短衣为直身，彩旦衣的衣身上窄下宽，而小旦衣腰部略收窄，突出腰部线条。

---

[1]　（汉）许慎撰，（清）段玉裁注，许惟贤整理：《说文解字注》，凤凰出版社2007年版，第683—684页。

[2]　（民国）梁岩修，（民国）王树枏纂：《（民国）新城县志》卷二十一，民国二十四年（1935）铅印本。

| 5-2-6 兵衣、侉衣、彩旦衣、小旦衣尺寸图式对比，韩永祉提供

其他戏衣

戏衣中除了上述常见长衣、短衣，还有一些专用衣，如八卦衣、八仙衣、法衣、大小僧袍、罗汉衣、袈裟、鱼鳞甲、铠衣、钟馗衣、哪吒衣、猴衣、鬼卒衣等，皆为戏中扮演特定人物所用。以八仙衣为例，其为戏中扮演八仙的人物所专用，一共有八套，行里俗称"五身三套"。"五身"为单件大襟大领宽袖式长衣，有带水袖和不带水袖两种。扮吕洞宾、曹国舅、张果老三人分别穿橙、蓝、秋香色带水袖的长衣，扮汉钟离、韩湘子二人则分别穿红色和青莲色无水袖长衣。另有"三套"俱为上下两件式。其中铁拐李与蓝采和所穿为衣裤式，一黑一蓝，上衣式样俱为大襟、大领、小袖，衣长过臀，衣缘镶边。何仙姑所穿为袄裙式，上衣大襟、大领，下裙为20根飘带组成的金绣彩裙。

除八卦衣、袈裟等个别服饰比较特别外，其他各专用服饰的形制或长或短，与前面谈到的几种衣式结构大同小异，不过在细节或图案等方面稍加变化和发挥。此处不再一一赘述。

值得注意的是，演员扮戏时戏衣内还需搭配穿着水衣、彩裤、胖袄以及竹衣等内衬服饰。这些衣服虽然也放在衣箱中，却被认为是辅助服装，不属于戏衣。顾群等编著的《中国京剧观赏》中引用云燕铭先生的话说："在京剧里，水衣、彩裤、袜等都不属戏曲服装，是一种辅助服装。过去，热天演戏，还用竹制的衣服，一般老生穿竹衣，旦角穿竹背心，很讲究。"[1] 这或许也是一些民间戏衣行通常不承做水衣、彩裤和胖袄的原因。水衣子为短衣，一般为棉布材质。衣式分男女。男水衣一般为大襟（斜襟）大领，衣长至臀。女水衣一般为小立领或圆领，对襟，衣长至臀。演员化妆前要先换好水衣子，以免弄脏衣服。演出中，水衣主要是用作衬衣，防止汗渍弄脏戏衣，对戏装起到一定的保护作用。有时水衣外面还需要加穿竹衣和胖袄。

朱瘦竹撰《修竹庐剧话》"水衣"云："照戏班的规矩，不论冬天夏天，扮起戏来，将短衫脱去，穿一件布做的专门唱戏穿的扯襟短衫，若是生净两行，这件短衫上面罩一件胖袄，胖袄上面就是行头，三九天气也是这几件，你冷，活该你冷，大伏天气也是这几件，你热，活该你热。""这件扯襟短衫，行话叫作水衣，在冬天，它的用处，无非代私底下的短衫。在夏天，单单这么一件布的水衣，有什么用，得外加一件竹子做的短衫，这也叫水衣。饶这么着，有时汗透过布水衣、竹水衣、胖袄三层，连行头也照样透过明白。若是穿着纺绸短衫扮，糟蹋行头，还有底么。所以戏班立这换水衣扮戏的规矩，纯是一种俭德，

[1]　顾群等编著：《中国京剧观赏》，黑龙江人民出版社1998年版，第33页。

立得真好。"水衣通常是演员自己准备，换洗也是演员自己的事。水衣以布制作，一来穿着舒服，二来方便换洗。"穿到水衣，大概是穿私房行头的艺员们，那些穿官中行头的，竹水衣大概是不备的，布水衣或备或不备，反正没有赤了膊穿行头的。即使龙套宫女，在这大热天，也得花几毛钱置件汗衫穿着，箱官才肯把行头给他穿，否则决不能因为他穷得置不起汗衫与短衫，就忍心把老板花了好钱做下的行头往他挥汗如雨的身上穿。要知道汗一透过行头的面子，颜色登时泛开来，一件行头泛成几个颜色，穿了还好看么？于是乎完了。"[1]

彩裤有单色彩裤和花色彩裤。单色彩裤主要分红色和黑色两种。花色彩裤有多种颜色的花纹，分素、绣两种。样式上有散腿和紧腿两种。红、黑彩裤一般为男性所穿。绣花彩裤除小生、武生、花脸等行当，多为女性穿着。

关于竹衣，前面的相关章节中已有较多介绍，姑不赘述。这里再补充介绍一下胖袄。胖袄一般分大胖袄和小胖袄，还有介于两者之间的，叫中胖袄。又有圆肩胖袄、折肩胖袄、对襟圆领胖袄和大襟斜领胖袄等名目。一般花脸或净行多用大胖袄或中胖袄，生行也有使用。小胖袄一般适用于生行，包括老生、小生和武生。大胖袄通常为折肩式，也叫折肩胖袄，一般用于武净（架子花脸）和武打演员，圆肩胖袄即中胖袄，主要是由文净（铜锤花脸）行当使用。有些剧目中的人物将胖袄穿在外面，如《悦来店》中的骡夫、黄傻狗等。现在的胖袄一般为对襟圆领式，大襟斜领式胖袄盖过去传统样式。

综上所述，从几种常见戏衣的样式与制作来看可以发现，现代衣箱中有的戏衣虽然其名称是晚近时期才有的，但衣式结构却是自很早以前的衣式制度发展而来的。单从衣式结构来看，戏衣不过是长短两种，分别是从古代上下连体的深衣制和上下分体的衣裳制发展演变而来。衣身长短、斜襟或对襟、圆领、斜领或直领、宽袖或窄袖，以及图案、面料、颜色、装饰、用途等不同特征是构成各种衣式的基本要素，由此而形成蟒袍、官袍、靠衣、开氅、箭衣、褶子、宫装等不同戏衣品种。在本质上，蟒袍、官袍、箭衣、开氅和褶子等长衣都属于袍服，不过蟒袍、官衣因为蟒绣或补缀而独特，箭衣为武服，多用于骑马射箭，故有箭袖之制。靠衣是战甲的变式，自然带有战衣的特色。开氅为外服，故而重饰。褶子多用作便服，以简便为要。短衣要么是配袍而用，如马褂、腰包等，要么是上衣下裳，在衣、裳之细节处略做区分。举如侉衣之密扣、抱衣之水裙、彩旦衣之宽大衣摆、小旦衣之窄腰身等。这些不同细节凸显了不同的人物特征。从清代小说的描述中，我们知道了侉衣为何会有密扣这样特殊的形制。而彩旦之大衣摆一定是供中老年妇女所穿，窄腰身一定是小旦所穿，这符合人物的身体特点。饭单则从

---

[1] 朱瘦竹著，李世强编订：《修竹庐剧话》，中国戏剧出版社2015年版，第222—223页。

另一个角度揭示了人物的身份特征。除此之外，衣服的颜色与图案在很大程度上既是古代礼制特征的呈现，也被赋予了浓厚的文化寓意。与此同时，戏衣的制作还要考虑舞台表演的适用性，尤其是可舞性。譬如宫装之飘带穗、小旦衣之四喜带以及大部分长衣之水袖等，可以说，都是为了满足可舞性的需要。

当然，戏衣如何制作以及戏衣制作后的穿戴效果如何并不是戏衣行自身所能决定的。1928 年 8 月 14 日上海《申报》刊登了一则演出广告"剧场消息·二度梅中之古装"曰："本月十五日起，在中央大戏院开映之古装影片二度梅，为大中华百台公司出品，由朱瘦菊导演。据公司宣称，此片成绩极为美满，而古装之纯粹，堪谓前所未有。盖一衣一履，均考据唐朝服制，由专家打样，而由巧匠裁制之。剧中主角之服装，固系完全新制。即配角之衣，亦绝不稍涉含糊。较之借用舞台剧之戏衣，而以古装相号召者，不可同日而语也。"[1]"大公司出品""名家导演""专家打样""巧匠裁制"揭示了本剧的卖点，尤其是戏衣制作非常特殊，不仅"完全新制"，就连配角衣服也毫不含糊。而值得如此大肆宣传的戏衣显然不能将功劳都算在戏衣行的头上，因为"一衣一履，均考据唐朝服制"。戏衣行的师傅干不了这个，也从来不干这个。

至于当时戏曲界的风气如何影响戏衣，从《申报》的另外两则消息中也可略窥一斑。1941 年 8 月 2 日，锦涛在《申报》上刊发《对女子越剧的今昔观》一文谈"服装"曰："从前男子唱的笃戏，有人常常批评，说他们的衬衫领，黑得像土产梅干菜，主角虽然穿得较好，两个'下手'，有的竟像唱莲花的乞儿，现在的女子越剧界，却一点儿没有上述的坏印象，'整洁，鲜艳'兼而有之。几个名角，有几件戏衣，就是平剧界也不见得会胜过多少。"又"扮相"曰："从前的笃戏的伶人，都系来自农村，所以扮相太火，胭脂搽得像烂桃子，白粉涂得赛过粉捏人，看上去不是乡气十足，定是贼头贼脑，现在的女子越戏，扮相十分考究，如果不开口唱，单看外衣，你准会当作在演平剧呢。坤旦赵畹霜，绮年玉貌，嗓音清脆，扮相秀丽，能戏甚多，曾出演平津汉各埠，博得好评不少。"[2] 当时越剧服装还是向平剧服装看齐，而不是后来的摒弃衣箱、颠覆传统。1924 年 5 月 20 日《申报》中《〈玉梨魂〉之新评》：曰："梨娘以少年孀妇而衣饰华丽，亦觉不伦。且每次必换其衣，在京剧中固有以显行头（京戏衣服曰行头）炫观众为能事者，银幕中殊可不必。"[3]"炫行头"固然为梨园行之一弊，而"衣饰孽丽"让人有"不伦"之惑才是真正要命的事情。

---

[1]　佚名:《剧场消息·〈二度梅〉中之古装》,《申报》1928 年 8 月 14 日。

[2]　锦涛:《对女子越剧的今昔观》上,《申报》1941 年 8 月 2 日。

[3]　佚名:《〈玉梨魂〉之新评》,《申报》1924 年 5 月 20 日。

梅兰芳《谈戏曲舞台美术》一文称："设计服装，当然不能永远拘于陈腐旧套，但对于旧的规律一定要彻底明白。关于只兴了一时，就再也没人用的东西，我们要研究它为什么只能风行一时，它的优缺点是什么？它带来了什么影响？对于始终被保留的东西，我们要研究它为什么站得住？为什么又有变化发展？为什么某些剧中人穿这种衣服？某些人穿那种衣服？一出戏里几个人的衣服在样式花纹颜色上是怎样处理的？一个人自头上至脚下怎样处理？花和素，明和暗，深和浅彼此的关系如何？熟悉掌握服装的这些规律，设计工作才能左右逢源。"[1]

梅兰芳以士兵和上下手为例，讲述了不同兵衣的差别。他说："兵士一级的人物，在这一类戏中没有被规定出每个人什么个性来。他们之中的'文堂'是一种侍从、仪卫的性质，所以穿同一式样的龙套衣帽；他们在台上只是站门、跟着走，没有什么太活跃的动作，所以采用长褂式；因为他们是仪卫，可以花一些，所以用缎地彩绣。他们在台上主要是表现'整齐美'，而把'特点美'表现在每组的颜色区别上，一组文堂习惯叫作一堂。每堂不同颜色的龙套调剂着舞台上的色彩。"而上下手，梅兰芳说与文堂性质不同。"他们是剧中作战的兵卒，在台上出现的实际人数虽然有一定的限度，但他们是象征剧中人数最多的一级人物，所以又不能像龙套那样每组有颜色的区别，只能是甲乙双方区别一下。一方是黄色老虎帽、袄子；一方是黑色老虎帽，袄子，双方都是红裤子，式样相同（草莽英雄方面的用罗帽）。"从实用角度，梅兰芳认为兵卒应该穿布衣，他说："兵卒采用这种服装有不少优点：第一，从剧情来说，兵卒穿布衣是有足够根据的，并且还有丝质和棉质在台上有明暗不同的质感，给其他丝质的、花的、素的各式各样的服装起着衬托作用，丰富舞台的色彩。第二，这部分角色开打，翻筋斗，动作频繁剧烈，单的布衣布帽布裤，不但轻便，而且比缎绣的衣服结实耐用。第三，是色调配合得好。上手老虎帽，黄地黑虎纹，土黄色袄子黑托领。下手老虎帽，白地黑虎纹，黑色或深蓝色袄子白托领。上下手都是红布裤子。色调鲜明、线条清楚，在一整出戏的服装结构上，这种服装相当于我国建筑物上灰色的砖瓦，白色的石条，衬托着油饰彩画的栋梁，显得格外精美。因为有了重点的彩画，也觉得线条疏朗、色调纯朴的砖墙石阶非常悦目。"换句话说，剧中人物的性质决定了这类人物该用长衣还是短衣，布衣还是缎地，绣花还是纯素，要不要"一服一色""因人设衣"。

梅兰芳又列举了新排《闹天宫》和旧戏《安天会》中猴子的着装打扮。说新戏中"任何一个小猴都是黄缎衣服，也难怪观众分辨不出哪一个是孙悟空"。

---

[1] 中国艺术研究院戏曲研究所编：《舞台美术文集》，中国戏剧出版社1982年版，第5页。

"旧《安天会》里，跟孙悟空站门的小猴，勾着不同的猴脸，又都穿着土黄色的布袄子，红布彩裤，只有持伞一个小猴打扮形状和孙悟空比较接近，但他的服装和脸谱主色是黑白两色，所以孙悟空卸了蟒靠和他也不致雷同。"因此，"设计服装不能平均主义，从服装角度来说也要突出人物和主题。在一出有兵有将的大戏当中，棉质和丝质相互调节的作用，花团锦簇和纯朴简练的对比和匀称等也是要考虑和注意的问题"[1]。"平均主义"或许只是一套比较客气的说辞，服装设计与制作经费的多寡恐怕才是问题的关键。

　　"任何事都是恰如其分，才算最好的。"梅兰芳分别列举了有关护领和彩裤的事例。他说："譬如生行、净行，衣服领口都露一些白护领。穿箭衣，有时要裹白小袖。对于护领和小袖的要求是勤浆洗，越白，越骨立，越好……迟月亭先生演短打武生，年轻时扮相精神漂亮，就是脖子细一点。他想出一个主意，在护领里面加一个薄棉垫。杨小楼先生对于护领，也特别讲究，这出戏要衬厚一点，那出戏要衬薄一点，为了使脑后立起的护领不至于塌下去，他用整幅的白纺布叠成一条护领，演《霸王别姬》我看他就是如此。护领必须白布，从前最好的用白纺布，现在也可以用白府绸，总而言之要用白的棉制品，在各色的蟒靠开氅褶子等领子上露出来才好看。从前我的管箱人韩佩亭，曾经制过平金护领、平金小袖。我和他说过：平金当然是讲究活儿，可是用之不当等于废物。我敢断言穿什么衣服用平金护领也不会好看，而且也不合实际。所谓护领就是贴身衬衣的领子，穿平金衬衣多么不舒服，古人也没有这样穿的。""平金护领"和"平金小袖"自然是"讲究活儿"——用现在的话说，那绝对"上档次""有范儿"，然却脱离了实际。更何况，演员穿着也不舒服。"还有人穿平金团花箭衣，同时在彩裤上也做了平金大花。平金箭衣是很正常的，平金彩裤就和平金护领是同样问题了。生行、净行一般穿红彩裤或黑彩裤。武生、小生也有用淡青、粉红等颜色的，总之基本上是素的。穿箭衣和穿抱衣不同，因为抱衣抱裤是一套，抱衣是一种短衣，素抱衣，配素抱裤。花抱衣，配花抱裤。而箭衣是一种长袍，如果是花箭衣，它的周身上下，已经布满了花纹，所以彩裤还是穿素的，在色彩上才匀称，看着舒服。但也不是什么死的规定，要看具体条件。譬如杨小楼先生演《八大锤》，绣花的白箭衣，有时穿素红彩裤，也有时穿紫色印小朵花的彩裤。我和他唱《镇澶州》（注：梅先生扮杨再兴），我也穿过这种花彩裤。为了表现青年活泼可以有这种点缀，但不宜用大花，不能和衣服花纹颜色雷同，实际上还是素的成分占主要，这种花彩裤就和平金大花彩裤有了基

[1]　中国艺术研究院戏曲研究所编：《舞台美术文集》，中国戏剧出版社1982年版，第8页。

本上的区别了。"[1]

由此可见，制作戏衣并不是不分人物场合地越精良越好，不能一味追求材质、花色上的超凡脱俗或以此来博取观众眼球。戏衣制作既要符合审美习惯，也要符合传统生活的规律。

另外，戏衣运用效果如何，跟衣箱配置和衣箱技巧等也有较大的关系。《修竹庐剧话》云："官衣、披、马褂，都是大件行头，该五色俱全，但是现在各舞台戏箱没有俱全的。从前丹桂第一台戏箱有绿官衣、绿披、绿马褂，专门给小丑穿，与别的颜色坐立在一起，十分醒目，这份戏箱现在不知道怎样了。"[2] 能不能制作合适、配套的全套戏衣的确跟戏班或剧团实力有很大关系。

苏莉鹏曾经撰文谈马连良在天津演出《八大锤》的一段经历。据说当时马连良演《八大锤》时扮演王佐断左臂，结果返场时因一时疏忽，"断"了右臂，被观众发现，"哄然而笑""叫了倒好"。传说散戏后，"马连良自己气得要跳天津万国桥，也有人说马老板一气之下跳了墙子河又被救了上来。总之，从此他再也不演《八大锤》了"。经核实，事情的原委是："那晚，马连良与京剧名家叶盛兰在天津演出《八大锤》，前面的'断臂'一折并没有什么错，演到王佐'说书'那场时，负责换服装的余师傅一时疏忽，错绑了右胳膊，因前一天演出《要离刺庆忌》，要离是断右臂的。"马连良自然没有像人们传说的那样气得跳河，而是"在台上继续把这出戏演完"，到了后台，马连良心里自然也会有些不舒服，"因为他之前从来没被叫过倒好"，但是"那位余师傅更加自责，要卷铺盖走人，最后被马连良挽留了下来"。《八大锤》此后仍然多次上演。[3] 这一事例十分生动地说明，戏衣做得好是一个方面，而穿好也很重要。这涉及衣箱问题，是另外一个非常重要的话题。该话题姑且留待以后再做详细讨论。

[1] 中国艺术研究院戏曲研究所编：《舞台美术文集》，中国戏剧出版社1982年版，第8—9页。

[2] 朱瘦竹著，李世强编订：《修竹庐剧话》，中国戏剧出版社2015年版，第220页。

[3] 参见苏莉鹏《马连良在津被叫倒好要跳河？假的！》，《城市快报》2016年12月20日。

结束语

六七年前，刚完成《戏曲盔头：制作技艺与盔箱艺术研究》一书时，我院戏曲研究所的专家王馗先生发表意见说，书稿读到最后给人一种戛然而止的感觉。说得直白一点，就是结束得有些匆忙，有不少内容还没写。

现在这本书又有一种匆忙结稿的感觉，然却是迫不得已的事情。因为体量已经很大，原本还应该有很多重要的内容，也只能就此打住。实际上，单就本书的目标而言，除了制作技艺本身，还有诸如技艺与传统、技艺与衣箱、技艺与人文思想等诸多内容，都是曾经想要深入探讨的对象。事实表明，这是一个非常庞大而复杂的工程，尤其是，若从学理层面进行更加深入的探究，没有深厚的实践积累是不大可能的，也是危险的。这显然并非本书所能彻底解决的。虽如此，仍对本书的写作初衷和整体思路稍做回顾和总结，拟作承前启后之望，也姑且算作未尽之意的结束语。

抛却庸俗技术主义不论，本书虽名为"制作技艺"研究，然其所设定的基本目标也正如其名称所彰显的那样——在"霓裳"的范围内，将"技艺"与"传统"联系起来谈论"戏衣"。有人对"技艺"一词存在严重的误解，认为"技艺"就应该谈"制作的技艺"，也就是从实操的角度，对制作技巧作纯粹细节性的描述，至于技术本身所拥有的其他诸多群体的或个体性特征，及其背后的思想——包括社会的、人文的、传统的、习俗的等，统统不需要或不存在。这是庸俗技术主义的误区。近代关于技艺与技术、技术实践与技术思想，以及技术与技术之间的关系、技术体系与技术结构等哲学思辨层面的探讨，西方和国内学者都有不少非常了不起的论述，其中，将技艺或技术与传统和特定阶段的社会思想以及社会实践等联系起来，是一个比较重要的观点。

为了明确"技艺"在本书中的含义，不妨引述一下法国学者马塞尔·莫斯的观点。他说：技艺"通常应用于原始的、传统的、小范围的，或者其他熟练的和司空见惯的现象"，而技术"则指向那些被认为是现代的、复杂的、精巧的、基于知识的客观现象"。二者的应用与区别举如"编织技艺和弹道技术""电子合成器技术和操作者的技艺"等。"技术之于技艺，就像音乐学之于音乐，气候学之于气候，或者犯罪学之于犯罪。""严格的讲，技艺，一般是以某一个工具的使用为特征"，而"对工具的运用包含道德和才智"。[1] 或许，罗

---

[1] ［法］莫斯（Mauss, M.）等原著，［法］施郎格（Schlanger, N.）编选：《论技术、技艺与文明》，蒙养山人译，世界图书出版公司北京公司2010年版，第2、103、167页。

列一个更为常见的现象进行对比，可使我们对二者的理解更加清晰。譬如舞蹈，究竟是一种技术还是一种艺术？借用技术理论来解释，当它涉及具体动作的操作规范，也即当其主要呈现为机械—物理的属性时，它便是一种技术；当其被赋予社会、思想、人文等主观性色彩时，就成了艺术。而技艺，应当是二者的融合，既有"技"的成分，也有"艺"的习得与展示。

"技艺是传统的，因为它们是被教授的，被习得的，是相互传递的。学习和使用技艺都发生在集体的背景下，这一背景形成并表现其实践者的社会组织。""当一代人把它们手工的和肢体的技术知识传递给下一代时，其中所包含的权威和传统，和语言的传递一样多。""莫斯借助'传统'这个概念，来证明技艺创造和维系的社会关系，这些社会关系从根本上是相互依存的。"[1] 笔者认可莫斯"技艺"与"传统"密切联系的观点，甚至部分地认同其所言"权威"这一概念。但在本书中，笔者更倾向于将莫斯口中的"权威"理解为民间口头传统中的"规矩"。"规矩"在一些时候可以形成制度，或自制度而来。不管哪一种情况，它都可以作为一种知识或技术的存在而得以传承和发展。研究当下传统戏衣的制作技艺显然离不开对习俗行规的探讨。"规矩"从哪里来，怎么就成了规矩，显然需要从"传统"中去追溯和发掘。

"由于技艺明显包含着共同的实践和集体表象。莫斯强调那些在技术活动中采用和获得的知识和意识。""有时候把技艺从以下方面中区分出来是很困难的：（1）艺术和美术，既然审美活动和技艺活动都被视作创造性的活动，那么它们很难区分……""就像'工具不拿在手里，那它什么也不是'这句话一样，一件工具唯有把它放在与之关联的总体中，才能理解它，并且意识到，这种理解是可变的和动态的。所有技艺的动作和姿态都是一个动态的连续过程，追随这个动态的过程，可以获知物质的、社会的和象征性的因素是如何在此过程中建构、协调和复合的。"[2] 将个人具体的技艺或技术与群体或集体的共同实践联系起来，这种实践既是创造性的，也是传承的、历史的、社会的和象征的，同时还是动态的、可变的。

---

[1] ［法］莫斯（Mauss,M.）等原著，[法]施郎格（Schlanger,N.）编选：《论技术、技艺与文明》，蒙养山人译，世界图书出版公司北京公司2010年版，第20页。《论技术、技艺与文明》"导言"中的这几句话来自莫斯发表于1934年第1卷《社会学年鉴》（A系列）上的《一般描述性社会学研究计划的片段》，其更为完整的表述是："区分两种传统是可能的。首先是口头传统……还有另一个传统，可能更为基本，这个传统常被错误地认为是一种模仿……当一代人把手工工艺知识和身体技术传给下一代时，权威和社会传统发挥了影响，正如语言传递时，权威和社会传统发挥了影响一样。这就是一种传统、一种持续，师父把科学、知识和能力传授给学生是重要的行为，所有的东西都可以通过这种方式持续存在。"

[2] ［法］莫斯（Mauss,M.）等原著，[法]施郎格（Schlanger,N.）编选：《论技术、技艺与文明》，蒙养山人译，世界图书出版公司北京公司2010年版，第21—23页。

从多维的角度去思考与探讨传统戏衣制作技艺，自然不能只是局限于工具物理性的实操层面——那将涉及行业属性问题。而本书开篇提出的首要问题就是：戏衣，尤其是传统戏衣，到底是什么。戏衣[1]是纯艺术的吗？戏衣是写实的吗？戏衣制作与使用的历史是否存在一个类似进化论式的不断演进的链条？戏衣都是华丽高贵的吗？戏衣都是真丝绸缎的吗？戏衣的真实生态是什么？……诸如此类的疑问并非空穴来风，而是目前社会实践和思想认识中实际存在的、实实在在的问题。

针对上述这些问题，笔者安排本书结构脉络的底层逻辑是，通过历史上人们对"霓裳"的认识与转变（包括实际应用），来勾连从神衣到舞衣，再到戏衣的演变过程，以及本质上作为舞衣的戏衣在民间与官方的两个传统。无论是从歌舞服饰装扮的层面，还是从官、民分野的视角，都无法割裂戏衣与传统服饰在款式、制度、工匠制度、社会劳动分工以及制作技艺等复杂因素间的密切联系。本书通过比较广泛的社会考察实践、考古发掘资料及历史文献记载等充分证明了这一点。因此，通过审慎的梳理与考证，笔者想要表达的观点是：技艺，首先是人的技艺，同时它还具有传统、历史、人文等一系列社会属性。把握了这一点，才能更好地去理解作为装扮艺术和服饰道具的传统戏衣，究竟应该是怎样的戏衣，包括款式、图案、使用材料、工具以及制作工艺等。除此之外，我们还应从历史记录和现实应用中清楚地看到，传统戏衣既有其自己鲜活的现实生态，也有其当下无法克服的时代危机。唯有如此，才能真正从保护非物质文化遗产的立场和角度去理解技艺与需求、技艺与生产技术，以及技艺与文化习俗之间的辩证关系。

当然，仅就传统戏衣制作与应用的技术层面而言，本书的确尚有不少有待继续探讨的内容，姑且留作未尽之遗憾，以待来者。

---

[1] 本书所言戏衣主要是指传统戏衣。

参考文献

一、经史子集类

1.（春秋战国）墨翟：《墨子》，明正统道藏本。

2.（春秋战国）韩非：《韩非子》，景上海涵芬楼藏景宋抄校本。

3.（汉）孔安国传，（唐）孔颖达正义：《尚书正义》，上海古籍出版社 2007 年版。

4.（汉）郑玄注，（唐）贾公彦疏，彭林整理：《周礼注疏》，上海古籍出版社 2010 年版。

5.（汉）郑玄注，（唐）贾公彦疏：《仪礼注疏》，中华书局 1980 年版。

6.（汉）郑玄注，（唐）孔颖达疏：《礼记正义》，北京大学出版社 1999 年版。

7.（汉）高诱注，（清）毕沅校：《国语》，毕氏灵岩山馆刊本。

8.（汉）司马迁撰，（刘宋）裴骃集解，（唐）司马贞索隐，（唐）张守节正义：《史记》，元至元二十五年（1288）彭寅翁崇道精舍刻本。

9.（汉）班固著，（唐）颜师古注：《汉书》，中华书局 1962 年版。

10.（汉）班固撰，（唐）颜师古注：《前汉书》，武英殿本。

11.（汉）班固：《白虎通义》，中国书店 2018 年版。

12.（汉）刘安著，（汉）许慎注，陈广忠校点：《淮南子》卷十三，上海古籍出版社 2016 年版。

13.（汉）许慎撰，（清）段玉裁注：《说文解字注》，上海古籍出版社 1988 年版。

14. 张世亮、钟肇鹏、周桂钿译注：《春秋繁露》，中华书局 2012 年版。

15.（汉）桓宽：《盐铁论》，景长沙叶氏观古堂藏明刊本。

16.（汉）扬雄撰，（晋）郭璞注：《方言》，景江安傅氏双鉴楼藏宋刊本。

17.（西汉）焦延寿著，（清）尚秉和注，常秉义批点：《焦氏易林注》，中央编译出版社 2012 年版。

18.（三国魏）何晏集解，（宋）邢昺疏：《论语注疏》，江苏广陵古籍刻印社 1995 年版。

19.（三国魏）王肃注：《孔子家语》，景江南图书馆藏明覆宋刊本。

20.（吴）韦昭解，（清）黄丕烈、汪远孙撰：《国语》，士礼居黄氏重刊本。

21.（北齐）魏收：《魏书》，武英殿本。

22.（清）阮元校刻：《十三经注疏》，中华书局 1980 年版。

23.（南朝宋）范晔撰，罗文军编：《后汉书》，太白文艺出版社 2006 年版。

24.（唐）房玄龄等：《晋书》，中华书局 1974 年版。

25.（唐）李延寿：《北史》，中华书局 1974 年版。

26.（唐）李延寿：《南史》，武英殿本。

27.（唐）魏徵、令狐德棻：《隋书》，中华书局 1973 年版。

28.（唐）李林甫等撰，陈仲夫点校：《唐六典》，中华书局 2014 年版。

29.（唐）房玄龄注，（明）刘绩补注：《管子》，上海古籍出版社 2015 年版。

30.（唐）虞世南撰，（明）陈禹谟补注：《北堂书钞》，四库全书本。

31.（唐）徐坚等：《初学记》，中华书局 2004 年版。

32.（唐）白居易原本，（宋）孔传续撰：《白孔六帖》，四库全书本。

33.（唐）释慧琳、（辽）释希麟：《一切经音义》，影印日本元文三年（1738）
    至延享三年（1746）狮古莲社刻本。

34.（后晋）刘昫等：《旧唐书》，中华书局 1975 年版。

35.（宋）朱熹：《仪礼经传通解》，四库全书本。

36.（宋）欧阳修、宋祁：《新唐书》，中华书局 1975 年版。

37.（宋）王溥：《唐会要》，中华书局 1955 年版。

38.（宋）薛居正等：《旧五代史》，中华书局 1976 年版。

39.（宋）李昉撰：《太平御览》，四库全书本。

40.（宋）司马光编著，（元）胡三省音注：《资治通鉴》，中华书局 1956 年版。

41.（宋）周应和：《景定建康志》，四库全书本。

42.（宋）潜说友：《（咸淳）临安志》，四库全书本。

43.（宋）赵不悔修，（宋）罗愿纂，（宋）李勇先校点：《（淳熙）新安志》，
    清嘉庆十七年（1812）刻本。

44.（宋）程大昌：《演繁露》，清嘉庆学津讨原本。

45.（宋）罗大经撰，王瑞来点校：《鹤林玉露》，中华书局 1983 年版。

46.（宋）曾慥编：《类说》，四库全书本。

47.（宋）庄绰：《鸡肋编》，四库全书本。

48.（宋）李昉：《太平广记》，民国景印明嘉靖谈恺刻本。

49.（宋）周密：《武林旧事》，四库全书本。

50. 孟元老等：《东京梦华录》（外四种），古典文学出版社1956年版。

51. （宋）周密撰，张茂鹏点校：《齐东野语》，中华书局1983年版。

52. （宋）孟元老撰，邓之诚注：《东京梦华录注》，中华书局1982年版。

53. （宋）沈括著，胡道静校证：《梦溪笔谈校证》，上海古籍出版社1987年版。

54. （宋）江少虞编：《事实类苑》，上海古籍出版社1993年版。

55. （宋）王应麟著，（清）翁元圻等注，栾保群、田松青、吕宗力校点：《困学纪闻》（全校本），上海古籍出版社2008年版。

56. （宋）王灼著，岳珍校正：《碧鸡漫志校正》，人民文学出版社2015年版。

57. （宋）朱熹辑：《二程全书》，明弘治陈宣刻本。

58. （宋）吕本中等撰，章言、李成甲注译：《官箴》，三秦出版社2006年版。

59. （宋）洪兴祖：《楚辞补注》，中华书局民国铅印本。

60. （宋）朱熹：《楚辞集注》，中华书局民国影印本。

61. （元）脱脱等：《宋史》，中华书局1977年版。

62. （元）马端临：《文献通考》，中华书局1986年版。

63. （元）佚名：《元典章》，元刻本。

64. （元）拜柱：《通制条格》，明抄本。

65. （元）戴表元著，陈晓冬、黄天美点校：《戴表元集》，浙江古籍出版社2014年版。

66. （明）王圻：《续文献通考》，商务印书馆1936年版。

67. （明）赵用贤：《大明会典》，明万历内府刻本。

68. （明）宋应星：《天工开物》，明崇祯十一年（1638）刻本。

69. （明）李时珍：《本草纲目》，黑龙江美术出版社2009年版。

70. （明）沈德符：《万历野获编》，清道光七年（1827）姚氏刻同治八年补修本。

71. （明）郎瑛：《七修类稿》，上海书店出版社2009年版。

72. （明）游朴：《诸夷考》，明万历二十年（1592）刻本。

73. （明）秦金：《安楚录》，明刻本。

74. （明）方以智：《通雅》，四库全书本。

75. （明）吴遵：《初仕录》，官箴书集成。

76. （明）张卤辑：《皇明制书》，明万历七年（1579）张卤刻本。

77. （明）张自烈：《正字通》，清康熙二十四年（1685）清畏堂刻本。

78.（明）曹昭：《格古要论》，四库全书本。

79.（明）王三聘辑：《事物考》，明嘉靖四十二年（1563）何起鸣刻本。

80.（明）吴琠：《三才广志》，明刻本。

81.（明）彭大翼撰，（明）张幼学增定：《山堂肆考》，四库全书本。

82.（明）于慎行撰，吕景琳点校：《谷山笔麈》，中华书局 1984 年版。

83.（明）张岱撰，高学安、佘德余标点：《快园道古》，浙江古籍出版社
     1986 年版。

84.（明）余永麟：《北窗琐语》，载《丛书集成新编》（文学类），台湾
     新文丰出版公司 1986 年版。

85.（明）黄宗羲：《黄宗羲全集》，浙江古籍出版社 1985 年版。

86.（明）刘若愚：《酌中志》，北京古籍出版社 1994 年版。

87.（明）沈榜：《宛署杂记》，明万历刻本。

88.（明）马麟：《续纂淮关统志》，清乾隆刻本。

89.（明）林应翔修，叶秉敬撰：《天启衢州府志》，明天启二年（1622）刊本。

90.（明）刘应时等修，冯惟讷等纂，（明）杜思等订正：《嘉靖青州府志》，
     明嘉靖刻本。

91.（明）刘储修，（明）谢顾纂：《（隆庆）瑞昌县志》，明隆庆四年（1570）
     刻本。

92.（明）王瓒、蔡芳编纂：《（弘治）温州府志》，明弘治十六年（1503）刻本。

93.（明）牛若麟修，（民国）吴锡璜纂：《（民国）同安县志》，民国十八年
     （1929）铅印本。

94.（明）史玄：《旧京遗事》，清退山氏抄本。

95.（明）杨宗吾：《检蠹随笔》，明万历三十三年（1605）王尚修本。

96.（明）吴惟顺、吴鸣球编撰：《兵镜》，明刻本。

97.（明）佚名：《烬宫遗录》，民国适园丛书本。

98.（明）张应文：《清秘藏》，四库全书，稿本。

99.（清）朱铭盘：《宋会要》，稿本。

100.（清）张廷玉等：《明史》，武英殿本。

101.（清）允裪等：《钦定大清会典》，四库全书本。

102.（清）官修：《皇朝通典》，四库全书本。

103.（清）官修：《大清会典则例》，四库全书本。

104. （清）官修：《高宗纯皇帝实录》，清内府抄本。

105. 官修《清代起居注册·同治朝》，清刻本。

106. （清）颜世清辑：《约章成案汇览》，清光绪三十一年（1905）上海点石斋石印本。

107. （清）陈忠倚编：《皇朝经世文三编》，光绪二十八年（1902）上海书局石印本。

108. （清）刘于义等修，（清）沈青崖等纂：《陕西通志》，四库全书本。

109. （清）尹会一、程梦星等纂修：《（雍正）扬州府志》，清雍正十一年（1733）刊本。

110. （清）阿史当阿修，（清）姚文田纂：《（嘉庆）扬州府志》，清嘉庆十五年（1810）刊本。

111. （清）武念祖修，（清）陈昌齐纂：《（道光）广东通志》，清道光二年（1822）刻本。

112. （清）徐会云修，刘家传纂：《辰溪县志》，清道光元年（1821）刻本。

113. （清）郑庆华，潘颐福撰：《麻城县志》，清光绪二年（1876）刻本。

114. （清）薛绍元：《光绪台湾通志》，清稿本影印。

115. （清）王琛修，檀萃纂：《番禺县志》，清内府本。

116. （清）文曙修，（清）张弘映纂：《峨眉县志》，清乾隆五年（1740）刻本。

117. （清）冯德材修，文德馨纂：《郁林州志》，光绪二十年（1894）刊本。

118. （清）杭世骏：《（乾隆）乌程县志》，续修四库全书本。

119. （清）梁廷楠：《粤海关志》，清道光刻本。

120. （清）蔡钧：《出洋琐记》，清光绪二十三至二十四年（1897—1898）沔阳李氏铁香室刻铁香室丛刻本。

121. （清）佚名：《皇清奏议》，民国影印本。

122. （清）张能鳞：《儒宗理要》，清顺治刻本。

123. （清）赵翼：《檐曝杂记》，中华书局1982年版。

124. （清）蒋良骐：《东华录》，清乾隆刻本。

125. （清）梁章钜：《称谓录》，清光绪十年（1884）梁恭辰刻本。

126. （清）余怀：《板桥杂记》，清康熙刻说铃本。

127. （清）陆廷灿：《南村随笔》，清雍正十三年（1735）陆氏寿椿堂刻本。

128.（清）震钧：《天咫偶闻》，清光绪三十三年（1907）甘棠转舍刻本。

129.（清）陈梦雷：《考工典》，清雍正铜活字本。

130.（清）陈梦雷：《食货典》，清雍正铜活字本。

131.（清）陈元龙：《格致镜原》，四库全书本。

132.（清）刘岳云：《格物中法》，清同治刘氏家刻本。

133.（清）卫杰：《蚕桑萃编》，清光绪二十六年（1900）浙江书局刻本。

134.（清）郁永河：《采硫日记》，清咸丰三年（1853）南海伍氏刻粤雅堂丛书本。

135.（清）王初桐：《奁史》，清嘉庆二年（1797）伊江阿刻本。

136.（清）屈大均：《广东新语》，中华书局 1985 年版。

137.（清）庐坤等：《广东海防汇览》，清道光十八年（1838）刻本。

138.（清）蔡尔康：《泰西新史揽要》，清光绪二十二年（1896）上海广学会刻本。

139.（清）黄奭：《黄氏逸书考》，清道光黄氏刻民国二十三年（1934）江都朱长圻补刊本。

140.（清）徐灏：《说文解字注笺》，清光绪二十年（1894）徐氏刻民国三年补刻本。

141.（民国）袁棻修，张凤翔纂：《（民国）滦县志》，民国二十六年（1937）铅印本。

142.（民国）欧仰羲修，（民国）梁崇鼎纂：《民国贵县志》，民国二十四（1935）年铅印本。

143.（民国）吴馨修，（民国）姚文枏纂：《上海县续志》，民国七年（1918）铅印本。

144.（民国）赵尔巽：《清史稿》，民国十七年（1928）清史馆铅印本。

145.（民国）张凤台修，（民国）李见荃等纂：《林县志》，民国二十一年（1932）石印本。

146.（民国）朱启钤辑：《丝绣笔记》，民国美术丛书本。

147. 李国祥、杨昶主编：《明实录类纂·北京史料卷》，武汉出版社 1992 年版。

148. 宋蕴璞：《（民国）天津志略》，民国二十年（1931）铅印本。

149. 朴趾源著，朱瑞平校点：《热河日记》，上海书店 1997 年版。

150. 汤用彬、陈声聪、彭一卣编，钟少华点校：《旧都文物略》，华文出版社 2004 年版。

151. 徐珂编撰：《清稗类钞》，中华书局 1984 年版。

152. 任继昉、刘江涛译注：《释名》，中华书局 2021 年版。

153. 许维遹：《吕氏春秋集释》，中华书局 2009 年版。

154. 故宫博物院编：《钦定总管内务府现行则例二种》，海南出版社 2000 年版。

155. 郑天挺主编：《明清史资料》，天津人民出版社 1981 年版。

156. 中国第一历史档案馆、扬州市档案馆编：《清宫扬州御档》，广陵书社 2010 年版。

157. 贵州省文史研究馆古籍整理委员会编：《〈清实录〉贵州资料辑录》，汕头大学出版社 2010 年版。

二、戏曲、服饰及工艺类

1. （唐）崔令钦：《教坊记》，四库全书本。

2. （唐）段安节：《乐府杂录》，四库全书本。

3. （宋）陈旸：《乐书》，四库全书本。

4. （明）沈宠绥：《度曲须知》，明崇祯间刻本。

5. （元）钟嗣成、贾仲明著，浦汉明校：《新校录鬼簿正续编》，巴蜀书社 1996 年版。

6. （清）陈梦雷：《乐律典》，清雍正铜活字本。

7. （清）李光庭：《乡言解颐》，清道光刻本。

8. （清）王廷绍辑：《霓裳续谱》，清乾隆集贤堂刻本。

9. （清）李斗撰，汪北平、涂雨公点校：《扬州画舫录》，中华书局 1960 年版。

10. （清）李渔著，江巨荣、卢寿荣校注：《闲情偶寄》，上海古籍出版社 2000 年版。

11. （清）焦循：《剧说》，古典文学出版社 1957 年版。

12. （清）李调元：《剧话》，载中国戏曲研究院编《中国古典戏曲论著集成》，中国戏剧出版社 1959 年版。

13. ［日］辻听花：《菊谱翻新调：百年前日本人眼中的中国戏曲》，浙江古籍出版社 2011 年版。

14. 王国维：《宋元戏曲考》，载《王国维戏曲论文集》，中国戏剧出版社 1957 年版。

15. 梅兰芳著，傅谨主编：《梅兰芳全集》，中国戏剧出版社 2016 年版。

16. 齐如山：《国剧艺术汇考》，辽宁教育出版社 1998 年版。

17. 朱瘦竹著，李世强编订：《修竹庐剧话》，中国戏剧出版社 2015 年版。

18. 朱家溍、丁汝芹：《清代内廷演剧始末考》，中国书店 2007 年版。

19. 张次溪编纂:《清代燕都梨园史料(正续编)》,中国戏剧出版社 1988 年版。

20. 傅谨主编：《京剧历史文献汇编·清代卷》，凤凰出版社 2011 年版。

21. 中国国家图书馆编纂：《中国国家图书馆藏清宫昇平署档案集成》，中
    华书局 2011 年版。

22. 中国戏曲志编辑委员会编：《中国戏曲志》，北京文艺出版社、中国
    ISBN 中心 1990—2000 年版。

23. 《沈阳市戏曲志》编纂委员会编：《沈阳市戏曲志》，辽宁大学出版社
    1992 年版。

24. 陕西省戏剧志编纂委员会编，鱼讯主编：《陕西省戏剧志·西安市卷》，
    三秦出版社 1998 年版。

25. 苏州戏曲志编辑委员会编：《苏州戏曲志》，古吴轩出版社 1998 年版。

26. 徐幸捷、蔡世成主编：《上海京剧志》，上海文化出版社 1999 年版。

27.《海陆丰历史文化丛书》编纂委员会编著：《海陆丰历史文化丛书·珍稀
    戏曲剧种》卷 5，广东人民出版社 2013 年版。

28. 张庚、郭汉城主编：《中国戏曲通史》，中国戏剧出版社 1992 年版。

29. 周贻白：《中国戏曲发展史纲要》，上海古籍出版社 1979 年版。

30. 任半塘：《唐戏弄》，上海古籍出版社 2006 年版。

31. 廖奔、刘彦君：《中国戏曲发展史》，中国戏剧出版社 2012 年版。

32. 彭志强：《蜀地唐音——破解住在唐诗里的乐伎密码》，人民日报出版
    社 2019 年版。

33. 焦文彬、阎敏学：《中国秦腔》，陕西人民出版社 2005 年版。

34. 陕西省艺术研究所编：《秦腔剧目初考》，陕西人民出版社 1984 年版。

35. 马建中：《山东戏曲论稿》，华艺出版社 2000 年版。

36. 孙守刚总主编：《大平调 四平调》，山东友谊出版社 2012 年版。

37. 李玉寿编著：《民勤小曲戏》，甘肃文化出版社 2015 年版。

38. 骆婧：《闽南打城戏文化生态研究》，厦门大学出版社 2015 年版。

39. 吴开英：《梅兰芳若干史实考论》，文化艺术出版社 2015 年版。

40. 汤桂琴：《水袖艺术》，陕西人民教育出版社 1991 年版。

41. 王诗英：《戏曲旦行身段功》，中国戏剧出版社 2003 年版。

42. 述鼎：《中华艺术导览：京剧服饰》，台湾艺术图书公司 1996 年版。

43. 中国戏曲学院编，谭元杰绘：《中国京剧服装图谱》，北京工艺美术出版社 1997 年版。

44. 陈申：《中国京剧戏衣图谱》，文化艺术出版社 2008 年版。

45. 陈申：《京剧传统戏衣研究》，文化艺术出版社 2010 年版。

46. 潘嘉来主编：《中国传统戏衣》，人民美术出版社 2006 年版。

47. 刘月美：《中国京剧衣箱》，上海辞书出版社 2002 年版。

48. 刘月美：《中国昆曲衣箱》，上海辞书出版社 2010 年版。

49. 刘月美：《中国戏曲衣箱：角色穿戴》，中国戏剧出版社 2006 年版。

50. 宋俊华：《中国古代戏剧服饰研究》，广东高等教育出版社 2003 年版。

51. 杨耐:《戏曲盔头: 制作技艺与盔箱艺术研究》,文化艺术出版社2018年版。

52. 沈从文编：《中国古代服饰研究》，商务印书馆 1981 年版。

53. 周锡保：《中国古代服饰史》，中国戏剧出版社 1984 年版。

54. 周汛、高春明撰文，上海市戏曲学校服装史研究组编著：《中国服饰五千年》，商务印书馆 1984 年版。

55. 华梅：《古代服饰》，文物出版社 2004 年版。

56. 张琬麟：《中国服饰》，中国文联出版公司 2010 年版。

57. 蔡子谔：《中国服饰美学史》，河北美术出版社 2001 年版。

58. 赵连赏：《中国古代服饰图典》，云南人民出版社 2007 年版。

59. 陈娟娟：《中国织绣服饰论集》，紫禁城出版社 2005 年版。

60.《中国织绣服饰全集》编辑委员会编：《中国织绣服饰全集》，天津人民美术出版社 2004 年版。

61. 李之檀编：《中国服饰文化参考文献目录》，纺织工业出版社 2001 年版。

62. 王弘力、李梗编绘：《艺用服饰资料》，辽宁美术出版社 1981 年版。

63. 冯林英：《清代宫廷服饰》，朝华出版社 2000 年版。

64. 张琼主编:《故宫博物院藏文物珍品全集: 清代宫廷服饰》,商务印书馆(香港)有限公司 2005 年版。

65. 齐如山：《齐如山回忆录》，载梁燕主编《齐如山文集》第十一卷，河北教育出版社 2010 年版。

66. 齐如山：《北京三百六十行》，载梁燕主编《齐如山文集》第七卷，河北教育出版社 2010 年版。

67. 郑丽虹：《桃花坞工艺史记》，山东画报出版社 2011 年版。

68. 胡春生编著：《温州瓯绣》，浙江摄影出版社 2012 年版。

69. 李明、沈建东：《苏绣》，译林出版社 2013 年版。

70. 张道一：《桃坞绣稿：民间刺绣与版刻》，山东教育出版社 2013 年版。

71. 林锡旦：《博物 指间苏州 刺绣》，古吴轩出版社 2014 年版。

72. 朱利容、李莎、陈凡编著：《蜀绣》，东华大学出版社 2015 年版。

73. 叶继红：《苏州镇湖刺绣产业集群研究》，古吴轩出版社 2007 年版。

74. 邵晓琤：《中国刺绣经典针法图解：跟着大师学刺绣》，上海科学技术出版社 2018 年版。

75. 徐延平、徐龙梅：《南京工业遗产》，南京出版社 2012 年版。

76. 山东工艺美术史料汇编编委会：《山东工艺美术史料汇编》，1986 年。

77. 曲东涛主编：《山东省二轻工业志稿》，山东省人民出版社 1991 年版。

78. 广东省地方史志编纂委员会编：《广东省志·二轻（手）工业志》，广东人民出版社 1995 年版。

79. 马敏、肖芃主编：《苏州商会档案丛编》第 4 辑上，华中师范大学出版社 2009 年版。

80. 福建省地方志编纂委员会编：《福建省志·二轻工业志》，方志出版社 2000 年版。

81. 温州市科学技术委员会编：《温州市科技志》，温州市科学技术委员会，2000 年。

82. 贡儿珍主编，广州市人民政府地方志办公室、广州市文化广电新闻出版局编：《广州非物质文化遗产志》上，方志出版社 2015 年版。

83. 黑龙江商学院编：《丝绸》（教学参考资料），黑龙江商学院，1980 年。

84. 李建华主编：《柔软的力量·字说丝绸》，上海文化出版社 2012 年版。

85. 潘志娟主编：《丝绸导论》，中国纺织出版社 2019 年版。

86. 游泽树、王振荣、周锦万编：《织造》，湖北科学技术出版社 1984 年版。

87. 陈东生、吕佳主编：《服装材料学》，东华大学出版社 2013 年版。

88. 张怀珠、袁观洛、王利君编著：《新编服装材料学》，东华大学出版社 2017 年版。

89. 上海市纺织科学研究院《纺织史话》编写组编写：《纺织史话》，上海科学技术出版社1978年版。

90. 王义宪、孙友梅编：《纺织品》，黑龙江人民出版社1979年版。

91. 夏志林主编：《纺织天地》，山东科学技术出版社2013年版。

92. 薛雁、徐铮编著：《华夏纺织文明故事》，东华大学出版社2014年版。

93. 傅杰英：《纺织品知识三百问》，中国商业出版社1988年版。

94. 鲁葆如编译：《应用化学》，中华书局1941年版。

95. [苏]布扬诺夫：《现代和未来的材料——纤维材料》，田丁、杰夫译，中华全国科学技术普及协会，1956年。

三、诗文、小说、剧本及其他

1. （汉）王逸撰，黄灵庚点校：《楚辞章句》，上海古籍出版社2017年版。

2. （唐）李白：《李太白文集》，四库全书本。

3. （唐）孟浩然：《孟浩然集》，景江南图书馆藏明刊本。

4. （唐）杜甫著，（清）钱谦益笺注，郝润华整理：《杜甫诗集》，上海古籍出版社2021年版。

5. （唐）令狐楚：《御览诗》，四库全书本。

6. （唐）康骈：《剧谈录》，古典文学出版社1958年版。

7. （唐）元稹撰，冀勤点校：《元稹集》，中华书局2010年版。

8. （唐）谷神子：《博异志》，明正德嘉靖间顾氏文房小说本。

9. （南唐）李煜著，王兆鹏注评：《李煜词全集》，长江文艺出版社2019年版。

10. （宋）郭茂倩辑：《乐府诗集》，四部丛刊本汲古阁刊本。

11. （宋）苏轼著，夏华等编译：《东坡集》，万卷出版公司2017年版。

12. （宋）欧阳修著，李之亮笺注：《欧阳修集编年笺注》七，巴蜀书社2007年版。

13. （宋）陆游：《剑南诗稿》，四库全书本。

14. （宋）柳永：《乐章集》，清劳权抄本。

15. （宋）刘克庄：《后村长短句》，民国朱祖谋辑刻彊村丛书本。

16. （宋）文天祥撰，刘文源校笺：《文天祥诗集校笺》，中华书局2017年版。

17. （宋）晏殊、晏几道著，张草纫笺注：《二晏词笺注》，上海古籍出版社2008年版。

18.（宋）晁补之著，乔力校注：《晁补之词编年笺注》，齐鲁书社1992年版。

19.（宋）刘克庄著，辛更儒笺校：《刘克庄集笺校·诗话》，中华书局2011年版。

20.（宋）叶适：《水心集》，明黎谅刊黑口本。

21.（宋）徐积：《节孝集》，四库全书本。

22.（宋）洪迈：《夷坚志》，清影宋抄本。

23.（宋）王谠撰，周勋初校证：《唐语林校证》，中华书局1987年版。

24.（金）元好问：《翰苑英华中州集》，景上海涵芬楼藏董氏景元刊本。

25.（元）吴莱：《渊颖集》，元至正刊本。

26.（元）戴善甫：《玩江亭》，明脉望馆抄本校。

27.（元）佚名：《汉钟离度脱蓝采和》，明脉望馆钞校古今杂剧本。

28.（元）柯九思等：《辽金元宫词》，北京古籍出版社1988年版。

29.（明）臧懋循：《负苞堂诗选》，明天启元年（1621）臧尔炳刻本。

30.（明）王永光：《冰玉堂诗草》，明末刻本。

31.（明）郭勋：《雍熙乐府》，明嘉靖四十五年（1566）刻本。

32.（明）张溥编：《汉魏六朝一百三家集》，扫叶山房藏版本。

33.（明）周忱：《双崖文集》，清光绪四年（1878）山前崇恩堂刻本。

34.（明）唐顺之：《荆川先生文集》，上海涵芬楼藏明刊本。

35.（明）王同轨：《耳谈类增》，明万历三十一年（1603）唐晟唐昶刻本。

36.（明）罗贯中：《三国演义》，华夏出版社2013年版。

37.（明）凌濛初：《二刻拍案惊奇》，明崇祯五年（1632）尚友堂刻本，影印。

38.（明）罗懋登著，陆树崙、竺少华校点：《三宝太监西洋记通俗演义》，
     上海古籍出版社1985年版。

39.（明）冯梦龙：《醒世恒言》，浙江古籍出版社2010年版。

40.（明）冯梦龙编：《新列国志》，明叶敬池梓本。

41.（明）沈璟：《博笑记》，明刊本。

42.（明）汤显祖：《邯郸梦记》，明刊本。

43.（明）孟称舜著，卓连营注释：《娇红记》，华夏出版社2000年版。

44.（明）徐复祚：《投梭记》，载（明）毛晋编《六十种曲》第八册，中华书局
     1958年版。

45.（明）徐复祚：《红梨记》，载（明）毛晋编《六十种曲》第七册，中华书局
     1958年版。

46.（清）史梦兰：《全史宫词》，中国戏剧出版社 2002 年版。

47.（清）胡季堂：《培荫轩诗集》，清道光二年（1822）胡镰刻本。

48.（清）尤侗：《西堂集》，清康熙刻本。

49.（清）易顺鼎著，王飚点校：《琴志楼诗集》，上海古籍出版社 2004 年版。

50.（清）冯询：《子良诗存》，清刻本。

51.（清）李重华：《贞一斋集》，清乾隆刻本。

52.（清）贝青乔：《半行庵诗存稿》，清同治五年（1866）叶廷琯等刻本。

53.（清）丁绍仪辑：《国朝词综补》，清光绪刻前五十八卷。

54.（清）钱谦益：《牧斋初学集》，民国涵芬楼影印明崇祯瞿式耜刻本。

55.（清）张贞：《杞田集》，清康熙四十九年（1710）春岑阁刻本。

56.（清）查慎行：《敬业堂诗集》，景上海涵芬楼藏原刊本。

57.（清）全祖望：《鲒埼亭诗集》，清姚江借树山房本，影印。

58.（清）赵怀玉：《亦有生斋集》，清道光元年（1821）刻本。

59.（清）吴清鹏：《笏庵诗》，清咸丰五年（1855）刻吴氏一家稿本。

60.（清）查揆：《筼谷诗文钞》，清道光刻本，影印。

61.（清）陈邦彦：《御定历代题画诗类》，四库全书荟要本。

62.（清）汪霦：《佩文斋咏物诗选》，四库全书本。

63.（清）俞琰选编：《咏物诗选》，成都古籍书店 1987 年版。

64.（清）钱谦益辑：《列朝诗集》，清顺治九年（1652）毛氏汲古阁刻本。

65.（清）屈大均辑：《广东文选》，清康熙二十六年（1687）刻本。

66.（清）马如飞：《绘图孝义真迹珠塔缘》，清光绪上海书局石印本。

67.（清）李绿园著，栾星校注：《歧路灯》，中州书画社 1980 年版。

68.（清）曹雪芹著，（清）无名氏续：《红楼梦》，华文出版社 2019 年版。

69.（清）严可均辑：《全上古三代秦汉三国六朝文》，上海古籍出版社 2009 年版。

70.（清）董诰等编：《全唐文》，上海古籍出版社 1990 年版。

71.（清）官修：《全唐诗》，清光绪十三年（1887）丁亥上海同文书局石印版。

72.（清）秦温毅：《上海县竹枝词》，广陵书社 2003 年版。

73.（元）李文蔚：《张子房圯桥进履》，民国三十年（1941）刊孤本元明杂剧本。

74.[日]藤田东湖：《藤田东湖遗稿》，日本古典书籍库日本汉诗。

75. 白居易著，谢思炜校注：《白居易诗集校注》，中华书局 2006 年版。

76. 张逸尘编：《辛弃疾：醉里挑灯看剑》，台海出版社 2022 年版。

77. 唐圭璋编：《全宋词》，中华书局 1965 年版。

78. 张宏生主编：《全清词·雍乾卷》第 3 册，南京大学出版社 2012 年版。

79. 逯钦立辑校：《先秦汉魏晋南北朝诗》，中华书局 2017 年版。

80. 黄勇主编：《唐诗宋词全集》，北京燕山出版社 2007 年版。

81. 周绍良主编：《全唐文新编》，吉林文史出版社 2000 年版。

82. （清）爱新觉罗·溥仪：《我的前半生：全本》，北京联合出版公司 2018 年版。

83. 王季思主编：《全元戏曲》第一卷，人民文学出版社 1990 年版。

84. 隋树森编：《全元散曲》，中华书局 1964 年版。

85. 徐征、张月中、张圣洁、奚海主编：《全元曲》，河北教育出版社 1998 年版。

86. 张伟编：《元曲》，吉林摄影出版社 2004 年版。

87. 陈寿楠、朱树人、董苗编：《董每戡集》第 1 卷，岳麓书社 2011 年版。

88. 金岳霖：《金岳霖回忆录》，北京大学出版社 2011 年版。

89. 陈素琰编：《宗璞散文选集》，百花文艺出版社 2009 年版。

90. 周克让：《三不畏斋随笔》，吉林文史出版社 1993 年版。

91. 天津人民出版社编：《天津风物志》，天津人民出版社 1985 年版。

92. 冯骥才主编：《话说天津卫》，百花文艺出版社 1986 年版。

93. 甄人、谭绍鹏主编：《广州著名老字号》（续编），广东人民出版社 1990 年版。

94. 薛理勇编著：《闲话上海》，上海书店出版社 1996 年版。

95. 汪忠贤文，许晓霞图：《上海俗语图说续集》，上海大学出版社 2015 年版。

96. 李德复、陈金安主编：《湖北民俗志》，湖北人民出版社 2002 年版。

97. 王永斌：《耄耋老人回忆旧北京》，中国时代经济出版社 2009 年版。

98. 王忠昆主编：《盛京皇城》，辽宁美术出版社 2019 年版。

99. 王克胜主编：《扬州地名掌故》，南京师范大学出版社 2014 年版。

100. 王稼句点校：《吴门风土丛刊》，古吴轩出版社 2019 年版。

101. 沈慧瑛：《君自故乡来——苏州文人文事稗记》，上海文艺出版社 2011 年版。

102. 江洪等主编：《苏州词典》，苏州大学出版社 1999 年版。

103. 孙璇主编：《岭南大匠》，羊城晚报出版社 2016 年版。

104. 广州市人民政府文史研究馆编：《珠水风情》，花城出版社 2018 年版。

105. 穆仁先主编：《三川记忆——周口市中心城区文化专项规划调研资料汇编》，周口市政协文化专项规划调研小组，2014 年。

106. 中国人民政治协商会议、辽宁省委员会文史资料委员会编：《杂巴地旧忆》（辽宁文史资料选辑 总第 34 辑），辽宁人民出版社 1992 年版。

107. 北京市政协文史资料委员会选编：《艺林沧桑》，北京出版社 2000 年版。

108. 国光红：《九歌考释》，齐鲁书社 1999 年版。

109. 王先谦撰，龚抗云整理：《释名疏证补》，湖南大学出版社 2019 年版。

110. 王庆成编著：《稀见清世史料并考释》，武汉出版社 1998 年版。

111. 张忠民：《前近代中国社会的商人资本与社会再生产》，上海社会科学院出版社 1996 年版。

112. 巢峰总编：《上海经济区工业概貌·杭州市卷》，学林出版社 1986 年版。

113. 彭德：《中华五色》，江苏美术出版社 2008 年版。

114. 沈从文：《中国文物常识》，天地出版社 2019 年版。

115. 盖山林编著：《蒙古族文物与考古研究》，辽宁民族出版社 1999 年版。

116. 谭莉莉等：《镌刻在时空中的印迹：云南边境少数民族历史文化遗存》，云南大学出版社 2018 年版。

117. 刘恩伯编著：《中国舞蹈文物图典》，上海音乐出版社 2002 年版。

118. 韩丛耀主编，朱永明、胡天璇著：《中华图像文化史·文字图像卷》，中国摄影出版社 2018 年版。

119. 叶大兵、乌丙安主编：《中国风俗辞典》，上海辞书出版社 1990 年版。

120. 商务印书馆编辑部等编：《辞源》，商务印书馆 1988 年版。

121. 上海纺织品采购供应站编：《纺织品商品手册》，中国财政经济出版社 1986 年版。

122. 中央工艺美术学院编著:《工艺美术辞典》,黑龙江人民出版社 1988 年版。

123. 凌永乐编著：《日常生活中的化学知识》，新知识出版 1956 年版。

124. 陈永主编：《不可不知的材料知识》，机械工业出版社 2020 年版。

125. 李学文编《中国袖珍百科全书·农业、工业技术卷》,长城出版社 2001 年版。

126. 田崇勤主编：《学生辞海》（高中），南京大学出版社 1992 年版。

127. 杜新民、杜岩卿编著：《世界 100 项重大发明》，河北科学技术出版社 1997 年版。

128. 冯新德主编：《高分子辞典》，中国石化出版社 1998 年版。

129. 郭今吾主编：《经济大辞典·商业经济卷》，上海辞书出版社 1986 年版。

130. [法] 克里斯汀·迪奥：《迪奥的时尚笔记》，潘娥译，重庆大学出版
社 2016 年版。

131. [日] 黑板胜美：《日本三代实录》，吉川弘文馆 1974 年版。

132. [日] 黑板胜美：《日本纪略》，吉川弘文馆 1980 年版。

133. [法] 莫斯（Mauss,M.）等原著，[法] 施郎格 (Schlanger,N.) 编选：
《论技术、技艺与文明》，蒙养山人译，世界图书出版公司北京公司
2010 年版。

134. 北京市档案馆藏北京市手工业档案：《广盛兴戏衣庄》，档案号 022—
001—00764。

135. 丰子恺：《辞缘缘堂——避难五记之一》，《文学集林》1939 年第 3 期。

136. 梁启超：《蒋母杨太夫人墓志铭》，载《饮冰室合集》，中华书局 1941 年版。

137. 徐凌霄：《北平的戏衣业述概》，《剧学月刊》1935 年第 5 期。

138. 刘月美：《上海戏服、戏具店、作坊变迁情况简述》，载中国戏曲志上
海卷编辑部编《上海戏曲史料荟萃》第 5 集，上海艺术研究所，1988 年。

139. 董绍舒整理：《高邮估衣行业的兴衰》，载高邮县政协文史资料研究委
员会编《高邮文史资料》第 6 辑，高邮县政协文史资料研究委员会印制，
1987 年。

140. 周海宇、林建平：《泉州刺绣行业话古今》，载中国人民政治协商会议
福建省泉州市委员会文史资料研究委员会编《泉州文史资料》第 18 辑，
1985 年。

141. 张浩：《乡村桑皮纸业的历史发展与现实出路——以沙颍河流域邓城镇
为例》，《商丘职业技术学院学报》2016 年第 4 期。

142. 陈曦文：《英国中世纪毛纺织业的迅速发展及其原因初探》，《北京师
院学报（社会科学版）》1986 年第 2 期。

143. 金志霖：《13 世纪产业革命及其影响初探》，《史林》2007 年第 5 期。

144. 陈勇：《从呢绒工业看英国早期资本主义成长的有利条件》，《中南民
族学院学报（哲学社会科学版）》1984 年第 3 期。

145. 宋文：《清代西洋呢绒考析》，《故宫博物院院刊》2021 年第 4 期。

146. 韩婷婷：《苏州剧装业百年传承——以苏州李氏家族三代传人技艺传承
为代表》，硕士学位论文，苏州大学，2010 年。

后　记

　　本书的最后，照例要感谢并铭记那些曾对本课题研究提供热情帮助和支持的老师和朋友。

　　首先需要感谢的是中国艺术研究院戏曲研究所所长、研究员，尊敬的王馗先生。我原本是一个比较懒惰、松散的人，完成上一本有关盔头制作技艺与盔箱艺术的书后，便屡屡要打退堂鼓，不想再继续这既劳心又劳力的传统戏衣制作技艺研究。正是因为有了王馗先生的鼓励，才又有了这一责任与道义担当，并为之孜孜以求。

　　当然，最重要的，本书是在中国艺术研究院基本科研业务费的经费资助下，完成了对全国大部分地区传统戏衣制作行业的调查和研究。因此，这里要特别感谢分管科研工作的中国艺术研究院原副院长祝东力先生以及科研处、财务处等各部门领导和同事们的大力支持和帮助。

　　在开展实际调研的过程中，中国非物质文化遗产保护中心副主任郝庆军先生也曾给予大量的支持、帮助和指导，在此表示衷心的感谢。

　　除此之外，还要感谢的师友们包括但不限于：中国艺术研究院戏曲研究所的辛雪峰、杨珍老师，浙江省非物质文化遗产保护中心的吴延飞，浙江省宁波市鄞州区非物质文化遗产保护中心的陈科峰，浙江绍兴的沈国锋，浙江嵊州的李梅清、李少峰，浙江台州的李少春，浙江义乌的梅立忠，浙江金华的徐裕国，浙江杭州的蓝玲、王胜红和应建平，福建漳州市文化和旅游局的简奕耕，福建泉州市非物质文化遗产保护中心的丁聪辉，泉州石狮文化馆的黄嘉，福建福安的刘吉春，福建莆田的宋一山，江苏苏州剧装厂的李荣森，辽宁沈阳的张立，广东省文化和旅游厅的张梅（已退），广东省非物质文化遗产保护中心的蓝海红，广东省文化馆的王芳辉，广东省粤剧院的邓建文，广东番禺的杨凯帆，广东湛江的谢安福，广东海丰的陈铭新，广东潮州的宋忠勉，山西省文化和旅游厅的冯海明，山西省非物质文化遗产保护中心的边疆，山西省晋剧院的崔永智，山西忻州的侯丽，陕西西安的李小龙，陕西榆林的高正茂，陕西省艺术学校的宋英民，重庆市川剧院的江博文、孙盼洪、袁捷，四川省绵阳市非物质文化遗产保护中心的董老师，绵阳市三台县的刘长贵，河南周口的郭庆璋，河南许昌的蒋现锋、谭昆、邓磊、王克、刘培锋，安徽怀宁的何巨流，湖北潜江非物质文化遗产保护中心的李彬，潜江市龙湾镇的张宗明，北京北方昆曲剧院的李继宗（已退），北京戏曲艺术职业学院的许振海，北京剧装厂的孙颖（已退），河北万全的韩永祉，河北肃宁的超亮戏具服装厂，上海的徐世楷和陈莉蓉等。衷心感谢以上各位老师、朋友们曾经给予的大力支持和热情帮助。

本书责编刘颖和美编赵矗等诸位老师工作认真细致，在沟通的过程中谦虚严谨，极有耐心，更为本书的排版设计等工作花费了大量心血，十分令人感动。因此，对于他们的辛苦付出同样致以诚挚的感谢。

末了，还要感谢我亲爱的女儿王倩兮同学的理解和支持。因为大部分节假日我都在忙于调研，平日里也以加班居多，牺牲了大量应该在家陪伴和照料孩子的时间，好在我们有一个亲密的约定，那就是相互鼓励、并肩同行。

杨耐

2024 年 2 月 8 日于北京